MEMENTO AGRICOLE

PETITE ENCYCLOPÉDIE DE LA VIE RURALE

PARIS
LIBRAIRIE LAROUSSE

MÉMENTO AGRICOLE

LAROUSSE

CINQUIÈME MILLE

MÉMENTO AGRICOLE

LAROUSSE

*AGROLOGIE — ENGRAIS — GRANDE CULTURE
JARDIN POTAGER — ARBORICULTURE FRUI-
TIÈRE — VITICULTURE — BÉTAIL — BASSE-COUR
APICULTURE — LAIT — INDUSTRIES AGRICOLES*

11 ouvrages en un seul

600 gravures groupées en 108 tableaux

LIBRAIRIE LAROUSSE. — PARIS

13-17, RUE MONTPARNASSE. — SUCCURSALE : RUE DES ÉCOLES, 58

AVERTISSEMENT

Le « *MÉMENTO AGRICOLE LAROUSSE* » est une petite encyclopédie agricole où se trouvent condensés en un seul volume toutes les connaissances, tous les principes qui forment aujourd'hui la base de l'agriculture rationnelle.

On s'est efforcé d'écarter les notions de théorie pure et les procédés douteux pour s'en tenir aux faits seuls afin de répondre à ce but pratique et utilitaire : permettre à tous ceux qui consulteront cet ouvrage de produire davantage tout en dépensant le moins possible.

Qu'il s'agisse de la préparation du sol, de l'emploi des engrais, de la culture proprement dite, du jardinage, de l'arboriculture fruitière, de la viticulture, de l'élevage du bétail ou des animaux de basse-cour, de l'apiculture ou enfin des diverses industries agricoles, seules les méthodes rationnelles consacrées par une longue expérimentation ont été retenues, à l'exclusion de celles qui n'ont pas encore fait absolument leurs preuves ou qui s'appuient sur des préjugés.

Tous ceux qui exploitent une ferme ou un jardin, qui se livrent à un élevage, même de faible importance, y trouveront réunis tous les renseignements qui leur sont indispensables. Les jeunes gens et les jeunes filles qui fréquentent les écoles d'agriculture, les écoles d'hiver, les écoles normales, les sections agricoles des écoles supérieures ou des collèges trouveront également dans ce volume toutes les matières de l'enseignement agricole professé dans ces établissements.

Le *MÉMENTO AGRICOLE* sera un guide précieux pour les instituteurs ruraux chargés de l'enseignement postscolaire agricole; ils y puiseront les éléments nécessaires à la préparation de leurs leçons.

Le texte, sobre, de lecture facile, a été rendu plus explicite encore par de nombreuses illustrations groupées en tableaux, se rapportant chacun à un sujet particulier ou à un genre de culture, et formant une sorte de résumé synoptique du chapitre auquel ils se rapportent.

AGROLOGIE

I. — LES TERRES CULTIVABLES

Le sol et le sous-sol. — Le *sol* ou *terre arable* est la couche superficielle attaquable par la bêche ou la charrue : c'est le « laboratoire » d'où le cultivateur extraira en abondance des denrées de toutes sortes, s'il est bon chimiste. La couche située en dessous est le *sous-sol*. (V. *Tabl. Terre arable, fig.* 1).

L'épaisseur de la couche arable est très variable. Elle est en moyenne de 30 à 35 centimètres (*Terre arable, fig.* 2); mais ces chiffres peuvent être considérablement augmentés dans les très bonnes terres et réduits dans les terres de qualité inférieure.

Le sous-sol a souvent une coloration différente de celle du sol et il a, de même, une composition différente. Tantôt il est constitué jusqu'à de grandes profondeurs par des éléments meubles, tantôt il est formé par une roche de nature plus ou moins compacte, parfois inattaquable à la charrue.

Bien que le sol soit le principal support des végétaux et leur fournisseur habituel, le sous-sol leur offre un magasin de réserve qui ne leur est pas indifférent. Aussi y envoient-ils leurs racines profondes pour y puiser les substances nutritives qu'ils ne trouvent pas à la surface.

Comment les sols se sont-ils formés ? — Le sol résulte de la désagrégation et de la décomposition des roches. Lorsque les matériaux ainsi désagrégés sont restés sur place, ils ont les mêmes caractères que la couche sous-jacente ; s'ils ont été entraînés par les eaux, et qu'ils se soient déposés, en vertu de la densité différente de leurs éléments constitutifs, à une distance plus ou moins grande de leur origine, la roche qui les porte se trouve avoir une composition différente de la leur (*Terre arable, fig.* 3). Tel est le cas des terrains d'*alluvions*, récents ou anciens.

On appelle terrains *archéens* ceux qui paraissent dater de l'époque où notre globe était en fusion et qui se seraient formés par solidification après refroidissement. Les *terrains sédimentaires* sont formés par des éléments empruntés aux terrains précédents désagrégés, entraînés et déposés par les eaux. La désagrégation des roches est produite par plusieurs facteurs. Il y a d'abord les *agents mécaniques et physiques*, qui provoquent le retrait et le fendillement et livrent passage à l'air et à l'eau. Viennent ensuite l'action produite par la *congélation*, qui pulvérise les matériaux, puis le travail de rabotage et de polissage des *glaciers*, surnommés les « niveleurs de l'univers ».

L'*eau*, elle-même, par son frottement continuel, émousse les angles et divise les débris. Les *végétaux inférieurs*, les mousses et les lichens, qui se fixent aux roches laissent, après leur mort, des matières organiques dont les *végétaux supérieurs* peuvent ensuite se nourrir.

Enfin, l'eau *chargée d'acide carbonique* transforme les dépôts insolubles en carbonates ou bicarbonates solubles, lesquels vont se déposer au loin, là où l'eau s'évapore et où elle perd son acide carbonique. Ainsi s'explique la présence de la *potasse*, de la *chaux*, de la *soude*, etc., en proportions variables dans les différents sols.

De quoi les sols sont-ils constitués ? — Examinez des échantillons de terre arable prélevés de-ci de-là, à la surface des champs. Vous voyez que ces terres sont formées de particules plus ou moins ténues, d'un aspect variable, ayant des propriétés différentes. Vous pouvez mettre en évidence, d'une façon simple, les éléments constitutifs de votre terrain, ce qui vous permettra de porter un jugement succinct sur sa composition physique et sa valeur culturale.

Dans des verres de même taille, contenant une même quantité d'eau, mettez des poids égaux de vos différents échantillons de terre. Délayez successivement chacun d'eux ; attendez que les matières lourdes se soient déposées et le liquide éclairci. Au fond du vase, vous apercevez les gros matériaux, comprenant les petits cailloux et le sable ; au-dessus se trouve l'argile. La proportion relative et comparée de ces éléments donne déjà une idée de la composition du sol étudié (*Terre arable, fig.* 4).

Si, maintenant, vous versez un peu d'acide sur d'autres échantillons de terre, vous constaterez une effervescence produite par l'échappement du gaz carbonique. Le bouillonnement est d'autant plus accentué que le sol est riche en *carbonate de chaux* (*Terre arable, fig.* 5).

Enfin, un quatrième élément, l'*humus*, est décelé par le noircissement qui se produit lorsqu'on calcine de la terre arable dans un creuset (*Terre arable, fig.* 6).

Il y a donc, dans tous les sols cultivables, quatre éléments constitutifs indispensables : le *sable*, l'*argile*, le *calcaire*, l'*humus*.

Sable. — Le sable est de la *silice* plus ou moins pure, mélangée à d'autres éléments dont la nature et la proportion varient suivant la roche d'où ce sable provient. Dans les dépôts sédimentaires, les sables les plus gros et les plus denses sont en amont, les sables les plus fins et les plus légers se trouvent au fond des déclivités. Ces derniers, lorsqu'ils sont enrobés d'*argile colloïdale*, donnent naissance aux sols compacts, dits *argileux*.

Le sable provient de la désagrégation des roches. Il joue dans le sol le rôle de diviseur ; il fournit en outre aux plantes certains éléments nutritifs.

Argile. — L'*argile* est un *silicate d'alumine hydraté*, incolore quand elle est pure, comme le *kaolin*, le plus souvent colorée par les oxydes

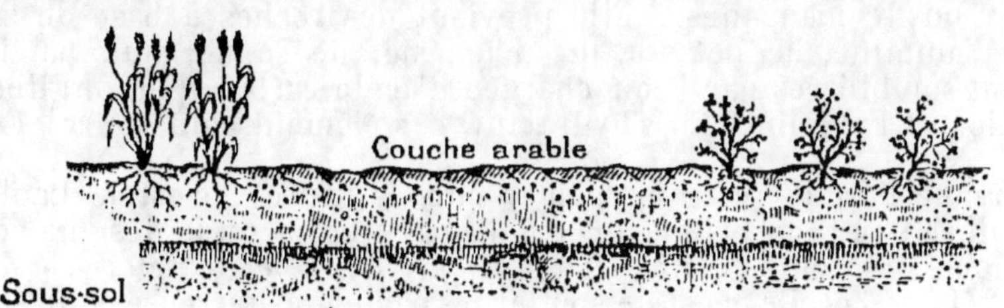

FIG. 1. — Terre arable, ou *sol*; couche superficielle résultant de la désagrégation de la couche sous-jacente, ou *sous-sol*.

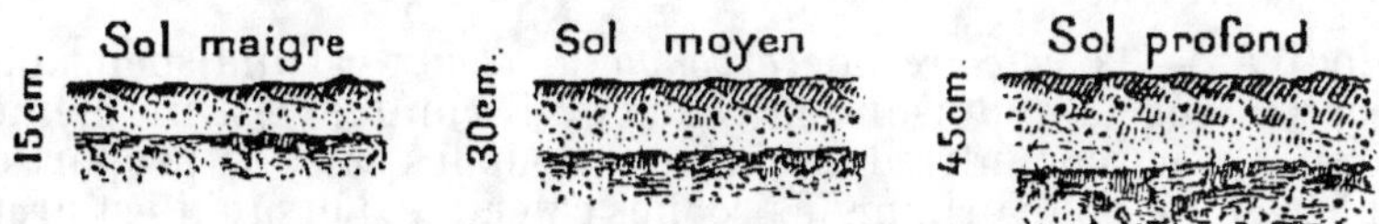

FIG. 2. — Proportion comparée de la couche de terre arable dans les sols dits *maigres*, *moyens* ou *profonds*.

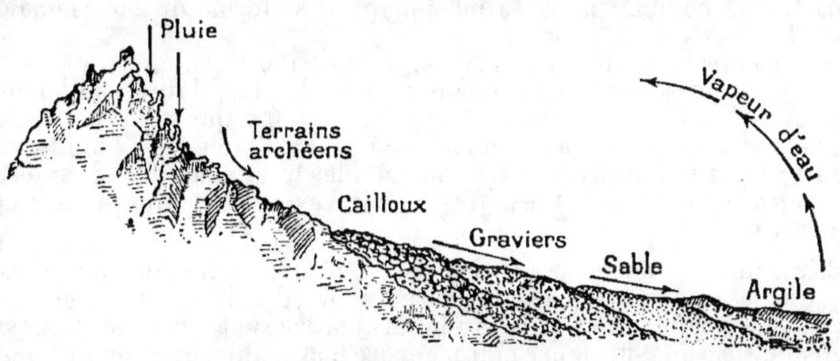

FIG. 3. — Répartition des éléments constitutifs d'une roche primitive désagrégés par l'érosion et transportés au loin.

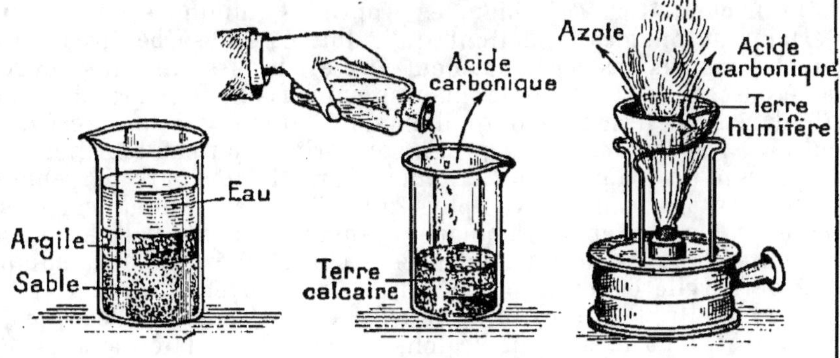

FIG. 4. — Séparation des éléments d'un échantillon.

FIG. 5. — Décomposition du calcaire par un acide.

FIG. 6. — Carbonisation de l'humus contenu dans le sol.

LA TERRE ARABLE

de fer ou de manganèse. Elle provient des roches à base de silicate d'alumine, de potasse, de magnésie, de soude, qui, partiellement solubilisées par l'eau chargée d'acide carbonique, ont libéré la silice et l'alumine. En s'hydratant, ces éléments ont fourni l'argile.

Lorsque l'argile reste en place, elle est pure : c'est le kaolin. Entraînée par l'eau et mélangée à d'autres corps on la désigne sous des noms différents : *glaise, terre à brique, terre à foulon,* etc.

Le rôle de l'argile, c'est de souder les particules terreuses qui, sans elle, manqueraient de cohésion. Sous l'influence de l'eau, elle devient plastique et collante ; en séchant, elle subit du retrait et se fendille. Quand elle est en excès, le travail des instruments aratoires devient pénible et difficile.

Calcaire. — Le *calcaire* ou *carbonate de chaux* est indispensable à la nutrition végétale, puisque la chaux qu'il contient est un élément essentiel. On le rencontre dans presque tous les sols, en proportions variables, et il a pour origine les roches calcaires. Lorsqu'il est prédominant, les terres peuvent être frappées de stérilité, à l'égard de certaines cultures. Le carbonate de chaux est insoluble dans l'eau pure, mais les eaux de pluie et de ruissellement se chargent d'acide carbonique contenu dans l'atmosphère ; il se forme du bicarbonate soluble.

Le principal rôle du calcaire, c'est de coaguler l'argile, ce qui favorise l'ameublissement de la couche arable. De plus, il intervient dans presque toutes les réactions et transformations qui se produisent dans le sol, au profit des végétaux. Sans lui, l'azote de l'humus ne pourrait pas se *nitrifier*, et c'est pourquoi les terres humifères, privées de calcaire, sont infertiles. Tel est le cas des terrains acides et tourbeux.

Humus. — L'*humus* est fourni par la décomposition des matières organiques de diverses provenances : fumiers, débris végétaux, feuilles et racines abandonnées par les plantes cultivées et spontanées. Il est constitué par une substance noire, encore mal définie, que l'on désigne sous le nom de *matière humique*. Elle est surtout abondante dans les terreaux et la bonne terre de jardin.

On ne connaît pas très bien les propriétés chimiques de l'humus. Certains agronomes admettent qu'il doit être absorbé directement par les racines des végétaux. Peut-être est-il aussi une des sources généreuses du *carbone* que les plantes emmagasinent en grande quantité dans leurs tissus ? Quoi qu'il en soit, l'humus est le « nerf de la culture ». Toutes les terres qui en sont privées ou peu fournies sont toujours d'un maigre rapport, même avec le concours des engrais chimiques. Au point de vue physique, l'humus donne du corps aux terres sableuses et il remplace avantageusement l'argile. Chose curieuse, dans les terres argileuses, sa plasticité combat la compacité de l'argile et les façons culturales se trouvent facilitées. L'humus a en outre l'heureuse propriété de retenir beaucoup d'eau, ce qui entretient dans le sol une fraîcheur favorable à la croissance des végétaux. En même temps, il combat l'imperméabilité des terres fortes. De plus, il absorbe beaucoup de calorique solaire, ce qui augmente la précocité des terres qui en sont pourvues.

En résumé, l'humus est l'élément primordial, indispensable à la productivité des sols.

II. — CLASSIFICATION DES TERRAINS
D'APRÈS LEURS PROPRIÉTÉS PHYSIQUES

Examen des terres en place. — Pour connaître la *valeur physique* d'une terre, il ne suffit pas de l'étudier au laboratoire; on doit aussi l'examiner sur place, car la nature du sous-sol peut accentuer les défauts ou les qualités de la couche arable. Tout d'abord, il faut connaître la flore spontanée qu'elle porte, savoir ce qu'elle peut devenir lorsqu'on la travaille, et déterminer les cultures qui lui conviennent. Tous ces renseignements sont du ressort du praticien.

On fera bien de creuser plusieurs tranchées pour voir quelle est la profondeur de la couche meuble et la nature du sous-sol. Il y a des terres argileuses qui, reposant sur un sous-sol perméable, sont moins humides que certaines terres sableuses portées par un sous-sol imperméable. (*Tabl. Examen des sols, fig.* 1). Il faut savoir comment agissent sur ce sol, dans les cas les plus variés et aux degrés les plus extrêmes, l'eau, la chaleur solaire, les vents, etc., et comment s'y comportent les divers instruments de culture.

Propriétés physiques des sols. — *Densité.* — De tous les éléments qui composent la terre arable, c'est la silice qui est le plus dense et le terreau le plus léger. L'humus allège donc les sols et facilite la pénétration des racines; il diminue le tassement.

Perméabilité. — Les plantes périclitent et meurent lorsqu'elles souffrent de la sécheresse; elles périssent également quand elles se trouvent dans un milieu trop humide.

Un sol qui contient 25 pour 100 de son poids d'eau, à une profondeur de 30 centimètres, est celui qui convient le mieux à la plupart des cultures.

Ce sont l'atmosphère et le sol qui doivent fournir aux plantes l'eau nécessaire à la végétation. Cette eau doit circuler lentement entre les interstices du terrain, sans croupir nulle part; mais l'assèchement ne doit pas être trop rapide, car les plantes risquent de souffrir pendant les périodes de sécheresse (*Examen des sols, fig.* 2).

La *perméabilité* et l'*imperméabilité* d'un sol dépendent de la proportion d'argile et d'humus qu'il contient.

Hygroscopicité. — L'hygroscopicité est la faculté pour une terre d'emmagasiner et de retenir une plus ou moins grande quantité d'eau; c'est elle qui constitue la réserve à laquelle puisent les plantes quand il ne pleut pas.

Cette faculté de retenir l'eau dépend de la finesse des grains et de la nature du sous-sol. Les sols argileux retiendraient beaucoup d'eau s'ils ne se fendillaient pas. A ce sujet l'humus est de beaucoup supérieur à l'argile (*Examen des sols, fig.* 3).

Hygrométricité. — Tous les sols absorbent l'humidité ambiante, c'est-à-dire la vapeur d'eau de l'atmosphère. Cette propriété est extrêmement variable : à peu près nulle pour le sable siliceux, elle est très forte avec l'humus.

Pendant les périodes de sécheresse, l'effet contraire se produit. Le sol abandonne à l'atmosphère une partie de son humidité et ce sont encore les terres légères, pauvres en humus, qui sont mises le plus à contribution.

Capillarité. — On sait que les liquides montent dans les tubes fins d'autant plus haut que ceux-ci sont petits. Dans les sols il se forme des fissures, des interstices étroits par lesquels l'eau du sous-sol monte à la surface et s'évapore. Par analogie avec ce qui se passe dans les tubes très fins dits *capillaires*, cette propriété des sols fendillés a été appelée *capillarité*.

Les sols fissurés par le retrait de l'argile se dessèchent très vite si on n'interrompt pas l'ascension de l'eau au moyen des *binages*.

Cohésion. — La cohésion se manifeste par une résistance marquée au travail des instruments aratoires. Les efforts nécessaires pour vaincre la résistance des molécules terreuses, si on les mesure au dynamomètre, sont beaucoup plus élevés avec l'argile que dans les sables où les grains ont beaucoup moins de points de contact.

Echauffement. — L'échauffement des terres, sous l'influence de la chaleur solaire, est influencé par l'exposition, le degré hygrométrique du terrain et sa coloration.

Les terres à exposition Sud, frappées presque perpendiculairement par les rayons solaires, s'échauffent beaucoup plus vite que celles s'étageant sur des pentes tournées vers le Nord, qui bénéficient seulement d'un éclairage oblique (*Examen des sols, fig.* 4).

Dans les terres humides, la chaleur reçue sert à évaporer l'eau, tandis qu'elle est emmagasinée dans les terres saines. C'est pourquoi les terres argileuses ou marécageuses sont froides et « tardives ». Des terres de même nature, et pareillement exposées, s'échauffent d'autant plus vite que leur coloration est intense. Ainsi les sols crayeux et blancs sont plus froids que les sols humifères noirs.

Qualités d'une bonne terre. — Une terre se trouve dans les meilleures conditions de productivité lorsqu'elle est *perméable* à l'air et à l'eau.

Elle doit en outre être *immobile*, c'est-à-dire qu'elle doit résister à l'action des vents violents et à l'érosion des *eaux sauvages* alimentées par les fortes pluies (*Examen des sols, fig.* 5). La sécheresse ne doit pas la fendiller outre mesure, ni la gelée la soulever. Les crevasses qui en résulteraient déchireraient les racines et nuiraient à la nutrition, aussi bien en été qu'en hiver.

Les terrains sablonneux à l'excès sont *mobiles* (*Examen des sols, fig.* 6). C'est le cas des *dunes*. Les terrains argileux sont *imperméables* et ils subissent des retraits considérables pendant la saison chaude. Lorsque le calcaire domine, la couche arable résiste mal à la force expansive de la gelée.

Une terre dans laquelle les trois éléments sont associés en proportions convenables offre le maximum de résistance aux agents atmosphériques et elle se prête à toutes sortes de cultures. Les autres doivent être modifiées par des *amendements* ou exploitées d'une façon spéciale.

Classification géologique. — La classification géologique permet d'identifier et de rapprocher les terrains ayant même origine, bien que situés dans des régions éloignées. On peut alors les étudier au point de vue des applications agricoles communes. C'est ainsi que l'on peut traiter de la même manière les plaines de la Limagne, de la Beauce, de la Brie, etc. Les terres granitiques de la Bretagne, du Massif Central et des Vosges ont également beaucoup d'analogie, ainsi que le montre leur flore spontanée de bruyères, genêts et ajoncs.

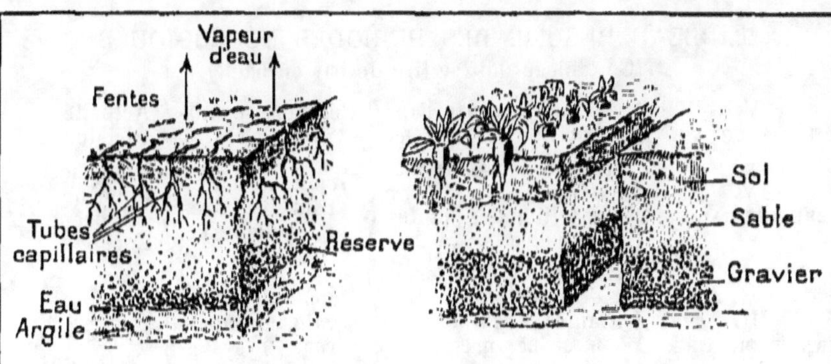

FIG. 1. — Perte d'humidité par évaporation dans un sol imperméable.

FIG. 2. — Perte d'humidité par filtration dans un sol perméable.

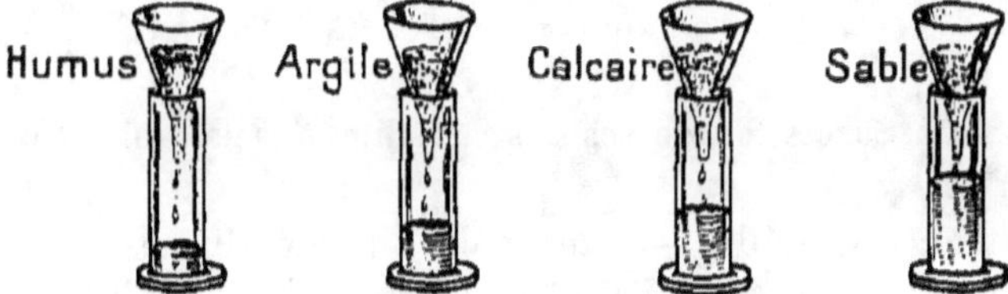

FIG. 3. — Les divers éléments composant le sol ont un pouvoir très variable d'absorption de l'eau ; l'expérience ci-dessus permet de classer ces éléments dans l'ordre d'hygroscopicité décroissante.

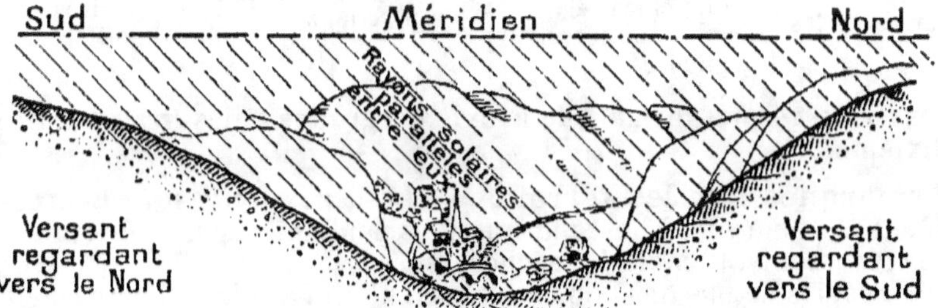

FIG. 4. — Le versant tourné vers le Sud reçoit les rayons solaires presque perpendiculairement, alors que le versant tourné vers le Nord reçoit ces mêmes rayons sous une incidence oblique, presque rasante.

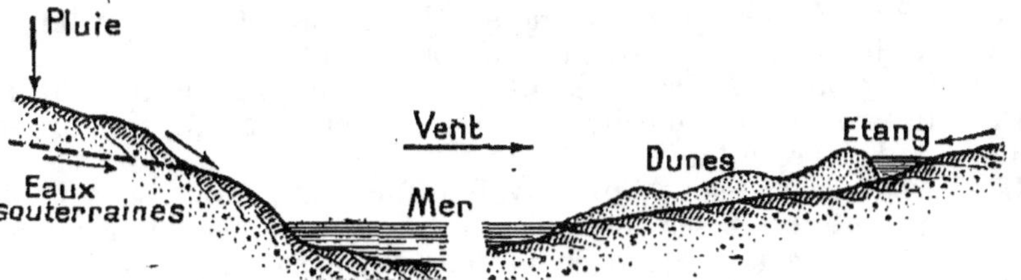

FIG. 5 — Sol fixé résistant à l'érosion de la pluie, du vent et des eaux.

FIG. 6. — Sol mobile formé de dunes que le vent déforme et déplace.

EXAMEN DES SOLS

TABLEAU RÉSUMÉ DES PÉRIODES GÉOLOGIQUES
(Ce tableau doit se lire de bas en haut.)

V. ÈRE QUATERNAIRE.	Caractérisée par l'apparition de l'*homme*.	Cette ère se subdivise en....	Actuelle. Pléistocène.
IV. ÈRE TERTIAIRE.	Règne des *mammifères*.......... Apparition des plantes actuelles........	Dépôt des terrains tertiaires (4 systèmes)..	Pliocène. Miocène. Oligocène. Eocène.
III. ÈRE SECONDAIRE.	Règne des *reptiles* et des *ammonites*.... Plantes *gymnospermes* et premières plantes phanérogames...........	Dépôt des terrains secondaires (3 systèmes).......	Crétacique. Jurassique. Triasique.
II. ÈRE PRIMAIRE.	Règne des *trilobites* (crustacés)...... Abondance des *cryptogames vasculaires*.	Dépôt des terrains primaires (5 systèmes)..	Permien. Carbonifère. Dévonien. Silurien. Précambrien.
I. TERRAIN ARCHÉEN. (Pas de fossiles.)	Succession de schistes cristallins (gneiss, micaschistes).		

Classification agricole. — Les sols ont été divisés en deux grands groupes : les *terres fortes* et les *terres légères*. Chacun de ces groupes comprend quatre classes. On les écrit en plaçant l'élément dominant le premier.

Terres fortes	argilo-siliceuses. argilo-calcaires. argilo-humifères. argileuses.	
Terres légères	silico-argileuses. silico-calcaires. silico-humifères. siliceuses.	

Les *terres calcaires* forment le neuvième groupe et les *terres franches* le dixième.

Remarques sur les terrains. — Les *terres argilo-siliceuses* renferment trop d'argile. Elles sont humides pendant la saison des pluies et se crevassent à la moindre sécheresse.

Les apports de marne et de chaux coagulent l'argile et l'empêchent de devenir une matière délayable. Les fumures copieuses d'engrais organiques diminuent sa plasticité. La pratique du drainage donne aussi de bons résultats.

Les *terres argilo-calcaires* se rapprochent davantage des terres franches; elles sont meilleures que les précédentes.

Les *terres argilo-humifères* pèchent par défaut d'aération. Il suffit de les assainir et de leur fournir des amendements calcaires pour en obtenir de bons résultats.

Les *terres argileuses* sont d'un travail difficile et pénible. Les meilleures peuvent être mises en état par l'action combinée du drainage, du chaulage et de la culture en billons. On a souvent intérêt à les mettre en prairies ou à les exploiter en peupleraies et en oseraies.

Les *terres silico-argileuses* sont perméables et faciles à travailler, mais souffrent facilement de la sécheresse. Il leur faut beaucoup de fumier, mais on se gardera de les chauler pour ne pas accentuer leur perméabilité déjà trop grande.

Les *terres silico-calcaires* ont les mêmes défauts que les précédentes. Les fumures doivent être copieuses et l'assolement à base de sainfoin.

Les *terres silico-humifères* n'existent que dans les lieux humides. Elles contiennent une forte réserve d'humus et deviennent extrêmement fertiles aussitôt qu'on les assainit, en même temps qu'on leur fournit des amendements calcaires.

Les *terres sablonneuses* ne sont productives qu'à la condition de leur fournir beaucoup de fumier et de pratiquer les arrosages ou l'irrigation. Dans le cas contraire, il vaut mieux les boiser en résineux.

Les *terres calcaires* sont perméables et brûlantes à l'excès ; elles dévorent les engrais et se soulèvent à la gelée. Les plantations de pins noirs d'Autriche constituent le meilleur mode d'utilisation.

Les *terres franches* bien équilibrées sont parfaites. Il suffit d'observer les principes de la restitution pour en obtenir des récoltes abondantes, régulières et suivies.

III. — CONSTITUTION CHIMIQUE
DES TERRES ARABLES

Les besoins des végétaux. — La *terre arable* et le sous-sol ont une composition chimique infiniment variable et très complexe. Les éléments nécessaires à la nutrition végétale doivent s'y trouver sous une forme assimilable ; sinon, les conditions requises pour les transformations appropriées doivent tout au moins être présentes.

Comme les plantes ne peuvent prospérer que si elles trouvent à leur portée les aliments indispensables, le cultivateur s'attachera à leur fournir les principes qui font défaut, ou qui existent en trop faible quantité dans le sol.

Il y a dix corps simples indispensables à la nutrition, savoir :

Le carbone........	
L'oxygène........	fournis par l'air et par l'eau.
L'hydrogène.......	
L'azote..........	
Le phosphore......	
Le potassium......	éléments essentiels.
Le calcium........	
Le soufre.........	
Le magnésium.....	existent presque toujours en quantité
Le fer	suffisante dans les sols.

Les éléments essentiels. — *Azote.* — L'azote se présente sous trois états : *organique, ammoniacal* et *nitrique.*

L'azote ammoniacal et nitrique sont considérés comme immédiatement assimilables. L'azote organique ne l'est que progressivement, si le milieu est favorable ; il constitue le stock de réserve. C'est l'analyse qui renseigne sur la teneur totale des terres en azote. On admet que la proportion est satisfaisante lorsqu'elle n'est pas inférieure à 1 pour 1 000.

Acide phosphorique. — L'analyse chimique ne décèle pas le degré d'asssimilabilité de l'acide phosphorique, qui dépend surtout de la nature de la combinaison dans laquelle il se trouve engagé. Une terre est considérée comme moyennement riche quand elle contient 1 pour 1 000 de ce principe.

Potasse. — Comme l'acide phosphorique, la potasse native du sol est plus ou moins assimilable. Une proportion de 1,25 pour 1 000 représente une bonne moyenne. Dans les sols où la potasse est peu soluble, on a recours à l'emploi du plâtre pour la libérer.

Chaux. — Presque tous les sols, sauf les sols acides et sablonneux à l'extrême, contiennent suffisamment de chaux pour suffire aux besoins nutritifs des plantes. Il faut néamoins en fournir le plus possible aux terres argileuses pour coaguler l'argile. Une terre de composition moyenne peut se contenter de 10 pour 1 000 de chaux, tandis qu'une terre forte est encore pauvre avec 30 à 40 pour 1 000 de cet élément.

Propriétés chimiques des terres. — Les réactions chimiques qui se produisent dans le sol doivent être étudiées attentivement, pour bien comprendre les principes de la restitution.

Pouvoir absorbant. — Si on verse sur de la terre une solution saline ou du purin, le liquide recueilli sera décoloré et il aura abandonné une partie ou la totalité des sels qu'il contenait. Mais le pouvoir absorbant des sols est très variable : les terres sableuses, par exemple, retiennent mal les éléments nutritifs et elles les laissent descendre dans le sous-sol. Avec de semblables terrains, il faut fumer souvent et peu à la fois.

Combustion des matières organiques. — Les matières organiques du sol sont formées de *carbone*, *d'oxygène*, *d'hydrogène* et *d'azote*. Elles sont brûlées et transformées sous l'action de l'oxygène du sol et des microbes. Le carbone donne de l'acide carbonique, l'hydrogène et l'oxygène de l'eau, l'azote de l'acide nitrique (*Tabl.*, *Étude chimique*, *fig.* 1). Les éléments constitutifs de la matière sont donc revenus à leur état minéral et un nouveau cycle de transformation va s'effectuer.

La présence de l'acide carbonique dans le sol, sous l'influence des pluies, favorise la dissociation du calcaire et du phosphate de chaux qui serviront à l'alimentation des plantes. Ce travail est facilité par l'ameublissement du sol et les labours profonds.

Combustion de l'azote ou nitrification. — Il y a dans le sol normal un nombre considérable de *microbes*, un million au gramme, désignés sous le nom de *ferments nitriques*. Ces microbes se développent au contact de l'azote organique, dès l'instant qu'ils ont de l'oxygène à leur disposition (*Étude chimique*, *fig.* 4). La *nitrification* est donc active dans un sol bien ameubli; elle est lente ou nulle dans un sol tassé. Le travail des ferments nitriques croît avec le taux d'humidité du sol, jusqu'à la limite de la terre mouillée, à condition que la température ne soit pas inférieure à 4° ni supérieure à 40°. Par conséquent, l'humidité et la chaleur sont nécessaires. Il faut en outre que le milieu soit alcalin et non acide : dans les terres tourbeuses et dans celles dites de bruyère la nitrification est arrêtée. Pour activer le travail de combustion des matières organiques, il suffit de répandre et d'enfouir de la chaux dans le sol, mais en quantité modérée. A son contact, il se forme du nitrate de chaux soluble, immédiatement assimilable.

La conséquence de ce phénomène d'ordre primordial, c'est que l'azote organique joue un grand rôle dans la nutrition végétale. Comme l'azote est un élément coûteux, on doit soigner les *fumiers*, qui en sont la source principale, ainsi que toutes substances telles que boues, marcs et autres déchets également riches en matières

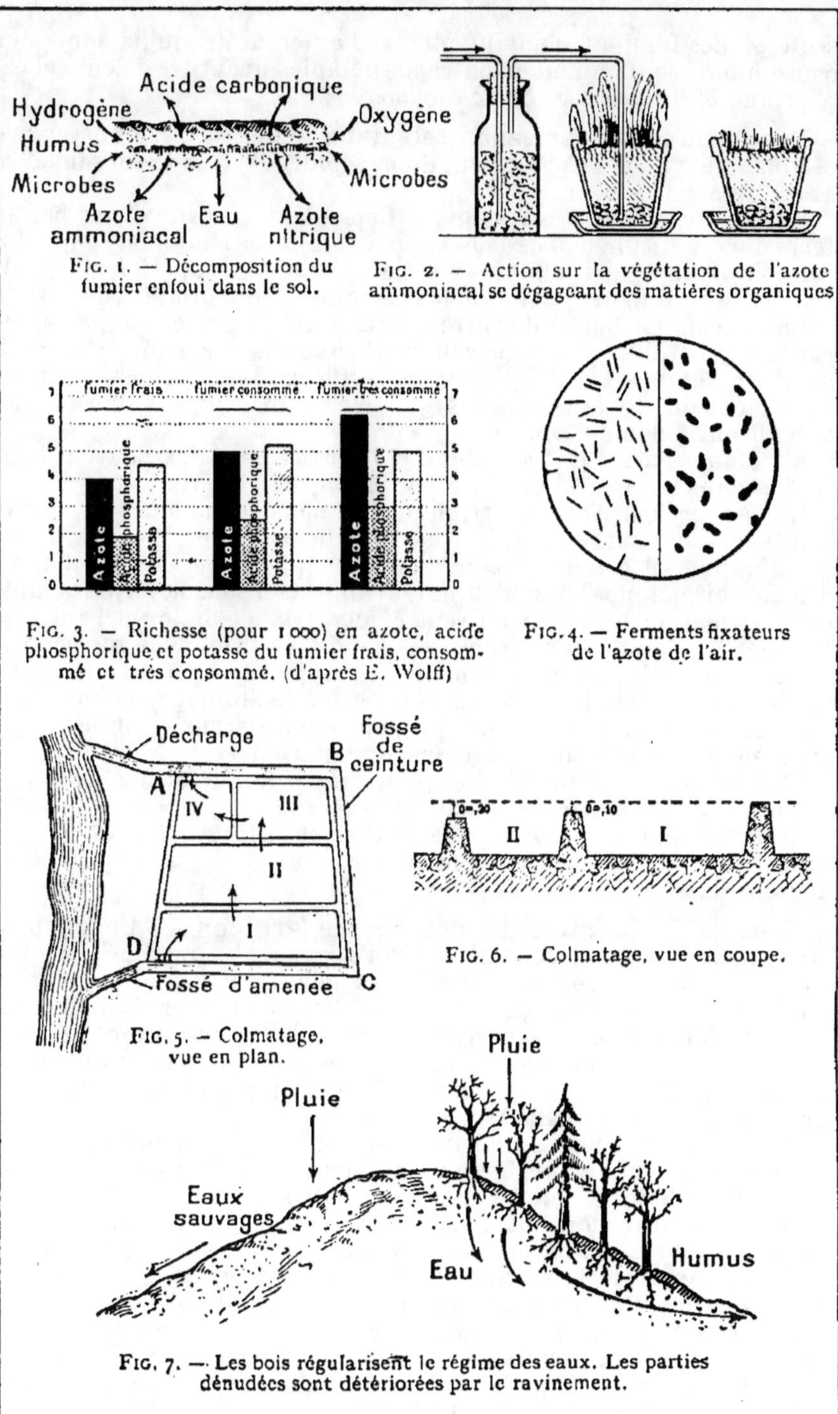

Fig. 1. — Décomposition du fumier enfoui dans le sol.

Fig. 2. — Action sur la végétation de l'azote ammoniacal se dégageant des matières organiques

Fig. 3. — Richesse (pour 1 000) en azote, acide phosphorique et potasse du fumier frais, consommé et très consommé. (d'après E. Wolff)

Fig. 4. — Ferments fixateurs de l'azote de l'air.

Fig. 5. — Colmatage, vue en plan.

Fig. 6. — Colmatage, vue en coupe.

Fig. 7. — Les bois régularisent le régime des eaux. Les parties dénudées sont détériorées par le ravinement.

ÉTUDES CHIMIQUES ET CAUSES DE STÉRILITÉ

azotées. Les fumiers, d'autant plus riches en azote qu'ils sont plus consommés, contiennent en outre de notables quantités d'acide phosphorique et de potasse (*Étude chimique*, *fig.* 3).

Pertes de principes essentiels dans le sol. — L'azote *organique* est insoluble dans l'eau; il peut donc séjourner dans le sol sans être entraîné par l'eau.

L'azote *ammoniacal* est soluble. Cependant, il est retenu par la terre lorsque celle-ci possède un pouvoir absorbant élevé, qui lui est communiqué par l'humus ou par l'argile. L'expérience représentée par la figure 2 du tableau montre l'importance de l'azote ammoniacal. Le flacon de verre contient du fumier et du purin, les gaz ammoniacaux qui se dégagent sont conduits dans un pot rempli de gravier et de sable stérile, ces gaz suffisent à faire pousser vigoureusement du ray-grass, tandis que les graines placées dans le pot témoin ont à peine germé

L'azote *nitrique* n'est pas retenu et les eaux pluviales peuvent l'entraîner dans le sous-sol où il est perdu pour la culture.

L'*acide phosphorique* ne se perd pas dans le sol où il se trouve d'ailleurs à un état peu soluble, en combinaison avec la chaux, le fer et l'alumine. Il est difficilement attaqué par l'eau, même chargée d'acide carbonique. Lorsqu'on le fournit au sol sous la forme soluble de superphosphate, il rencontre la chaux, l'oxyde de fer et l'alumine auxquels il s'unit pour former des composés insolubles ou peu solubles, ainsi s'explique comment les superphosphates, bien que solubles, ne se perdent pas dans les eaux de drainage; de plus leur acidité, qui pourrait constituer un poison dangereux pour les végétaux, se trouve neutralisée par ces combinaisons.

La *potasse* donnée sous la forme de *chlorure* ou de *sulfate de potasse* est mal retenue dans le sol; mais, en présence du calcaire, ces sels se transforment en carbonate de potasse et se trouvent fixés. La potasse native du sol est peu assimilable et il n'y a pas de déperditions à craindre.

Causes de la stérilité des terres arables. — Un sol peut être stérile ou peu productif lorsqu'il est mal constitué ou qu'il *manque d'épaisseur*, comme c'est le cas pour certains affleurements crétacés de la Champagne. Dans les terres sans profondeur, les plantes souffrent de la sécheresse, parce qu'elles ne peuvent pas s'enraciner normalement. Par suite, elles ne trouvent pas à s'alimenter comme elles le devraient et elles ne disposent pas de réserves d'eau nécessaires à leur nutrition.

Une deuxième cause de stérilité est fournie par la présence dans le sol de substances nuisibles, notamment de *sulfate de fer* et de *sel marin*. Le sulfate de fer, en effet, lorsqu'il se trouve en dissolution un peu concentrée au contact des racines, devient caustique. Il en est de même pour le sel marin que la plupart des végétaux abhorrent.

Enfin, une cause de stérilité plus commune est celle qui résulte de l'épuisement inconsidéré des terres, à la suite d'un assolement défectueux et d'une culture sans engrais. Les stocks de réserve dans le sol ne sont pas inépuisables et si la restitution n'est pas bien comprise, il suffit qu'un des éléments essentiels vienne à manquer pour que les récoltes deviennent déficitaires.

Les *déboisements* excessifs sont aussi nuisibles à la culture car, par suite de la disparition des forêts, les rosées sont peu fréquentes et les pluies deviennent plus rares ou moins abondantes. Une région dénudée est toujours plus sèche qu'une région boisée. Les eaux pluviales n'étant pas retenues par l'humus de la forêt, elles se trouvent rapidement entraînées par les torrents et perdues pour la région.

Moyens de remédier aux causes de stérilité. — Ce qui fait la valeur des bonnes terres à blé, c'est la profondeur de la couche arable.

Pour fortifier les terrains manquant de fonds, il faut augmenter la pénétration des labours, de manière à incorporer à la couche arable une partie du sous-sol. Cette pratique se fait couramment; mais il faut agir progressivement, car si on ramenait brusquement une trop grande quantité de terre relativement pauvre à la surface les résultats immédiats seraient mauvais. En même temps que l'on effectue ces défoncements partiels, il faut avoir soin d'enfouir de copieuses fumures, à base d'engrais organiques. Si, en même temps que les labours profonds, on pratique un léger sous-solage (fouillage du sous-sol), les résultats obtenus seront encore meilleurs.

Dans les vallées où on peut pratiquer le *colmatage* (*Etude chimique, fig.* 5 et 6), en laissant séjourner à la surface du sol des eaux limoneuses, l'enrichissement est très marqué.

Enfin, au cas où les procédés ci-dessus ne seraient pas praticables, il vaudrait mieux effectuer le *boisement* pur et simple des terres infertiles, avec des essences qui conviennent à la nature du terrain (*Etude chimique, fig.* 7).

Quand un sol contient une proportion élevée de *sulfate de fer*, le meilleur moyen de combattre son action nocive est encore d'effectuer un chaulage à haute dose. Il se produit du sulfate de chaux inoffensif et de l'oxyde de fer insoluble.

Pour éliminer le *sel marin*, on doit dessaler les terres. A cet effet, on fait couler à la surface des quantités aussi élevées que possible d'eau douce, amenée par un système de canalisation identique à celui en usage pour l'irrigation. Le chlorure de sodium descend dans les couches profondes du sous-sol, ou bien il est éliminé par les drains.

Enfin, pour remettre en état des terres épuisées par la culture, on les cultivera en fourrage, naturel ou artificiel, afin d'augmenter ses réserves d'humus, le défaut de cet élément étant la cause initiale la plus commune qui frappe les sols de stérilité. Préalablement à cette culture on aura fourni à la terre les engrais chimiques appropriés.

L'analyse chimique dont il est parlé au chapitre suivant permet de reconnaître quel est l'élément qui manque le plus et de choisir l'engrais qui l'apportera. Cependant il ne faut pas croire que par cette méthode on agira à coup sûr. Un élément peut se trouver dans le sol, mais sous une forme non assimilable qui équivaudra à son absence. Ainsi, l'action nitrifiante du calcaire et le bon côté physique de son emploi ne sont pas en rapport constant avec la teneur absolue des sols en carbonate de chaux: les terres argileuses en demandent davantage que les terres sableuses pour fournir des résultats équivalents. Lorsqu'on est prévenu de cette particularité, on peut toujours rechercher les moyens pratiques et économiques pour rendre utilisables des stocks fertilisants en réserve.

IV. — ANALYSE DES TERRES

Interprétation des analyses. — L'*analyse quantitative* d'échantillons prélevés sur les différentes pièces de terre appartenant à une même exploitation facilite grandement la tâche de l'agriculteur. Elle lui permet de faire une répartition judicieuse et opportune des *engrais* et des *amendements*, et de pratiquer sans tâtonnement diverses améliorations agricoles, en ménageant son budget et en évitant les dépenses inutiles.

Des sols pauvres en azote, en acide phosphorique et en potasse devront recevoir à une dose élevée des engrais azotés, phosphatés et potassiques. Mais, ainsi qu'on l'a remarqué à la fin du chapitre précédent, un élément dont on a constaté la présence par l'analyse peut se trouver sous une forme non assimilable.

Pour ces raisons, toutes les analyses de terrains doivent toujours être interprétées largement et il est nécessaire de contrôler les données du laboratoire par l'observation directe des cultures.

Prise d'échantillons. — Il ne suffit pas, pour obtenir des résultats probants, de soumettre à l'analyse un échantillon quelconque, prélevé n'importe où, au petit bonheur, car la richesse moyenne change à chaque instant et si l'on venait à tomber sur des remblais ou des terres rapportées, on obtiendrait ainsi des résultats erronés.

Il faut effectuer des prélèvements partiels en divers points des pièces de terre à étudier, si celles-ci ont une certaine étendue.

Dans nombre de cas, au lieu de s'astreindre à respecter la division parcellaire, il est préférable de s'inspirer des inflexions du terrain, en faisant des prélèvements sur les plateaux, les versants, les plaines, les thalwegs, etc., en marquant leur situation sur le plan. On obtient ainsi des résultats qui concordent avec l'étude géologique de la région pour tous les éléments, sauf la teneur en azote qui est surtout influencée par la restitution, l'assolement, les modes de culture et qui varie d'une pièce à l'autre, suivant la technique des propriétaires. Une terre riche en azote peut être limitrophe d'une terre épuisée et *vice versa*.

Pour obtenir un échantillon moyen, transportez-vous aux différents endroits, marqués à l'avance, muni d'une brouette et d'une bêche. Après avoir décapé la surface du terrain, jusqu'à la profondeur de 10 à 12 centimètres, vous arrivez à la zone moyenne. Vous prélevez alors une petite quantité de terre, telle qu'elle se trouve, puis vous la déposez dans la brouette (V. *Tabl. Analyse du sol, fig.* 1). Si vous faites, suivant l'étendue de la parcelle, quatre ou cinq prélèvements, vous êtes en possession d'une masse de terre que vous mélangez le mieux possible. Vous mettez ensuite en réserve, dans une toile fine, 1 à 2 kilogrammes de terre qui vous serviront pour l'analyse.

Comme vous avez intérêt à effectuer également l'analyse du sous-sol, vous profitez de l'occasion pour prendre un deuxième échantillon aux mêmes endroits, après avoir décapé la couche arable sur une profondeur de 40 centimètres. Vous effectuez le prélèvement quelques centimètres plus bas (*Analyse du sol, fig.* 2).

Analyse quantitative. — Envoyez les échantillons moyens que vous avez prélevés dans un laboratoire agronomique ou autre, bien

FIG. 1. — Prélèvement d'un échantillon dans le sol.

FIG. 2. — Prélèvement d'un échantillon dans le sous-sol.

FIG. 3. — Dosage du calcaire. Dans la première pesée l'échantillon de terre
et l'acide chlorhydrique font équilibre à la tare; dans la deuxième, l'acide
chlorhydrique a chassé l'acide carbonique, l'équi-
libre est rompu; dans la troisième le poids qui
rétablit l'équilibre représente l'acide carbonique.

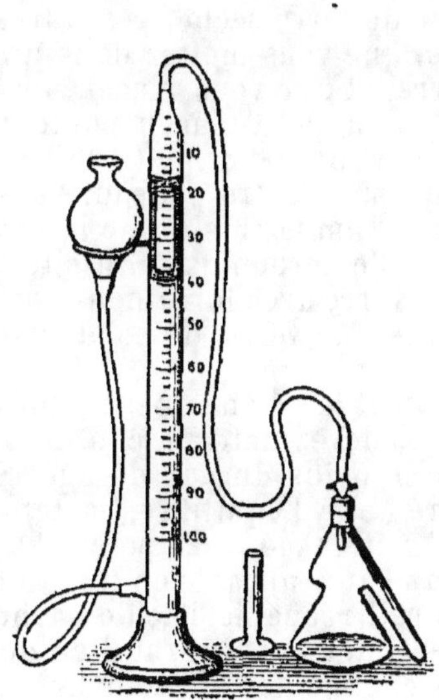

FIG. 4. — Calcimètre Neveu.

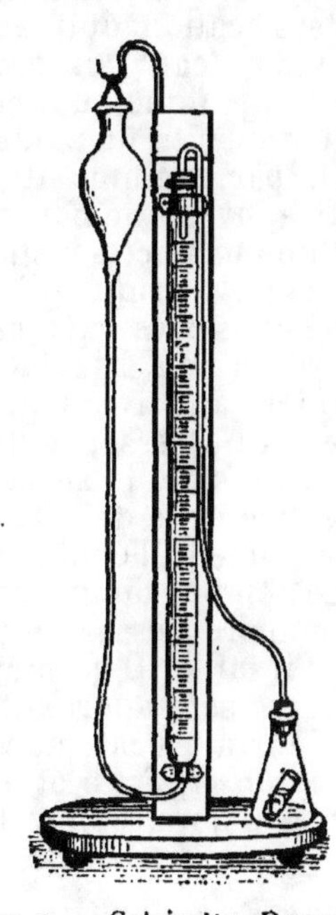

FIG. 5. — Calcimètre Bernard

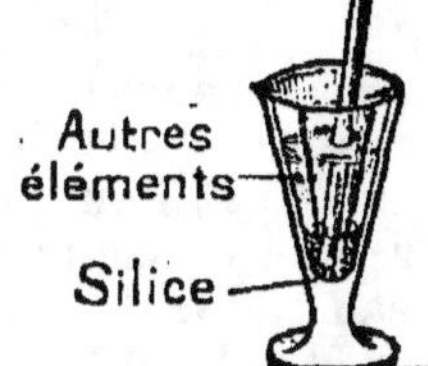

FIG. 6. — Séparation de la silice et
de l'argile d'avec l'humus par lavage
et filtration.

FIG. 7. — Après dessiccation la silice
reste dans le verre et l'argile dans la
coupelle.

ANALYSE D'UNE TERRE

outillé, pour les faire analyser par des chimistes compétents. Aussitôt les résultats reçus, vous les transcrivez à l'encre rouge sur votre livre des cultures et sur les plans parcellaires, afin de pouvoir les consulter aisément.

Cependant, comme les analyses complètes sont assez coûteuses et qu'elles exigent beaucoup de minutie et l'emploi d'un matériel spécial, vous pouvez vous contenter de doser provisoirement vous-même l'*argile,* la *silice,* le *calcaire* et l'*humus.*

En ce qui concerne l'azote, vous êtes déjà partiellement renseigné par la proportion d'humus. Il vous restera à compléter plus tard ces données par l'analyse de la *potasse,* de l'*acide phosphorique* et de l'*azote organique.* Vous supprimez ainsi ou vous réduisez considérablement les dépenses.

Dosage du calcaire. — Commencez par dessécher l'échantillon de terre à examiner, en le plaçant dans une étuve modérément chauffée, 90°-100°, ou dans le four de votre cuisinière.

La dessiccation doit se faire lentement, de manière à évaporer la totalité de l'eau contenue dans l'échantillon, mais sans brûler la matière organique qu'il contient et sans décomposer le calcaire.

Prenez ensuite un poids déterminé de terre sèche, pesée très exactement, par exemple 100 grammes, que vous mettez dans un verre ordinaire, avec une baguette en verre, et que vous placez sur le plateau d'une balance sensible, à côté d'un petit flacon contenant de l'acide chlorhydrique dilué à 40 ou 50 pour 100 d'eau (*Analyse du sol,* fig. 3). Faites très exactement la tare sur l'autre plateau. Versez ensuite, peu à peu, l'acide sur la terre. Remuez bien avec la baguette, de manière à activer le départ de l'acide carbonique. Aussitôt que le dégagement a cessé, soufflez dans le verre avec force pour chasser e gaz lourd resté à la surface du liquide, en vertu de sa densité plus grande que celle de l'air.

A ce moment, l'équilibre est rompu et la balance penche de l'autre côté. Le nombre de grammes que vous devez mettre à côté de l'échantillon pour redresser le fléau donne le poids du gaz dégagé. Supposons qu'il faille 10 grammes pour rétablir l'équilibre, la teneur de votre terre sera approximativement : 10 : 0,44 = 23 pour 100.

On pourrait également doser la chaux au moyen du *calcimètre* (*Analyse du sol,* fig. 5 et 6). Cet appareil recueille l'acide carbonique dégagé et il donne son volume en centimètres cubes, au lieu de l'évaluer en grammes par perte de poids comme nous l'avons fait.

Dosage de l'argile. — Reprenez votre échantillon qui contient du chlorure de chaux en solution et, pour éliminer ce dernier, ajoutez de l'eau distillée en quantité suffisante afin de mettre l'argile et l'humus en suspension dans le liquide en remuant. Laissez reposer les éléments siliceux, plus lourds que les autres, et décantez sur un filtre qui laisse passer la liqueur et retient seulement l'argile et l'humus. Recommencez le délayage et le lavage à plusieurs reprises, jusqu'à ce que les grains de silice soient brillants, et que l'eau ne se trouble plus (*Analyse du sol,* fig. 6). Soumettez ensuite le dépôt retenu par le filtre à l'influence de la chaleur, après l'avoir mis dans un creuset et placé dans une étuve ou un four chauffé au rouge.

Sous l'influence de la haute température ambiante, il se produit une carbonisation complète de la matière organique, ce qui est indiqué par le noircissement (*Analyse du sol,* fig. 7).

Pesez à nouveau. Le poids, en grammes, indique le pourcentage d'argile avec, en plus, les cendres fournies par la matière organique ; mais celles-ci sont peu importantes et on peut se dispenser d'en tenir compte.

Dosage de la silice. — La silice qui reste au fond du verre est également mise à l'étuve, de manière à l'assécher parfaitement.

Il n'y a plus qu'à la peser pour connaître sa proportion.

Dosage de l'humus. — On aurait pu connaître la quantité d'humus en faisant une pesée avant et après sa carbonisation, en amenant le dépôt argilo-humique à un degré de siccité convenable. Cela permettrait de vérifier, en additionnant le poids de la chaux, de l'argile, de l'humus et de la silice, si l'on n'a pas commis d'erreur. Le total trouvé doit, à quelque chose près, être égal à 100 grammes.

Dans la pratique, on se contente de totaliser le poids des trois premiers éléments dosés et la différence, avec le chiffre 100, donne le pourcentage approximatif d'humus. D'ailleurs, un petit écart en plus ou en moins n'altère pas sensiblement les données fournies par l'analyse.

Composition moyenne d'une bonne terre à blé. — La composition moyenne d'une bonne terre convenant à toutes sortes de cultures est à peu près la suivante :

Sable........	60 pour 100	Calcaire......	12 pour 100
Argile.......	20 —	Humus........	8 —

Par comparaison entre les divers pourcentages des analyses séparées, on peut avoir un aperçu des éléments en excès et de ceux qui pèchent par insuffisance.

V. — LES BESOINS DES PLANTES

Éléments constitutifs des tissus végétaux. — Les plantes ont une *vie aérienne* par leurs feuilles et *souterraine* par leurs racines. Elles puisent dans l'un et l'autre milieux les éléments constitutifs de leurs tissus. (*Tabl Nutrition des plantes, fig.* 1).

L'analyse des végétaux indique la nature des matières organiques et minérales qui concourent à leur nutrition.

Si on les brûle, la plus grosse part des éléments constitutifs s'échappe à l'état gazeux dans l'atmosphère. Les *matières minérales* se retrouvent sous la forme de *cendres*.

Origine des matières organiques. — Les éléments de la partie combustible ou *matière organique* sont au nombre de quatre : le *carbone*, l'*oxygène*, l'*hydrogène* et l'*azote*.

Carbone. — Le carbone, qui concourt pour une bonne part à la formation des végétaux, paraît avoir sa source principale dans l'atmosphère. Ce gaz entre dans la composition de l'air atmosphérique pour 3/10 000 environ de son poids. Il est décomposé par les organes verts des plantes, sous l'influence de la lumière solaire. Le carbone est fixé, tandis que l'oxygène est éliminé, mais seulement pendant le jour. Durant la nuit, l'effet contraire se produit : les plantes rejettent du carbone et absorbent de l'oxygène (*Nutrition des plantes, fig.* 2).

On admet que la désassimilation nocturne du carbone est inférieure à son absorption diurne, sans quoi, dit-on, les plantes ne pourraient pas s'accroître. Mais il pourrait bien se faire que l'humus soit aussi une source de carbone et que cet élément soit assimilé autrement que par les feuilles. Cela viendrait corroborer les observations faites sur l'humus, comme agent de fertilisation.

Les quantités de carbone fixées par les plantes sont considérables. Une récolte de blé de 20 hectolitres à l'hectare en absorbe 1 800 kilogrammes ; une culture de betteraves de 40 tonnes en exporte 3 500 kilogrammes. D'après les données actuelles de la science, on n'aurait pas à se préoccuper de la restitution du carbone, qui se trouverait en assez grande quantité dans l'atmosphère pour suffire aux besoins des végétaux.

Hydrogène. — L'hydrogène, un des éléments de l'eau, se trouve mis à la disposition des plantes par les pluies, la rosée, le brouillard et les réserves aqueuses du sol et du sous-sol. Non seulement l'hydrogène concourt à l'élaboration des tissus végétaux, mais il sert de véhicule, en association avec l'oxygène, aux sucs nutritifs, bruts et élaborés, qui circulent dans les plantes en vie.

On alimente et on stimule la vie végétale par la pratique des *arrosages* et des *irrigations*, pour parfaire l'insuffisance du régime des pluies.

Oxygène. — Il y a 21 pour 100 d'oxygène dans l'air, sans compter celui qui se trouve dans l'acide carbonique. Mais la source véritable de l'oxygène est plutôt dans l'eau, qui en contient les $8/9^e$ de son poids. Son action vivifiante est surtout marquée par les pluies ou par les arrosements artificiels.

Azote. — L'air atmosphérique renferme 79 pour 100 d'*azote libre*. Exception faite pour les plantes de la famille des légumineuses (*Nutrition des plantes, fig*. 3), qui jouissent de la propriété de fixer cet azote par leurs *nodosités*, on n'admet pas que, sous cet état, il puisse être assimilé par les végétaux. Les nodosités des légumineuses contiennent des bactéries particulières (*Nutrition des plantes, fig*. 4) qui sont les agents actifs de cette fixation de l'azote.

Quelques agronomes croient que les végétaux inférieurs, ainsi que certains microbes du sol, sont capables de capter l'azote libre, mais cette théorie n'est pas toujours admise. Cependant, il est reconnu que l'*azote nitrique*, qui se forme dans l'atmosphère sous l'influence des décharges électriques, est utilisé directement par les plantes. Il en est de même de l'*azote ammoniacal* qui, combiné à l'acide carbonique, se trouve en très petite quantité dans l'atmosphère et que les pluies entraînent en tombant.

Malgré ces appoints, qui sont loin d'être négligeables, les plantes ont un pressant besoin d'azote et elles sont très avides de cet élément. La source la plus certaine et la plus abondante de l'azote aliment se trouve dans la matière organique du sol. Les transformations chimiques de ces matières et le travail des microbes le libèrent progressivement, pour le mettre à la disposition des végétaux sous la forme assimilable d'azote ammoniacal et nitrique.

Origine des matières minérales. — Les matières minérales, que l'on retrouve après l'incinération des végétaux, sont nécessaires à la nutrition. Lorsque l'un des éléments vient à manquer, les plantes ne peuvent pas se développer normalement. Les trois substances

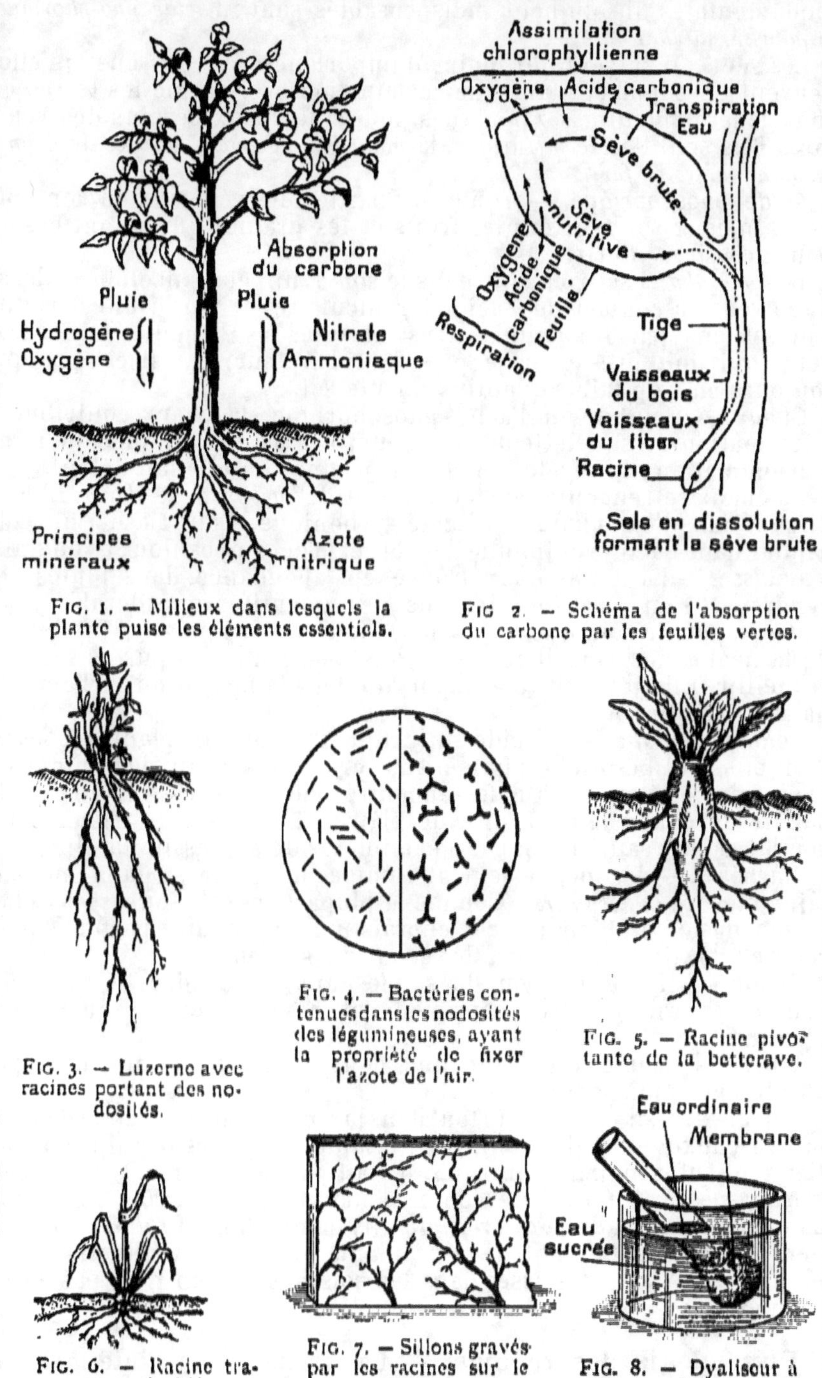

FIG. 1. — Milieux dans lesquels la plante puise les éléments essentiels.

FIG 2. — Schéma de l'absorption du carbone par les feuilles vertes.

FIG. 3. — Luzerne avec racines portant des nodosités.

FIG. 4. — Bactéries contenues dans les nodosités des légumineuses, ayant la propriété de fixer l'azote de l'air.

FIG. 5. — Racine pivotante de la betterave.

FIG. 6. — Racine traçante du blé.

FIG. 7. — Sillons gravés par les racines sur le calcaire.

FIG. 8. — Dyaliseur à membrane.

NUTRITION DES PLANTES

fondamentales absolument indispensables sont : l'*acide phosphorique*, la *potasse*, la *chaux*.

Les sept qui suivent ont moins d'importance, en ce sens qu'elles peuvent se suppléer dans une certaine mesure, et que les terres en sont généralement assez pourvues pour suffire aux besoins des végétaux. Tels sont l'*acide sulfurique*, la *magnésie*, la *soude*, la *silice*, le *chlore*, le *manganèse*, le *fer*.

Acide phosphorique. — Toutes les parties des végétaux en contiennent, mais ce sont surtout les fruits et les graines qui en ont besoin pour grossir et mûrir.

Les *phosphates* se trouvent dans le sol à un état insoluble ; ils se dissolvent au contact de l'acidité radiculaire ; il y a là une sorte de « digestion » par les racines. C'est, de tous les éléments minéraux, celui qui doit intéresser le plus le cultivateur, car il est presque toujours en trop faible quantité dans le sol.

Chaux. — Combinée à l'acide phosphorique, la chaux contribue à la formation du squelette des animaux. Les plantes en font une large consommation ; la végétation languit partout où elle fait défaut.

La chaux se rencontre surtout à l'état de *carbonate de chaux*. Elle se dissout dans l'eau chargée d'acide carbonique. Cette base a un rôle capital dans l'action chimique des sols et la décomposition des engrais.

Potasse. — La potasse se trouve en abondance dans toutes les cendres. Il s'en perd tous les ans des quantités considérables, par suite du peu de soin que l'on apporte à la préparation des fumiers et de la négligence avec laquelle on laisse s'écouler les purins sans les recueillir. Elle joue un rôle important dans la formation de l'amidon dans les feuilles.

Acide sulfurique. — L'acide sulfurique fournit aux plantes le *soufre* dont elles ont besoin, notamment aux crucifères et aux légumineuses avides de cet élément. On le rencontre dans tous les sols à l'état de sulfate de chaux (c'est-à-dire de plâtre). Le sulfate de chaux étant soluble dans l'eau, on n'a pas à s'inquiéter de son assimilabilité.

Magnésie. — La magnésie peut remplacer la potasse dans une certaine mesure et *vice versa*. Comme la plupart des sols sont assez riches en magnésie, et bien que cet engrais puisse produire parfois d'heureux effets, il n'y a pas lieu de recourir à son emploi.

Soude. — Il y a très peu de soude dans les cendres. Son usage comme engrais est très capricieux et assez incertain quant aux résultats.

Chlore. — Même remarque que pour la soude. Il ne paraît pas absolument indispensable.

Silice. — La silice entre surtout dans la constitution de la tige des graminées, auxquelles elle donne de la rigidité. Tous les terrains en contiennent suffisamment pour qu'il n'y ait pas lieu de s'en préoccuper.

Manganèse et fer. — Ces deux métaux jouent un rôle important dans la formation de la *chlorophylle*. Ils combattent la *chlorose* et tonifient les tissus. Ce sont des stimulants actifs de la nutrition. Il y en a presque toujours assez dans les sols pour qu'on n'ait pas à s'en inquiéter.

Physiologie des racines. — Les racines, par l'intermédiaire de leurs radicelles qui se développent dans les particules terreuses, ont pour fonction de saisir les substances alimentaires destinées à la nutrition végétale.

Suivant le développement de leur chevelu, le travail d'absorption est plus ou moins rapide. Certaines plantes, comme la betterave, la luzerne, etc., sont *pivotantes (Nutrition des plantes, fig.* 3 et 5) et leurs racines descendent dans les couches profondes du sous-sol. D'autres, telles que le blé, végètent surtout dans la terre arable : on les dit *traçantes (Nutrition des plantes, fig.* 6).

Il est utile, dans la succession des cultures, de faire suivre une plante traçante par une plante pivotante. En descendant à de grandes profondeurs, la luzerne ramène à la surface des principes égarés dans le sous-sol. On la dit *améliorante*.

Les racines cheminent dans le sol et le sous-sol à la façon d'une taupe, en se détournant des obstacles qui offrent trop de résistance. Elles s'approvisionnent d'autant mieux qu'elles peuvent prendre un plus grand développement, parce que l'étendue de la zone d'absorption augmente avec l'extension du réseau radiculaire. Dès que les racines arrivent sur une couche imperméable, la végétation languit. Aussi les labours profonds ont-ils une action marquée sur la croissance des plantes.

Absorption des matières fertilisantes. — Il y a dans le sol des principes solubles et des principes insolubles.

Les principes dissous arrivent naturellement au contact des radicelles et des poils absorbants. Ils pénètrent dans la plante en vertu du principe de la *diffusion*, c'est-à-dire qu'ils pénètrent au travers de la membrane poreuse des racines jusqu'à ce qu'il y ait équilibre entre les milieux. C'est en réalité une sorte de succion naturelle.

Toutes les substances n'ont pas une égale facilité à traverser par diffusion les membranes poreuses. Ce sont les matières dites cristalloïdes qui pénètrent le mieux au travers ces membranes (*Nutrition des plantes, fig.* 8). Une fois dans les racines, les sucs et solutions salines montent dans les vaisseaux et la circulation ascensionnelle s'établit par l'influence des forces capillaires d'une part et, d'autre part, de l'appel fait par l'évaporation qui a lieu à la surface des feuilles. Petit à petit le liquide est éliminé par transpiration et de nouvelles solutions pénètrent dans les racines.

Si les solutions salines existent en proportions convenables à la disposition des racines, les végétaux se trouvent dans les meilleures conditions pour prospérer ; mais il y aurait inconvénient à les gorger à l'excès d'un principe qui ne peut agir efficacement que s'il est associé aux autres principes utiles. C'est pourquoi il est prudent de ne pas appliquer le *nitrate de soude* à haute dose.

Les végétaux bien conformés ne tirent pas seulement parti des principes solubles ; leurs racines s'attaquent également aux éléments insolubles, tels que phosphates de chaux, de fer, d'alumine, potasse inerte, etc. La solubilisation se produit sous l'action des acides oxalique, citrique, pectique, etc., sécrétés par les racines, après avoir traversé les membranes à la façon d'un dialyseur. L'acidité des racines est mise en évidence lorsqu'on les écrase sur du papier de tournesol qu'elles rougissent ; ou encore lorsque des racines ont rencontré une pierre calcaire telle qu'une plaque de marbre : elles gravent sur cette plaque des sillons assez profonds (*Nutrition des plantes, fig.* 7).

Plus les éléments insolubles sont divisés, plus nombreux sont les points de contact, et plus grande est l'absorption. En conséquence, quand on applique des engrais insolubles, ceux-ci doivent être très ténus et il faut les mélanger le mieux possible dans le sol.

VI. — FACTEURS D'AMÉLIORATION
DES TERRES. — ASSAINISSEMENT

Le défaut des terres humides. — L'*eau* est nécessaire à la végétation, mais son excès est nuisible.

Dans les sols humides, les façons ne peuvent généralement pas se faire au moment opportun. Les interstices étant remplis d'eau, l'aération fait défaut et l'oxygène ne se trouve pas au contact des graines ni des racines. Les fonctions germinatives et nitrifiantes se font mal. La chaleur reçue étant dépensée pour l'évaporation, les terres humides sont toujours froides et tardives. Il faut les assainir.

Reconnaissance des terres humides. — On s'aperçoit qu'une terre a besoin d'être assainie lorsque sa surface se couvre, après les pluies, de marais et de flaques d'eau.

La végétation spontanée comprend le *jonc*, la *prêle*, le *populage*, la *menthe aquatique*, la *cardamine*, le *pédiculaire*, etc.

A la sortie de l'hiver, dans les sols humides, les plantes sont languissantes et chlorosées.

Causes de l'imprégnation. — La stagnation de l'eau provient de diverses causes :

1° Elle peut être produite par les sources et les eaux qui, au voisinage des thalwegs et dans les vallées, suintent en glissant sur des bancs imperméables. Tous les terrains situés en contre-bas sont marécageux lorsqu'ils n'ont pas d'écoulement et qu'ils manquent de perméabilité (V. *Tabl. Assèchement des sols. fig.* 1). Le régime de ces eaux de suintement est *intermittent*. Il devient *continu* quand le débit est fort ;

2° L'humidité peut être entretenue par les eaux provenant de deux versants latéraux, lorsque les plateaux perméables reposent sur une couche argileuse, qui arrive en affleurement avec le fond de la vallée médiane (*Assèchement, fig.* 2). Si la pression est suffisante, l'eau s'épanche ou vient sourdre dans le thalweg, en donnant naissance à des *mouillières* ou *fontenages ;*

3° Il arrive encore que les bords des rivières ou des biefs artificiels sont à un niveau plus élevé que les terres avoisinantes (*Assèchement, fig.* 3). Au moment des crues, l'eau déborde et il se produit des marais et des tourbières dans tous les endroits bas, du fait que l'eau ne peut pas rejoindre son ancien lit lorsque le niveau est revenu à l'étiage ;

4° Si le terrain est sensiblement horizontal, et s'il est constitué par un sol ou par un sous-sol argileux, l'eau des pluies s'accumule à la surface en laissant de place en place des flaques qui subsistent pendant un temps plus ou moins long, ce qui rend la culture difficile et même impossible.

Assèchement. — Les quatre cas ci-dessus énumérés ont chacun leur solution :

1° Pour assécher un terrain noyé par une imprégnation latérale, il suffit de creuser un fossé de dérivation ou de placer une canalisation en drains tout du long de la ligne d'émergence des eaux, qui se trouve au niveau de la couche imperméable (*Assèchement, fig.* 1) ;

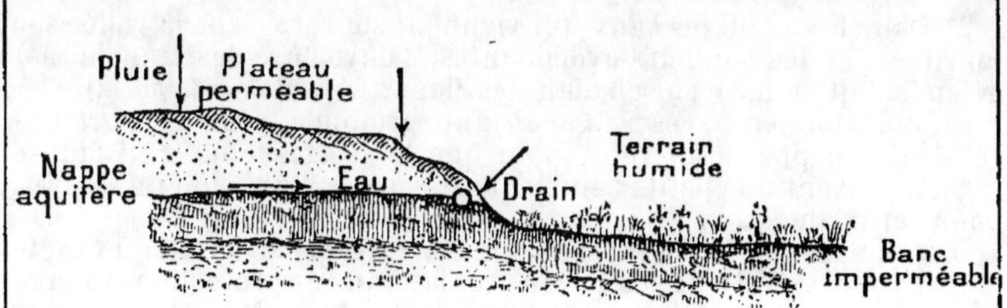

Fig. 1. — Asséchement par pose d'un drain le long de la ligne de suintement des eaux.

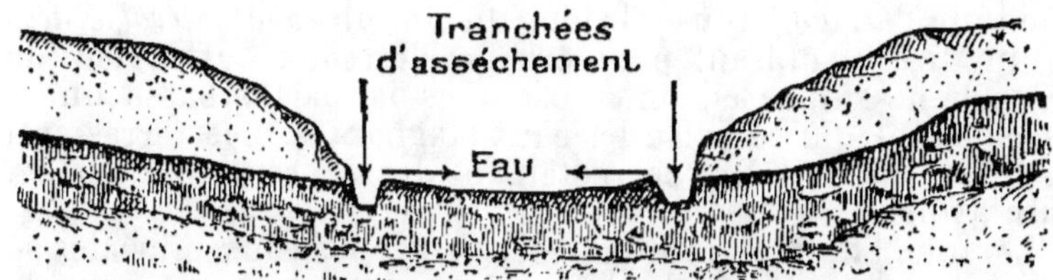

Fig. 2. — Asséchement d'un fond de vallée par l'établissement de deux fossés de protection au pied des versants amenant l'eau.

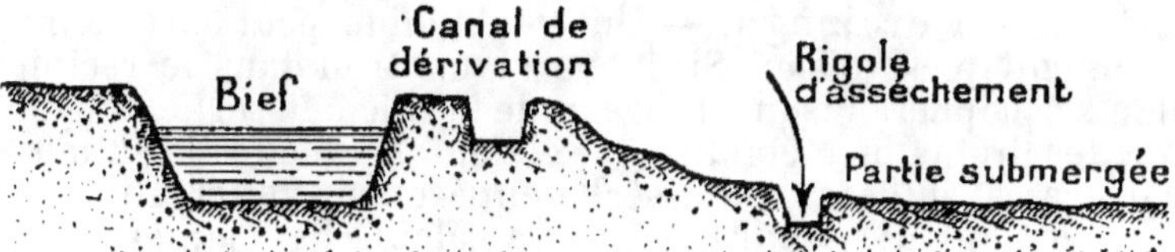

Fig. 3. — Rigole d'asséchement d'un terrain qui a été inondé.

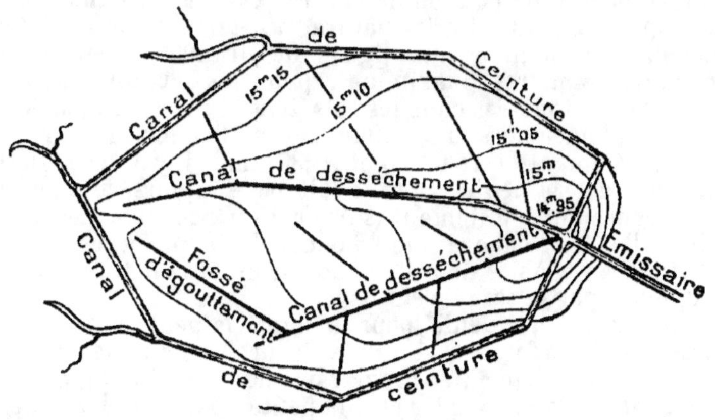

Fig. 4. — Desséchement d'un marais protégé par un canal de ceinture.

ASSÉCHEMENT

2° Dans le cas où les eaux qui viennent sourdre dans la vallée sont fournies par les hauteurs avoisinantes, l'ouverture des tranchées de défense doit se faire sur chacun des flancs (*Assèchement, fig. 2*).

On doit donner à ces saignées une profondeur en rapport avec celle de la nappe aquifère et, pour que le tirage se fasse, il faut les régaler suivant une petite pente dans le sens de l'inflexion du thalweg, pour perdre les eaux vers l'aval.

Dans le cas où il s'agira d'un fond marécageux dominé de toutes parts par des élévations, les deux fossés latéraux de protection ci-dessus mentionnés se rejoindront pour former un *canal de ceinture* continu, et un canal de desséchement se ramifiant par des rigoles entraînera les eaux stagnantes vers un émissaire creusé au point le plus bas (*Assèchement, fig. 4*).

3° Quand la stagnation provient des débordements, on doit, au moment de l'étiage, creuser le long du bief un *canal latéral de décharge*, ayant un tirage suffisant pour évacuer les eaux qui sortent de leur lit. Si cela ne suffit pas, on creuse dans la partie basse une rigole d'assèchement, qui canalise les eaux stagnantes. Les terres extraites de ce fossé, qui doit être correctement dressé, servent à surélever le terrain avoisinant.

4° Lorsque l'humidité est entretenue par les eaux pluviales séjournant sur le sol en raison du défaut de pente, ce qui est le cas le plus habituel, il faut établir un *drainage* avec le concours des tuyaux, des pierres plates, des pierres cassées, des fascines, etc.

Théorie du drainage. — Un sol humide peut être comparé à un récipient plein d'eau. Si on ouvre un trou dans le récipient, le liquide s'échappera jusqu'au niveau de l'orifice de sortie.

Avec les drains bien établis, on obtient les mêmes résultats et, si leur tirage est suffisant, on assèche entièrement le terrain.

L'espacement des drains doit être calculé de manière que leur action se fasse sentir entre les canalisations voisines qui travaillent, chacune de leur côté, à l'assèchement (V. *Tabl. Drainage, fig. 1*). Il faut tenir compte de la résistance opposée à la pesanteur par les molécules terreuses et de l'action de la force capillaire. Dans la pratique, on s'inspire surtout de la nature du terrain pour déterminer l'espacement à donner aux lignes de drains. L'écartement peut varier entre 18 mètres (maximum), pour les terrains sableux et à gros grains, et 6 mètres dans les sols glaiseux très compacts.

La profondeur a aussi une influence sur l'action des drains. Elle varie généralement entre 0^m,90 et 1^m,30; mais il y a des situations où il faut ménager la pente et on ne fait pas toujours comme on veut. Pour se renseigner utilement sur l'action probable des drains, il convient d'ouvrir d'abord une tranchée, puis on creuse des trous à des distances variables de celle-ci pour connaître la limite de l'attraction aqueuse par la tranchée.

En terrain peu accidenté, pour ménager la pente, et afin d'obtenir un tirage satisfaisant, on diminue la profondeur des tranchées à l'origine et on l'augmente progressivement en se rapprochant de leur décharge. Dans tous les cas, la pente des *collecteurs* et des *drains principaux* doit toujours être plus forte que celle des *drains secondaires*. De plus, la longueur des canalisations ne doit pas dépasser une certaine limite, pour éviter l'engorgement des tuyaux par l'eau, car le tirage se fait mal quand ils coulent « gueule-bée » et les parcelles

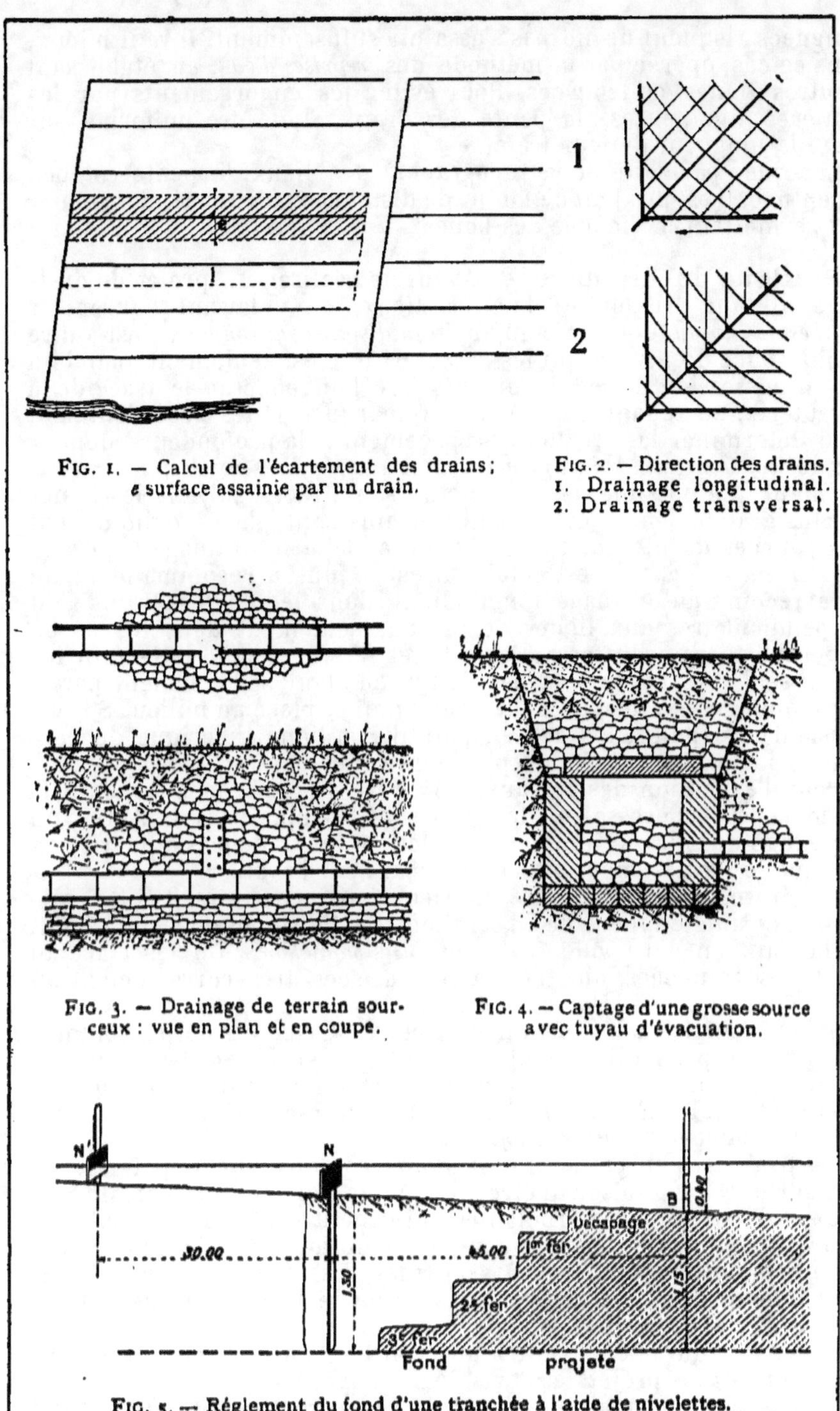

FIG. 1. — Calcul de l'écartement des drains; *e* surface assainie par un drain.

FIG. 2. — Direction des drains.
1. Drainage longitudinal.
2. Drainage transversal.

FIG. 3. — Drainage de terrain sourceux : vue en plan et en coupe.

FIG. 4. — Captage d'une grosse source
avec tuyau d'évacuation.

FIG. 5. — Réglement du fond d'une tranchée à l'aide de nivelettes.

DRAINAGE

éloignées risquent de ne pas s'assainir suffisamment. Il vaut mieux, dans ce cas, opérer par la méthode des *reprises d'eau*, en établissant d'autres lignes collectrices. Pour éviter les engorgements par les matières limoneuses, la pente des drains doit être uniforme sur toute la longueur de leur trajet.

Lorsque, par suite de la topographie des lieux, la pente est peu accentuée, il est prudent d'établir, de distance en distance, des *regards* qui permettent la vidange des boues.

Pratique du drainage. — Avant de réaliser un projet de drainage, il faut dresser le plan des lieux, en y faisant figurer les *courbes de niveau,* dont on connaît l'*équidistance graphique,* c'est-à-dire la différence de niveau qui les caractérise. C'est seulement quand on est en possession de ces documents que l'on effectue le tracé de la tuyauterie, en tenant compte des remarques faites précédemment pour déterminer la direction, l'espacement et la profondeur à donner aux *collecteurs,* aux *drains principaux* et aux *drains secondaires.*

Autant que possible, les collecteurs sont tracés suivant les lignes de plus grande pente, et les petits drains sont placés obliquement aux courbes de niveau, c'est ce qu'on appelle le drainage transversal (*Drainage, fig.* 2), c'est celui qui est le plus à recommander; on aura recours au drainage longitudinal, dans lequel les drains sont perpendiculaires aux lignes de niveau, seulement dans le cas où la pente générale du terrain serait très faible. Quand le terrain n'a qu'un seul versant, les courbes de niveau étant sensiblement parallèles, on se contente d'un collecteur unique, placé au milieu. S'il y a plusieurs versants, on trace en pointillé la ligne théorique du partage des eaux, et l'on établit plusieurs collecteurs.

Pour l'exécution des travaux, on opère de préférence pendant la période de sécheresse, où les eaux sont les plus basses. Après un piquetage du sol, qui indique la direction des tranchées à ouvrir, on effectue le terrassement, en commençant par l'aval.

Les drains ont un diamètre intérieur qui varie entre 3 et 8 centimètres et une longueur de 33 centimètres. Ils se posent bout à bout, en laissant un petit vide, avec ou sans *manchons.* On les place au fond des tranchées que l'on a régularisées très correctement au moyen des *nivelettes* (*Drainage, fig.* 5).

Si l'on a affaire à des terrains sourceux, aux points où les volumes d'eau seront particulièrement abondants, on surmonte les drains de tuyaux verticaux percés de petits trous et on les entoure de pierres (*Drainage, fig.* 3). Enfin, s'il s'agit de très grosses sources, on fait un véritable captage (*Drainage, fig.* 4).

Les drainages en cailloux sont moins coûteux que la poterie. Ils ont surtout leur raison d'être lorsque le terrain est encombré de silex et d'autres pierres roulantes qui gênent les travaux de culture. Leur utilisation procure une double amélioration foncière ; mais ces drainages ont une tendance à s'obstruer. Les drainages en fascines conviennent dans les régions boisées où le bois a peu de valeur. Leur durée est limitée.

Le service du « Génie rural » au ministère de l'Agriculture établit gratuitement les projets et devis de drainage.

Les associations peuvent obtenir : 1° des subventions de 30 pour 100; 2° des avances à long terme et à taux réduit en s'adressant au Crédit agricole.

VII. — IRRIGATIONS

Rôle de l'eau. — L'eau détrempe le sol et le rend plus pénétrable aux racines. Elle dissout les éléments essentiels et leur sert de véhicule dans les fonctions de nutrition. L'aération est favorisée par la circulation de l'eau dans le sol. Il en est de même de la combustion des matières organiques.

L'eau est nécessaire à la formation des tissus végétaux. C'est elle qui leur fournit l'oxygène et l'hydrogène dont les plantes ont un besoin constant. Sa présence favorise l'évaporation et la transpiration. Enfin elle contrecarre la pullulation des insectes et des petits mammifères nuisibles.

Un sol sans eau ou insuffisamment approvisionné est forcément stérile.

Les arrosements au potager. — Pendant les périodes de sécheresse, les plantes souffrent visiblement du manque d'eau. On y obvie, en culture maraîchère, par les arrosages effectués au moyen d'arrosoirs, ou, d'une façon plus expéditive, avec de l'eau sous pression et à la lance.

Il convient de faire une distinction entre les *bassinages*, l'*arrosage à la pomme* et l'*arrosage au goulot*.

Les bassinages qui se font par petites quantités d'eau à la fois, sous la forme d'une pluie très menue fournie par des pommes finement perforées, rafraîchissent les plantes et humectent seulement la partie superficielle du sol; mais ils profitent très peu aux racines.

Il en est de même des arrosages à la pomme, en apparence copieux, lesquels n'arrivent guère qu'à dissoudre les engrais, mais n'atteignent pas, à cause de l'évaporation, la partie active des radicelles. L'arrosage au goulot convient surtout aux repiquages. On le désigne sous le nom de « bornage ».

Pour qu'un arrosage potager soit réellement profitable, il doit se faire à fortes doses. Dans la pratique, il vaut mieux arroser copieusement des parcelles limitées du jardin, plutôt que de disséminer son eau disponible sur des parcelles étendues. On n'est pas obligé de revenir si souvent au même endroit et les résultats obtenus sont bien meilleurs.

Les arrosages, quels qu'ils soient, se pratiquent de préférence dans le milieu du jour, pendant l'automne et au printemps. Quand le soleil est très ardent, il vaut mieux les effectuer le soir, ou de très bonne heure le matin, pour éviter de brûler le feuillage tendre sous l'influence des gouttelettes formant loupe.

L'irrigation. — L'irrigation comprend toutes les méthodes de *déversement* adoptées dans le domaine de la grande culture, pour arroser des parcelles étendues de terrain. On l'emploie surtout pour l'arrosage des prairies et aussi, dans les contrées méridionales, pour celui des champs ,des vignobles et des jardins. Ce procédé n'est applicable que dans les localités desservies par une eau courante à débit assez fort.

Avec un système de distribution bien compris, on peut utiliser, au profit de la végétation, des quantités considérables d'eau. Dans tous les cas, si les arrosages doivent être copieux, il y a une limite de saturation qu'il convient de ne pas dépasser. Les terres irriguées par excès s'appauvrissent au lieu de s'enrichir ; elles deviennent imperméables à l'air, froides et tardives.

Il est prudent de faire alterner les périodes de mouillage avec celles d'assèchement, afin que les fonctions physiologiques des plantes n'aient pas à souffrir, ni de la sécheresse, ni d'un excès d'humidité.

On estime que douze arrosages annuels, effectués sur les prairies à la dose de 1 000 mètres cubes à l'hectare, suffisent à leurs besoins. Ces chiffres sont relatifs. On augmente la dose ou on la réduit suivant que le sol et le sous-sol sont plus ou moins perméables.

Qualité des eaux. — Les eaux employées en arrosage ont une valeur variable. Celles qui proviennent des pluies et que l'on capte dans des bassins ou des réservoirs sont à une température qui permet de les utiliser sans réchauffement préalable, mais elles contiennent très peu de matières fertilisantes.

Les eaux provenant de la fonte des neiges sont généralement froides, à moins qu'elles n'ait effectué un parcours assez long. Elles contiennent parfois une proportion élevée de limon.

Les eaux de source et de suintement ont une valeur variable qui dépend de la nature des terrains traversés et des emprunts qu'elles ont pu faire aux matières solubles. Il faut les analyser pour connaître la composition des principes qu'elles tiennent en suspension.

Ce sont les ruisseaux et les rivières qui fournissent la meilleure eau d'arrosage, la plus riche et la mieux aérée. Pendant la période des crues, ces eaux renferment beaucoup de matières solubles et du limon en suspension. En se déposant à la surface des terres, elles abandonnent leurs principes fertilisants (*colmatage*).

Amélioration des eaux. — On peut corriger ou atténuer la mauvaise qualité de certaines eaux.

Les *eaux froides* sont tempérées par un séjour plus ou moins prolongé dans de grands réservoirs, au contact de l'air.

Les *eaux crues* sont aérées par les parcours en nappe mince ou par des chutes répétées.

Les *eaux acides*, qui proviennent des forêts et des tourbières, doivent être neutralisées en leur faisant traverser un bassin contenant de la chaux.

Les *eaux polluées* par les matières organiques sont rendues inoffensives par un séjour plus ou moins prolongé dans des *fosses septiques*, où s'opère la *minéralisation* des substances toxiques et la destruction des microbes pathogènes.

Enfin, on peut améliorer notablement la valeur des eaux employées aux irrigations, en leur mélangeant des purins ou des eaux résiduaires de féculeries et sucreries, riches en potasse.

La pratique des irrigations. — Le principe de l'irrigation réside dans la dérivation et la distribution des eaux, que celles-ci soient fournies par une source, un cours d'eau, un étang, ou obtenues au moyen des machines élévatoires puissantes.

Un plan d'irrigation s'établit sur les levés parcellaires pourvus de leurs *courbes de niveau*, après un examen attentif des lieux. L'exécution des travaux varie suivant le mode d'*épandage* adopté : *déversement* ou *épis, ados, submersion*, etc.

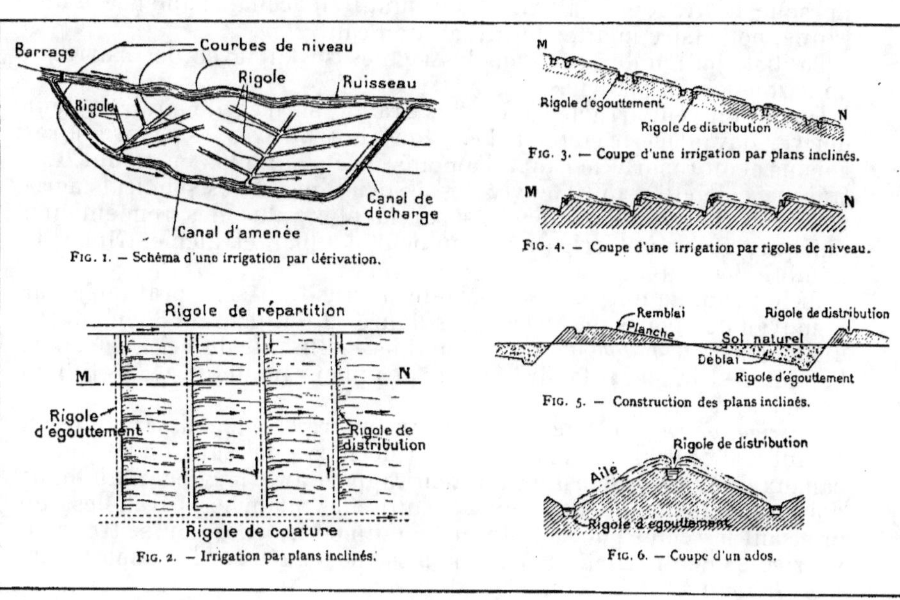

FIG. 1. — Schéma d'une irrigation par dérivation.

FIG. 2. — Irrigation par plans inclinés.

FIG. 3. — Coupe d'une irrigation par plans inclinés.

FIG. 4. — Coupe d'une irrigation par rigoles de niveau.

FIG. 5. — Construction des plans inclinés.

FIG. 6. — Coupe d'un ados.

3

Lorsque les terrains à irriguer avoisinent le ruisseau distributeur, et que la pente est suffisante pour pouvoir dériver le cours de l'eau, on creuse un *canal d'amenée* dont l'origine se trouve sur la propriété, tout en amont (*Tabl. Irrigations, fig.* 1). Ce chenal est creusé en ménageant la pente, tout en s'éloignant du fond de la vallée. C'est sur lui que viennent se brancher les rigoles distributives, principales et secondaires. Ces dernières ont une direction qui est à peu près celle des courbes de niveau. Elles déversent leurs eaux vers le bas, et celles-ci doivent suffire à l'irrigation de la parcelle de prairie située entre deux rigoles successives.

On peut arroser globalement, ou alternativement, si le débit de l'eau est insuffisant. Les eaux non absorbées sont reprises par les *collateurs* et retournent au ruisseau en empruntant le *canal de fuite*. Lorsque le tirage se fait mal, on munit le canal d'amenée d'une vanne, pour faire monter le niveau de l'eau.

La distribution de l'eau dans les rigoles se fait avec des barrages en gazons ou en planches.

Quand on veut irriguer une plus grande surface de prairie, pour dériver davantage le cours de l'eau, on s'entend avec les propriétaires voisins et on reporte le canal d'amenée beaucoup plus en amont. Ces travaux collectifs sont l'œuvre des associations et des syndicats agricoles. Ils sont largement payés par la plus-value des rendements, puisque, grâce à l'irrigation, on peut doubler et même tripler le nombre des coupes.

Si le terrain a une pente suffisante, l'irrigation sera pratiquée par le moyen de rigoles de niveau ; les figures 2 (en plan) et 3 (en coupe) du tableau *Irrigations* donnent une idée suffisante de ce procédé. Si la pente est faible, il faudra établir des plans inclinés (*fig.* 4 et 6) ou des ados (*fig.* 7).

L'irrigation en ados exige des travaux de terrassement assez onéreux. Il faut d'abord assurer l'amenée et la décharge des eaux au moyen de canaux dont les dimensions sont en rapport avec le cube d'eau qu'ils doivent véhiculer. On établit ensuite des planches parallèles, en creusant les côtés pour surélever le milieu des ados, où se trouvent les rigoles de distribution, dont la prise se trouve sur le canal d'amenée (*Irrigations, fig.* 5).

Dans les dépressions, on établit les collateurs ayant pour mission d'évacuer les eaux surabondantes, pour les rejeter dans le canal de décharge qui retourne à la rivière, à moins qu'on ne l'utilise pour alimenter d'autres rigoles de déversement destinées à d'autres ados.

La submersion, en usage surtout dans le maraîcher, nécessite un nivellement préalable du terrain et l'établissement de digues qui retiennent les eaux vannes ou de colmatage sous une épaisseur de plusieurs décimètres.

Les eaux séjournent pendant un temps variable sur le terrain, de manière qu'elles aient le temps d'abandonner les matières fertilisantes tenues en suspension. Une vanne de décharge, ménagée dans la partie la plus basse de la digue, permet de renvoyer les eaux à la rivière lorsqu'on juge l'imprégnation suffisante, ou que l'on veut faire déposer une nouvelle masse d'eau limoneuse (V. *Tabl. Etudes chimiques et causes de stérilité, fig.* 5 et 6).

De même que pour le drainage, les associations syndicales peuvent obtenir des subventions et le concours gratuit du « Génie rural ».

VIII. — LES APPORTS

La restitution est obligatoire. — Un sol bien cultivé doit fournir tous les ans une ou deux récoltes, dont le rendement varie à l'infini, du simple au double et davantage. Comme les maigres récoltes ont coûté autant de soins et de travail que les fortes, on comprend l'intérêt qu'a le cultivateur à obtenir des rendements élevés. Mais, pour pouvoir compter sur des résultats satisfaisants, il faut se pénétrer de cette vérité : c'est que le sol est un véritable *magasin* et qu'une fois vide, il ne peut plus rien fournir.

Une récolte moyenne enlève au sol, pour former sa substance, une quantité relativement élevée de *matières minérales;* elle doit en outre brûler une masse appréciable d'*humus*, représenté par le fumier et les autres matières organiques.

Ci-dessous les quantités de substances exportées par des récoltes moyennes de blé et de betteraves :

	Blé (Joulie).	Betteraves (Garola).
Azote	92 kilogrammes.	132 kilogrammes.
Acide phosphorique	37 —	59 —
Potasse	116 —	323 —
Chaux	25 —	86 —

Une exportation de cette importance, répétée tous les ans, ne manque pas d'appauvrir le terrain qui n'est pas inépuisable. Comme conséquence, le rendement diminue de plus en plus et les récoltes deviennent déficitaires. En fin de compte, l'exploitant n'est plus payé de ses peines. Pour que les récoltes restent rémunératrices, il faut que les principes nutritifs enlevés soient restitués au sol sous la forme d'*engrais* et d'*amendements*.

Les engrais solubles du commerce sont beaucoup plus coûteux et leur valeur fertilisante est inférieure à celle du *fumier de ferme*.

Le meilleur engrais est le fumier. — Certains agronomes prônent inconsidérément les engrais chimiques, tandis qu'ils gardent un mutisme absolu vis-à-vis du fumier, qui est cependant l'agent essentiel de la restitution. D'autres fois le fumier de ferme est considéré par eux comme un « mal nécessaire », un moyen de peu d'importance comparativement aux autres moyens de restitution, alors que, en réalité, il est seul capable de remplir les vides occasionnés par les récoltes, et de combler les déficits du stock de réserve.

Non seulement il renferme la matière organique qui assure le fonctionnement de la *nitrification* échelonnée, mais il fournit l'*acide phosphorique*, la *potasse* et la *chaux*, qui se trouvent enrobés dans l'*humus* et à un état de solubilité satisfaisante. La matière noire entretient les combustions, toujours à la base de la vie végétale; elle régularise et canalise les sucs nécessaires à la nutrition. Un sol sans humus est voué à la stérilité.

Le fumier de ferme bien préparé, appliqué à la dose de 50 tonnes à l'hectare, peut suffire aux besoins de deux récoltes successives.

Tous les efforts des agriculteurs doivent tendre à entretenir et même à augmenter le stock d'humus en réserve dans le sol. Ils prendront toutes les précautions utiles pour défendre cette précieuse substance des causes multiples de déperdition qui la guettent, à l'étable et sur la fumière. Par conséquent, les fumiers seront mis en tas sur une aire imperméable, puis arrosés avec les urines que l'on dirige dans la fosse au moyen de canalisations.

Le proverbe « Si tu veux marier tes filles, soigne ton fumier » est toujours vrai. Il ne faut pas l'oublier.

Les remplaçants du fumier de ferme. — Il peut arriver que le fumier ne soit pas produit en quantité suffisante, comme c'est le cas dans les exploitations dites de « culture intensive », où le blé et la betterave accaparent la majeure partie des emblavements. Dans ce cas, le défaut de prairies entraîne l'insuffisance du bétail, et il en résulte une pénurie de fumier.

Pour obvier à son insuffisance, on a recours à l'emploi des *boues*, abondamment produites par les villes et dénommées « fumier de pavé ». On récupère en outre toutes les matières organiques fournies par les exploitations rurales, en les faisant décomposer en tas sous forme de *compost*.

Les composts comprennent les curures de fossés, les terres de routes, les feuilles d'arbres, les mares, les herbes de faucardement, les feuillages et les fanes inutilisables pour le bétail, les cadavres d'animaux, les excréments humains, etc., le tout stratifié par couches alternées de chaux. Composts et gadoues ont une richesse élevée en humus. Ils ont une valeur fertilisante qui équivaut presque à celle du fumier.

On a recours également aux *engrais pulvérulents* d'origine organique, tels que sang desséché, poudrette, guano, corne moulue, colombine, poulaitte, déchets d'industrie, bourre de laine, poils, plumes, tourteaux, chiffons, noir animal, eaux résiduaires, etc.

En cas de nécessité absolue, pour empêcher la disparition de la matière organique, on cultive aussi les *engrais verts*. Les engrais verts sont produits par les *cultures dérobées* de plantes à végétation rapide, notamment la moutarde, la navette, le sarrasin, la serradelle, la spergule, les lupins, les vesces et d'autres légumineuses, captant l'azote atmosphérique, et que l'on enfouit par un labour une fois qu'elles ont atteint un développement satisfaisant. Sur le bord de la mer, on utilise avec profit, dans le même but, les plantes marines, goémons et varechs.

Pendant toute la durée de leur végétation, les végétaux engrais récupèrent les principes essentiels qui se solubilisent dans le sol et risquent d'être entraînés par les pluies. Ils attaquent en outre les matières inertes et mettent à la disposition des cultures subséquentes un stock important de principes assimilables. Malgré tout, il est plus avantageux de les faire consommer par le bétail, au titre de fourrage, et de pratiquer la restitution aux terres sous la forme d'engrais ordinaires.

Les engrais chimiques ne sont que les adjuvants du fumier. — Dans les terres de bonne nature rationnellement conduites, c'est-à-dire lorsque les récoltes fourragères améliorantes de la famille des légumineuses reviennent périodiquement, et où l'entretien d'un nombreux bétail permet de faire des applications copieuses de fumier, le sol se maintient en bon état de fertilité et il y a suffisamment de principes fertilisants pour que l'on puisse presque se dispenser d'employer les engrais chimiques autres que les phosphates. Le fumier de ferme est d'ailleurs beaucoup plus efficace et plus économique que les engrais commerciaux. Avec un assolement bien compris, on peut en produire à peu près autant qu'on veut.

Cependant, s'il s'agit de sols épuisés, ou insuffisamment approvisionnés, de par leur constitution native, en l'un ou l'autre des éléments indispensables à la nutrition, il faut les leur fournir sous la forme minérale.

C'est ainsi que les sols pauvres en azote organique, en attendant leur enrichissement en humus, devront recevoir de l'azote soluble, sous la forme de *nitrate de soude, nitrate de chaux, sulfate d'ammoniaque, crud*, etc.

Les sols pauvres en acide phosphorique se trouveront bien d'une application d'engrais phosphatés, suivant les cas : *phosphates naturels moulus, craies phosphatées, scories de déphosphoration, superphosphates minéraux* ou *d'os*. Ces derniers, qui contiennent de l'acide phosphorique assimilable, sont plus efficaces que les autres.

Dans les terres où la potasse fait défaut, on se sert du *chlorure de potassium*, du *sulfate de potasse*, de la *sylvinite* ou des *cendres de bois* non lessivées. Si la potasse se trouve dans le sol à un état insoluble, l'emploi du *plâtre* favorise son assimilabilité.

Lorsque la chaux fait défaut on l'incorpore sous la forme de *marne*, de *chaux éteinte*, d'*écumes de défécation*, de *plâtre*, etc.

Amendements. — En dehors de ses propriétés physiques, qui contribuent au maintien des sols en bon état de productivité, l'humus est une source inépuisable de principes utiles à la nutrition végétale. C'est le plus précieux des amendements.

Il en est de même de la chaux, qui est à la fois un amendement et un engrais. Il y a de la chaux dans les fumiers, et encore plus dans les boues de ville. Cependant, les sols pauvres en cet élément doivent en recevoir sous forme de marne, carbonate de chaux, chaux vive, tangue, trez, merl, plâtre, écumes de défécation, etc... On peut l'appliquer en épandage, sous la forme de chaux éteinte, qui s'est délitée sous les hangars.

Préférablement, on la distribue en petits tas (binots) cubant 20 à 25 litres, généralement espacés de 7 mètres en tous sens. Les binots sont recouverts de terre et, sous l'influence de l'humidité, la chaux foisonne et se délite.

Au bout d'une vingtaine de jours, on peut mélanger la terre et la chaux, puis on procède à son épandage, au moyen d'une pelle. Il faut avoir soin, quand on chaule, de forcer la dose du fumier de ferme, pour éviter l'épuisement du sol par suite de l'intensité des fonctions nitrifiantes qui résulte de cette opération.

En principe, il faut exclure les chaulages à doses massives, qui immobilisent un capital énorme et ne peuvent être envisagés que par de riches propriétaires fonciers qui veulent improviser la mise en culture des tourbières, par exemple. Le chaulage doit se faire à doses modérées et répétées.

Tous les autres amendements qui auraient pour but d'augmenter la compacité des terres légères et de diminuer la cohésion dans les terres fortes, par adjonction d'argile ou de sable, sont inapplicables dans la pratique, à cause des frais généraux de manutention qu'ils occasionnent. On ne peut entreprendre ces améliorations foncières que sur de très petites parcelles, comme un jardin, par exemple.

IX. — LES OPÉRATIONS CULTURALES
LABOURS, HERSAGES ET SARCLAGES

Comment on aide le sol. — Pour aider le sol et le mettre en état de produire d'abondantes récoltes, il faut :

1° Améliorer les conditions générales dans lesquelles se trouve ce sol par l'*assainissement* et le *drainage;*

2° Organiser un système d'*irrigation* ou d'*arrosage*, partout où ce sera possible ;

3° Apporter au sol les éléments qui peuvent lui faire défaut et lui restituer, par les amendements et les engrais, ceux que les récoltes successives lui enlèvent ;

4° Effectuer au moment opportun les labours et autres façons aratoires d'ameublissement ;

5° La semence que l'on confie à la terre doit remplir les conditions qui assurent une prompte germination et une levée rapide ;

6° Les cultures d'entretien aident puissamment la végétation, et il ne faut pas les négliger ;

7° Les assolements doivent être ordonnés d'une façon rationnelle.

Époque des labours. — Les terres perméables et sableuses peuvent être labourées en tout temps.

Les terres argileuses, qui sont collantes, ne peuvent être travaillées avec profit que si elles sont ni trop sèches, ni trop humides. Une terre forte façonnée par le mauvais temps se pétrit sous le pied des animaux ; les bandes retournées exposées ensuite au soleil durcissent comme de la brique et deviennent inattaquables à la herse. Dans les périodes de sécheresse, la terre s'arrache en grosses mottes en exigeant de grands efforts de traction.

Les gelées ont généralement une action heureuse sur les terres fortes qu'elles ameublissent, lorsque les labours ont été effectués avant l'hiver. Il y a cependant quelques exceptions connues des praticiens.

C'est trois ou quatre jours après les grandes pluies que les terres argileuses se travaillent le mieux. On dit qu'elles sont « assaisonnées ».

But des labours. — Les labours ont pour objet :

1° L'exposition du sol aux agents atmosphériques ;

2° L'ameublissement qui rendra possible la pénétration des racines ;

3° La mise en réserve de l'humidité nécessaire à la végétation ;

4° La destruction des plantes adventices ;

5° L'enfouissement des engrais et parfois celui des semences ;

6° L'augmentation d'activité et la bonne répartition des ferments microbiens qui engendrent les réactions chimiques utiles.

Types de labours et termes techniques. — Le mot labour s'emploie pour désigner tout travail de retournement de la terre ; il peut, dans certains cas, être effectué à la bêche, mais nous ne nous occupons ici que du travail à la charrue. La charrue opère par passages successifs et voisins qui accusent dans le sol des *raies* ou *sillons*. La terre de chaque sillon, soulevée et retournée par le *soc*, s'appelle la *bande*. On appelle *dérayure* le vide laissé par la dernière

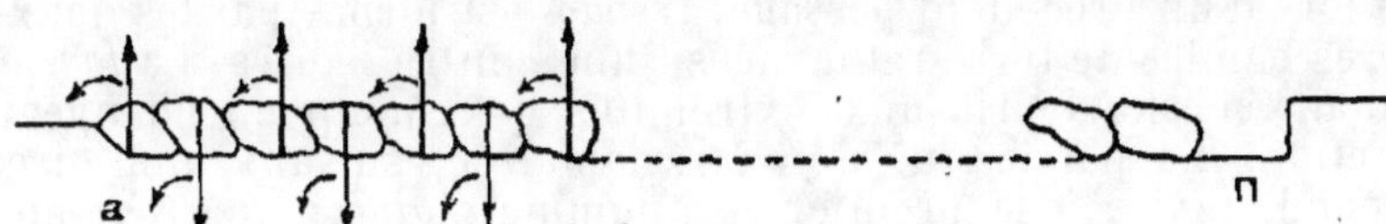

FIG. 1. — Labour à plat vu en travers
a première raie, enrayure ; n dernière raie, dérayure ; → direction
de renversement.

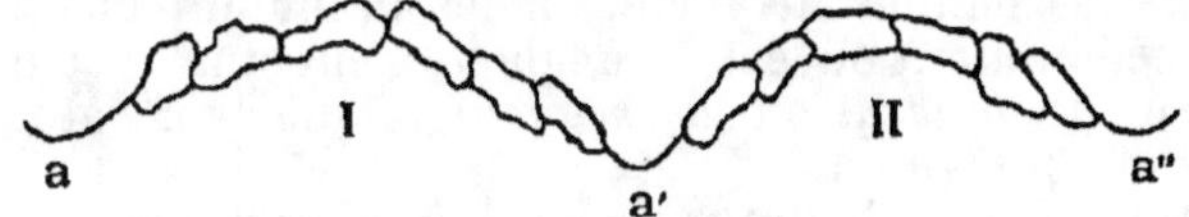

FIG. 2. — Labour en billons.

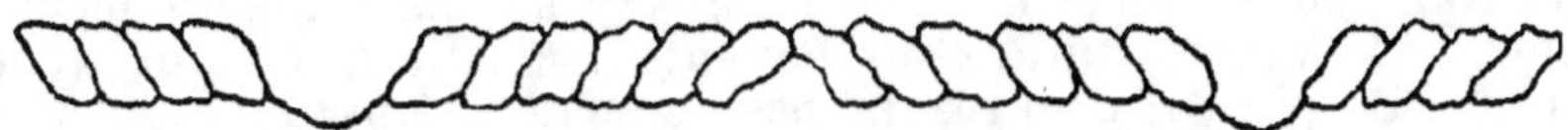

FIG. 3. — Labour en planches.

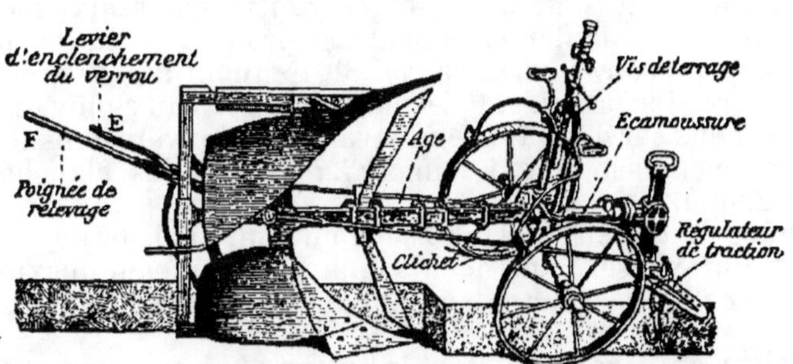

FIG. 4. — Charrue brabant double à age tournant.

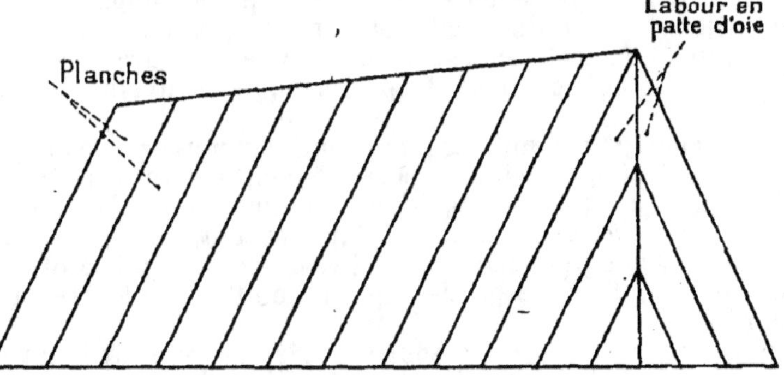

FIG. 5. — Labour en patte d'oie d'un champ trapézoïdal.

LES LABOURS

raie lors d'un précédent passage. L'*endos* est formé par les deux premières bandes de terre retournées l'une contre l'autre. La *tournée* est le demi-cercle décrit aux extrémités du champ en changeant de direction. La partie qui doit être labourée, suivant une direction perpendiculaire à la première, se nomme *chaintre*, *fourrière* ou *tournière*.

On distingue diverses sortes de labours. Le *labour à plat* (V. *Tabl. Labour*, *fig.* 1) se fait sans dénivellation. Il consiste à retourner successivement les bandes de terre, en les culbutant chaque fois dans la raie précédemment ouverte. Ce labour s'effectue avec des charrues à renversement, *brabant* ou *tourne-oreilles*, que l'on retourne à l'extrémité de chaque sillon.

La profondeur des labours varie entre 8 centimètres (labour superficiel) et 40 centimètres (labour profond). Les labours à plat sont les plus faciles à exécuter; eux seuls conviennent aux terrains accidentés où le retournement des bandes se fait mal du côté de l'amont. Ils ont l'avantage de ne pas laisser de dérayures et ils rendent plus commodes les travaux culturaux subséquents : semailles, moisson, fenaison, etc. De plus, il n'en résulte pas de terrain improductif.

Les *labours en billons* (*Labour*, *fig.* 2), consistant à associer seulement quatre ou six raies ensemble, sont les seuls qui conviennent aux terres « mouillantes » ou argileuses et que l'on a négligé de drainer. Les dérayures nombreuses servent à l'assainissement. Ces labours réduisent notablement la surface productive du terrain.

Les *labours en planches* (*Labour*, *fig.* 3), tiennent le milieu entre les deux premiers. Ils favorisent l'écoulement des eaux pluviales et ils rendent de bons services aux emblavements d'hiver, dans les terres qui ne sont pas absolument saines. La largeur des planches varie entre 5 et 20 mètres.

Les bandes de terre retournées sous une inclinaison de 45 degrés, sont celles qui exposent aux agents atmosphériques le maximum de surface. On règle la largeur et la profondeur des raies en conséquence.

Exécution et direction des labours. — L'*enrayure*, ou ouverture de la première raie, est déterminée par une ligne jalonnée ou par une *dérayure* existante.

Dans les labours en planches, on débute par « endossage » quand on commence par le milieu de la planche; on procède par « refente » lorsqu'on débute sur les côtés. On doit éviter les grandes tournées qui font perdre beaucoup de temps à chaque changement de direction.

Dans les champs n'ayant pas une forme régulière, par exemple trapézoïdale, on mène les sillons parallèlement à l'un des côtés, puis, une fois qu'on a atteint le troisième sommet, on opère en « patte d'oie » (*Labour*, *fig.* 4), pour finir. Dans ce but, on prend le milieu de la base du triangle restant et on divise la droite qui joint ce point au sommet en autant de parties égales que l'on veut faire de planches sur la base.

Le plus souvent, les raies sont dirigées suivant la longueur du champ, car on perd ainsi moins de temps dans les tournées. Cependant, si les terrains sont un peu humides, pour faciliter l'écoulement des eaux, il vaut mieux diriger le « rayage » suivant l'inclinaison du terrain, quand celui-ci est en pente douce. Mais dans les champs à pente roide, surtout si le sol manque de consistance, pour éviter le ravinement, il est préférable de labourer suivant une direction oblique ou presque perpendiculaire à la ligne de plus grande pente. En procédant ainsi, on ne fatigue pas les attelages, comme c'est le cas dans les montées trop prononcées; toutefois il faut tenir compte que les bandes de terre se retournent mal du côté du haut.

Hersages. — Les hersages sont des opérations d'ameublissement qui complètent l'action des labours. Ils ont pour but de diviser le sol, d'enfouir les engrais ou les semences, de détruire les mauvaises herbes, de niveler le terrain, de faire taller les céréales, etc.

Les dents de la herse ont généralement une certaine obliquité vers l'avant, par rapport au bâti, afin d'accentuer leur pénétration. Quand elles marchent dans cette position, elles vont en « accrochant ». On dit qu'elles marchent en « décrochant » lorsqu'elles travaillent dans le sens opposé (V. *Tabl. Hersages, fig.* 3). Dans ce cas, le hersage est beaucoup plus léger. C'est ainsi qu'elles fonctionnent pour enfouir les petites graines. Plus la herse marche vite, plus les chocs sont énergiques. C'est pour cela que le travail des chevaux est supérieur à celui des bœufs.

Comme pour les labours, le hersage des terres sablonneuses peut se faire en tout temps. Dans les terres argileuses, le sol doit être assez ressuyé pour éviter le tassement. Mais il ne faut pas laisser sécher la surface et *la herse doit suivre la charrue.*

Font exception les labours d'hiver, qui gagnent à ne pas être émiettés, afin d'éviter que le guéret ne soit battu par les pluies. On fera bien, en outre, de ne pas trop diviser les terres qui reçoivent des céréales d'hiver, à cause de l'*action protectrice* des mottes contre la gelée et du *rechaussement* des céréales qui se fait beaucoup mieux au printemps.

Dans les terrains labourés à plat, on herse le plus souvent suivant une direction perpendiculaire au labour (*Hersages, fig.* 4); on herse en long les labours en billons et en planches.

On désigne sous le nom de herses norvégiennes ou herses écroûteuses-émotteuses des appareils formés de plusieurs cylindres métalliques garnis de très fortes pointes. Ces cylindres roulent sur le sol quand l'appareil est traîné par l'attelage.

Ces herses produisent un travail très énergique et rendent de grands services dans les sols très durs (d'où le nom d'écroûteuses) et dans les terres fortes où se trouvent beaucoup de grosses mottes. On peut encore accroître leur action en chargeant le bâti, par exemple, avec des pierres. Ces herses comportent deux ou trois compartiments. Le plus souvent elles ont un train d'environ 2 mètres de longueur.

La pratique des hersages. — On ne doit pas tourner trop court afin de ne pas renverser la herse, ni trop long pour éviter de perdre du temps. En allongeant les traits, on favorise la pénétration de l'instrument, ainsi qu'en le chargeant avec des pierres ou des morceaux de bois. Pendant le travail, il faut avoir soin de dégorger la herse souvent, en la relevant pour dégager les racines et les herbes engagées dans les dents. Autant que possible, on choisira un temps sec pour herser les céréales au printemps.

Le passage de la herse sur les luzernières et les prairies provoque la destruction des mousses et des mauvaises herbes. On effectue ce travail à l'automne et, en hiver, en dehors de la période des grands froids.

Les scarifiages. — Le *scarificateur* et l'*extirpateur* sont des herses puissantes qui pénètrent profondément dans le sol. On s'en sert pour ameublir les terres labourées avant et pendant l'hiver et que l'on destine aux céréales de printemps. Ces instruments brisent non seulement la croûte superficielle, mais ils ameublissent le terrain à une profondeur de 10 à 12 centimètres. Ils ramènent en outre à la surface les mauvaises herbes et les racines sur le point de végéter.

Le scarificateur est aussi utile pour enfouir dans la couche superficielle les engrais assimilables. Un autre service rendu par cet instrument, c'est la façon que l'on peut donner aux terres après l'enlèvement des céréales, dans le but de provoquer la germination des mauvaises graines et de faciliter la pénétration dans le sol des pluies d'arrière-saison.

Les scarifiages, de même que les hersages, sont expéditifs. On estime à 2 hectares environ la surface qu'un attelage de chevaux peut effectuer dans une seule journée.

Le scarifiage est préconisé à l'exclusion de tout retournement complet du sol dans certains procédés de travail du sol. Après la moisson, avec un cultivateur à dents flexibles, la terre est attaquée et, progressivement, par des façons successives de plus en plus profondes, on obtient l'ameublissement d'une couche suffisante pour les ensemencements (*méthode Jean*). Cette préparation est possible lorsqu'il s'écoule assez de temps entre la moisson et les semailles et quand le sol ne présente pas trop de cohésion.

Les roulages. — Les roulages ont pour but de tasser la terre et d'écraser les mottes en nivelant la surface. Sous la pression du rouleau, les particules terreuses se rapprochent et adhèrent aux semences, ce qui facilite la germination et permet aux radicules de s'enraciner promptement.

Par suite du resserrement et de l'écrasement des fissures du sol, les interstices, devenus très étroits, forment tubes capillaires et l'humidité monte facilement à la disposition des graines en germination et des jeunes racines.

Le rouleau favorise aussi le tallage. Dans les terres argileuses et motteuses, pour ameublir le terrain, on se sert de préférence du *croskill*.

En faisant alterner le travail de la herse avec celui du rouleau, on obtient une meilleure division de la terre.

Il ne faut jamais rouler les champs, principalement les sols calcaires, lorsque la terre adhère à l'instrument.

Signalons enfin un appareil nouveau, dont l'usage tend à se répandre : le *pulvériseur à disques* (*Hersages, fig.* 5). Il est constitué par des disques d'acier en forme de cuvettes, montés sur des arbres horizontaux, dont on peut régler l'inclinaison par rapport à la direction de traction. Chaque disque retournant la terre comme un versoir, le pulvériseur peut effectuer un labour léger. Dans le cas d'un labour plus profond, le pulvériseur exécute un excellent travail derrière la charrue. Il divise la couche superficielle mieux qu'une forte herse ; s'il y a des mottes, il les effrite. Si les mauvaises herbes ont germé, il les déchiquette et les incorpore au sol. Le pulvériseur accomplit, en un seul passage derrière la charrue, le même travail qu'auraient fait un extirpateur, un cultivateur à dents flexibles et une herse articulée.

FIG. 1. — Herse à dents articulées avec leviers à secteurs de fixation.

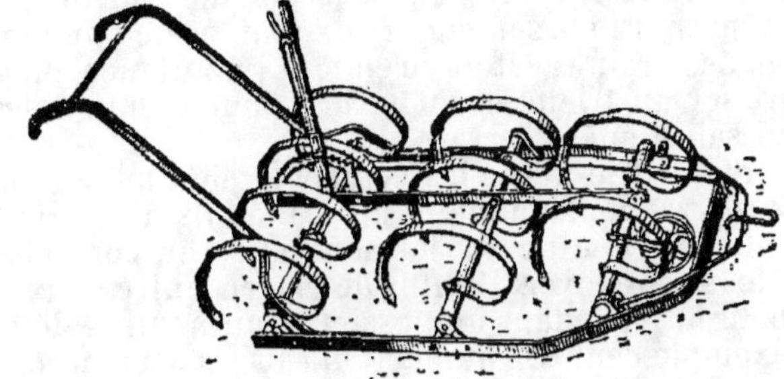

FIG. 2. — Herse canadienne à dents flexibles réglables.

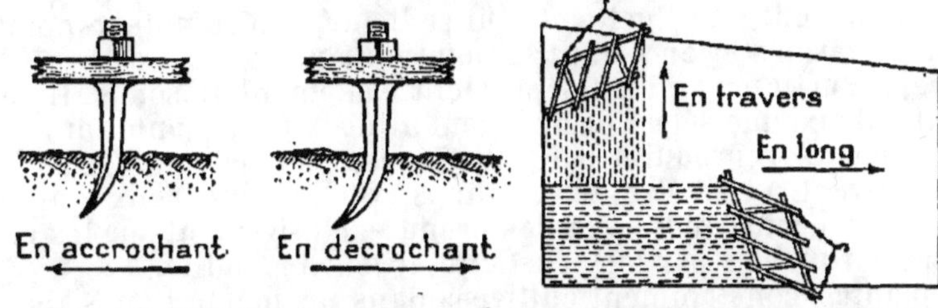

FIG. 3. — Travail de la herse.   FIG. 4. — Hersage en long et en travers.

FIG. 5. — Pulvériseur à disques

LES HERSAGES

X. — LES SEMAILLES

Choix des semences. — Le sol étant ameubli, vient le moment de l'ensemencer. Qu'il s'agisse de *graines*, de *plants* ou de *tubercules*, les germes doivent remplir les conditions requises pour pouvoir se reproduire et fructifier.

Tout d'abord, les graines employées doivent provenir de sujets possédant les caractères les plus parfaits de l'espèce ou de la variété que l'on veut multiplier. Elles seront mûres, bien remplies, et, autant que possible, leur maturité se sera effectuée sur pied. Les individus bien constitués ayant toujours une descendance meilleure et plus vigoureuse, on prendra les semences aux plantes de bonne venue.

Le nettoyage des graines est de première importance, on aura donc soin de les passer au trieur et au tarare pour éliminer les graines étrangères qui saliraient le terrain.

En général, on doit préférer les semences de l'année; comme le *pouvoir germinatif* va constamment en s'affaiblissant, à mesure que la graine vieillit, il est utile de les soumettre au contrôle de cette faculté avant de les employer. Il suffit de placer, entre deux morceaux de flanelle ou de buvard, dans une assiette, un nombre déterminé de graines, par exemple cent. On humecte d'eau les semences, mais sans les noyer (*Tabl. Semailles, fig.* 1). On place l'assiette dans un local à la température de 20° à 25° et, au bout de quelques jours, les germes vivants montrent leur tigelle et leur radicule. On compte le nombre des grains germés et on établit le pourcentage.

La reproduction par plants provient également de semis. Il comporte une deuxième sélection au moment de la transplantation.

Les végétaux reproduits par tubercules, stolons, etc. (*Semailles, fig.* 2), doivent aussi être sélectionnés. On élimine ceux qui sont faibles ou mal constitués et on les prend exclusivement sur les pieds mères remarquables par leur rusticité et leur fécondité.

Les plantes constamment cultivées dans le même lieu s'abâtardissent à la longue. On dit qu'elles dégénèrent. Il est utile de renouveler de temps à autre les semences et les semenceaux pour leur infuser une recrudescence d'énergie. Toutefois, il faut être prudent sur les importations. On doit toujours contrôler la valeur des graines et des tubercules étrangers en effectuant des essais comparatifs.

Époque des semis. — Le moment de confier la semence à la terre varie avec les variétés, les espèces, la latitude du lieu, l'exposition, la composition physique du terrain, etc.

Dans tous les cas, on ne doit jamais entreprendre les ensemencements dans les terres mal préparées. Presque toujours on a intérêt à surseoir aux emblavements, si le moment est peu propice.

Il faut se tenir en avance, sur l'ordre saisonnier des travaux, dans la préparation des terres, pour obvier aux éventualités occasionnées par le mauvais temps, pluie ou sécheresse.

Modes d'ensemencement. — Il existe trois modes de semis : le *semis à la volée*, le *semis en ligne* et le *semis en poquets*.

Pour semer à la volée, on saisit la semence à la poignée ou à la pincée, suivant le volume de la graine, puis on la projette en arc de cercle à la surface du terrain, en la faisant glisser entre l'index et le

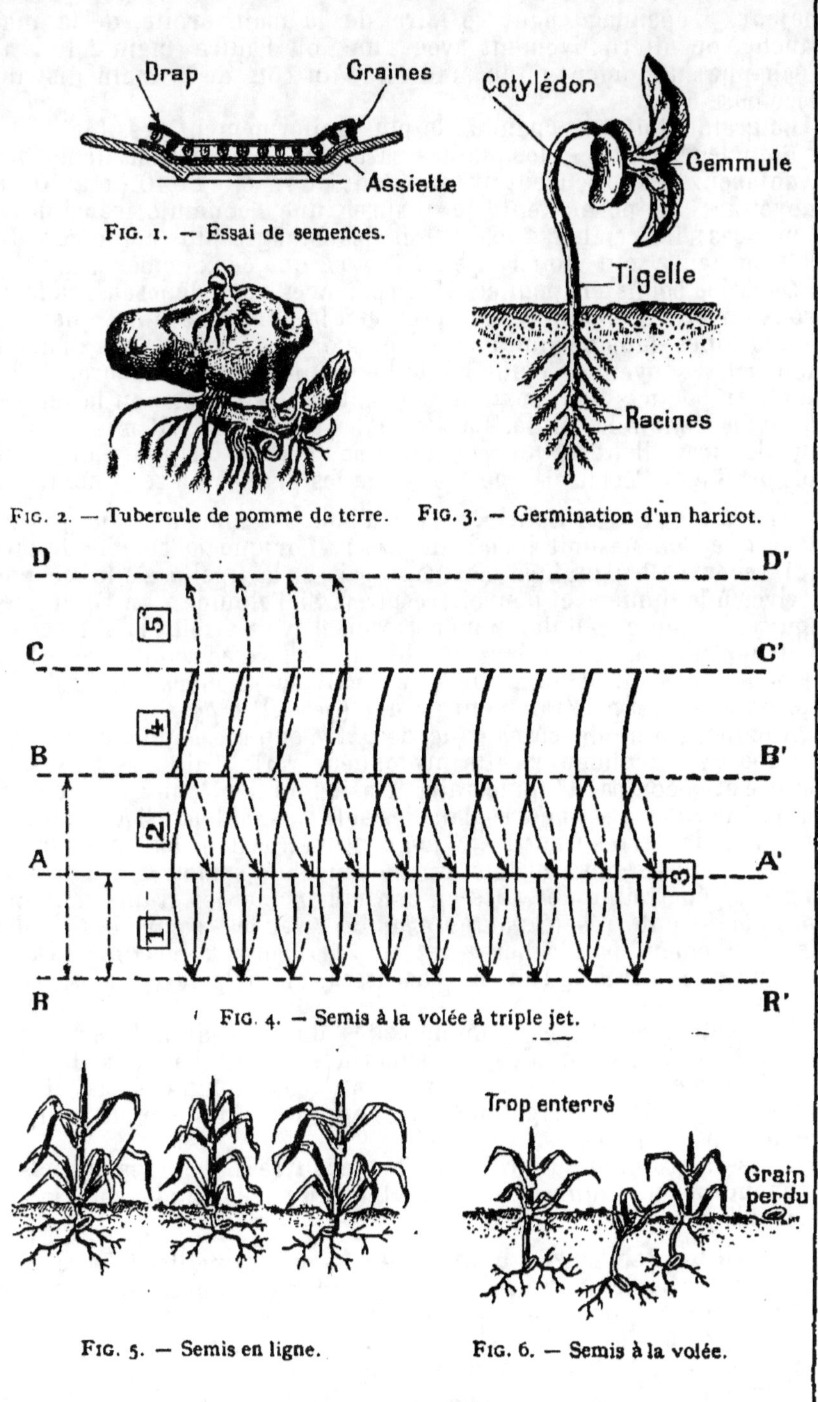

FIG. 1. — Essai de semences.

FIG. 2. — Tubercule de pomme de terre.   FIG. 3. — Germination d'un haricot.

FIG. 4. — Semis à la volée à triple jet.

FIG. 5. — Semis en ligne.   FIG. 6. — Semis à la volée.

LES SEMAILLES

majeur. L'épandage peut se faire de la main droite, de la main gauche, ou alternativement avec l'une ou l'autre main : le grain s'échappe au moment où le pied situé du côté de la main distributrice pose à terre.

La graine doit être épandue le plus uniformément possible.

Pour les céréales et les plantes sarclées, les semis en lignes sont avantageux. Ils procurent un excédent de récolte de 10 pour 100 en moyenne; ils permettent de réaliser une économie sensible de semences; ils rendent l'exécution des binages plus commode. Les blés en lignes sont moins sujets à la *verse* que ceux semés à la volée.

Dans les semis en poquets, les semences sont déposées dans des trous ouverts au plantoir, au doigt ou à la binette. On met quatre ou cinq graines dans chaque poquet, puis on les recouvre. La distribution se fait souvent avec une bouteille munie d'une plume creuse. Les semis en poquets sont surtout usités dans les régions où la terre se croûte à la moindre pluie. La sortie des tigelles se fait mieux, parce qu'elles travaillent à l'unisson pour soulever la terre. Il faut toutefois pratiquer l'éclaircissage avant que les plantes ne se gênent.

Profondeur des semis. — Il y a pour les semences une profondeur que l'on ne doit jamais dépasser. Lorsque la couche de terre qui recouvre les graines est trop épaisse, la tigelle s'allonge pour arriver à la lumière et pouvoir respirer. Si l'albumen en réserve est épuisé, la plante s'étiole ou meurt avant d'avoir atteint la surface.

Il ne faut pas cependant tomber dans l'excès contraire, car la semence a besoin d'humidité pour pouvoir germer. Celle qui n'est pas enterrée est généralement perdue (*Semailles, fig.* 6).

Aucune graine de céréale ne doit être enfouie à plus de 8 centimètres de profondeur; cette profondeur varie d'ailleurs suivant la nature et la compacité du terrain. Ainsi, pour le blé, on admet comme moyenne : 7 à 8 centimètres dans les sols très sableux; 5 à 6 centimètres dans les terres franches; 3 à 4 centimètres dans les terres fortes.

Lorsque les semis ont lieu au moyen d'un semoir en lignes, on règle la pénétration des socs en conséquence et les grains sont uniformément enterrés (*Semailles, fig.* 5). Avec les semis à la volée, l'enfouissement par la herse est très irrégulier : certaines graines sont trop enterrées, d'autres pas assez, aussi la levée laisse-t-elle souvent à désirer.

Les petites semences, comme celles du trèfle, de la luzerne, etc., demandent à être enfouies très superficiellement. La herse doit être très légère et conduite en « décrochant ». Dans bien des cas, il vaut mieux se servir d'un fagot d'épines, ou donner un simple coup de rouleau pour enterrer.

Dans la pratique du jardinage, on recouvre souvent les graines en saupoudrant une mince couche de terreau sur les lignes ou à la surface des planches.

Pratique des semis à la volée. — Les semailles à la volée ne doivent pas seulement être uniformes; il faut en outre que, sur une surface connue, on applique une quantité déterminée de semence.

Le *rayage* est la ligne suivie par le semeur; le *train* est la largeur de parcelle couverte par le jet de semence.

Lorsque le terrain est labouré en billons ou en planches de peu d'étendue, le semeur guide sa marche sur les dérayures. Sur les surfaces labourées à plat, l'opérateur marque les trains au moyen de jalons, portant un papier blanc à l'extrémité, ou bien il se guide sur la trace de ses pas imprimés sur le terrain lors du précédent rayage.

On compte que, pour le froment, il faut six poignées pour un litre et cela représente vingt pas de 75 à 90 centimètres. La largeur du train étant de 6 mètres, on peut passer deux fois à la même place, en semant à la dose de 180 à 200 litres à l'hectare.

L'épandage doit toujours se faire dans le sens du vent. On obtient ainsi, avec moins de peine, une répartition plus uniforme de la graine.

On sème à *jets simples* ou à *jets croisés*, mais le deuxième mode est de beaucoup préférable.

Pour semer à jets simples, on couvre d'abord un *train* ou rectangle R' R B B', de la main droite, par exemple, puis, arrivé en B, on recommence un deuxième train en semant de la main gauche, tout en marchant dans la direction de B', pour couvrir le rectangle B B' D' D. Et ainsi de suite.

Une fois la première semaille terminée, on recommence en partant de R vers R', en semant de la main gauche. Ce procédé a le défaut de laisser tomber davantage de grain dans la partie médiane des trains que sur les côtés.

Pour semer à jets croisés (*Semailles*, *fig.* 4), on mesure un demi-train égal à 3 mètres, indiqué par les deux jalons A A'. On sème de la main gauche, des demi-poignées de vingt au litre. Une fois au bout du demi-train, on prend trois nouveaux mètres et, de la main droite, on sème à poignées pleines (dix au litre) le rectangle B' B R R' qui est un train complet de 6 mètres de large. Le troisième rayage, toujours exécuté de la main droite, suivant C C', couvre le rectangle B B' D' D. Le quatrième recouvre le train C' C A A'. Les jets se trouvent ainsi croisés sur toute la superficie du champ.

Quand on veut augmenter la quantité de semences, en la portant, par exemple, à 250 litres à l'hectare, on fait le pas un peu plus court ou bien on diminue quelque peu la largeur du train. Le pas étant de 75 centimètres, en semant un litre tous les vingt pas, à jets croisés, on trouve la largeur du train x, en appliquant la formule :

$$x = \frac{10\,000 \times M}{P \times Q}.$$

M est le volume de la poignée de grain ; P, la longueur des pas ; Q, la quantité à semer à l'hectare. La poignée étant de $0^l,1$ et le pas $0^m,75$, pour semer 250 litres, le train devrait avoir : $\dfrac{10\,000 \times 0,1}{0,75 \times 250} = 5^m,33$.

Les semis en lignes. — Les semailles en lignes permettent d'économiser le cinquième environ du grain employé aux emblavements. C'est ainsi que les quantités de 180 à 220 litres, nécessaires aux semailles d'un hectare de froment dans les semis à la volée, peuvent être réduites à 150 ou 180 litres dans les semis en lignes. L'économie réalisée de ce fait est appréciable.

Si on veut effectuer les binages à la houe à cheval, les lignes doivent être distantes de 30 centimètres au moins. Dans la pratique, on ne dépasse guère l'espacement de 15 centimètres.

Après le labour de préparation, on peut semer directement au semoir, sans autre façon, mais seulement en terre douce. Dans les sols argileux, pour assurer le bon fonctionnement des socs du semoir, on exécute au préalable un hersage simple ou croisé.

XI. — LES FAÇONS D'ENTRETIEN

Les façons culturales. — Il ne suffit pas seulement de confier le grain à la terre, il faut aussi soigner les cultures pour leur permettre de mener à bien les récoltes qu'elles portent.

Les façons ont pour but :

1° La destruction des mauvaises herbes qui étouffent les bonnes plantes et leur disputent les principes solubles du sol et des engrais mis à leur disposition ;

2° L'ameublissement de la surface du sol, qui a une tendance à durcir et à se croûter sous l'influence de la pluie et du soleil, en enserrant le collet des racines ;

3° La pénétration des eaux pluviales et la suppression du ravinement sous l'influence des pluies battantes.

Les façons culturales comprennent donc les *sarclages,* les *binages,* les *déchaumages,* ainsi que le travail des terres nues ou *jachères.*

Sarclages. — Il ne faut pas confondre les sarclages avec les binages. Par le sarclage, on arrache les mauvaises herbes (*Tabl., Façons d'entretien, fig.* 1 *et* 2), lorsqu'elles prennent un développement nuisible aux cultures, autant que possible avant leur maturité, afin de ne pas salir les terres avec leurs graines. Généralement, les sarclages se font après les binages, lorsque l'on ne peut plus passer dans les terres avec la houe à cheval. L'éclaircissage des semis trop épais est le plus souvent désigné sous le nom de *démariage.*

Ces opérations s'effectuent lorsque la terre n'est pas trop sèche ni trop humide. Dans le premier cas, les plantes s'arrachent mal; dans le deuxième on piétine le terrain.

Les plantes les plus communes que l'on détruit par le sarclage sont : le *séné* ou *sanve,* la *ravenelle,* la *nielle,* l'*ivraie,* le *liseron,* les *chardons,* etc. Ces derniers se coupent au moyen d'une lame tranchante, fixée à l'extrémité d'un long manche. Les chardons doivent être tranchés au-dessous du collet. Il ne faut pas que l'opération soit faite trop tôt, afin qu'ils ne repoussent pas en tige et puissent fructifier.

Binages. — Les *binages* détruisent également les mauvaises herbes, petites et grosses; de plus, ils ameublissent la partie superficielle du sol, sous une épaisseur de plusieurs centimètres. En coupant les fentes ou retraits du sol ils interrompent l'ascension de l'eau et l'évaporation de surface est considérablement réduite (*Façons d'entretien, fig.* 3). C'est pour cela que l'on dit : « un binage vaut un arrosage ».

Les binages s'effectuent à la *binette,* encore appelée *rasette* ou *houe à main* et, d'une façon plus expéditive, à la *houe à cheval.* On doit les suspendre lorsque la terre est très humide, surtout dans les terres fortes, à cause du tassement qui en résulte.

Le premier binage pratiqué peu après la levée doit se faire avec les plus grandes précautions, car les plantes sont très délicates au début de leur végétation. Cette opération se fait mieux à la main qu'avec les instruments attelés. Une fois que les plantes ont pris de la force, on peut employer sans crainte les houes à cheval bien réglées (*Façons d'entretien, fig.* 4). Celles-ci sont d'ailleurs beaucoup plus expéditives, car, alors qu'un ouvrier ne peut guère biner plus de 10 à

15 ares dans sa journée, il peut en travailler plusieurs hectares dans le même temps avec une houe à cheval.

Les binages doivent se succéder à intervalles rapprochés, chaque fois que le sol a été battu par les pluies, et sans attendre le développement des mauvaises herbes. Il est toujours mauvais de laisser aux plantes envahissantes le temps de mûrir leurs graines et on doit s'attacher à empêcher leur propagation. Lorsque les cultures sont envahies à un point qui rend la destruction des mauvaises herbes impossible, on a intérêt à les faucher comme fourrage vert, que l'on fait consommer au bétail. La récolte ne payerait pas les frais de nettoyage.

Déchaumages. — Le moyen le plus radical de débarrasser les sols de leurs mauvaises plantes, c'est d'effectuer, aussitôt la récolte des céréales, une façon légère.

Les céréales sont « salissantes ». Nombre de plantes, comme le pavot, la sanve, la nielle, les cirses, etc., ont eu le temps de mûrir leurs graines et se trouvent disséminées à la surface du sol. Si on les enfouit profondément, lors du labour d'hiver, ces mauvaises graines se conservent sans altération et se mettent à germer quand on les ramène à la surface. Certaines graines à albumen huileux peuvent conserver dans le sol, pendant de longues années, leur faculté germinative et c'est pour cette raison que l'on voit réapparaître, surtout quand les semailles sont favorisées par le beau temps, une légion de crucifères dans les avoines.

En effectuant des labours de déchaumage très légers, au moyen des déchaumeuses ou polysocs très expéditifs (*Façons d'entretien, fig.* 5), on met toutes les graines de surface dans les meilleures conditions pour germer, tandis que si on les enterrait profondément elles se conserveraient pour ainsi dire indéfiniment. Par le labour d'hiver, on enfouira, au titre d'*engrais vert*, la verdure qu'elles auront produite, d'où double profit.

Les labours de déchaumage doivent se faire très superficiellement, afin que toutes les graines puissent germer, même les plus petites. Dans la pratique, on ne doit pas dépasser 5 à 6 centimètres de profondeur. A cet effet, on peut remplacer avantageusement les *charrues polysocs* par les *scarificateurs* ou les *herses canadiennes*, plus expéditives encore. Ces instruments se passent une fois en long, puis en travers. Si on le juge utile, on termine par un coup de herse. On fait de même après le labour de déchaumage.

Les déchaumages ont encore le bon côté, en ameublissant la surface, de favoriser le travail des microbes du sol et d'activer la nitrification. Ils entretiennent, en outre, la fraîcheur dans le sol (*dry-farming*).

La *méthode Jean* consiste en la suppression des labours et leur remplacement par le travail répété de la herse canadienne, jusqu'à ce que la partie ameublie ait une profondeur suffisante. Le premier coup de canadien est donné entre les moyettes, avant leur enlèvement.

Lutte contre les mauvaises herbes. — Pour lutter contre les plantes nuisibles, on complète l'action des déchaumages par la surveillance des fumiers.

Il ne faut jamais jeter sur les tas, les grenailles et déchets provenant des greniers et des granges, pas plus que les balayures de la cour. Tous ces détritus contiennent des mauvaises graines qui envahiraient les cultures. On doit les transporter au compost et les détruire en les enrobant de chaux fraîchement éteinte.

On apportera, en outre, le plus grand soin au nettoyage des semences que l'on produit et on exigera des garanties de la part des vendeurs sur le degré de pureté des graines que l'on achète.

L'alternance des cultures a aussi les meilleurs effets sur la destruction des mauvaises herbes, surtout si on a soin de faire suivre une *plante salissante* par une *plante étouffante* ou *nettoyante*. En tous cas, on évitera le plus possible de cultiver sur le même terrain deux céréales de suite. Dans les prairies envahies par les plantes vivaces, *renoncules, joncs, carex,* notamment dans les prairies humides, il faut assainir le sol, le défricher, puis le réensemencer. Les landes acides, où poussent les *bruyères,* les *ajoncs* et les *genêts,* sont à peu près improductives. Il faut les labourer profondément en y enfouissant, la première année, une dose élevée de phosphates naturels. L'année suivante, on donne des amendements calcaires.

On peut encore *écobuer,* c'est-à-dire brûler les gazons que l'on a coupés et laissé sécher. L'écobuage, par suite de l'incinération de la matière organique, occasionne des pertes appréciables d'azote. Il donne cependant de bons résultats dans les sols argileux, parce que l'argile calcinée acquiert toutes les propriétés physiques des sables. Les cendres sont épandues le plus uniformément possible sur le sol.

La jachère. — On dit qu'une terre est en *jachère* lorsque, après l'avoir labourée, on attend un temps variable avant de l'ensemencer.

Dans certaines régions, on laisse la terre en jachère un an sur deux ou trois, pour qu'elle se « repose », principalement là où la terre est argileuse, compacte, difficile à travailler.

Les bons côtés de la jachère sont les suivants : Elle rend possible les nettoyages des terres très fortes et leur mise en façon, sans risquer de les gâter par des labours inopportuns ; elle permet la destruction des plantes adventices, toujours nombreuses, avec les assolements triennaux comprenant le blé et l'avoine ; elle exerce une certaine influence sur l'enrichissement du sol, du moins dans les terres pauvres, où l'azote ammoniacal apporté par les pluies et l'azote capté par les microbes du sol dépassent en quantité les déperditions nitriques et potassiques par la voie du sous-sol.

En réalité, sauf dans les terres maigres et d'accès difficile, la jachère n'a pas sa raison d'être et il faut la combattre sans pitié. Elle augmente d'un tiers la valeur locative des terrains puisque, tous les ans, elle laisse le tiers de la surface improductive. Elle appauvrit les sols en humus ou, du moins, elle ne tire pas parti des quantités nitrifiées dans le cours de l'année de mise en jachère et les laisse descendre dans le sol, puisqu'il n'y a pas de racines pour s'en emparer.

En principe, on a intérêt à substituer les *jachères vertes* aux *jachères nues,* en semant des plantes fourragères à développement rapide, telles que moutarde, sarrasin, sorgho, etc., plantes que l'on fait consommer par le bétail, ou que l'on enfouit comme engrais vert, ou plutôt des légumineuses à croissance rapide comme le trèfle incarnat.

On évite ainsi toutes les déperditions et le sol, qui n'a d'ailleurs pas besoin de se reposer, est plus productif qu'avec le système de jachère. Ce n'est pas deux récoltes tous les trois ans que l'on devrait obtenir, mais plutôt trois récoltes tous les deux ans.

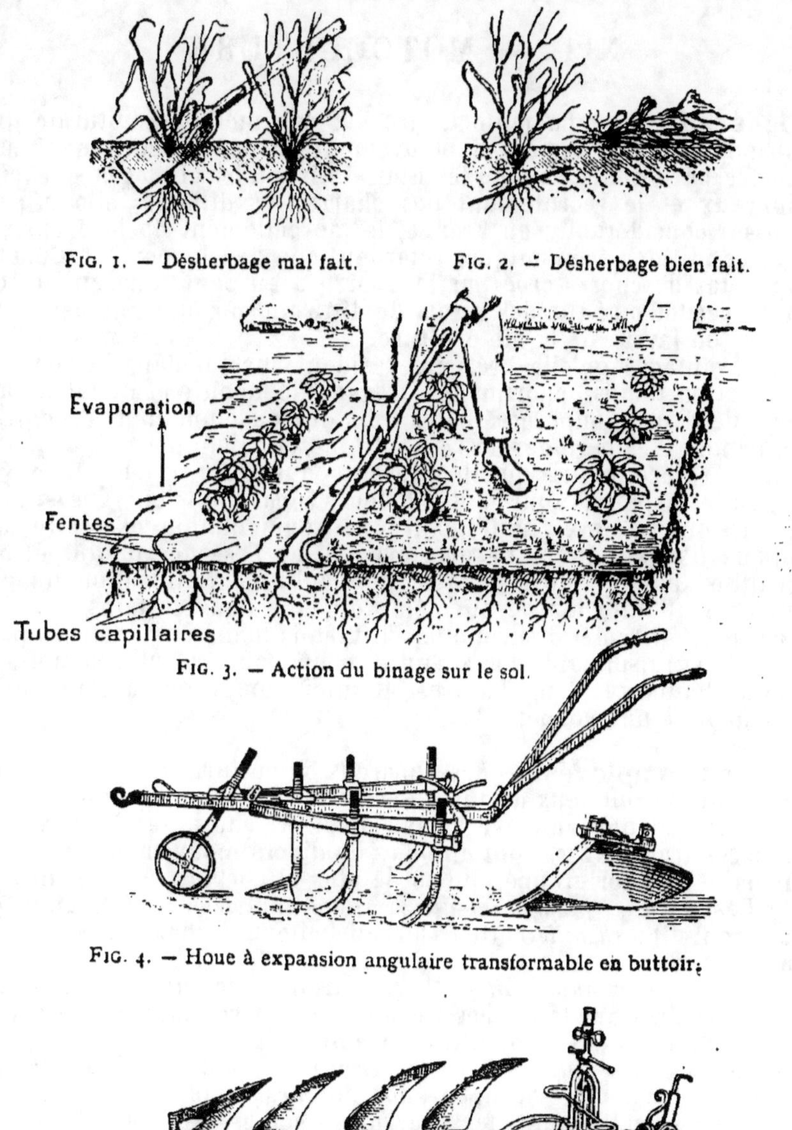

FIG. 1. — Désherbage mal fait.

FIG. 2. — Désherbage bien fait.

FIG. 3. — Action du binage sur le sol.

FIG. 4. — Houe à expansion angulaire transformable en buttoir.

FIG. 5. — Déchaumeuse à quatre socs de charrue

LES FAÇONS D'ENTRETIEN

XII. — MOTOCULTURE

Généralités. — La motoculture est une méthode culturale qui utilise des machines mises en mouvement par des moteurs inanimés. Dans les pays neufs, comme les Etats-Unis, où les attelages sont peu nombreux et le recrutement des charretiers difficile, elle a pris un essor considérable; en France, le morcellement de la propriété et les conditions économiques retardent son développement. Cependant l'état de choses créé par la guerre a eu pour conséquence de faire succéder aux timides essais de 1913 un engouement peut-être exagéré en faveur de la motoculture.

Les avantages qu'elle présente résident surtout dans l'exécution rapide et en temps opportun des travaux de labours et de moissons, ainsi que dans la suppression des frais de consommation et d'entretien pendant les périodes de repos du moteur inanimé.

On doit reconnaître qu'elle présente aussi de sérieux inconvénients : les appareils sont coûteux, leurs réparations onéreuses, leur amortissement élevé, impliquant une augmentation excessive des capitaux d'exploitation. Le prix exagéré de l'essence ou du pétrole constitue aussi un obstacle à la motoculture; l'utilisation du gaz pauvre, de l'huile lourde ou même du bois dans certains cas spéciaux, permettra de la surmonter. Toutefois, dans une ferme importante, il est raisonnable d'avoir un tracteur pour exécuter la moisson et le déchaumage; dans d'autres situations on recourra à un entrepreneur ou à une coopérative.

Moyens employés. — Les appareils de culture mécanique peuvent se diviser en deux groupes essentiels : 1° ceux qui déplacent les pièces travaillantes employées dans la culture courante; 2° ceux dont les pièces travaillantes sont animées de divers mouvements.

Dans le premier groupe, qui est le plus important, se classent :

1° Les *tracteurs proprement dits* à roues motrices ou à chemin de roulement dit à *chenilles*, attelés aux instruments (charrues, scarificateurs, etc.);

2° Les *charrues automobiles* et avant-trains tracteurs, chez lesquels le moteur ainsi que les pièces travaillantes de la charrue sont placés sur le même châssis formant un ensemble rigide;

3° Les *systèmes funiculaires* avec treuils et câbles, animés par de puissantes locomotives à vapeur, des moteurs à explosion ou l'énergie électrique et actionnant des charrues-bascules exécutant le labour à plat.

Pour éviter le tassement des fourrières résultant de l'emploi du labour en planches, on se préoccupe de construire, pour les tracteurs en général, des charrues spéciales permettant le labour à plat.

Dans le second groupe, les machines, d'ailleurs peu répandues, portent un arbre disposé parallèlement ou perpendiculairement à leur axe et sur lequel sont montés un certain nombre d'outils piocheurs plus ou moins rigides qui, pendant le déplacement des machines, sont animés d'un mouvement de rotation. Les avis sont encore partagés sur les avantages résultant de l'emploi de ces derniers appareils; toutefois leur usage semble plutôt justifié dans les façons de printemps.

XIII. — LES ASSOLEMENTS

Définitions. — Par *assolement*, il faut entendre l'ordre de succession des cultures dans un même domaine. On le désigne aussi sous le nom de *rotation*.

Dans la répartition, les parcelles qui portent la même culture sont désignées sous le nom de *sole*. Il y a la sole des céréales, celle des fourrages, des plantes sarclées, etc. La superficie de ces soles devrait être équivalente, s'il n'y avait pas de dérogations dans l'ordre des successions.

La durée de la rotation ou de l'assolement est le temps qui s'écoule entre deux cultures de même nature, qui réapparaissent sur le même terrain. On distingue les assolements : *biennal*, *triennal*, *quadriennal*, etc., suivant que leur durée est de deux, trois, quatre ans ou plus.

Quand les prairies artificielles, telles que la luzerne et le sainfoin, entrent dans la rotation, ce qui devrait être le cas habituel, les assolements ont encore une plus longue échéance.

Justification et nécessité des assolements. — Toutes les plantes ne sont pas également *sympathiques*. Ainsi le chanvre et le topinambour peuvent se succéder sans inconvénients pendant un grand nombre d'années, tandis que le lin, la luzerne, etc., sont *antipathiques*. Elles ne doivent être semées sur le même sol qu'à intervalles éloignés.

La théorie des *excreta*, qui suppose la production des sécrétions nocives dans le sol, par les racines des végétaux appartenant à la même famille, paraît avoir une part de vérité.

En général, toutes les plantes fournissent de meilleurs résultats quand on les change de terrain ou qu'on les assole. La différence est très sensible.

Il y a aussi l'opposition des *plantes nettoyantes*, succédant aux *plantes salisssantes*, et celles des *plantes améliorantes*, devant succéder aux *plantes épuisantes*, qui viennent justifier l'utilité des assolements.

Si on continue à cultiver la même plante sur le même sol, les rendements diminuent de plus en plus, même avec l'emploi des engrais, surtout pour les plantes de la famille des légumineuses. On ne peut pas faire revenir le trèfle, par exemple, deux fois de suite sur le même terrain. Si l'on effectuait successivement deux cultures de céréales, il faudrait avoir recours à l'emploi des engrais pulvérulents. Mais, dans les terres médiocrement propres, on risque de salir le terrain et on s'astreint à des façons culturales onéreuses.

Pour ces raisons, l'alternat est obligatoire.

D'autre part, les céréales ont des besoins qui leur sont propres, les plantes sarclées et les légumineuses également. Les premières épuisent surtout les réserves du sol ; les autres s'approvisionnent en partie dans le sous-sol. Ainsi le blé et la betterave consomment beaucoup d'azote et poussent à la nitrification ; la luzerne absorbe l'azote de l'air et elle enrichit la couche arable en matières organiques et en produits minéraux puisés dans le sous-sol.

Il est donc utile de faire alterner les céréales avec les plantes sarclées et les cultures fourragères.

Les végétaux ont un développement radiculaire et foliacé différent. Pour la luzerne, la surface foliaire est quatre-vingt-cinq fois celle de la surface occupée, alors qu'elle n'est que quinze à vingt fois pour les céréales. En conséquence, le blé, l'avoine et l'orge se défendent mal ou se laissent envahir par les plantes adventices, tandis que les légumineuses fourragères les étouffent.

De même, une culture qui n'est pas soumise aux binages, comme c'est le cas le plus habituel pour les céréales, est souvent envahie par toute la flore spontanée.

Avec les plantes sarclées, au contraire, la végétation herbacée est détruite au fur et à mesure de son apparition et le terrain devient plus propre. C'est pourquoi, il est non seulement utile, mais nécessaire, de faire succéder une plante nettoyante à une plante salissante.

Toutes les plantes cultivées ayant leurs ennemis, principalement dans le monde des insectes et des champignons microscopiques, on peut combattre utilement ces parasites en les affamant par l'alternance des cultures.

C'est surtout par l'assolement que l'on peut lutter avantageusement contre la *carie* du blé, la *maladie du cœur* de la betterave, le *peronospora infestans* de la pomme de terre, etc.

Certaines plantes sont avides d'azote, d'autres demandent davantage de potasse et il en est qui réclament surtout de l'acide phosphorique. En variant les cultures, on équilibre les besoins ; les stocks en réserve dans le sol maintiennent l'intégralité de leur pouvoir fertilisant. Pour l'entretien de l'humus, qui est le nerf de la terre, les cultures de légumineuses revenant périodiquement sont de rigueur.

Les mauvais assolements. — L'*assolement biennal* ou de deux ans est usité dans les régions pauvres et dans les régions riches. Dans le premier cas, il s'est établi sur la base de la jachère et du blé. Dans le deuxième, la jachère est généralement remplacée par la betterave ou d'autres cultures industrielles. En Bretagne, on pratique aussi la rotation : choux et avoine.

Tous les assolements biennaux sont défectueux. Ils provoquent la disparition de l'humus, et les récoltes qu'on en obtient, grâce à l'emploi des engrais chimiques à hautes doses, sont loin d'être économiques. De plus, les terrains se fatiguent énormément de la périodicité aussi courte de la céréale et de la plante sarclée ; les insectes et les maladies causent de grands préjudices dans les cultures.

L'*assolement triennal*, comprenant la jachère, suivie d'un blé et d'une avoine, donne aussi des résultats désastreux. Il est meilleur quand on substitue une plante sarclée à la jachère, en lui fournissant des fumures copieuses à base de matières organiques. Néanmoins on ne doit pas hésiter à l'abandonner, parce qu'il épuise l'humus du sol outre mesure et qu'il salit beaucoup les terres.

L'*assolement quadriennal* (V. *Tabl. Assolements*), dans lequel le trèfle revient tous les quatre ans, est de beaucoup préférable aux deux autres ; mais il n'est pas non plus exempt de critique. Le voici :

1re année........	*Plante sarclée fumée*..	Nettoyante.
2e —	*Céréale de printemps*..	Salissante.
3e —	*Trèfle*...............	Améliorante et nettoyante.
4e —	*Blé*.................	Epuisante et salissante.

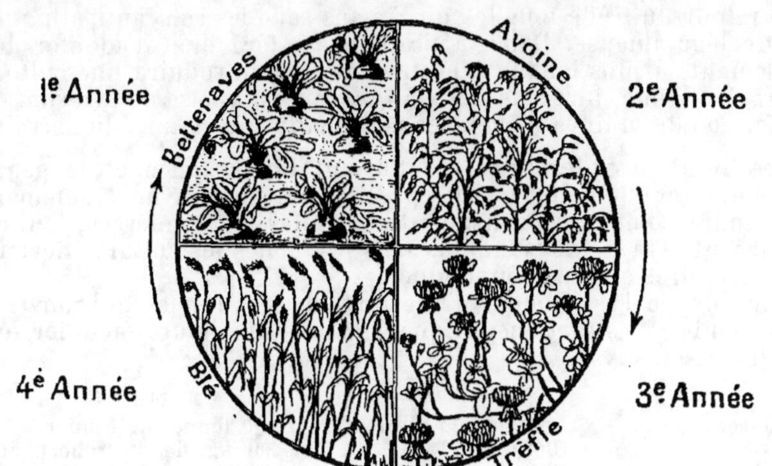

Fig. 1 — Assolement quadriennal.

Pommes de terre	Blé	Trèfle	Blé
Rutabaga	Orge	Trèfle	Blé
Betteraves	Avoine	Vesce	Blé

FIG. 2. — Exemples d'assolement quadriennal.

Plantes sarclées	Avoine	Vesce	Blé	Trèfle

FIG. 3. — Assolement de cinq ans.

Betteraves	Blé	Luzerne	Luzerne	Luzerne	Avoine

FIG. 4. — Assolement de six ans.

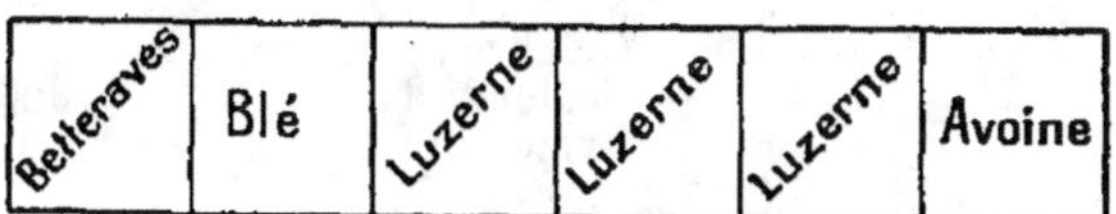

Pommes de terre	Blé	Betteraves	Avoine	Luzerne	Luzerne	Luzerne

FIG. 5. — Assolement de sept ans.

LES ASSOLEMENTS

Le retour du trèfle tous les quatre ans rend les sols antipathiques à cette légumineuse. Dans la pratique on fera bien d'adopter des assolements à plus longue échéance, et on y introduira une culture fourragère d'une durée de deux à quatre ans, à base de luzerne, de sainfoin ou de graines mélangées convenant à la nature du terrain.

Les bons assolements. — Suivant l'importance et le genre d'exploitation que l'on veut entreprendre, on établira un assolement qui tiendra compte des considérations ci-dessus énumérées, tout en ménageant les réserves d'humus sans lesquelles les cultures deviennent aléatoires et peu économiques.

Voici un type d'assolement, d'une durée de sept années, qui convient dans nombre de situations, et que l'on peut d'ailleurs modifier suivant les besoins :

Années.	Cultures.	Engrais.
1re année........	*Pommes de terre....*	20 tonnes de fumier.
2e —	*Blé ....*	300 kg. de superphosphate.
3e —	*Betteraves........*	35 tonnes de fumier.
4e —	*Avoine...........*	250 kg. de superphosphate.
5e, 6e et 7e années.	*Luzerne..........*	Plâtre.

Lorsque les pommes de terre ont une tendance à pourrir sur un défrichement de luzerne, on les remplace par une culture de choux, où par la betterave, et, la troisième année, on les substitue à la betterave.

Dans les sols calcaires, le sainfoin prend la place de la luzerne, mais on le conserve seulement pendant deux ans. La durée de l'assolement est ainsi réduite à six ans. On peut aussi remplacer la totalité, ou seulement une partie de l'avoine par l'orge.

Assolement combiné. — Les assolements combinés ou extensifs, usités en culture maraîchère pour l'obtention des cultures dérobées et échelonnées, peuvent également s'appliquer à la ferme.

Ci-dessous un type qui permet d'obtenir huit récoltes en cinq ans :

Cultures.	Époque des emblavements.	Époque de la récolte.
Seigle...................	Septembre........	Juillet.
Navets..................	Juillet...........	Novembre.
Pommes de terre précoces.....	Avril............	Juillet.
Trèfle incarnat.............	Août	Mai.
Haricots................	Mai	Septembre.
Blé..................	Octobre.........	Juillet.
Colza repiqué.............	Septembre........	Juillet.
Vesce d'hiver	Septembre........	Juin.

Nous donnons enfin l'assolement de douze ans des environs de Paris qui est assez pratiqué. Partant de prairies artificielles, on aura la succession suivante :

1. Blé (avec superphosphate).
2. Betterave (avec 1/2 fumure et engrais).
3. Blé.
4. Avoine (avec nitrate).
5. Betterave (fumure et engrais).
6. Blé.
7. Avoine (avec nitrate).
8. Betteraves (avec fumure et engrais).
9. Avoine (avec semis de sainfoin et luzerne).
10, 11, 12. Prairie artificielle.

LES ENGRAIS

I. — LES BESOINS DES VÉGÉTAUX

Nécessité des engrais. — Nous savons que les plantes vivent dans le sol et dans l'atmosphère et qu'elles s'y nourrissent (V. Agrologie). Pour prospérer, elles doivent trouver dans ces deux milieux la totalité des principes essentiels nécessaires à leur nutrition et aucun d'eux ne peut faire défaut. Quand une substance fertilisante quelconque manque, ou qu'elle se trouve en quantité insuffisante et non assimilable, les autres matières, seraient-elles en excès, ne peuvent pas produire leur action. C'est ce qu'on appelle la *loi du minimum*, loi qui est aujourd'hui admise par tous les agronomes.

Les plantes cultivées, les plus intéressantes, ont des exigences variables. Les unes demandent beaucoup d'*azote*, les autres sont avides de *potasse*, de *chaux*, d'*acide phosphorique*, etc. Les matières organiques et l'eau sont également nécessaires à l'élaboration de la *matière sèche*, qui constitue la charpente des végétaux et leurs substances de réserve, lesquelles serviront ensuite à la nourriture de l'homme et des animaux.

Le végétal ne peut être favorisé dans sa croissance que si le sol, son principal garde-manger, est bien approvisionné. Or une récolte moyenne enlève au sol une quantité notable de principes essentiels. Si les substances emportées ne font pas retour à la terre, celle-ci s'appauvrit de plus en plus et les rendements diminuent naturellement.

Comme, dans la plupart des situations, une partie des substances distraites pour la formation des tissus animaux, ainsi que pour le grain et les autres denrées alimentaires et industrielles, se trouve exportée, la *restitution* s'impose sous une autre forme.

Cette restitution ne peut se faire qu'avec le concours des *engrais*.

Les exigences des végétaux. — Nous avons étudié les lois de la nutrition végétale (V. Agrologie) et nous connaissons les principaux éléments qui entrent dans la composition des plantes.

Ce sont : l'*azote*, le *carbone*, l'*hydrogène* et l'*oxygène*, qui contribuent à la formation de la matière organique ; puis les substances minérales, au nombre de dix, savoir : le *phosphore*, la *potasse*, la *chaux*, le *soufre*, la *magnésie*, le *fer*, la *silice*, le *manganèse*, la *soude*, le *chlore*.

Les *éléments essentiels* sont l'azote, l'acide phosphorique, la potasse et la chaux. Si l'un d'eux seulement vient à manquer, les plantes ne peuvent pas se développer. Les autres principes ne sont pas absolument indispensables, car ils peuvent mutuellement se remplacer. D'ailleurs, ils existent presque toujours en assez grande quantité dans les terres pour qu'il n'y ait pas lieu de s'en inquiéter.

Par l'analyse quantitative des diverses denrées, on a pu déterminer, d'une façon assez approximative, le poids des principes essentiels nécessaires à l'obtention des belles récoltes et qui se trouvent exportés par le grain, la paille, les racines comestibles, les tubercules, les feuilles ou les fanes.

Céréales. — Dans le tableau ci-après sont résumés les besoins relatifs des diverses *céréales*, pour un rendement de 25 quintaux de grain, y compris la paille correspondante, obtenus sur un hectare.

CÉRÉALES	AZOTE	ACIDE PHOSPHORIQUE	POTASSE	CHAUX
	Kg.	Kg.	Kg.	Kg.
Blé	76,66	31	96,66	21
Seigle	68,50	30	64	28
Avoine	67,50	28	75	24
Orge	60,40	23,80	40,30	11,30
Maïs	51,50	25	57,50	15,50
Sarrasin	31	21	52	39
Millet	61	53	104	29

Plantes sarclées. — Pour obtenir des termes de comparaison entre les diverses espèces de *plantes sarclées*, nous pouvons admettre un rendement théorique de 40 000 kilogrammes à l'hectare, en racines ou tubercules. Les feuilles et les fanes en rapport interviennent dans le bilan global des emprunts.

Dans la pratique, comme on peut obtenir un rendement supérieur à 40 tonnes en betteraves fourragères, choux et rutabagas, on devra en tenir compte.

PLANTES SARCLÉES	AZOTE	ACIDE PHOSPHORIQUE	POTASSE	CHAUX
	Kg.	Kg.	Kg.	Kg.
Betteraves fourragères	108	41	219	36
Betteraves à sucre	112	60	197	77
Pommes de terre	202	75	364	»
Topinambours	180	80	373	»
Carottes fourragères	124	71	271	154
Navets	153	73	268	147
Rutabagas	138	77	271	72
Choux pommés	80	49	120	60
Choux feuillus	132	56	123	147
Laitues	61	27	118	»

Plantes fourragères. — Les *fourrages* sont, de toutes les plantes cultivées, celles dont la teneur en azote est la plus élevée.

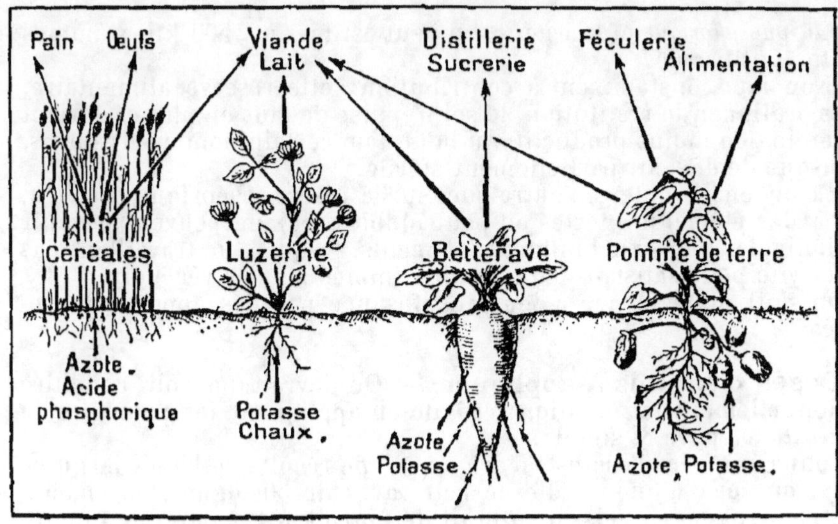

Schéma des éléments extraits du sol par les cultures.

Malgré cela, au lieu d'être épuisantes, ce sont des *plantes amélio-rantes*, à cause de la propriété dont jouissent les légumineuses de pouvoir capter l'azote atmosphérique, grâce aux bactéries parti-culières contenues dans leurs nodosités.

Comme elles possèdent des racines très pivotantes, elles vont puiser dans les couches profondes du sol une partie des principes minéraux nécessaires à leur nutrition et les ramènent à la surface.

Leur défrichement enrichit la couche arable d'une foule de débris et de résidus abandonnés par les feuilles et leurs racines.

Voici cependant le quantum d'éléments essentiels exportés, pour des rendements moyens de 7 000 kilogrammes de foin sec récoltés à l'hectare :

FOURRAGES	AZOTE	ACIDE PHOSPHORIQUE	POTASSE	CHAUX
	Kg.	Kg.	Kg.	Kg.
Foin de trèfle......	286	46	159	209
Foin de pré.......	130	35	155	87

Les prélèvements sont à peu près les mêmes avec la luzerne et le sainfoin que pour le trèfle. Ils sont d'autant plus faibles que la prairie contient davantage de graminées.

La loi de restitution. — D'après les chiffres ci-dessus men-tionnés, on peut se faire une idée approximative des exigences des plantes cultivées et de l'importance qu'il y a à restituer aux sols les matières nutritives exportées par les récoltes.

La couche arable est loin d'être inépuisable. Si on la considère sous une épaisseur moyenne de 20 centimètres, avec une réserve de 1 pour 1 000 environ, pour chacun des éléments essentiels, l'*azote*, l'*acide phosphorique* et la *potasse,* on peut estimer à 2 500 kilogrammes le stock utilisable.

Si on met constamment à contribution cette réserve alimentaire, sans pratiquer de restitution, le sol s'épuise de plus en plus et devient de moins en moins productif. Au bout d'un certain nombre d'années, il risque de devenir partiellement stérile.

Il convient de noter en outre que, sur la réserve théorique précitée, il y a des éléments inertes ou peu solubles, qui ne peuvent devenir assimilables que sous l'influence d'agents, lesquels ne travaillent pas assez vite pour satisfaire aux besoins immédiats des végétaux.

On doit donc obvier à leur insuffisance par des apports appropriés.

Doses d'engrais à appliquer. — On devrait pouvoir conduire rationnellement la nutrition végétale en appliquant les principes de la *restitution* pure et simple.

Connaissant les besoins théoriques d'une récolte de blé de 30 quintaux, ou ceux d'une récolte de betteraves de 50 tonnes, en chacun des éléments essentiels, il suffirait de fournir à la terre une fumure renfermant la totalité des principes utiles. De cette manière, le sol ne s'appauvrirait pas et les récoltes maxima pourraient être obtenues.

Dans la pratique, la restitution ne se fait pas d'une façon aussi mathématique, parce qu'il est impossible de diriger, comme on le voudrait bien, les agents de solubilisation des matières fertilisantes.

La température, le degré hygrométrique, la cohésion variable des terres, etc., influent sur les phénomènes de la *nitrification*, de l'*absorption*, de l'*assimilation*.

Pour être certain d'obtenir les résultats cherchés, il faut que le sol renferme un excédent de substances utilisables, sans toutefois dépasser la limite au delà de laquelle il se produirait, par entraînement, des pertes de matières solubles dans le sous-sol.

Cette remarque intéresse seulement l'azote apporté sous la forme nitrique ainsi que l'azote ammoniacal et organique, s'il venait à se nitrifier en trop grande quantité. Elle s'applique aussi aux sels potassiques solubles et aux superphosphates susceptibles de rétrograder.

Tous les autres engrais peuvent être donnés à haute dose. On a même intérêt à ce qu'ils se trouvent toujours en excédent dans le sol, afin que les plantes n'aient pas à souffrir d'une pénurie de principes assimilables.

A ce sujet, il faut bien se pénétrer de cette vérité : la fumure rationnelle par excellence, celle qui réduit les pertes au minimum et favorise au plus haut point l'accroissement des végétaux, c'est la fumure organique à base de *fumier de ferme*, dans laquelle tous les principes se trouvent enrobés et retenus, sans crainte des déperditions.

Le fumier bien préparé doit contenir la totalité des déchets de la nutrition animale, c'est-à-dire les excréments solides et liquides, auxquels viennent s'ajouter les litières, représentées surtout par les pailles de céréales. Ainsi les principes fertilisants qui ont été exportés du sol par les récoltes lui sont complètement et intégralement restitués dans la proportion même où ils se combinent pour former la matière organique.

II. — SOURCES DE RESTITUTION

Formation naturelle de l'humus. — Une terre, abandonnée à elle-même, se recouvre d'une végétation herbacée ou arbustive qui prospère, meurt et renaît sur les mêmes lieux. C'est la flore spontanée de l'endroit, celle qui s'accorde le mieux avec la nature du terrain.

Si on laisse ces plantes se décomposer sur place, sans jamais leur faire d'emprunts, la matière organique se dépose à la surface du sol et elle ne tarde pas à se transformer en *humus*, dont l'épaisseur de la couche augmente, plus ou moins, suivant la pente du terrain et sa richesse en calcaire.

Ainsi, de l'humus s'accumule plus vite sur les lieux horizontaux, que le long des déclivités exposées à l'action continue du ravinement.

Dans les terrains pauvres en chaux, où la nitrification est faible ou nulle, l'humus se rassemble en une masse tourbeuse, dont l'épaisseur augmente de jour en jour. Sous l'influence des tassements séculaires, la tourbe devient de la houille et de l'anthracite.

Au contraire, le contact du calcaire provoque la combustion de la matière organique et, suivant la topographie des lieux ou la composition géologique du terrain, les nitrates et les sels de potasse solubles sont entraînés par les eaux sauvages ou souterraines.

Apports du sol. — Dans les terres constamment en culture, mais non soumises à la *jachère*, il ne peut se produire que des pertes insignifiantes par la voie du sous-sol, à condition que les fumures soient toujours à base de matières organiques.

Les racines des plantes qui occupent le terrain absorbent à leur profit les sels nutritifs, au fur et à mesure de leur solubilisation.

Les *nitrates* du sol, nitrates de *potassium*, de *calcium* ou de *sodium*, se forment à la suite d'une oxydation de la matière organique, grâce aux microbes et aux ferments.

C'est d'abord la matière organique qui, sous l'influence des *ferments oxydants*, devient de l'humus, puis *les ferments ammoniacaux* entrent en jeu (*bacillus arborescens, b. mesentericus, b. mycoïdes*, etc.).

L'ammoniaque est ensuite attaquée à son tour par le *ferment nitrique*, qui la transforme en acide azotique ou nitrique assimilable.

C'est donc le travail des ferments nitreux et nitriques qui dissocie la matière organique et libère les sels solubles, ainsi que le carbone et les constituants de l'eau, pour les besoins de la nutrition végétale.

Il suffit qu'il y ait dans le sol une réserve d'humus et que, d'autre part, les conditions relatives à la nitrification soient observées (aération, température, présence des bases, humidité), pour que la nitrification se fasse sans interruption.

Cette source d'azote assimilable est la meilleure et la plus sûre. Elle ne risque pas d'occasionner des à-coups aux diverses phases végétatives, comme dans les cas d'apports irréfléchis de nitrates, lesquels provoquent souvent des pléthores exagérées, suivies de longues périodes de pénurie.

La réserve d'humus, qui est la dispensatrice des principes de la vie végétale et la grande pourvoyeuse des microbes utiles, peut être fournie, indépendamment du fumier, par les résidus des racines et des tiges abandonnées au sol au moment de la récolte, ou volontairement par les *engrais verts.*

Cet appoint est considérable avec les légumineuses à racines pivotantes, comme la luzerne. Il dépasse de beaucoup les quantités habituellement fournies par les fumures les plus copieuses.

Les apports de l'atmosphère. — L'atmosphère est un réservoir précieux. Elle fournit aux plantes, avec le carbone et l'eau, les principes constitutifs de la cellulose et des autres hydrates de carbone. Ces éléments, associés à l'azote, contribuent à la formation des matières albuminoïdes, si importantes.

Bien qu'il y ait dans l'air quatre parties d'azote pour une partie seulement d'oxygène, il y a presque toujours pénurie de cet élément, parce que l'azote de l'atmosphère n'est pas directement assimilable par les végétaux.

Cependant, sous l'influence des décharges électriques, occasionnées par les orages, une petite quantité d'oxygène se combine à l'azote de l'air et il se forme de *l'acide nitrique.* Ce sont les pluies d'orage qui les apportent au sol.

Dans les situations les plus privilégiées, on estime à 3 kilogrammes environ la quantité d'acide nitrique que peuvent fournir en une année les pluies d'orage tombant sur un hectare, ce qui est appréciable, mais c'est là un maximum pour nos régions.

L'atmosphère contient en outre une très petite quantité d'azote, à l'état de *carbonate d'ammoniaque* gazeux et de *nitrate d'ammoniaque,* ainsi que des *poussières* impondérables de matières organiques, qui flottent dans l'air sec, mais sont entraînées à la surface du sol par la pluie, le brouillard, la rosée.

Toutefois, les quantités d'azote ainsi reçues sont loin de suffire aux besoins des plantes cultivées, puisqu'elles ne dépassent pas le dixième de la consommation courante des végétaux les moins exigeants.

Indépendamment du captage de l'*azote atmosphérique,* par les nodosités radiculaires des légumineuses, nombre d'agronomes admettent que certains microbes du sol jouissent de la même propriété. Ce serait la raison pour laquelle, malgré l'excédent des exportations sur les restitutions, et cela depuis un temps immémorial, les terres ont plutôt une tendance à s'enrichir qu'à s'appauvrir.

Apports de matière organique. — Si l'on peut fournir aux plantes les principes essentiels dont elles ont besoin, en les présentant sous la forme minérale, il est beaucoup plus simple, plus logique et surtout plus économique, de les leur fournir en association, sous la forme naturelle qui est celle de la *matière organique.*

La matière organique contient, non seulement, toutes les substances utiles, avec un pourcentage d'association qui est à peu près celui des denrées consommées par le bétail, mais elle contient les microbes actifs de la mort, dont le rôle est de créer la vie (*ferments humificateurs, ammoniacaux, nitrificateurs, fixateurs,* etc.).

En tête des matières organiques, il faut citer le *fumier de ferme.*

Les principes essentiels récupérés, sous la forme de fumier et de purin, représenteraient plus des trois quarts des quantités exportées par les récoltes, si on faisait usage de *fumières et de fosses.*

Ils pourraient même suffire à l'entretien des terres, si on introduisait dans la ration du bétail des *aliments concentrés,* tels que *tourteaux, drêches,* qui viendraient augmenter la richesse des fumiers.

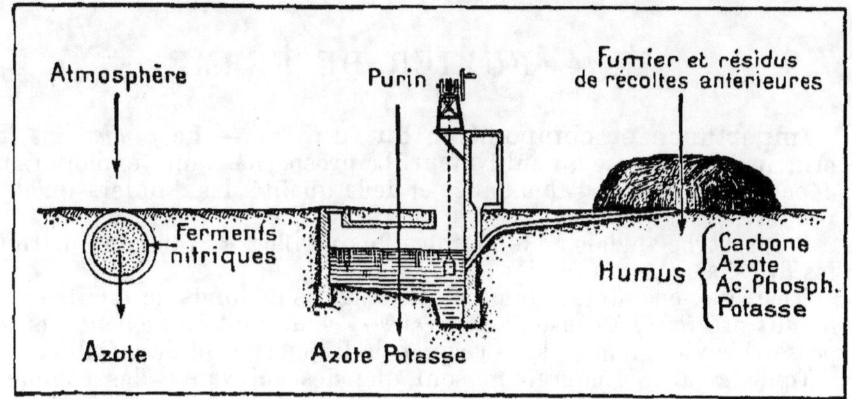

Schéma des sources de restitution au sol des éléments nécessaires aux cultures.

Donc, avec un fumier riche et les emprunts à l'atmosphère, on peut maintenir les terres en bon état de fertilité.

En dehors des fumiers fournis par le gros bétail, chevaux, vaches, moutons, porcs, il y a les excréments des lapins et ceux des oiseaux de basse-cour. On ne doit jamais les laisser perdre.

Dans la série des engrais organiques à grand volume, il faut citer les *boues de ville*, presque aussi riches que le fumier, les *composts*, la *suie*, les *déchets d'industries diverses* : sucreries, distilleries, filatures, féculeries, etc. On doit ajouter les matières organiques pulvérulentes, qui renferment, sous un volume réduit, une quantité notable de principes essentiels, généralement associés. Les plus intéressants sont : le *sang* et la *viande desséchés*, les *engrais de poisson*, le *guano*, la *poudrette*, les *tourteaux moulus*, etc.

Autres sources d'engrais. — Pour appuyer l'action fertilisante du fumier, mais non dans le but de le remplacer intégralement, on peut se servir des *engrais chimiques*.

De toute évidence, ces engrais, qui ne contiennent pas le moindre atome d'humus, sont loin de valoir les engrais organiques, à teneur égale, en principe sessentiels. Cependant, ils peuvent rendre de bons services, notamment pour l'obtention des récoltes intensives, en l'absence d'approvisionnement suffisant de fumier.

On peut aussi y avoir recours pour remonter rapidement la fertilité d'un sol, quand il se trouve relativement pauvre en l'un ou l'autre des éléments essentiels, tels que chaux, acide phosphorique ou potasse. De tous ces principes, l'acide phosphorique est celui qui fait le plus souvent défaut. En effet, le fumier étant considéré comme unique source de restitution, si celui-ci est fourni par des animaux recevant des aliments pauvres en cet élément, il est également pauvre et, alors, il ne suffit pas aux exigences des cultures.

L'azote des engrais commerciaux est fourni par les gisements de nitrate de soude, les usines à gaz ou par captage de l'azote gazeux.

Les engrais phosphatés proviennent des os, des nodules ou phosphates naturels du sol et des scories de déphosphoration.

Les engrais potassiques sont fournis par les salins, les plantes marines, les cendres de bois, les mines, etc. La chaux se trouve dans la marne, le plâtre, la chaux grasse, les plâtras, etc.

III. — FUMIER DE FERME

Importance et composition du fumier. — Le *fumier* est la principale ressource du cultivateur. La prospérité d'une exploitation dépend en partie de l'abondance et de la qualité des fumiers qu'elle produit.

Le proverbe anglais a été maintes fois vérifié : « Si tu veux marier tes filles, soigne ton fumier ».

C'est que, en effet, le fumier est l'engrais de fonds, le meilleur et le plus précieux, à cause de ses *réserves*, celui dont on ne peut pas se passer bien longtemps, sans risquer de frapper le sol de stérilité.

Tous les autres engrais ne sont que des adjuvants, des compléments du fumier de ferme.

Le fumier comprend les *déjections liquides* et *solides* du bétail, associées à des *litières*. Sa qualité dépend : 1° de la nourriture du bétail; 2° de l'espèce et de son affectation; 3° de la valeur de la litière; 4° des soins donnés à sa préparation.

Composition des déjections. — La composition des déjections liquides et solides est assez variable.

On peut prendre pour moyenne les chiffres ci-dessous, qui se rapportent aux différents animaux de la ferme :

		AZOTE	ACIDE PHOSPHORIQUE	POTASSE
		%	%	%
Chevaux...	urines......	1,48	Traces.	1,50
	crottins.....	0,55	0,30	0,30
Vaches....	urines......	0,78	Traces.	1,40
	bouses.....	0,38	0,15	0,10
Moutons...	urines......	1,31	0,01	2,00
	crottins.....	0,72	0,44	0,30
Porcs.....	urines......	1,31	0,04	0,50
	fientes.....	0,72	0,62	0,20

Comme on le voit, les *urines* sont beaucoup plus riches que les excréments solides, en *azote* et en *potasse*. Il ne faut donc jamais les laisser perdre. Le rendement moyen journalier des animaux adultes, en déjections liquides et solides, est à peu près le suivant :

	URINES	EXCRÉMENTS
Cheval de 500 kilogrammes	4 kg. 500	12 kilogr.
Vache de 550 —	12 kilogr.	18 —
Mouton de 60 —	1 —	2 —
Porc de 75 —	3 —	2 —

Composition des litières. — Les litières ont pour objet, non seulement, de fournir un coucher moelleux aux animaux, mais aussi de retenir les urines. Les matières les plus employées sont les *pailles diverses*, de blé, d'avoine, d'orge, de seigle, etc.

Par exception, on utilise : la *sciure de bois*, la *tourbe*, la *tannée*, les *fanes*, les *feuilles mortes*, les *fougères*, les *roseaux*.

La composition moyenne des litières varie beaucoup suivant leur origine. Elle est à peu près la suivante par tonne :

	AZOTE	ACIDE PHOSPHORIQUE	POTASSE
Paille.............	4 kg. 6	2 kg. 4	6 kilogr.
Sciure de bois...	5 kilogr	3 kilogr.	7 kg. 4
Tourbe...........	15 —	4 —	5 kilogr.

Sachant qu'il faut 4 kilogrammes environ de litière de paille par grosse tête de bétail et par jour, soit environ 1 500 kilogrammes par an, on peut estimer globalement l'enrichissement apporté aux fumiers par les litières.

Composition du fumier. — Il y a beaucoup de causes qui peuvent faire varier la composition des fumiers : leur degré d'aquosité, leur origine, les déperditions à l'étable et sur la fumière, les soins dont ils sont l'objet, etc. Les moyennes ci-dessous se rapportent à une tonne. Il ne faut leur attribuer qu'une exactitude relative.

	EAU	HUMUS	AZOTE	ACIDE PHOSPHOR.	POTASSE	CHAUX
	Kg.	Kg.				
Fumier de cheval.......	713	185	5,8	2,8	5,3	2,1
— de bêtes à cornes.	775	145	3,4	1,6	4	3,1
— de moutons.....	646	225	8,3	2,3	6,7	3,3
— de porcs	724	175	4,5	1,9	6	0,8
Fumier mixte	760	150	4,5	2,5	5	3
Purin..............	970	10	1,5	0,1	4,9	0,3

Déperditions à l'étable. — Les pertes à l'étable sont de deux sortes : celles qui sont occasionnées par les *infiltrations* dans le sol, lorsque celui-ci n'est pas absolument étanche ; celles engendrées par les *écoulements* de purins, qui vont croupir et se perdre dans les fossés avoisinants.

Ces déperditions sont exclusivement dues au défaut de dallage et de canalisation. Toutes les urines non absorbées par les litières étant totalement perdues, le préjudice causé de ce fait est considérable. On peut, sans exagération, l'estimer à la moitié de la valeur vénale du fumier.

Ce n'est pas tout encore. Les déjections solides et les litières imprégnées, qui séjournent toujours un certain temps à l'étable, subissent des pertes sensibles, dues à la *volatilisation* de l'ammoniaque, composé d'azote.

Ces émanations, perçues par l'odorat, et les pertes qu'elles occasionnent sont mises en évidence par le petit essai suivant (V. AGRO-LOGIE, *Tabl. Etude Chimique, fig.* 2).

Si on met dans un flacon du fumier frais et de l'urine, on peut, au moyen d'un tube coudé, envoyer les vapeurs ammoniacales qui se dégagent dans un pot d'expérience, ensemencé en graminées, avoine par exemple. A côté se trouve un pot témoin, ensemencé de la même manière. Par comparaison, l'influence fertilisante du gaz ammoniac sur la végétation est mise en évidence.

Cette ammoniaque provient de l'acide urique des urines, qui se décompose promptement sous l'influence du *ferment ammoniacal,* lequel agit aux températures les plus basses, mais plus rapidement encore aux températures élevées. C'est pourquoi les pertes sont toujours plus sensibles en été qu'en hiver.

Tous les moyens préconisés pour empêcher les déperditions à l'étable sont inopérants. Un seul est efficace, c'est l'enlèvement journalier des fumiers et leur transport immédiat sur la fumière, que l'on fait suivre d'un lavage de l'étable à grande eau, pour envoyer dans la fosse les urines susceptibles de fermenter.

Une fois dans la fosse, les purins sont protégés par une atmosphère d'acide carbonique, qui s'oppose à la décomposition du carbonate d'ammoniaque et, comme conséquence, aux pertes d'azote.

Déperditions en tas. — Les pertes subies par les fumiers en tas sont insignifiantes, lorsque la masse possède un degré d'humidification convenable et qu'elle est à l'abri des infiltrations.

Les fumiers que l'on abandonne sur la terre même, sans aucun soin, sont évidemment lavés par les *eaux pluviales* et quelquefois même par les *eaux sauvages.* Toutes les parties solubles se trouvent entraînées dans le sous-sol, où elles s'écoulent le long des déclivités. La perte est d'autant plus sensible que le fumier est de date récente ou frais.

Plus tard, lorsque l'ammoniaque est enrobée dans l'humus et qu'elle se trouve à l'état d'*humate d'ammoniaque,* elle est assez bien retenue. Cependant, comme elle est assez soluble, les eaux pluviales peuvent l'entraîner. On la récupère en recueillant le jus des fumiers dans une fosse étanche, où elle se trouve immobilisée par une atmosphère d'acide carbonique, comprimée sous une voûte, laquelle s'oppose à toute déperdition gazeuse.

Les apports d'eaux pluviales et de lavages, en diluant le purin, le rendent moins alcalin et contrarient aussi les dégagements ammoniacaux.

Mais si, dans un fumier *tassé* et bien *arrosé*, les déperditions d'azote sont à peu près nulles, il n'en est pas de même lorsqu'on le jette négligemment sur le sol. Outre les pertes par volatilisation et par dissolution, il y a les pertes par *fermentation*, non moins importantes.

Les dégagements ammoniacaux se produisent surtout au contact de l'air, sous l'influence des *ferments aérobies*, jusqu'à la température de 55°. Une fois le coup de feu passé, les pertes deviennent nulles et le fumier se transforme en matières humiques (*beurre noir*).

Plus la masse est tassée et arrosée, plus la fermentation est rapide et les dégagements d'azote libre et ammoniacal sont conjurés.

Dans la pratique, on lutte contre l'action desséchante du vent et du soleil en multipliant le nombre des arrosages.

Quant au *blanc du fumier* (*chancissure*), c'est un champignon qui

Déperdition des éléments fertilisants contenus dans le fumier.

occasionne des pertes notables dans les fumiers négligés. Comme il ne peut pas vivre dans un milieu en pleine fermentation, parce qu'il ne lui reste pas un seul atome d'oxygène, on l'empêche également de se multiplier par les arrosages.

Fabrication méthodique des fumiers. — De ce qui précède il résulte que, pour éviter les déperditions qui font payer un si lourd tribut à la culture, tous les logements d'animaux : écuries, étables, bergeries, porcheries, etc., doivent être rationnellement construits et aménagés.

1° Le sol doit être cimenté dans toutes ses parties et des pentes convenablement ménagées dirigent les urines, aussitôt leur émission, vers les canalisations qui les conduisent dans la fosse à purin ;

2° On procédera à l'enlèvement journalier des fumiers en les faisant suivre de lavages à grande eau. Les nettoyages bi-journaliers seraient même préférables. S'il s'agit de moutons, pour éviter les déperditions ammoniacales, il faut mettre une abondante litière et vider les travées le plus souvent possible ;

3° On doit épandre sur la fumière, régulièrement tous les jours, le fumier frais qu'on y a conduit. Il est avantageux de le tasser en le faisant piétiner par les bêtes à cornes ou en y promenant un cheval, de manière à réduire au minimum l'épaisseur des couches d'air emprisonnées, afin de rendre moins actif le travail des ferments aérobies qui tendent à libérer l'ammoniaque ;

4° Pendant la période des chaleurs, aussitôt cet épandage, on donne un coup de pompe pour arroser toute la surface de la fumière. On peut se contenter d'arroser deux fois par semaine pendant l'hiver, et moins souvent même s'il survient des pluies ;

5° Il ne faut pas disséminer le fumier sur une trop grande surface à la fois. Le mieux est de procéder au remplissage de la fumière en deux fois. Pendant que l'un des tas se monte, l'autre est en voie de fabrication ou de fermentation. A défaut de fumière double, on fera bien de ménager un emplacement sur la plate-forme pour y loger provisoirement le fumier frais jusqu'à ce que les transports soient effectués.

IV. — FUMIÈRES ET FOSSES A PURIN

Pertes subies par une exploitation négligée — Les fumiers abandonnés à eux-mêmes, sur le sol d'étables non étanches et dépourvues de collecteurs, perdent les trois quarts de leurs urines, par infiltration et déversement.

La partie retenue par les litières laisse volatiliser, sous forme, d'ammoniaque, la majeure partie de l'urée restante, de sorte que, au moment du transport sur la fumière, il ne reste plus rien de l'azote des urines et bien peu de chose de sa potasse.

D'autre part, les bouses subissent aussi une notable déperdition, par la voie des airs, sous forme d'ammoniaque.

Cet appauvrissement se poursuit encore sur la fumière. En ajoutant la perte occasionnée par les eaux pluviales, les fermentations subséquentes et le *blanc*, on peut admettre qu'un fumier négligé a perdu les deux tiers de son azote et la moitié de sa potasse.

Cette estimation est souvent inférieure à la réalité.

Considérons seulement une vacherie à l'effectif de 25 bêtes à cornes. La production quantitative annuelle est à peu près la suivante : *urines*, 1 095 quintaux; *bouses* 1 642 quintaux.

Or, dans les urines seulement, il y a 876 kilogrammes d'azote et 1 533 kilogrammes de potasse. Leur disparition occasionne une perte sèche de 6 500 francs. A cette somme, on peut ajouter 1 500 francs pour la dépréciation subie par les excréments solides, soit un chiffre global de 8 000 francs environ, rien que sur une vacherie de vingt-cinq têtes.

L'estimation ci-dessus a été faite en tablant sur les prix actuels des engrais chimiques. Elle met en évidence l'extrême urgence de la construction des fumières au point de vue économique, puisqu'il s'agit d'une amélioration foncière qui, la première année, est payée par la plus-value des fumiers. A quoi bon acheter au loin des engrais coûteux, grevés de lourds frais de transport, alors qu'on peut en produire de meilleurs à la ferme, sans bourse délier?

Dimensions à donner aux fumières. — Toutes les fermes devraient être pourvues d'une *fumière* et d'une *fosse*, ayant des dimensions en rapport avec les besoins de l'exploitation, afin que fumiers et purins puissent être tenus en réserve, pendant la période comprise entre deux emblavements successifs, en prenant pour base trois transports annuels.

La hauteur du fumier sur la plate-forme peut atteindre 2 mètres; mais il est assez pénible ou besogneux de dépasser cette élévation.

Pour la superficie à donner aux fumières, on évalue d'abord la production probable du fumier et du purin sur ces bases :

	Fumier.	Purin.
Bovidé	15 000 kilogrammes	5 400 litres
Cheval	10 000 —	1 600 —
Mouton.	550	360 —
Porc	1 000 —	2 000 —

On multiplie ces chiffres par le nombre de têtes de chaque sorte, puis on divise le produit par trois, si on a admis le transport par tiers, et on détermine la capacité de la fumière.

FIG. 1. — Plate-forme à fumier concave avec rigole centrale.

FIG. 2. — Plate-forme à fumier convexe avec rigoles sur les côtés.

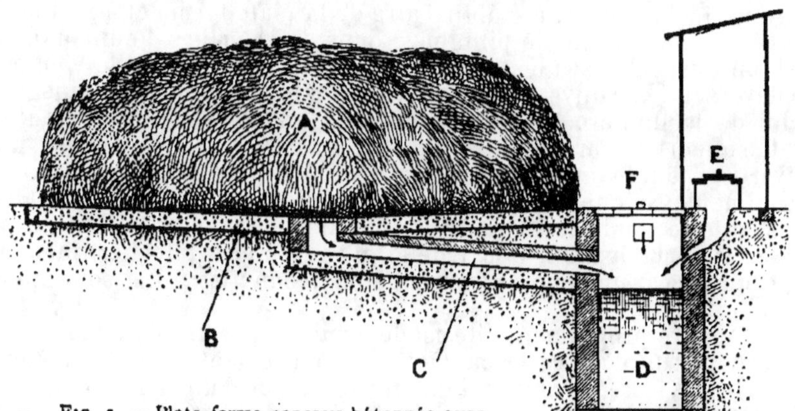

FIG. 3. — Plate-forme concave bétonnée avec écoulement du purin dans une fosse d'aisance.

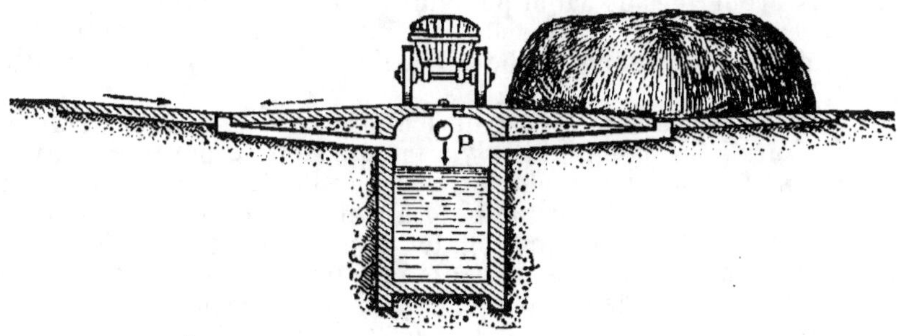

FIG. 4. — Fumière double. La plate-forme de droite est chargée, tandis que la plate-forme de gauche est libre. P, orifice de la canalisation amenant les urines des étables.

FUMIÈRES ET FOSSES A PURIN

Si, par exemple, on doit pouvoir loger 80 tonnes de fumier, cela représente environ 100 mètres cubes.

La hauteur ne devant pas dépasser 2 mètres, 100 : 2 = 50 mètres carrés donne la surface de la fumière, soit un carré de 7 mètres × 7 mètres environ ou, si on préfère une fumière rectangulaire, 8 m. × 6 m.

La capacité d'une fosse, correspondant à ces quantités, pour une vidange tous les deux mois, devrait être de 50 mètres cubes environ, soit un parallélépipède ayant 5 mètres de long, 5 mètres de large et 2 mètres de profondeur.

Plate-forme à fumier. — On peut établir à bon compte une fumière pratique, en employant un *béton bâtard* de chaux hydraulique et de ciment portland. La première année, les dépenses sont couvertes par la plus-value du fumier.

Employer du gravier « tout venant », des pierres cassées ou du mâchefer, en prenant comme proportion 200 kilogrammes de chaux hydraulique lourde et 100 kilogrammes de ciment par mètre cube de gravier. Le béton sert à établir l'aire de la plate-forme et à mouler la fosse à purin par simple pilonnage dans des banches. Pour commencer, on ouvre d'abord les fouilles de la fosse, dans laquelle viennent se déverser les caniveaux des écuries, étables, porcheries, ainsi que celui de la fumière. Les murs montés, on recouvre d'une voûte à plat, supportée par des fers à I, en ayant soin de ménager une ouverture pour le tampon d'ouverture, qui s'engage dans une feuillure. On cimente soigneusement les murs, en arrondissant les angles, ainsi que le fond, de manière à obtenir l'étanchéité parfaite de la fosse. Au lieu de polir à la truelle, il vaut mieux talocher finement et terminer par un coup de pinceau à badigeon : les fuites sont moins à craindre.

La fumière proprement dite est déterminée par un piquetage.

On construit d'abord le caniveau d'égouttement C, qui ramènera le purin à la fosse, au moyen d'une tuyauterie ou d'une rigole cimentée (*Tabl. Fumières*, *fig.* 3). L'origine du caniveau est au milieu de la fumière, au croisement des diagonales. Il est muni d'une grille qui empêche les obstructions par les pailles ou les excréments.

L'aire de la fumière B est constituée par une couche de béton pilonné, de 12 à 15 centimètres d'épaisseur, recouverte d'une chape en ciment poli (trois brouettées de sable pour un sac de portland).

Elle est pourvue de pentes de 4 à 5 centimètres par mètre, qui partent du périmètre pour aboutir à l'orifice du regard d'égouttement.

Avec cette inclinaison, les purins d'arrosage et les égouts du fumier vont toujours à la fosse D et il n'y a jamais rien de perdu. La tuyauterie amène les urines des étables. À l'aide de la pompe, on purine le fumier A chaque fois que le besoin s'en fait sentir, notamment à l'époque des chaleurs. Quand on le juge à propos, on vidange la fosse par le tampon F, en se servant d'un tonneau monté sur roues, avec lequel on épand le purin sur les prairies, sur les cultures ou sur les terres nues (V. *Tabl. Fumières et fosses à purin*, *fig.* 2).

Fosse-fumière. — La *fosse-fumière* diffère de la plate-forme en ce sens qu'elle est limitée, sur le pourtour, par un muret de soutènement, qui retient le fumier. Grâce à ce muret, les déperditions en tas ne peuvent se produire qu'en surface, non sur les côtés.

Mais si la mise du fumier en dépôt est plus commode, puisqu'on n'a pas à s'inquiéter du parement, son enlèvement est plus difficile, car on est gêné par le mur.

Tout compte fait, la plate-forme et la fosse-fumière se valent; mais la deuxième est d'un prix de revient plus onéreux que la première, à cause des murs en élévation qui occasionnent une dépense assez élevée.

L'emplacement le meilleur pour les fumières est celui qui est protégé des ardeurs du soleil en été, c'est-à-dire l'exposition Nord, ombragée par des bâtiments élevés ou de grands arbres du côté du Midi.

La fumière naît au niveau du sol naturel; elle descend avec une faible pente de 8 à 10 centimètres par mètre, afin que les démarrages ne soient pas trop pénibles, les chargements ayant généralement lieu à l'entrée, où on recule les véhicules. Le muret de pourtour a sa ligne de crête horizontale. Sa hauteur qui, à l'origine, est de 40 centimètres, augmente tous les mètres de la pente admise, soit 8 à 10 centimètres.

Bien entendu, le sol doit être solidement cimenté, pour pouvoir résister aux pieds des chevaux et au roulage des voitures chargées.

A la partie la plus basse se trouvent également une grille et une sortie pour les purins d'égouttage. La fosse à purin, recouverte par une trappe hermétique, reçoit les urines des étables.

La fosse-fumière se construit de préférence en béton, par la méthode du pilonnage dans des moules. Il en est de même du muret de pourtour. Son épaisseur doit être suffisante pour pouvoir résister, dans le bas, à la poussée du fumier. On le recouvre d'une chape, afin que l'humidité ne le pénètre pas.

Fumière double. — La *fumière double* est la plus pratique, celle qui convient le mieux à toutes les exploitations agricoles.

Elle est représentée par deux *plates-formes jumelées*, c'est-à-dire établies latéralement, en laissant entre elles, au-dessus de la fosse à purin, une largeur suffisante pour assurer la libre circulation des véhicules en usage dans le pays.

Le dispositif adopté pour chaque plate-forme, considérée isolément, est le même que celui d'une fumière simple. Il est inutile de revenir sur les questions de détail.

Deux rigoles d'égouttement, une de chaque côté, ramènent les purins dans la fosse, qui reçoit également les urines des écuries.

Pendant que le fumier d'un des tas achève de se transformer en *beurre noir*, l'autre plate-forme est en chargement, c'est-à-dire qu'elle reçoit les fumiers pailleux ou frais. On peut même, si on veut empêcher toute déperdition par les airs, recouvrir le tas en fermentation humique d'une couche de terre de route ou de fossé qui, une fois bien humidifiée au purin, empêchera tout dégagement ammoniacal.

En plaçant la fosse à purin entre les deux plates-formes et en espaçant ces dernières suffisamment pour assurer le passage des véhicules en usage, on facilite le chargement des fumiers, ainsi que l'enlèvement périodique des purins.

Enfin, pour permettre à la voûte de résister à la charge des lourds chariots pleins de fumier, et à celle des attelages, on l'établit sur des fers à I de 18 centimètres de hauteur, espacés de 50 centimètres, dont on remplit les intervalles de béton de ciment énergiquement pilonné.

V. — EMPLOI DU FUMIER ET DU PURIN

Rôle du fumier de ferme. — C'est avec raison qu'on a pu dire que le fumier, utilisé de tous temps en tous pays, était l'engrais par excellence. Nous avons démontré que son rôle essentiel était de restituer au sol la plus grande partie des éléments fertilisants que lui ont enlevés les récoltes. Il contribue, en outre, en tant qu'amendement, à la création de l'humus, dont nous avons fait connaître l'importance ; or, comme la chaux, l'humus tend à disparaître du sol par une combustion lente mais continue. Toutefois, une restitution se produit par les déchets des récoltes : elle n'est pas négligeable. Ainsi, pour les céréales, si on additionne le poids des feuilles tombées, celui des racines et des radicelles, celui des chaumes, on arrive à un total de plus de 2000 kilogrammes de matière sèche par hectare ; pour les légumineuses, ces chiffres sont trois à cinq fois plus élevés. Néanmoins, il faut tendre continuellement à accroître le stock de cet humus. Son accumulation dans les sols pourvus de chaux est un signe de fertilité ; sous son influence, les terres trop légères prennent du corps, les terres trop fortes s'ameublissent. Le fumier apporte les matières créatrices d'humus ; on calcule qu'une fumure moyenne constitue annuellement par hectare 6000 à 8000 kilogrammes de substances organiques.

Son action lente et graduée lui permet de servir à plusieurs séries de culture. Mais aussi on ne peut compter avec sûreté sur lui pour fournir aux récoltes cette nourriture immédiatement assimilable qu'elles exigent à certaines phases de leur végétation. Cette action rapide ne peut être obtenue que par les engrais chimiques dont le rôle est de compléter celui du fumier.

La démonstration n'est plus à faire, ni théoriquement, ni pratiquement, ni économiquement, que la formule de fertilisation des terres se résume dans l'emploi combiné du fumier de ferme et des engrais de commerce ; c'est cette formule que les agriculteurs de progrès ont universellement adoptée, en employant le fumier à dose aussi élevée que possible en tête d'assolement sur la plante sarclée, et en recourant largement aux engrais de commerce pour les autres cultures. Ajoutons que le fumier est produit en quantité insuffisante dans toutes les fermes et que nos efforts doivent tendre à augmenter sa production par l'entretien d'un plus nombreux bétail.

Conduite des fumiers. — Le fumier doit être conduit dans les champs, auxquels il est destiné, peu de temps avant son enfouissement, pour éviter les pertes.

En effet, en dépôt sur la fumière, à l'état d'humate, le fumier est peu sensible aux déperditions ; mais il n'en est plus de même lorsqu'il se trouve distribué, sous forme de *fumerons*, à la surface du champ, et que ceux-ci y séjournent pendant un certain temps. Des quantités notables d'ammoniaque se dégagent dans l'atmosphère. De plus, les eaux pluviales entraînent dans le sol le nitrate et les sels de potasse solubles.

Comme conséquence, à l'emplacement des fumerons, une végétation luxuriante se manifeste, laquelle peut subsister, pendant plusieurs années, avec assez d'intensité pour provoquer la verse des céréales.

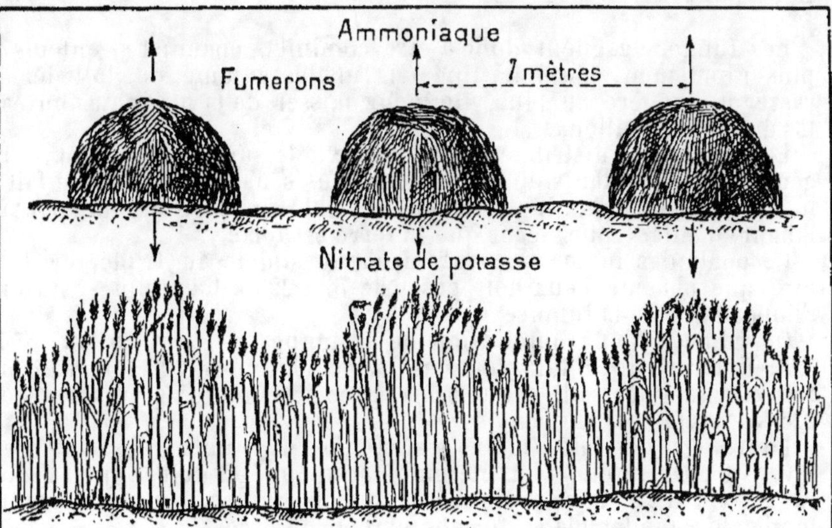

Fig. 1. — A l'endroit où les tas ont séjourné longtemps sur le champ les céréales ont une tendance à verser.

Fig. 2. — Remplissage au moyen d'une pompe d'un tonneau à purin monté sur un train de deux roues.

FUMIER ET PURIN (UTILISATION)

Les fumiers gagnent donc à être conduits, épandus et enfouis le plus rapidement possible. Une fois un tas entamé, on doit débarrasser la fumière au plus vite, pour laisser de la place au nouveau tas de fumier pailleux.

Les fumerons, distribués en tas égaux à la surface du champ, sont généralement distants de 7 mètres en tous sens. L'épandage se fait à la fourche, le plus régulièrement possible, puis on enfouit par un labour, d'autant plus léger que la terre est forte.

Le poids des fumerons peut varier du simple au triple, c'est-à-dire que chacun d'eux doit peser de 75 à 225 kilogrammes, suivant l'importance de la fumure.

On admet qu'une application de 15 tonnes à l'hectare est *faible* (200 fumerons de 75 kilogrammes); avec 30 tonnes (200 fumerons de 150 kilogrammes) elle est *moyenne;* avec 45 tonnes (200 fumerons de 225 kilogrammes) elle est *forte.*

Le transport se fait à toutes les époques de l'année, aussi bien en hiver qu'au printemps, en été ou en automne. On doit toujours s'arranger de manière à avoir des terres disponibles pour recevoir le fumier lorsque les plates-formes sont encombrées.

En principe, les fumures appliquées à l'automne sont toujours plus profitables que celles données tardivement au printemps. A quantités égales, elles fournissent des rendements plus élevés, à cause de leur plus grande assimilabilité.

On opère différemment suivant la nature du terrain. Ainsi, en *terre légère,* le fumier peut être distribué quelque temps seulement avant l'ensemencement, et en quantité assez modérée pour éviter les pertes. Dans ces sortes de terrains, il vaut mieux répéter plus souvent les fumures plutôt que de les employer trop copieuses. Cependant, quand il y a une bonne réserve d'humus dans le sol, les déperditions sont bien moins à craindre.

Mêmes observations au sujet des *terres calcaires,* dites « dévorantes ». Au contraire, les *terres argileuses* à décomposition lente s'accommodent bien des fortes fumures qui allègent le sol, l'aèrent, l'ameublissent et augmentent leur pouvoir absorbant et la nitrification.

Seuls, les *sols acides* par excès sont peu sensibles à l'emploi du fumier, parce que la nitrification y est à peu près nulle. Il faut les amender, d'abord par *phosphatage* et ensuite par *chaulage.*

Les fumiers destinés aux *terres fortes, argileuses* ou *marneuses* gagnent à être appliqués à l'automne, à un état peu consommé, car c'est ainsi qu'ils allègent le mieux le terrain, et la matière organique a toujours le temps de se transformer en humus pendant l'hiver.

Il est préférable de les employer à l'état de *beurre noir* quand on les destine aux terres devant être ensemencées promptement.

Enfin, on fera bien de réserver aux sols argileux et froids les fumiers des chevaux et des moutons, qui sont naturellement *chauds.*

Sur les terres chaudes ou sèches, on appliquera les *fumiers froids* des bovidés et des porcs.

Fumures en couverture. — Si on excepte les arbres fruitiers et les prairies naturelles, on fume rarement en *couverture* dans le domaine de la grande culture. On n'a pas toujours raison.

Sans doute, les fumiers épandus à la surface du sol subissent une légère perte due aux dégagements ammoniacaux, mais celle-ci est peu importante quand on opère avant les chaleurs.

En effet, les pluies se chargent d'entraîner dans le sol les matières solubles, lesquelles servent à la nutrition immédiate des végétaux.

Les matières organiques restantes, en majeure partie pailleuses, fournissent un abri efficace contre le desséchement et le fendillement de la croûte superficielle et elles entretiennent une fraîcheur et une humidité bienfaisantes.

En réalité, dans les terres sableuses, caillouteuses, calcaires ou sèches par excès, on a intérêt à fumer en couverture les plantes sarclées, notamment de la pomme de terre, les céréales et la plupart des cultures maraîchères.

Le fumier joue alors le rôle de *paillis*, et ce qu'il peut perdre à l'état d'azote ammoniacal, il le récupère largement par les conditions meilleures dans lesquelles s'effectue la *végétation*. C'est aussi la fumure idéale pour les arbres et les arbustes fruitiers ou d'ornement.

Parcage. — Pour éviter les dépenses de main-d'œuvre et la fatigue des manipulations du fumier, on parque les moutons sur des étendues de terrain, limitées par des claies.

Avec les excréments solides et liquides émis pendant un temps déterminé, on obtient des fumures faibles ou des fumures moyennes.

On estime que le *parcage*, effectué à la densité d'un mouton par mètre carré, pendant six heures, équivaut à une application de 10 tonnes de fumier à l'hectare.

Un séjour de douze heures équivaut à une application de 20 tonnes.

Le parcage a surtout sa raison d'être pour la fumure des parcelles éloignées et celles qui, situées sur les plateaux élevés, rendent le transport des fumiers très pénible pour les animaux. Les déperditions ammoniacales sont moindres qu'à la bergerie, à la condition d'enfouir les excréments aussitôt le parcage.

Utilisation des purins. — Les *purins* appliqués en arrosages ont une action extrêmement rapide, comparable à celle du *nitrate de soude*.

Avec sa teneur de 1,5 pour 1 000 d'azote, en grande partie assimilable, et de 4,9 pour 1 000 de potasse soluble, le purin a un effet marqué sur toutes les terres nues.

Une appplication à la dose de 25 tonnes, faite au printemps, apporte au sol 37 kg. 500 d'azote et 122 kilogrammes de potasse.

C'est une fumure qui convient aux cultures sarclées, notamment à la betterave. Aussitôt l'épandage, on effectue les labours de préparation des semailles.

Si on applique le purin sur les blés, il faut, de même que pour le nitrate, être prudent sur son emploi. Dans ce cas, on se contente de 10 tonnes, 15 tonnes au plus de purin pur. Mais comme celui-ci est caustique, à cause de sa teneur élevée en carbonate d'ammoniaque, il faut le diluer de deux ou trois fois son volume d'eau, plus ou moins suivant que le terrain est plus ou moins frais.

On obtient également de bons résultats en l'appliquant sur les prairies irriguées et les pâtures à base de graminées.

Employé à bon escient, et à un état de dilution convenable, le purin peut doubler, et même tripler le rendement en herbe. Toutefois on évitera de l'employer sur les prairies artificielles, parce qu'il favoriserait les graminées au détriment des légumineuses et il entraînerait la disparition de ces dernières.

VI. — DÉJECTIONS DIVERSES

Déjections humaines. — Les *déjections humaines* sont plus riches en azote et en acide phosphorique que celles des herbivores.

Malgré l'odeur *sui generis* repoussante qu'elles exhalent, on ne doit jamais les laisser perdre.

La composition des *vidanges*, qui comprennent les *excréments solides* et les *excréments liquides*, additionnés d'eaux ménagères et de lavage, est extrêmement variable.

On estime qu'un adulte fournit annuellement 50 kilogrammes environ de déjections solides et 440 kilogrammes de déjections liquides.

La teneur de ces urines et de ces fèces, d'après la moyenne des analyses, est à peu près la suivante :

	DÉJECTIONS SOLIDES	DÉJECTIONS LIQUIDES	TOTAL
Azote	0 kg. 820	4 kg. 330	5 kg. 150
Acide phosphorique........	0 kg. 520	0 kg. 530	1 kg. 050
Potasse................	0 kg. 220	0 kg. 830	1 kg. 050

La valeur actuelle, globale, des éléments fertilisants produits par un seul individu, en une année, peut être estimée à 40 francs environ.

Captage des vidanges. — On peut recueillir les déjections humaines dans des fosses cimentées et étanches (V. *Tabl. Déjections, fig.* 1), à un état de dilution plus ou moins étendu par les apports des éviers et les eaux de lavage, d'où on les extrait pour les transporter ensuite sur les terrains d'épandage, situés en pleine campagne, assez loin des habitations.

La distribution se fait généralement à l'aide d'un tonneau, muni d'une lance à jet brisé. En culture maraîchère, les épandages se font aussi à la main, au moyen d'un arrosoir.

Un labour de recouvrement, effectué aussitôt, enfouit les vidanges. Il arrête les émanations malodorantes et les pertes d'ammoniaque par volatilisation.

Dans les fermes, où les latrines automatiques font généralement défaut, les excréments sont recueillis dans des baquets portatifs ou tinettes, que l'on vide, soit en enfouissant leur contenu au fond d'une jauge du potager ou dans le compost avant le recoupage (V. *Tabl. Déjections, fig.* 2).

Pour s'affranchir de cette sujétion, on peut disposer les latrines au-dessus de la fosse à purin (V. page 69, *fig.* 3). Les excréments se trouvent mélangés aux purins qu'ils enrichissent et ils sont absorbés par eux. On peut aussi minéraliser les vidanges en les faisant passer par une *fosse septique*, en même temps que les eaux vannes des éviers et des égouts divers (V. *Tabl. Déjections, fig.* 3).

Sous l'action des *microbes anaérobies*, qui travaillent dans la première chambre, dite « de fermentation », l'azote et la potasse se dissolvent dans l'*effluent* et la matière organique est détruite.

L'effluent passe ensuite dans la deuxième chambre, où s'achève la

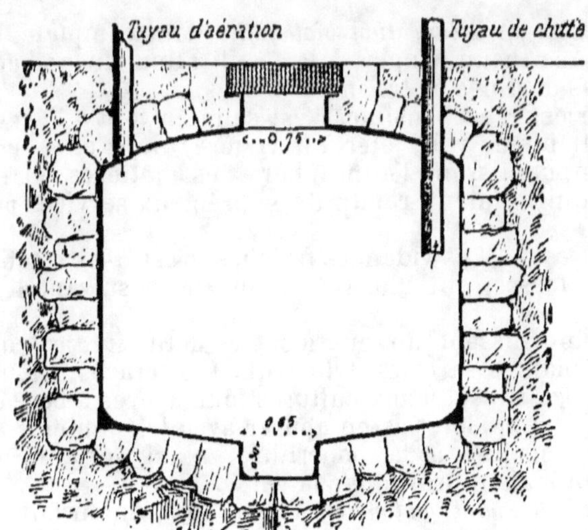

FIG. 1. — Coupe d'une fosse d'aisances fixe.

FIG. 2. — Fosse avec tinette mobile.

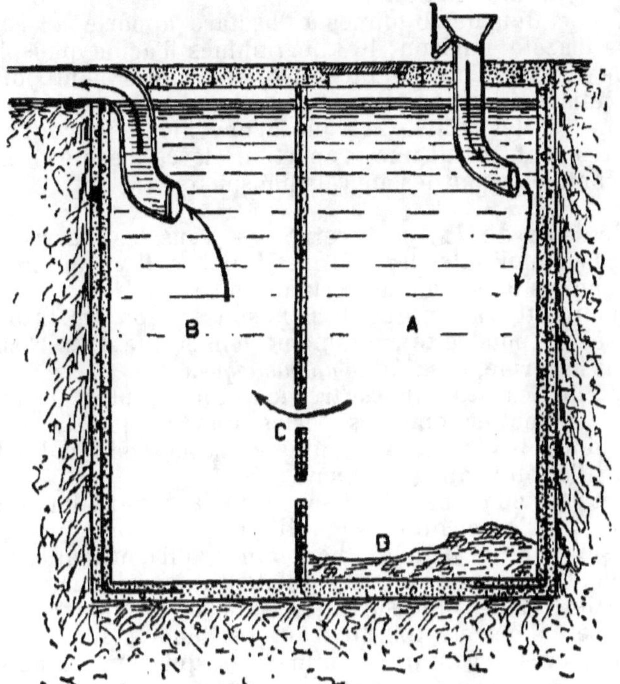

FIG. 3. — Fosse septique en ciment armé.

A, Chambre de fermentation où se rendent par le conduit coudé muni d'une trappe basculante les eaux d'évier et les produits des latrines; D, dépôt de matières minéralisées; B, chambre d'évacuation en communication avec A par les ouvertures C. La sortie des liquides utilisables se fait par une tuyauterie de grès à la partie supérieure de la chambre B.

DÉJECTIONS

destruction de la matière et, *l'épuration biologique* étant complète, on peut l'employer tel, sans aucun danger, à la fertilisation du potager, même sur les légumes destinés à être mangés crus.

Une seule méthode est répréhensible, c'est celle du tout à l'égout. Il est vraiment regrettable de voir jeter à la rivière, dont elles polluent les eaux, et empuantissent l'atmosphère, les matières fertilisantes des latrines, qui auraient rendu de si précieux services à la culture.

Utilisation des vidanges. — Les vidanges fraîches, c'est-à-dire telles qu'on les extrait des fosses, ont une valeur qui varie suivant leur degré de dilution.

En principe, elles fournissent un engrais très actif, *surazoté*, qui convient surtout aux plantes sarclées telles que betteraves, choux, chanvre, lin, tabac, colza, ainsi qu'aux cultures fourragères à base de graminées. Toutefois, on ne doit pas en abuser avec les pommes de terre, par exemple, sensibles à la pourriture, ainsi que sur les céréales, dont elles pourraient provoquer la verse.

Sous le nom d'*engrais flamand*, *gadoues*, *courte-graisse*, on en fait un emploi courant dans le Nord, pour la production intensive des légumes. C'est à cet usage qu'elles conviennent le mieux et donnent alors les meilleurs résultats.

Une application de 20 tonnes à l'hectare apporte au sol 50 kilogrammes d'azote, environ; 10 kilogrammes d'acide phosphorique et autant de potasse. Cette fumure favorise au plus haut point la production foliacée des végétaux, mais elle n'avantage pas assez celle des graines et des fruits. C'est un inconvénient qui concerne toutes les fumures renfermant une proportion élevée d'azote assimilable. Il faut les compléter par des engrais phosphatés.

Fabrication de la poudrette.

— Tous les ouvriers ne consentent pas à manipuler les vidanges fraîches, Il y a aussi une répulsion instinctive de la part de certains cultivateurs.

C'est pour cette raison que, le plus souvent, on les transforme en poudre sèche (poudrette), en même temps que l'on récupère son azote sous la forme de *sulfate d'ammoniaque*.

Le procédé des *dépotoirs* est très malsain; de plus, il vicie l'air du voisinage et il occasionne des pertes appréciables d'azote et de potasse solubles. Il vaut mieux appliquer la méthode industrielle dite « par distillation », ainsi qu'il suit :

On met les vidanges en présence de la chaux, dans une grande chaudière que l'on chauffe à l'ébullition. L'ammoniaque se volatilise et vient se combiner dans des bonbonnes, qui contiennent de l'acide sulfurique. Il se forme alors du sulfate d'ammoniaque.

La partie liquide, qui surnage, renferme la majeure partie de la potasse, soit 0,6 pour 100 environ. Le dépôt solide est constitué par les matières organiques et minérales, qui comprennent l'humus et l'acide phosphorique. Le meilleur moyen de récupérer les éléments utiles, c'est de déverser les eaux vannes sur les prairies naturelles et artificielles.

Quant à la partie solide, on la presse, puis on la sèche, et enfin on la divise finement : c'est la *poudrette*.

La poudrette contient 1 à 2 pour 100 d'azote, 3 à 6 pour 100 d'acide phosphorique, 0,5 à 1 pour 100 de potasse. C'est un engrais à action très rapide, que l'on peut appliquer en couverture. Le mieux est encore de le répandre, pour l'enfouir, par les façons préparatoires des semailles, à la dose de 1 500 à 2 000 kilogrammes à l'hectare.

Poulaitte. — La *poulaitte* est la fiente de poules et d'autres volatiles, mélangée de plumes, que l'on recueille sur le sol des poulaillers, en vue de l'utiliser à la fertilisation d'un coin de champ ou d'un carré du potager. Généralement, cet engrais est très négligé. Il a perdu les trois quarts de sa valeur quand on daigne nettoyer les logements des volailles où elles ont été incommodées par les dégagements ammoniacaux, très sensibles en été.

Les quantités annuellement produites sont assez importantes, surtout dans les exploitations où on entretient une grande basse-cour. On estime qu'une poule donne en un an, approximativement, 15 à 20 litres de poulaitte, dont la teneur moyenne est à peu près la suivante : azote, 2 pour 100; acide phosphorique, 1,5 pour 100; potasse, 1 pour 100.

Le meilleur moyen d'éviter les pertes par volatilisation, c'est de ramasser souvent les fientes, surtout en été, tout au moins deux fois par semaine, celles-ci étant enrobées dans une substance pulvérulente, telle que *tourbe sèche, sable, terre, sciure de bois,* ou encore avec des *bales de céréales*, puis on les rassemble sous un couvert, dans un lieu sec.

Si on n'en a pas l'emploi immédiat, il faut les recouvrir de terre. On peut employer la poulaitte en couverture, mais à une faible dose. Si on l'enfouit par le labour, ce qui vaut mieux, on la réserve aux végétaux feuillus, à croissance rapide, tels que choux, salades, épinards, poireaux, etc.

Un autre mode d'emploi consiste à enfouir la poulaitte dans les composts en voie de fabrication. Elle augmente leur valeur fertilisante lorsqu'on la mélange au moment du recoupage. Ne jamais mettre la poulaitte en contact avec la chaux, les scories, ni les cendres, pour éviter les pertes d'azote.

Colombine. — La *colombine,* constituée par les excréments de pigeons, est estimée comme ayant une valeur fertilisante supérieure d'un tiers à celle de la poulaitte.

Un seul couple de pigeons peut donner, dans la même année, 16 à 20 litres de colombine, que l'on recueille également avec le sable, la sciure de bois ou la tourbe qui a servi à l'enrober.

Les modes d'emploi sont les mêmes que ceux de la poulaitte.

Guano. — Le *guano* provient des excréments et des détritus d'oiseaux, qui se sont accumulés en certains points du globe depuis les temps les plus reculés.

Les meilleurs gisements sont aujourd'hui épuisés. Le guano que l'on trouve encore dans le commerce a généralement une teneur de 5 à 7 pour 100 d'azote et 12 à 15 pour 100 d'acide phosphorique. On ne doit jamais l'acheter sans garantie de titrage.

Tous les engrais constitués par les excréments d'oiseaux sont très assimilables. Il ne faut les employer qu'en quantité modérée, et en complément des fumures à base de fumier de ferme jugées insuffisantes.

De même que le nitrate de soude, le guano est épandu de préférence en couverture, au printemps, sur les blés souffreteux, ainsi que sur les avoines ou les orges cultivées après une autre céréale. La dose à employer à l'hectare est de 300 kilogrammes environ.

VII. — COMPOSTS, BOUES DE VILLE
ET EAUX D'ÉGOUT

Fabrication des composts. — On appelle *compost* le dépotoir des matières organiques et semi-minérales encombrantes que l'on produit dans toutes les fermes.

Il comprend les résidus les plus divers : *curures* de fossés et de mares, *feuilles mortes, plâtras, boues* de route et d'accotement, *gazons, marcs* de pommes et de raisins, *balayures* de cour, de grange, de silo, de grenier, de cave, *vidanges* de poulailler, de colombier, *herbes vertes* ou sèches de mauvaise nature ou avariées, *fanes* de pommes de terre, de topinambours, *intestins* et *cadavres* d'animaux morts de maladie, *sarclages* des champs et des jardins, *ordures ménagères*, légumes et fruits avariés, *cendres* de bois, lessivées ou non, etc.

Toutes ces substances sont mises en tas informe. Il faut les amener, ainsi que toutes les mauvaises graines, les mauvaises spores et les mauvais bacilles qu'ils renferment, à un état de décomposition ou de minéralisation qui les rend inoffensifs.

On choisit, pour cela, une aire plane et ferme, assez éloignée des habitations, à cause des mauvaises odeurs, et au voisinage d'un chemin d'accès, à un endroit à l'abri du ravinement des eaux.

Les matières, amenées au fur et à mesure de leur production, sont ramassées en tas ayant la forme d'un prisme trapézoïdal allongé.

Par la même occasion, on saupoudre d'un peu de *chaux vive*, pour activer la décomposition de la matière organique.

La quantité de chaux à ajouter varie suivant la teneur en calcaire des terres auxquelles le compost est destiné. En général, on met 25 à 100 kilogrammes de chaux vive par mètre cube, ou le double de marnes friables, effritées par une longue exposition à l'air. Chaque fois qu'on enfouit un cadavre dans le compost, on doit l'enrober copieusement de chaux vive.

Le tas formé, pour activer la fermentation, on l'arrose fortement au purin, de manière à l'imbiber dans toutes ses parties. Au bout de quatre mois environ, on *recoupe* le compost, en l'attaquant par tranches verticales à la pioche, pour reformer ensuite, à la pelle, un nouveau tas trapézoïdal. Cette opération active la formation des humates et prépare la solubilisation des éléments fertilisants.

Un deuxième arrosage copieux au purin, suivi d'un deuxième séjour de quatre mois en tas, rend possible l'utilisation du compost. Si on ne le trouve pas suffisamment fait, on peut pratiquer un deuxième *recoupage*.

Composition des composts. — La composition des composts, cela se comprend, est extrêmement variable. Ils sont d'autant plus riches en azote qu'ils renferment davantage de matières organiques. Ce sont surtout les cendres qui apportent la potasse et l'acide phosphorique.

Un compost bien préparé a une valeur fertilisante à peu près égale à celle du fumier. C'est un précieux appoint pour le cultivateur, qui peut en fabriquer 30 à 40 tonnes bon an mal an. Cela lui permet de fumer très copieusement un hectare de terre.

Les composts servent à la fois de fumure et d'amendement. Ils conviennent à tous les sols, qu'ils soient légers ou compacts, pauvres en humus ou en calcaire. Toutes les cultures s'en accommodent, céréales, plantes sarclées, prairies naturelles. Ils conviennent mieux que le fumier à ces dernières et aux herbages, car ils ne gênent pas la fauche et ne provoquent pas les *refus*.

Voici la teneur centésimale moyenne des principales matières qui entrent dans leur constitution :

	AZOTE	ACIDE PHOSPHOR.	POTASSE	CHAUX
Boues de route	0,13	0,15	0,41	2 à 10
Ordures ménagères	0,45	0,50	0,50	1
Bales de céréales.	0,70	0,30	0,70	0,50
Colombine et poulaille. . . .	1,20	0,50	0,20	»
Balayures de grenier	0,80	0,70	0,50	0,50
Suie de bois ou de houille . .	1 à 3	0,40	1 à 2	5 à 8
Cendres de bois.	»	6 à 10	10 à 20	30 à 50
Cendres de bois lessivées. . .	»	0,80	0,50	15 à 20
Cendres de houille.	»	0,80	0,50	8
Déchets de chiffons	3 à 12	1	0,80	»
Rognures de cornes.	5 à 10	1 à 2	»	»
Viande, viscères d'animaux .	3	0,40	0,40	»
Résidus des caves	0,20	0,10	0,40	0,05 à 5
Fanes de pommes de terre. .	0,50	0,10	0,30	0,50
Feuilles de betteraves	0,30	0,08	0,43	0,17
Herbes vertes	0,45	0,10	0,30	0,30
Marcs de pommes.	1,15	0,50	0,70	»
Sciure de bois.	0,18	0,30	0,72	1,05

Boues de ville. — Encore désignées sous le nom de *gadoues* ou *fumier de pavé*, les *boues de ville* sont un mélange hétéroclite de toutes sortes de résidus provenant des ménages, des marchés, des ateliers, des bureaux, des magasins, des chantiers, auxquels viennent s'ajouter toutes sortes de balayures, ainsi que les cendres et les scories des appareils de chauffage. Les gadoues sont intéressantes pour les cultivateurs pas trop éloignés des centres peuplés, qui peuvent se les procurer sans trop grands frais.

Les *gadoues brutes* ou « vertes » ont l'inconvénient de contenir une foule de matières encombrantes ou inertes, telles que verre, ferblanc, poterie, etc., mais on doit toujours les enlever en effectuant un tri grossier sur le tas.

Dans les terres calcaires, on peut transporter directement les gadoues aux champs pour les épandre et les enfouir de suite. Mais, en terre médiocrement riche en chaux, il vaut mieux les utiliser après une fermentation de cinq à six mois en tas, ce qui les rend beaucoup plus assimilables. On les désigne sous le nom de *gadoues noires*.

La composition des boues de ville varie avec les localités, les quartiers dont elles proviennent et aussi suivant la saison.

La moyenne des *gadoues parisiennes* est à peu près la suivante :

	Gadoues vertes.		Gadoues noires.	
Azote.	0,38	pour 100	0,45	pour 100
Acide phosphorique . . .	0,41	—	0,51	—
Potasse.	0,42	—	0,52	—
Chaux.	2,57	—	3,75	—

En résumé, les gadoues noires sont à peu près aussi riches en azote et en potasse que le fumier mixte. Elles sont plus riches en acide phosphorique, mais plus pauvres en humus. Dans la pratique, on peut leur attribuer une valeur fertilisante à peu près égale à celle du fumier et on les emploie aux mêmes doses, aux différentes cultures.

Une application à la dose de 40 tonnes peut suffire aux besoins d'une plante sarclée; il reste encore assez d'éléments fertilisants pour satisfaire les exigences de la céréale subséquente.

Les gadoues sont distribuées en tas ou fumerons distants de 7 mètres en tous sens. L'épandage se fait à la pelle, le plus uniformément possible, et peu de temps après le transport.

Eaux d'égout. — Les *eaux d'égout*, produites en abondance par les villes, entraînent avec elles tous les débris qui n'ont pas été recueillis par les vidanges et les gadoues.

L'azote ammoniacal qu'elles contiennent se trouve à l'état de dissolution, et l'azote organique à l'état de suspension. Les matières organiques et minérales qu'elles véhiculent sont estimées à 0 kg. 773 pour les premières et 1 kg. 622 pour les deuxièmes, par mètre cube.

A l'analyse, elles ont une teneur moyenne qui est à peu près la suivante, pour chacun des principes essentiels :

Azote.............. 45 grammes	Potasse............. 37 grammes
Acide phosphorique.. 18 —	Chaux............. 350 —

La puissance fertilisante de ces eaux ne se manifeste que si on les considère sous un grand volume et si on les utilise sous forme de copieux arrosages.

Il ne faut pas perdre de vue que les eaux d'égout sont dangereuses, tant qu'elles n'ont pas été aseptisées par un séjour de plusieurs jours dans une *fosse septique*, dans le but d'obtenir l'épuration biologique, par la *minéralisation* de la matière organique et de ses microbes.

On fera donc bien de ne pas les employer directement pour l'arrosage des cultures maraîchères et des légumes susceptibles d'être consommés à l'état cru, à cause des microbes pathogènes qu'elles contiennent. Le mieux est de les utiliser d'après le principe du *colmatage*, en les filtrant sur des étendues de terrain, qui seront ensuite *assolées* au profit de la culture légumière.

Il suffit de combiner un système de canalisations avec vannes, qui conduisent les eaux d'égout dans des parcelles nivelées entourées de digues. Chaque fois que le terrain est débarrassé de sa récolte, on le remplit d'eau fertilisante et on attend que celle-ci se soit infiltrée dans le sol ou évaporée pour le remplir à nouveau.

Plusieurs submersions successives laissent sur les parcelles une couche appréciable de limon. Les matières organiques et l'ammoniaque, indice de la putréfaction, sont retenues par la couche arable.

Par suite de l'importance des stocks solubles disponibles, on obtient des rendements prodigieux : 60 000 têtes d'artichaut à l'hectare, 100 000 kilogrammes de betteraves fourragères, 80 à 100 tonnes de fourrage vert à l'hectare, etc.

La végétation détruit la matière organique et toutes les causes de pollution sont évitées. Les cultures étant plus précoces, on peut, en les échelonnant convenablement, obtenir deux récoltes successives sur le même terrain et dans la même année.

VIII. — ENGRAIS ORGANIQUES INDUSTRIELS

Sang desséché. — Le *sang* est le liquide nourricier des tissus animaux. Malgré la forte proportion d'eau qu'il contient, sa teneur élevée en azote, 3 pour 100 environ, en fait un engrais extrêmement actif.

Un bœuf de poids moyen possède 20 kilogrammes environ de sang, un mouton 2 kilogrammes. Les abattoirs des grandes villes en produisent de grandes quantités.

Etant donnée la grande putrescibilité du sang, on l'emploie rarement à l'état frais. Généralement, on le transforme en poudre, pour l'utiliser à l'alimentation des porcs et des volailles ou encore comme engrais. Dans tous les cas, le sang est évaporé et concentré dans des étuves ou des tourailles. On doit pousser sa réduction assez loin, de manière qu'il puisse se conserver sans laisser dégager d'ammoniaque et sans s'altérer.

Le *sang desséché* est très hygrométrique; il est absolument nécessaire de le loger dans un endroit sec. Sa composition est à peu près la suivante :

Azote...........................	11 à 13	pour 100
Acide phosphorique.............	0,5 à 1,5	—
Potasse.........................	0,6 à 0,8	—

Le sang desséché a une action rapide sur la végétation, plus soutenue que celle des nitrates. On peut l'employer en *couverture* au printemps, sur toutes les cultures, à la dose de 400 kilogrammes à l'hectare.

Viande desséchée. — La *viande desséchée* est fournie par les ateliers d'équarrissage, où on tire parti des animaux morts d'accidents ou de maladies. On utilise aussi dans le même but les viscères et les intestins abandonnés par la boucherie.

Pour commencer, on cuit la viande dans un *cuiseur* mobile et à bascule, muni d'une double enveloppe, à l'aide de la vapeur. Cette vapeur entraîne les peptones et les graisses qui seront récupérées. On transforme ensuite le cuiseur en torréfacteur, pour sécher la matière. On sépare les os de la viande et on pulvérise cette dernière.

La teneur moyenne de la viande desséchée est approximativement :

Azote	10 à 11 pour 100	
Acide phosphorique.............	2 à 3	—
Potasse.........................	Traces.	

C'est un engrais organique pulvérulent qui a beaucoup d'analogie avec le sang. Il s'emploie de la même manière et aux mêmes doses, tantôt en couverture, ou bien on l'enfouit par les façons préparatoires des semailles.

Cadavres entiers. — L'enfouissement des *cadavres*, morts de maladies contagieuses, est loin de valoir, au point de vue hygiène, la destruction de la matière par l'acide sulfurique et sa transformation en engrais.

Cette dernière méthode permet de récupérer les principes essentiels et on n'a pas à craindre la contamination par les bacilles virulents, ramenés à la surface du sol par les vers de terre.

Il suffit d'être en possession d'une cuve doublée de plomb, afin de pouvoir immerger les cadavres dans un bain d'acide sulfurique à 60°.

Au bout de trente-six à quarante-huit heures, les os et la chair sont dissous. Il reste une matière organique noire, qu'il n'y a plus qu'à faire sécher à l'air ou mieux à l'étuve. L'engrais desséché contient environ 9 pour 100 d'azote et à peu près autant d'acide phosphorique monocalcique, assimilable comme celui des superphosphates.

Un animal du poids de 500 kilogrammes fournit environ 175 kilogrammes d'engrais phospho-azoté, extrêmement actif, qui peut être employé en couverture au moment des semailles.

Corne pulvérisée. — Les *râpures*, *rognures* et *frisures de corne* livrées par les usines spécialisées dans la bimbeloterie ont une teneur en azote qui atteint et dépasse même 13 pour 100.

Ces déchets de corne ont d'autant plus de valeur qu'ils sont divisés finement. Cependant, comme ils sont toujours d'une décomposition lente, on les paye à un prix notoirement inférieur à celui du sang et de la viande desséchés.

On augmente le degré d'assimilabilité de la corne, fournie par la maréchalerie et les ateliers d'équarrissage, en la chauffant pendant deux heures dans un *autoclave*, sous 2 ou 3 atmosphères de pression. La matière molle obtenue est desséchée à l'étuve, puis pulvérisée.

Elle donne une poudre qui renferme environ :

Azote	10 à 12 pour 100	
Acide phosphorique.	5 à 6	—
Potasse	10	—

La *corne moulue* surtout est une fumure à longue échéance, qui convient aux plantations arboricoles.

Engrais de poisson. — Cet engrais se compose de toutes sortes de déchets des industries de pêcheries, principalement de *têtes de sardines* cuites à la vapeur et débarrassées de leur huile par pression.

On les dessèche ensuite dans des étuves, puis on les pulvérise.

Les *engrais de poisson* ont une teneur moyenne de 10 pour 100 en azote organique et à peu près autant d'acide phosphorique.

Une application de 500 kilogrammes à l'hectare, avec 100 kilogrammes de sulfate de potasse, aurait à peu près même valeur fertilisante que 10 tonnes de fumier.

On ne doit jamais acheter cet engrais sans s'entourer de garanties, relativement au titrage et à la nature de l'azote qui entre dans sa composition.

Tourteaux engrais. — Les *tourteaux* sont plus avantageux à utiliser pour la nourriture du bétail que comme engrais.

Il faut cependant en excepter les tourteaux exotiques, tels que ceux d'*amandes amères*, de *moutarde*, de *ricin*, de *sésame noir*, d'*arachides en coques*, etc., qui sont nocifs pour les animaux.

On admet aussi que les *tourteaux sulfurés*, c'est-à-dire ceux qui ont été traités par le sulfure de carbone, jusqu'à épuisement complet de la matière grasse, doivent être utilisés au titre d'engrais.

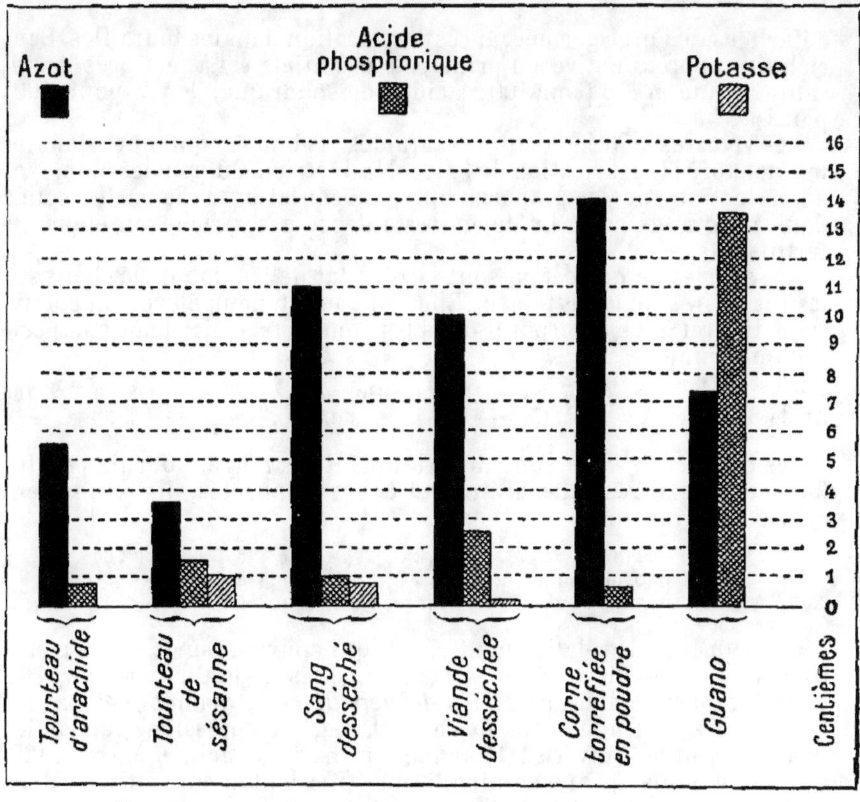

Richesse moyenne (pour 100) en azote, acide phosphorique et potasse de quelques engrais organiques du commerce.

Voici quelle est la composition centésimale moyenne de quelques tourteaux sulfurés :

	Azote.	Acide phosphor.	Potasse.
Sésame	6 à 7	2 à 3	1 à 2
Colza	5 à 6	1,5 à 2	1 à 2
Ricin	4 à 5	1,5 à 2	1
Palmiste	3 à 4	1 à 2	1 à 2

Comme on le voit, leur teneur en azote est très variable, Il faut consulter les bulletins d'analyse quand on a en vue les achats de tourteaux engrais. D'autre part, sachant que les tourteaux ne sont assimilables qu'après s'être nitrifiés dans le sol, on fera bien de les réserver aux terres légères et calcaires, en évitant de les employer sur les terres fortes, mal aérées, et sur les sols acides.

On doit les enfouir dans le sol au moment des façons préparatoires qui précèdent les emblavements.

Autres engrais organiques. — En dehors des engrais organiques ci-dessus décrits, et qui sont les plus communs, on trouve encore, dans certaines situations, des résidus d'industries dont l'emploi peut être avantageux.

Citons : Les *touraillons,* comprenant les radicelles et les tigelles détachées de l'orge germée, après dessiccation dans les tourailles. Leur richesse approximative en principes essentiels est à peu près la suivante : azote, 4 à 5 pour 100 ; acide phosphorique, 1 à 2 pour 100 ; potasse, 2 à 5.

Les *vinasses* sont les matières liquides et solides contenues dans les moûts, après la fabrication de l'alcool industriel. On peut les employer en irrigation sur les prairies, après décantation de la partie solide dans de grands bacs. Le dépôt restant est assez riche en éléments fertilisants.

Les *écumes de défécation* sont le résultat de l'action de la chaux sur les jus sucrés de la betterave. Elles ont une teneur élevée en chaux. On a intérêt à les incorporer dans les composts. Voici leur composition moyenne :

Azote..........	0,3 à 0,8 p. 100	Potasse.......	0,1 à 0,5 p. 100
Acide phosphor..	0,8 à 1,5 —	Chaux........	15 à 30 —

Les *déchets de laine* sont des résidus du cardage, fournis par les filatures, mélangés à des graines et à des impuretés. Ils renferment approximativement :

Azote organique..................	4 à 6 pour 100
Acide phosphorique	0,8 à 1,2 —
Potasse	0,7 à 1 —

C'est un engrais relativement riche, qui convient surtout aux terres calcaires, dites « dévorantes », comme celles de la Champagne.

Les *rognures de peaux* et les *déchets de cuir*, abandonnés par les tanneries, sont traités dans des autoclaves, sous pression, puis on les torréfie et on les pulvérise. Leur teneur en azote atteint 7 à 9 pour 100. C'est un engrais qui ne se nitrifie que très lentement, surtout dans les sols froids, compacts ou manquant de calcaire.

Action des engrais organiques. — Les engrais organiques sont d'autant plus actifs que leur grain est fin et d'une constitution plus soluble. Bien que les principes fertilisants soient enrobés d'humus, ce qui est un avantage, ils ne sont pas également assimilables.

Ainsi, l'azote du sang a un degré de solubilité plus élevé que celui du cuir ou de la corne, par exemple. L'azote des tourteaux leur est intermédiaire, mais il s'agit là d'une appréciation relative, puisque l'action de ces engrais change avec la nature du terrain auquel on les destine.

Quoi qu'il en soit, il n'est pas toujours facile d'apprécier judicieusement le prix de différents engrais organiques, car le nombre des unités ne suffit pas pour en déterminer la valeur exacte.

Dans tous les cas, l'azote organique ne peut être assimilé par les végétaux qu'après avoir été minéralisé, grâce au travail des ferments ammoniacaux et nitriques, de même que le fumier de ferme.

C'est une garantie contre les déperditions et un régulateur nutritif qui empêche la pléthore et la pénurie alimentaires. Pour cette raison, le sang, la viande et les tourteaux sont généralement cotés, aux cours des engrais et à l'unité, à un prix supérieur à celui du nitrate de soude et du sulfate d'ammoniaque.

Quand on emploie les engrais peu solubles, tels que cuir, corne, laine, etc., on pallie à la lenteur de la nitrification en augmentant la dose d'engrais. Les pertes sont peu à craindre.

IX. — ENGRAIS VERTS

Théorie des engrais verts. — Toutes les cultures abandonnent au sol des quantités importantes de résidus, pour la plupart inutilisables.

Ainsi les céréales font profiter la terre de leurs racines et de leurs chaumes. Les plantes fourragères perdent une proportion appréciable de feuilles, fleurs, tiges et graines, qui se détachent à la fenaison. Les racines et les tubercules enrichissent aussi les terrains de leurs fanes ou de leurs feuilles, ainsi que des radicelles et des fibrilles séparées par l'arrachage.

De toutes les cultures, ce sont évidemment celles à base de fourrage qui abandonnent le plus de matières organiques à la terre.

Non seulement elles fournissent un appoint appréciable à chaque coupe, par suite de la chute des feuilles et de l'imperfection des râtelages, mais elles enrichissent considérablement le terrain en humus, chaque fois qu'on le défriche.

Ce retour à la terre des débris végétaux retarde ou empêche l'épuisement de la couche arable. Il justifie la thèse agronomique de la restitution, bien qu'il ne suffise pas au maintien des sols en état de productivité intense sans l'appui du fumier.

On a cependant proposé de parfaire le *déficit humique*, causé par les prélèvements des récoltes, en faisant de temps à autre des cultures spéciales, dans le but exclusif de les enfouir, une fois leur développement foliacé complet atteint, pour faire bénéficier le terrain d'un important apport de matières organiques.

Tel est le principe de la *sidération*, préconisé par G. Ville, pour permettre la substitution des engrais chimiques au fumier.

Hâtons-nous de dire que cette théorie est un non-sens économique. Il est beaucoup plus avantageux de faire consommer le fourrage par le bétail que de l'enfouir comme engrais et de produire conjointement du fumier.

Dans la pratique, la question des *engrais verts* sera limitée à quelques cas spéciaux, ayant *pour objet* la suppression des jachères nues, mais on ne les fera pas entrer dans le directoire cultural, dans le but exclusif de produire de la matière organique utilisable au titre d'engrais en remplacement du fumier de ferme.

Choix des engrais verts. — On distingue : les *plantes indigènes*, qui profitent au sol où elles ont végété ; les *plantes exotiques*, importées d'ailleurs, qui n'ont rien emprunté aux terres à fertiliser.

Les meilleurs engrais verts sont ceux qui possèdent le plus fort développement foliacé et racineux, et dont la croissance est la plus rapide.

Généralement, on donne la préférence aux plantes de la famille des légumineuses, parce qu'elles jouissent de la propriété de capter directement l'azote de l'air, grâce à leurs *nodosités*, et en accumulent des quantités considérables dans leurs tissus.

D'autres plantes cependant, telles que la *moutarde* et la *spergule*, qui font partie des crucifères, fournissent parfois, dans certains sols, des résultats meilleurs.

Parmi les engrais verts les plus en vogue on cite : les *trèfles* violet et incarnat, les *lupins* jaune et blanc, la *vesce*, la *féverole*, le *seigle*, le *colza*, la *navette*, la *moutarde blanche*, la *spergule*, le *sarrasin*.

Dans la catégorie des fourrages destinés à être enfouis au printemps, on remarque : la féverole, la vesce, le colza et la navette d'hiver, le lupin blanc, le trèfle incarnat et le seigle.

Ces plantes se sèment en août, septembre. Elles tirent parti des nitrates d'arrière-saison, qui, sans elles, seraient entraînés dans le sous-sol et permettent d'éviter les pertes des terres nues. On les enfouit, suivant les régions, en mars, avril et mai, au profit des plantes sarclées.

Les engrais verts d'été comprennent les lupins jaune et blanc, le sarrasin, la moutarde, la spergule, les vesces de printemps, les deuxièmes coupes de trèfle violet. Ces fourrages servent de fumure aux céréales d'hiver, seigle, blé, escourgeon.

En principe, il faut choisir un engrais vert qui convient à la nature du terrain.

Terres fortes et argileuses : Vesces, seigle, féverole, colza.

Terres légères et siliceuses : Lupins, serradelle, spergule.

Terres calcaires : Moutarde blanche, navette.

Composition des engrais verts. — Les engrais verts de la famille des légumineuses sont les plus riches en azote.

Ci-dessous, nous donnons la composition moyenne, par tonne, des fourrages verts les plus cultivés au titre d'engrais :

	AZOTE	ACIDE PHOSPHOR.	POTASSE	CHAUX
Vesces................	5 kg. 6	1 kg. 3	4 kg. 3	3 kg. 5
Lupins................	5 kg.	1 kg. 1	1 kg. 5	1 kg. 6
Trèfle incarnat............	4 kg. 4	0 kg. 8	2 kg. 6	3 kg. 6
— rouge............	4 kg. 8	1 kg. 3	4 kg. 4	4 kg. 8
Colza.................	4 kg. 6	1 kg. 2	3 kg. 5	2 kg. 3
Spergule.............	3 kg. 7	2 kg.	4 kg. 7	2 kg. 6
Sarrasin...............	3 kg. 9	0 kg. 8	3 kg. 8	5 kg.

Connaissant le rendement approximatif à l'hectare, on peut déterminer l'importance des apports pour les différents principes essentiels.

Enfouissement. — On doit attendre la pleine floraison pour procéder à l'enfouissement des engrais verts, puisque c'est à ce moment que les végétaux ont atteint leur maximum de développement et que la teneur en éléments utiles est la plus élevée. Plus tard, les plantes deviennent ligneuses et leur décomposition est plus lente.

Avant le labour, on fait passer un rouleau dans le sens du rayage et, si l'enfouissement est plus commode, on adapte une rasette à la charrue. On peut aussi couper le fourrage à la faucheuse, puis on l'enterre au moyen d'une charrue sans coutre.

Bien entendu, tout enfouissement d'engrais vert laisse la terre *creuse*. Il est absolument nécessaire de donner un coup de rouleau pour éviter le déchaussement subséquent des semences germées, au moment du tassement.

Les engrais verts ont généralement une action plus marquée dans

les terres sèches et chaudes qu'en terres argileuses et froides. Dans le Midi, on les dit « rafraîchissantes ».

Ils ne sont pas à préconiser dans les terres acides, ou manquant de calcaire, à moins qu'on ne fasse précéder leur enfouissement d'un épandage de chaux en poudre, de scories de déphosphoration ou de cendres de bois pour activer la nitrification.

Discussion économique. — Les engrais verts vont puiser dans les couches profondes les principes essentiels qu'ils abandonneront, à leur mort, à la terre arable.

La potasse et l'acide phosphorique solubilisés et absorbés par leurs racines se retrouveront dans la matière organique, à un état assimilable, lorsqu'elle se décomposera. Mais c'est surtout en raison de leur richesse en nitrate que les engrais verts sont intéressants.

Dehérain estimait à 50 kilogrammes d'azote nitrique les pertes annuelles qui peuvent se produire par hectare de terre nue.

Quant à la question de savoir s'il est plus avantageux de faire consommer une coupe de fourrage, plutôt que de l'enfouir, il ne peut pas y avoir de controverse.

En effet, si nous considérons une deuxième coupe de trèfle, représentant 3 000 kilogrammes de foin, elle vaut au bas mot 700 francs. Mais cette récolte renferme approximativement :

    Azote........................... 63 kilogrammes
    Acide phosphorique.............. 17   —
    Potasse......................... 18   —

Les engrais chimiques peuvent parfois être à des cours tels que ces principes essentiels auraient à peu près même valeur que le fourrage. Toutefois, en général, ce prix sera moins élevé.

En faisant consommer le foin par le bétail, on aurait obtenu à la fois de la viande, du travail, du lait et une quantité de fumier importante, le tout d'une valeur supérieure à celle de l'engrais vert.

Engrais verts d'importation. — On peut enfouir comme engrais les *genêts*, les *bruyères*, *les fougères*, les *joncs*, *les roseaux*, etc., qui croissent spontanément, sans aucun profit, dans certaines situations.

Bien que ces végétaux soient relativement pauvres en principes essentiels, ils peuvent rendre de signalés services dans les terres pauvres en humus, à condition qu'ils renferment suffisamment de calcaire pour provoquer leur décomposition, et ensuite leur nitrification.

Cependant, on améliorerait grandement la valeur de cet engrais végétal en le faisant passer sous les animaux comme litière.

Les *algues marines*, encore appelées *goémon* ou *varech*, sont plus riches en azote et en potasse que les végétaux d'origine terrestre.

Elles apportent avec elles l'élément calcaire qui manque aux terres granitiques de Bretagne.

Ces algues ont bonifié toute la région côtière. Malgré les frais assez élevés du transport, on a intérêt à les introduire le plus loin possible à l'intérieur, par wagons.

Le goémon peut être chargé brut, après un léger égouttage et un dessalage sous l'action des pluies. On peut aussi le laisser fermenter en tas, pendant un certain temps et l'appliquer à un état de décomposition plus ou moins avancé.

X. — ENGRAIS CHIMIQUES AZOTÉS

Rôle de ces engrais. — Les engrais chimiques azotés apportent au sol, sous forme très concentrée, l'azote, élément essentiel de fertilisation.

Ainsi, 100 kilogrammes de nitrate de soude contiennent autant d'azote que 4000 kilogrammes de fumier ordinaire. Suivant les engrais considérés, cet azote se présente sous les formes nitrique, ammoniacale ou amidique; l'assimilation par les plantes en est rapide, et cette qualité permet, en quelque sorte, d'apporter aux récoltes le secours immédiat qui leur évitera de souffrir de la faim d'azote à des périodes critiques de leur évolution. Ce sont de véritables instruments de précision, d'un prix élevé, d'un maniement délicat, dont le fonctionnement varie suivant les cas, et dont les résultats dépendent de l'habileté de celui qui les emploie. On peut poser comme principe général que c'est seulement dans les terres améliorées, bien pourvues d'humus et de calcaire, approfondies, meubles et parfaitement propres qu'ils donnent tous leurs effets utiles.

Sauf en terres riches en acide phosphorique et en potasse, l'emploi des engrais azotés implique l'apport des autres engrais minéraux; nous avons résumé les inconvénients d'un excès d'azote dans le sol (verse des céréales). Ils s'emploient peu sur les légumineuses, jamais sur les fourrages artificiels. Ils conviennent aux prairies naturelles, aux céréales, aux plantes sarclées, aux cultures arbustives (vigne); l'époque de leur emploi est déterminée par les exigences physiologiques des plantes cultivées. Leur choix et la quantité à employer dépendent de leur constitution et de leurs rapports avec le sol ou les plantes.

De nombreuses expériences poursuivies en France et à l'étranger ont montré que 100 kilogrammes de nitrate de soude procurent en moyenne un excédent de récolte d'environ 3 quintaux de blé, 40 quintaux de betteraves et 26 quintaux de pommes de terre. Les résultats obtenus varient évidemment avec les conditions climatériques de l'année. Il importe, d'ailleurs, de préciser que les augmentations de rendement ne sont pas constamment proportionnelles aux quantités d'engrais utilisées : au delà d'une certaine limite, les récoltes ne paient plus les dépenses effectuées, et c'est surtout exact lorsque le prix de vente des récoltes est trop bas.

Nitrate de soude. — Le *nitrate de soude* est, de tous les engrais chimiques azotés, celui que l'on utilise encore le plus présentement. C'est un sel que l'on rencontre dans le sol, sous forme de gisements, sur la côte occidentale de l'Amérique du Sud.

Les gisements sont attribués à des dépôts d'excréments d'oiseaux ou de chauves-souris qui, après nitrification, se sont transformés en nitrate de chaux, puis en nitrate de soude.

Le sel brut renferme beaucoup d'impuretés; on le purifie en le dissolvant à l'eau bouillante. En se refroidissant, la solution saline laisse déposer son *nitrate de soude*, alors que le chlorure de sodium reste en solution. Il n'y a qu'à la décanter, puis on fait égoutter et sécher le résidu qui fournit le nitrate du commerce.

Généralement, le nitrate de soude dose 15 à 16 pour 100 d'azote. Il

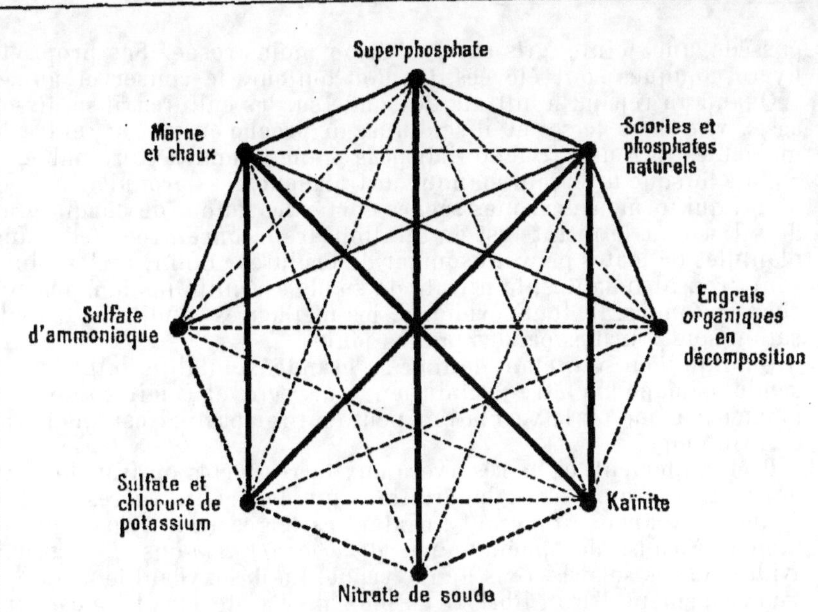

Fig. 1. — Mélanges des engrais, d'après P. Larue.

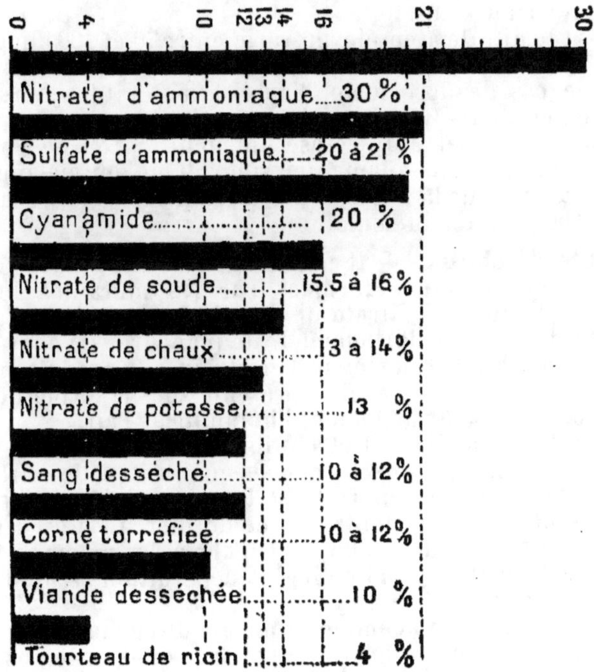

Fig. 2. — Richesse en azote de quelques engrais du commerce.

ENGRAIS AZOTÉS

possède une teinte gris sale, plus ou moins rosée. Ses propriétés hygroscopiques sont élevées. On doit toujours le conserver au sec.

Quand on répand le nitrate de soude sur les cultures, il se dissout assez vite dans le sol et il se diffuse de proche en proche, entre les molécules terreuses, quand il dispose d'une humidité convenable.

Mais lorsque le terrain manque de fraîcheur, il se produit des appels d'eau, qui forment des zones sèches et stériles autour de chaque grain de sel. Là où le nitrate est en dilution trop concentrée, les jeunes plantules délicates peuvent souffrir de brûlures. Enfin, si les pluies sont trop abondantes, le nitrate de soude est entraîné dans les couches profondes. De toute évidence, les meilleures conditions d'application sont fournies par les petites pluies.

Quoi qu'il en soit, étant donnée sa grande solubilité, le nitrate de soude demande à être épandu en *couverture*, et à faible dose, au moment même où la végétation peut en tirer parti ; c'est un engrais de printemps.

Préférablement, on le réservera aux terres fortes ou franches, qui ont moins à craindre des déperditions que les terres légères.

Au grand jamais, il ne faut nitrater les terres acides, ou riches en humus, à cause des phénomènes de *dénitrification* dus à la grande avidité de ces sols vis-à-vis de l'oxygène. En désoxydant le nitrate, il y a dégagement d'azote libre et de bioxyde d'azote dans l'atmosphère.

Le nitrate de soude convient surtout aux céréales d'automne et de printemps. On l'applique seul ou en mélange, avec d'autres engrais. Toutefois, quand on l'associe au *superphosphate*, pour éviter les pertes, il faut les épandre aussitôt.

La dose de nitrate à employer varie entre 75 et 100 kilogrammes sur les céréales et 100 à 200 kilogrammes sur les plantes sarclées.

Dans le cas de dose forte, l'application doit toujours se faire en deux fois, en mars-avril.

Auparavant, le sel a été écrasé finement. Si on ne l'ajoute pas à d'autres engrais, pour augmenter son volume, on mélange le nitrate avec du sable ou de la terre sèche. L'épandage se fait à la volée ou en lignes, à la main ou au semoir.

Nitrate de chaux. — Il constitue la majeure partie des efflorescences humides salines formées sur les murailles humides. On l'appelle quelquefois nitrate de Norvège parce qu'on l'a obtenu en grand par la méthode Birkeland-Eyde inaugurée en Norvège. Il existe également en France des usines électriques le produisant. Ce sel est vendu en barils de bois et il se présente sous la forme de grains grisâtres qui absorbent facilement l'humidité de l'air.

Le nitrate de chaux peut être utilisé directement par les plantes. Il possède comme engrais les mêmes qualités que le nitrate de soude et, bien que sa teneur en azote soit moins élevée, il assure à poids égaux les mêmes rendements que ce dernier. Cela est sans doute dû à ce que le nitrate de soude doit d'abord lui-même se transformer en nitrate de chaux et qu'une légère déperdition se produit pendant cette transformation.

Le nitrate de chaux, comme le nitrate de soude, se répand en couverture au printemps. N'opérer l'épandage que par temps sec et n'ouvrir le baril le contenant qu'au moment de l'emploi.

Nitrate de potasse. — Le *nitrate de potasse* ou *salpêtre* est à la fois un engrais azoté et un engrais potassique.

On le retire en dissolvant et en épurant les efflorescences nitreuses qui se montrent parfois, dans les pays chauds et humifères, à la surface du sol.

On l'extrait aussi en faisant réagir le chlorure de potassium sur le nitrate de soude. Il se forme du nitrate de potasse et du chlorure de sodium.

Le nitrate de potasse contient environ 12,15 pour 100 d'azote et 42,8 pour 100 de potasse. C'est un engrais très énergique. Mais, à cause de son prix élevé, on ne l'emploie guère en agriculture.

Nitrate d'ammoniaque. — Le nitrate d'ammoniaque s'obtient par les procédés Haber ou Claude de fabrication synthétique des produits nitrés. Cet engrais renferme de l'azote à la fois sous forme d'azote nitrique et d'azote ammoniacal. Il contient environ 30 pour 100 d'azote. Ce nitrate d'ammoniaque doit être considéré comme un engrais azoté très actif ayant sa place marquée à côté du sulfate d'ammoniaque et du nitrate de soude : il exerce sur la végétation une action régulière et assez prolongée, l'utilisation de son azote ammoniacal venant continuer celle de son azote nitrique initial.

Sulfate d'ammoniaque. — Le *sulfate d'ammoniaque*, de même que le nitrate de soude, est un sel soluble, mais il a l'avantage d'être mieux retenu par le sol, où il se transforme en carbonate d'ammoniaque, par double décomposition, au contact du carbonate de calcium.

S'il restait sous cette forme stable, l'ammoniaque ne risquerait pas de se perdre. Mais comme, dans la pratique, il se transforme assez vite en nitrate, on devra encore être réservé en ce qui concerne l'application de cet engrais.

Une fumure complémentaire de sulfate d'ammoniaque, à la dose de 100 kilogrammes à l'hectare, se fait en deux applications, en mélange avec du sable ou d'autres engrais à l'exclusion de ceux qui contiennent de la *chaux caustique*, tels que les scories de déphosphoration.

La première portion peut être enfouie à l'automne, ou au printemps, au moment des façons préparatoires des semailles. Le reste est épandu en couverture, un peu avant le départ de la végétation.

Le sulfate d'ammoniaque provient du traitement des vidanges par la chaux. L'ammoniaque est recueillie dans l'acide sulfurique.

On l'extrait aussi de la distillation des eaux ammoniacales du gaz d'éclairage, par un procédé analogue.

Quand il contient du *sulfo-cyanure*, le sulfate d'ammoniaque peut être toxique pour les plantes. On reconnaît la présence de ce poison en mettant quelques gouttes de *perchlorure de fer* dans une solution : le sulfocyanure est décelé par un précipité rouge.

Le titre moyen du sulfate d'ammoniaque est de 20 à 21 pour 100 d'azote.

Cyanamide de calcium. — Encore appelée *chaux-azote*, la *cyanamide* s'obtient en faisant passer un courant d'azote sur du carbure de calcium, porté électriquement à une température voisine du rouge blanc.

Cet engrais se comporte à peu près de la même manière que le sulfate d'ammoniaque, c'est-à-dire qu'il se nitrifie assez vite. L'enfouir un mois avant les semailles par un fort scarifiage ou un labour.

Il n'est pas aussi sensible que le nitrate de soude aux déperditions par la voie du sous-sol.

La cyanamide est l'engrais de l'avenir. Elle sera très employée lorsque des procédés de captage des forces naturelles plus perfectionnés permettront de réduire son prix de revient.

Crud ammoniac. — Le *crud ammoniac* est un sel brun, assez impur, que l'on retire de l'épuration du gaz dans les usines.

Ce sel est assez riche en azote, 8 à 10 pour 100, mais sa teneur élevée en *cyanures* le rend d'un emploi dangereux pour les végétaux.

Le mieux est de le répandre sur les terres nues, par exemple après l'enlèvement des céréales, ou un mois environ avant les labours.

Cette exposition à l'air fait perdre au crud ses propriétés toxiques ; cela ne l'empêche pas de produire une action herbicide et insecticide heureuse sur la parcelle qui l'a reçu.

Le crud s'emploie généralement à la dose de 150 à 200 kilogrammes à l'hectare, en le considérant, comme les autres engrais azotés, au titre de fumure complémentaire. Le prix de revient de son unité d'azote est moindre que celui des autres engrais.

XI. — ENGRAIS PHOSPHATÉS

Rôle des engrais phosphatés. — De tous les éléments nécessaires à la nutrition végétale, l'*acide phosphorique* est presque toujours celui qui fait le plus défaut, et cela pour plusieurs raisons :

1° La plupart des terrains sont généralement pauvres en *phosphates* ;

2° Les *phosphates naturels* ou natifs, décelés par l'analyse, sont à l'état *tricalcique* non assimilable, ou, du moins, ils ne se solubilisent pas assez vite pour suffire aux besoins immédiats des végétaux ;

3° Le fumier lui-même, l'agent essentiel de la restitution, est relativement pauvre en acide phosphorique, 1,5 à 3 pour 1 000 au lieu de 4 à 6 pour 1 000 d'azote et de potasse ;

4° Le phosphore est l'élément que l'on exporte le plus : le lait, la viande, les os et tous les autres produits d'origine animale en renferment de grandes quantités souvent perdues pour la culture.

Pour toutes ces raisons, ce sont les engrais phosphatés qui ont presque toujours l'action réelle la plus marquée sur les rendements culturaux, quels qu'ils soient. On doit y avoir recours dans la plupart des situations.

Il convient de dire, en outre, que l'acide phosphorique donne de la rigidité aux pailles, ce qui combat l'action pernicieuse de la verse, due aux excès d'azote. Il contribue, pour une bonne part, à l'abondance du grain, à son remplissage et lui fait acquérir un bel aspect marchand.

Dans une terre riche en phosphate assimilable, le rapport du grain à la paille est plus élevé que partout ailleurs. Où il fait défaut, les grains sont petits, ridés, à faible densité et bon nombre d'entre eux avortent.

On contrôle l'action heureuse de l'acide phosphorique en appliquant du *superphosphate* à la dose de 250 à 300 kilogrammes à l'hectare, sur une parcelle cultivée en céréales, en conservant un carré témoin d'un are. Les pesées finales renseignent exactement sur la plus-value de rendement due à l'emploi du « super ».

D'autre part, on ne perdra pas de vue que, dans les terres pauvres en acide phosphorique, les denrées qu'on en obtient sont également pauvres en cet élément. Or le bétail qui consomme ces denrées manque de précocité, il reste petit, mal charpenté, souvent rachitique.

Pour ces raisons multiples, le phosphatage des terres s'impose.

Phosphates monocalcique et tricalcique. — Les sources d'acide phosphorique sont nombreuses.

On distingue : les *phosphates naturels :* apatites, phosphorites, nodules, sables et craies phosphatées.

Les *phosphates métallurgiques :* scories de déphosphoration.

Les *phosphates chimiques :* superphosphate d'os et minéraux, phosphates précipités.

Les derniers, seuls, sont à l'état *monocalcique* ou assimilable. Les autres sont à l'état *tricalcique,* c'est-à-dire insolubles dans l'eau pure. Ils se solubilisent toutefois peu à peu dans l'eau chargée d'acide carbonique.

A cette action de l'eau acidulée par l'acide carbonique, il faut ajouter l'action dissolvante des racines, qui sécrètent également des acides faibles, capables de solubiliser peu à peu les phosphates tricalciques.

Le calcaire, en neutralisant le milieu, gène ou retarde l'action dissolvante de l'eau et des racines. C'est pour cela que, quand on veut améliorer une terre en acide phosphorique et en chaux, il faut phosphater d'abord et chauler ensuite.

Dans tous les cas, les phosphates naturels sont d'autant plus profitables qu'ils se trouvent à un état de division plus prononcé et que leur teneur en acide phosphorique est élevée.

Etant donné que ces phosphates ne se solubilisent que peu à peu, au fur et à mesure des besoins des plantes, les pertes dans le sous-sol ne sont pas à craindre.

Dans la pratique, on a intérêt à appliquer de copieuses fumures phosphatées aux terres pauvres en cet élément. Cependant, s'il s'agit de phosphates monocalciques, représentés par les superphosphates, comme leur acide phosphorique est soluble dans l'eau et immédiatement assimilable, il faut être plus réservé.

C'est ce qui explique pourquoi on ne rencontre pas dans les eaux de drainage d'acide phosphorique sous forme de phosphate.

Malgré cette solubilité dans les liquides du sol, ces phosphates ne peuvent pas se perdre, car au contact des bases du sol : *chaux, fer, alumine, humus,* etc., ils se fixent sous une forme moins soluble, en *rétrogradant* partiellement. Malgré cette particularité on n'a pas intérêt à les employer à une dose qui dépasse les besoins de la récolte à laquelle on les destine. S'il y avait excès, l'excédent resterait dans le sol à la disposition des récoltes ultérieures, mais ce serait d'une mauvaise économie.

On peut, dans la pratique, appliquer les phosphates tricalciques à la dose de 1 000 à 3 000 kilogrammes à l'hectare et le superphosphate à la dose de 200 à 400 kilogrammes seulement.

Les premiers conviennent aux sols acides. Pour les deuxièmes, il faut excepter les *terres acides,* incapables de neutraliser l'acidité du « super », ce qui le rendrait toxique à tous les végétaux.

Phosphates naturels. — Les phosphates naturels ont une richesse extrêmement variable.

Les plus exploités sont les *apatites,* ayant une teneur de 60 à 80 pour 100 de phosphate de chaux, utilisés surtout pour la fabrication des superphosphates.

Les *phosphorites* du Lot, plus ou moins colorés, qui renferment 35 à 75 pour 100 de phosphates.

Les *nodules* ou *coprolithes* de la Meuse et des Ardennes avec une richesse de 35 à 50 pour 100. Les oxydes de fer et d'alumine les ont colorés en vert grisâtre.

Les *craies phosphatées* de l'Oise, les *sables phosphatés* de la Somme et les *phosphates noirs* des Pyrénées ont une composition très variable.

La valeur fertilisante des divers phosphates est en raison directe de leur teneur en acide phosphorique et de leur degré de division. Ils sont d'autant plus assimilables qu'ils ont été moulus finement.

D'une façon générale, pour l'application directe, les phosphates naturels conviennent surtout aux défrichements de landes, vieilles prairies, terres acides, argileuses et imperméables. On a intérêt à les appliquer à fortes doses, 1 000 à 3 000 kilogrammes à l'hectare, autant que possible par le labour de défrichement.

Un procédé recommandé pour l'enrichissement des terres en acide phosphorique, c'est d'incorporer des phosphates naturels aux litières et aux fumiers, par saupoudrages journaliers.

En employant, par exemple, 50 kilogrammes de phosphate vert des Ardennes par mètre cube de fumier, on fait monter sa teneur en acide phosphorique de 3 pour 1 000 à 12 pour 1 000 et le but cherché est rapidement atteint. Au contact du fumier et du purin, il se forme des *humo-phosphates*, dont la solubilité ne diffère pas sensiblement de celle du superphosphate. De plus, la répartition dans le sol est mieux faite que par le procédé de l'épandage.

Scories de déphosphoration. — C'est le sous-produit de la fabrication des aciers, obtenu par la déphosphoration des fontes, soit par le procédé Thomas, soit par le procédé Martin.

Dans le premier cas, le métal en fusion se trouve logé dans un récipient en forme de poire, enduit intérieurement de chaux.

En ajoutant 28 pour 100 de chaux au métal et en insufflant de l'air par le bas, les *acides phosphorique, silicique, carbonique*, s'unissent à la base et il se forme à la surface des *scories* légères, que l'on élimine en basculant le convertisseur. On broie ensuite les scories sous des meules, puis on blute au travers du tamis nº 100, à mailles de 0^{mm},17.

La richesse moyenne des scories en acide phosphorique est de 14 à 16 pour 100. Elles renferment en outre 40 pour 100 environ de *chaux caustique*.

Dans les terres pauvres en calcaire, auxquelles elles conviennent tout particulièrement, leur action fertilisante est double.

Il faut appliquer les scories à haute dose, quand on a en vue la restauration rapide des terres acides. On leur attribue une solubilité plus grande qu'aux phosphates naturels.

Superphosphate. — Le *superphosphate* est le résultat du traitement des *phosphates d'os* ou *naturels* par l'*acide sulfurique*.

On obtient ainsi des superphosphates d'os ou minéraux, dont la teneur varie suivant le titre des phosphates employés à leur fabrication. A dosage égal, les premiers, d'origine organique, sont plus estimés que les deuxièmes.

Pour fabriquer le « super », on écrase d'abord finement en poudre les phosphates d'os ou naturels, puis une vis d'Archimède et une chaîne à godets déversent cette poudre dans un bac mélangeur, doublé

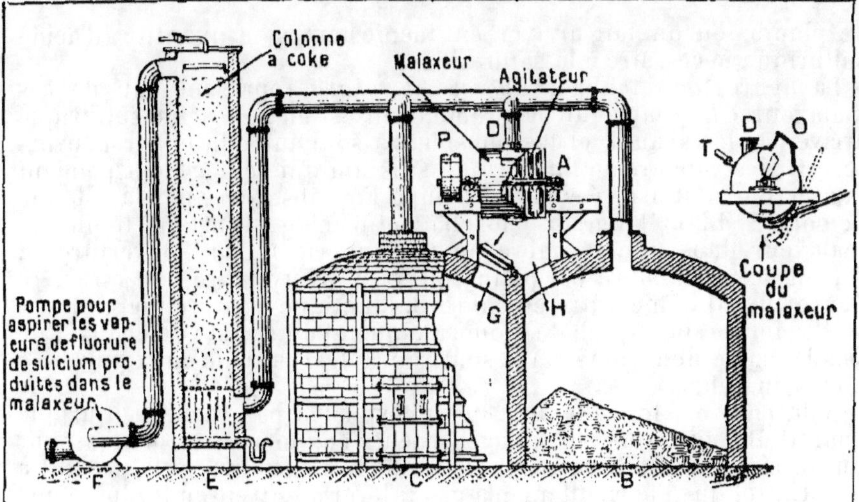

Fig. 1. — Malaxeur Dalbouige pour la fabrication des superphosphates.

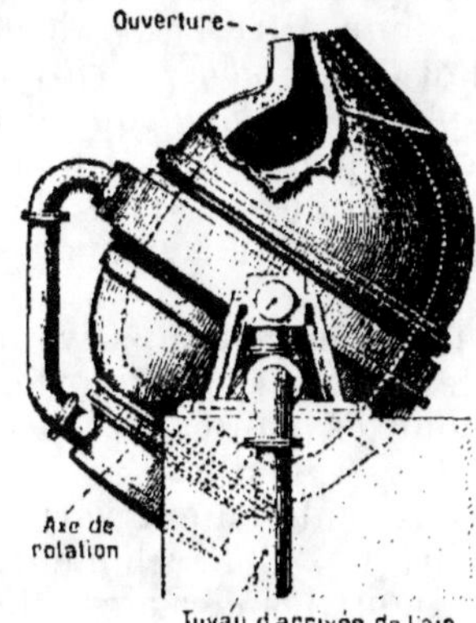

Fig. 2. — Convertisseur Bessemer produisant les scories de déphosphoration.

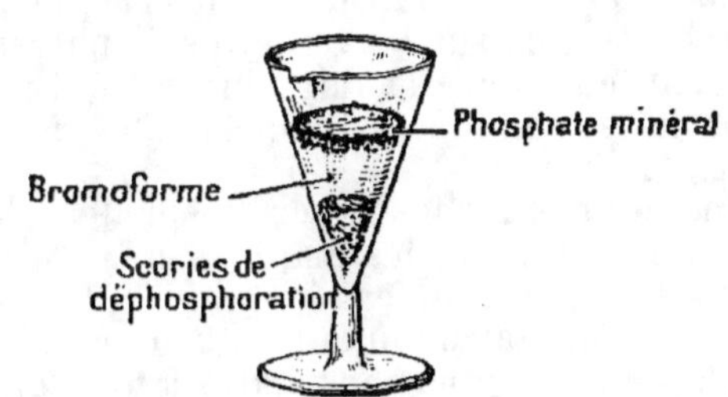

Fig. 3. — Expérience permettant de reconnaître le mélange des scories de déphosphoration avec les phosphates naturels insolubles. L'échantillon pulvérisé étant mis dans le bromoforme, le phosphate minéral surnage, les scories tombent au fond du verre.

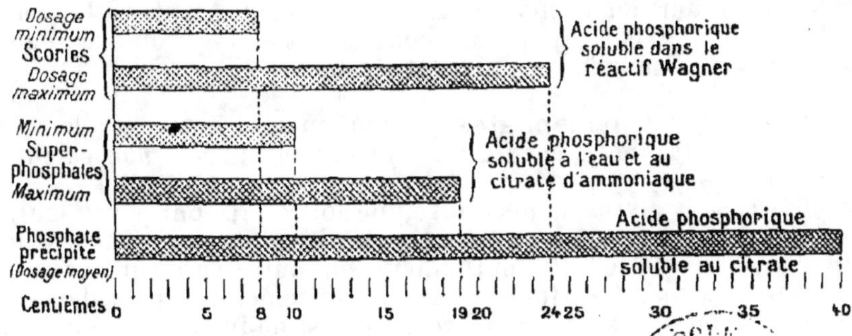

Fig. 4. — Richesse moyenne de quelques engrais phosphatés.

ENGRAIS PHOSPHATÉS

de plomb, où on fait arriver en même temps la quantité d'acide sulfurique nécessaire à la saturation.

La figure 1 du tableau *Engrais phosphatés* représente un de ces malaxeurs. Le malaxeur proprement dit est en A. L'acide sulfurique arrive par le tuyau T et les phosphates sont introduits par l'ouverture O; les vapeurs de fluorure de silicium qui se dégagent pendant la réaction sont aspirées par la pompe F et absorbées par la colonne de coke E. Le mélange de phosphate et d'acide sulfurique tombe du malaxeur dans une chambre en maçonnerie C par l'ouverture G. Quand cette chambre est pleine on ferme l'ouverture G et on ouvre l'ouverture H d'une autre chambre B, identique à la première.

Il se forme du phosphate monocalcique et du sulfate de chaux. Une fois la masse homogène, on la soutire par le bas, puis on la pulvérise pour l'ensacher.

A la rigueur, le traitement des phosphates par l'acide sulfurique pourrait être pratiqué par les agriculteurs eux-mêmes en plein air sur un sol cimenté muni de rebords; mais les usines livrent le produit à un prix tel que l'agriculteur n'a pas intérêt à entreprendre lui-même la fabrication du superphosphate. Cette possibilité est surtout pour lui une garantie contre l'élévation exagérée des prix.

Les superphosphates sont vendus d'après leur titre, qui varie depuis 10 jusqu'à 17 pour 100 d'acide phosphorique *soluble au citrate d'ammoniaque*. L'indication de l'acide phosphorique *total* qui est donnée parfois sur les bulletins d'analyse n'a que peu d'intérêt pour l'agriculteur car elle fait entrer en ligne de compte, en plus des phosphates solubles, des phosphates insolubles qui sont à peu près sans valeur.

On peut confier les superphosphates à la terre, quelque temps avant leur utilisation par les plantes, sans crainte de déperdition. Pour les céréales d'hiver, on les répand à l'automne ; pour les plantes sarclées, on les répand au moment du labour précédant les semailles.

Les *doses* de superphosphates à utiliser doivent évidemment varier suivant la richesse du sol en acide phosphorique. Généralement, dans les sols de fertilité moyenne, on emploie, pour les céréales, de 300 à 400 kilogrammes de superphosphates et, pour les plantes sarclées, 400 à 500 kilogrammes.

On peut mélanger sans inconvénients le superphosphate avec tous les engrais, sauf avec le nitrate de soude : l'acidité du superphosphate décompose ce dernier et il y a dégagement d'azote ; mais cette perte d'azote ne peut exister que si le contact est assez prolongé ; elle n'existe pas si le mélange est aussitôt répandu.

Autres engrais phosphatés. — Pour mémoire citons : le *noir de sucrerie* et celui de *raffinerie*, qui proviennent du *noir d'os* calciné en vase clos.

Ces noirs sont livrés à la culture une fois qu'ils ont perdu leurs propriétés décolorantes. Leur teneur en phosphate de chaux varie entre 60 et 75 pour 100. Ils contiennent, en outre, un peu d'azote.

Le *phosphate précipité*, fourni par le traitement des os dégélatinés, au moyen de l'acide chlorhydrique, est moins employé qu'autrefois.

Ce phosphate, dit *bicalcique*, soluble au citrate d'ammoniaque, est à peu près aussi assimilable que le phosphate monocalcique du super. Sa teneur en acide phosphorique peut atteindre 40 pour 100.

XII. — ENGRAIS POTASSIQUES

Remarques sur la potasse. — La *potasse*, élément indispensable de la nutrition végétale, joue vis-à-vis des animaux un rôle différent de celui des autres principes.

En effet, alors que l'azote, l'acide phosphorique et la chaux sont assimilés partiellement par l'organisme animal, la potasse est toujours rejetée en majeure partie par les excréments.

Si donc on recueillait soigneusement les fumiers et les purins, pour les rendre à la terre, celle-ci ne devrait pas s'appauvrir en potasse, d'autant plus que tous les sols en renferment toujours des quantités notables et la partie qui se solubilise entretient le stock de réserve nécessaire aux besoins des plantes.

Dans les roches éruptives, granites, gneiss, micachistes, porphyres, la potasse se trouve dans la proportion de 2 à 6 pour 100.

Pour cette raison, les terrains provenant de la désagrégation de ces roches sont toujours suffisamment riches en potasse pour que l'on n'ait pas besoin de se préoccuper de la restitution de cet engrais.

Les terrains pauvres, c'est-à-dire ceux qui renferment moins de 1 pour 1000 de potasse, se rencontrent surtout dans le crétacé et le jurassique. Dans tous les cas, avant de se livrer à des dépenses d'engrais potassiques, il faut se renseigner sur l'action qu'ils peuvent avoir sur les rendements.

A ce sujet, l'aspect de la végétation peut déjà fournir des indications précieuses. En principe, lorsque les prairies artificielles et naturelles sont abondamment pourvues de légumineuses, et que celles-ci croissent avec force et vigueur, on peut en augurer presque à coup sûr que la potasse se trouve en quantité suffisante.

Mais le meilleur moyen de se renseigner sur l'opportunité de l'emploi des sels potassiques, c'est de faire des essais comparatifs sur les différentes cultures.

En général, la plupart des sols contiennent suffisamment de potasse pour pourvoir à leurs propres besoins. Seulement, elle ne s'y trouve pas sous une forme aussi assimilable que le *carbonate de potassium*.

Exigences des plantes en potasse. — Alors que l'acide phosphorique se concentre surtout dans les graines, la potasse se cantonne en grande partie dans le feuillage.

Les céréales semblent à priori peu exigeantes. Cela tient surtout à ce qu'elles ont du mal d'assimiler ce principe. Néanmoins, dans les terres pauvres, elles sont très sensibles à l'application des engrais potassiques.

La pomme de terre, la betterave et la plupart des plantes racines assimilent des quantités considérables de potasse. La grande facilité d'absorption pour cet élément fait qu'elles ne se montrent pas toujours favorablement influencées par les applications de sels potassiques.

C'est sur les plantes de la famille des légumineuses que l'action de la potasse se manifeste avec le plus d'intensité, même dans les sols moyennement riches en potasse, des applications de ce sel ont une action marquée.

Dans nombre de sols où la potasse n'existe pas à un état assimilable, on peut en solubiliser suffisamment pour pouvoir se dispenser d'employer les engrais potassiques, en *plâtrant* le terrain.

La vigne, elle aussi, est très avide de potasse. Cet engrais a une action marquée dans les vignobles plantés en coteaux crayeux, comme ceux de la Champagne et dans le jurassique.

Fixation de la potasse. — La potasse est soluble dans l'eau. Elle serait entraînée dans les couches profondes si, au contact du carbonate de chaux du sol, elle ne se transformait pas en carbonate de potassium. Sous cette forme, elle est retenue par l'argile et l'humus, qui ont un grand pouvoir fixateur vis-à-vis de ce sel.

Donc, dans les sols qui contiennent à la fois du calcaire, de l'argile ou de l'humus, on peut épandre à l'avance des quantités assez élevées de sels potassiques.

Si ces éléments fixateurs font défaut, l'engrais est appliqué à faible dose et peu de temps avant le départ de la végétation.

Sources de potasse. — Les sources de potasse sont nombreuses et les procédés d'extraction variés.

On trouve de la potasse dans les *eaux-mères* des marais salants. Ces eaux, concentrées dans de vastes bassins, laissent d'abord déposer le chlorure de sodium. En poussant plus loin la concentration, le *chlorure de potassium* se dépose à son tour.

Toutes les *plantes marines* sont également riches en potasse. Il suffit de les faire sécher sur la grève, puis on les incinère. Les cendres lavées, on évapore la solution potassique jusqu'à ce que le sel se dépose. Par un procédé analogue, on extrait la potasse des *cendres de bois*, sous la forme de carbonate de potassium.

Les cendres les plus riches sont celles de pin sylvestre, 27 pour 100 de potasse; viennent ensuite les cendres d'orme, 24 pour 100. La proportion descend jusqu'à 10 pour 100 dans les cendres d'acacia.

Les *mélasses* et les *vinasses de sucrerie* renferment aussi de la potasse, 5 à 10 pour 100. On peut l'extraire en évaporant les lies et en les carbonisant ensuite pour les laver et les décanter.

Les *eaux de désuintage*, provenant du lavage des laines, sont riches en potasse et en matières grasses. On retire la potasse en concentrant les eaux dans des bacs superposés, tenus à une température d'autant plus élevée qu'on se rapproche du foyer. Une fois la densité à 40° ou 45° B, on fait couler le sirop sur la sole du four, où les matières organiques restantes sont brûlées. Il reste comme résidu la potasse.

Actuellement, les sources les plus importantes, et de beaucoup les plus productives de potasse sont représentées par les gisements potassiques, que l'on trouve à l'état natif, avec un degré de pureté variable, dans les mines d'Allemagne, d'Alsace, etc.

Ces sels, qui voisinent avec le chlorure de sodium, ont une origine marine qui ne peut être contestée. Ils sont plus ou moins mélangés à des sels de chaux, de magnésie, etc. Par des traitements spéciaux, on les transforme en chlorures de potassium, puis en sulfate de potasse, formes sous lesquelles on les emploie souvent en agriculture.

Chlorure de potassium. — A l'état pur, le *chlorure de potassium* est blanc. Celui du commerce, plus ou moins sale, se trouve à un état de pureté voisin de 80 à 90 pour 100. Pour avoir la teneur réelle de ce sel en potasse, il faut multiplier son coefficient de pureté par 0,63.

Exemple : chlorure à 90 $= 0,9 \times 0,63 = 56$ à 57 pour 100 de potasse;
chlorure à 80 $= 0,8 \times 0,63 = 50$ à 51 pour 100 de potasse.

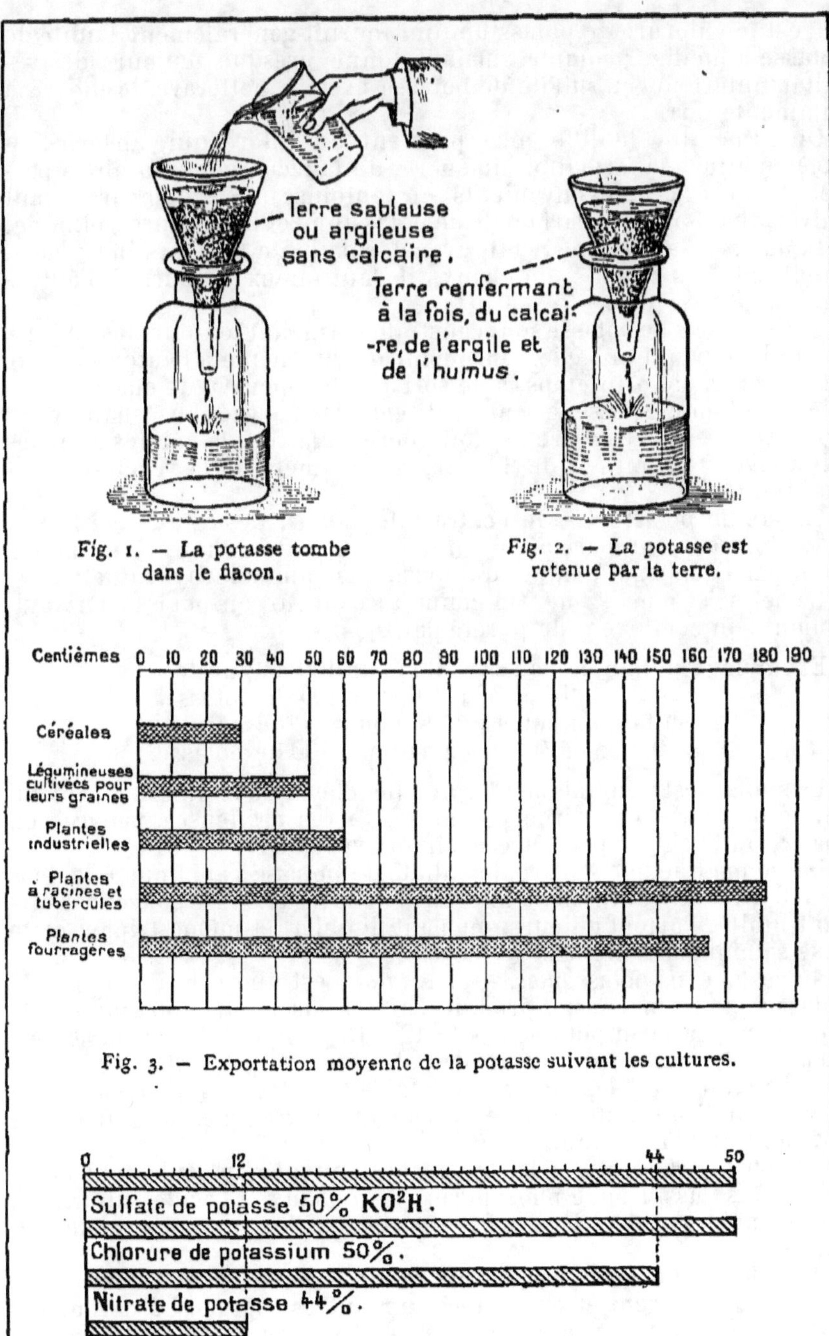

Fig. 1. — La potasse tombe dans le flacon.

Fig. 2. — La potasse est retenue par la terre.

Fig. 3. — Exportation moyenne de la potasse suivant les cultures.

Fig. 4. — Richesse comparée des principaux engrais potassiques.

ENGRAIS POTASSIQUES

C'est le chlorure de potassium qui fournit généralement l'unité de potasse à meilleur compte, mais il donne presque toujours des résultats inférieurs au sulfate de potasse avec la betterave, le tabac, la pomme de terre.

On admet que la différence provient du chlore qui, absorbé en excès, entrave la formation du sucre, de la fécule, etc. On obvie partiellement à ces inconvénients en enfouissant le chlorure avant l'hiver. Il se forme du carbonate de potassium, et le chlorure s'élimine.

Dans les sols calcaires, cette transformation a toujours lieu; mais, dans les terres pauvres en chaux, il vaut mieux recourir à d'autres engrais potassiques.

Tous les sels de potasse sont caustiques. On doit toujours les enfouir par le labour qui précède l'ensemencement, même à l'automne pour les semailles de printemps, si le sol, à la fois pourvu de chaux, d'argile ou d'humus, possède l'intégralité de ses facultés absorbantes.

L'emploi en couverture ne doit guère se faire que sur les prairies ou la vigne, au milieu de l'hiver, au moment où la végétation est suspendue.

Sulfate de potasse. — On l'extrait des *salins*, des *cendres*, de la *kaïnite*, etc. On le prépare aussi en décomposant le chlorure de potassium par l'acide sulfurique, qui dégage l'acide chlorhydrique.

Ce sel n'est jamais pur. On connaît sa teneur en potasse en multipliant son coefficient de pureté par 0,54.

Exemple : sulfate de potasse à 90 pour 100 de pureté
= 0,9 × 0,54 = 48 à 49 pour 100 de potasse.
sulfate de potasse à 80 pour 100 de pureté
= 0,8 × 0,54 = 43 à 44 pour 100 de potasse.

Le sulfate est généralement coté plus cher que le chlorure. On lui donne toujours la préférence dans les terres argileuses, pauvres en chaux, où le chlore peut être nocif aux végétaux.

De même que le chlorure, le sulfate de potasse s'applique à la dose de 100 à 150 kilogrammes à l'hectare, dans les terres à pouvoir absorbant limité. Partout ailleurs, on peut doubler et même tripler cette dose sans inconvénients.

Autres engrais potassiques. — La *kaïnite* est un sel brut, impur, de potasse et de magnésie, produit par les gisements potassiques. Sa teneur moyenne en potasse est de 12 à 13 pour 100. La *sylvinite* d'Alsace est plus riche; sa teneur peut s'élever à 21 pour 100.

Ces engrais sont les moins coûteux de tous les sels de potasse. On les emploie à dose plus élevée, 300 à 400 kilogrammes à la fois, que l'on enfouit à l'automne.

Les *cendres de bois* non lessivées contiennent non seulement la *potasse*, mais aussi l'acide phosphorique, la chaux et l'acide sulfurique, tous principes utiles à la nutrition végétale. Elles ont une grande efficacité.

Tous les sels potassiques, à l'exception des cendres et du carbonate de potasse, peuvent être mélangés aux autres engrais. Le carbonate, qui est caustique, occasionne des dégagements ammoniacaux au contact des azotates et conséquemment des pertes d'azote.

GRANDE CULTURE

I. — CULTURE DU BLÉ

Exigences du blé. — Lorsque le rendement du *blé* est inférieur à 15 ou 20 quintaux, un peu plus ou un peu moins, suivant les cas, sa culture est déficitaire pour l'exploitant. L'obtention des belles récoltes de froment, seules rémunératrices, n'est possible que si les prescriptions culturales essentielles sont observées.

1° On réservera au blé les terres franches ou argileuses, mais non stagnantes. Les sols légers ne lui conviennent que sous les climats humides ;

2° Le froment doit trouver dans la couche arable superficielle, où il s'alimente en partie, et sous une forme progressivement assimilable, tous les principes nécessaires à la formation de sa paille et de son grain ;

3° Etant salissant et épuisant, comme les autres céréales, le blé doit, autant que possible, succéder à une plante nettoyante et améliorante. Dans tous les cas, il n'est jamais d'un rapport suffisant pour payer les dépenses d'une *jachère nue* ;

4° Les façons préparatoires seront aussi peu onéreuses que possible. Le froment veut un sol ferme, rassis, ameubli superficiellement ;

5° Il faut choisir une variété qui convient à la nature du sol, au climat et à l'époque du semis. Les *blés mélangés* sont toujours les plus productifs et les moins aléatoires ;

6° On évite les à-coups de végétation, la verse et les maladies cryptogamiques, qui réduisent si fort les rendements, en s'efforçant que l'azote soit fourni par la matière organique, sous forme d'humus, en harmonie avec les besoins du blé et ses exigences vis-à-vis des autres éléments essentiels ;

7° Les traitements préventifs du grain, la manière d'effectuer les semailles et les façons ultérieures aux emblavures ont aussi leur influence sur les rendements.

Sol et engrais. — Dans les terres sèches, le blé souffre du manque d'eau. En terres calcaires, il est souvent détruit par les gelées ; il en est de même dans les sols humides ou compacts.

Ce sont les sols moyens, *argilo-calcaires* ou *argilo-siliceux*, qui conviennent le mieux au froment. Les bonnes terres à blé doivent contenir 20 pour 100 d'argile. On les rencontre dans les vallées, les plaines et les limons des plateaux, ainsi que sur les affleurements marneux du jurassique et du crétacé.

Une récolte de blé de 30 quintaux, d'après Joulie, emprunte au sol en chiffres ronds :

Azote......................................	92 kilogrammes
Acide phosphorique.......................	37 —
Potasse	116 —
Chaux......................................	25 —

Ces principes se trouvent associés, en proportions convenables, dans 25 tonnes de fumier de ferme. C'est donc la fumure idéale. Cependant, comme l'azote soluble en excès, qu'il provienne du fumier ou des engrais chimiques, provoque un développement exagéré des parties foliacées au détriment du grain, il vaut mieux appliquer le fumier sur la plante sarclée cultivée avant le blé. Quoi qu'il en soit, l'*humus* est le meilleur véhicule de transport des substances fertilisantes. Dans les terres pauvres ou épuisées, on comble le déficit d'azote en enfouissant 75 à 100 kilogrammes de sulfate d'ammoniaque par le labour de préparation et on épand en couverture, au printemps, en deux fois, 100 à 150 kilogrammes de nitrate de soude ou de cyanamide.

L'action pléthorique du nitrate est combattue par l'application de 35 à 40 kilogrammes d'acide phosphorique, sous la forme de superphosphate, ou de scories dans les terres acides.

Un blé qui succède à une plante sarclée fumée, venue sur une défriche de prairie, n'a pas besoin d'engrais azoté. On peut lui donner une petite dose d'engrais phosphaté ou potassique, mais seulement si, après contrôle, ils ont une influence marquée sur le rendement.

Assolement et façons culturales. — Les meilleurs précédents du blé, ce sont les cultures sarclées : betteraves, pommes de terre, carottes, rutabagas, navets, colza, choux, etc., qui ont reçu une copieuse application de fumier de ferme, 40 à 60 tonnes (V. *Agrologie*).

Une fois débarrassée de sa récolte, la terre est labourée à 8 ou 10 centimètres de profondeur, pas plus, puisqu'il faut au blé un sol ferme pour s'enraciner. Cette façon s'exécute rapidement, et à peu de frais, à l'aide de polysocs ou de charrues légères.

Il faut laisser au terrain le temps de se raffermir avant les semailles et il n'est pas nécessaire de l'effriter trop finement en surface, puisque les mottes combattent le déchaussement.

En terres légères, calcaires ou caillouteuses, le labour de préparation sert généralement à enfouir la semence. Il doit être superficiel.

Dans le cas où le semis de blé succède à l'avoine, ce qui est assez commun, il faut lui fournir, sous forme d'engrais pulvérulents, un complément d'azote, d'acide phosphorique et de potasse (V. Les Engrais). Cette rotation salissante ne doit être adoptée que si le sol est en bon état de propreté et d'entretien.

En terre légère, c'est après le trèfle ou toute autre légumineuse que le froment réussit le mieux. On rompt la prairie trois semaines au moins avant les semailles, pour éviter la terre « creuse », qui nuit à l'enracinement.

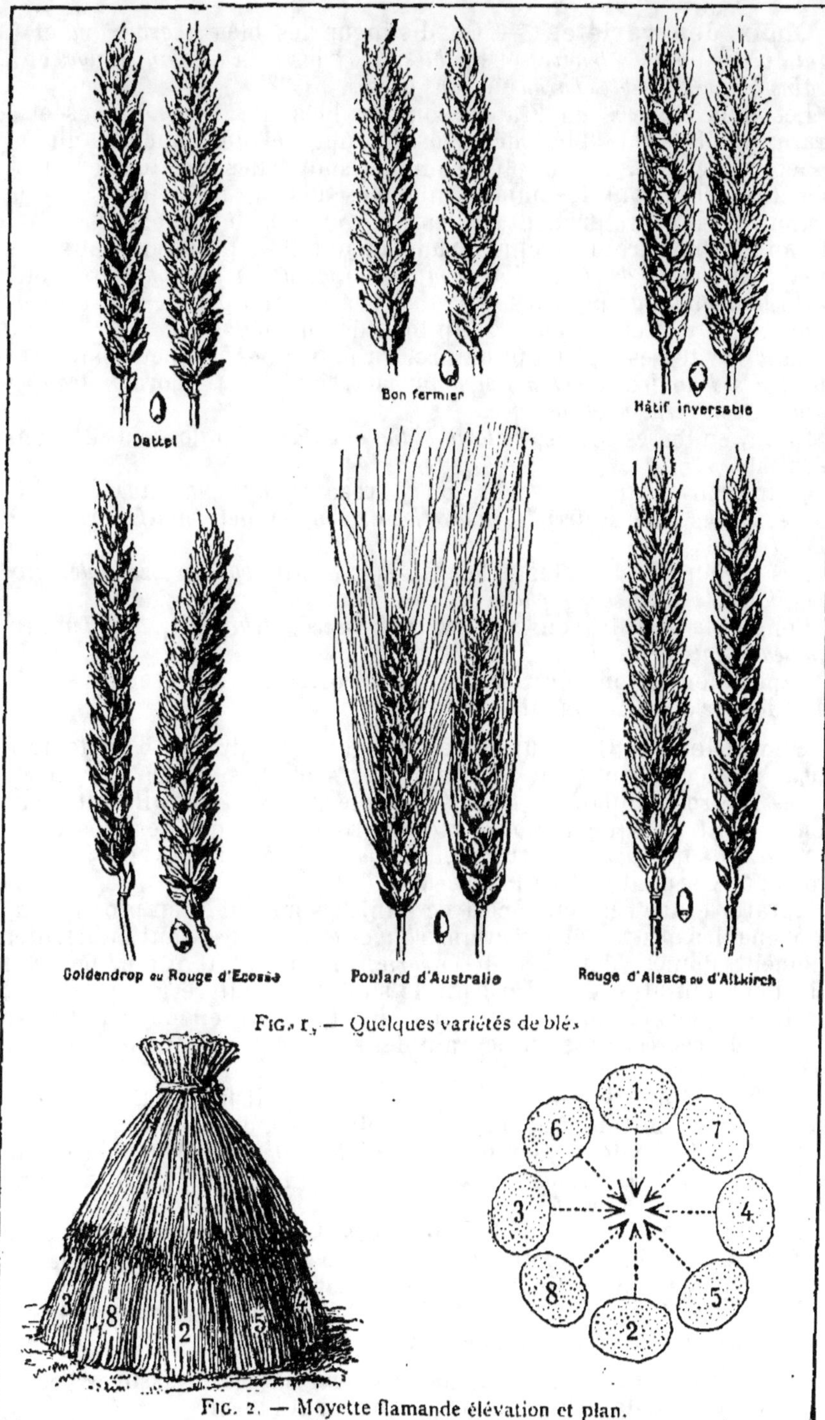

Fig. 1. — Quelques variétés de blé.

Fig. 2. — Moyette flamande élévation et plan.

LE BLÉ

Choix des variétés. — On distingue les blés à *grain nu* et à *grain vêtu ;* les *blés tendres* et les *blés durs ;* les blés à *grains rouges* et à *grains blancs ;* les *blés barbus* et *sans barbes.*

Les plus cultivés en France sont les blés nus, sans barbes et à grains tendres. Les blés mélangés de rouge et de blanc ont un bel aspect marchand. Les variétés à adopter sont celles qui, tout en étant sélectionnées, sont les mieux adaptées au sol, au climat et à la région. Il faut être prudent sur les changements de semences.

Dans les pays froids, à climat rude, on donne la préférence aux blés rustiques : *rouge d'Alsace, bon fermier, vuitebœuf, crépi, goldendrop,* etc.

Un bon mélange pour les terres sèches est représenté par *bordier, hybride du trésor* et *bon fermier,* un tiers de chaque sorte.

Dans les terres de bonne nature, ou moyennes, on peut employer *blanc des Flandres* et *chiddam d'automne,* ou bien encore, *roseau* et *bordier, bon fermier* et *dattel.*

Enfin, en terres fortes, *victoria blanc* et *goldendrop* donnent de bons résultats.

Quand on craint la verse, on a recours aux variétés à paille raide, telles que *schirrif's square head, bon fermier, hâtif inversable, wilhelmine.*

Les variétés résistantes à l'échaudage sont : *bordier, zélande, gros bleu, hybride du trésor, japhet.*

Contre la rouille, on prendra : *talavera, schirrif's, bon fermier, rimpeau, dattel, chiddam.*

Expérimenter toujours les nouvelles variétés préconisées avant de les adopter définitivement.

Semailles. — On peut semer les blés, à partir du 15 septembre jusqu'en décembre, pour reprendre les semailles en février-mars, après les froids, quand le temps s'y prête. Les variétés dites de printemps sont presque toujours moins productives que les blés d'automne, tels que *bordeaux* et *japhet.* Le *manitoba* et l'*aurore* conviennent mieux aux semailles très tardives.

Tararer et trier la semence avec soin. Les mélanges en proportions convenables des variétés à grains rouges et blancs se font au dernier moment. Pour se défendre de la *carie,* on plonge le grain, pendant plusieurs minutes, dans un bain de sulfate de cuivre à 1 pour 100; on le fait sécher, après l'avoir enrobé de chaux en poudre. On se défend du *charbon* en se procurant des semences provenant de cultures indemnes.

Pour avoir une bonne levée, on compte qu'il faut 400 graines au mètre carré. Suivant que le sol est plus ou moins bien préparé, et suivant la tardivité du semis, on emploie 150 à 180 litres de grain, mesuré avant le trempage, pour les semis en lignes, et 180 à 220 litres pour les semis à la volée.

Les semis en lignes sont les meilleurs. Le grain est uniformément enfoui, à une profondeur qui varie entre 8 centimètres dans les terres légères et 3 centimètres dans les terres compactes.

Le blé semé à la volée et enfoui à la herse est inégalement réparti et enterré. La levée laisse à désirer (V. **Agrologie**).

Soins au blé. — On doit vider les dérayures pour assurer l'écoulement de l'eau dans les emblavures pendant l'hiver.

Sur la question de savoir si les blés doivent être binés ou non, les avis sont partagés. Le mieux, en l'occurrence, est encore de s'en tenir à ses propres constatations. Un blé destiné à la houe se sème avec un écartement de 22-25 centimètres. Les autres ont intérêt à être espacés de 12 à 15 centimètres seulement.

Dans les terres propres, deux hersages effectués au moment opportun, à quinze jours d'intervalle, donnent souvent d'aussi bons résultats que les binages à la houe.

Lorsque les blés ont été déchaussés par les gelées, on les roule pour les rechausser et favoriser le *tallage*.

L'échardonnage est de rigueur. On coupe les chardons entre deux terres, mais assez tard, pour éviter leur floraison sous forme de rosette étalée.

Quand, au printemps, surtout en terre humifère ou fortement fumée, les blés poussent vigoureusement, avec une teinte d'un vert intense, qui fait présager la *verse*, il faut *effeuiller* sans faute en rognant l'extrémité des brins de 10 centimètres, soit au moyen d'une *écimeuse*, soit en y faisant passer les moutons.

Moisson et battage. — Le blé doit être coupé un peu sur le vert, alors que le grain se laisse encore pénétrer par l'ongle. Pour les blés de semence, on attend quelques jours de plus. Cependant, pour éviter l'égrenage, il ne faut jamais attendre que les épis se recourbent.

La moisson se fait à la *sape*, à la *faux armée*, à la *faucheuse combinée*, à la *javeleuse* ou à la *lieuse*.

La lieuse est très expéditive, mais, si l'on tient compte des frais généraux et de l'amortissement de la machine, son emploi n'est vraiment économique que pour les exploitations où l'on cultive un minimum de 20 hectares de céréales. En petite culture, avec les pièces étroites qui exigent un tour de faux sur le pourtour, il est presque toujours plus avantageux d'avoir recours à la sape ou à la faux armée.

Dans les localités où la main-d'œuvre fait défaut, on peut se servir d'une faucheuse munie d'une « raquette », qui permet de couper le blé en javelles. Cet appareil de fauche est le seul qui permette de moissonner à peu près proprement les blés versés ou tourbillonnés.

On ne laisse pas javeler le blé. On le met en gerbes aussitôt la coupe, puis on le dresse en *moyettes* de huit gerbes : quatre d'entre elles sont appuyées deux à deux, obliquement, épis contre épis. Dans les intervalles, on en place quatre autres. Enfin on recouvre d'une neuvième gerbe, liée plus près du pied, et qui vient coiffer la moyette d'une sorte de *chapeau*. L'inconvénient des moyettes, c'est leur défaut de stabilité. Il faut les relever après les coups de vent, car le blé en contact avec le sol germe rapidement.

On rentre le blé quinze jours ou trois semaines après la coupe, pour l'engranger dans les greniers ou le mettre en meules.

Le battage a lieu plus tard, soit à l'aide des batteuses à grand travail, conduites par des équipes spéciales, soit avec des batteuses plus modestes actionnées par un petit moteur ou un manège. Ce matériel permet de donner du travail aux ouvriers attachés à la ferme, pendant l'hiver ; il fait du meilleur travail que les entreprises de battage, surtout quand il pleut.

Le grain étalé au grenier est fréquemment pelleté et changé de place pour contrarier la multiplication des *charançons*, des *alucites* et hâter sa dessiccation.

II. — AVOINE ET ORGE

Exigences de ces céréales. — L'*avoine* et l'*orge* sont moins exigeantes que le froment, sur le choix du terrain et son état de fertilité. Cependant, pour en obtenir des rendements satisfaisants, par exemple, 25 quintaux de grain et 35 quintaux de paille à l'hectare, ces céréales doivent trouver dans le sol, à l'état assimilable, les quantités suivantes de principes essentiels, qui se trouvent exportées :

	Avoine.	Orge.
Azote............	68 kilogrammes	61 kilogrammes
Acide phosphorique .	28 —	24 —
Potasse	75 —	41 —

L'avoine réussit à peu près partout, sauf dans les terres acides, siliceuses ou calcaires par excès. Elle s'accommode bien des défrichements de landes, de prairies et même de marais. Elle fournit des rendements élevés, 30 à 35 quintaux à l'hectare dans les terres profondes et riches, bien pourvues d'azote assimilable. C'est l'avoine qui tire le meilleur parti des substances nutritives éparses dans un sol épuisé. C'est à elle qu'il faut donner la préférence pour l'emblavement des terres négligées, creuses, ou préparées hâtivement.

L'orge, moins exigeante encore que l'avoine sous le rapport des engrais, est cependant plus difficile sur la qualité et l'état du terrain. Il faut à l'orge une terre plus douce, moins compacte que pour l'avoine. Les sols tourbeux ne lui conviennent pas. Cette céréale demande à être semée de bonne heure dans les terres légères, mais on peut retarder les semis jusqu'à la fin avril dans les terres fortes.

L'*escourgeon* ou *orge d'hiver* demande des terres saines et sèches ; il risque d'être détruit pendant l'hiver dans les terres humides.

Place dans l'assolement. — L'avoine peut prendre place dans tous les assolements, après toutes sortes de cultures. Elle vient indistinctement après fourrage, plante sarclée, autre céréale et même se succède à elle-même.

Le plus souvent, l'avoine et l'orge sont cultivées après un blé et elles servent de couvert aux graines fourragères : luzerne, sainfoin, trèfle, etc. Pour l'obtention des forts rendements, les meilleurs précédents de ces céréales sont les plantes sarclées, copieusement fumées au fumier de ferme. L'idéal serait de pouvoir les intercaler dans un assolement à longue échéance, après betteraves ou pommes de terre. Une bonne distribution serait la suivante :

Première année.....	Betteraves	— fumier et défriche.
Deuxième —	Blé	— sans engrais.
Troisième —	Pommes de terre	— fumier.
Quatrième —	Avoine ou orge	— engrais pulvérulents.
5e, 6e et 7e —	Prairie artificielle.	

Choix des variétés. — *Avoines.* — Les *avoines communes* et les *avoines unilatérales* sont à peu près seules cultivées en France. On distingue les *variétés précoces*, qui conviennent aux terres saines et qu'on doit semer de bonne heure, en février. Les *variétés tardives* demandent des sols plus riches et plus profonds. Les *variétés d'hiver* ne sont cultivées que dans les régions de l'ouest et du midi, à climat tempéré.

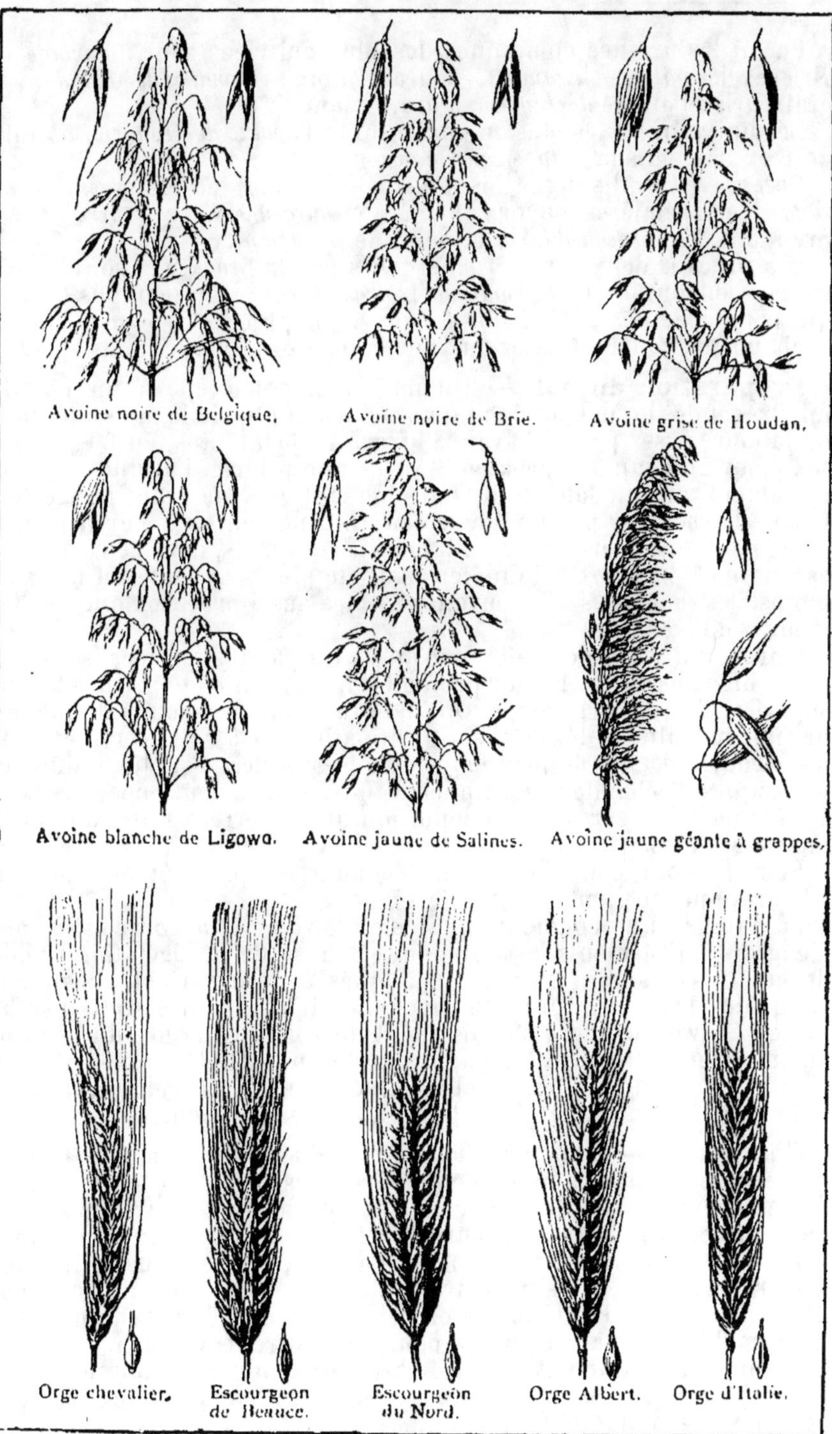

AVOINE ET ORGE

Parmi les avoines communes, les plus cultivées sont : *l'avoine de Brie* et la *hâtive d'Étampes*, à grain noir ; *l'avoine de Houdan*, à grain gris ; *l'avoine de Ligowo*, à grain blanc.

Les unilatérales les plus en vogue sont : *l'avoine de Hongrie*, à grain noir et gris, puis la *jaune géante à grappes*.

Orges. — On distingue les *orges à six rangs* et les *orges à deux rangs*. Les premières, encore appelées *escourgeons* ou *orge carrée*, comprennent *l'escourgeon d'hiver* et celui de *printemps*.

Les orges à deux rangs, recherchées par la brasserie, sont représentées surtout par *l'orge commune*, *l'orge chevalier*, un peu plus tardive que la précédente ; enfin *l'orge de hanna*, qui, précoce et peu sensible à l'échaudage, convient assez aux terres légères et aux climats secs.

Préparation du sol. — Quand l'avoine succède à un blé, le mieux est de donner un coup de scarificateur après la moisson, puis on laboure assez profond avant l'hiver. Au printemps, en février, on sème sur un coup d'extirpateur. Après une prairie, l'avoine se sème également sur un labour de défrichement effectué avant les gelées. L'ameublissement printanier se fait au canadien ou à l'extirpateur.

On peut aussi semer sur un labour récent mais, dans ce cas, le sol est moins bien approvisionné en eau ; de plus, par suite du mauvais temps, les semailles ne peuvent pas être aussi précoces que sur les labours d'hiver.

L'orge, qui vient de préférence après les plantes sarclées, s'accommode bien aussi d'un labour profond d'hiver, complété par des façons superficielles de printemps. On tiendra compte cependant que les navets en culture dérobée sont antipathiques à cette céréale. Avec les labours récents de printemps, la réserve d'eau est plus réduite et les risques d'échaudage sont plus grands. L'orge peut encore réussir après une autre céréale, à la condition que le terrain soit exempt de mauvaises herbes.

Pour l'escourgeon d'hiver, on déchaume le plus tôt possible, on laboure, puis on sème.

La fumure qui convient le mieux à l'avoine et à l'orge est à base d'engrais pulvérulents assimilables, à cause de la végétation rapide de ces céréales. Ces engrais, appliqués à dose variable, viennent compléter les fournitures du stock humifère, si elles sont insuffisantes. Suivant le degré d'épuisement du sol et la nature du terrain, on emploie à petite dose les engrais azotés, phosphatés et potassiques, vingt à vingt-cinq unités de chaque sorte, moitié à l'état organique et le reste à l'état minéral ; le tout enfoui par le labour.

Semailles. — Il ne faut semer que du grain de bonne venue, provenant de cultures indemnes de maladies et n'ayant eu à souffrir ni de la verse, ni de l'échaudage. Dans tous les cas, les semences ont été tararées et passées au trieur, car cette sélection donne une plus-value notable de rendement. Avec l'avoine, on peut aussi éliminer les grains légers par simple trempage dans l'eau, puisqu'ils surnagent à la surface. Par la même occasion, on verse dans l'eau un litre de formaldéhyde par hectolitre pour combattre le charbon.

Les orges, notamment celles de brasserie, sont sélectionnées pour l'objet auquel on les destine, c'est-à-dire que leur grain doit surtout être riche en amidon et pauvre en azote.

Les avoines les plus nutritives sont celles dont la densité est la plus élevée ; celle-ci varie entre 45 et 50 kilogrammes par hectolitre.

On doit toujours semer l'avoine de bonne heure : « c'est en février qu'elle remplit le grenier » dit le dicton. Les semis précoces tallent du simple au double. Pour obtenir quatre cents pieds par mètre carré, il suffit de semer deux cents grains.

Avec les semis à la volée, la dose à employer varie entre 200 et 300 litres à l'hectare, un peu moins si le sol est en meilleure façon, un peu plus dans le cas de semis tardif. La grosseur du grain influe aussi sur la proportion. En lignes, la dose varie entre 150 et 200 litres à l'hectare.

L'orge se sème à peu près dans les mêmes proportions. A conditions égales, on met 15 à 20 litres de plus. Les semis en lignes sont de beaucoup supérieurs aux semis à la volée.

Suivant le degré de compacité du terrain, l'avoine et l'orge se sèment à 5 ou 8 centimètres de profondeur, en réglant les socs du semoir en conséquence, ou en donnant deux ou trois hersages croisés dans le cas de semailles à la volée.

Il faut toujours donner un coup de rouleau plombeur dans les sols légers et meubles pour niveler le terrain et hâter la germination. En terres sèches, sableuses ou caillouteuses, les semis sous raies, complétés par un roulage, sont souvent les meilleurs.

Lorsque l'avoine et l'orge servent de couvert aux prairies, il faut les semer très clair afin de ne pas étouffer les jeunes fourrages. On peut alors réduire la semence d'un tiers, en portant la dose à 130 ou 150 litres pour les semis à la volée, et 100 à 130 litres pour les semis en lignes. A la volée, le sainfoin est enfoui par la herse en même temps que la céréale ; les petites graines semées en dernier lieu sont enterrées par un roulage ou le passage d'un fagot d'épines.

Soins d'entretien. — Herser les avoines quand elles ont trois ou quatre feuilles, pour détruire les mauvaises herbes et favoriser le tallage. L'opération a lieu par temps sec, avec une herse très légère. En terre sableuse ou sèche, le roulage est souvent préférable.

Les binages à la houe sont peu usités en raison des dépenses. Lorsque les avoines et les orges sont envahies par les *sanves* et les *ravenelles*, on pratique des pulvérisations de sulfate de cuivre à 3 pour 100, à la dose de 8 à 10 hectolitres, que l'on épand le soir d'une belle journée. On peut aussi appliquer 400 kilogr. à l'hectare de sulfate de fer déshydraté, le matin, à la rosée. Le traitement est d'autant plus efficace que les moutardes sont jeunes et tendres.

L'orge étant plus délicate que l'avoine, on sera réservé sur les hersages.

Moisson. — L'avoine est sujette à l'égrenage. Quand on la coupe un peu sur le vert, le grain est plus renflé et son écorce est moins dure, moins épaisse qu'avec un excès de maturité.

On peut laisser javeler l'avoine sur le sol pendant plusieurs jours : le battage se fait mieux et le grain a plus de main. Il ne faut pas exagérer, car le javelage accentue l'égrenage et il altère la qualité de la paille. Il vaut mieux même, si le temps est peu propice, faire de petites gerbes aussitôt la coupe et les dresser de suite en moyettes de neuf gerbes, y compris le chapeau, lesquelles laissent passer l'air et favorisent le séchage de l'herbe et de la paille.

La coupe de l'orge doit également se faire prématurément, avant que les épis se recourbent et que la paille commence à blanchir, car elle devient cassante.

III. — SEIGLE, MAÏS ET SARRASIN

Besoins respectifs de ces céréales. — Le *seigle* est la céréale des terres pauvres. Il peut prospérer dans les sols légers, calcaires, siliceux, granitiques, schisteux et jusque sur les landes et les terres de bruyère, où le blé ne donnerait que des rendements infimes. Cependant, une récolte de seigle de 25 quintaux, par exemple, emprunte au sol à peu près autant de principes essentiels qu'une récolte équivalente de blé. Le seigle a donc une puissance végétative plus grande que le blé; il souffre moins de la pénurie d'engrais, de la sécheresse et du manque de calcaire. Mais le seigle craint l'humidité et aussi les terres « creuses » fournies par les labours récents.

Le *maïs* vient à peu près partout, dans les sols fertiles, frais et argileux sans excès. Pour bien mûrir son grain, le *maïs* demande le climat tempéré du midi et de l'ouest de la France.

Le *sarrasin* est, de toutes les cultures, la moins exigeante. Comme le seigle, il prospère en sol granitique, siliceux, voire même acide. On le réserve d'ailleurs aux plus mauvais terrains. En sol calcaire, on cultive le sarrasin de Tartarie.

Une récolte de 25 quintaux de grains à l'hectare peut être considérée comme bonne pour le seigle, forte pour le sarrasin et faible pour le maïs. Les prélèvements sont à peu près les suivants pour chacune de ces céréales :

	Seigle.	Maïs.	Sarrasin.
Azote..............	69 kilogr.	52 kilogr.	31 kilogr.
Acide phosphorique...	30 —	25 —	21 —
Potasse............	64 —	58 —	52 —
Chaux.............	28 —	16 —	39 —

Assolements. — On fait tenir au seigle, généralement, la place du blé, sauf en ce qui concerne les plantes sarclées, le sol étant libéré trop tard pour recevoir cette céréale, que l'on sème en septembre. Le mieux est de semer le seigle après un fourrage artificiel, tel que vesce, minette, trèfle incarnat. Après un blé, le seigle tient la place d'une avoine; il empêche les déperditions du sol, assez sensibles à l'arrière-saison dans les terres nues, de nature légère.

Dans le Midi, on place souvent le maïs en tête de la rotation, avec les plantes sarclées, comme précédent du blé. On peut alors lui appliquer une forte dose de fumier, puisqu'il ne craint pas la verse. On le cultive, au contraire, après le blé dans les régions plus tardives. L'assolement le meilleur est alors le suivant :

Plante sarclée — Blé — Maïs — Avoine — Trèfle.

Le sarrasin est surtout cultivé après le seigle et avant l'avoine. Mais cette rotation est salissante. L'assolement ci-dessous donnerait de bien meilleurs résultats dans la région bretonne :

Plante sarclée — Seigle — Sarrasin — Trèfle — Avoine.

Fumures et préparation du sol. — Il faut toujours semer le seigle en terre poudreuse, sur un sol rassis. Quand le seigle vient après un fourrage annuel, on laboure aussitôt l'enlèvement de la récolte, puis on effectue les façons superficielles au canadien, pour ameublir finement la surface.

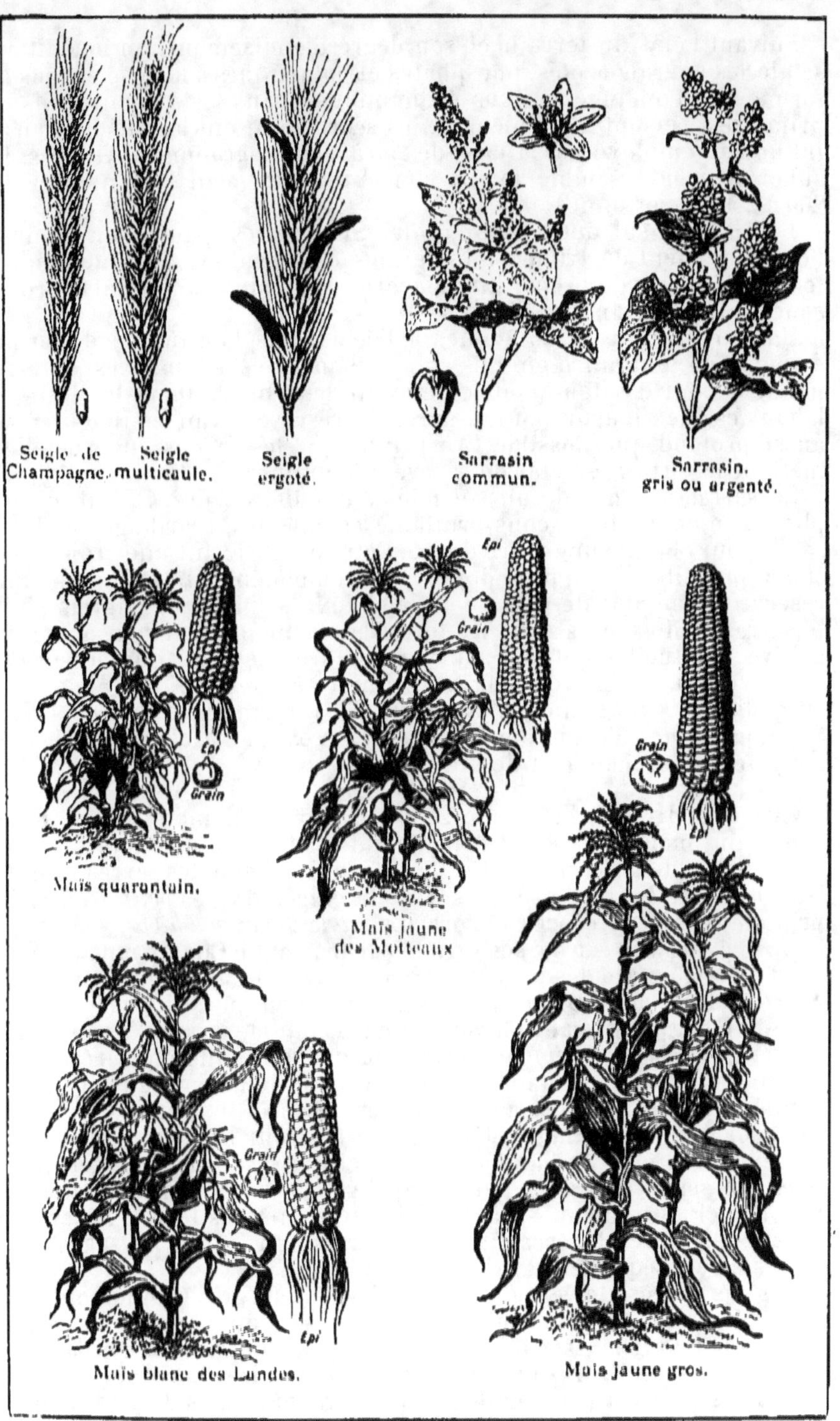

SEIGLE, SARRASIN ET MAÏS

Suivant l'état du terrain et son degré d'épuisement, on fournit au seigle les engrais azotés, phosphatés et potassiques à la dose et sous la forme que l'on juge la plus économique. Dans les sols primitifs et primaires, ce sont généralement les scories qui ont la plus heureuse influence, employées à la dose de 250 à 300 kilogrammes. Ailleurs, le superphosphate semble mieux convenir et on peut se contenter de 200 à 250 kilogrammes.

Le maïs est surtout avide d'azote. Si le sol est pauvre en humus, l'enfouissement de 120 à 150 kilogrammes de sulfate d'ammoniaque, lors des labours de préparation, favorisera au plus haut point la croissance de cette graminée.

Une application de 25 tonnes à l'hectare de bon fumier de ferme dispense de tout autre engrais complémentaire. Le fumier est enterré par le labour d'automne effectué avant les pluies. Dans le Midi, ce labour est de rigueur pour assurer la réserve d'eau et il doit être aussi profond que possible. Au printemps, les façons superficielles mettent le terrain en état de recevoir sa graine.

Le sarrasin demande un sol mieux ameubli encore. Il faut multiplier le nombre des façons printanières, labours, scarifiages et hersages pour obtenir une terre douce. Cette plante ayant une croissance très rapide, il lui faut, pour donner des rendements élevés, une bonne réserve assimilable de potasse et de chaux. Le meilleur engrais pour le sarrasin, du moins dans les terres moyennement riches où on le cultive habituellement, ce sont les cendres de bois non lessivées, employées à la dose de 500 kilogrammes à l'hectare, qui apportent avec elles 250 kilogrammes de chaux, 75 kilogrammes de potasse et 50 kilogrammes d'acide phosphorique. Un excès d'azote donne beaucoup de paille, mais peu de grain.

Culture du seigle. — Le seigle est non seulement cultivé pour son grain, mais aussi pour sa paille qui est très estimée (*glui*).

On distingue les *grands seigles*, tardifs, qui exigent des terres riches ; les *moyens seigles*, plus précoces et moins exigeants ; les *petits seigles*, de printemps, plus précoces encore. Le *seigle commun d'hiver*, de beaucoup le plus cultivé, avec ses variétés de Brie et de Champagne, appartient à la catégorie des moyens seigles. Le seigle *multicaule* ou de la *Saint-Jean* est aussi un moyen seigle ; semé en juin il procure une récolte fourragère avant l'hiver et une récolte de grain l'année suivante. Le *trémois* ou *seigle de mars* a beaucoup moins d'intérêt.

Généralement, c'est dans le courant de septembre que le grain est confié à la terre. La dose à employer est de 140 à 150 litres à l'hectare pour les semis en lignes et 170 à 190 litres pour les semis à la volée. Le seigle doit être de l'année, car il perd vite ses facultés germinatives. Le seigle doit être peu enterré, le proverbe dit qu' « il aime voir le ciel ». On compte 2 à 3 centimètres dans les terres fortes, 4 à 5 dans les terres légères. Les socs du semoir et les hersages sont réglés en conséquence.

Les dérayures doivent, durant l'hiver, assurer l'écoulement des eaux pluviales. Au printemps, par temps sec, on plombe les terres légères pour rechausser les plantes et niveler le terrain. On passe la herse dans les cultures envahies par les mauvaises herbes.

Si le terrain est peu fertile, 20 à 25 kilogrammes d'azote soluble appliqués en couverture au printemps augmentent le rendement.

L'*ergot* est un sclérote qui prend la place du grain. Les seigles ergotés sont vénéneux. On empêche la multiplication de l'ergot en ne cultivant jamais cette céréale deux années de suite sur le même terrain. Pour séparer les ergots des grains sains, on se sert d'une solution à 16 pour 100 de chlorure de potassium, les grains ergotés surnagent. Il faut ensuite laver les grains sains et les faire sécher. La solution potassique est employée comme engrais.

Culture du maïs. — On distingue les *maïs à grains blancs, à grains jaunes et à grains colorés*. Au point de vue cultural, les *maïs précoces*, à petits grains, et les *maïs tardifs*, à grains plus gros sont plus intéressants. Comme variétés très précoces citons : le *maïs poulet*, qui mûrit son grain jusque dans le nord de la France, et le *quarantain*, un peu plus productif, mais en même temps plus exigeant. Le *maïs d'Auxonne* et le *jaune gros*, également à grains jaunes, ainsi que le *blanc des Landes*, sont à grand rendement.

Le maïs se sème en avril-mai. Il faut prendre des semences sélectionnées provenant de spathes de bonne venue, dont on a éliminé les extrémités. On sème en lignes, au semoir ou au plantoir, à raison de deux ou trois graines par poquet, à 50 ou 70 centimètres de distance, plus ou moins suivant le développement des variétés. L'espacement sur les lignes étant de 35 à 50 centimètres, la quantité de semence nécessaire pour 1 hectare varie entre 60 et 70 litres. Une bonne profondeur pour le maïs est de 5 centimètres dans les sols légers et 2 à 3 centimètres dans les terres fortes. Dans les terres humides, le grain a une tendance à pourrir, surtout si on l'enterre trop profondément.

Les binages se font à la rasette à main ou à la houe à cheval. On plante du quarantain où il y a des manques. Finalement, on termine par un buttage. Entre temps, les rejets sont enlevés et distribués au bétail; on enlève aussi les pieds stériles. En dernier lieu, on *écime*, c'est-à-dire qu'on retranche les fleurs mâles, mais assez tardivement, afin de ne pas diminuer le rendement.

On récolte lorsque les feuilles et les tiges jaunissent et deviennent cassantes, à partir de juillet jusqu'en octobre, suivant la précocité des lieux et celles des variétés. Les épis détachés à la main sont mis à sécher sur le grenier; on les suspend après avoir noué deux des spathes conservées.

Culture du sarrasin. — Le *sarrasin commun* et sa variété, le *sarrasin argenté*, sont les plus cultivés. Le sarrasin de Tartarie, moins estimé, est réservé aux sols calcaires.

Le sarrasin se sème, pour le grain, en mai et juin, après une culture fourragère, telle que trèfle incarnat ou vesce d'hiver. Il faut semer des graines sélectionnées de la dernière récolte, en employant 60 à 70 litres de semence à la volée et 50 à 60 litres en lignes. On enterre d'autant plus que la terre est légère et meuble. Le roulage nuit à la levée il n'y a pas lieu de passer le « plombeur ».

Pour éviter l'égrenage, on coupe le sarrasin à la faux armée ou à la javeleuse, lorsque la majeure partie des graines ont pris une teinte foncée, généralement dans le courant de septembre.

Les javelles formées sont dressées en petites moyettes comme les fourrages. On les maintient en les serrant de la tête avec quelques brins de sarrasin. Au bout d'une quinzaine de jours, on bat au fléau ou à la machine, après avoir écarté le contre-batteur. Il faut sécher le grain en petits tas, sur le grenier, en effectuant de nombreux pelletages pour éviter son échauffement.

IV. — LA BETTERAVE

Rôle de la betterave. — La *betterave* sert à deux fins : 1° à alimenter le bétail pendant l'hiver, en remplacement du fourrage vert qui fait défaut; 2° à nous approvisionner en sucre et en alcool, avec les variétés industrielles à haute densité.

C'est une plante nettoyante au premier chef. En la faisant bénéficier d'une application copieuse de fumier de ferme, qu'elle utilise au mieux, on peut être assuré d'obtenir une belle récolte subséquente de froment.

Exigences. — La betterave est extrêmement avide de potasse et d'azote. Il est impossible d'obtenir des rendements élevés dans les terres pauvres ou épuisées, là où on n'entretient pas le stock d'humus de réserve au moyen des cultures fourragères, alternant avec les fortes fumures organiques.

Ainsi, d'après Denaiffe, pour la betterave fourragère, et d'après Müntz et Girard, pour la betterave sucrière, une récolte moyenne de racines exporte :

	BETTERAVES	
	Fourragères.	Sucrières.
	50 000 kg.	30 000 kg.
Azote	106 kilogr.	48 kilogr.
Acide phosphorique	32 —	33 —
Potasse	275 —	120 —

C'est à partir du mois de juin que les besoins de la betterave sont les plus marqués. Ils atteignent leur maximum d'intensité en juillet, août et septembre.

Mais l'assolement intensif, *blé — betteraves*, n'est pas exempt de défaut : il est onéreux, épuisant et favorise les affections cryptogamiques telles que la *jaunisse* et la *maladie du cœur*, qui sont la plaie de la betterave. Il faut lui substituer des assolements à plus longue échéance, avec cultures fourragères à la base (V. AGROLOGIE). Si on est à court de fumier, on fera usage des engrais complémentaires, de préférence du nitrate de soude et du sulfate d'ammoniaque complétés par des sels potassiques dans les sols pauvres en cet élément.

Préparation du sol. — Le fumier peut être appliqué à la dose de 25 à 50 tonnes à l'hectare, que l'on peut remplacer par des gadoues vertes ou des composts. La conduite a lieu à l'automne. On épand aussitôt, puis on laboure, le plus profondément possible, de manière que le terrain se trouve exposé à l'action ameublissante des gelées.

Au printemps, on donne un labour moyen, suivi de scarifiages, ou bien on ameublit par des façons répétées à la herse canadienne.

Il faut avoir soin de ne pénétrer dans les terres que lorsque le terrain est bien ressuyé, pour éviter de le « plaquer ». La levée ne peut être bonne et les rendements satisfaisants qu'en sol fertile et bien préparé.

On profite des façons préparatoires pour incorporer intimement au sol les engrais pulvérulents jugés utiles et, suivant le cas, sang ou viande desséchés, tourteaux engrais, nitrate, sulfate d'ammoniaque, superphosphate, sylvinite, etc. (V. LES ENGRAIS).

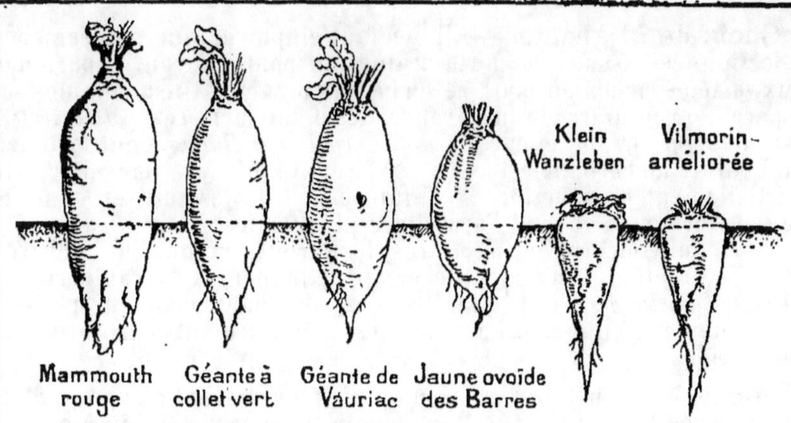

FIG. 1. — Principales variétés de betteraves fourragères et industrielles.

FIG. 2. — Binage mécanique des betteraves.

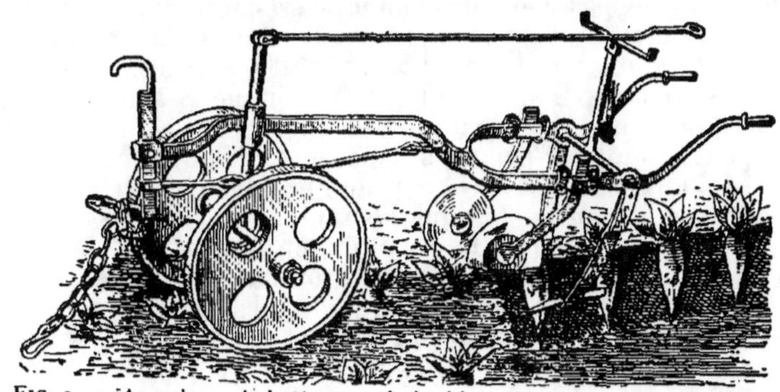

FIG. 3. — Arracheur de betteraves à double griffe soulevant la betterave
pour la laisser retomber dans son alvéole d'où l'on n'a plus qu'à l'enlever.

LA BETTERAVE

Choix de la graine. — Il ne faut employer que des semences sélectionnées, issues de porte-graines de poids moyen, appartenant aux variétés riches en matière sèche ou en sucre. Ainsi, comme fourragères, on prendra de préférence des demi-sucrières, *collet vert* ou *rose des Ardennes*, ou encore la *jaune ovoïde des Barres*, dont la teneur en hydrate de carbone est assez élevée et qui ont l'avantage de croître partiellement hors de terre, ce qui permet de les cultiver dans des sols mi-profonds et rend l'arrachage plus facile.

En ce qui concerne les sucrières, les variétés aujourd'hui cultivées sont de création assez récente et appartiennent à la catégorie des *sucrières améliorées*, dont le feuillage est abondant, la racine petite et complètement enterrée. La graine est généralement fournie par les industriels.

Semis. — Les betteraves se sèment le plus souvent en lignes, d'une façon expéditive au moyen d'un semoir. Avec ces appareils à socs, la graine se trouve régulièrement enterrée, dans des sillons profonds de 2 à 3 centimètres, un peu plus ou un peu moins suivant la compacité du terrain.

Les semailles ont lieu en avril, lorsque les gelées ne sont plus à craindre. Dans les terres bien préparées, on emploie 12 kilogrammes de graine et 15 à 20 kilogrammes lorsque l'ameublissement laisse à désirer (25 à 30 kilogrammes pour les betteraves sucrières).

A défaut de semoir, on rayonne le terrain, ou bien on le dresse en billons, dans les terres manquant de profondeur ou très humides. Dans ce dernier cas, on épand le fumier dans les dérayures, puis on refend les billons à l'aide du buttoir au moment de semer. La graine est distribuée en poquets de trois ou quatre et recouverte de terre fine. Quel que soit le mode de semis adopté, il faut éviter les grands écartements qui font perdre de la place et fournissent de grosses racines bien moins nutritives que les racines moyennes.

Les meilleurs écartements pour les fourragères sont : 40 centimètres entre les lignes et 30 centimètres sur les lignes, soit huit betteraves un tiers au mètre carré, 83 333 à l'hectare.

Avec les semis en billons, on peut écarter les rayons de 50 centimètres, mais on rapproche les betteraves à 24 centimètres.

Les sucrières se sèment aux mêmes écartements linéaires, afin de ne pas gêner le passage de la houe, c'est-à-dire à 40 ou 38 centimètres au minimum, l'espacement sur les lignes étant réduit à 25 ou 26 centimètres, de manière à obtenir 100 000 racines à l'hectare.

Dans les terrains compacts et froids, comme le sont les argiles à silex, lesquels ont toujours une levée capricieuse, la betterave fourragère peut se cultiver par repiquage, aux distances ci-dessus prescrites. Le plant est alors élevé en pépinière bien située et fertile. On l'arrache avec précaution lorsque les racines ont la grosseur du petit doigt, puis on le repique au plantoir, en choisissant des journées brumeuses ou pluvieuses. Auparavant, on fait la toilette du plant en raccourcissant ses feuilles, puis on plonge les racines dans un *lisier* épais de terre glaise et de bouse de vache qui réduit l'évaporation et favorise la reprise.

Façons culturales. — Dans les conditions ordinaires, les betteraves se montrent dix à douze jours après le semis. Une température douce et le concours d'une petite pluie favorisent au plus haut point la levée. Au cas où le sol viendrait à être battu par une pluie d'orage, notamment dans les terres fortes, la levée se ferait très irrégulièrement et il pourrait y avoir des manques par endroits. On a souvent intérêt à passer une herse légère à la surface du terrain pour le « décroûter ».

Il faut biner le plus tôt possible après la levée, soit au moyen de la houe à cheval, si la nature du terrain s'y prête, soit à la rasette à main. Cette première façon est suivie d'une série de binages échelonnés, que l'on continue pendant les trois premiers mois de la végétation jusqu'à ce qu'il ne soit plus possible de pénétrer dans les betteraves avec les animaux.

Il convient de remarquer que, en dehors de la question de la destruction des mauvaises herbes, le binage favorise la nitrification et on doit se rappeler que « le sucre se fabrique à coups de houe ».

Quant au *placement* ou *démariage*, il a lieu lorsque les plants sont déjà forts et on choisit pour cela un temps frais ou couvert. Les plants conservés sont choisis parmi les plus forts, situés à un bon écartement. Il faut les retenir à la main pour ne pas les ébranler lorsqu'on arrache leurs voisins. On pourrait, en cas de besoin, appliquer en couverture, au début de la végétation, des engrais solubles azotés ou potassiques, mais il vaut mieux approvisionner le sol au moment des labours préparatoires pour être quitte d'intervenir.

Récolte. — Les betteraves sont bonnes à récolter lorsque leurs feuilles du pourtour deviennent flasques et tombantes et que leur teinte passe au vert jaunâtre. C'est généralement de la fin de septembre au début de novembre que l'on procède à l'arrachage, en commençant par les terres dont la culture est la plus difficile.

Les betteraves fourragères sont arrachées à la main ; pour les sucrières, on se sert de fourches ou même d'arracheuses spéciales. Dans un cas comme dans l'autre, les racines sont mises en *train* ou en lignes, puis décolletées à la serpe. On les rassemble ensuite en petits tas, en ayant soin de les couvrir de feuilles si les gelées sont à craindre. On effectue ensuite le chargement et le transport des betteraves à la cave ou au silo, s'il s'agit de fourragères ; à l'usine ou à la gare dans le cas de sucrières.

Les feuilles ont une valeur nutritive à peu près équivalente à celle des racines ; comme elles représentent les 6/10 du poids global de ces dernières, il ne faut pas les laisser perdre. Cependant, ces feuilles étant très laxatives, on ne doit les donner au bétail qu'en petite quantité à la fois et le mieux est de les ensiler comme les fourrages verts.

Conservation et maladies. — Les betteraves se conservent mieux en silo qu'en cave, à condition de mettre les racines à l'abri de la gelée, de l'humidité et d'assurer le renouvellement de l'air.

On distingue les *silos permanents* et les *silos temporaires*. Ces derniers s'établissent sur le sol même, à proximité de la ferme. Les betteraves sont mises en tas de 4 mètres de base et 2 mètres ou 2ᵐ,50 de hauteur, après avoir creusé dans la partie médiane un petit fossé recouvert de rondins de bois.

De distance en distance, on dresse des buses en bois ou en liteaux qui feront l'office de cheminées. Enfin, après avoir recouvert le tas d'une épaisse couche de paille ou de mauvais foin, on creuse sur le pourtour un fossé large et profond dont la terre sert de chemise au silo. Il suffit de la damer pour empêcher les infiltrations des pluies.

V. — LA POMME DE TERRE

Exigences. — La pomme de terre aime les terres riches en humus et celles qui reçoivent des fumures organiques. C'est le fumier de ferme qui lui fournit en proportions convenables, à un état de solubilité satisfaisante, les principes essentiels exportés par les tubercules. L'azote nitrique ne doit pas lui être donné en trop grande quantité, parce qu'il retarde la maturité de la pomme de terre; et il favorise la maladie (*phytophthora*).

Notre précieuse solanée est avide de potasse, surtout dans les sols pauvres en cet élément. A défaut de *cendres de bois*, on lui fournit du sulfate de potasse, de préférence aux autres engrais potassiques.

D'après Garola, les exigences d'une tonne de pommes de terre, pour chacun des éléments essentiels, sont les suivantes : azote, 5 kg. 05; acide phosphorique, 1 kg. 87; potasse, 9 kg. 12. On n'a qu'à multiplier ces chiffres par le nombre de tonnes produites à l'hectare, 15, 20, 25... tonnes pour avoir une idée des besoins de cette plante sarclée et régler les principes de la restitution (V. Les Engrais).

En ce qui concerne la nature physique du terrain, ce sont les terres légères, argilo-siliceuses et argilo-calcaires, à sous-sol perméable qui conviennent le mieux à la pomme de terre. On peut néanmoins la cultiver à peu près dans tous les sols, à condition qu'ils ne soient pas argileux ou calcaires par excès.

Assolement. — On met généralement la pomme de terre, comme la betterave, en tête de la rotation; d'ailleurs, ces deux plantes sarclées peuvent se remplacer mutuellement.

Si la betterave occupe la première sole, avant le blé, la pomme de terre peut venir après cette céréale, ou vice versa, avant l'avoine, de manière à ne pas subir l'action préjudiciable de deux cultures salissantes successives.

L'assolement suivant est recommandé : *betteraves* ou *pommes de terre* — *blé* — *pommes de terre* ou *betteraves* — *avoine* — *fourrage artificiel.*

Un bon assolement pourrait être ordonné ainsi qu'il suit : *betteraves* après luzerne; *pommes de terre* après trèfle, tous deux suivis d'un *blé*, puis d'une *avoine* ou d'une *orge* et enfin retour à la culture fourragère en alternant l'ordre des cultures. Cette rotation entretient le stock d'humus et elle rend possible l'obtention des forts rendements, sans grande dépense d'engrais complémentaires.

Variétés à cultiver. — Les variétés de pommes de terre sont nombreuses et, tous les jours, le commerce en lance de nouvelles.

On distingue les *variétés potagères,* à rendements moyens, et les *variétés industrielles,* beaucoup plus productives, à conditions égales. Les premières ayant une valeur marchande plus élevée, le bénéfice cultural est à peu près le même dans les deux cas. D'autres variétés intermédiaires, dites « mixtes » ou « à deux fins » présentent des avantages ou des inconvénients. En principe, on adoptera les mieux adaptées au terrain et au climat et du meilleur rapport.

On peut aussi classer les pommes de terre en *variétés précoces* et en *variétés tardives;* les premières ont surtout leur intérêt au jardin, lorsque l'on a en vue les cultures dérobées ou échelonnées : plantations de choux, de haricots, de navets, etc.

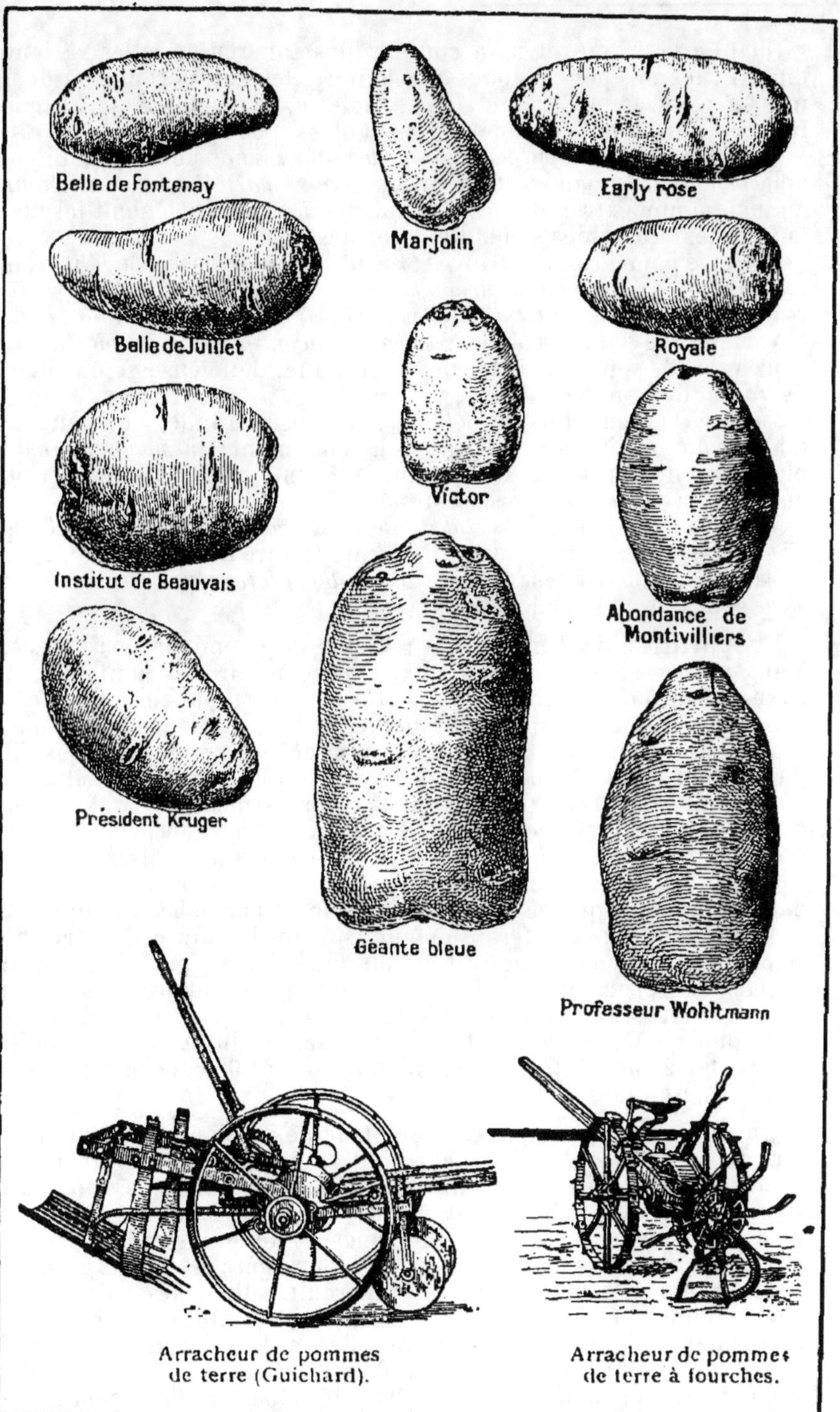

LA POMME DE TERRE

Quant à la forme et à la couleur des tubercules, elles varient à l'infini : les uns sont oblongs et réguliers, les autres ronds ou déprimés, à peau jaune, rose, rouge, violette, panachée, etc., à chair blanche, mi-blanche, jaune. On les a classés comme suit :

Variétés potagères précoces : *victor*, de forme oblongue, un peu aplatie, à chair jaune, très productive ; *marjolin* ou *quarantaine*, amincie à une extrémité, un peu courbe, à chair également ferme et jaune. Les tubercules se plantent germés.

Variétés potagères mi-tardives : *royale, flocon de neige, marjolin têtard, feuille d'ortie, quarantaine de la halle, princesse, belle de juillet, kidney rouge, pousse-debout, belle de Fontenay, fluck géante (Saint-Malo)*, etc.

Variétés de table tardives : *saucisse rouge, quarantaine violette*. Ces deux variétés sont à chair ferme, bien jaune, délicieuses à tous points de vue et de bonne garde.

Variétés à deux fins : *l'industrie*, de forme ronde, convient à la table et au bétail, elle est d'un bon rendement ; la *magnum bonum*, plus ancienne, est régulière comme forme, mais sa chair est plus blanche ; la *fin de siècle*, assez estimée.

Variétés fourragères : *institut de Beauvais, early rose, merveille d'Amérique*. Elles conviennent surtout à la nourriture du bétail.

Variétés industrielles : *richter's imperator, professeur Maerker* et *géante bleue* sont à grand rendement.

Préparation du terrain. — Lorsque la pomme de terre succède à une prairie artificielle, le mieux est de conduire les fumiers à l'arrière-saison, pour les enfouir aussitôt par un labour profond. Le sol bénéficie ainsi des résidus du fourrage et on peut se contenter d'une fumure moyenne, 20 à 25 tonnes de fumier ou de gadoues. Sous l'influence des froids et de la matière organique en décomposition, la terre s'allège et accumule de bonnes réserves d'eau.

On peut planter directement, sans autres façons, au printemps.

Cependant, quand la terre est envahie par les mauvaises herbes, il convient de la nettoyer au printemps, par plusieurs coups d'extirpateur donnés à quinze jours d'intervalle et par le beau temps.

Au cas où le fumier ferait défaut, suivant la nature du terrain et sa composition, on épandrait à l'automne, ou au printemps, avant les façons préparatoires, les engrais pulvérulents appropriés, suivant les cas, tourteaux engrais, sulfate d'ammoniaque, sang desséché, superphosphate, scories, sulfate de potasse, sylvinite, etc., de manière à apporter 25 à 30 kilogrammes d'azote, autant d'acide phosphorique et 75 kilogrammes de potasse.

Choix des semenceaux. — En principe, le plant devrait toujours être trié sur place, au moment de l'arrachage, en mettant à part, exclusivement, dans les parcelles exemptes de maladies, les tubercules issus de pieds productifs et vigoureux. On prend donc sur ces pieds les semenceaux bien conformés et de poids moyen, pesant 80 à 100 grammes, s'il s'agit de variétés fourragères et 60 à 80 grammes pour les variétés potagères. Les tubercules difformes et ceux qui auraient une tendance à la filosité sont éliminés. On retire également, au moment de planter, ceux qui ont de petits bourgeons et dont la chair est flasque sous les doigts. Dans tous les cas, on augmente le rendement d'un bon tiers et on hâte le départ de la végétation en plaçant les tubercules debout, touche à touche, dans des clayettes à claire-voie, que l'on expose à la lumière pour les faire germer.

Si le tri des tubercules n'a pas été fait à l'arrachage, on l'effectue à la cave, quinze jours au moins avant la plantation. Le sectionnement des semenceaux est peu recommandable, surtout lorsqu'on les destine aux terrains un peu compacts, par crainte de la pourriture.

Plantation. — Il faut planter les pommes de terre de bonne heure, à partir de la fin de mars, pour les variétés potagères, jusqu'au 15 ou 20 avril s'il s'agit de cultures de plein champ. De cette manière, les plants sont déjà robustes lorsque surviennent les chaleurs.

La plantation se fait à la houe, à la bêche, plus souvent à la charrue, au buttoir, ou encore à la planteuse mécanique. Dans tous les cas, les tubercules sont enfouis à 8 ou 15 centimètres de profondeur, un peu plus ou un peu moins suivant le degré de compacité du terrain : le premier chiffre se rapporte aux terres argileuses et compactes, le deuxième aux sols sableux et perméables.

Quand on procède à la charrue, les tubercules sont placés dans la raie ouverte, tout contre la dernière bande de terre retournée, afin qu'ils ne soient pas écrasés par le pied des chevaux.

L'espacement à donner varie suivant les variétés entre 40 et 45 centimètres sur les lignes. En plantant de trois raies l'une, celle-ci ayant 18 à 20 centimètres de largeur, l'écartement se trouve porté à 54 ou 60 centimètres. De cette manière, les variétés à petit développement se trouveront à 40×54 centimètres et les autres à 45×60 centimètres, espacements minima et maxima les plus convenables.

Façons. — Environ quinze jours ou trois semaines après la plantation, on herse vigoureusement en long, puis en travers, pour détruire les mauvaises herbes et briser la croûte superficielle. On effectue alors des binages échelonnés, entre les rayons, à quinze jours ou trois semaines d'intervalle, pour ameublir la terre et supprimer toute végétation spontanée. Ces façons peuvent être données à la binette à main et d'une manière beaucoup plus expéditive à la houe à cheval. Enfin, pour terminer, on exécute un buttage léger des plants, soit à la houe à main ou plutôt au buttoir. Le buttage n'augmente pas le rendement; il peut même le réduire si on va trop profond et que l'on coupe les radicelles, mais il empêche le verdissement et il contrarie la dissémination des spores de la maladie.

Le seul remède efficace contre le *phythopthora infestans*, ce sont les pulvérisations de bouillie préparée en faisant dissoudre 2 kilogrammes de sulfate de cuivre, 2 kilogrammes de chaux et 2 kilogrammes de mélasse dans 100 litres d'eau. Ce traitement est donné préventivement, au début de juillet (16 à 18 hectolitres à l'hectare).

Récolte. — On récolte à maturité complète lorsque les fanes commencent à sécher et que les tubercules se séparent des stolons. Il faut activer l'arrachage le plus possible, afin de ne pas retarder outre mesure les emblavements subséquents. L'arrachage ayant lieu par le beau temps, on rentre les pommes de terre le soir même, après ressuyage, puis on les étale en couches minces sous un hangar jusqu'à ce qu'elles aient sué; on les conserve en cave ou en silo.

Pour activer l'arrachage, on culbute les lignes à l'aide d'une charrue ou d'une arracheuse, ou bien on fend les billons avec un buttoir. Les turbercules apparents sont ramassés. Deux coups de scarificateur croisés ramènent à la surface les tubercules oubliés. On enlève les fanes et le terrain est prêt pour recevoir sa céréale d'hiver.

VI. — RUTABAGAS, NAVETS ET CAROTTES

Les racines de complément. — Les *rutabagas*, les *navets* et les *carottes* fourragères sont des racines qui viennent rompre la monotonie de la betterave, dans la préparation des rations destinées aux ruminants, pendant la période de stabulation.

D'ailleurs, rutabagas et carottes sont plus riches en principes digestifs que la betterave, les navets un peu moins.

Exigences. — Le *rutabaga* est moins exigeant que la betterave sur le choix du terrain. Il vient bien dans les terres fortes et froides, ainsi que sur les défrichements de landes plus ou moins acides, là où la betterave serait capricieuse comme rendement. Cependant, pour obtenir des rendements satisfaisants, supérieurs à 50 tonnes à l'hectare, il faut au rutabaga des fumures copieuses ou un sol riche en humus. Les engrais chimiques ont aussi une heureuse influence quand les éléments minéraux font défaut.

Les *navets* et les *raves* réussissent surtout dans les régions brumeuses et dans les pays de montagne où les pluies sont fréquentes, principalement en fin de saison (Vosges, Auvergne). Ils ont une préférence marquée pour les terres saines et légères, riches en chaux et en potasse. Les terrains humifères leur conviennent tout particulièrement. C'est surtout comme *culture dérobée* que ces racines sont intéressantes. En culture principale, on leur préfère les autres racines fourragères.

La *carotte fourragère* et le *panais* ont des besoins minéraux analogues à la pomme de terre. Ils donnent les meilleurs résultats dans les terres de composition moyenne, plutôt légères que fortes, riches en humus, en bon état de culture, exemptes de mauvaises herbes.

Variétés de rapport. — Les rutabagas sont des *choux-navets* fourragers à grand rendement, cultivés surtout pour le bétail.

Les variétés les plus réputées sont le *rutabaga à collet vert*, à chair jaune, dont la racine volumineuse sort d'un tiers hors de terre. Le *rutabaga à collet rouge* diffère peu du précédent. Les rutabagas de *Skirwing*, de *Champion*, de *Laing* jouissent aussi d'une certaine vogue.

Les rendements du rutabaga varient entre 30 et 60 tonnes de racines à l'hectare, avec 8 à 10 tonnes de feuilles également comestibles, soit 4 000 à 7 000 kilogrammes de matière sèche environ.

Les carottes fourragères les plus cultivées sont la *carotte blanche à collet vert*, à racine longue, grosse, d'un arrachage facile, et la *carotte blanche des Vosges*, très sucrée, à racine courte et fusiforme entièrement en terre. La première convient aux terres profondes et un peu fortes, la deuxième aux terres légères ou sableuses.

La *carotte rouge à collet vert* et la *rouge pâle des Flandres* demandent des terres fertiles. Elles peuvent encore servir à l'alimentation de l'homme. Avec leur teneur en matière sèche, qui s'élève à près de 14 pour 100 dans la blanche des Vosges, en admettant un rendement moyen de 30 tonnes à l'hectare et 7 à 8 tonnes de feuilles, on peut obtenir près de 5 000 kilogrammes de matière sèche riche en hydrates de carbone, ce qui est appréciable.

Le *panais long*, cultivé surtout en Bretagne, peut remplacer la carotte. Il est plus riche qu'elle en matières albuminoïdes.

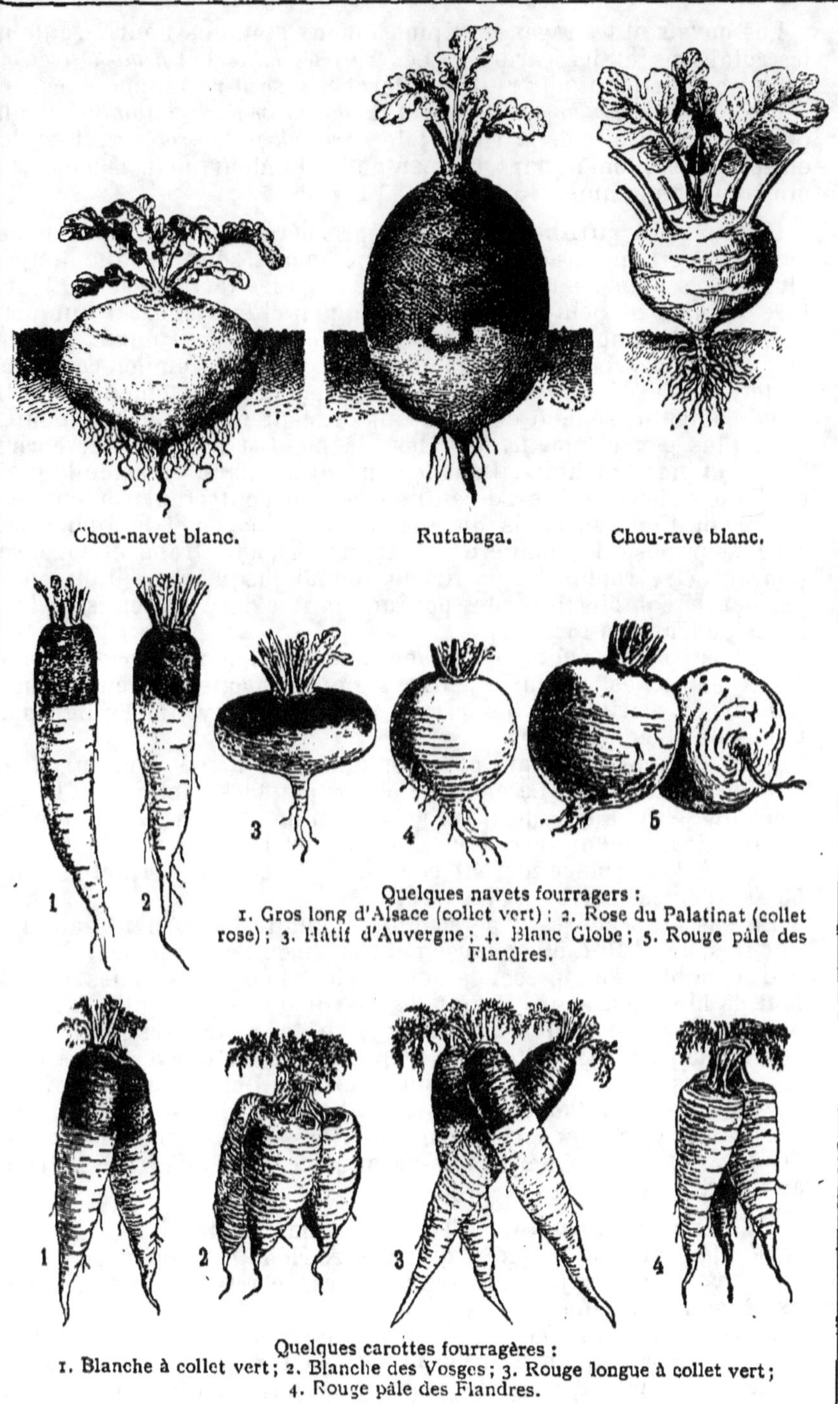

Quelques navets fourragers :
1. Gros long d'Alsace (collet vert) ; 2. Rose du Palatinat (collet rose) ; 3. Hâtif d'Auvergne ; 4. Blanc Globe ; 5. Rouge pâle des Flandres.

Quelques carottes fourragères :
1. Blanche à collet vert ; 2. Blanche des Vosges ; 3. Rouge longue à collet vert ; 4. Rouge pâle des Flandres.

RUTABAGAS, NAVETS ET CAROTTES

Les navets et les raves sont plus aqueux et moins nourrissants que les rutabagas et les carottes. Les *variétés hâtives* et *demi-hâtives*, qui seules conviennent aux cultures dérobées, sont recommandées.

Citons : le *navet long d'Alsace* et le *navet rose du Palatinat* préconisés pour les sols profonds et riches ; le *navet hâtif d'Auvergne* réussit bien en sols légers, manquant un peu de profondeur, mais riches en humus ou abondamment fumés.

Culture du rutabaga. — Pour prospérer, les rutabagas demandent une certaine fraîcheur ; les rendements sont presque toujours plus élevés dans les terres fortes que dans les terres légères. La culture en place ne peut guère se faire qu'en climat doux et humide et en sol extrêmement fertile ; partout ailleurs, il vaut mieux procéder par repiquage. Les semis en place s'exécutent comme ceux de la betterave, c'est-à-dire en lignes et aux mêmes écartements. Les travaux d'ameublissement et les façons s'exécutent de la même manière.

Le plus généralement, on élève le plant à part, en terre riche, fumée et bien ameublie. Dans le courant de mars, on sème la graine en lignes distantes de 30 centimètres, en l'enterrant seulement de 15 à 20 millimètres, puis on effectue les binages et les démariages avec à-propos, de manière à obtenir un plant trapu et vigoureux pouvant être repiqué à partir du 15 mai jusqu'au 15 juin, ce qui permet de combler les vides pouvant exister dans les semis de betteraves ou d'autres racines.

La terre ayant été copieusement fumée et labourée profondément avant l'hiver est soumise à une série de façons d'ameublissement (labour et scarifiages). Le terrain est ensuite rayonné en lignes distantes de 50 centimètres.

Pour arracher le plant et le repiquer, on met à profit un temps pluvieux ou couvert. Le plant de choix, dont les racines ont la grosseur du petit doigt, doit avoir l'extrémité de son pivot et de ses feuilles légèrement raccourcie. On le distribue au plantoir, sur les lignes, à la distance de 40 centimètres, ce qui permet de loger 50000 racines environ à l'hectare.

En cas de sécheresse persistante, il faudrait « borner », au moins une fois, au goulot, et copieusement, avec de l'eau purinée.

Il n'y a plus qu'à passer la houe à cheval entre les lignes ou, à défaut, la binette à main, autant de fois qu'on le juge utile à l'ameublissement du terrain et à la destruction des mauvaises herbes.

Les rutabagas se récoltent, de même que les betteraves, après décolletage. Les feuilles sont distribuées au bétail et les racines mises en cave ou en silo. Comme elles sont peu sensibles au froid, on les récolte de préférence les dernières. Dans les régions tempérées de l'Ouest, on peut même les laisser en place tout l'hiver ; on les rentre au fur et à mesure des besoins.

Culture des navets. — Il ne faut semer le navet en culture dérobée, la seule intéressante, qu'en terre riche bien pourvue de principes essentiels rapidement assimilables, en raison de sa croissance extrêmement rapide.

Dans ce cas, on le fait succéder à une plante fourragère telle que trèfle incarnat, vesce d'hiver, minette, ou encore à une culture de colza, de seigle, d'orge, de pomme de terre hâtive, de pois précoce, etc., ou toute autre récolte qui laisse le terrain libre en juillet. Ces plantes récoltées, on fait une légère application de sulfate d'am-

moniaque, 100 kilogrammes ; de superphosphate, 200 kilogrammes et
de sulfate de potasse, 100 kilogrammes. — Le super et la potasse sont
avantageusement remplacés par 400 à 500 kilogrammes de cendres
de bois non lessivées. On effectue ensuite un labour moyen, suivi de
deux coups de scarificateur, un en long et l'autre en travers, pour
bien ameublir le terrain.

Dans la deuxième quinzaine de juillet, aux approches d'une légère
pluie, on sème les navets à la volée, à la dose de 5 à 6 kilogrammes à
l'hectare, que l'on enfouit au moyen de la herse conduite en décrochant. Le semis se fait de préférence en lignes, soit à l'aide d'un
semoir mécanique, soit à la bouteille pour les petites surfaces. Un
espacement de 40 centimètres est le plus convenable. Après la levée
on herse en travers, puis on éclaircit à 20 ou 25 centimètres sur les
lignes. Enfin on donne une ou deux façons à la houe à cheval ou à
la main dans le cours de la végétation.

On récolte en novembre. Les racines décolletées sont mises en silo
où elles se conservent mieux qu'à la cave. Les feuilles **sont** distribuées au bétail, par petites quantités à la fois aux vaches laitières, à
cause du mauvais goût qu'elles communiqueraient au lait.

Culture de la carotte. — On prépare le terrain comme pour la
betterave. Le fumier, bien décomposé, est appliqué à la dose de 40 à
50 tonnes à l'hectare et enfoui par un labour profond, avant l'hiver.
Au premier printemps, on ameublit le terrain par des façons au scarificateur ou au « canadien », de manière à détruire en même temps
les mauvaises herbes. Vers la fin d'avril ou au commencement de
mai, on sème en lignes distantes de 40 centimètres, en employant
3 kilogrammes de graine persillée à l'hectare, que l'on enterre très
superficiellement. La levée est activée si on a soin de faire stratifier
la graine pendant deux ou trois jours dans du terreau humide. Pour
terminer on donne un coup de rouleau plombeur.

A défaut de semoirs spéciaux, à brouette ou autres, on distribue la semence à la bouteille dans des lignes rayonnées à l'avance ;
l'enfouissement se fait au rouleau. Aussitôt qu'on distingue les lignes,
on donne un premier binage à la houe à cheval ou à la main. Le dé-
pressage ou éclaircissage a lieu ensuite. On s'arrange de manière à
espacer les racines de 12 à 15 centimètres tout au plus. On effectue
ensuite deux ou trois binages échelonnés. On repique des rutabagas
pour garnir les manques, s'il y a lieu.

La culture dérobée de la carotte pourrait donner d'assez bons résultats si elle était bien conduite, mais elle est assez besogneuse. Il
suffit de la semer dans le seigle ou l'orge au moment des hersages
printaniers. Après l'enlèvement des céréales, on herse vigoureusement le chaume dans les deux sens, après avoir appliqué un mélange
d'engrais pulvérulents : nitrate de soude, 100 kilogrammes ; superphosphate, 200 kilogrammes ; sulfate de potasse, 100 kilogrammes.

La carotte profondément enracinée ne souffre guère de cette façon.
On donne ensuite les binages nécessaires pour ameublir le terrain et
détruire les mauvaises herbes. Les semis dérobés gagneraient aussi à
être faits en lignes.

Les carottes peuvent, comme les navets, se récolter tardivement.
L'arrachage se fait à la fourche ou à l'aide d'une charrue sans versoir
dans le cas d'un semis en lignes. Il faut laisser ressuyer les racines,
après décolletage, avant de les rentrer.

VII. — LES CHOUX

Les choux en grande culture. — On ne cultive guère en plein champ que les *choux fourragers* proprement dits et le *chou quintal* utilisé conjointement à la fabrication de la *choucroute* et à la nourriture du bétail.

Nous ne parlerons pas ici des *choux pommés* ordinaires, ni des *choux-fleurs*, ni des *choux de Bruxelles*, qui sont du domaine de la culture maraîchère (V. JARDINAGE).

Les choux fourragers sont précieux pour l'alimentation du bétail, en ce sens qu'ils procurent aux animaux l'eau de végétation la plus utile et la plus profitable, surtout en hiver, alors que les fourrages verts font défaut.

Leur composition alimentaire centésimale est approximativement la suivante :

DÉSIGNATION	EAU	MATIÈRES AZOTÉES	MATIÈRES HYDRO-CARBONÉES	MATIÈRES GRASSES
Chou quintal	92,6	1	4,1	0,1
Chou moellier blanc.	89,6	1,6	4,8	0,4
Chou branchu du Poitou. . .	88,4	2,5	4,6	0,4

Les choux conviennent surtout à l'alimentation des vaches, car ils stimulent la lactation. Les lapins en sont également friands. L'utilisation du quintal pour la choucroute est d'un meilleur rapport que si on le fait consommer par le bétail.

Exigences. — Dans les terres fertiles et en année favorable, les « choux à vaches » peuvent fournir des rendements de 60 à 80 tonnes à l'hectare. Pour suffire aux besoins d'une telle récolte, il faut employer de fortes fumures de fumier de ferme, 50 à 60 tonnes environ. En chiffres ronds, on estime qu'une culture de choux fourragers au rendement de 80 tonnes exporte : azote, 250 kilogrammes ; potasse, 400 kilogrammes ; acide phosphorique, 110 kilogrammes. Ces principes essentiels se trouvent dans 60 tonnes de bon fumier ; il y a même un petit excédent pour l'azote et l'acide phosphorique, et s'il manque un peu de potasse, elle se trouve fournie par les réserves du sol.

Avec des fumures moindres, si la terre est incapable de parfaire la différence, il faut nécessairement recourir aux engrais complémentaires, en tenant compte des chiffres ci-dessus.

Les choux s'accommodent bien d'épandages de purins à haute dose, avant le labour de préparation, ainsi que des cendres vives. Les engrais azotés solubles et les superphosphates appliqués au printemps influent favorablement sur les rendements.

Dans tous les cas, on leur réservera de préférence les bonnes terres franches, profondes, riches en humus. Ils peuvent encore prospérer en sols argileux, à condition de ne pas être humides, ni froids par excès. Mais ce que les choux craignent par-dessus tout, ce sont les terres sèches, d'origine siliceuse ou calcaire. Les climats brumeux ou pluvieux leur sont tout particulièrement favorables.

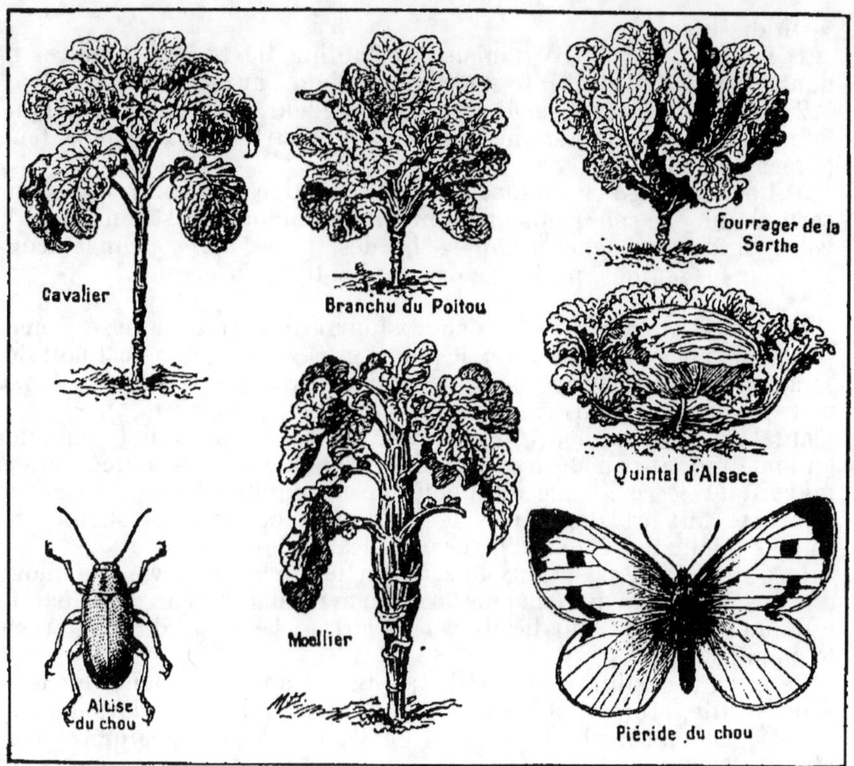

DIVERSES ESPÈCES DE CHOUX ET LEURS ENNEMIS

Assolement. — De même que les autres plantes sarclées, les choux doivent venir en tête de la rotation, sur les défrichements de prairies naturelles ou artificielles, lesquelles ont enrichi la couche arable de leurs résidus. Dans ces conditions, lorsque le défrichement a été effectué avant l'hiver, on peut réduire du tiers ou de la moitié la dose de fumier.

Quand ils viennent après une céréale, la fumure organique complète est de rigueur. Dans tous les cas, le fumier demande à être enfoui avant l'hiver, par un labour profond, afin de procurer aux choux, qui sont avides d'eau, une bonne réserve pour le printemps.

Les choux prospèrent très bien aussi sur les fonds d'étangs et de marais desséchés qui contiennent une proportion élevée d'humus. Il suffit d'y incorporer des amendements calcaires ou mieux encore des phosphates à haute dose pour en obtenir des rendements élevés.

Le meilleur précédent des choux, celui qui permet la meilleure utilisation du terrain, sans arrêt de végétation, c'est le trèfle incarnat. On fume et on laboure après la récolte, le repiquage a lieu ensuite. On peut aussi utiliser, pour le même objet, les terres qui sortent de minette ou de vesce d'hiver, mais la plantation est plus tardive.

Choix des variétés. — Il existe trois types différents de choux fourragers qui ont donné naissance à un certain nombre de variétés.

On distingue :

1° Le *cavalier*, à tige rameuse et feuillue, de 1^m,50 à 2 mètres de haut, résistant au froid, le seul qui convienne aux cultures d'été ;

2° Le *branchu du Poitou*, issu du précédent, mais moins rustique. Son port est plus buissonneux. Il convient surtout aux régions tempérées de l'ouest ;

3° Le *chou moellier* emmagasine dans sa tige, qui est renflée, une sorte de moelle spongieuse très nutritive. Comme il est sensible à la gelée, il faut l'arracher à l'approche des froids, après avoir fait consommer les feuilles, puis on conserve les tiges en meules.

Élevage du plant. — Les choux fourragers et autres ne se sèment jamais en place. Il faut élever le plant en pépinière, en effectuant des semis plus ou moins précoces, suivant l'époque de la récolte. Ainsi, pour obtenir des fourrages verts en hiver, jusqu'en avril, on *élève le plant* d'assez bonne heure, en mars-avril, afin de pouvoir le repiquer en mai-juin. Si l'on désire des choux d'été, le semis a lieu vers la mi-août et le repiquage au début de novembre. Dans ce cas, on s'adresse aux cavaliers. Il y a donc deux cultures de choux distinctes : celle des choux d'hiver et celle des choux d'été.

Le quintal, qui est à deux fins, appartient à la catégorie des choux d'hiver. Il se sème un peu plus tard, en avril-mai, afin de pouvoir être repiqué en juillet. Pour les uns et les autres, l'élevage du plant reste le même.

Le terrain destiné à servir de pépinière doit être riche, meuble, frais, fertile, profond et bien exposé. De préférence, on élève le plant au potager, en calculant qu'il faut environ un are de pépinière pour planter 20 ares.

La pépinière ayant été copieusement fumée et bien ameublie, par un labour profond à la bêche, on trace des planches de 1^m,50 de largeur, en les séparant par des sentiers de 30 centimètres, puis on les dresse et on les divise à la fourche.

On peut semer la graine à la volée, à raison de 150 à 200 grammes à l'are en l'enterrant par un léger coup de râteau. La graine employée doit être de bonne qualité, noire, luisante, glissante, sans mauvaise odeur. Celle qui est jaune a probablement été récoltée avant maturité ou bien elle est vieille. Le semis à la volée est avantageusement remplacé par le semis en lignes, distantes de 20 centimètres. Il est ainsi beaucoup plus facile de maintenir la pépinière meuble et propre et de pratiquer l'éclaircissage.

Pour hâter la levée, si le temps reste sec, on bassine avec de l'eau légèrement purinée, ou bien on fait dissoudre une petite poignée de nitrate de soude par arrosoir d'eau.

Une fois les plants apparents, il faut les défendre dans leur jeune âge des attaques de la *puce de terre* (altise du chou) qui dévore les semis. Le mieux est de semer de temps à autre, le matin à la rosée, un mélange de suie, de cendres de bois et de scories. On peut aussi promener sur les planches une volige enduite de goudron liquide sur laquelle les altises s'engluent.

Entre temps, on bine, puis on éclaircit le plant à 10 centimètres sur les lignes. Les binages sont répétés à intervalles rapprochés et l'on arrose en cas de sécheresse pour activer la croissance du plant.

Les jeunes choux sont bons à repiquer quand ils sont devenus râblés et qu'ils ont la grosseur d'un crayon.

Plantation. — Le terrain destiné à recevoir les plants ayant été fumé et ameubli, on arrache les jeunes choux en mettant à profit une période de temps pluvieux, en se servant d'une bêche à dents pour ne pas endommager les racines.

Une précaution bonne à prendre, aussitôt l'arrachage, pour activer la reprise, c'est de faire tremper les racines dans une bouillie obtenue en délayant de la bouse de vache et de l'argile dans de l'eau.

On rayonne alors le terrain en traçant des lignes distantes de 75 centimètres, ou bien on se guide sur les sillons du dernier labour. Le repiquage se fait au plantoir et en quinconce à 60 ou 65 centimètres sur les lignes, de manière à mettre 20 000 plants environ à l'hectare. On peut aussi les planter à la *pielle*.

Dans l'ouest, la plantation se pratique souvent à la *tranche*, sorte de hoyau à lame longue et étroite qui ouvre le trou et le ferme après le placement du jeune chou. Mais il faut avoir soin de ne pas replier les racines ; de plus les choux doivent être enterrés jusqu'aux premières feuilles.

Pour activer la plantation, on procède souvent à l'aide de la charrue : les plants sont distribués toutes les trois raies en les plaquant contre la dernière bande de terre retournée de manière à éviter les pieds des chevaux. En cas de sécheresse persistante, un bornage copieux au goulot est de rigueur pour hâter la reprise.

Un procédé de plantation recommandé, c'est de distribuer conjointement plusieurs variétés de choux, en faisant alterner un rang de cavaliers, par exemple, avec un rang de moelliers, puis un rang de quintals. Ce dispositif favorise le développement des choux et il permet de faire des récoltes échelonnées, en commençant par les pommés, puis on consomme les moelliers et en dernier lieu les cavaliers.

Soins, récolte, conservation. — Quelques jours après le repiquage, quand la reprise est à peu près certaine, on effectue un premier binage, soit à la main ou d'une manière plus expéditive, à la houe à cheval. Cette première façon est suivie d'une deuxième, puis d'une troisième si on le juge utile. Enfin, à l'approche des chaleurs, on donne un léger buttage qui maintient la fraîcheur.

On fait une première récolte lorsque les feuilles de la base commencent à jaunir, en débutant par les moelliers. Les feuilles sont cassées et non arrachées ; il faut conserver à chaque pied les six ou sept feuilles du sommet. A l'approche des froids, on effeuille presque complètement les moelliers, puis on arrache les tiges et on les empile le long d'un mur en les recouvrant de paille en cas de gelée.

Les quintals destinés à la choucroute sont débarrassés de leurs feuilles de pourtour et passés au couteau. Ceux que l'on conserve sont mis en *meules* hémisphériques de 1ᵐ,50 de diamètre, sur un sol sain entouré d'un fossé de pourtour.

On étale d'abord une litière sur le cercle, puis on range les choux, la pomme en dehors sur la périphérie, par étages superposés. A l'intérieur, on jette la terre du fossé et on continue en arrondissant la meule jusqu'en haut. Pour terminer, on recouvre avec une couche de paille maintenue à la tête d'un pieu fiché au centre.

Pendant l'hiver, on divise en cossettes les trognons des moelliers en les passant au coupe-racines. Les cavaliers sont définitivement récoltés lorsque les boutons floraux se montrent. Les tiges découpées sont consommées en dernier lieu.

VIII. — LES PLANTES OLÉAGINEUSES

Bénéfices de ces cultures. — Les plantes oléagineuses indigènes, notamment le *colza* et l'*œillette* ont un grand intérêt pour les cultivateurs désireux de produire eux-mêmes l'huile de table nécessaire à leur consommation. Avec les tourteaux, résidus de la fabrication, ils obtiennent un aliment concentré très précieux pour l'alimentation du bétail, d'où double profit. On peut aussi s'adonner à la culture des graines oléagineuses pour le commerce. Aux cours actuels, cette production est extrêmement rémunératrice, surtout lorsque le travail est effectué par la main-d'œuvre familiale.

Les plantes oléagineuses à grand rendement sont le *colza d'hiver* et l'œillette qui est une culture de printemps. Dans les bonnes terres, le colza peut fournir 25 à 30 quintaux de graines qui donnent 33 litres d'huile environ par quintal. L'œillette ne dépasse guère 20 quintaux de rendement, mais elle rend plus d'huile, 42 à 45 litres en moyenne.

L'huile d'œillette est une huile douce, non fruitée, très estimée pour la table; elle est en même temps siccative. L'huile de colza est également bonne lorsqu'elle a été bien fabriquée et qu'elle est fraîche.

Les tourteaux de colza indigène et d'œillette ont une valeur alimentaire à peu près équivalente. Ceux d'œillette, plus riches en acide phosphorique, conviennent bien à l'élevage du jeune bétail.

Les autres plantes oléagineuses, *colza de printemps, navette, caméline, moutarde*, sont d'un rendement quantitatif plus faible, aussi leur culture a-t-elle une tendance à diminuer.

Exigences. — Le colza, de même que le froment, vient bien dans les terres fortes, dès l'instant qu'elles sont saines et bien pourvues d'humus. Il est très avide d'azote depuis le repiquage jusqu'à la floraison, aussi cet élément doit-il lui être fourni en abondance sous forme de fumures organiques copieuses, que l'on enfouit par le labour de préparation.

Comme la nitrification est toujours lente au printemps, s'il n'y a pas dans le sol un certain reliquat de fumier, il faut fournir au colza une petite dose d'engrais azotés solubles, au réveil de la végétation.

L'œillette demande une terre douce, profonde et fertile. Elle craint autant les terres compactes et humides que les terres sèches manquant de fraîcheur. Comme elle végète rapidement et bien qu'elle ait des besoins modérés, il lui faut un bon fonds de réserve, avec des principes assimilables.

Si une fumure de 40 tonnes à l'hectare n'a rien d'excessif pour le colza, on peut la réduire à 25 ou 30 tonnes pour l'œillette. Le fumier demande à être enfoui de préférence par le labour d'arrière-saison. Au cas où ces doses ne pourraient pas être atteintes, on devrait y obvier avec des engrais complémentaires, sulfate d'ammoniaque, superphosphate, sylvinite, enterrés par les façons préparatoires.

Le colza de printemps a des exigences analogues à l'œillette; il demande un sol bien préparé, fertile et des engrais solubles. Étant moins productif que le colza d'hiver, il est bien moins cultivé.

La *navette d'hiver* est plus rustique que le colza, car elle craint moins la sécheresse et les attaques de l'altise, mais son rendement à l'hectare atteint rarement 20 quintaux. On peut la cultiver en terres légères, voire même calcaires. La *navette d'été* est encore moins productive. Comme elle est en outre plus difficile sur le choix du terrain, sa culture est peu recommandée.

La *caméline* peut prospérer dans les sols siliceux, c'est à peu près son seul mérite. Son rendement est toujours faible dans les terres maigres. En terrain fertile, on donne la préférence au colza ou à l'œillette.

La *moutarde blanche* est le plus souvent semée en culture dérobée comme fourrage ou engrais vert. Il lui faut des terres riches en calcaire.

La *moutarde noire*, dont le grain est employé en pharmacie et dans la fabrication de la moutarde, est spéciale à certaines régions. Elle demande à être récoltée de bonne heure si on ne veut pas salir les terres.

Culture du colza. — On distingue le *colza ordinaire*, le *colza parapluie*, un peu plus hâtif que le précédent, tous deux à fleurs jaunes et le *colza à fleurs blanches*, moins sujet à l'égrenage. Le premier est le plus cultivé.

La place du colza est en tête de la rotation. Il vient bien après un fourrage hâtif, trèfle incarnat, minette, vesce, etc., ou après une prairie artificielle dont on a récolté seulement la première coupe. On peut aussi le cultiver après une céréale précoce, telle que : seigle, orge, avoine d'hiver.

Dans tous les cas, aussitôt l'enlèvement de la récolte, on conduit les fumiers, puis on les enfouit par un profond labour. On ameublit ensuite le terrain par deux ou trois façons à l'extirpateur, données à huit jours d'intervalle, dans le but de détruire les mauvaises herbes.

Vers la fin de juillet ou au commencement d'août, on sème le colza en lignes distantes de 40 centimètres, en enterrant la graine à 10 ou 15 millimètres, puis on roule s'il fait sec. Il faut environ 8 à 10 litres de semence par hectare. Aussitôt que le plant est bien apparent, on donne un premier binage entre les rayons, soit à la main ou à la houe à cheval. Une quinzaine de jours après, on éclaircit en espaçant les plants de 25 centimètres environ. Un autre binage à la houe à cheval est donné un peu plus tard, fin septembre.

Lorsque le terrain ne peut pas être libéré à temps pour le semis en place, on effectue le semis en pépinière, vers la mi-juillet, dans une terre en bonne façon, en lignes distantes de 20 centimètres. Il faut biner et éclaircir assez vite pour permettre au plant de devenir fort et trapu. Même avec les semis en place, il est toujours bon d'avoir une petite pépinière pour avoir le plant destiné à combler les vides.

Le repiquage a lieu fin septembre. Les plants choisis doivent être courts et râblés. On les met en place au plantoir, en lignes espacées de 40 centimètres et à 35 centimètres sur les lignes. Le repiquage à la charrue est beaucoup plus expéditif, la marche à suivre est la même que pour les choux : les plants sont plaqués toutes les deux raies, contre la dernière bande de terre retournée. Au printemps, au début d'avril, on bine à nouveau entre les rayons pour ameublir et détruire les mauvaises herbes, quand le sol est bien ressuyé.

On récolte lorsque les feuilles et les tiges commencent à jaunir et que les premières siliques formées contiennent des graines noires.

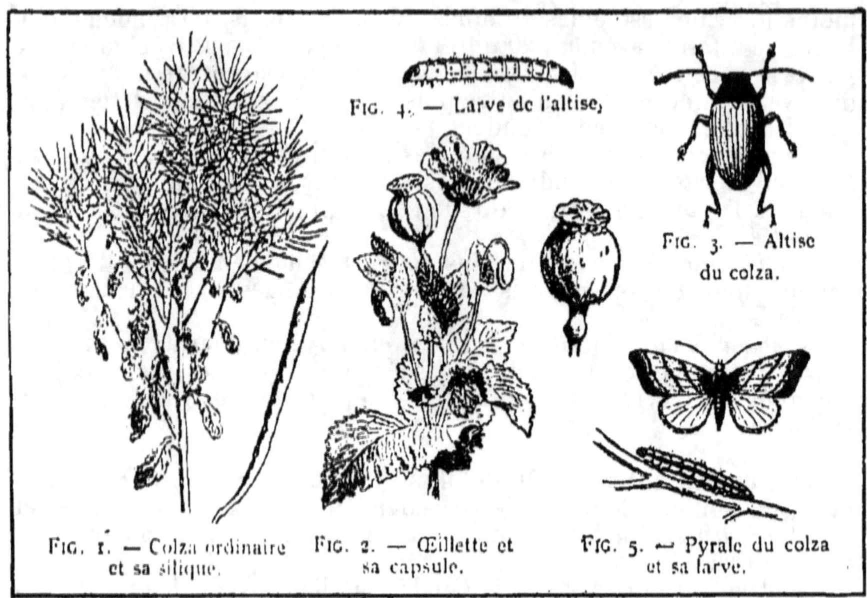

QUELQUES PLANTES OLÉAGINEUSES ET LEURS ENNEMIS

Si on récoltait trop tôt, les graines seraient pauvres en huile; trop tard, l'égrenage serait à craindre.

La coupe se fait généralement à la faucille, avec précautions, de préférence le matin, puis on dépose les tiges en javelles sur le sol, où le grain achève de mûrir pendant huit ou dix jours.

Une fois les siliques sèches, on transporte délicatement les javelles sur une grande bâche, en se servant de civières garnies de toile et on bat avec des bâtons ou au fléau. A l'aide d'un râteau, on enlève le plus gros des impuretés, puis on étale le grain au grenier avec les siliques qu'il contient encore jusqu'au moment de fabriquer l'huile. De cette manière, le grain se conserve bien mieux.

Le *colza d'été* se sème vers la fin d'avril, soit à la volée ou en lignes, par temps couvert, en sol bien ameubli. Dans le cas de semis à la volée, on se contente de passer la herse. On le récolte plus tard que la variété d'hiver, dont il prend la place lorsque cette dernière a été détruite par les gelées ou pour une autre cause : sécheresse persistante à l'arrière-saison, destruction complète par les altises, etc.

Culture de l'œillette. — L'œillette est bien à sa place après un trèfle défriché avant l'hiver et fournit un bon précédent au froment. Cette plante demande une terre meuble en surface, mais ferme dans le fond. Après un labour d'hiver, le travail superficiel du canadien lui suffit.

Il faut semer l'œillette de bonne heure, dans le courant de mars, en employant de la graine sélectionnée, fournie par les plus belles capsules que l'on a récoltées pour cet objet et qui viennent de la précédente écolte.

La variété la plus cultivée est le *pavot ordinaire* ou déhiscent qui laisse échapper ses graines à la maturité. Le *pavot aveugle* ne s'ouvre pas. Il faut écraser les têtes pour avoir la graine.

Les semis à la volée, encore en usage, rendent difficile et onéreuses les façons qui comprennent les binages et l'éclaircissage. Il est
de beaucoup préférable de semer l'œillette en lignes distantes de
30 à 35 centimètres, soit à la bouteille, après avoir rayonné le terrain, soit au semoir mécanique. La graine d'œillette étant très petite,
3 litres suffisent pour un hectare; on facilite sa répartition en la
mélangeant à du sable sec, très fin. Un coup de rouleau plombeur
suffit pour enterrer la semence.

La végétation est lente au début. On donne un premier binage
lorsque les lignes sont bien apparentes et on attend que les feuilles
aient 8 à 10 centimètres de longueur pour pratiquer l'éclaircissage. Les
plants conservés doivent être robustes; on les distance de 15 à 20 centimètres sur les lignes. Un dernier binage est donné lorsque le plant
est devenu fort, mais sans trop attendre, car la croissance devient
rapide et on ne pourrait bientôt plus pénétrer dans le champ.

La récolte a lieu dans la première quinzaine d'août lorsque les
grains commencent à se libérer et qu'un petit nombre de capsules
s'entr'ouvrent. On évite l'égrenage en arrachant les tiges avec précaution, en les maintenant verticalement sous l'avant-bras, de manière à
constituer de petits bottillons que l'on lie avec quelques brins de
paille. Ces bottillons ou poignées sont dressés en chaînes ou en
moyettes, appuyées l'une contre l'autre. On doit leur donner du pied
ou au besoin les consolider avec des liens pour éviter qu'ils ne
tombent sous la pression du vent, ce qui occasionnerait une
grande perte.

Au bout de douze à quinze jours, on bat les bottillons en les frappant l'un contre l'autre sur une bâche étendue dans le champ. Les
capsules ouvertes se vident avec la plus grande facilité. On étale
ensuite la graine au grenier où on la soumet à une série de pelletages. On la tarare seulement lorsque le moment de la conduire au
moulin est arrivé.

Ennemis et maladies. — Les ennemis héréditaires du colza et
de toutes les crucifères sont les *altises*. Pour les combattre efficacement, il faut épandre pendant quelques jours, aussitôt la levée, une
poussière ténue constituée par le mélange de suie, de cendres, de
chaux, de scories, à la dose de 2 kilogrammes à l'are, par épandage.
Cette matière pulvérulente chasse les altises et sert en même temps
d'engrais.

La *brunissure* des siliques est une maladie cryptogamique contre
laquelle il n'y a pas de traitement pratique. On s'en défend en ne
faisant pas revenir trop souvent le colza sur le même terrain.

Le plus grand ennemi de l'œillette est le ver blanc. Quand ces vers
sont nombreux il faut retarder le plus possible l'éclaircissage et semer
en lignes plus serrées et très dru. On évitera ensuite les grandes
« manques » et on ne s'exposera pas à être obligé de conserver des
plants rachitiques ou souffreteux qui, ayant été mordillés par la larve
du hanneton, ne peuvent rien donner de bon. Dans tous les cas, il
est inutile de chercher à combler les vides par le repiquage auquel
le plant d'œillette est réfractaire.

L'œillette est encore attaquée par une *péronosporée* qui fait sécher les
feuilles et les tiges et provoque l'avortement des fleurs et des graines.
On ne doit jamais jeter au fumier les débris d'œillette, ni les pailles :
on les met au compost en les enrobant de chaux.

IX. — LES PLANTES TEXTILES

Le chanvre et le lin. — Le *chanvre* possède des fibres textiles de première force, recherchées pour la fabrication des toiles résistantes et de longue durée, ainsi que pour celle des cordages. Le *lin* fournit des tissus plus fins et plus estimés.

Ces plantes donnent également des graines : celles du lin sont laxatives ou rafraîchissantes ; le *chènevis*, au contraire, a des propriétés excitantes, il favorise la ponte des volailles. Les huiles de lin et de chènevis sont siccatives : elles servent en peinture. Le *tourteau de lin* est le meilleur de tous, celui qu'on vend le plus cher ; le tourteau de chènevis sert d'amorce aux pêcheurs.

Malgré leur profit, les cultures de plantes textiles sont en décroissance, à cause de la main-d'œuvre considérable qu'elles nécessitent. Elles sont surtout avantageuses dans les pays de petite propriété, où les cultivateurs font la totalité de leur travail avec le concours de leur famille.

Exigences des plantes textiles. — Le chanvre est une des rares plantes « sympathiques » capable de pouvoir se succéder pendant un certain nombre d'années, sans paraître trop en souffrir. Le lin demande à être assolé. Dans tous les cas, pour réussir ces cultures, en réduisant au minimum les dépenses de sarclage, il est absolument nécessaire que les *chènevières* et les *linières* soient en parfait état de propreté et exemptes de mauvaises herbes.

On obtient un nettoiement complet du terrain en faisant alterner le chanvre et le lin, avec d'autres plantes sarclées dans la rotation, et en y intercalant de temps à autre des fourrages annuels. Cet assolement spécial est exclusivement réservé aux bonnes terres franches, fertiles et profondes, qui seules conviennent au lin et au chanvre. Les alluvions des vallées et des plateaux, de consistance argilo-calcaire ou argilo-siliceuse, se prêtent bien à ces cultures.

Il faut en outre maintenir le sol en bon état de productivité en employant de fortes fumures organiques, à base de fumier de ferme, pour empêcher la disparition de l'humus.

M. Garola estime qu'une belle récolte de chanvre exporte :

Azote	114 kilogr.	Potasse	148 kilogr.
Acide phosphorique	95 —	Chaux	345 —

Les amendements calcaires sont utiles dans les sols pauvres en chaux. De plus, comme cette plante végète très vite, elle doit trouver en abondance, sous une forme soluble, les principes essentiels dont elle est avide, notamment l'azote et la potasse.

Le lin ne doit pas revenir trop souvent sur le même terrain. Comme il redoute tout particulièrement la *verse*, il n'est pas prudent de le semer directement sur une fumure, ni même après une plante sarclée copieusement fumée, du moins dans les terres généreuses.

Ce qu'il lui faut, ce sont des éléments assimilables, sans excès d'azote. L'acide phosphorique combat la verse et augmente le rendement de la filasse ; il en est de même de la potasse, laquelle rend en outre la filasse plus souple et plus soyeuse.

Dans les sols insuffisamment approvisionnés, l'engrais complémentaire qui paraît le mieux convenir au lin est le *guano*, lequel dose approximativement 4 pour 100 d'azote, 11 d'acide phosphorique et 5 de potasse. On peut aussi avoir recours à un mélange de *sulfate d'ammoniaque*, 100 kilogrammes; de *superphosphate*, 250 kilogrammes et de *sylvinite*, 250 kilogrammes, le tout pour un hectare, que l'on enfouit par les façons préparatoires.

C'est la composition du terrain et son degré de fertilité qui règlent pour le chanvre et le lin l'application des engrais. De petits essais comparatifs doivent être faits dans chaque situation. Ici comme ailleurs, la pratique et l'observation restent toujours les meilleurs guides.

Culture du chanvre. — C'est le *chanvre commun*, dont la hauteur moyenne atteint 2 mètres, qui est le plus cultivé en France. Cependant, en Touraine, on cultive aussi le *chanvre du Piémont*, beaucoup plus vigoureux, puisque sa hauteur dépasse souvent 3 mètres. La semence, importée d'Italie, est conservée deux ans, trois ans au plus, puis on la renouvelle.

Comme le chanvre craint la sécheresse, il lui faut un bon fonds de terre et des réserves d'eau qu'on lui procure en effectuant un labour profond avant l'hiver, en même temps que l'on incorpore le fumier. Quand le chanvre ne se succède pas à lui même, on le cultive après une plante sarclée ou encore après un colza ou un blé.

Au printemps, une fois la terre ressuyée, on donne un labour moyen, puis on ameublit superficiellement en donnant des façons répétées au cultivateur. Les semailles ont lieu fin avril, commencement de mai, lorsque les gelées tardives ne sont plus à craindre et que la terre est déjà réchauffée. La graine est épandue à la volée, le plus uniformément possible, à des doses variant entre 150 et 250 litres, plus ou moins, suivant que l'on veut obtenir une filasse fine ou grossière, la première étant réservée à la fabrication des toiles, la deuxième dirigée vers les corderies.

Les semences employées doivent être noires, luisantes et lisses. On doit les prendre de l'année précédente ou âgées de deux ans au plus. La graine est enterrée par deux hersages croisés. Les oiseaux en étant très friands, il faut les éloigner, au début, en plaçant des épouvantails dans la chènevière et en usant du fusil.

Comme le chanvre croît rapidement et qu'il étouffe les plantes adventices, les sarclages ne sont utiles que dans les terres sales. Au cas où on serait obligé d'arracher les herbes, il faudrait procéder avec précaution, en évitant de marcher sur les jeunes plants et de tasser le sol.

Le chanvre est une plante dioïque. Les pieds mâles sont reconnaissables par leurs fleurs rassemblées au sommet, en grappes lâches d'un jaune pâle, tandis que les pieds femelles portent leurs fleurs à l'aisselle des feuilles. Les pieds mâles sont arrachés les premiers, une fois la fécondation terminée, en ayant soin de ne pas endommager les pieds femelles. Ces derniers ne sont récoltés que vingt à vingt-cinq jours après, lorsque les graines de la base sont à peu près mûres.

Les pieds arrachés sont réunis en petits bottillons que l'on fait sécher en les plaçant obliquement en chaînes contre des perches horizontales soutenues par des croisillons.

Une fois les feuilles à peu près sèches, on égrène les pieds femelles

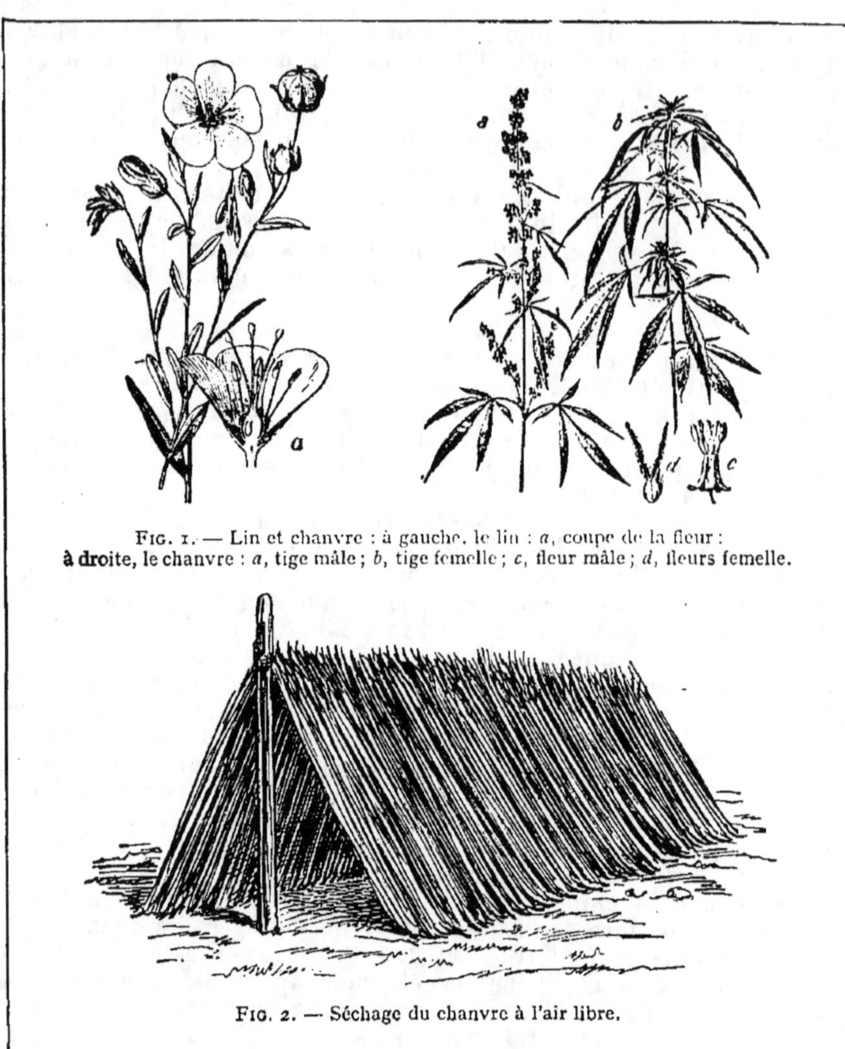

FIG. 1. — Lin et chanvre : à gauche, le lin : *a*, coupe de la fleur :
à droite, le chanvre : *a*, tige mâle ; *b*, tige femelle ; *c*, fleur mâle ; *d*, fleurs femelle.

FIG. 2. — Séchage du chanvre à l'air libre.

LES PLANTES TEXTILES

en passant leur extrémité dans un peigne ou *séran*, puis on procède au *rouissage*.

Le rouissage a pour objet de provoquer la destruction de la matière gommeuse qui agglutine les fibres primaires pour les séparer de la *chènevotte*. La séparation s'effectue sous l'influence d'une fermentation spéciale. Cette opération doit être conduite de manière à éviter l'altération de la filasse. On rouit sur le pré, à l'eau dormante ou à l'eau courante. C'est le dernier mode qui fournit la plus belle filasse. Il faut environ six jours pour rouir le chanvre mâle et dix jours pour le chanvre femelle. Après séchage (V. *Tabl.*, *fig.* 2), on procède au broyage ou teillage en se servant de la *macque* ou *broie*. Il y a des teilleuses mécaniques beaucoup plus expéditives. Les autres opérations sont du domaine industriel.

Le rendement moyen d'un hectare de chanvre varie entre 1 000 et 1 200 kilogrammes de filasse et 9 à 12 hectolitres de graines.

Culture du lin. — Le lin est assez épuisant, puisqu'il exporte la totalité des principes qu'il emprunte au sol. On le cultive généralement après une avoine ou après une plante sarclée fumée, si toutefois le sol est moyennement riche, de manière à ne pas avoir à redouter la verse.

On sème le lin dans le courant d'avril, lorsque le terrain a été mis en bonne façon. En principe, il vaut mieux reculer les semailles de quelques jours plutôt que de confier la graine à un sol mal préparé.

Les variétés de lin les plus en vogue sont celles *de Riga* et *de Pskoff*, d'origine russe, remarquables par leur rusticité. En France, on ne sème guère que les *lins froids* ou de printemps, les hivers étant trop rudes pour les lins d'hiver dits *chauds*.

La graine est épandue à la volée, très régulièrement, à jets croisés, à la dose de 225 à 275 kilogrammes à l'hectare; le premier chiffre s'applique aux lins courants du commerce, le deuxième fournit une filasse plus fine. Deux passages croisés de herse suffisent pour l'enterrer. On s'abstient de rouler si le terrain est frais, afin de ne pas le tasser.

On pratique le sarclage lorsque les jeunes plantes ont 6 à 7 centimètres de longueur. Cette opération doit être faite avec soin, car les mauvaises herbes gênent le développement du lin; elles peuvent même l'étouffer quand elles sont abondantes. On doit procéder avec célérité, en profitant d'un temps ni trop sec ni trop humide et en mettant en œuvre le plus de bras possible.

Cette façon est assez onéreuse, aussi doit-on s'abstenir de semer du lin dans des terres sales. Si la végétation boude, on fait une petite application de nitrate de soude, 75 kilogrammes à l'hectare, pour l'activer. Cependant, dans les terres fertiles, l'azote nitrique peut provoquer la verse et il faut être réservé sur son emploi.

On récolte quand les graines prennent une teinte brune et que les tiges jaunissent du pied. Un arrachage prématuré donne une filasse plus estimée, mais on obtient beaucoup moins de graine et celle-ci est de qualité inférieure. Il ne faut cependant pas trop retarder l'opération, car on obtiendrait une filasse grossière. L'arrachage se fait à pleines mains et par poignées. On forme de petits bottillons que l'on appuie l'un contre l'autre après des perches.

Une fois les tiges sèches, on les bat au *battoir* sur une aire de grange, ou bien on se sert de peignes analogues à ceux en usage pour le chanvre, puis on fait rouir.

Le rouissage le plus usité se fait par épandage sur le pré ou sur un chaume de céréale, en évitant le contact de la terre nue. Le rouissage à l'eau stagnante ou mieux à l'eau courante est encore préférable, mais il n'est possible que dans certaines situations. Le rouissage sur pré exige le retournement fréquent des javelles, afin que l'humidité pénètre les tiges dans toutes leurs parties. L'opération est terminée lorsque les fibres se séparent bien les unes des autres. On fait sécher puis on met en bottes en attendant le teillage.

Le rendement du lin à l'hectare varie avec les soins et les années. Il est en moyenne de 3 500 kilogrammes de tiges sèches battues et de 500 kilogrammes de graines environ. Aux prix actuels du commerce la culture du lin est rémunératrice et, tous frais payés, elle laisse au producteur de beaux bénéfices.

X. — PRAIRIES ARTIFICIELLES

Un facteur de prospérité. — Des terres soumises aux assolements intensifs, blé-betteraves, ou analogues, ne peuvent pas recevoir des fumures organiques assez copieuses pour conserver leur fécondité. Malgré des apports continus d'engrais chimiques, le stock d'humus s'épuise, les récoltes deviennent de plus en plus faibles et elles cessent d'être économiques.

Les prairies artificielles fournissent non seulement un fourrage abondant et de bonne qualité, le plus riche de tous, mais elles enrichissent le sol en matières humiques, qui sont abandonnées au sol par les feuilles et les racines à chaque défrichement. Cet humus contient des quantités notables de principes essentiels fournis gratuitement par l'air et le sous-sol, grâce au concours de leurs nodosités qui captent l'azote atmosphérique et de leurs longues racines qui vont puiser dans les couches profondes les autres éléments utiles.

Les principes fertilisants abandonnés par un défrichement de luzerne sont à peu près équivalents à ceux fournis par 80 tonnes de fumier de ferme (V. AGROLOGIE).

Les meilleures prairies artificielles. — Les prairies artificielles les plus précieuses sont à base de *luzerne,* de *sainfoin* ou de *trèfle violet,* seuls ou en mélange. Ces légumineuses sont des fourrages à grand rendement. Elles ont une durée variable. En général, on conserve la luzerne pendant 3 ans, le sainfoin 2 ans et le trèfle 1 an. Ce dernier ne donne donc que les deux ou trois coupes obtenues dans la même année.

Il existe encore d'autres fourrages artificiels, à une seule coupe, que l'on peut faire venir en culture dérobée : *vesce d'hiver* ou *de printemps, trèfle incarnat, minette,* etc. Ils rendent aussi de bons services. Toutes ces plantes ont des besoins et des exigences qu'il faut bien connaître, afin de favoriser le plus possible leur développement.

On ne doit jamais conserver une prairie artificielle lorsqu'elle est envahie par les graminées ou les mauvaises herbes : il faut la défricher.

Exigences des cultures fourragères. — Une récolte moyenne de fourrage artificiel, estimée à 4000 kilogrammes de foin à la première coupe et 3 000 kilogrammes à la deuxième, exporte, par hectare et par an, deux fois autant de principes essentiels qu'une bonne récolte de blé.

Apparemment, ces plantes devraient être épuisantes, mais en réalité il n'en est rien, puisque ce sont l'atmosphère et le sous-sol qui se trouvent mis à contribution. On peut même dire que les légumineuses fourragères sont améliorantes. Après leur passage, la couche arable est plus riche qu'elle ne l'était auparavant. Cependant, au début de leur végétation, ces plantes languissent si on les cultive dans des terres pauvres en humus et on a remarqué que, pour obtenir une bonne levée, il ne fallait pas trop les éloigner de la sole ayant reçu le fumier de ferme.

La luzerne aime les terres profondes, à sous-sol perméable. Les marnes compactes font pourrir les racines. Elle ne se plaît pas non plus dans les terrains silicieux, granitiques ou schisteux manquant de chaux, à moins qu'on ne lui applique des amendements calcaires. Son avidité pour l'acide phosphorique est manifeste.

Par-dessus tout, la luzerne craint les sols acides ou tourbeux. Dans de semblables terrains on doit pratiquer les chaulages et les phosphatages à haute dose et ensemencer en *rhizobium*, bactérie des légumineuses, que l'on apporte sous forme de terre prélevée dans un champ sortant de luzerne. Une application de 4000 kilogrammes à l'hectare, de terre répandue uniformément avant le semis, favorise au plus haut point la luzerne.

Le trèfle violet est plus rustique que la luzerne; il craint moins l'humidité, le défaut de calcaire et l'acidité. Néanmoins, dans les terres pauvres en chaux et en acide phosphorique, les amendements qui apportent ces éléments sont très profitables. C'est aussi dans les sols humifères que le trèfle donne les plus forts rendements, ainsi que dans les terres recevant beaucoup de fumier.

Le sainfoin est la plante fourragère par excellence des régions sèches du jurassique et du crétacé, il est moins sensible au manque d'eau et à la sécheresse que la luzerne ou le trèfle. De plus, il ne redoute pas trop l'excès de calcaire, à condition cependant qu'il ne soit pas absolument impénétrable aux racines et que la roche soit tout au moins fissurée. Dans les terres pauvres et très calcaires le sainfoin ordinaire ou à une coupe est celui qui donne les meilleurs résultats,

Suivant l'état du terrain, sa nature et sa composition, on peut associer en proportions variables la luzerne, le trèfle et le sainfoin, les deux premiers dans les sols frais ou un peu acides, la luzerne et le sainfoin dans les sols un peu secs.

Culture de la luzerne. — La luzerne a sa place dans la plupart des assolements à longue échéance, qui comprennent des plantes sarclées et des céréales. On peut la semer en terres nues, mais, le plus souvent, on la fait venir sous un couvert de céréales de printemps, de préférence dans l'orge qui lui laisse plus de lumière, ou encore dans l'avoine, mais toujours en terre bien nettoyée, exempte de chiendent et d'autres mauvaises herbes.

Le terrain ayant été labouré profondément avant l'hiver et sous-solé si possible, on l'ameublit convenablement au printemps, puis on sème la céréale en réduisant d'un tiers la quantité de semence habituellement employée afin que la luzerne ne soit pas étouffée et qu'elle puisse prendre rapidement de la force pour se défendre de la sécheresse. Avoir soin d'appliquer des engrais phosphatés à l'avoine pour prévenir la verse de cette céréale.

On se procurera de la graine de luzerne de bonne origine, garantie exempte de *cuscute* et en possession de ses facultés germinatives. On l'épand à *triple jet,* à la dose de 20 à 30 kilogrammes à l'hectare, mais seulement lorsque la céréale a été semée et enterrée. Il vaut mieux semer un peu épais car la luzerne se tient mieux et risque moins de verser, mais un excès de semence gêne le tallage. La graine de luzerne étant très petite, on la sème sur un hersage récent et on se contente de l'enfouir très superficiellement avec un bâti garni d'épines si le sol est un peu frais ou d'un coup de rouleau en cas de sécheresse. Le meilleur moment pour semer est indiqué par la floraison de l'aubépine.

On ne doit jamais faire pâturer la jeune luzerne la première année. Si elle est très vigoureuse on peut la faucher en fin de saison en se

PLANTES DES PRAIRIES ARTIFICIELLES : 1, luzerne; 2, trèfle; 3, sainfoin.

tenant assez loin du sol. Le plâtre a généralement une heureuse influence sur le rendement de toutes les légumineuses. On l'applique à la dose de 250 kilogrammes à l'état cuit ou 300 kilogrammes à l'état cru, de préférence le matin, à la rosée.

Lorsque la luzerne est envahie par les mousses, on doit la herser énergiquement, soit à l'automne, soit au printemps.

Culture du sainfoin. — La culture du sainfoin a beaucoup d'analogie avec celle de la luzerne. Comme cette dernière, elle vient bien dans une céréale de printemps, laquelle devra succéder, dans les terres maigres, à une plante sarclée fortement fumée. La récolte ne peut être abondante que dans les sols riches en humus, où le jeune fourrage peut se développer rapidement au début.

On peut semer le sainfoin en août-septembre, en terres nues, lorsque la sécheresse est à craindre. Au printemps, on doit le semer de bonne heure dans la céréale, pour la même raison. Une application de 250 kilogrammes de superphosphate et autant de sang desséché dans la céréale profite aussi au jeune sainfoin. Suivant le degré de fraîcheur et la richesse du sol, on adopte le sainfoin à une coupe ou le sainfoin à deux coupes.

Si la céréale a été semée en lignes on distribue le sainfoin de la même manière, en faisant suivre au semoir une direction perpendiculaire à la première. Dans ce cas, on emploie 150 kilogrammes de graines non décortiquées, soit un peu moins de 5 hectolitres. A la volée, la dose est portée à 200 kilogrammes et l'enfouissement se fait en même temps que celui de l'avoine ou de l'orge, par deux coups de herse croisés. Dans les terres sèches on termine par un coup de rouleau.

Le plâtre a aussi une heureuse action sur le sainfoin. Si on l'associe à la luzerne, il faut réduire de moitié la dose de graine habituellement employée pour chaque sorte.

Culture du trèfle. — Les remarques faites au sujet de la luzerne et du sainfoin s'appliquent aussi au trèfle. Il prospère dans les sols humifères, à condition de ne pas le faire revenir trop souvent sur le même terrain. On n'a pas intérêt à le conserver plus d'un an.

Le trèfle demande un sol un peu raffermi, provenant d'un labour d'arrière-saison que l'on ameublit superficiellement au printemps. Un terrain envahi par le chiendent ou l'avoine à chapelet ne lui convient pas ; il est sensible à l'action des cendres, des scories, de la chaux et du plâtre.

On le sème généralement dans l'orge ou l'avoine, mais on peut aussi prendre pour couvert le seigle ou le froment clairsemés. On enfouit par les hersages de printemps. Semé seul, le trèfle s'emploie à la dose de 15 à 20 kilogrammes à l'hectare. En association avec la fléole, la luzerne, la minette, etc., on réduit la quantité à 10 kilogrammes. La plante abri étant semée la première, le trèfle est épandu en dernier lieu et enfoui comme la graine de luzerne.

Fourrages annuels. — Le *trèfle incarnat* ou *farouch* prend la place de la jachère. Il est peu exigeant. On le sème en août-septembre, en terre nue, de préférence les variétés hâtives qui libèrent le terrain plus vite. La graine en bourre s'emploie à la dose de 60 à 70 kilogrammes à l'hectare ; c'est elle qui a la meilleure levée. La récolte du fourrage a lieu en mai. Il vaut mieux le faire consommer en vert qu'en sec.

La *minette* ou *lupuline* peut végéter en terres sèches, calcaires et pauvres et fournit un bon précédent au blé. On la sème dans les céréales de printemps, à la dose de 20 à 25 kilogrammes, en enfouissant par un coup de rouleau la graine décortiquée et à la herse si elle est en gousse. Dans ce dernier cas on emploie 40 à 50 kilogrammes de semence. La minette ne météorise pas les animaux.

La *vesce* est précieuse pour la production des fourrages verts échelonnés, en cultivant les variétés d'hiver et de printemps. La vesce d'hiver se sème après une céréale, à la dose de 160 litres à l'hectare, en association avec 40 litres de seigle qui sert de tuteur. La vesce de printemps se sème en mars-avril, en association avec l'avoine.

Récolte des fourrages. — Quel que soit le genre de fourrage artificiel cultivé, que la récolte se fasse en vert ou en sec, on doit toujours effectuer la fauchaison lorsque les plantes sont épanouies et en pleine floraison, parce que c'est à ce moment que leur teneur en principes alimentaires digestibles est la plus élevée. On doit donc varier les cultures fourragères et les échelonner pour avoir à couper des fourrages verts bien au point durant toute l'année.

Pour le séchage des légumineuses il y a une règle essentielle à observer : il faut faner le moins possible les plantes à cause de leur tendance à perdre leurs feuilles, qui sont la partie la plus riche du foin.

C'est pourquoi, si le temps est propice, le fourrage coupé sera laissé plusieurs jours sur le champ. On le ramasse ensuite en petits tas, sans le faner, puis on le remet en tas plus gros et on attend encore quelque temps avant de le rentrer.

En cas de mauvais temps, on coupe les légumineuses à la faux armée. Le lendemain, on dresse le fourrage en petites moyettes ou *biquettes* auxquelles on donne du pied, après avoir ligaturé la tête avec quelques brins d'herbe. Le fourrage ainsi séché est de toute première qualité et il conserve la totalité de ses feuilles.

XI. — PATURAGES ET PRAIRIES
TEMPORAIRES

Considérations économiques. — On dit avec raison que « le pré fait le blé après avoir passé par la fumière ». On sait en outre que l'élevage intensif est moins assujettissant et moins besogneux que la grande culture. Il permet donc une réduction notable de la main-d'œuvre et du personnel et, de toute évidence, l'exploitation des *pâturages*, appelés, suivant les régions, *pâtures, embouches, herbages*, etc., exigent encore moins de manutentions que les prairies de fauche, qu'elles soient naturelles ou artificielles.

Les *pâturages* enclos reçoivent le bétail pendant la belle saison et ils n'exigent qu'une simple surveillance. Mais lorsqu'on poursuit l'élevage ou l'engraissement à l'étable, durant l'hiver, ils doivent être complétés par des *prairies temporaires* et *naturelles*.

Les prairies temporaires sont le plus souvent à base de graminées, comme la fléole ; elles sont surtout à leur place dans les régions peu favorables à la culture des légumineuses fourragères, mais elles sont loin de valoir ces dernières.

Création des pâturages. — Pour obtenir une pâture de rapport, susceptible de produire une herbe abondante et de bonne qualité, il ne faut semer que des plantes adaptées à la nature du sol et au climat. Qu'il s'agisse de graminées ou de légumineuses, si elles ne sont pas dans un milieu convenable, elles restent chétives, peu productives et disparaissent au bout de quelques années.

Ci-dessous se trouvent groupées les espèces auxquelles on aura recours, de préférence, pour créer des pâtures dans les différents sols :

ESPÉCES	TERRES SÈCHES	TERRES FRANCHES	TERRES FORTES	TERRES CALCAIRES
Pâturin des prés	5 kg.	2 kg. 500	2 kg. 500	»
Avoine jaunâtre	3 kg.	3 kg.	»	»
Fétuque ovine	3 kg.	»	»	3 kg.
Crételle	2 kg. 500	»	»	»
Agrostis traçante	1 kg.	»	»	»
Fromental	»	8 kg.	»	16 kg.
Fétuque des prés	»	5 kg.	5 kg.	»
Dactyle pelotonné	»	4 kg.	4 kg.	»
Ray-grass anglais	»	6 kg.	12 kg.	6 kg.
Vulpin des prés	»	»	2 kg. 500	»
Brome des prés	»	»	»	12 kg.
Trèfle blanc	3 kg. 600	2 kg. 400	»	»
Trèfle des prés	2 kg. 500	»	»	»
Trèfle hybride	»	1 kg.	3 kg.	»
Minette	»	1 kg. 500	»	3 kg.
Lotier velu	»	»	1 kg.	»
Sainfoin	»	»	»	15 kg.
Anthyllide vulnéraire	»	»	»	2 kg. 600
TOTAUX	20 kg. 600	33 kg. 400	30 kg. 000	57 kg. 600

On se défend de l'envahissement de la flore spontanée, souvent de mauvaise qualité, en établissant pour chaque sol des formules d'ensemencement capables de pouvoir y prospérer. Le mieux, en l'occurrence, est d'examiner attentivement les plantes qui croissent naturellement et on retient seulement les meilleures, pour les introduire dans la composition des formules, en faisant la plus grande part à celles qui sont à grand rendement et donnent un bon fourrage.

Ensemencement. — Avant de semer les herbages destinés à être pâturés, il faut choisir les pièces de terre qui se prêtent le mieux aux entourages, c'est-à-dire celles à grande surface et aussi régulières que possible, comme forme. Il est en effet bien moins coûteux d'enclore un hectare de terrain au carré, qu'un hectare représenté par un rectangle allongé. La différence est très sensible.

Pour commencer, on fumera et on amendera le terrain copieusement en y apportant, suivant les cas, la chaux, l'acide phosphorique ou la potasse, complétés par une application à haute dose de bon fumier de ferme, puis on y cultivera une plante sarclée, betterave ou pomme de terre, de manière à pouvoir nettoyer le sol de ses mauvaises herbes.

Aussitôt la récolte effectuée, on laboure le terrain profondément afin de le soumettre à l'action ameublissante de la gelée. Au printemps, on divise la surface par des façons répétées, au scarificateur, puis à la herse, et enfin on sème la céréale de printemps très clair, soit de l'avoine, soit de l'orge.

On sème ensuite les graines fourragères sélectionnées en quantités déterminées, conformément à la formule adoptée, à l'exclusion des *fenasses* ou fonds de greniers, qui ne donnent jamais rien de bon. La taille et la densité de ces graines étant très variables, le semis doit être fait en trois fois. On épand d'abord, toujours à *triple jet*, les grosses graminées : fromental, fétuques, ray-grass, brome; on sème ensuite les graminées plus petites : dactyle, vulpin, avoine jaunâtre; enfin c'est le tour des légumineuses, y compris la fléole, s'il y a lieu.

Après l'épandage des grosses graines, on donne un coup de herse en « accrochant » de manière à les enfouir en même temps que la céréale. On herse en « décrochant » pour enterrer les graines moyennes. Pour les petites graines, on se contente de passer le rouleau plombeur, mais seulement en terre saine. Dans les terres fortes, il vaut mieux recouvrir avec un fagot d'épines.

Lorsque le sainfoin rentre dans la formule, il demande à être semé seul, avant les grosses graminées.

Soins de la première année. — En terres fertiles et en année favorable, la levée est généralement bonne. On coupe la céréale aussitôt la maturité, par temps sec, afin de ne pas tasser la terre et on procède le plus vite possible à l'enlèvement des moyettes de gerbes. On roule alors le terrain pour favoriser le tallage, en opérant quand la terre est saine et on interdit à toute espèce de bétail, la première année, l'accès de la future pâture. Si le sol est naturellement humide ou argileux, il faut ouvrir les rigoles ou les dérayures nécessaires à l'écoulement des eaux stagnantes, qui sont extrêmement préjudiciables aux jeunes prairies.

On met à profit les loisirs de la mauvaise saison pour enclore la pâture d'une façon durable et solide.

Abris et abreuvoirs. — Une pâture bien comprise doit être pourvue d'abris rustiques constitués par de solides montants entretoisés, supportant une couverture en paille ou en genêts. C'est là que les animaux se réfugient pendant les grandes chaleurs et en cas de mauvais temps. Une mangeoire et un râtelier permettent en outre de faire des distributions complémentaires en cas de disette.

Chaque herbage doit en outre posséder un abreuvoir renfermant une eau saine et fraîche ne tarissant jamais. On peut l'alimenter au moyen d'une canalisation d'amenée, ou à l'aide d'une mare ou citerne recueillant les eaux pluviales. Quelquefois on a recours aux appareils de pompage prenant l'eau dans un forage *ad hoc*.

Prairies temporaires. — Les prairies temporaires sont surtout à leur place dans les terres froides et sans profondeur, où la luzerne réussit mal, ainsi que dans les sols pauvres en calcaire, qui ne conviennent pas au sainfoin. Quant au trèfle, il demande une terre fraîche et riche ; de plus, sa réapparition trop fréquente se traduit par une diminution de rendement.

On a alors recours aux prairies temporaires, dont la durée est limitée à trois ou quatre ans et que l'on exploite comme prairies de fauche la première année, pour les soumettre à la dent du bétail tant que son rendement paraît satisfaisant.

Les terres les plus propices à ce genre de prairie sont les terres sablonneuses, calcaires et argileuses par excès. Comme la durée est limitée, on a recours aux formules d'ensemencement très simples comprenant, par exemple, deux graminées et deux légumineuses.

Mélange pour 1 hectare de prairie temporaire.

ESPÈCES	TERRE SABLEUSE	TERRE CALCAIRE	TERRE ARGILEUSE
Ray-grass anglais	21 kg.	18 kg.	»
Pâturin des prés	5 kg.	»	»
Trèfle des prés	7 kg. 500	»	»
Trèfle blanc	2 kg. 500	»	»
Fromental	»	16 kg.	»
Sainfoin	»	45 kg.	»
Minette	»	3 kg.	»
Fléole	»	»	3 kg.
Pâturin commun	»	»	5 kg.
Trèfle hybride	»	»	3 kg.
Lotier velu	»	»	2 kg.

Clôtures pour pâtures. — Les meilleures clôtures pour herbages s'établissent à l'aide de pieux en bois ou avec des fers à T qui supportent généralement quatre rangs de fils de fer n° 21, de 5 millimètres de diamètre.

Comme montants, on peut se servir des traverses réformées de chemin de fer, en chêne créosoté. A défaut, on coupe des pieux dans la forêt ; on les écorce et on carbonise à la flamme la partie destinée à être enterrée. On peut encore se servir de pieux en ciment armé confectionnés à la ferme, lesquels sont durables et économiques.

Les clôtures pour bêtes à cornes doivent avoir 1^m,20 de hauteur; on leur donne 1^m,40 s'il s'agit de loger des chevaux. En comptant

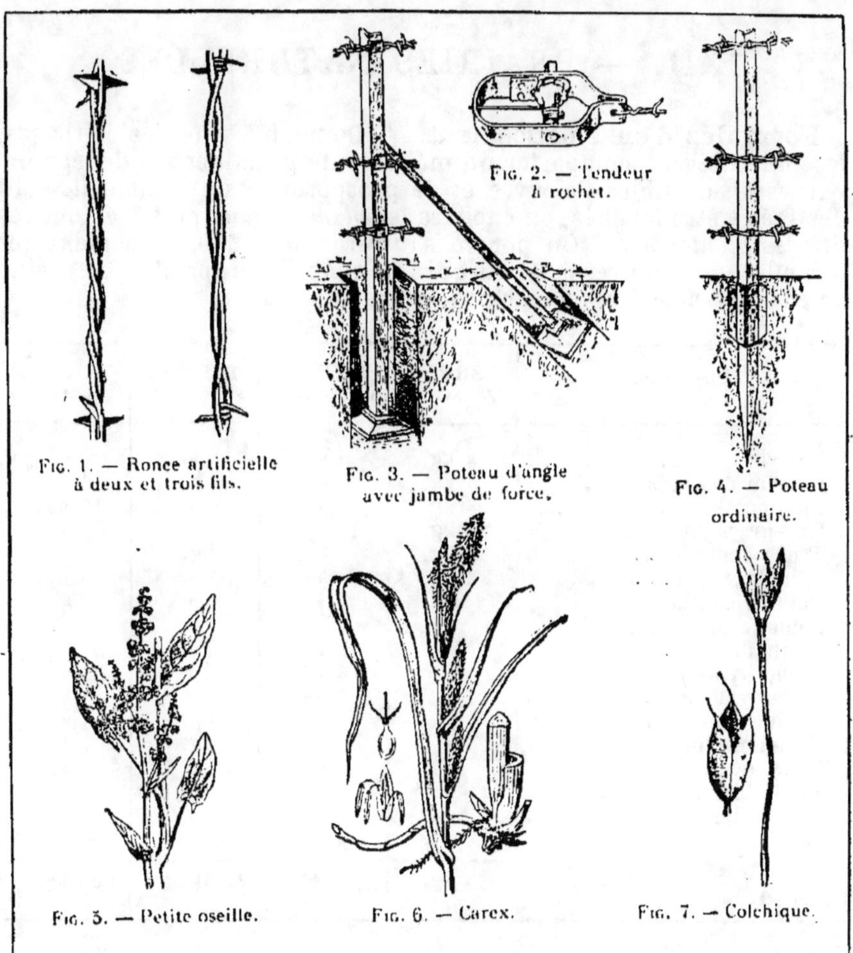

HERBAGES : CLÔTURES ET PLANTES NUISIBLES

40 centimètres mis en terre, les piquets doivent mesurer respectivement 1ᵐ,60 ou 1ᵐ,80 de longueur. Les pieux sont distants de 3 mètres environ ; on les cale solidement dans le sol après les avoir dégauchis, puis on raidit les fils de fer passés dans les trous ou dans les conduits. Avoir soin d'étayer les piquets d'angle avec des arcs-boutants ou des contre-fiches, afin qu'ils puissent résister aux pressions exercées à l'aide des tendeurs (*fig.* 2), lorsqu'on raidit les fils de fer avec la clef.

Pour permettre à l'herbe de repousser, il est nécessaire de libérer de temps à autre les pâtures. Logiquement, celles-ci devraient être divisées en deux parties égales et, pendant que l'une d'elles serait « chargée », on épanderait les bouses et on purinerait la partie libérée en attendant une nouvelle mutation.

C'est le meilleur moyen d'éviter les « refus » et le gaspillage d'herbe, surtout lorsque le chargement se fait avec une seule espèce de bétail.

XII. — PRAIRIES NATURELLES

Formules d'ensemencement. — De même que les herbages, les prés doivent comporter un mélange de graminées et de légumineuses susceptibles de vivre et de prospérer. Mais comme ils sont destinés à être fauchés, on choisira les *plantes hautes* plus productives que les *plantes basses*. On pourra s'inspirer, pour l'établissement des formules, des chiffres suivants qui indiquent la proportion de graine de chaque sorte à employer pour semer un hectare :

ESPÈCES	TERRES FRANCHES	TERRES ARGILEUSES	TERRES SILICEUSES	TERRES CALCAIRES
Dactyle	8 kg.	»	»	»
Pâturin des prés	5 kg.	»	5 kg.	5 kg.
Fromental	8 kg.	»	»	16 kg.
Ray-grass anglais	6 kg.	12 kg.	»	»
Trèfle commun	5 kg.	»	5 kg.	»
Minette	3 kg.	»	»	3 kg.
Pâturin commun	»	5 kg.	»	»
Fétuque des prés	»	5 kg.	»	»
Fléole	»	1 kg.	»	»
Trèfle hybride	»	3 kg.	»	»
Lotier velu	»	1 kg.	»	»
Avoine jaunâtre	»	»	6 kg.	»
Fétuque ovine	»	»	3 kg.	3 kg.
Crételle	»	»	2 kg. 500	»
Trèfle blanc	»	»	2 kg. 500	»
Brome des prés	»	»	»	6 kg.
Sainfoin	»	»	»	30 kg.
TOTAUX	35 kg.	27 kg.	24 kg.	63 kg.

Création des prairies de fauche. — La création des prés présente beaucoup d'analogie avec celle des herbages.

On doit les semer dans des terres en bon état, de préférence dans une céréale de printemps qui succède à une plante sarclée copieusement fumée et enrichie, suivant les cas, par des amendements calcaires ou des engrais phosphatés. Le semis se fait également en trois fois, suivant la grosseur et la densité des graines, l'enfouissement ayant lieu soit à la herse, en accrochant ou en décrochant, soit avec un fagot d'épines.

A la fin de la première année, on met à profit la période automnale de beau temps pour ouvrir les rigoles d'irrigation, suivant le mode de distribution reconnu comme étant le meilleur et le plus économique, de manière à pouvoir commencer les irrigations au printemps.

Exploitation des prairies. — Un pré de bonne nature, soumis aux arrosages, peut fournir deux abondantes coupes tous les ans, d'un rendement global de 50 à 100 quintaux de foin à l'hectare.

Le séchage des foins de pré, surtout celui des deuxièmes coupes, est plus difficile que celui du foin de champ ou de prairie artificielle. Il est nécessaire de le soumettre à un fanage en règle pour pouvoir

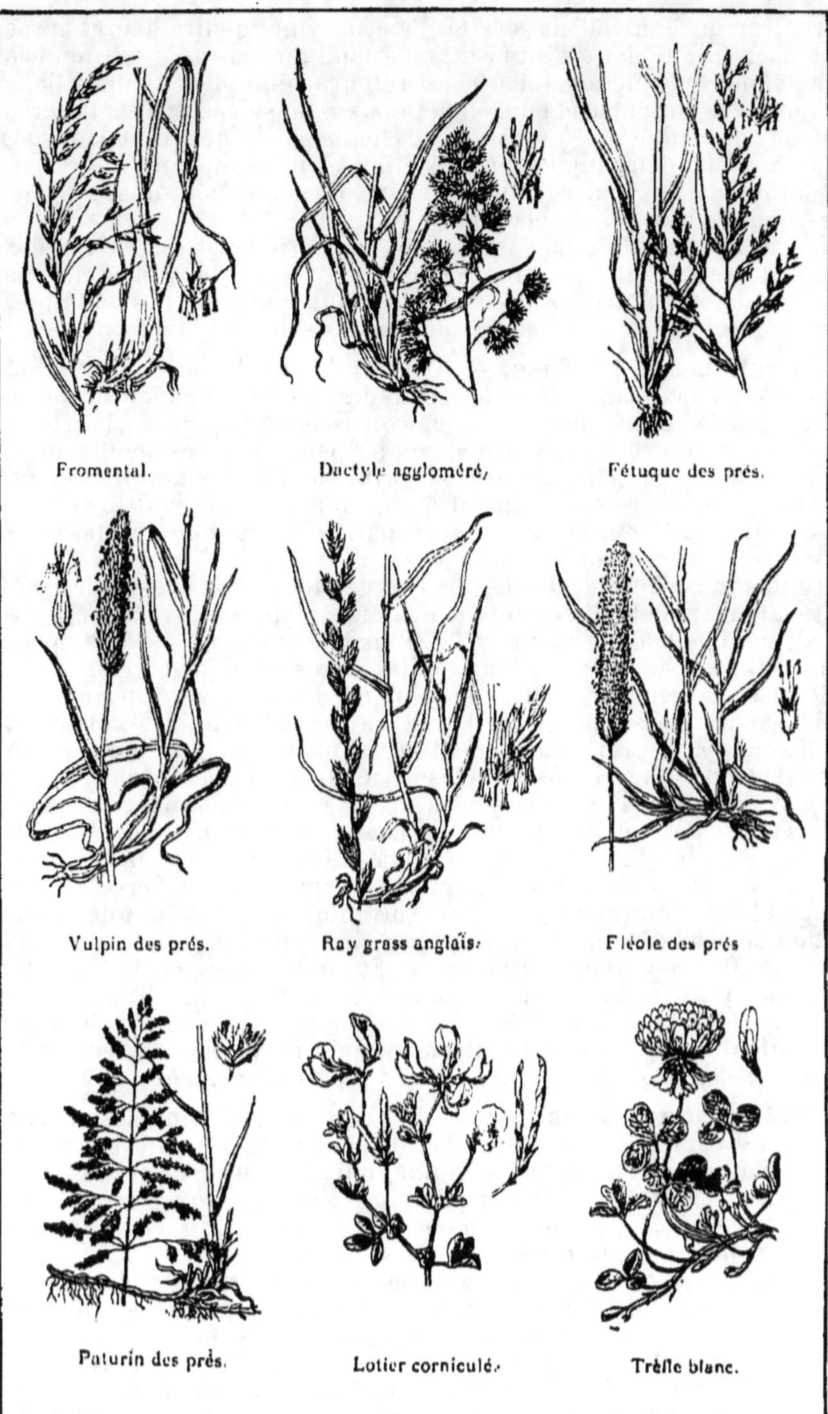

PLANTES DES PRAIRIES NATURELLES

le rentrer en bon état de siccité. Environ vingt-quatre heures après la coupe, si le temps est au beau, on attend que la rosée soit tombée et on étend les andains. L'herbe est retournée une fois ou deux dans le courant de la journée, puis on la ramasse, le soir, en petits tas gros comme des fumerons (*cabris*). Le lendemain, nouvel épandage, suivi de un ou deux retournements et mise en tas moyens (*chevrettes*). Le surlendemain, nouveau culbutage, retournements et mise en gros tas (*chèvres* ou *buriots*), prêts pour le chargement.

En cas de mauvais temps, on profite des périodes d'accalmie et des coups de vent pour amener le fourrage en tas moyens, puis en gros tas. On doit épandre les tas lorsqu'ils sont en pleine fermentation, pour empêcher les moisissures, puis on rassemble le foin vivement.

Entretien des prairies. — Aussitôt la récolte des regains, on cure les canaux d'amenée et les colateurs, puis on change de place les rigoles de déversement, pour pouvoir irriguer la prairie à l'arrière-saison. Pendant les grands froids, on suspend les arrosements, mais on les reprend de bonne heure, au printemps, en évitant les gelées.

On peut arroser copieusement, par à-coups, en laissant le terrain s'assainir entre les périodes d'imprégnation. L'eau doit circuler dans le sol, sans être stagnante nulle part.

Toute prairie humide devient acide et la *nitrification* laisse à désirer. Cet état entraîne la disparition des bonnes plantes fourragères, principalement celle des légumineuses. Puis les mauvaises espèces apparaissent : joncs, carex, roseaux, prêles, mousses, lichens, etc.

Pour restaurer une prairie envahie par les végétaux inférieurs, il faut d'abord l'assainir en curant et en désobstruant les colateurs, de manière à assurer l'écoulement de l'eau. On applique ensuite en couverture les engrais susceptibles de neutraliser l'*acide humique*.

Pour commencer, au printemps de la première année, on épand des scories de déphosphoration ou des phosphates finement moulus à la dose de 500 kilogrammes à l'hectare. On active leur pénétration et on accélère leur action en donnant deux coups de herse, un en long et l'autre en travers. L'année suivante, on peut faire une application de chaux éteinte, délitée à l'air, en l'employant également à la dose de 500 kilogrammes à l'hectare. Enfin, la troisième année, toujours au printemps, on épand pour terminer 500 kilogrammes de cendres de bois non lessivées. Ces trois applications successives représentent une dépense relativement minime ; elles revivifient la prairie et font réapparaître les bonnes espèces fourragères.

Destruction des mauvaises herbes. — En dehors des plantes précitées, caractéristique des terrains acides, on voit souvent apparaître d'autres végétaux encombrants, nuisibles ou toxiques.

Citons seulement pour mémoire : *ajonc, berce, achillée, carotte, berle, chardons, arrête-bœuf, prêles, reine-des-prés, patience, petite-oseille, mélampyre, aconit, ciguë, euphorbe, œnanthe, renoncules*, etc.

Quand l'une ou l'autre de ces espèces devient prépondérante, il faut s'efforcer de la détruire en pratiquant des fauchages anticipés et répétés, de manière à épuiser ces plantes et les empêcher de fructifier. Si ce traitement ne suffit pas, on n'hésitera pas à défricher la prairie et on la remettra en culture pendant plusieurs années, avant de la réensemencer. Les applications à haute dose de cendres, de scories, de phosphates et de chaux favorisent les bonnes plantes et empêchent la multiplication des mauvaises.

JARDINAGE

I. — MISE EN ÉTAT DU POTAGER

Discussion économique. — La *culture maraîchère* ou *jardinage* se différencie de la *culture ordinaire* ou de plein champ, en ce sens que la première se fait surtout de main d'homme, avec un outillage rudimentaire, tandis que, pour la deuxième, on a recours aux instruments aratoires actionnés par des moteurs, animés ou inanimés.

De ce fait, il résulte que le jardinage occasionne des dépenses de main-d'œuvre beaucoup plus élevées que la grande culture. Pour qu'il soit rémunérateur, il demande donc à être conduit d'une façon spéciale, c'est-à-dire intensivement, les récoltes succédant aux récoltes sans interruption, car il faut que la terre produise davantage.

Ce serait un non-sens de vouloir créer un potager dans une terre de culture difficile ou aride, à cause des frais occasionnés par la mise en façon et de l'insuffisance de rendement. Un simple labour à la bêche en sol compact absorberait le plus clair du bénéfice et une récolte de pommes de terre ou de haricots risquerait d'être en déficit si on estimait à sa valeur le temps qu'on y a consacré.

C'est ainsi qu'il faut raisonner lorsqu'on fait son métier de l'exploitation d'un jardin. L'amateur et le petit propriétaire, qui ont en vue l'approvisionnement de leur table, peuvent envisager la question différemment, sans tenir compte du temps employé. Quoi qu'il en soit, tous ont intérêt à rendre leur jardin aussi productif que possible et à l'améliorer en réduisant le montant des dépenses.

Choix d'un terrain. — Les bonnes terres à jardin se rencontrent surtout dans les fonds de vallée, où la couche arable est profonde et fertile. Celles qui sont naturellement pauvres en *humus*, ou en l'un quelconque des éléments essentiels doivent recevoir à haute dose l'engrais qui leur manque. Il en est de même des amendements calcaires lorsque, par suite de défaut de chaux, la *nitrification* se fait mal.

En principe, on ne cherchera jamais à créer un jardin maraîcher de rapport dans des terres de culture difficile, pauvres en matières organiques, ainsi que dans les sols arides, siliceux ou calcaires par excès. Ce sont les terres franches qui donnent toujours les meilleurs résultats.

Il n'en est plus de même lorsqu'il s'agit de mettre sur pied un petit potager familial, comme il doit en exister au voisinage de toutes les habitations. Dans ce cas, on cherchera à bonifier le terrain peu à peu en faisant un usage copieux du fumier de ferme et en employant les engrais et les amendements appropriés.

Les améliorations portant sur de faibles surfaces sont toujours possibles, bien qu'elles soient onéreuses. C'est surtout en faisant des apports de marnes, de terreaux, de composts, de terres de route, de sables, de crassiers de houille tamisés, etc., que l'on rend la couche arable plus chaude, plus meuble, plus perméable, plus facile à travailler.

Amélioration d'un terrain humifère. — Dans les terrains humifères vierges, naturellement acides, la végétation laisse souvent à désirer. Pour les rendre productifs, il suffit de les assainir et de neutraliser leur excès d'acidité par l'emploi de la chaux.

Une fois la *nitrification* rendue possible, on peut en obtenir des récoltes nombreuses et suivies à condition de ne pas laisser disparaître leur stock d'humus en réserve. La restitution doit donc être à la base de toute exploitation.

D'autre part, en examinant attentivement les lieux, on déterminera le moyen le plus simple de s'y prendre pour assurer l'évacuation des eaux stagnantes.

On peut y arriver en creusant des fossés d'égouttement, suivant la ligne de plus grande pente, pour dériver les eaux vers l'aval. La profondeur des fossés et leur écartement étant en rapport avec l'état d'imprégnation du terrain. Les rigoles d'assèchement peuvent être laissées à ciel ouvert ou bien on les comble après les avoir munies de drains. Quand les infiltrations proviennent des élévations latérales ou de l'amont, on cherche à les détourner par de simples saignées qui coupent les veinules liquides. Enfin, s'il n'y a pas une pente suffisante pour l'écoulement de l'eau, on la perd dans un puisard ou boitout creusé dans la partie basse, jusqu'à la rencontre du banc perméable (V. AGROLOGIE, chap. VI).

Cela fait, on effectue un labour très profond, par la méthode des deux fers de bêche, après avoir épandu à la surface 10 kilogrammes de *phosphates naturels* à l'are et autant de *chaux en poudre*.

Au printemps, on donne un bêchage ordinaire en enfouissant, par la même occasion, 5 kilogrammes de *scories de déphosphoration*, 5 kilogrammes de *cendres de bois* non lessivées et autant de *plâtre cuit* et moulu, le tout à l'are. Au contact de l'acide humique du sol, les phosphates naturels se transforment en *humo-phosphates* assimilables. La nitrification se produit grâce à la chaux.

Terres pauvres. — Toutes les terres qui ne contiennent pas au moins 2 pour 1000 d'azote se prêtent mal à la culture potagère, quelle que soit leur teneur en argile, en calcaire et en silice.

Seuls les sols humifères rendent la couche arable suffisamment légère, meuble et perméable, pour qu'on puisse la travailler avec facilité. Les petites graines qu'on leur confie doivent avoir une levée rapide, afin de pouvoir résister dans leur jeune âge aux attaques de nombreux ennemis, notamment avec les plantes de la famille des crucifères. C'est pour cela que les cultures de navets et de radis, dans les terres maigres où la végétation est languissante, sont presque toujours détruites par les *altises*.

Les plants de repiquage, eux aussi, sont toujours d'une meilleure reprise dans les sols riches, à cause de la merveilleuse propriété qu'a l'humus de retenir l'eau dans la proportion qui peut atteindre deux fois son poids, pour la tenir à la disposition des végétaux.

Grâce encore à l'humus, les terres sont saines, chaudes et précoces. C'est pourquoi, dans les sols insuffisamment approvisionnés en cet élément, la condition essentielle, *sine qua non* de la réussite, c'est de donner de copieuses fumures organiques au début de la création.

Le mieux est d'employer du *fumier mixte* dans les terres franches, du *fumier chaud* de cheval et de mouton dans les terres argileuses, du *fumier froid* de bovidés ou de porcs dans les terres sableuses ou sèches. Ce faisant, on pallie aux défauts inhérents des sols.

La première application de fumier peut se faire à la dose de 1 000 kilogrammes à l'are. On continue les années suivantes par des fumures copieuses de 500 kilogrammes à l'are jusqu'à ce que le terrain soit devenu vraiment productif et que sa couleur tire sur le noir. On peut ensuite réduire quelque peu la dose.

Terres anormales. — Par terres anormales, il faut entendre celles qui contiennent une proportion par trop élevée d'*argile*, de *silice* ou de *calcaire*. Les premières sont froides, imperméables à l'eau et à l'air et peu malléables; les deuxièmes manquent de cohésion et souffrent visiblement de la sécheresse pendant l'été; les troisièmes dites « dévorantes » brûlent rapidement la matière organique et sont sujettes aux déperditions nitriques.

Tous ces sols doivent, pour commencer, recevoir de copieuses fumures à base de fumier de ferme. L'humus allège l'argile et augmente sa perméabilité; il empêche la surface du terrain de se croûter à la moindre pluie et il le réchauffe. Les terres sablonneuses perdent leur mobilité tout en conservant une certaine fraîcheur et les végétaux s'y enracinent mieux (V. Agrologie).

L'un et l'autre doivent recevoir en outre un marnage à haute dose, en choisissant si possible des marnes très riches en carbonate de chaux pour les sols argileux et des marnes argileuses pour les terres sèches. L'application peut se faire à la dose de 500 kilogrammes à l'are, en une seule fois. On réserve, en outre, aux sols argileux tous les plâtras de démolitions que l'on peut se procurer.

Les terres calcaires se trouvent bien d'engrais organiques à décomposition lente, tels que fumiers frais, terreaux de feuilles, déchets de laine, corne moulue, cuir torréfié. On leur réservera également les curures de fossés et de mares, les gadoues ou boues de ville. On n'a pas à craindre le défaut de nitrification.

Quant aux terres de route, mélangées avec des composts recoupés, elles conviennent à tous les terrains. Cependant, de préférence, on les appliquera aux parcelles destinées aux spécialités légumières, réputées comme étant quelque peu délicates ou difficiles, notamment aux asperges, fraises, tomates, melons, artichauts, ainsi qu'aux plates-bandes réservées à l'élevage des plants et aux repiquages.

En conciliant ces divers moyens et en tirant parti des nombreuses ressources passées en revue, il est toujours possible, dans toutes les situations, de créer un potager de rapport qui se prête à toutes sortes de cultures. C'est à quoi on doit tendre lorsqu'on a en vue la production légumière intensive.

II. — DISTRIBUTION DES POTAGERS

Distinction à établir. — Un jardin maraîcher, à usage de professionnel, doit être absolument nu, c'est-à-dire qu'on n'y tolérera pas d'arbres fruitiers, à haute tige ou autres, qui ne s'accordent point avec la culture légumière intensive. En effet, en projetant leur ombre sur les carrés du potager, les arbres causent plus de préjudices qu'ils ne rapportent. D'ailleurs, leurs racines, avides d'engrais, ne peuvent pas vivre au-dessous des cultures échelonnées qui épuisent toutes les disponibilités du terrain, et la fructification est insignifiante.

L'arboriculture fruitière et le jardinage demandent à être entrepris, la première au *verger*, le deuxième au *potager*. On ne peut admettre d'exception à cette règle que dans le cas où le jardin appartient à un amateur ou à un propriétaire peu fortuné. Ce dernier pourra associer les cultures légumière et fruitière, à la condition de ne pas admettre de *hautes tiges*, ni même de *pyramides* dans les carrés et de se contenter d'*espaliers* le long des murs et de *cordons* horizontaux parallèlement aux allées. Quelques formes naines, telles que *fuseaux, U simples, vases*, peuvent encore être tolérées aux angles nord et ouest des carrés, là où l'ombre se projette seulement sur les allées.

Dans la pratique, les jardins peuvent être classés en trois catégories :

1° Les *jardins familiaux* destinés à la production simultanée des légumes et des fruits, en petite quantité de chaque sorte, mais aussi variés que possible ;

2° Les *jardins de ferme* exploités surtout pour la production des gros légumes de consommation courante destinés à l'alimentation du personnel ;

3° Les *maraîchers* exclusivement consacrés à la production des légumes de vente courante et de rapport : radis, salades et carottes de primeur ; choux-fleurs, petits pois, haricots verts, pommes de terre et fraises, obtenus autant que possible en dehors de la période de production, caractérisée par l'avilissement des prix.

Petit jardin familial. — On n'a pas toujours le choix du terrain ni celui de l'exposition. Le potager familial étant placé au voisinage immédiat de l'habitation, il faut, dans tous les cas, s'efforcer de tirer le meilleur parti possible de la place disponible.

Lorsqu'on n'est pas trop limité pour le terrain, on consacrera un are ou deux pour l'installation d'un petit jardin fleuriste entre la grille d'entrée et l'habitation. Quelques corbeilles dressées sur le terre-plein des constructions, sur le côté et en arrière, agrémentent le tout. Latéralement se trouvent les annexes, clapier-poulailler d'un côté, remise-buanderie de l'autre. Sur le pignon de ces bâtisses on a ménagé deux fosses cimentées, l'une à usage de fumière, la deuxième destinée à recevoir le compost.

Le jardin proprement dit se présente sous la forme d'un rectangle divisé par des allées en un certain nombre de carrés égaux, numérotés de 1 à 6, par exemple.

Un mur de 2 mètres à 2^m,50 de hauteur, en briques ou en parpaings soutenus par des poutrelles, ou encore en ciment armé, doit entourer la propriété sur les deux faces nord et ouest, afin de couper les

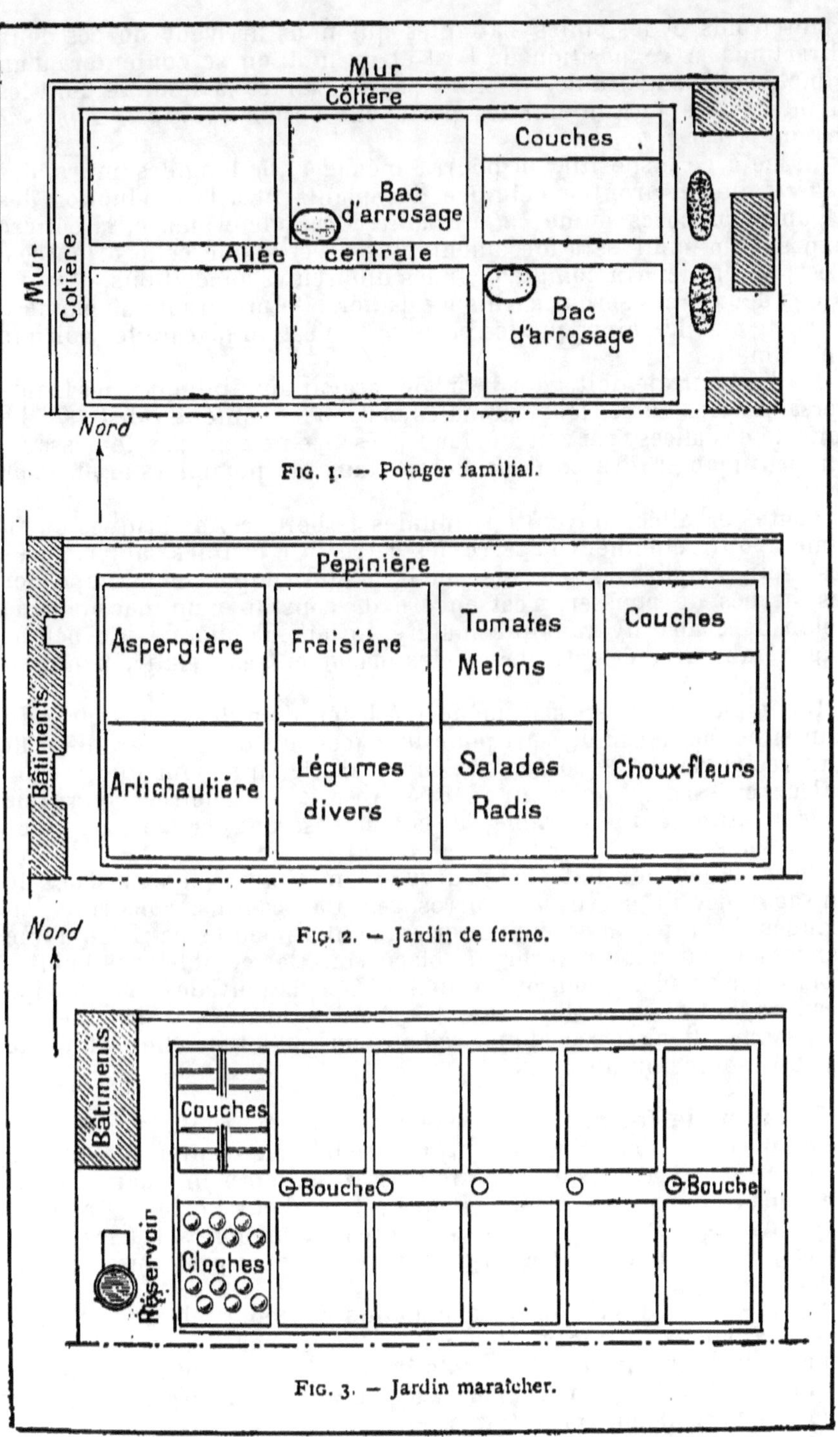

FIG. 1. — Potager familial.

FIG. 2. — Jardin de ferme.

FIG. 3. — Jardin maraîcher.

DIVERS TYPES DE JARDINS POTAGERS

vents froids et les pluies battantes qui nous arrivent de ces deux directions. A l'exposition de l'est et du midi on se contentera d'un simple grillage galvanisé laissant passer l'air et la lumière dont les plantes et le terrain qui les porte ont besoin (V. *Tabl. Types de jardins potagers, fig.* 1).

Grâce à ce dispositif, on pourra ménager, le long des murs, des *côtières* qui serviront à l'élevage des plants et à la production des légumes précoces ou de *culture hâtée*. De toute évidence, la côtière exposée au midi sera forcément plus précoce que celle orientée à l'est; on en tiendra compte pour les différentes affectations.

Ces deux murs seront garnis d'espaliers. De préférence on plantera la vigne au midi, ainsi que les pêchers; à l'est on placera les poiriers en palmette.

L'allée centrale doit avoir 1^m,50 de largeur au minimum; les transversales et les autres longitudinales peuvent se contenter de 0^m,75. Le long de ces allées, partout où leur présence ne gêne pas le passage, on peut planter des cordons horizontaux de pommiers greffés sur paradis.

Toutes les allées doivent être munies de bordures en briques ou en ciment, qui retiennent la terre des carrés. On peut les sabler, après les avoir remplies de mâchefer, mais le plus simple, pour empêcher les herbes de pousser, c'est encore de constituer un macadam de béton de chaux hydraulique maigre, fortement pilonné. Ce bétonnage, établi avec des graviers et des mâchefers, est relativement peu coûteux.

Un emplacement spécial, ménagé à la tête d'un des carrés, près du mur situé face au midi, sert pour le placement des *couches*. Il suffit d'un rectangle de 2^m,66 de long sur 1^m,33 de large pour une couche à deux châssis. La longueur nécessaire est de 4 mètres pour trois châssis. Autant que possible, les couches seront changées de place tous les ans.

Enfin, le potager doit être pourvu, au minimum, de deux bacs de puisage, devant servir aux arrosages. Ces bassins, construits en briques de laitier ou en ciment armé, sont alimentés par l'eau d'une concession ou par un réservoir placé sous les combles des habitations ou des annexes où on recueille les eaux pluviales. En principe l'eau ne doit être employée sur les plantes qu'après avoir bénéficié d'une exposition assez prolongée à l'air, surtout lorsqu'elle est fournie par une source ou un puits.

Potager de ferme. — Les jardins de ferme sont, le plus souvent, destinés exclusivement à la production légumière dont la culture est délicate et qui réussirait assez mal en plein champ. Pour mémoire, citons : les radis, salades, choux-fleurs, céleris, melons, potirons, concombres, tomates, poireaux, oignons, fraises, etc., ainsi que l'artichaut et l'asperge qui ne viennent pas dans tous les sols.

Quant aux légumes de consommation courante tels que : pois, haricots, choux pommés, pommes de terre, carottes, navets, etc., leur culture en jardin, où la totalité des façons sont données à la main, serait beaucoup plus onéreuse qu'avec le concours des animaux attelés aux instruments aratoires.

Pour ces diverses raisons, un potager d'une dizaine d'ares peut suffire aux besoins d'une exploitation agricole moyenne. Si celui-ci est protégé, par exemple, du côté de l'ouest, par des bâtiments, il suffira de construire un mur économique au nord et d'achever de l'enclore sur les deux autres faces par du grillage galvanisé infranchissable pour les poules.

La côtière située le long du mur servira de pépinière pour l'élevage et le repiquage des plants destinés à la pleine terre : rutabagas, choux, betteraves, etc. Un bassin alimenté par les eaux des toitures ou de toute autre manière fournit l'eau nécessaire aux arrosages.

Le jardin est également divisé par des allées transversales, en un certain nombre de carrés à peu près égaux, que l'on soumet à un assolement périodique de durée variable. Ainsi, il y a déjà l'*aspergerie* qui peut durer une dizaine d'années ; l'*artichautière* se remplace tous les trois ou quatre ans ; la *fraisière*, tous les deux ou trois ans.

L'emplacement des couches est changé tous les ans, ainsi que les surfaces consacrées à la production des légumes délicats, la plupart herbacés : salades, choux-fleurs, radis, poireaux, épinards, etc. (V. *Types de jardins potagers*, *fig.* 2).

Jardin maraîcher. — Dans tout jardin maraîcher, il doit y avoir une eau abondante et tempérée pouvant être distribuée automatiquement à la lance sur toutes les cultures. L'arrosage à la main est trop pénible, trop besogneux et trop coûteux.

La possession d'un château d'eau ou d'un réservoir donnant l'eau sous pression est donc de rigueur. Les canalisations et les prises d'eau doivent être distribuées de manière que la portée de la lance réglée par la tuyauterie mobile se rejoigne partout.

Dans certains marais ou hortillons où l'eau séjourne en permanence dans les fossés mitoyens, l'emploi direct d'une moto-pompe sur chariot dispense des travaux onéreux de captage. Il ne faut pas perdre de vue que l'installation d'un simple réservoir sur pylône est assez coûteuse, ainsi que le placement des bouches d'arrosage.

Quoi qu'il en soit, les frais généraux sont réduits au minimum lorsque le remplissage du bassin peut se faire automatiquement, soit à l'aide d'un *bélier hydraulique*, soit avec un *moulin à vent*. Si on dispose d'une chute d'eau, le remplissage du réservoir peut encore se faire à peu de frais. Les mesures à prendre varient nécessairement suivant la situation et les ressources motrices dont on dispose.

On isole également le potager, au nord et à l'ouest, par des clôtures pleines : palissades jointives, murs en maçonnerie ou en briques n'ayant pas moins de 1^{m},75 de hauteur. Donner la préférence au grillage pour l'est et le midi, côtés du soleil. Les haies sont peu recommandables : ce sont des pépinières d'insectes et de mauvaises herbes difficiles à détruire. Elles sont encore nuisibles par leurs racines et elles projettent une ombre malfaisante sur les cultures avoisinantes.

Un maraîcher seul ne peut guère exploiter que 30 ares de terrain. La surface peut être portée à 50 ares s'il est aidé par sa femme ou par un enfant déjà fort.

Le potager doit être pourvu des annexes suivantes, qui sont indispensables : système d'arrosage complet, matériel de couches, cloches, dépôts à terreau, à fumier et à compost, remise pour le rangement des outils et du matériel, atelier pour les travaux de réfection et de construction entrepris en hiver et pendant les jours de mauvais temps.

III. — OUTILLAGE ET ENGRAIS

Outils à main. — L'outillage essentiel, nécessaire à l'exploitation d'un petit potager d'ouvrier ou d'amateur doit comprendre :

1° Une *bêche plate*, de taille moyenne, 1^m,60 de long environ, avec ou sans poignée, pour les labours en terre douce, non caillouteuse ;

2° Une *bêche à dents* pour les labours en terre forte ou pierreuse, ainsi qu'en terrain gazonné. On doit également se servir de cette bêche lorsqu'il faut éviter de couper ou d'endommager les racines ;

3° Une *rasette* à lame large et à manche court pour biner entre les rayons à grands écartements ;

4° Une *serfouette*, avec panne et langue, servant au binage des semis à petits écartements et au rayonnage des lignes ;

5° Un *râteau* avec dents en fer pour l'ameublissement superficiel et le dressage des planches ;

6° Une *batte* constituée par une planchette fixée obliquement à un manche, qui sert à damer ou tasser les semis ;

7° Une paire d'*arrosoirs* à pomme, en tôle galvanisée ou en zinc, d'une contenance de 12 litres environ ·

8° Un *cordeau*, servant de guide pour le tracé des rayons (avec un peu d'habitude on peut très bien s'en passer) ;

9° Une *brouette* avec côtés mobiles, nécessaire au transport des fumiers, des composts et des terreaux.

Lorsqu'on a en vue la conduite d'un potager plus important, il faut ajouter aux outils précités :

Une *fourche crochue* à trois ou quatre dents pour l'ameublissement plus parfait du terrain ;

Une *fourche américaine* servant à l'épandage des fumiers, à l'enlèvement des fanes et des herbes ;

Une *pelle ordinaire* pour les manipulations de terreaux, composts, exécution des terrassements, etc. ;

Un *déplantoir* ou *gouge* creuse employée pour l'enlèvement, avec la motte, des plants de repiquage ;

Un *cueille-asperges* facilitant la récolte des turions dans les buttes ;

Un petit *rouleau plombeur* pour tasser les jeunes semis et niveler le terrain ;

Un *plantoir* ferré, avec poignée oblique ;

Un *thermomètre* ordinaire servant à contrôler la température des couches, caves, serres et celliers.

Nota. — S'il s'agit de l'exploitation rationnelle d'un « marais » assez important on a intérêt, pour réduire au minimum les dépenses de main-d'œuvre, de compléter l'outillage rudimentaire par des *poussettes à bras*, avec fers de rechange, pour le binage rapide des légumes, dans les interlignes.

De plus, pour réduire les frais de labourage et de façonnage à la main, l'emploi d'un petit *tracteur*, pouvant actionner une *charrue* légère, une *herse*, un *diviseur*, est recommandé. Ce moteur servirait en même temps à l'élévation de l'eau destinée aux arrosages.

Matériel. — En dehors du matériel d'arrosage fixe ou mobile qui comprend, suivant les cas, le *réservoir* en tôle ou en ciment, les *canalisations* et leurs *bouches* distributrices, ou simplement une *moto-pompe*

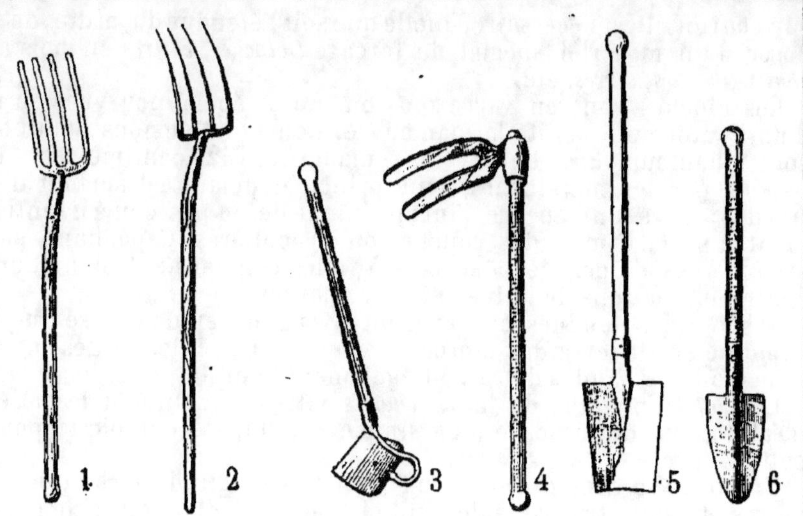

FIG. 1. — Outillage essentiel : 1. Fourche plate,
2. Fourche à dents; 3. Rasette; 4. Pioche bident; 5. Bêche.
6. Transplantoir.

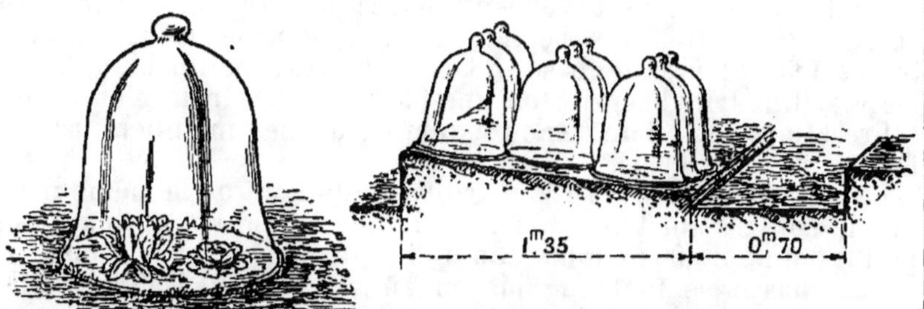

FIG. 2. — Cloche isolée.

FIG. 3. — Distribution des cloches
sur un ados.

Couches	P. de terre hâtives	P. de terre tardives	Carottes précoces
Cloches	Choux de Bruxelles	Mâche	Navets tardifs
Pois précoces	Artichauts	Choux d'hiver	Fraisiers
Choux d'automne	Asperges	Haricots	Plantes condimentaires

FIG. 4. — Jardin de propriétaire.

OUTILLAGE ET MATÉRIEL

sur chariot, il est nécessaire, quelle que soit l'étendue du jardin, de disposer d'un matériel spécial de forçage : *cloches, coffres* en bois avec *châssis, bâches, serres,* etc.

Les cloches sont en verre plus ou moins épais, pourvues ou non d'un bouton qui facilite la manœuvre. Leurs dimensions habituelles sont : hauteur, 35 centimètres; diamètre, 42 centimètres. Très usitées par les maraîchers, leur principal défaut est surtout d'être fragiles; elles ont encore l'inconvénient de ne pas couvrir entièrement la surface utile des couches ou des côtières. Cependant, par le système des « clochages » successifs, elles conviennent bien pour les contre-plantations de laitues et de romaines.

Les cloches fendues se réparent avec un peu de céruse que l'on applique sur la lèvre des morceaux, puis on place des brides en verre mince ou des bandes de calicot également enduites de céruse.

Les *coffres,* pourvus de leurs *châssis* vitrés, constituent le matériel idéal, le plus pratique, le plus simple et le plus économique pour la culture forcée.

Un coffre se compose de deux planches longitudinales et de deux autres planches transversales en bois blanc, que l'on place de champ, en les assemblant aux angles à l'aide de goupilles ou avec de simples pointes.

On distingue le coffre à deux châssis, pour amateurs, ayant comme dimensions : longueur, 2^m,60; largeur, 1^m,35. Une des planches longitudinales doit mesurer 28 centimètres de largeur; l'autre, celle de devant, 22 centimètres seulement. Les planches transversales sont trapézoïdales : grande base, 28 centimètres; petite base, 22 centimètres. Une tringle en fer ou une barre en bois placée au milieu du coffre et pourvue d'un tenon à queue d'aronde maintient les côtés à l'écartement de 1^m,35.

Le coffre maraîcher se construit absolument de la même manière que le coffre d'amateur, mais, au lieu de l'établir pour deux châssis, on lui donne 3^m,90 de long, afin qu'il puisse en recevoir trois.

Les châssis se font en bois ou en fer; on peut les fabriquer soi-même ou les acheter. Un châssis en bois, le meilleur, se compose d'un encadrement à tenon passant mesurant 1^m,30 de long et 1^m,35 de large. Quatre rangs de vitres sont supportés par des fers à T encastrés dans les barres équidistantes de 1^m,30.

Les *cales* ou *crémaillères* permettent de surélever à volonté les châssis ou les cloches, pour l'aération. Sur les couches on place en outre des *paillassons* que l'on déroule le soir pour éviter les refroidissements nocturnes.

Les *paillassons* se font en paille de seigle ou *glui,* tressé sur quatre ou cinq ficelles tendues, par poignées successives embrassées par des boucles et serrées les unes contre les autres.

Quant aux *réchauds,* ils s'établissent dans des fouilles ou au niveau du sol avec du fumier de cheval mélangé ou non de feuilles, de fumier de lapin, ou d'autres matières organiques, le tout secoué, tassé et humidifié. Le tas doit pouvoir recevoir les coffres qu'on lui destine avec, en plus, une berme de 25 à 30 centimètres sur le pourtour. Les coffres en place, on les remplit à moitié de *terreau* recoupé, puis on ensemence, le *coup de feu* passé.

Les *bâches* sont représentées par des coffres en maçonnerie, généralement en briques, qui reçoivent également des châssis mobiles et que l'on chauffe au fumier ou à l'eau chaude.

Les *serres*, qu'elles soient à un ou deux versants, sont constituées par une ossature vitrée ; elles sont le plus souvent réservées à la floriculture. On les chauffe presque toujours au thermosiphon.

Ce matériel est complété par des *pots* ou *godets* mesurant depuis 8 jusqu'à 12 centimètres. Ces godets servent à l'empotage des stolons de fraisier, des œilletons d'artichaut et à l'élevage des plants de melons.

Fumiers, terreaux et composts. — Le meilleur engrais pour le potager est le *fumier*, constitué par les déjections solides et liquides du bétail enrobées dans les litières. Il contient en proportions convenables la totalité des principes essentiels nécessaires à la nutrition des plantes.

Les fumiers les plus riches sont ceux du mouton et du cheval ; ils sont en même temps chauds et ils conviennent très bien à la fertilisation des terres froides ou argileuses. Les fumiers de vache, de porc et de lapin sont dits froids ; on les réserve aux terres chaudes ou brûlantes.

En général, il ne faut pas craindre de fournir au potager des fumures copieuses et le chiffre de 600 kilogrammes à l'are n'a rien d'exagéré. On peut réduire quelque peu cette dose annuelle, à la condition d'y obvier par des applications complémentaires de terreaux, de compost ou d'engrais pulvérulents du commerce.

Les *terreaux vifs* proviennent du recoupage des *terreaux usés* avec les réchauds des couches. Ce qui n'est pas nécessaire au chargement des coffres est épandu sur les carrés du potager, comme demi-fumure.

Les *composts* sont fournis par la décomposition de toutes sortes de résidus que l'on jette dans une fosse spéciale cimentée : herbes, fanes, terres de route, feuilles, vidanges, animaux morts, cendres, déchets ménagers, etc. Leur valeur est presque égale à celle des fumiers. Comme ces derniers, ils sont d'autant plus actifs qu'ils ont été bien préparés, c'est-à-dire humidifiés au purin ou à l'eau pendant le cours de leur décomposition.

Autres engrais. — On peut encore fertiliser le potager au moyen des engrais pulvérulents employés seuls ou en mélange, tels que *guano, poudrette, sang desséché, viandes, corne*, etc., qui contiennent de l'azote organique plus ou moins nitrifiable et de valeur très variable (V. LES ENGRAIS, chap. VIII, *Engrais organiques industriels*).

Viennent ensuite les engrais chimiques proprement dits : nitrates de soude et de potasse, sulfate d'ammoniaque, superphosphates, sels de potasse, etc., auxquels on peut encore avoir recours au titre d'engrais complémentaires en faisant seulement des applications à petites doses.

Mais le meilleur moyen d'obvier à l'insuffisance des fumiers et des autres engrais à base d'humus, qui sont incontestablement les meilleurs, c'est encore de soumettre alternativement les différents carrés du potager à la culture fourragère, en introduisant de temps à autre dans l'assolement de la luzerne, du sainfoin, du trèfle, des vesces, de la minette, etc.

Ces légumineuses fournissent un abondant fourrage vert et sec qui sert à l'alimentation du bétail, petit et gros ; elles combattent l'apathie des parcelles « fatiguées » ; elles contrarient la multiplication de certains insectes et des maladies cryptogamiques ; enfin elles enrichissent la couche arable en humus et en principes essentiels.

IV. — RÉPARTITION DES CULTURES

Utilité des assolements. — Les plantes potagères, comme celles de grande culture, sont *antipathiques* à elles-mêmes, pour plusieurs raisons. On ne doit donc pas les faire revenir trop souvent sur le même terrain.

Ainsi, plusieurs légumes à racines pivotantes trouvent leur subsistance dans les couches profondes; d'autres tracent et vivent superficiellement. Il en est qui sont avides de certains sucs, dont le stock de réserve est limité, tandis que d'autres ont une prédilection marquée pour des principes essentiels de nature différente.

C'est pour cela que, en variant les cultures, on équilibre les besoins d'engrais dans toutes les couches accessibles du sol et du sous-sol en augmentant la productivité du terrain.

Si on tient compte, en outre, que les racines des végétaux laissent dans le sol des résidus de sécrétion toujours toxiques pour les plantes de la même famille, et que, d'autre part, toutes les espèces ont des ennemis dans le monde végétal et dans le monde animal — champignons et insectes — on comprend l'intérêt qu'il y a à pratiquer l'alternance des cultures potagères.

Petit potager familial. — Les petits potagers particuliers destinés à l'approvisionnement légumier des ménages demandent à être assolés d'une façon tout à fait spéciale, afin qu'il y ait le moins d'interruption possible entre les différentes productions. Le jardin devra donc être divisé en un grand nombre de carrés d'égale surface qui seront subdivisés eux-mêmes, suivant les besoins, en petites planches.

Supposons que la partie cultivable du potager ait une surface de 4 ares, non compris les plates-bandes. On pourra le diviser, par exemple, en 8 carrés égaux de chacun 50 mètres carrés.

Deux de ces carrés entiers seront affectés, tous les ans, à la culture de la pomme de terre, l'un d'eux étant réservé aux pommes de terre précoces comme la *victor* et la *marjolin*, l'autre recevant des variétés tardives telles que *hollande* ou *saucisse*. Le premier carré pourra servir, après récolte, au repiquage des choux pommés tardifs ou des choux de Bruxelles, qui donnent leurs produits durant l'hiver. Le deuxième pourra recevoir, entre les lignes, des *poireaux* repiqués, en réservant une petite surface pour y semer un peu de *mâche*.

Le carré consacré aux couches et aux cloches devra être changé de place tous les ans. Avec la plate-bande de repiquage, c'est lui qui fournira la totalité des radis, salades, carottes printanières nécessaires à l'approvisionnement ménager. En cours de saison, ils seront utilisés pour l'élevage et la culture des melons et des autres cucurbitacées qui devront être éloignés le plus possible pour éviter le croisement des espèces. Ils feront prospérer également, grâce à leurs terreaux, les tomates et les choux-fleurs qui sont avides d'engrais.

Dans les autres carrés on sèmera alternativement : IV, *carottes précoces* de pleine terre suivies de *navets tardifs* ou de *rutabagas* repiqués; V, *petits pois* précoces, auxquels succéderont les *choux* pommés d'automne; VI, moitié du carré en *artichauts* et le reste en *asperges* — les artichauts étant changés de place tous les trois ans et les asperges tous les dix ans par exemple; VII, choux pommés d'hiver (cœur-de-bœuf, york, etc.,) suivis d'un semis de *haricots*; VIII, moitié du carré en *fraiseraie*, à renouveler tous les trois ans, le reste en plantes condimentaires (oignons, ails, échalotes, etc.).

Tous les ans, chacun des carrés ayant porté deux récoltes sera affecté à des cultures différentes, en s'arrangeant de manière à y faire passer successivement les couches, les cultures semi-annuelles, puis les cultures à longue échéance comme les fraises, les artichauts et les asperges.

Cette distribution des cultures peut être modifiée au point de vue superficiel, suivant les préférences. Ainsi, on donnera une plus grande importance à l'oignon, par exemple, qu'au poireau et aux échalotes. Il est loisible de réduire la parcelle en carottes au profit des navets, ou vice versa, en laissant une petite place aux céleris, aux panais, aux salsifis, fèves, aubergines et autres légumes d'importance secondaire non mentionnés dans la rubrique de détail.

Jardin maraîcher. — Ce qui convient au potager familial, pour la production échelonnée des légumes, n'a plus autant d'intérêt dans le cas de jardin maraîcher exploité par un professionnel.

En effet, les légumes produits à une époque où les marchés sont abondamment approvisionnés ont une valeur minime et leur culture n'est pas assez rémunératrice pour l'exploitant. Celui-ci doit chercher à produire des légumes hâtifs, de demi-saison, ou encore tardifs, parce qu'ils ont moins à craindre la concurrence.

Cette perspective est assez captivante. Malheureusement, dans la pratique, il n'est pas toujours possible de l'appliquer comme on le voudrait bien car, afin de faire la liaison entre les différentes soles du potager et afin de ne jamais laisser de terrain improductif, on est souvent obligé d'introduire dans l'assolement des cultures qui ne sont pas aussi rémunératrices que d'autres.

Dans tous les cas, on évitera autant que possible de produire des salades, des fraises, des choux, des oignons, des pommes de terre, des carottes, des navets, des haricots, des pois, des épinards, etc., en période de pleine production, pour éviter l'avilissement des cours.

Un assolement de rapport. — Considérons un jardin maraîcher de 24 ares, jugé suffisant pour occuper un ménage de travailleurs disposant en outre d'un matériel de forçage assez important, en châssis et en cloches.

Ce jardin pourrait être divisé en douze parcelles égales, de chacune 2 ares et distribuées ainsi qu'il suit :

Planche I. — Couches chaudes pour l'élevage du plant, le forçage des laitues, des carottes et des radis de primeur. L'emplacement une fois libéré, on y repique des choux-fleurs d'automne et on y met en place, en fin de saison, les choux précoces : yorks, express, hâtifs d'Étampes, que l'on récoltera de bonne heure au printemps.

Planche II. — Cet emplacement est occupé par les vieux coffres et les vieux châssis qui abritent sous verre, sans réchauds, les fraisiers en pots qui donneront leur récolte de bonne heure. Après la cueillette, les fraisiers sont dépotés et repiqués en pleine terre sur un nouvel emplacement libre. A leur place, on met des choux tardifs : *milan, vaugirard, quintal,* etc.

Planche III. — Plantée au printemps avec des œilletons d'artichaut élevés en pots sur couche froide et mis en place une fois les gelées

1 *Couches chaudes.* Élevage du plant. Forçage des laitues, carottes et radis.	**7** *Laitues* cultivées sous cloches et réchauds.
2 *Fraises* mises en pots et placées sous châssis froids.	**8** *Melons* cultivés en « tranchées » sous cloches.
3 *Artichauts.* OEilletons repiqués avec la motte et mis en place.	**9** *Choux-fleurs* hâtifs.
4 *Artichauts.* Artichautière entrant dans sa 2e année et destinée à être défrichée.	**10** *Choux pommés* précoces.
5 *Pommes de terre* cultivées en culture hâtée.	**11** *Petits pois* hâtifs.
6 *Fraises.* Fraisière pour la production des plants et des fruits.	**12** *Carottes* hâtives.

Exemple d'assolement d'un jardin maraîcher.
Tableau I montrant la situation des cultures vers le 15 avril.

1 *Choux précoces* mis en place pour la première saison printanière.	**7** *Planche libre* ayant produit des poireaux d'été.
2 *Choux d'hiver* récoltés ayant pris la place des fraises.	**8** *Laitues tardives* ayant crû avec le concours des cloches.
3 *Artichauts* de l'année ayant porté une récolte.	**9** *Pépinière.* Laitues. Salades. OEilletons d'artichauts.
4 *Fraises.* Fraisière obtenue par le repiquage des plants en pots.	**10** *Fraises.* Plants sous châssis froids.
5 *Haricots* ayant fourni une récolte en vert.	**11** *Poireaux d'hiver.*
6 *Brocolis* mis en place pour le printemps.	**12** *Oignons blancs* pour la production printanière.

Exemple d'assolement d'un jardin maraîcher.
Tableau II montrant la situation des cultures vers le 1er décembre.

passées. Ces artichauts occuperont le terrain jusqu'à la fin de l'année suivante.

Planche IV. — Artichautière entrant dans sa deuxième année. On la défriche aussitôt la récolte, et, à sa place, on installe le vieux matériel de forçage pour l'élevage en pots du plant de fraisier destiné à la prochaine culture hâtée.

Planche V. — Pomme de terre *victor*, en culture précoce faite de très bonne heure. La faire suivre d'une culture de haricots destinés à la production des aiguilles ou du grain vert.

Planche VI. — Fraisiers de pleine terre. Après la récolte, on prélève les filets pour la mise en pots. L'emplacement est fumé copieusement, défriché et reçoit les *brocolis*.

Planche VII. — Laitues passion, forcées progressivement sous des cloches pour la production printanière hâtée. Aussitôt la récolte, repiquer à sa place du plant de poireau d'été déjà fort.

Planche VIII. — Melons cultivés en tranchées, avec fumier michaud et sous cloches. Faire suivre d'une culture tardive de laitues, également sous cloches.

Planche IX. — Culture de choux-fleurs demi-durs de Paris. Utiliser le terrain comme pépinière pour l'élevage des laitues, des choux d'hiver et celui des œilletons d'artichaut.

Planche X. — Choux pommés récoltés en mai. Installer à la place les châssis froids qui serviront à loger les fraisiers en pots de la prochaine récolte.

Planche XI. — Pois hâtifs *michaux, prince Albert, caractacus*. Repiquer ensuite des poireaux d'hiver pour la récolte d'arrière-saison.

Planche XII. — *Carottes courtes* de Hollande ou *obtuses* de Guérande. Repiquer des oignons blancs qui donneront de bonne heure au printemps.

La succession des cultures. — L'année suivante les planches pourront être emblavées de la façon suivante :

I. Choux hâtifs; fraises en pots.
II. Petits pois; poireaux d'hiver.
III. Artichauts; fraiseraie.
IV. Fraiseraie; pépinière.
V. Melons; laitues tardives.
VI. Brocolis; oignons blancs.
VII. Couches; choux hâtifs.
VIII. Artichautière; artichautière.
IX. Pommes de terre; haricots verts.
X. Fraises en pots; épinards.
XI. Laitues passion; poireaux d'été.
XII. Oignons blancs; choux d'hiver.

A titre d'exemple et sans que l'assolement préconisé doive être suivi à la lettre, voici comment les parcelles pourront être emblavées la troisième et la quatrième année :

TROISIÈME ANNÉE

I. Fraises en pots; haricots verts.
II. Laitues; épinards.
III. Fraiseraie; brocolis.
IV. Pommes de terre; choux d'hiver.
V. Artichauts; artichauts.
VI. Oignons blancs; poireaux d'été.
VII. Choux hâtifs; fraises en pots.
VIII. Artichauts; fraiseraie.
IX. Melons; laitues tardives.
X. Choux-fleurs; pépinière.
XI. Couches: choux tardifs.
XII. Petits pois; poireaux d'hiver.

QUATRIÈME ANNÉE

I. Carottes; oignons blancs.
II. Petits pois; choux fleurs.
III. Brocolis; poireaux d'hiver.
IV. Laitues; poireaux d'été.
V. Artichauts; fraiseraie.
VI. Couches; choux hâtifs.
VII. Fraises en pots; épinards.
VIII. Fraiseraie; pépinière.
IX. Artichauts; artichauts.
X. Pommes de terre; haricots verts.
XI. Choux hâtifs; fraises en pots.
XII. Melons; laitues tardives.

V. — LÉGUMES HERBACÉS

Exigences de cette culture. — Les légumes herbacés sont ceux dont on consomme les feuilles, les pétioles, les tiges ou les turions. Rentrent dans cette catégorie, par rang d'importance, les *choux*, les *laitues*, l'*épinard*, la *chicorée*, le *céleri à côtes*, le *pissenlit*, la *mâche*, le *cresson*, l'*oseille*, la *bette* ou *poirée*, la *rhubarbe*.

Tous ces légumes sont avides d'humidité, conséquence du grand développement pris par leurs organes foliacés et de l'exhalation aqueuse très intense dont ils sont l'objet. C'est pour cela qu'ils ne donnent vraiment de bons rendements que dans les sols humifères, bien approvisionnés en eau, où on entretient leur réserve par des paillis ou des arrosages.

L'analyse des légumes feuillus, bien que sujette à d'assez grands écarts, indique clairement que toutes les plantes de cette catégorie sont surtout exigeantes en *potasse* et en *azote*. C'est ainsi que l'on trouve en moyenne dans les choux 4,5 pour 1 000 de potasse et 1,5 pour 1 000 d'azote. Dans les salades 3 pour 1 000 de potasse et 2 pour 1 000 d'azote, l'un et l'autre de ces légumes ne contenant guère plus de 1 pour 1 000 d'acide phosphorique.

En somme, les besoins de ces végétaux herbacés sont à peu près dans le même rapport que la teneur des fumiers de ferme accompagnés de leurs purins. C'est pour cette raison que le meilleur engrais pour ces cultures est encore le fumier. Cependant, à défaut, on peut avoir recours aux autres engrais organiques et minéraux. Toutefois, la *sylvinite*, employée comme sel potassique au jardin, est peu recommandée à cause de la proportion élevée de substances toxiques qu'elle contient, ce qui ne permet pas l'ensemencement immédiat.

Choux. — Le point de départ, la condition *sine qua non* de la réussite pour les choux réside d'abord dans l'élevage du plant. Un plant trapu, bien râblé, vigoureux, pourvu d'un chevelu abondant, repiqué avec la motte, donne toujours de bons résultats, dès l'instant que le terrain a été copieusement fumé et bien ameubli et qu'on le maintient en bon état de fraîcheur par des paillis et des arrosages.

Les semis s'effectuent à toutes les époques de l'année, en côtière, sous cloche et sous châssis, mais toujours en terrain terreauté. L'altise étant l'ennemie innée des choux, on s'en défend par des bassinages répétés et on cherche à activer le plus possible leur croissance. On sème en lignes ou à la volée pour repiquer une première fois en pépinière, à 12 centimètres en tous sens, lorsque le plant a trois feuilles. Un mois après, on le met définitivement en place en l'enterrant jusqu'aux feuilles de l'embase. Avoir soin d'éliminer tous les sujets borgnes, effilés et surtout les *gros-pieds*.

Les choux pommés d'été (*ulm, petit-milan, joanet, aubervilliers*) se sèment sur couches chaudes en février-mars ; on peut les consommer de fin juillet à septembre. Ceux d'automne et d'hiver (*gros-milan, quintal d'Alsace, vaugirard*) s'élèvent en avril-mai sur plates-bandes, pour repiquer en juillet. Les choux de printemps (*express, hâtif d'Étampes, york, cœur-de-bœuf*) se sèment en août-septembre. On les met en place en octobre ou seulement au printemps quand le terrain est mal exposé.

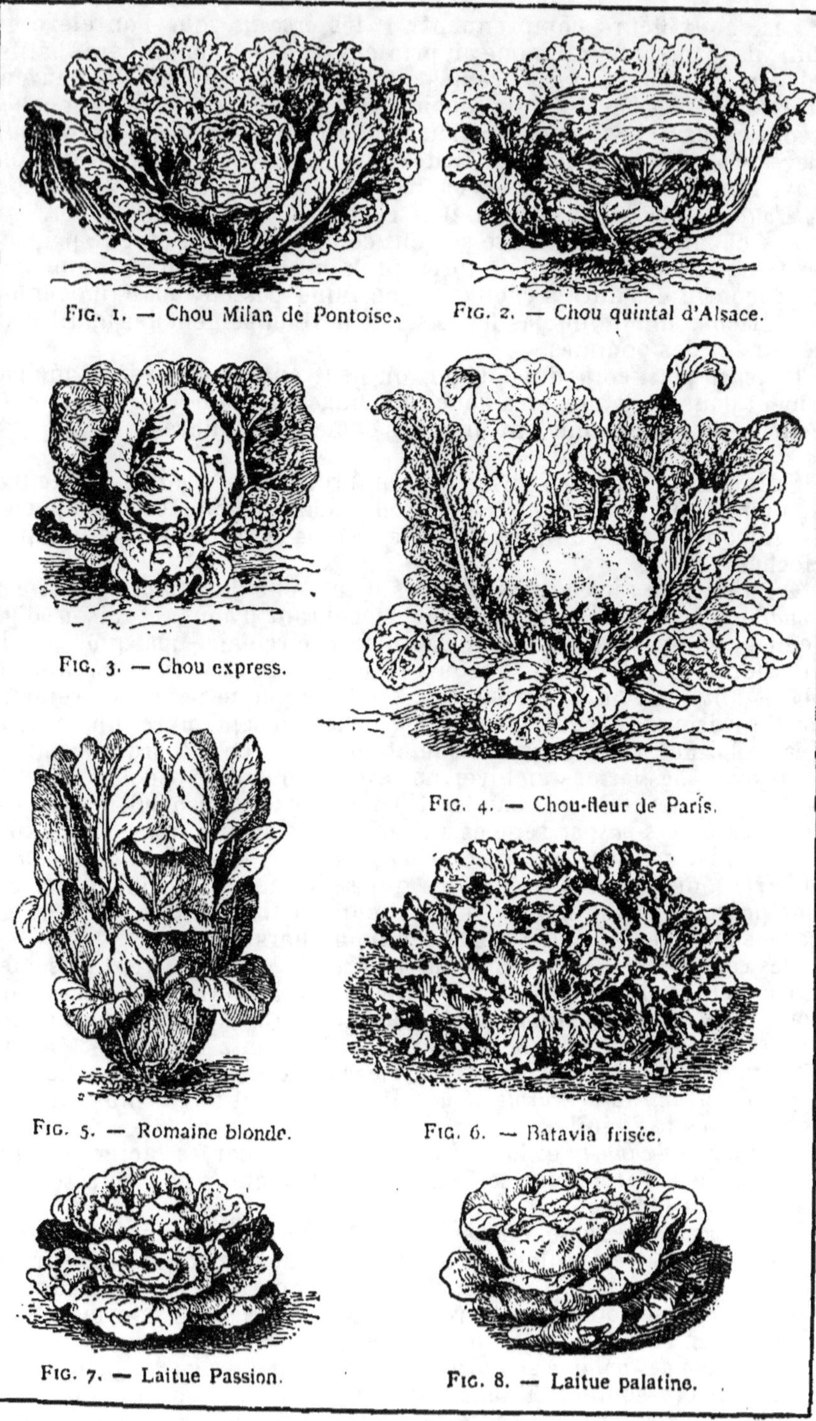

CHOUX ET SALADES

Les choux-fleurs comprennent : 1° les *brocolis,* que l'on élève en juin ; ils forment leur pomme au printemps ; 2° les choux-fleurs hâtifs, tels que le *nain d'Erfurth,* semés fin septembre sous cloche peuvent être forcés en février sur couche chaude ou repiqués sur couches tièdes en mars ; 3° les choux-fleurs de saison (*merveille* et *lenormand*), élevés en février sur couches tièdes peuvent être mis en place au mois d'avril en pleine terre ; 4° les choux-fleurs tardifs (*durs d'Angleterre et de Hollande*) s'élèvent en mai et se repiquent en place en juillet.

Les choux de Bruxelles se sèment courant de mai, afin de pouvoir les repiquer aussi en juillet, après qu'ils ont bénéficié d'un repiquage. A l'encontre des autres choux, on ne fume pas en terre moyennement riche, afin de ne pas favoriser le développement des feuilles, au détriment des pommes.

Dans un petit coin du potager, on peut encore cultiver, principalement pour les lapins, des choux fourragers, *cavaliers* ou *branchus du Poitou,* qui s'accommodent bien des copieuses fumures.

Salades. — Dans la série très nombreuse des salades, les *laitues* tiennent la première place. Leur production échelonnée est à la portée de quiconque possède un couple de châssis maraîchers et quelques cloches.

On distingue : les laitues tardives d'automne (*gotte à graine noire* et *romaine grise*), que l'on sème dans le courant d'août, à raison d'un demi-gramme de graine sur la surface circulaire marquée par la pression d'une cloche. On recouvre d'un peu de terreau et lorsque les plants ont deux ou trois feuilles, on les repique pour la première fois, à raison de vingt-quatre par cloche. En septembre, on repique quatre laitues sous chaque cloche et on récolte en octobre-novembre. Pour avoir des laitues en hiver, on prend du plant un peu plus tardif et on le force sur couches chaudes. Un peu plus tard, en avril-mai, on récolte les *laitues passion* semées à l'arrière-saison en côtière bien exposée. Les laitues d'été, *palatine, blonde paresseuse, batavia, romaine blonde* et *verte* fournissent des récoltes qui se succèdent jusqu'aux froids. Une précaution à prendre pour le repiquage des salades, c'est de ne pas les enterrer, le collet restant toujours hors de terre.

Les *chicorées frisées,* notamment la *fine parisienne* peuvent se semer sur couche chaude, à partir de janvier. On les force sous châssis ou sous cloche. La germination doit être très rapide si on veut éviter la montée à graine et il faut donner de fréquents arrosages. On les lie pour les faire blanchir. A l'arrière-saison, on cultive surtout la *frisée de Meaux* ou la *scarole blonde.* Il est prudent de ne plus faire de semis après le 20 juillet.

La *barbe-de-capucin* et la *witloof* sont des chicorées racineuses que l'on récolte à l'arrière-saison en vue du blanchiment à effectuer en cave durant l'hiver.

Le *pissenlit* se sème en pépinière fin mai. On repique lorsque les plants ont quatre feuilles, en les espaçant de 10 centimètres sur des lignes distantes de 25 centimètres. Aux approches des froids, on recouvre d'une couche de terreau complétée par une couverture de feuilles. On récolte lorsque les feuilles sont étiolées.

Le *cresson de fontaine* se cultive d'une façon un peu spéciale. Pour créer une cressonnière il faut disposer d'une eau courante de bonne qualité. Puis on creuse des fossés en pente douce, pouvant être inondés ou asséchés à volonté. Après un labour et une fumure on ensemence soit avec des graines ou au moyen de boutures placées à 15 ou 20 centimètres de distance. On mouille et on fait monter le niveau de l'eau au fur et à mesure que le cresson se développe. Durant l'été, on peut faire une récolte toutes les trois ou quatre semaines.

Le *cresson alénois* se sème au jardin en lignes distantes de 12 à 15 centimètres, à partir d'avril, jusqu'en août. La croissance est très rapide. Comme il monte vite à graine, il faut le placer dans un endroit ombragé et arroser souvent en cas de sécheresse.

La *mâche* ou *doucette* n'est pas bien exigeante. On peut la semer très clair sur un terrain débarrassé de sa récolte de pommes de terre ou de racines quelconques. Celle destinée à être récoltée au printemps ne doit guère se semer qu'en septembre. Elle résisterait difficilement aux gelées si on la semait plus tôt.

Nota. — La graine des différentes salades étant petite, on se contentera de la semer et de la recouvrir en répandant un peu de terreau fin. Il en est de même de la graine de choux. La levée est toujours moins bonne lorsque la semence est trop enterrée.

Autres feuillus. — Dans les bons terrains, l'*épinard* donne un rendement élevé en feuilles. Il convient aux cultures dérobées et alternatives. Il a le défaut de monter à graine en été, à moins de le cultiver en terrain humifère ombragé en lui octroyant de fréquents arrosages. Donner la préférence à l'*épinard lent à monter* pour les semis de printemps et d'été. Pour les semis d'automne, adopter le *monstrueux de Viroflay*. La graine se distribue en lignes distantes de 25 centimètres en la recouvrant de 2 centimètres de terre fine. On éclaircit à 5 centimètres lorsque le plant est bien apparent. L'épinard d'automne se récolte une première fois avant l'hiver. Au printemps, on peut faire plusieurs cueillettes successives si on a soin de ménager les cœurs ou repousses.

L'*oseille* peut se cultiver en bordures, par repiquage de boutures. Pour le marché, on la repique en plein carré, en lignes distantes de 25 centimètres et à 15 centimètres sur les lignes. Le plant élevé en terre douce est mis en place lorsqu'il a cinq ou six feuilles. Pour cet objet la meilleure variété est celle de *Belleville*.

Le *céleri* peut être élevé sur couche tiède ou chaude en février-mars. Le semis doit être clair, 5 centimètres entre les plants. On les repique dans une terre bien fumée et ameublie, à la distance de 25 à 30 centimètres. On bine puis on arrose. En fin de saison, on entoure les céleris d'une torsade de paille et on les butte progressivement en laissant seulement pointer l'extrémité des feuilles. Les côtes blanchissent et se trouvent protégées des gelées. Le *céleri plein blanc* est le plus estimé.

La *bette* ou *poirée* se récolte à partir d'août, jusqu'aux froids. La *variété blonde à carde blanche* est la plus cultivée. On la sème en pépinière au printemps, les gelées passées, puis on la repique à 30 ou 35 centimètres. Cette plante est rustique.

Le *cardon* se sème au printemps, en avril-mai, en mettant trois ou quatre graines dans des trous terreautés, espacés de mètre en tous sens. On contre-plante avec salades, radis et on conserve un seul cardon par pied. A l'arrière-saison, on lie les cardons comme des fagots après avoir relevé les feuilles. On butte encore les pieds pour blanchir les côtes. Cette opération se fait successivement quinze jours ou trois semaines avant de consommer.

VI. — LÉGUMES RACINES

Exigences en engrais. — Les *légumes racines* comprennent les *carottes*, les *betteraves potagères*, les *navets, panais, choux-navets, choux-raves, salsifis, scorsonères, radis roses, radis noirs, céleris-raves*, etc., auxquels il convient d'ajouter les plantes à tubercules, la *pomme de terre* et le *topinambour*.

Pour prospérer, tous ces légumes doivent trouver à leur disposition les principes essentiels nécessaires à la formation de leur matière. En cas de pénurie, c'est le défaut d'acide phosphorique qui paraît avoir le plus d'influence sur les rendements. Un excès d'azote nitrique exagère le développement des organes foliacés au détriment des racines et des tubercules.

En terre de jardin moyennement fertile on peut se contenter de faire une application de 250 à 300 kilogrammes de bon fumier à l'are ou une quantité équivalente de terreaux, boues de ville ou composts. On estime que 1 000 kilogrammes de racines exportent, en chiffres ronds : 2 à 3 kilogrammes d'azote, 1,5 à 2 kilogrammes d'acide phosphorique et 5 à 6 kilogrammes de potasse. D'après ces données, il est facile, en tablant sur un rendement approximatif de 20 tonnes à l'hectare, ou 200 kilogrammes à l'are, de déterminer les quantités d'engrais strictement nécessaires. Les exigences de la pomme de terre sont à peu près les mêmes que ceux des plantes racines.

Carottes potagères. — La culture des *carottes* de primeur et de première saison est la seule rémunératrice pour le professionnel. Le particulier y ajoute la culture tardive pour son approvisionnement d'hiver.

Les primeurs s'obtiennent sur couches chaudes ou tièdes, établies à partir de janvier jusqu'en avril. On a recours aux deux variétés, *rouge parisienne à forcer* et *bellot* ou *saint-fiacre*. La semence, que l'on peut produire soi-même en plantant quelques beaux porte-graines, ne doit pas être âgée de plus de quatre ans. On la frotte entre les mains pour la « persiller », afin de briser les crochets, ce qui facilitera la distribution.

Pour semer les couches, on imprime, à l'aide de la règle à tracer, de petits sillons distants de 6 à 7 centimètres et, dans ceux-ci, de deux rangs l'un, on met alternativement de la graine de carotte et de la graine de radis rose. Le radis enlevé, toute la place disponible reste à la carotte.

Pour succéder à cette première récolte de primeur, on effectue en février-mars, en côtière terreautée et bien abritée, une culture hâtée. Dans ce but, on sème en rayons distants de 25 centimètres, de la *carotte rouge courte de Hollande* ou la *demi-courte de Guérande*. La graine doit être superficiellement enterrée, mais il faut la tasser, soit à la batte, soit au râteau. En cours de saison on bine, on éclaircit et on arrose suivant les besoins.

La production d'hiver nécessite un semis plus tardif, effectué dans le courant de mai, avec la *demi-longue nantaise* ou la *saint-valéry*.

Betteraves potagères. — Cette racine que l'on ne consomme guère qu'en salade, et que d'ailleurs tout le monde n'aime pas, n'est pas très cultivée, sauf par quelques rares professionnels. Les variétés

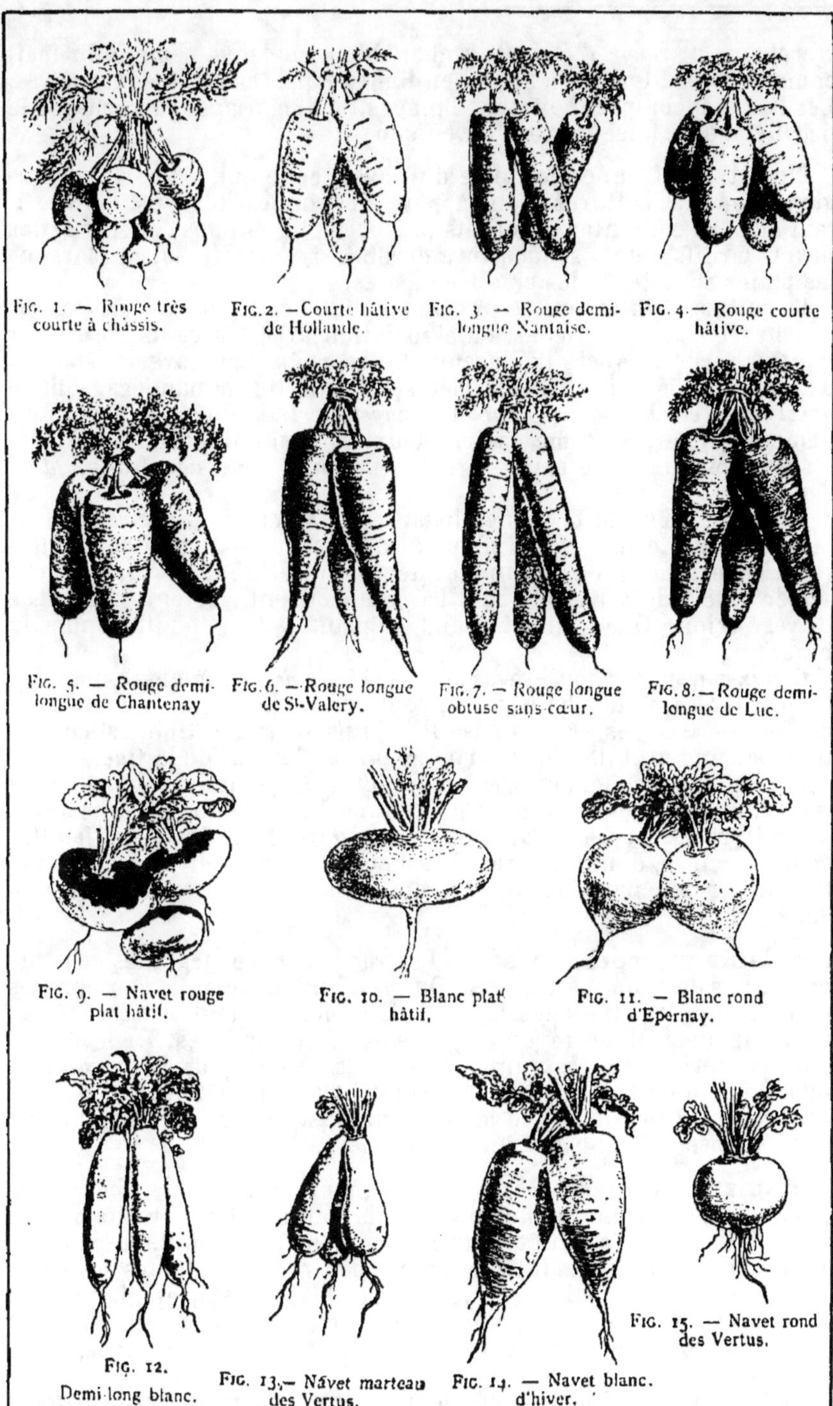

CAROTTES ET NAVETS

crapaudine et *rouge d'Egypte*, à chair bien rouge, se sèment fin mai, comme les betteraves à sucre, en lignes espacées de 35 centimètres. Les travaux comprennent les binages, le démariage, l'arrachage, le décolletage, la mise en cave ou en silo.

Navets. — L'ennemie innée du navet, celle qui, en certaines régions, rend les cultures d'été à peu près impossibles, est l'*altise*. Il faut alors se contenter de navets précoces, élevés sous couches et des navets tardifs obtenus en culture dérobée, à l'arrière-saison, lorsque les pluies sont devenues plus fréquentes.

La culture printanière se pratique comme celle de la carotte, sur couches chaudes ou tièdes, en association avec les radis roses, par lignes alternées. Après l'enlèvement des radis, les navets disposent de toute la place. Les deux variétés les plus recommandées sont le *navet à forcer demi-long blanc* et le *navet marteau*. Pour l'approvisionnement d'hiver, on sème dans la deuxième quinzaine d'août, en terre fertile, des navets de garde (*rave d'Auvergne*, *navet de Meaux*, *blanc dur d'hiver*).

La graine se sème en lignes distantes de 30 à 35 centimètres d'écartement, dans de tout petits sillons. On la recouvre de très peu de terreau. On estime que 25 grammes de graine suffisent amplement pour semer un are de terrain. Il faut bassiner souvent, surtout au début de la végétation. On éclaircit quand le plant a deux feuilles, puis on bine.

Choux-navets et choux-raves. — Les *choux-navets*, à chair blanche, et les *rutabagas*, à chair jaune, sont des racines qu'il ne faut pas confondre avec les *choux-raves*, dont la partie comestible est constituée par une protubérance aérienne ou renflement de la tige.

Ces légumes se sèment presque toujours en pépinière, dans le courant de mai. Le plan est arraché au transplantoir, puis repiqué après « habillage » c'est-à-dire après avoir raccourci l'extrémité des feuilles et des racines, dans un terrain récemment ameubli et bien fumé. Il faut arroser pour activer la reprise, si le temps n'est pas à la pluie.

Salsifis et scorsonères. — Les racines de ces légumes se mangent à la sauce, au jus ou frits. On les distingue par la couleur des racines qui est jaune chez les salsifis et noire chez les scorsonères. On sème fin avril, en rayons espacés de 25 centimètres. La levée est parfois capricieuse. La graine ne sera pas âgée de plus de deux ans et on aura soin de bassiner souvent pendant la germination. On éclaircit à 10 centimètres lorsque le jeune plant possède deux feuilles. On bine et on arrose pendant le cours de la végétation.

Radis. — Les radis roses s'obtiennent facilement sous verre (châssis ou cloches). En pleine terre, ils sont souvent détruits par les altises. Leur végétation étant très rapide, 30 à 35 jours, on peut les semer comme cultures intercalaires à peu près avec toutes sortes de légumes tels que salades, choux, carottes, navets, etc. La graine conserve sa faculté germinative pendant trois ou quatre ans. On peut la récolter soi-même en repiquant des radis bien conformés, arrachés en avril-mai.

Sur couches, on sème généralement les *radis ronds* ou *demi-longs roses à bout blanc.* En pleine terre on préfère les *ronds* et les *demi-longs écarlates.* Pour la consommation d'hiver, c'est aux *radis noirs* que l'on a recours. Ceux-ci se sèment courant de juillet, en lignes espacées de 32 centimètres en les éclaircissant à 15 centimètres. On récolte en octobre-novembre et on conserve les racines en les stratifiant à la cave dans le sable.

Pommes de terre. — La pomme de terre est le légume par excellence, celui que l'on consomme le plus. Le particulier qui demande à son jardin la totalité de son approvisionnement doit consacrer à cette culture d'assez grandes surfaces. Connaissant ses besoins, il peut tabler sur une production moyenne de 150 à 200 kilogrammes de tubercules à l'are et distribuer son assolement en conséquence.

Quand la provision d'hiver est cultivée en plein champ, on se contente de planter au potager les pommes de terre précoces ou de première saison qui doivent faire la liaison entre les « vieilles » et les « nouvelles » pommes de terre fournies par la grande culture.

Dans tous les cas, pour obtenir un rendement satisfaisant en tubercules et activer le départ de la végétation, on ne doit planter que des semenceaux de choix, mis en clayettes à l'arrachage, et verdis à la lumière. On évite ainsi les multiples causes de dégénérescence et les pommes de terre sont beaucoup plus résistantes à la maladie.

De toutes les variétés, la plus précoce est la *victor*. Viennent ensuite la *marjolin hâtive* qui convient à la première saison, ainsi que *belle de Fontenay, royale, belle de juillet*. Si on veut produire pour la consommation d'hiver, on cultive la *hollande*, la *saucisse rouge* et la *quarantaine violette*, qui sont à chair jaune et ferme, réputées pour la table. Si, en outre, on tient davantage au rendement qu'à la qualité, par exemple lorsqu'on veut cultiver la pomme de terre pour le petit bétail, on plantera une certaine surface en *early rose*, en *industrie* et en *magnum bonum* qui sont des variétés à « deux fins ».

On doit toujours planter vers la mi-mars, au plus tard, mais en petite quantité, les variétés précoces à récolter de bonne heure. On attend la première quinzaine d'avril pour mettre en terre les variétés qui feront la liaison entre les précoces et les tardives. Les tubercules germés sont placés verticalement à 30 ou 35 centimètres de distance dans le fond de sillons profonds de 10 à 12 centimètres, ouverts au hoyau à 50 ou 55 centimètres d'écartement. S'il s'agit de pommes de terre tardives, on met 5 ou 10 centimètres de distance en plus dans les deux sens et, dans ce cas, on préfère ouvrir séparément les trous, soit au hoyau, soit à la bêche.

Dans le cas de pommes de terre précoces il faut recouvrir les jeunes tiges, lorsqu'elles se montrent, surtout le soir, chaque fois que les gelées sont à craindre. On effectue ainsi un buttage progressif qui fait peu de tort au rendement. Comme façons, on bine quand le besoin s'en fait sentir, on butte très légèrement et on récolte quand les fanes se dessèchent. La mise en cave doit se faire après ressuyage.

Topinambour. — Le topinambour est inférieur à la pomme de terre au point de vue rendement et valeur nutritive de ses tubercules. Ceux-ci sont en outre de moins bonne conservation et d'une destruction difficile dans les sols où on les a cultivés. La plantation et les façons à donner au topinambour sont les mêmes que pour la pomme de terre. Au jardin on ne plante guère que le *topinambour patate* qui possède des tubercules plus gros et moins bossués que le topinambour ordinaire.

VII. — LÉGUMES FRUITS

Fraise. — De tous les légumes-fruits, la *fraise* est l'un des plus cultivés. Non seulement on la trouve dans tous les jardins, mais certains spécialistes se livrent à sa culture sur d'assez grandes surfaces pour l'approvisionnement du marché, ou encore en vue de la production du plant.

Le fraisier intéresse donc beaucoup de personnes. Mais il ne faut pas oublier que, pour en obtenir des rendements satisfaisants, pouvant s'élever à 150 et jusqu'à 200 kilogrammes de fruits à l'are, au lieu de 50 à 100 kilogrammes, que l'on n'est pas toujours certain d'atteindre quand les soins sont négligés, il faut être en possession de plants vigoureux pourvus d'un abondant chevelu.

Le dressage des plants est d'une importance capitale. On estime que, pour produire 100 kilogrammes de fraises, la dépense d'engrais est à peu près la suivante : azote, 600 grammes ; acide phosphorique, 225 grammes ; potasse, 1 kilogramme. Si le terrain en fraiseraie est naturellement riche, en admettant que la plantation soit faite pour trois ans, on enfouira, par le labour qui précède, 350 kilogrammes à l'are de bon *fumier de ferme* et, tous les ans, on paillera avec du fumier frais bien imprégné d'urine.

Au point de vue cultural, on distingue :

1° La *culture forcée*, qui se fait avec le concours des couches et du verre ; elle est assez délicate. Il faut opérer avec du beau plant empoté en juillet, dans des godets de 14 centimètres de diamètre, fourni par les variétés *marguerite*, *morère* ou *noble*. Le terreau de remplissage est constitué par un mélange de terre riche de jardin, 5/10 ; compost, 3/10 ; terreau de feuilles, 2/10. Le forçage a lieu fin novembre pour récolter vers le 15 février, ou fin décembre, si on veut récolter un mois plus tard. On doit aérer, éclairer, couvrir, bassiner, plumeauter, pour assurer la fécondation et la croissance des fruits ;

2° La *culture hâtée*, qui se pratique avec les variétés *noble*, *héricart de thury*, *reine des hâtives*, mises en pots comme précédemment et placées sous châssis froids à raison de vingt-quatre par panneau. Les fruits récoltés au début de mai ont encore une valeur marchande élevée ;

3° La *culture de pleine terre*, qui est précoce, de saison ou tardive ; elle intéresse à la fois les amateurs et les professionnels. Pour succéder à la culture hâtée, on plante *royale sovereign*, *louis gauthier*, *madame meslé* et *montot* en côtière bien exposée, qui mûriront fin mai. Pour juin, en plein carré, on recommande *victoria* et *jucunda* ; en juillet, *wonderful* et *tardive de léopold*. Enfin les fraisiers remontants, *quatre-saisons*, la *perle*, *saint-joseph*, *saint-antoine-de-padoue*, peuvent fournir des fraises jusqu'aux gelées.

Tous ces plants, précoces ou tardifs, proviennent tous de beaux filets prélevés sur des sujets vigoureux et fertiles, au nombre de deux par pied. On les met en place dans le courant de septembre, quand ils sont bien enracinés, en les distançant, suivant leur futur développement, de 30 × 35 centimètres au minimum à 45 × 50 centimètres au maximum.

Culture des melons. — Le *melon* est une plante délicate qui exige, pour mûrir, le concours des réchauds de fumier et celui des

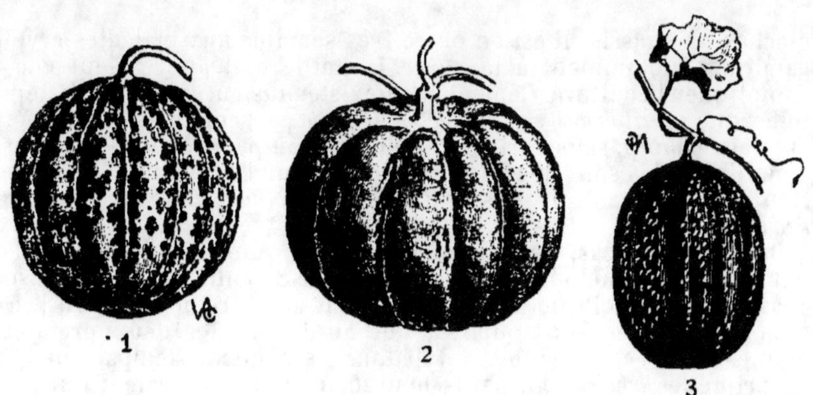

Fɪɢ. 1. — Quelques variétés de melons.
1. Cantaloup Prescott hâtif; 2. Cantaloup noir des Carmes; 3. Melon vert à rames.

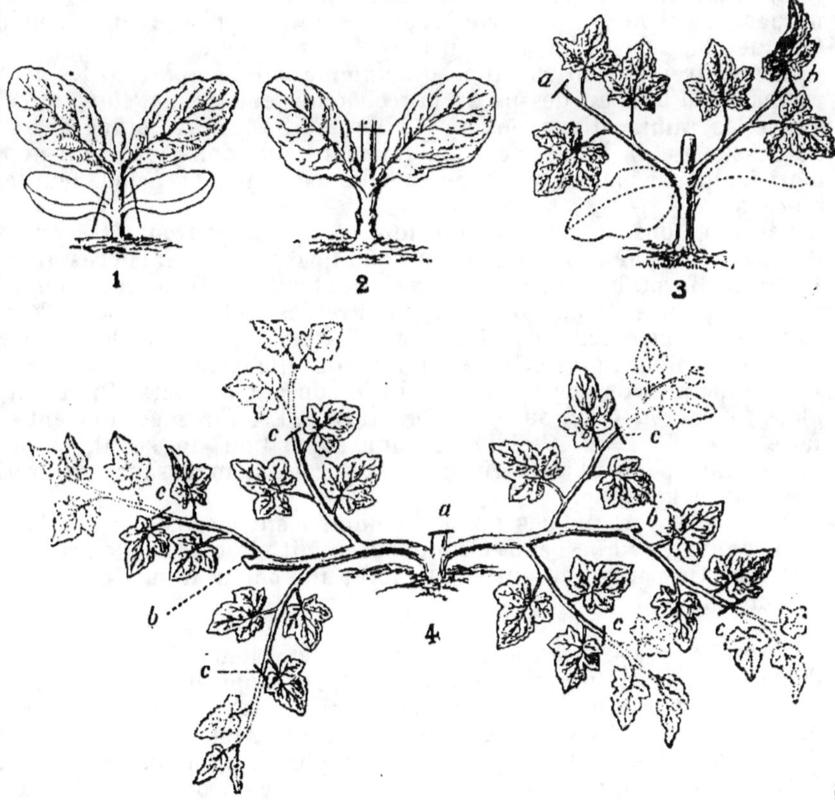

Fɪɢ. 2. — Tailles successives du melon.
1. Suppression des deux cotylédons; 2. Première taille : étêtage du plant; 3. Deuxième taille : les deux branches sont coupées en *a* et *b* au-dessus de leur troisième feuille; 4, *a*, première taille; *b*, deuxième taille; *c*, troisième taille.

MELONS

cloches ou châssis. Il est en outre très sensible aux maladies crypto-gamiques, notamment à la *nuille*. La taille obligatoire vient encore compliquer la culture. Cependant il existe plusieurs variétés rustiques telles que : *petit dijon, sucrin, melon de poche*, susceptibles de prospérer en plein champ, sans abris vitrés, et que l'on peut même se dispenser de tailler. Elles sont aussi intéressantes pour l'amateur et le professionnel que la culture des *cantaloups d'été (noir des carmes, prescott, kroumir)*.

Dans tous les cas, c'est dans la première quinzaine d'avril que l'on fait germer les melons dans des godets de 8 centimètres, placés sous châssis ou sous cloche. Dès que le plant a quatre feuilles, on l'*étête*, c'est-à-dire que l'on coupe la tige au-dessus des deux premières feuilles, non compris les cotylédons, en même temps que l'on supprime les *bourrillons*, petits bourgeons de peu de valeur qui prennent naissance à l'embase des cotylédons. Quelque temps après, on met en place, avec la motte, sur buttes orientées suivant la direction est-ouest et ainsi établies : creuser une tranchée peu profonde, la remplir de fumier, de feuilles, d'herbes ou d'autres détritus organiques et recouvrir de terre douce et fertile, placée en arrondi. Chaque plant est paillé, puis on le recouvre d'une cloche.

Successivement on effectue la deuxième taille en pinçant les deux rameaux ou bras au-dessus de la troisième feuille, puis lorsque ces nouvelles ramifications ont pris cinq feuilles, on les pince encore au-dessus de la troisième. Généralement, on conserve seulement deux fruits par pied et on pince pour la quatrième fois à deux feuilles au-dessus.

Les « melons de poche » une fois repiqués, peuvent être abandonnés à eux-mêmes, les cloches n'étant pas absolument nécessaires. En année favorable, on récolte six à huit fruits par pied, gros comme les deux poings. Quand on veut produire des melons précoces, l'élevage se fait également en godets à partir de janvier, sur couche chaude, et on les repique après étêtage sur une nouvelle couche chaude, à raison de deux pieds par châssis, dans le courant de mars. On adopte alors le *prescott hâtif* ou le *noir des carmes*. Les arrosages doivent se faire avec de l'eau attiédie par une exposition au soleil, en les suspendant pendant la période de la floraison, mais sans exagérer, pour éviter la nuille.

On récolte lorsque les melons commencent à se gercer à la base du pédoncule et que l'extrémité opposée fait ressort sous la pression du doigt. On perçoit en outre à l'odorat une odeur aromatique suave caractéristique.

Tomate. — La *tomate* exige beaucoup de chaleur. C'est une plante des régions méridionales. Dans le nord, les propriétaires ne la cultivent guère que pour leurs propres besoins. Cependant, la tomate est une plante qui demande peu d'engrais. Ainsi une récolte de 300 kilogrammes à l'are exporte, tout au plus, 1 kilogramme d'azote, 1 kilogramme de potasse et 400 grammes d'acide phosphorique. En terre fertile, si la récolte précédente a été copieusement fumée, on peut se contenter de lui fournir un paillis de fumier bien décomposé, après le repiquage du plant élevé sous châssis.

La variété *hâtive de pleine terre* et la *mikado écarlate* sont les plus cultivées. Le semis se fait sur couche tiède ou chaude dans le courant de mars. Quand le plant a trois feuilles, on repique en pépinière sous une autre couche, puis on met en place définitivement, en prélevant les pieds avec un plantoir, du 15 mai au 1ᵉʳ juin. Les pieds sont distancés de 60 centimètres sur des lignes espacées de 1 mètre. Aussitôt le repiquage, on fume en couverture, on arrose, puis on plante deux tuteurs ou échalas, un de chaque côté des pieds. Après la reprise, on pince les tiges à 15 centimètres de hauteur sur deux feuilles, de manière à obtenir deux bras que l'on fixe après les tuteurs. Une fois que chaque brin possède trois bouquets de fleurs, on les arrête. On laisse encore venir deux inflorescences au-dessus du pincement, puis on arrête les tiges définitivement en même temps que l'on supprime tous les bourgeons anticipés qui pourraient naître. Il faut traiter préventivement à la *bouillie bordelaise* à 1 pour 100 pour empêcher les ravages du *mildiou*.

Courges et potirons. — Suivant la forme des fruits, on distingue : les *potirons*, les *courges*, les *citrouilles*, les *giraumons*, les *patissons*. Lorsque ces cucurbitacées sont produites pour la vente, la culture se fait généralement en plein champ et toujours en terre fertile. Le plus souvent, au jardin, on se contente de semer quelques pieds de potiron sur le tas de compost et on ne s'en inquiète plus. S'ils ont à leur disposition la fraîcheur et les engrais nécessaires, ils acquièrent un poids considérable.

En culture commerciale, les courges se sèment en poquets distants de 1 mètre à 1ᵐ,50 en tous sens, suivant leur développement. A chaque croisement on creuse un trou où on met une grosse fourchée de fumier que l'on recouvre de terre fine, puis on sème trois graines. Le plus beau pied de chaque poquet étant conservé, on l'étête à deux feuilles, comme les melons, de manière à obtenir deux bras qui seront taillés ensuite à cinq feuilles. On conserve de deux à six fruits par pied et l'on pince à deux feuilles au-dessus de ces fruits.

Concombres et cornichons. — L'amateur plante généralement deux pieds de concombre *blanc long parisien* ou *vert long maraicher*, ainsi que deux pieds de cornichon *vert petit de Paris* ou *fin de Meaux*, et cela lui suffit. Ces pieds s'élèvent en pots sous châssis et se repiquent sur une fourchée de fumier recouverte d'une petite butte de terre.

Quand on cultive ces cucurbitacées pour le marché, on creuse des poquets distants de 60 centimètres sur des lignes espacées de 1ᵐ,20, en établissant avec du fumier et du terreau des sortes de petites couches sourdes, sur lesquelles on sème trois graines. Après la levée, on conserve seulement un pied par poquet. Les concombres sont récoltés lorsqu'ils ont atteint un développement moyen ; on cueille les cornichons quand ils ont la grosseur du petit doigt et que leur longueur atteint 5 à 8 centimètres.

Aubergine. — Dans le centre et le nord, on ne plante guère que la *variété naine hâtive*, qui possède des fruits ovoïdes, presque noirs. Il faut élever le plant d'aubergine sur couche chaude, courant mars, dans des godets. Ce plant est aéré progressivement pour le durcir, puis on le plante à demeure vers le 15 mai, en terrain riche et bien exposé, à la distance de 60 à 70 centimètres, généralement sur une seule ligne.

On conserve seulement une feuille unique, en ayant soin d'enlever toutes les pousses du collet, puis on pince une première fois au-dessus de la deuxième fleur. Il naît alors trois ou quatre bras latéraux que l'on pince encore à deux fleurs, ce qui fait en tout huit à dix fruits.

VIII. — LÉGUMINEUSES POTAGÈRES

Les semis rationnels. — Les légumineuses potagères, comme les *pois*, les *haricots*, les *lentilles*, etc., ont surtout leur raison d'être au jardin, parce que ce sont des plantes améliorantes susceptibles d'apporter beaucoup de variété dans les assolements maraîchers. Au point de vue purement économique, ces cultures ne sont pas très avantageuses, car elles rapportent généralement moins que les autres, mais elles permettent l'alternance et rendent possible une meilleure utilisation du terrain. Il convient d'ajouter, en outre, que, par suite de l'aptitude de ces plantes au captage de l'azote atmosphérique, elles sont aussi très intéressantes, surtout quand le fumier fait défaut.

C'est pourquoi, tout en laissant à la grande culture le soin de produire les grains secs destinés à l'approvisionnement du marché, on devra néanmoins cultiver au jardin les petits pois et les haricots devant être consommés à l'état vert ou frais, en cosses ou en grains, ainsi que les quantités utilisées pour la préparation des conserves.

Pois. — La culture réellement intéressante pour les professionnels est celle des petits pois précoces, venant après une récolte de choux ou de racines récoltés avant l'hiver. Aussitôt leur enlèvement, on bêche avant l'hiver sans fumure organique, puis on sème de bonne heure, les grandes gelées passées, au début de mars par exemple. Les semis précoces donnent toujours de bien meilleurs résultats que les tardifs, car ils ne risquent pas, comme ces derniers, d'être atteints pareillement par le blanc et la chlorose.

C'est ainsi que, en semant au 1er mars les variétés hâtives telles que *prince-albert*, *caractacus* ou *orgueil-du-marché*, on peut récolter en juin et le terrain se trouve libéré assez tôt pour pouvoir être fumé copieusement, labouré une deuxième fois et emblavé en poireaux d'hiver. De cette manière, on obtient deux récoltes dans la même année sur le même terrain.

Le particulier qui doit produire dans l'année plusieurs saisons de petits pois, doit échelonner ses cultures. Il sèmera, par exemple, le 25 novembre, en côtière bien abritée et en terre saine, des *pois michaux* ou de *sainte-catherine*. Vers le 1er mars, il effectuera un semis de *caractacus*. Au 1er avril, il sèmera des *pois ridés de knight;* le 1er mai, des *pois plein-le-panier*, le 1er juin, des *prince-albert* et le 1er juillet, dernier délai, *orgueil-du-marché*.

Bien que les *pois à rames* aient un rendement supérieur aux *pois nains,* ces derniers sont bien moins assujettissants et nombre d'amateurs les préfèrent. Les pois nains se sèment en planches de trois rayons, à la distance de 35 centimètres. En laissant des espaces libres de 60 centimètres entre les planches, celles-ci se trouvent distancées de 1m,30 d'axe en axe. Quant aux pois à rames, on les distribue en doubles rangs espacés de 60 centimètres, en laissant 80 centimètres de sentier. De cette manière, les planches sont à 1m,40 d'axe en axe.

Pour semer les pois, on creuse, à l'aide d'une serfouette, des rayons profonds de 6 centimètres environ, si la terre est douce; on leur donne seulement 4 centimètres lorsque le terrain est argileux ou compact. Une bonne moyenne est de 5 centimètres. Le grain doit être réparti le plus uniformément possible, à raison de 50 à 60 grains

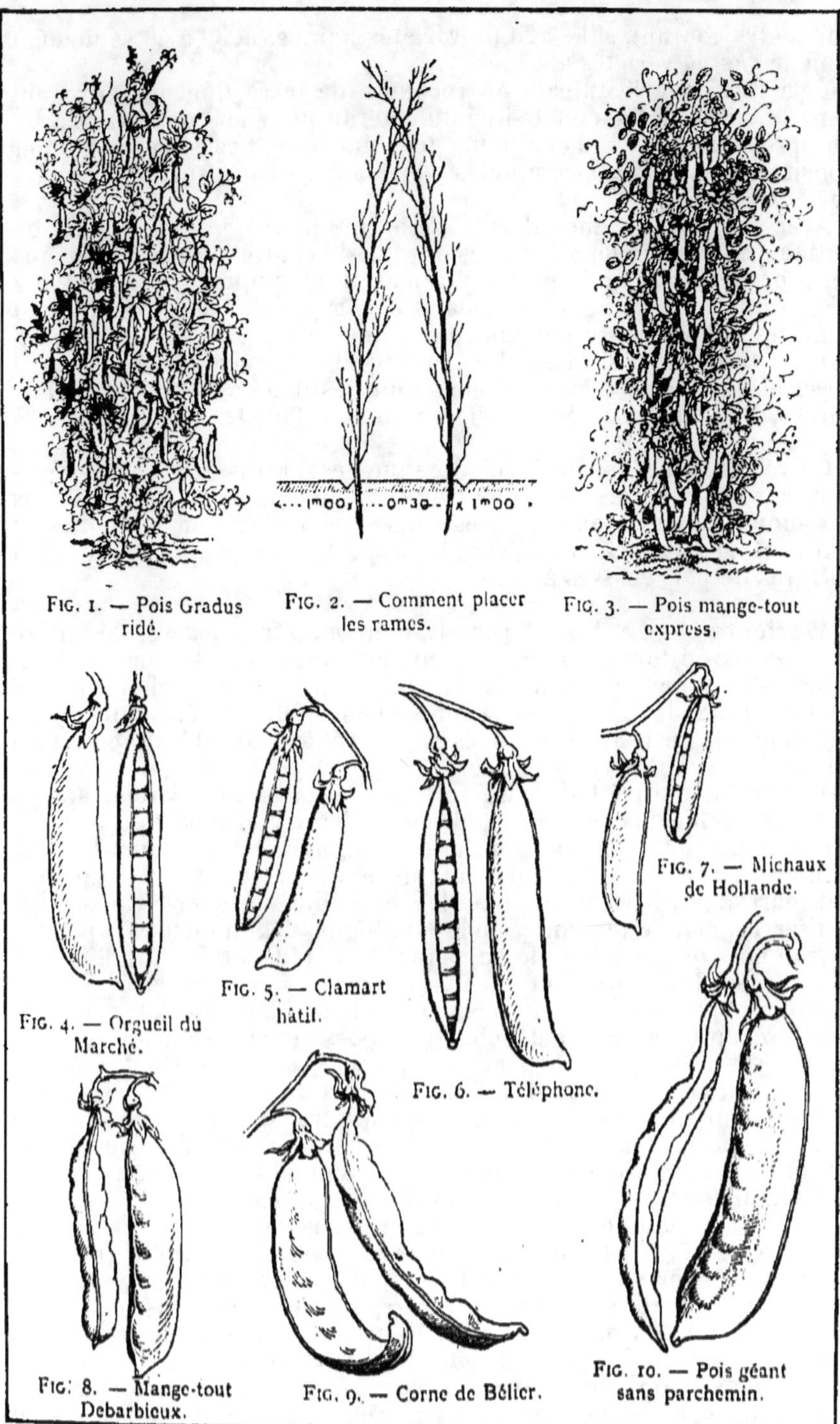

FIG. 1. — Pois Gradus ridé.

FIG. 2. — Comment placer les rames.

FIG. 3. — Pois mange-tout express.

FIG. 4. — Orgueil du Marché.

FIG. 5. — Clamart hâtif.

FIG. 6. — Téléphone.

FIG. 7. — Michaux de Hollande.

FIG. 8. — Mange-tout Debarbieux.

FIG. 9. — Corne de Bélier.

FIG. 10. — Pois géant sans parchemin.

POIS

par mètre courant, s'il s'agit de variétés naines, et 30 à 40 seulement dans le cas de variétés à rames.

Cela fait, avec le râteau, on recouvre de terre fine, en envoyant dans le sillon le bourrelet situé du côté du midi en conservant celui du nord, qui servira d'abri dans le jeune âge. Les soins à donner consistent en binages complétés par des arrosages, surtout pour les variétés d'été.

Avec les pois à rames il faut biner au moins une fois, puis on butte légèrement quand les tiges ont 12 à 15 centimètres de longueur. On procède ensuite à la pose des rames en les piquant tous les 12 ou 15 centimètres, toujours en dedans des rayons, et en les obliquant pour les rejoindre du sommet. Les rames ou ramilles sont fournies par les bois de débroussaillement ou de fagotage ; elles doivent mesurer 1ᵐ,30 de longueur si elles sont destinées aux variétés demi-naines. Pour les variétés très vigoureuses, il faut 1ᵐ,75 à 2 mètres de longueur.

On récolte en plusieurs fois, lorsque les grains sont bien développés, sans attendre toutefois leur durcissement. Ce qui n'est pas consommé de suite ou vendu est mis en boîtes ou en bouteilles et conservé par la chaleur (procédé Appert). On peut obtenir 15 à 20 litres de pois écossés à l'are.

Haricots. — Le *haricot* réussit bien en terre légère, humifère sans excès ou tout au moins ayant reçu une copieuse fumure d'engrais organique au profit de la récolte précédente, chou, plante racine, etc. Si le sol est pauvre, on se trouve bien de faire une application préalable de 3 kilogrammes de superphosphate et 5 kilogrammes de cendres non lessivées à l'are.

Le haricot cultivé pour son grain est toujours d'un faible rapport argent ; comme il paye assez mal la main-d'œuvre, il appartient surtout au domaine de la grande culture. Néanmoins, il ne manque pas d'intérêt pour les particuliers en raison de la variété qu'il apporte sur leur table : haricots en aiguilles, en grains verts, en grains secs, conserves, etc. Cette plante, de la famille des légumineuses, enrichit le sol en azote, au lieu de l'appauvrir ; de plus, elle vient bien en culture dérobée, après une récolte de pommes de terre hâtives.

Pour l'approvisionnement ménager, il faut échelonner les semis de manière à prolonger le plus longtemps possible la période de production. C'est ainsi que l'on peut semer le *flageolet triomphe-des-châssis*, à partir du 1ᵉʳ avril, sur trois rangs, distants de 0ᵐ,40. On recouvre, la nuit, tant que les gelées sont à craindre, de paillassons ou de toiles supportées par des piquets. Les semis sont ensuite échelonnés de quinze en quinze jours, jusqu'à la mi-août, afin de pouvoir récolter des aiguilles et des grains verts jusqu'aux gelées.

Pour la production des aiguilles, c'est généralement au *noir de Belgique* et au *bagnolet* que l'on donne la préférence, tandis que pour le grain, vert ou sec, les variétés les plus cultivées sont : le *soissons nain*, à grain blanc ; le *flageolet chevrier*, à grain vert ; puis le *flageolet rouge* (rognon de coq) réputé pour certaines préparations culinaires. Viennent ensuite les *suisses, hâtif* et *lingot*, le *haricot cent-pour-un*. Enfin, dans la série des *beurres*, à cosse courte et charnue, on recommande le *nain-du-mont-d'or* et le *sans-rival*. Une variété de *mange-tout* assez intéressante est le *princesse-nain*.

On reconnaît surtout les haricots par la forme du grain et de la

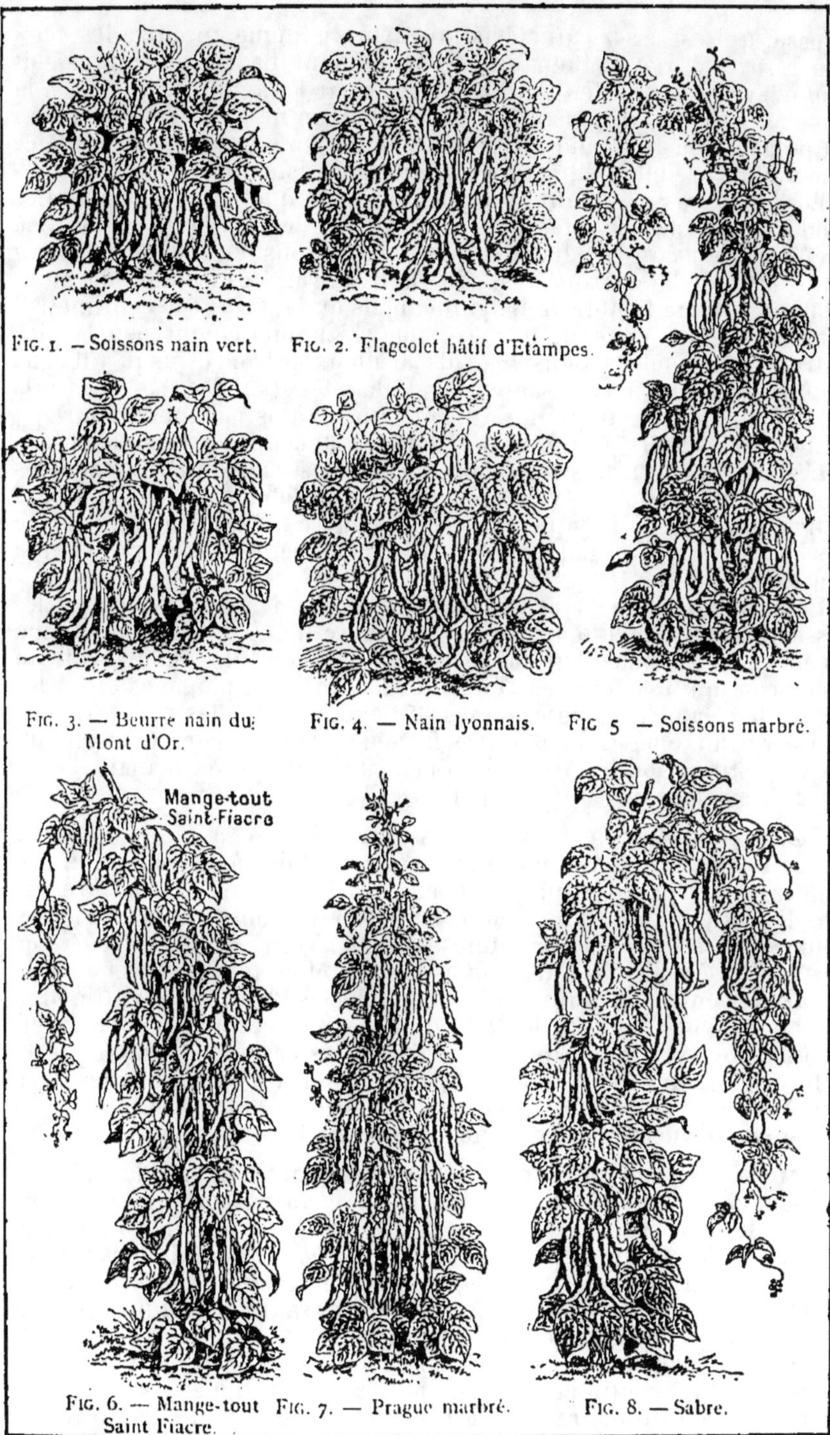

FIG. 1. — Soissons nain vert.

FIG. 2. Flageolet hâtif d'Etampes.

FIG. 3. — Beurre nain du Mont d'Or.

FIG. 4. — Nain lyonnais.

FIG 5 — Soissons marbré.

FIG. 6. — Mange-tout Saint Fiacre.

FIG. 7. — Prague marbré.

FIG. 8. — Sabre.

HARICOTS

gousse, qui est assez caractéristique. On distingue en outre les *nains* des *variétés à rames*. Bien que le rendement de ces dernières soit plus élevé, à cause des ennuis suscités par l'emploi des rames, à la fois coûteuses, embarrassantes et lourdes, on ne s'en sert plus guère au potager. On reproche en outre aux haricots à rames de projeter une ombre préjudiciable sur les cultures avoisinantes.

Les haricots se sèment en lignes ou en poquets, mais le premier mode assure aux plantes plus d'espace et de lumière : on doit le préférer. Le grain est distribué dans des sillons ouverts au hoyau, à la distance de 35 centimètres, s'il s'agit de variétés à faible développement, comme le noir de Belgique, mais on le porte à 45 centimètres avec le rognon de coq, par exemple. L'enfouissement peut varier entre 3 centimètres dans les sols argileux et froids, jusqu'à 6 centimètres dans les terres sableuses et chaudes. Dans le cas de semis en lignes, on met vingt-cinq à trente-cinq grains par mètre courant; en poquets, quatre à cinq grains tous les 20 centimètres suffisent.

Les façons culturales consistent en binages échelonnés, complétés par un léger buttage. Avoir soin de ne pas effectuer de façons par temps de pluie, ni lorsque la rosée recouvre les feuilles, afin de ne pas provoquer les attaques de *rouille*, à laquelle le haricot est très sensible.

Pour récolter, on arrache les fanes et on les fait sécher en les rassemblant en meulons que l'on recouvre d'un capuchon de paille, ou bien on les place sur cavaliers. En petite culture, pour avoir un plus beau grain encore, on réunit les haricots par poignées et on les fait sécher dans les gousses en les suspendant après les poutres. Pour conserver aux chevriers et autres flageolets la belle couleur verte qui les fait estimer, on les arrache un peu sur le vert et on les fait sécher à l'ombre sous couverture de paille.

Fève. — La fève est une grosse légumineuse à grain aplati et irrégulier, pesant 2 grammes environ. On l'utilise à la confection des soupes et des purées, après décorticage. La culture de la fève est simple, cette plante étant peu difficile sur le choix du terrain. Les deux variétés les plus communes sont la *fève des marais* et la *fève de Séville*. On sème avant l'hiver dans le midi et en février-mars dans le nord et le centre. Le grain se distribue tous les 12 ou les 15 centimètres dans des rayons distants de 35 centimètres. On recouvre de 4 à 6 centimètres de terre fine et on bine suivant les besoins. Au moment de la floraison, qui a lieu courant de mai, on pince l'extrémité des tiges afin de hâter la formation des gousses inférieures et pour prévenir les invasions de pucerons auxquelles la fève est très sensible.

Lentille. — La *lentille* est surtout une plante de grande culture. On peut cependant la semer dans un carré du potager que l'on veut laisser se « reposer » et surtout quand on est à court de fumier. La variété la plus recommandée est la *blonde à large grain,* dont le rendement est beaucoup plus élevé que celui de la *lentille d'Auvergne* à grains verts. La lentille est à la fois nourrissante et fortifiante ; elle est beaucoup plus digeste que le haricot.

On sème également la lentille en rayons, vers la fin de mars, à la distance de 35 centimètres, et de préférence en lignes. On recouvre avec 3 ou 4 centimètres de terre fine. On fauche un peu avant la maturité complète, courant juillet. Le grain achève de mûrir dans ses cosses. On bat au fléau et on ensache après vannage.

IX. — ARTICHAUT ET ASPERGE

Exigences de l'artichaut et de l'asperge. — L'*artichaut* se plaît dans tous les sols, à condition qu'ils ne pèchent pas par excès d'humidité ou de sécheresse. Dans les terrains stagnants, il pourrit presque toujours durant l'hiver ; d'autre part, il fructifie très mal dans les terrains manquant de fraîcheur et il est en outre très sensible aux froids. L'artichaut est souvent détruit pendant les hivers rigoureux si on néglige de l'abriter. Ce sont les terres franches des vallées profondes, fertiles et surtout riches en humus qui lui conviennent le mieux.

L'*asperge* ne prospère vraiment bien que dans les terrains perméables, constitués par des sables gras, à la fois frais, chauds, bien aérés et bien exposés. Dans la pratique, il est rare que les jardins remplissent les conditions requises : on y obvie en amendant le terrain au moyen de matériaux légers, principalement de terres de route recoupées et de mâchefers tamisés qui servent en outre au buttage.

Au point de vue des besoins d'engrais et d'après les chiffres fournis par l'analyse, en admettant une récolte de 100 kilogrammes de capitules à l'are et 150 kilogrammes de tiges et feuilles, pour l'artichaut ; 60 kilogrammes de turions et 100 kilogrammes de débris divers pour l'asperge, les principes fertilisants exportés seront à peu près les suivants :

	AZOTE	ACIDE PHOSPHORIQUE	POTASSE
Artichaut..............	0 kg. 650	0 kg. 330	1 kg. 120
Asperge	0 kg. 320	0 kg. 110	0 kg. 310
Pomme de terre	0 kg. 790	0 kg. 370	1 kg. 130

Par comparaison avec une récolte de 180 kilogrammes de pommes de terre à l'are, on voit que l'artichaut, bien que plus exigeant que l'asperge, n'a pas des besoins excessifs. L'engrais qui lui convient le mieux est toujours le fumier de ferme à la dose de 250 kilogrammes à l'are pour l'artichaut, cette quantité pouvant être réduite de moitié pour l'asperge. En cas d'absolue nécessité on remplace le fumier par des engrais pulvérulents d'origine organique ou chimique.

Artichaut. — Sauf dans le midi et l'ouest où l'*artichaut de Provence* et le *camus de Bretagne* sont en vogue, on cultive beaucoup le *gros de Laon*. La reproduction se fait surtout au moyen d'œilletons, généralement pour trois ans. On peut faire occuper à l'artichaut une place quelconque dans les assolements maraîchers ou autres et lui faire succéder n'importe quelle culture. Il vient bien après une fraiseraie défrichée, abondamment fumée, ainsi qu'après une légumineuse fourragère, sainfoin, luzerne ou trèfle, qui a enrichi le terrain avec ses débris.

Le mieux est de prélever les œilletons en septembre-octobre dans les parcelles à défricher, après avoir retenu, parmi les plus râblés, ceux qui sont pourvus d'un morceau de talon et de quelques radicelles. On les repique alors dans des pots de 13 à 14 centimètres de diamètre, remplis de bonne terre franche, mélangée de boues de route recoupées et de compost. Il faut rafraîchir la plaie du talon et, après avoir raccourci les feuilles, on enfonce les œilletons de 3 à 4 centimètres seulement dans le terreau. On arrose, puis les pots sont rangés dans des coffres que l'on recouvre d'un vitrage et même de paillassons à l'approche des fortes gelées.

Les plants enracinés sont mis en place avec la motte dans le courant de mars, les grands froids passés, mais il faut les dépanneauter à l'avance pour les durcir. De cette manière, on obtient une récolte la première année, tandis que si l'œilletonnage a seulement lieu au printemps, en mars-avril, il ne peut y avoir qu'une récolte tardive, peu importante.

Dans tous les cas, avant de planter, on épand 800 kilogrammes de bon fumier à l'are, puis on bêche profondément avant l'hiver. Les œilletons sont mis en place, à raison de deux par pied, à 12 ou 15 centimètres l'un de l'autre sur des lignes espacées de 1 mètre, les pieds doubles étant distants de 80 centimètres. Ce mode de plantation demande 250 œilletons à l'are.

La période de pleine production coïncide avec les mois de juin, juillet et août. Une artichautière créée dans de bonnes conditions peut être conservée pendant trois ans. On procède alors à son défrichement en même temps que l'on prend les œilletons nécessaires au renouvellement du plant.

Les artichautières conservées doivent être protégées des gelées par le buttage des pieds effectué aussi tardivement que possible, en opérant ainsi qu'il suit : si on dispose de cendres de houille tamisées ou de sables siliceux, on les rassemble autour de chaque pied, après avoir fait sa toilette sommaire en coupant le pourtour des feuilles à la serpette, de manière à simplement laisser pointer l'extrémité du feuillage. En cas de forte gelée on jette encore une litière quelconque sur les artichauts, mais on la retire s'il survient de grandes pluies ; un excès d'humidité pouvant provoquer la pourriture des rhizomes.

Quand on butte avec la terre prise dans les interlignes, comme cela se pratique, surtout en grande culture, on commence par épandre sur le sol une litière courte, puis on passe le buttoir dans les interlignes. Les dérayures et la paille rassemblée dans les buttes assainissent le terrain. On débutte en deux fois, en mars-avril, en profitant de l'occasion pour effectuer l'œilletonnage, deux brins seulement étant conservés sur chaque pied, puis on bine. Un peu plus tard, quand la terre est réchauffée, on applique du fumier en couverture, qui sert en même temps de paillis.

Asperge. — On peut produire soi-même son plant, en semant en mars, dans une terre fertile, de la graine d'asperge sélectionnée de la *variété d'Argenteuil*, moitié *précoce*, moitié *tardive*. Le plus simple pour un particulier désireux de créer une petite aspergerie, c'est encore d'acheter des griffes d'un an à un spécialiste, et de les mettre en place lorsque les gelées ne sont plus à craindre, dans le courant de mars, dans un terrain fumé, amendé et mis en état pour les recevoir.

Pour commencer, on a eu soin d'appliquer à haute dose, à la culture qui précède, du fumier de ferme bien décomposé, 800 kilogrammes à l'are, puis on effectue un bêchage profond du terrain, avant l'hiver, en même temps que l'on enfouit les amendements jugés utiles : marne, plâtras, terre de route, compost, etc.

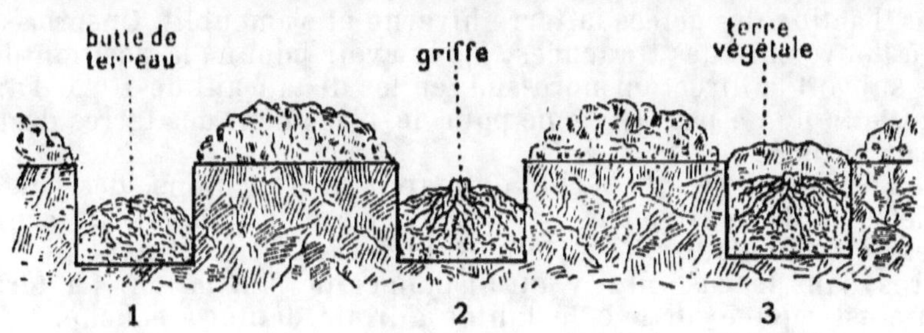

FIG. 1. — Préparation d'une plantation d'asperges. Vue en coupe.

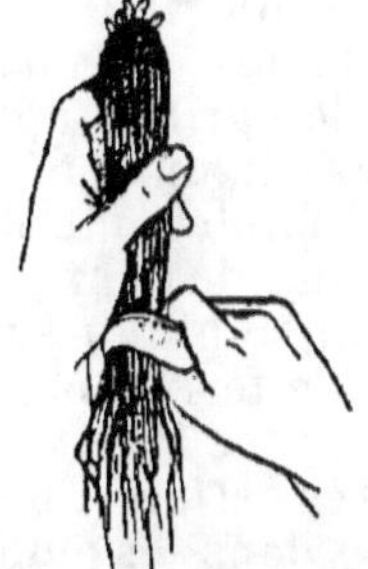

FIG. 2. —· Habillage de la griffe.

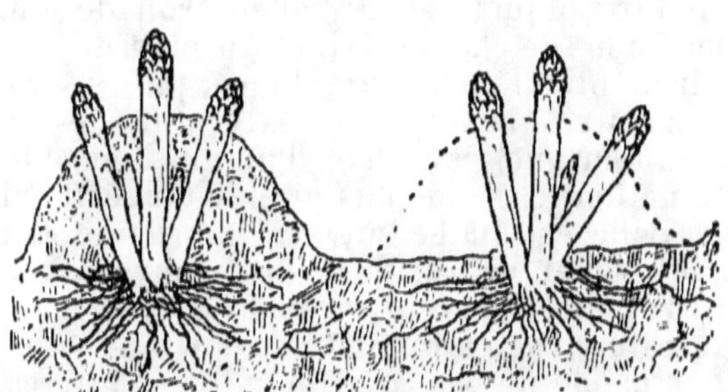

FIG. 3. — Pieds d'asperges à trois ans.

FIG. 4. — Artichaut breton.

FIG. 5. — Artichaut de Laon.

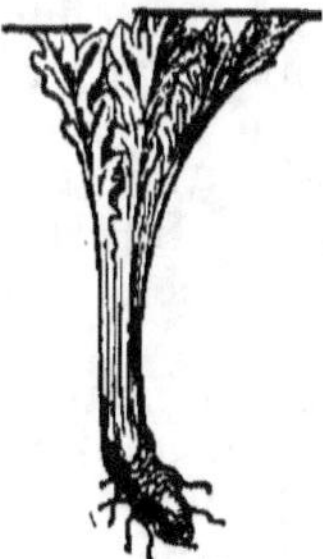

FIG. 6. — Œilleton d'artichaut après habillage.

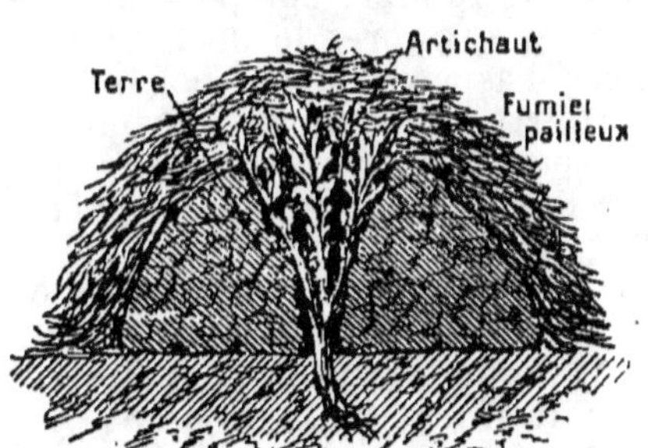

FIG. 7. — Buttage d'un pied d'artichaut pour l'hiver.

ARTICHAUTS ET ASPERGES

Sous l'action des gelées la terre hiverne et s'ameublit. On procède alors à l'ouverture des tranchées, après avoir jalonné la position des lignes suivant la direction nord-sud, en les distançant de 1^m,20 d'axe en axe, afin de ne pas être gêné pour le placement des terres destinées au buttage.

Cela fait, on ouvre à la bêche, en marchant à reculons, des jauges parallèles de 30 centimètres de largeur, en leur donnant 25 centimètres de profondeur si le terrain est bien sain ou seulement 15 centimètres dans le cas où il y aurait danger de stagnation. La terre extraite est rejetée sur le côté, tantôt à droite, tantôt à gauche.

Le fond des tranchées étant régalé, on tend un cordeau au milieu de chacune d'elles et, sur l'axe. tous les mètres et en quinconce, on enfonce de forts piquets, de 1^m,25 environ de longueur, qui indiquent l'emplacement de chaque griffe. Au pied de chaque bâton, on forme un petit monticule de terre douce, puis on y étale les griffes après avoir raccourci à la serpette l'extrémité des racines endommagées. Ne pas oublier que les griffes d'un an, bien que plus faibles ont une reprise meilleure et une plus grande longévité que celles de deux ans. Chaque griffe est étalée sur son monticule en ayant soin de ne pas faire chevaucher les racines On recouvre d'un peu de terre fine, en laissant le collet apparent, puis on la bat légèrement avec les mains.

En terrain riche en humus, la reprise est à peu près certaine. Il est recommandé de ne pas faire de cultures intercalaires dans les jeunes plantations, surtout celles de légumes à grand développement foliacé. On s'autorisera tout au plus à semer quelques radis roses et à repiquer des plantes condimentaires pendant la première année seulement.

Il faut trois ans pleins pour mettre une aspergerie en rapport. Durant cette longue période on effectue les sarclages et les binages jugés utiles au nettoyage du terrain ; de plus, pour éviter l'action du vent sur les jeunes tiges, il est bon de les attacher avec un lien après les piquets correspondant aux griffes.

A la fin de la première année, en novembre, la terre des ados est descendue dans les tranchées. Il faut découvrir les griffes et remettre la terre sur les ados. Cette opération s'appelle *déchaussage*. On la répète tous les ans, en même temps qu'on coupe les tiges à 10 centimètres du collet. Tous les ans, on bêche au sortir de l'hiver, en même temps que l'on arrache les « chicots » qui gêneraient le développement des jeunes bourgeons. Ces façons sont complétées par un épandage à petite dose de fumier, compost et boues de ville bien décomposés, appliqués un mois après le déchaussage en décembre par exemple.

Les lignes d'asperges sont rechargées pour de bon en mars-avril, avec de la terre sableuse ou de route, des mâchefers tamisés, etc., lorsque l'aspergerie entre dans sa quatrième année. On replacera cette terre dans les intervalles, à l'arrière-saison, et ces matériaux serviront indéfiniment au buttage.

Les *turions* prélevés au moyen du cueille-asperges sont mis en bottes. On cesse la récolte fin mars ou fin juin, suivant qu'il s'agit de variétés hâtives ou tardives, en tenant compte que les bourgeons qu'on laisse grandir et fructifier favorisent l'emmagasinage dans les souches des réserves utiles aux productions subséquentes.

La plantation des asperges, en plein champ, peut se faire au buttoir dans des dérayures ouvertes à la distance de 1^m,20. Le chaussage et le déchaussage des souches peuvent également se faire avec les attelages, la cueillette seule demande à être faite à la main et avec soin.

X. — PLANTES CONDIMENTAIRES

Importance culturale. — Les *plantes condimentaires* ont plus d'importance qu'on ne se l'imagine. Il en est qui font l'objet d'un grand commerce et que l'on cultive en grand pour l'approvisionnement du marché. Citons : le *poireau*, l'*oignon*, l'*ail*, l'*échalote*, le *persil*. Les autres herbes, telles que *cerfeuil*, *ciboule*, *ciboulette*, *pourpier*, *thym*, *estragon*, *basilic*, etc., ne sont pas de vente courante.

Poireau. — Le poireau est une verdure rafraîchissante, dont on fait une grande consommation en soupe, en salade cuite et aussi en vinaigrette. Son prix de vente est assez élevé sur les marchés, surtout quand les autres légumes commencent à manquer. Son rapport argent, à l'are, dépasse celui de toutes les autres cultures maraîchères. Comme le poireau ne prend possession du terrain qu'en fin de saison, après l'enlèvement d'une première récolte, on doit toujours lui consacrer une large place au potager.

Mais il ne faut pas oublier que le poireau est un légume assez exigeant. Si on veut en obtenir un rendement satisfaisant, pouvant atteindre et dépasser 500 kilogrammes à l'are, il lui faut une copieuse fumure de gadoue ou de fumier bien décomposé. Sachant qu'une récolte de 500 kilogrammes exporte : azote, 1 kg. 500; acide phosphorique, 0 kg. 600; potasse, 2 kilogrammes, il lui faut 400 kilogrammes de bon fumier à l'are ou l'équivalent en engrais potassiques et azotés solubles, complétés par 7 ou 8 kilogrammes de superphosphate.

Il y a deux saisons de poireaux : les *poireaux d'été* destinés à faire la liaison entre les *poireaux d'hiver* conservés en jauge et ceux fournis par la culture d'automne. Les derniers ont beaucoup plus d'importance. Le plus souvent on les cultive après une récolte de petits pois et même de pommes de terre précoces; les poireaux d'été viennent généralement après une culture de salades d'hiver (*passion*). En principe, on fera bien d'attendre quatre ans au moins avant de faire revenir le poireau sur le même terrain. Les meilleures variétés à cultiver sont, pour la première saison, le *gros de Rouen* et, pour la deuxième, le *monstrueux Carentan*.

Quand on veut obtenir des poireaux précoces, le semis se fait en février, sur couche chaude, en lignes imprimées à la règle à tracer, à 12 centimètres de distance, en mettant un rayon de radis entre. On éclaircit à 2 centimètres, puis on repique quand le plant a la grosseur d'un crayon. Pour la culture d'automne, on sème vers le 15 mai, en côtière terreautée, en lignes ou à la volée, en ayant soin d'éclaircir et d'arroser en cas de besoin.

Le repiquage se fait en terre fumée bien ameublie, que l'on a rayonnée à la serfouette en ouvrant de petits sillons profonds de 5 centimètres. On y repique le plant après l'avoir habillé sommairement, en l'espaçant de 12 centimètres environ sur les lignes, de manière à loger 3 000 plants à l'are. Aussitôt le repiquage on paille avec du fumier court qui entretiendra la fraîcheur, puis on borne pour hâter la reprise.

Le poireau est assez rustique et il supporte assez bien les froids de l'hiver. On l'arrache au printemps et on le met en jauge pour libérer le terrain, mais on conserve tous les ans quelques beaux pieds pour fournir de la graine. Les capitules sont entourés d'un cornet de papier et suspendus au grenier jusqu'au moment de semer.

Oignon. — Au point de vue cultural, on distingue l'*oignon blanc*, que l'on sème à la volée, vers le 10 août, dans une terre fertile, à la dose de 250 grammes à l'are, que l'on recouvre de 15 millimètres de terreau, en ayant soin d'arroser. Au début d'octobre, le plant est arraché, puis on le repique superficiellement dans un terrain bien préparé, après un « habillage » sommaire des tiges et des racines. On repique alors en rayons espacés de 15 centimètres et à 10 centimètres sur les lignes.

Si, par suite du mauvais temps, le repiquage ne pouvait pas se faire à l'automne, on attendrait le mois de février. L'oignon blanc a surtout son intérêt parce qu'il peut être récolté de bonne heure en libérant le terrain assez tôt pour pouvoir l'emblaver à nouveau la même année.

La culture de l'*oignon jaune* comprend les *semis en place* destinés à la production des bulbilles de repiquage et à l'obtention des bulbes moyens de consommation, qui sont toujours de bonne garde. La culture par *repiquages des bulbilles* donne de gros oignons, mais on doit les consommer les premiers parce qu'ils se conservent assez mal.

Pour la production du plant, il faut semer très épais, à la volée, sur une parcelle bien ameublie, mais non fumée, en employant 750 grammes de graines à l'are. On recouvre de terreau mélangé de plâtras et de poussier tamisés, on roule, puis on bassine à plusieurs reprises pour hâter la levée. Les façons consistent en désherbages et en arrosages. Les bulbilles se récoltent en août ; elles sont d'autant plus estimées qu'elles sont petites et bien tournées. La variété *paille des vertus* et l'*oignon jaune de Mulhouse* sont les plus cultivés.

La production des oignons de semis destinés à la consommation se pratique sur une grande échelle dans certaines régions où la terre est douce et fertile, notamment dans le fond des vallées humifères. Pour cette spécialité on ne fume pas directement, mais la récolte qui précède a dû recevoir une copieuse application de fumier de ferme. On sème en lignes distantes de 20 centimètres et on donne des binages échelonnés pendant tout le cours de la végétation. Une fois le plant bien formé, on éclaircit à la distance de 5 à 10 centimètres sur les lignes, plus ou moins, suivant que l'on veut obtenir des bulbes plus ou moins gros.

Pour l'alimentation courante d'arrière-saison, on repique en avril les petits oignons fournis par les semis épais de l'année précédente. Les bulbilles sont mis en lignes ; il faut environ six litres de petits oignons soit 5000 pour planter un are. Quand les oignons repiqués donnent naissance à une grosse tige, ils « tournent » difficilement. On ne doit pas hésiter à les coucher avec le dos du râteau.

Échalotes. — On distingue : l'*échalote ordinaire*, la plus estimée, et l'*échalote de Jersey*, qui ressemble assez à un petit oignon mal tourné. L'une et l'autre se reproduisent par fragments de bulbes ou *caïeux*, à raison de dix litres environ à l'are.

Les échalotes sont assez sensibles à la *graisse*, maladie cryptogamique qui occasionne la pourriture des bulbes. On ne peut lutter efficacement contre cette affection qu'en supprimant toute fumure organique fraîche ou de date récente et en ne les plantant qu'en terre saine n'ayant pas reçu d'échalote depuis quatre ans au moins.

Le repiquage des caïeux se fait en lignes espacées de 20 centimètres et à 10 ou 12 centimètres sur les lignes, en février-mars. On se contente de biner le terrain pendant le cours de la végétation, les arrosements sont inutiles. On arrache aussitôt que les tiges commencent à se faner et, après une exposition au soleil, on les lie en bottes avec leurs fanes pour les suspendre au grenier.

Ail. — L'*ail* se plante de préférence en octobre-novembre lorsque le terrain est sain ; en terre humide, il vaut mieux attendre les mois de mars-avril. Pas de fumures organiques pour l'ail : c'est une plante également sujette à la *graisse*.

On choisit, pour planter les caïeux du pourtour, des gousses que l'on met en terre la pointe en haut, en espaçant les lignes de 20 centimètres et en les distribuant à 10 ou 12 centimètres, comme les échalotes. Il faut biner à plusieurs reprises en cours de saison. On noue les tiges pour augmenter le volume des gousses.

En terrain pauvre, on pourra faire, avant la plantation, une application de cendres de bois à la dose de 10 kilogrammes à l'are, la potasse et l'acide phosphorique qu'elles contiennent favorisent le développement des gousses.

Persil. — Le *persil*, principalement le *persil frisé* est beaucoup employé comme garniture de plat. C'est une plante qui vient bien dans les terrains sablonneux. On le sème généralement courant d'avril, comme dans le Cotentin, en lignes alternées avec des carottes, à la distance de 30 centimètres.

Le terrain étant fumé et bien ameubli, on rayonne, puis on sème le persil de deux lignes l'une, en employant 25 grammes de graine de chaque sorte pour semer un are. On recouvre de terreau que l'on tasse, on bine et on arrose si c'est nécessaire. En terre fertile on peut faire jusqu'à trois récoltes successives de persil, ce qui n'empêche pas les carottes de fournir une bonne récolte de racines.

Lorsqu'on veut obtenir du persil en hiver, même à l'époque des grands froids, on le sème dans des pots que l'on place sous châssis.

Cerfeuil. — Le *cerfeuil* monte rapidement à graine. Pour le récolter en tout temps, il faut faire des semis échelonnés en choisissant des endroits ombragés, exposés au nord. On sème en lignes ou à la volée ; on bine et on désherbe, en donnant quelques arrosages en cas de sécheresse.

Autres herbes condimentaires. — La *ciboule* et la *ciboulette* servent surtout d'assaisonnement, cependant la première peut être mangée cuite. On les reproduit surtout par éclats de touffes repiqués en mars. Il faut de temps à autre les changer de place.

Le *thym* se cultive en bordure. On le multiplie par boutures ou division de touffes. Quelques pieds suffisent dans un jardin. On les change de place de temps à autre.

L'*estragon* ne donne pas de graine. Le seul mode de reproduction est l'éclat de pieds effectué en août. Une litière jetée sur les touffes les protège des froids.

Le *pourpier* sert comme garniture de salade. On le sème en mai-juin, sur parcelle terreautée, en ayant soin d'arroser pour faciliter la reprise. Il se reproduit de lui-même.

Le *basilic* a une saveur anisée qui plaît. Il se sème sur couche, en mars-avril et se repique dans le courant de mai. Il faut arroser copieusement durant l'été.

XI. — LA CULTURE FORCÉE

Avantages et inconvénients. — La *culture forcée* a pour objet le développement anticipé ou anormal des plantes potagères et autres, dans le but de hâter leur fructification et leur maturité, afin de pouvoir les livrer à la consommation à une époque où ces légumes, par suite de leur rareté, atteignent des prix élevés sur les marchés.

Mais si la valeur commerciale des produits forcés dépasse sensiblement celle des produits simplement hâtés ou obtenus en pleine terre, les dépenses et les frais généraux qu'ils occasionnent augmentent beaucoup trop leur prix de revient pour que leur culture soit toujours rémunératrice. Il faut tenir compte, en outre, que les semis effectués hors de saison sont assez aléatoires et ne donnent pas toujours les résultats qu'on en attend.

C'est pour cela que, dans la pratique maraîchère, il faut être assez réservé sur les différentes cultures forcées préconisées, lesquelles exigent un matériel d'exploitation assez coûteux, comme achat et entretien, sans compter le fumier devenu aujourd'hui rare et cher. En général, le montage des couches chaudes pour le forçage des fraises, des pommes de terre, des asperges, des haricots, des pois, des melons, des salades, etc., laisse presque toujours le producteur en déficit. C'est une fantaisie d'amateur qui ne regarde ni à son temps ni à la dépense.

Cependant, le professionnel doit, quand même, monter des couches chaudes, car il en a besoin pour produire le plant nécessaire à l'emblavement du potager. Il profitera de l'occasion pour forcer des *radis roses* et des *carottes*, suivant la place disponible, le repiquage du plant se faisant sur d'autres couches tièdes ou froides, recouvertes de châssis. Les cultures hâtées en *côtières* ou en *ados*, avec le concours des cloches, sont celles qui laissent encore le plus de bénéfices.

Couches chaudes et tièdes. — La couche chaude est l'élément fondamental du forçage. C'est elle qui rend possible la production des premières primeurs et celle des plants de repiquage nécessaires à l'emblavement du potager : *choux pommés* et *choux-fleurs, melons, tomates, céleris, salades précoces,* etc.

La vraie couche chaude se confectionne avec du *fumier de cheval*. Le plus souvent, on l'établit avec un mélange de fumier de cheval, de *feuilles d'arbres* et de *fumier de lapin*. On obtient ainsi une masse ne donnant qu'un faible *coup de feu*, mais elle maintient plus longtemps une température douce, qui suffit, grâce au vitrage, aux paillassons et aux réchauds, à assurer le développement des radis et des carottes, ainsi que l'élevage du plant. On peut encore s'en servir pour le forçage des salades et plus tard au repiquage des melons, des choux-fleurs et d'autres légumes.

En fin de saison, les couches « recoupées » fournissent un terreau rajeuni, qui servira l'année suivante au chargement des coffres et aux divers usages du potager.

Pour monter une couche isolée, on creuse le sol de 30 à 40 centimètres de profondeur ; au contraire, s'il s'agit d'un groupe de couches pour lequel les déperditions de chaleur sont moindres, on les établit sur le sol même. Dans tous les cas, on donne à la masse

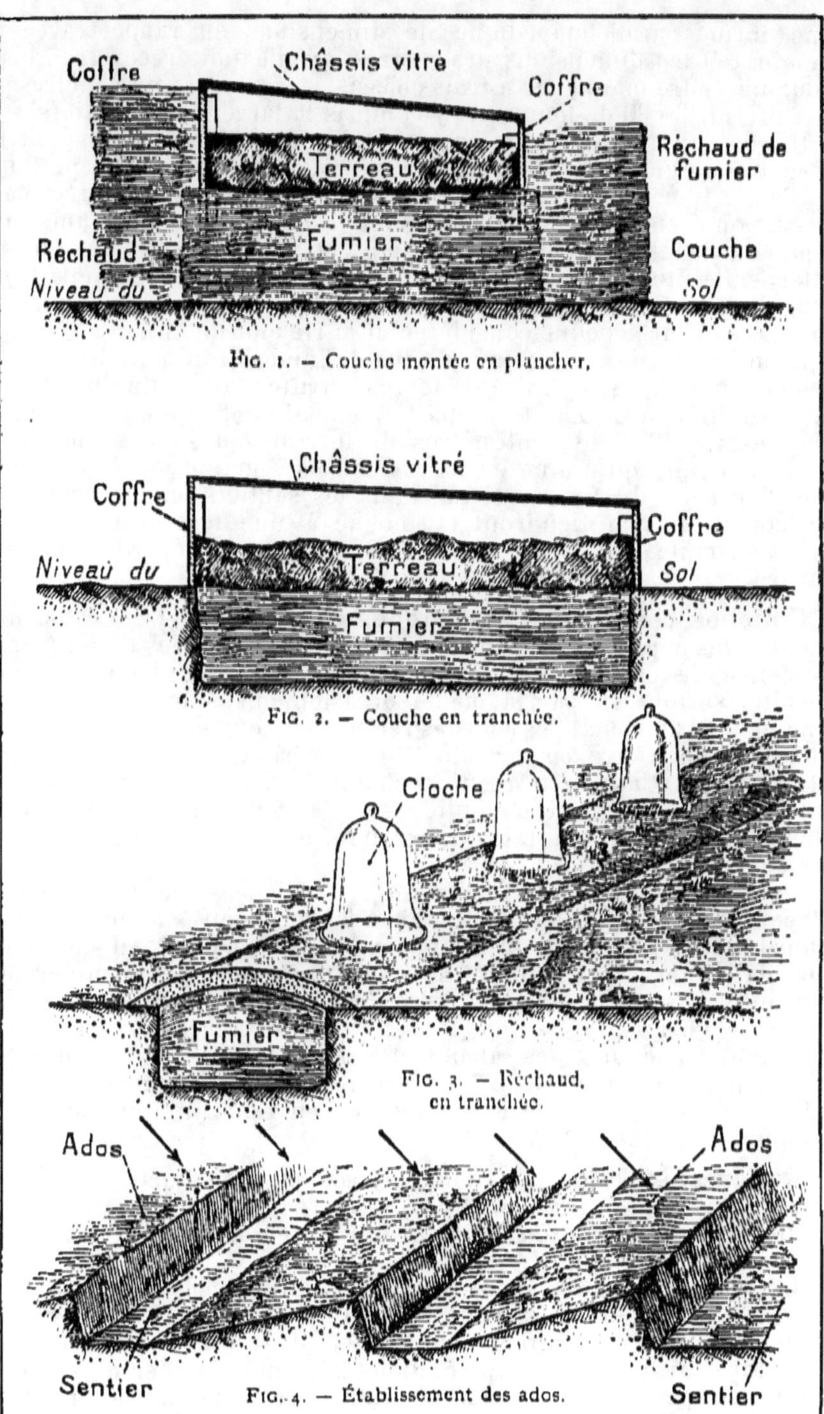

Fig. 1. — Couche montée en plancher.

Fig. 2. — Couche en tranchée.

Fig. 3. — Réchaud en tranchée.

Fig. 4. — Établissement des ados.

CULTURE FORCÉE

une forme parallélépipédique de dimensions en rapport avec le nombre et les dimensions des coffres qu'elle doit recevoir. Ainsi, pour un coffre maraîcher à trois châssis, le tas doit avoir 2 mètres de largeur sur 3m,30 de longueur, y compris la largeur des sentiers.

Un bon fumier de cheval est bien imprégné d'urine. On doit le secouer énergiquement à la fourche sur l'aire, en formant un premier lit de 8 à 10 centimètres d'épaisseur que l'on piétine avec force. Par-dessus on secoue ensuite un deuxième lit de feuilles ou de fumier de lapin ou d'étable, de même épaisseur, et ainsi de suite en faisant alterner le fumier chaud avec le fumier froid jusqu'à ce que la hauteur de la couche soit de 50 à 60 centimètres, un peu plus ou un peu moins, suivant l'époque considérée et la rigueur du climat.

Le mieux est de mettre un peu plus de fumier froid afin de pouvoir semer de suite, sans perdre de temps, en attendant la fin du coup de feu. Aussitôt la couche terminée, on met le coffre en place, on le charge avec 12 à 18 centimètres de terreau, puis on sème. C'est seulement une quinzaine de jours ou trois semaines après le semis que l'on tasse du fumier chaud dans les sentiers pour former des réchauds qui maintiendront la couche à une température à peu près constante. Les paillassons empêcheront les déperditions nocturnes.

Couches retournées et couches sourdes. — Le « retournement » des couches fait bénéficier les couches chaudes d'une recrudescence de chaleur lorsqu'elles sont libérées de leur première récolte, surtout si, par la même occasion, on mélange un peu de fumier neuf au vieux. Ces couches retournées conviennent aux *melons*, aux *aubergines*, aux *tomates*, etc., dont ils hâtent la maturité. On les établit en mettant le terreau en chaîne, puis, en commençant par une des extrémités, on démonte le tas à la fourche et on le reforme aussitôt en incorporant le fumier neuf dans la proportion de un sixième en volume.

Les couches sourdes sont de simples tranchées mesurant de 40 à 50 centimètres de largeur, avec 25 ou 30 centimètres de profondeur, dans lesquelles on tasse du fumier chaud ou mi-chaud, ou encore un mélange d'herbes et de feuilles sèches. On les place de préférence suivant la direction est-ouest, dans un endroit abrité, puis on les charge en dos d'âne avec de la terre fine mélangée de terreau. On peut alors y repiquer des salades, des melons, ou y mettre en pépinière, provisoirement, des plants de repiquage. Légumes et plants sont abrités par des cloches disposées en ligne ininterrompue au sommet de l'ados.

Côtières et ados. — Pour activer la croissance des divers légumes : *feuillus*, *racines*, *fruits*, *verts*, passés en revue dans les chapitres précédents, on peut encore avoir recours aux *côtières* et aux *ados*.

Les côtières sont des plates-bandes fertiles, placées latéralement le long des murs édifiés suivant une direction allant du nord-est au sud-ouest. Elles procurent une avance de quinze jours ou trois semaines sur les semis ou plantations faits en pleine terre ou à tout vent. On peut encore accentuer leur précocité en inclinant la plate-bande du côté du soleil et en la terreautant, de manière à augmenter les propriétés absorbantes du sol dues à la couleur noire. Comme la côtière bénéficie en outre du rayonnement du mur en emmagasinant davantage de chaleur, leur stade végétatif peut être abrégé du tiers ou du quart de leur durée normale.

La particularité qu'ont les terrains en pente exposés au Midi, de s'échauffer plus vite que les autres, est souvent mise en application par les jardiniers de profession lorsqu'ils distribuent leurs planches en ados en leur donnant 80 centimètres de largeur et en les séparant par de petits sentiers. Pour soutenir la terre, on dresse verticalement, en arrière des ados, des planches appuyées par des piquets. Plus économiquement, on peut établir des revêtements en clayonnages avec du bois de débroussaillement (V. *Tabl. Culture forcée, fig.* 4).

Les ados font gagner quinze jours ou trois semaines aux légumes et ils permettent d'avancer d'autant l'époque des semis ou des repiquages. Ils se prêtent bien aussi au placement des cloches sur trois rangs.

Brise-vent. — Les potagers exposés à tous les vents, c'est-à-dire ceux simplement clôturés par des grillages ou des palissades à claire-voie sont toujours tardifs. Il en est de même des jardins situés au voisinage immédiat des habitations et qui, fréquemment, reçoivent des courants d'air venant s'engouffrer dans les couloirs formant cheminée entre les groupes de bâtiments. Dans ce cas encore, les légumes sont plus tardifs que ceux que l'on pourrait obtenir en plein champ.

On n'hésitera pas à établir des brise-vent analogues à ceux en usage dans le Midi pour se protéger du mistral et du sirocco. A défaut de cannes (*arundo donax*), on se servira de tiges de colza ou d'œillette, de branches de sapin ou de genêts que l'on placera verticalement à la limite de la propriété, sur les faces exposées. Ces barrières sont soutenues par des perchettes jumelées, deux en bas et deux en haut, que l'on attache après des pieux avec du fil de fer doux. Ces clôtures pleines sont très économiques; elles font monter de plusieurs degrés la température moyenne du jardin et les légumes y sont plus précoces.

Cultures en serre. — La construction des serres, leur entretien et les dépenses de chauffage sont bien trop onéreux pour qu'on puisse les utiliser au forçage des légumes. Les serres sont à peu près exclusivement réservées au logement des plantes ornementales et délicates. Grâce au large éclairage dont elles bénéficient et à la température douce et uniforme que leur procure le thermosiphon, on peut y effectuer toutes sortes de semis et bouturages de fleurs indigènes ou exotiques et provoquer leur plein épanouissement. De pareils établissements sont appelés *forceries;* les forceries de fleurs des environs de Paris fournissent le lilas blanc, le muguet, la violette, etc. Les forceries du Nord s'adonnent plus spécialement au forçage du raisin. Ces productions sortent du sujet du présent chapitre. D'ailleurs, cette industrie nécessite, outre un matériel coûteux, des soins particuliers et une compétence spéciale; elle peut produire parfois de beaux bénéfices, mais présente par contre des aléas considérables.

Les serres désaffectées peuvent être utilisées pour la culture maraîchère forcée au même titre que les couches. A cause de la plus grande hauteur de vitrage, elles conviennent bien mieux pour la production anticipée des pommes de terre, tomates, haricots, pois, choux-fleurs et tous autres légumes. Le chauffage peut se faire au moyen du fumier de cheval comme dans les couches.

XII. — GRANDE CULTURE MARAICHÈRE

Discussion économique. — La plupart des cultures légumières, telles que *choux, pommes de terre, épinards, haricots, pois, navets, carottes, oignons, artichauts, poireaux*, etc., sont toujours d'un maigre rapport quand elles sont pratiquées au potager, sur une petite échelle, avec le seul concours des outils à main, peu expéditifs : bêche, râteau, binette ou serfouette, tandis que les bénéfices sont beaucoup plus élevés quand ces cultures sont faites à l'aide des instruments aratoires : charrue, herse, houe à cheval, semoir, sur des parcelles plus étendues, qui se prêtent au travail des attelages.

Un maraîcher qui dispose seulement de l'aide de sa petite famille ne peut guère exploiter qu'une cinquantaine d'ares de jardin, tandis que, s'il adoptait les procédés en usage dans la grande culture, il pourrait emblaver, dans les mêmes conditions, 5 à 6 hectares de terrain.

Bien que le rendement superficiel obtenu en grande culture maraîchère soit sensiblement plus faible qu'en jardinage proprement dit, le rapport global, défalcation faite des frais généraux, est facilement quintuplé, les apports de capitaux étant relativement minimes. Pour cette raison majeure, on n'hésitera pas, chaque fois que la chose sera possible, à modifier les anciens procédés de culture quand on aura en vue la production en grand des légumes pour le marché.

Un assolement rationnel. — Il ne faut jamais entreprendre la culture maraîchère intensive que là où le terrain est fertile et facile à travailler. On doit pouvoir, en outre, se procurer les engrais humiques nécessaires : fumiers, gadoues ou composts, que les engrais chimiques ne peuvent remplacer qu'à titre provisoire et dans certains cas spéciaux.

En admettant, par exemple, une superficie globale de 7 hectares de terrain divisé en sept parcelles égales, les cultures pourront avantageusement être ordonnées ainsi qu'il suit :

1	Artichaut.	5	Pois hâtifs. Poireaux d'hiver.
2	Artichaut.	6	Choux de printemps. Haricots verts.
3	Artichaut.	7	Carottes. Navets.
4	Pommes de terre hâtives. Épinards.		

Cultures intensives. — Tous les ans, on défriche une partie de l'artichautière, qui sera refaite dans la parcelle (7), une fois débarrassée de ses navets. Pour commencer, on fume très copieusement le terrain, puis on le laboure profondément. Au printemps, d'assez bonne heure, on culbute l'artichautière (3) avec une forte charrue, et, après avoir passé l'extirpateur en long, puis en travers, on ramasse les plus beaux œilletons que l'on repique en lignes distantes de 1 mètre, après avoir fait leur toilette. D'autre part, à l'arrière-saison, on a eu soin de prélever un certain nombre de beaux œilletons pour les mettre dans des pots et les placer sous des coffres où ils s'enracineront durant l'hiver. Ces artichauts enracinés permettront d'obtenir une récolte échelonnée à partir de juin jusqu'en septembre. De toute évidence, dans les deux parcelles en rapport la récolte est beaucoup plus précoce et plus abondante.

Chaque fois qu'on le juge utile, on passe la houe à cheval entre les lignes, afin de tenir le terrain absolument net de mauvaises herbes, et, aussitôt la récolte, on épand en couverture du fumier d'étable un peu pailleux, à la dose de 20000 à 25000 kilogrammes à l'hectare. Ce fumier, lavé par les pluies, laisse à la surface du sol un paillis qui protège par la suite les artichauts du contact direct de la terre et assainit le terrain. Pendant le mois de décembre, lorsque les gelées sont à craindre, on passe le buttoir entre les lignes, de manière à mettre les pieds à l'abri des grands froids. Au printemps, d'assez bonne heure, on débutte partiellement au moyen de la charrue, puis on attend encore quelque temps et on œilletonne en laissant deux brins par pied.

L'artichautière défrichée est plantée en *pommes de terre Victor*, tout au début du mois d'avril, en procédant à la charrue. Pour cela, toutes les trois raies, on place les semenceaux germés tout contre la dernière bande de terre retournée, afin que le cheval de raie ne puisse pas les écraser en passant. Aussitôt les fanes apparentes, on donne un binage à la houe à cheval et, un peu plus tard, on butte légèrement. La récolte a lieu aussitôt que les tubercules se détachent des fanes, à la charrue ou à l'arracheuse de pommes de terre. Un coup de herse en long et un autre en travers mettent le terrain en état et permettent de récupérer les tubercules restants.

Cela fait, sans autre façon, on sème vers le 15 août des *épinards monstrueux de Viroflay* en se servant d'un semoir en lignes, analogue à celui en usage pour la betterave. Un peu après la levée, on peut faire deux petites applications de nitrate de soude, à la dose de 75 kilogrammes à l'hectare et on fauche les épinards à la faux, pour le marché.

Le même terrain libéré reçoit alors une application de 300 kilogrammes de superphosphate, conjointement avec 300 kilogrammes de sylvinite riche, puis on le laboure avant l'hiver. Au premier printemps, on scarifie en long et en travers. On sème aussitôt, au semoir, en lignes distantes de 40 centimètres, des *pois nains orgueil du marché et merveille d'Amérique*. Un ou deux passages de houe à cheval entre les lignes rapproprient le terrain et la récolte a lieu en juin.

Les fanes arrachées, on fume copieusement à la dose de 50 tonnes à l'hectare, puis on laboure profondément. Au commencement de juillet on effectue un deuxième labour en travers, beaucoup moins profond que le premier, en plaçant, toutes les deux raies, le long de la terre retournée, le plant de *poireau* dont on fait la toilette, en le distançant de 12 centimètres sur les lignes. Un binage suivi d'un léger buttage et les poireaux peuvent être livrés à la consommation avant l'hiver, en procédant à l'arrachage à l'aide de la charrue ou du buttoir.

Aussitôt la libération du terrain, on fume à nouveau à la dose de 60 à 70 tonnes de fumier ou de gadoues à l'hectare, puis on l'enterre aussitôt. Si le temps le permet, on repique des *choux express*, des *cœur-de-bœuf* ou d'autres choux d'hiver, en mettant à profit une petite pluie, la mise en terre se faisant au plantoir. Au cas où le terrain ne pourrait pas être emblavé à temps, avant les froids, on le préparerait pour effectuer la plantation en février-mars. Un binage et un léger buttage sont donnés en cours de saison.

Les choux enlevés, on laboure aussitôt de façon à pouvoir semer en juin-juillet des *haricots nains de Belgique,* qui fourniront une récolte destinée à la consommation en aiguilles et à la préparation des conserves à l'arrière-saison.

On fume à nouveau, très copieusement, puis on effectue un labour profond avant l'hiver. Au printemps, d'assez bonne heure, on ameublit superficiellement en passant le scarificateur, puis la herse ; enfin on sème en lignes des *carottes courtes* hâtives de Hollande, en lignes distantes de 30 centimètres à l'aide du semoir en lignes. On donne un coup de rouleau plombeur, puis des façons répétées à la houe à cheval avec, entre temps, un démariage à la main. On récolte en juin.

Sans perdre de temps on laboure à nouveau, on herse, puis on sème des *navets plats hâtifs* qui auront encore le temps d'arriver à maturité avant les froids.

Cette parcelle libérée redevient artichautière, la rotation recommence et continue. Le changement des cultures empêche l'infection du sol par les excreta et, grâce aux fumures copieuses, les rendements restent toujours satisfaisants.

Autres systèmes de culture. — L'assolement de sept ans ci-dessus passé en revue peut être modifié en tenant compte des exigences de la clientèle, des débouchés et des disponibilités de main-d'œuvre et d'engrais dont on dispose.

Ainsi, lorsqu'on manque de fumier, on peut introduire des cultures fourragères dans l'assolement, de manière à enrichir le sol avec les résidus abandonnés par les légumineuses. Ce faisant, on récolte la totalité des aliments nécessaires à la nourriture du bétail de l'exploitation.

Ainsi, on peut remplacer intégralement l'artichaut par le sainfoin ou la luzerne que l'on conservera pendant trois ans également. On peut aussi introduire dans l'assolement, de temps à autre, un fourrage artificiel d'un an tel que trèfle incarnat, vesce de printemps ou d'automne, etc.

Voici, par exemple, un assolement de huit ans :

Pommes de terre hâtives. Épinards.	Carottes. Escourgeon et vesce.
Avoine de printemps. Trèfle incarnat.	Escourgeon et vesce. Navets.
Trèfle incarnat. Poireaux.	Choux de printemps. Haricots verts.
Pois hâtifs. Choux d'hiver.	Carottes. Rutabagas.

ARBORICULTURE

I. — ÉLEVAGE DES JEUNES PLANTS

Dans quel cas on peut s'adresser au pépiniériste. — Les particuliers qui ont seulement en vue la plantation d'un *petit verger* ou d'un *jardin fruitier* de faible étendue ont intérêt à acheter leur plant chez un spécialiste, pour les raisons suivantes :

La production des quelques sujets nécessaires exigerait beaucoup plus de temps et de soins qu'ils ne valent, commercialement parlant. On est en outre astreint à une attente de plusieurs années, avant de pouvoir les mettre en place et leur dressage assez compliqué exige des connaissances que ne possèdent généralement pas les planteurs de circonstance.

D'autre part, pour créer un fruitier d'amateur, il faut des arbres de plusieurs espèces, comprenant de nombreuses variétés, lesquels nécessitent des soins différents et la recherche de greffons qu'il est souvent difficile de se procurer.

Cependant, on n'est pas toujours certain d'être bien servi quand on s'adresse à un pépiniériste, à moins d'aller sur place choisir ce dont on a besoin. De plus, les sujets adoptés manquent souvent d'adaptation au climat et au terrain et ils périclitent après leur transplantation.

C'est pour cela que, quand on a en vue la plantation d'un grand jardin ou d'un grand verger, on a intérêt à dresser ses arbres soi-même. Cette manière de faire est presque obligatoire, s'il s'agit d'effectuer des peuplements ou des boisements importants, comme c'est le cas lorsqu'on veut créer un *vignoble*, une *peupleraie*, etc.

La plupart des arbres forestiers et fruitiers se multiplient par graines. Un certain nombre cependant, la *vigne*, le *peuplier*, le *groseillier*, se reproduisent par boutures et marcottes. Les égrains, issus des graines, sont recommandables quand ils proviennent de pieds mères vigoureux et qu'on les transplante dans un milieu qui leur convient. Il y a des *arbres de plaine* et *de montagne*, des *arbres calcicoles*, *calcifuges*, etc. Il est toujours mauvais de vouloir contrarier la nature.

Récolte et conservation des graines. — Les graines d'arbres sont d'aspect très variable. Les unes sont lourdes, les autres légères, la plupart contiennent une amande dont les rongeurs sont friands.

Toutes sont plus ou moins altérables et il faut prendre certaines précautions pour assurer leur conservation.

Ainsi, les fruits à drupe comme la *cerise*, et secs comme la *noix*, la *noisette*, etc., possèdent une semence à enveloppe ligneuse, relativement lourde, tandis que les graines des *conifères*, d'*aune* et de *bouleau* sont fines et légères. La graine destinée à la reproduction doit être bien mûre et issue d'arbres vigoureux. Au lieu de la semer aussitôt la récolte, on obtiendra une bien meilleure levée en la mettant en stratification dans le sable, en caissette (*Tabl. Elevage des plants. fig.* 1) ou en silo (*fig.* 2), dans une cave ou un cellier sains.

Dans tous les cas, les noyaux, les pépins et les autres semences sont étalés en couches minces, superposées, séparées par un lit de sable simplement moite, que l'on humidifie un peu plus ou un peu moins par des bassinages, suivant la dureté de l'enveloppe.

Les noyaux d'*abricot*, de *pêche*, de *prunelle*, la *noix*, la *noisette*, etc., demandent un peu plus de fraîcheur que les pépins de *raisin*, de *poire*, de *pomme*, de *coing*, de même que la *châtaigne*, la *faine*, le *gland* et les autres feuillus forestiers. Ces dernières semences se comportent mieux en silo qu'en caissette, les couches stratifiées étant recouvertes d'une couverture de paille et de terre percée de cheminées d'aération comme pour les betteraves et les pommes de terre.

Quant aux graines de pins, d'épicéa, de mélèze, d'aune, de tilleul qui sont susceptibles de s'altérer, il vaut mieux les conserver en couche mince dans les greniers où on les pellette de temps à autre.

Semis et repiquage. — On attend, pour semer les graines, que la température se soit réchauffée ; puis, après avoir défoncé et ameubli convenablement une parcelle de terre qui a été fumée copieusement à la culture précédente, on trace à la serfouette, le long d'un cordeau tendu, des rayons distants de 30 centimètres que l'on dispose par rangs de quatre, en laissant des sentiers de 50 centimètres entre chaque planche.

La profondeur à donner aux rayons dépend de la grosseur de la graine. En principe, on la recouvre de trois fois environ sa plus grande dimension avec de la terre douce, ou un mélange de compost et de terre de route.

Si la stratification a été bien conduite, la levée est assez rapide. En cas de sécheresse, on bassine de temps à autre, surtout le soir. On bine suivant les besoins, puis, lorsque les plants sont bien constitués, on éclaircit en laissant 8 à 10 centimètres entre chacun d'eux.

On peut alors pailler avec du fumier court les essences qui, par suite de leur enracinement superficiel (*sapin*, *épicéa*, *mélèze*, *hêtre*), craignent la sécheresse. Il est bon, en outre, de les couvrir d'abris en fougère ou en genêt pour les protéger des froids.

Le moment le plus favorable aux repiquages est le printemps. Toutes les essences feuillues, y compris le *pin maritime*, peuvent être transplantées à un an, les pins noirs d'Autriche et sylvestre à deux ans, le mélèze et l'épicéa à trois ans.

L'arrachage doit être fait avec soin : on ouvre une jauge en avant des lignes et on y culbute les plants sans endommager les racines. Le repiquage se fait dans une terre profondément ameublie et fumée de longue date, avec des engrais décomposés, les matières organiques non transformées pouvant provoquer l'apparition du « blanc » ou *pourridié* des racines.

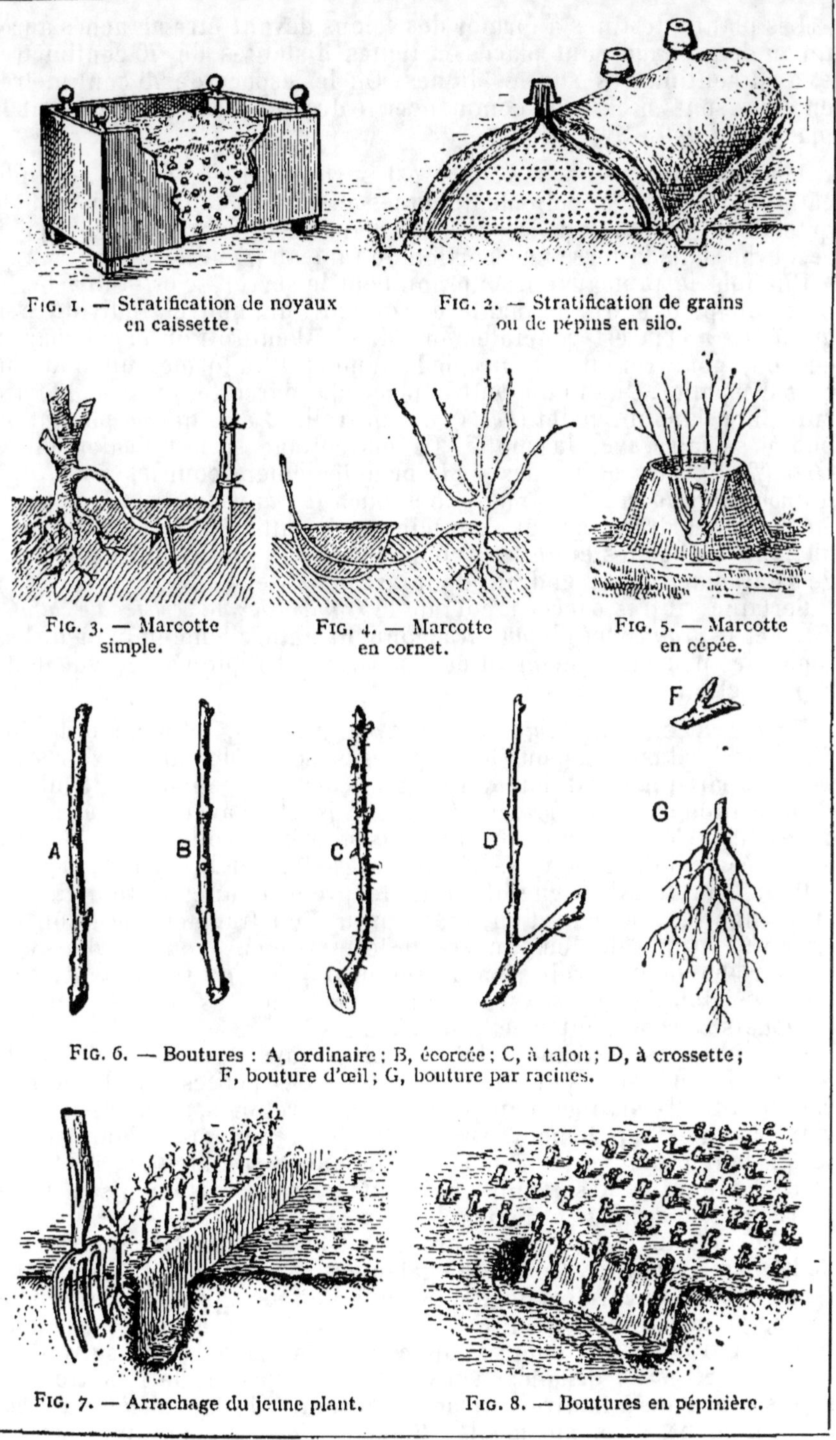

FIG. 1. — Stratification de noyaux en caissette.

FIG. 2. — Stratification de grains ou de pépins en silo.

FIG. 3. — Marcotte simple.

FIG. 4. — Marcotte en cornet.

FIG. 5. — Marcotte en cépée.

FIG. 6. — Boutures : A, ordinaire ; B, écorcée ; C, à talon ; D, à crossette ; F, bouture d'œil ; G, bouture par racines.

FIG. 7. — Arrachage du jeune plant.

FIG. 8. — Boutures en pépinière.

ÉLEVAGE DES PLANTS

Les plants destinés à former des scions devant être arrachés après un an de greffage sont placés en lignes distantes de 70 centimètres et à 40 centimètres sur les lignes. On les espace de 75 centimètres en tous sens si on veut commencer le dressage des sujets avant la plantation définitive.

Marcottage. — Le *marcottage* est surtout utilisé pour la multiplication de la vigne et celle de quelques autres végétaux qui, comme le groseillier, jouissent de la propriété de pouvoir s'enraciner lorsqu'on recourbe dans la terre une portion de rameau (*fig. 3*).

Une fois le rameau enraciné, on peut le sevrer, c'est-à-dire le séparer du pied mère, de manière à obtenir un nouvel individu non greffé. Ce *provin* est généralement laissé à l'endroit où le couchage a eu lieu, pour remplacer un pied manquant ou former un nouveau bras d'espalier. Quand on veut déplacer la marcotte, on peut la faire enraciner dans un godet (*fig. 4*) ou un treillis, afin que la plantation puisse se faire avec la motte. Le marcottage se fait également *en cépée* (*fig. 5*), par buttage des pieds, principalement pour les *groseilliers*, les *pommiers doucin* et *paradis*, le *prunier de Saint-Julien*. Ces espèces émettent des drageons qui s'enracinent. Il suffit de les détacher avec quelques radicelles et de les repiquer aussitôt pour qu'ils achèvent de s'enraciner en engendrant de nouveaux sujets.

Certaines autres espèces, comme le *framboisier*, le *cerisier de Sainte-Lucie* et le *prunier mirobolan*, drageonnent naturellement du pied. Les repousses peuvent également être séparées et repiquées en vue de la reproduction.

Bouturage. — Le *bouturage* est, avec le semis, le mode de multiplication le plus usité pour les espèces susceptibles de pouvoir s'enraciner par fragmentation de rameaux, lorsque ceux-ci sont mis en stratification dans la terre ou le sable frais. Il a l'avantage d'être très expéditif et c'est à lui que l'on a le plus souvent recours pour préparer les *racinés* américains qui serviront au greffage de la vigne française.

Pour bouturer la vigne, il suffit de prendre une portion de rameau lignifié, en bois d'un an, pourvu d'un fragment de talon ou crossette en bois de deux ans, et de le mettre en pépinière dans une terre riche pour le voir s'enraciner promptement. On obtient ainsi un raciné dont la reprise est à peu près certaine. Les racinés préparés en godets se repiquent avec la motte.

La bouture est également très employée avec le *cognassier*, pour la préparation des sujets destinés au greffage des petites formes de poirier devant être plantées dans des sols peu profonds, ou que l'on veut voir fructifier rapidement. On fait d'abord raciner les boutures en les plaçant à une petite distance, dans une terre meuble, profonde et riche, puis on les repique à de plus grands écartements en pépinière pour le greffage et le dressage.

La formation des plants de groseillier et de cassissier se pratique de la même manière. On opère également par bouturage de rameaux ou plançons des variétés de *peuplier* que l'on veut propager. Les boutures, qui mesurent 30 centimètres, sont enfouies en mars-avril à la profondeur de 20 centimètres. On les met en place l'année suivante à 50 centimètres de distance, sur des lignes espacées de 1 mètre. Les sujets sont bons à mettre en place à l'automne de la troisième année. A ce moment, on supprime les *tire-sève*. L'osier se multiplie par un procédé identique, mais les boutures se mettent directement en place.

II. — GREFFAGE ET PLANTATION

Objet de la greffe. — Le *greffage* a pour but de transposer une portion de rameau, appelée *greffon*, d'un végétal sur un autre, appelé *sujet*, en mettant en contact les *couches génératrices*, de manière qu'elles se soudent.

Les conditions de réussite sont les suivantes : 1° le sujet et le greffon doivent être de la même famille, ou posséder des caractères botaniques très voisins; 2° la sève, chargée de transporter les substances nutritives, doit être en mouvement sans cependant être trop abondante pour ne pas noyer le greffon et empêcher la reprise.

Le greffage rend de précieux services. Il permet d'obtenir des espèces ou des variétés de fruits que le semis ne reproduit pas fidèlement. Il rend possible la culture de certaines essences, dans des sols qui leur sont manifestement réfractaires, en les transportant sur des sujets capables d'y vivre.

Les *sauvageons* transmettent aux greffons la vigueur et la sève nécessaires aux besoins d'une abondante fructification, pendant que ces derniers élaborent les principes et les transforment en fruits délicieux.

D'autre part, grâce au greffage, on a pu sauver la vigne des atteintes du phylloxéra, en transportant les plants français, qui donnent du bon vin, sur des plants américains plus vigoureux, capables de vivre en dépit des attaques de cet insecte.

D'ailleurs, presque tous les arbres gagnent à être greffés, puisque sauf pour les anciennes variétés fixées telles que l'*alberge* et certains *pruniers*, tous les produits issus de semis sont susceptibles d'une certaine dégénérescence.

Modes de greffage. — Les modes de greffage sont nombreux, puisqu'on en compte plus de 150. Les plus employés sont : la *greffe en fente*, la *greffe en écusson*, la *greffe en couronne*, la *greffe à l'anglaise*, et la *greffe en approche*. Ces cinq types suffisent à tous les besoins et il est inutile d'en étudier d'autres.

L'opération du greffage est relativement simple : il suffit de faire des coupes nettes et de mettre en contact intime les couches génératrices, seules capables de souder les tissus séparés pour assurer la circulation des sèves du sujet dans le greffon et *vice versa*.

La *greffe en fente* est surtout usitée pour les sauvageons déjà forts et pourvus d'un fût droit que l'on veut conserver. C'est à elle que l'on a recours de préférence pour former les *hautes tiges* ou *plein-vent* des vergers (V. *Tabl. Greffe, fig.* 1, et VITICULTURE, *Tabl. Greffe, fig.* 1).

Cette greffe s'exécute au sortir de l'hiver, en février-mars et jusqu'en avril, plus ou moins tôt suivant la précocité ou la tardivité des espèces. Il ne faut pas attendre trop longtemps, car le greffon serait noyé par un excès de sève. Le mieux, pour réussir, c'est de récolter les greffons un mois avant l'époque de l'opération et, après les avoir étiquetés, on les met en stratification dans le sable, contre un mur, au Nord, ou dans une cave. Les rameaux sont de l'année, mais le bois doit être bien aoûté. Quelques jours avant le placement, on étête les sujets, afin de les faire « pleurer » et tempérer l'ardeur de la sève. On les fend ensuite et, suivant leur grosseur, on y insère un ou deux greffons portant trois yeux, après les avoir taillés en double biseau.

Le contact des tissus générateurs est toujours certain si on a soin d'incliner légèrement le greffon pour provoquer le croisement des écorces. Il n'y a plus qu'à ligaturer la greffe avec des liens qui ne risquent pas d'étrangler la greffe, puis on l'englue avec du mastic ou du *pourget*, mélange de terre glaise et de bouse de vache.

La *greffe en écusson* (*fig.* 2 et 3) est employée pour les scions âgés d'un an ou de deux ans que l'on a repiqués dans la pépinière de dressage : *cognassiers*, *doucins*, *paradis* et autres devant être greffés du pied. Cette greffe est la plus expéditive de toutes. Le plus souvent, elle se fait à *œil dormant*, à partir de fin juillet jusqu'en septembre. Suivant l'activité de la sève, on avance ou on retarde l'époque du greffage. Il ne faut pas que les greffons soient noyés par un afflux exagéré de sève, mais si l'année est fort sèche, il est bon d'arroser pour activer le départ du mouvement séveux d'août.

Les greffons sont de simples yeux bien constitués, que l'on détache à l'aide d'un canif tranchant, en conservant un bout de pétiole. Auparavant, on a incisé le sujet suivant la forme d'un T, en soulevant légèrement les bords de l'écorce, de manière à pouvoir y insérer le greffon que l'on ne doit lever qu'au moment de sa mise en place. On ligature sommairement en faisant quelques tours de raphia ou de vieille ficelle autour de la greffe.

La *greffe en couronne* (*fig.* 6) a lieu au printemps, courant avril. La branche ou le sujet sont sciés et la plaie avivée; mais on ne les fend pas. Les greffons coupés un mois avant le départ de la sève sont taillés en bec de flûte, avec empattement ou coche pour l'assiette. On les insère en couronne, en introduisant le bec de flûte sous l'écorce du sujet. On ligature, puis on englue comme pour la greffe en fente.

La *greffe anglaise* (*fig.* 4) est la plus usitée pour la vigne. Elle se fait généralement sur table, en mars-avril, avec des rameaux d'un an fournis par les plants américains et français, ayant même grosseur et que l'on met ensuite en stratification dans le sable et la mousse, pour hâter la reprise. C'est ainsi que l'on traite également les petits plants de *noyer* et de *châtaignier*, déplantés et mis en jauge en février-mars, pour être greffés en avril.

La greffe anglaise demande un certain doigté que l'on acquiert par la pratique. Le greffon et le sujet sont d'abord coupés en biseau allongé, de même longueur, que l'on fend au premier tiers, puis on engage la languette de l'un dans la fente de l'autre et vice versa. On peut se dispenser de ligaturer et de mastiquer les greffes anglaises quand elles sont bien faites.

La *greffe en approche* (*fig.* 5) peut servir à réunir deux cordons, deux arbres ou deux branches voisines, soit pour les renforcer, les rétablir ou les équilibrer. Peu pratiquée, cette greffe se fait par juxtaposition de tissus, mis à vif jusqu'au bois par des entailles. On applique les entailles l'une sur l'autre, on ligature puis on mastique.

Conditions dans lesquelles doit s'effectuer le greffage. —

Sur *doucin* et sur *paradis*, le pommier se greffe la première année de pépinière; pour greffer sur *franc*, on attend la deuxième année. La greffe en fente double se fait en tête, sur sauvageons destinés aux grandes formes, dans les bons sols. On adopte la greffe en couronne lorsqu'on cherche à changer la fructification d'un pommier en plein rapport.

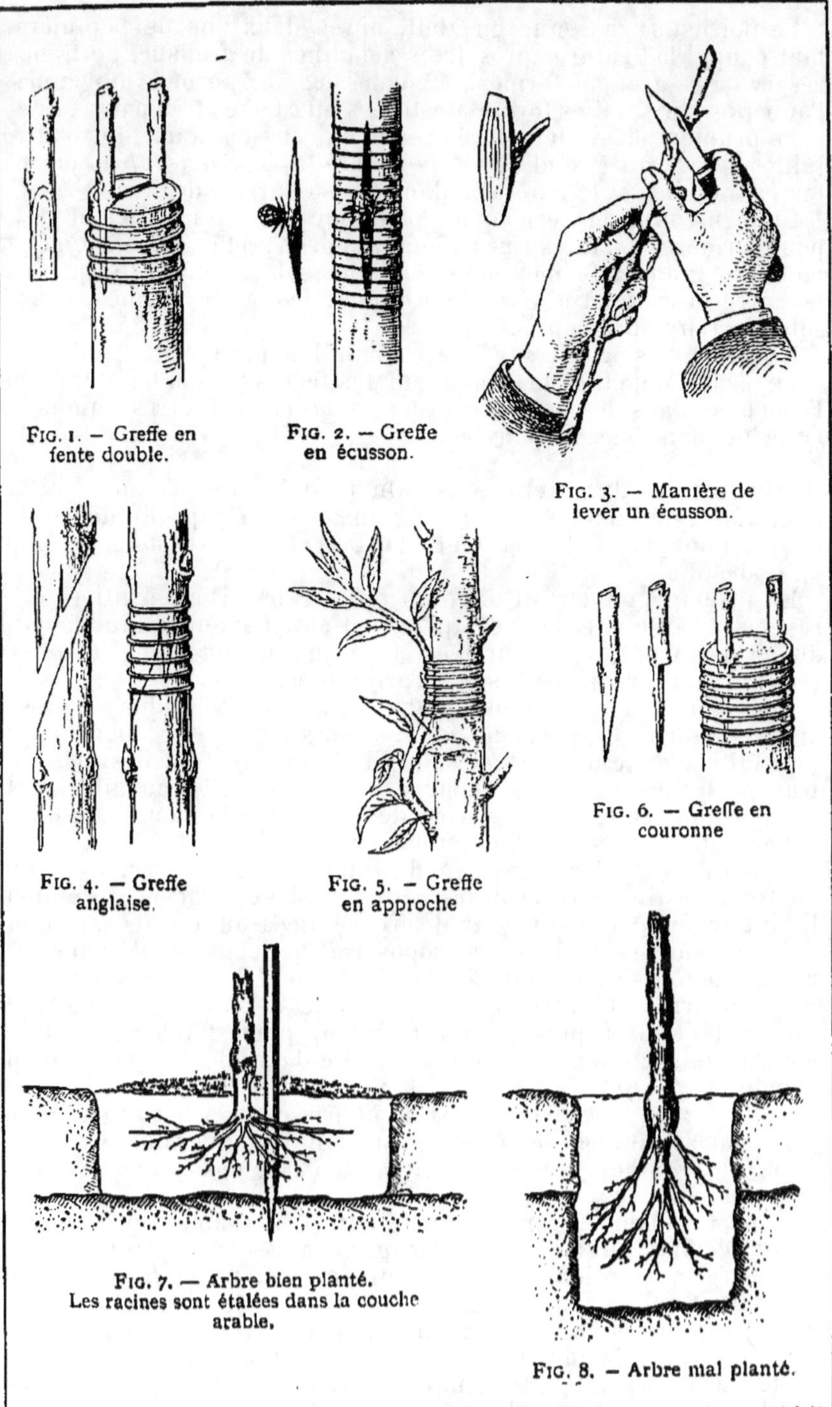

GREFFE ET PLANTATION

Le poirier s'écussonne en août, après deux ans de pépinière. Il faut couper la ligature après trois semaines de greffage. Le franc est réservé aux grandes formes, le cognassier aux formes moyennes et l'aubépine aux petites formes destinées aux terres très pauvres.

Le prunier se greffe de préférence en écusson, à œil dormant, en juillet-août. On prend pour porte-greffe le *Saint-Julien* dans les terres franches et le *mirobolan* dans les sols très calcaires.

On écussonne le cerisier au pied pour les basses tiges et en tête pour former les hautes tiges. Comme porte-greffe, choisir le *merisier* pour les grandes formes, dans les bons sols; préférer le franc pour les terres à vigne et le *Sainte-Lucie* pour les petites formes, dans les sols pierreux et calcaires.

L'abricotier se greffe sur franc, amandier, pêcher ou prunier.

Le pêcher demande le franc, pour les terres profondes et franches; l'*amandier* dans les sols calcaires; le *prunier* en terres humides; le *prunellier* dans les sols pauvres.

Plantation des arbres. — On peut planter l'année qui suit le greffage, ou bien on attend deux ans, en tirant profit de ce délai pour commencer la formation de l'arbre et l'adapter à l'objet auquel on le destine.

En principe, on devrait toujours planter les arbres fruitiers et forestiers à l'automne. Ce n'est qu'exceptionnellement, quand la nature du sol ne s'y prête pas, qu'il est trop humide ou trop sec, que l'on recule la mise en place jusqu'au printemps.

Dans tous les cas, la plantation doit se faire le plus tôt possible après l'arrachage des scions, étant entendu que cette opération doit être faite avec le plus grand soin. Si les arbres sont destinés à être transportés à de grandes distances, par voie de fer ou autrement, il faut envelopper les racines avec des toiles, de la mousse ou un emballage quelconque que l'on humidifie.

Auparavant, suivant le plan des plantations prévues, on a ouvert les trous destinés à recevoir les arbres, sur les emplacements piquetés. Il faut éviter, par-dessus tout, de creuser des trous étroits et profonds, dans le fond desquels on se proposerait de jeter des détritus organiques de toute sorte, notamment du fumier. Ces engrais non décomposés pourraient provoquer le pourridié des racines; de plus, ils les inciteraient à piquer en profondeur pour, finalement, aller se « casser le nez » dans le sous-sol stérile d'où elles ne pourront plus remonter (*fig.* 8).

Le mieux en l'occurrence est de ne pas creuser le trou au-dessous de la couche arable (*fig.* 7), mais lui donner une grande surface. La terre naturelle est simplement amendée avec des composts ou de la terre de route.

Pour commencer, on fait la toilette des racines en coupant le pivot et celles qui sont endommagées. Après avoir planté un tuteur et placé un monticule de terre fine, on y étale les racines pour les faire tracer et les tenir à une petite distance du niveau du sol, où il sera facile de les nourrir avec du *fumier en couverture*. Ce fumier, lavé par les pluies, abandonnera ses matières solubles au profit de l'arbre et le paillis restant entretiendra la fraîcheur. Le collet doit rester au-dessus du sol. Les arbres ainsi plantés prospèrent et fructifient; les autres s'étiolent ou deviennent stériles au bout d'un petit nombre d'années.

III. — FORMATION DES ARBRES

Principes directeurs. — La formation des arbres fruitiers, quelle que soit leur destination, est soumise à des règles de conduite qu'il faut connaître et appliquer. En arboriculture on distingue : les *grandes formes* ou *plein-vent*, arbres pourvus d'un fût élancé, dont le type est représenté par le pommier à cidre ; les *moyennes formes* comprennent les pyramides, les vases, les palmettes et candélabres, que l'on cultive dans les vergers et quelquefois au potager ; les *petites formes* telles que fuseaux, cordons verticaux, horizontaux et obliques, U simples, etc., en honneur dans les jardins familiaux.

Toutes les formes d'arbres ont leur raison d'être et s'adaptent aux multiples considérations de sol, de climat, de lieu, de variétés, etc. On doit savoir distinguer : le *fût* proprement dit, les *branches charpentières* et les *coursonnes* ou ramifications fruitières.

Dans tous les cas, les charpentières doivent être distribuées de manière à ce qu'elles ne se gênent pas mutuellement et qu'elles laissent aux coursonnes suffisamment d'espace, d'air, de lumière et de soleil pour que la fructification n'y soit pas contrariée.

En général, les charpentières des plein-vent ont besoin de rayonner, de manière à dégager le centre de l'arbre. Quant aux branches des pyramides, elles doivent s'échelonner de distance en distance, le long du tronc, en alternant, mais sans tolérer d'embroussaillement. Enfin, pour les différentes charpentières d'espalier, on peut laisser entre elles un espacement de 30 à 35 centimètres.

Sur un arbre bien dressé, il ne doit jamais y avoir de vides sur les charpentières et il faut porter toute son attention afin que les parties basses et horizontales ne puissent guère se dégarnir.

Toutefois, la formation des arbres forestiers diffère essentiellement de celle des arbres fruitiers, leur affectation n'étant pas la même. Ce qu'on recherche avant tout, ce sont des fûts bien droits, exempts de nœuds, sur lesquels les branches latérales n'ont pas pu se développer. C'est pour cette raison que les semis ou plantations de *feuillus* et de *conifères* doivent toujours se faire avec de petits espacements, afin que l'élagage se fasse naturellement, par suite du manque d'air et de lumière qui entraîne la mort des branches inférieures, cependant que la tête monte vers la lumière.

Pour les arbres d'avenue et les peupliers que l'on dresse en pépinière, l'élagage des troncs doit se faire tous les ans à la serpette ou au sécateur.

Formation des plein-vent. — Les arbres destinés à être plantés le long des routes ou dans les vergers pâturés, qu'il s'agisse de pommiers, de poiriers, cerisiers, pruniers, etc., se conduisent tous de la même manière. Les branches inférieures doivent se trouver à une hauteur telle que ni le bétail, ni les passants ne puissent saisir les fruits. Dans ce cas, on admet une distance de 1^m,80 entre le sol et la naissance des premières branches.

La formation de la tête a lieu en pépinière sur des sujets bien droits et greffés ayant au moins 2^m,50 de hauteur. Ces arbres sont rabattus à 2 mètres, au-dessus de trois rameaux aux yeux divergents à peu près d'égale vigueur et on supprime du même coup tous les autres.

L'année suivante, les trois branches conservées sont raccourcies à peu près à la même hauteur, de manière à obtenir de chacune d'elles deux nouveaux prolongements, ce qui porte à six le nombre des bras. Une troisième et dernière taille fournit douze charpentières qui constituent la tête de l'arbre (V. *Tabl. Formation des arbres, fig.* 1).

A partir de ce moment, on peut abandonner l'arbre à lui-même en le laissant croître naturellement. Si, ultérieurement, on fait encore des suppressions, ce sera pour cause de double emploi, ou pour empêcher les branches de devenir trop touffues au centre.

La figure 4 du Tableau *Prunier et Cerisier* donne une bonne illustration de cette formation des arbres fruitiers.

La charpente du prunier d'ente est ainsi établie :

Le tronc mesure 1ᵐ,10 à 1ᵐ,20 à son sommet, il porte trois branches qui s'écartent en V jusqu'à 1 mètre au-dessus du point de bifurcation pour s'élever ensuite suivant trois lignes verticales espacées de 0ᵐ,80 à 1 mètre. Ce sont les trois *branches mères*. A 1ᵐ,60 au-dessus du sol, chacune de ces trois charpentières verticales porte une ramification secondaire allongée en dehors dans le sens d'un rayon et un peu relevée par l'horizontale. C'est le premier étage de trois branches *sous-mères*. Les étages de sous-mères se succèdent à 0ᵐ,40 de distance en évitant de superposer exactement les branches. A droite et à gauche, les sous-mères sont assorties de branches latérales espacées de 0ᵐ,25 à 0ᵐ,30.

Formation des cordons. — Les *cordons horizontaux*, usités surtout pour les pommiers greffés sur paradis, que l'on plante le long des allées, ou encore pour les poiriers sur cognassier destinés à garnir rapidement un mur de jardin se dressent d'une façon simple.

Pour cela, on plante à l'emplacement prévu, tous les 1ᵐ,50 à 2 mètres s'il s'agit de cordons horizontaux, ou à raison de trois au mètre, pour les cordons verticaux. Les scions mis en terre à l'automne ont été écussonnés l'année précédente en pied.

S'il s'agit d'horizontaux, on courbe progressivement le scion pour arriver à l'infléchir sur un fil de fer après lequel on le palisse. On taille alors le prolongement à 20 ou 40 centimètres de la courbure, pour provoquer le départ des premières coursonnes, qui doivent être espacées de 8 à 10 centimètres au plus. En cours de saison, par des *pincements*, on maintient l'arbre en équilibre. Dans aucun cas, il ne faut vouloir aller trop vite à l'ouvrage, car on risquerait de voir se produire des vides sur le cordon, ou bien il y aurait production de *gourmands* (*fig.* 3).

Les *cordons verticaux* se taillent de la même manière, la longueur des coupes étant en rapport avec la force végétative des sujets. C'est ainsi que l'on peut mettre quatre, cinq, six ans et plus pour permettre au cordon d'atteindre la crête du mur. Si le mur est peu élevé, même avec le cognassier comme porte-greffe, il vaut mieux adopter les *cordons doubles* ou à U, qui permettent d'espacer les plants de 70 centimètres et mettent les racines plus au large (*fig.* 4).

Fuseaux ou pyramides. — Les *fuseaux* et les *petites pyramides* sont peu encombrants. Ils conviennent aux petits potagers et leurs fruits sont très accessibles. Suivant la vigueur des sujets, la nature du terrain et l'espace disponible, on leur fait prendre un plus ou moins grand développement.

Dans tous les cas, on part toujours d'un scion de deux ou trois ans,

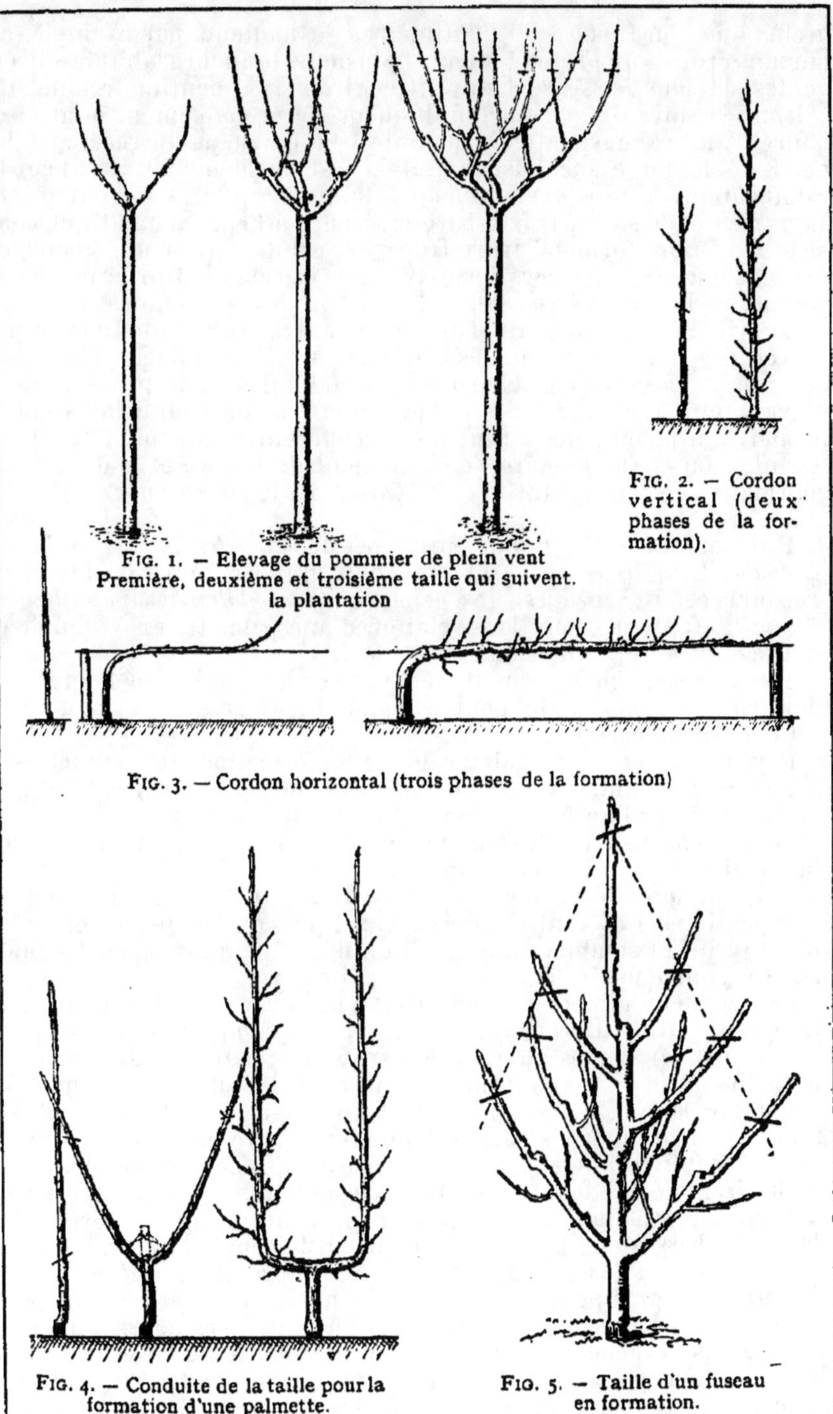

FIG. 1. — Elevage du pommier de plein vent
Première, deuxième et troisième taille qui suivent
la plantation

FIG. 2. — Cordon vertical (deux phases de la formation).

FIG. 3. — Cordon horizontal (trois phases de la formation)

FIG. 4. — Conduite de la taille pour la formation d'une palmette.

FIG. 5. — Taille d'un fuseau en formation.

FORMATION DES ARBRES

greffé, que l'on rabat à 80 centimètres de hauteur, par exemple, en laissant croître un prolongement et plusieurs branches latérales divergentes, la plus basse se trouvant environ à 50 centimètres du sol.

L'année suivante, on raccourcit encore le prolongement pour faire naître d'autres charpentières latérales. La longueur du recépage dépend de la force des fuseaux, il en est de même du nombre de ramifications à conserver à chaque taille, lesquelles varient de un à quatre tous les ans. Il faut savoir résister à l'engouement qui consiste à vouloir former l'arbre trop vite, car la sève a une tendance manifeste à se porter vers les extrémités et cela contrarierait l'élongation des branches basses et la formation des coursonnes.

En principe, il faut tenir l'arbre suivant la silhouette d'un cône, représenté par des pointillés sur la figure 5 du tableau *Formation des arbres fruitiers*. Les charpentières latérales et le prolongement doivent être raccourcis de manière que les coursonnes puissent se former tout le long des branches de charpente, en commençant par les inférieures. On modère l'emballement de la sève et le départ des gourmands en complétant la *taille d'hiver* par le *pincement*.

Palmettes. — Il y a plusieurs types de *palmettes :* les *verticales à V*, à *double U*, à *trois*, à *cinq* et à un plus grand nombre de branches recourbées. Il y a aussi les *palmettes horizontales*, les *palmettes en éventail*, etc. Voir, pour la formation d'une palmette en V double et d'un candélabre, le tableau *Pêcher*, p. 223.

Toutes ces formes permettent d'utiliser les murs pour l'obtention des fruits de choix. On peut également les dresser le long d'un lattage (*contre-espalier*).

Il y a une certaine analogie entre la formation des palmettes et celle des pyramides. Le scion greffé âgé, de 2 ou 3 ans, est rabattu sur trois yeux : l'un fournit le prolongement, les deux autres les premières branches latérales auxquelles on fera prendre progressivement la position horizontale et définitive.

Si la palmette doit seulement avoir trois branches, on recourbe les charpentières à 35 centimètres de l'axe, puis on les dirige verticalement jusqu'au sommet du mur. Si on désire cinq branches, les inférieures sont poussées à 70 centimètres de l'axe.

La deuxième année, on raccourcit à nouveau le prolongement sur trois yeux situés à 35 centimètres au-dessus du premier étage, pour former les deuxièmes charpentières que l'on conduira de même, en les palissant et en les courbant, avant que le bois ne soit lignifié.

Comme la sève a une tendance manifeste à se porter à la tête, il faut souvent pincer les parties hautes pour la refouler dans le bas et toute l'attention doit porter sur la formation des coursonnes de la partie horizontale des deux premières charpentières qui sont portées à se dégarnir. Si, malgré une taille courte et un pincement sévère, les branches basses manquent de vigueur, on fait une *entaille* au-dessus.

Une palmette à trois branches se dessine après la première taille : il faut un an de plus pour les palmettes à cinq branches et deux ans pour celles qui en ont sept. Pour activer la formation des coursonnes tout le long des branches de charpente, on raccourcit les prolongements en conséquence : sévèrement s'il se produit des vides, un peu plus long si les coursonnes ont une tendance à devenir des gourmands. Les pincements répétés en cours de saison refoulent la sève dans les parties basses.

IV. — TAILLE ET PINCEMENT

Objet et conditions d'exécution des tailles et pincements.
— La *taille* et le *pincement* ont pour but de maintenir les arbres fruitiers et d'ornement dans une forme plus réduite que celle qu'ils
auraient eue si on les laissait croître naturellement. Elle permet,
en outre, de maintenir en équilibre les différentes parties des arbres
dressés suivant des formes conventionnelles : *gobelets, pyramides, palmettes, cordons,* etc. On dit encore que la taille et le pincement favorisent la fructification des arbres, mais cela n'est vrai que si les
opérations sont rationnellement conduites. Le plus souvent, le rendement des arbres taillés est moindre que celui des plein-vent qui,
une fois formés, ne sont plus touchés par le sécateur.

La taille proprement dite s'effectue pendant le repos de la sève,
depuis le mois de novembre jusqu'en mars. Elle a d'abord pour but
d'arrêter les prolongements à une longueur telle que la sève ne se
porte pas exagérément vers les extrémités, en entraînant la disparition des ramifications fruitières situées sur les *charpentières*
inférieures. Elle sert, en outre, à maintenir en équilibre, avec une
longueur raisonnable, les rameaux à fruits, ou à provoquer leur formation, en supprimant les coursonnes en excédent, toujours d'après
le principe du *rapprochement.*

Un sujet doit être taillé plus ou moins long, suivant sa force, de
manière qu'il ne s'emporte pas à bois et qu'il fructifie modérément,
mais régulièrement. Suivant le cas, on conserve à chaque rameau de
deux à quatre yeux, la *taille trigemme* ou *à trois yeux* étant la plus pratiquée pour le poirier et le pommier. De plus, sur un même arbre,
on taille plus long les rameaux faibles et plus court ceux qui sont
forts. Les branches de charpente faibles sont également tenues plus
longues que les fortes. Le contraire a lieu quand il s'agit de tailler des
sujets différents : on taille long les forts et court les faibles.

Quoi qu'il en soit, la taille, avec les suppressions un peu arbitraires
qu'elle comporte, n'a qu'un effet momentané. Il y a des réactions et
la sève refoulée se précipite parfois vers les *gourmands* situés à l'aisselle des branches et aux extrémités. Il est nécessaire de la compléter par le pincement.

Le pincement a surtout pour objet de mater les végétaux rebelles
à la mise à fruit et ceux qui s'emportent, c'est-à-dire ceux qui utilisent
à la production du bois les substances nutritives qui, logiquement,
devraient servir à former des fruits.

Pour pincer, on coupe ou on casse avec les doigts l'extrémité des
rameaux, de manière à refouler la sève. Généralement le premier
pincement se fait à quatre ou cinq feuilles et le deuxième à deux
feuilles. Certains arbres réfractaires peuvent encore être pincés une
troisième fois à une feuille.

Différents types de coursonnes. — On distingue, le *rameau à
bois* qui porte des yeux petits placés alternativement le long de la
coursonne. Ces rameaux, d'abord herbacés, se lignifient, puis se
bifurquent en vieillissant. Quand ils ont un développement anormal ou
excessif par rapport aux rameaux voisins, on les appelle *gourmands.*

Les *rameaux à fruits* sont de plusieurs sortes. Ils sont destinés à donner, dans un délai plus ou moins rapproché, des fleurs, puis des fruits. C'est d'abord le *dard*, qui se substitue à l'œil à bois. Ce dard peut se transformer l'année suivante en *bouton*, s'il est suffisamment nourri, mais sans excès. Des suppressions trop nombreuses de rameaux risquent de faire avorter les dards et c'est ce qui arrive souvent lorsqu'ils sont noyés par la sève.

Le bouton est rond, renflé et facilement reconnaissable; il fleurit au printemps.

La taille a pour principal objet de provoquer sur les rameaux, non encore à fruit, la formation des dards, puis des boutons. Sur certaines espèces se présente fréquemment une préparation fructifère, sous la forme d'un rameau mince et délié, appelé *brindille*, qui se termine par un dard puis un bouton.

La brindille est la plus mauvaise des productions fruitières. Par suite de sa ténuité et de sa longueur elle est exposée à se rompre sous le poids du fruit, aussi ne la conserve-t-on que sur les arbres peu prolifiques.

Enfin, des excroissances fortes et râblées, qui se forment sur les rameaux ayant fructifié, au point d'attache du pédoncule, sont appelées *bourses* ou *lambourdes*. Elles fructifient avec la plus grande facilité: on les supprime seulement quand elles sont en surnombre.

Pratique de la taille. — Le poirier, le pommier et le pêcher conduits en petites formes sont, de même que la vigne, soumis à la taille d'hiver, mais seulement en dehors de la période des grands froids. L'ablation est faite au sécateur, en inclinant la coupe du côté opposé à l'œil, en conservant un court chicot de 5 millimètres au plus, si le bois est dur, comme celui du poirier, en lui donnant 10 à 15 millimètres avec la vigne, dont le bois est tendre.

La taille classique se réduit à un petit nombre de cas revenant constamment. Il suffit de les bien connaître.

Nous examinerons ces cas sur la figure 3 du tableau *Taille*, où ils se suivent de bas en haut. La coursonne ordinaire à bois se présente d'abord : on la taille au-dessus du troisième œil. Par exception, sur les arbres faibles, on la taille à deux yeux et à quatre yeux sur les arbres forts.

La coursonne forte et le gourmand se rabattent souvent à quelques millimètres de leur empattement pour provoquer le départ des yeux latents de la base : c'est la *taille sur rides*.

Sur la coursonne représentée en troisième lieu, on aperçoit un dard; on compte le dard puis deux yeux à bois et on taille au-dessus.

Les rameaux ramifiés sont rabattus sur l'inférieur, généralement le plus faible, et celui-ci taillé à trois yeux. La *brindille* est conservée, mais seulement quand on en a besoin. Sur les coursonnes portant trois dards, on fait tomber tous les yeux à bois. Quant aux *bourses*, on se contente d'en rafraîchir les extrémités. Toutes les coursonnes couronnées par un ou deux boutons sont conservées; on fait tomber les plus éloignés lorsqu'ils sont en surnombre, comme dans la dernière coursonne à droite. Quand les coursonnes sont devenues difformes et qu'elles s'éloignent beaucoup trop de la branche de charpente, en se recouvrant de nodosités, refuges à insectes et à champignons, on ne doit pas hésiter à les raccourcir en les taillant sur rides, comme s'il s'agissait de gourmands.

La taille du pêcher diffère assez de celle des autres arbres fruitiers,

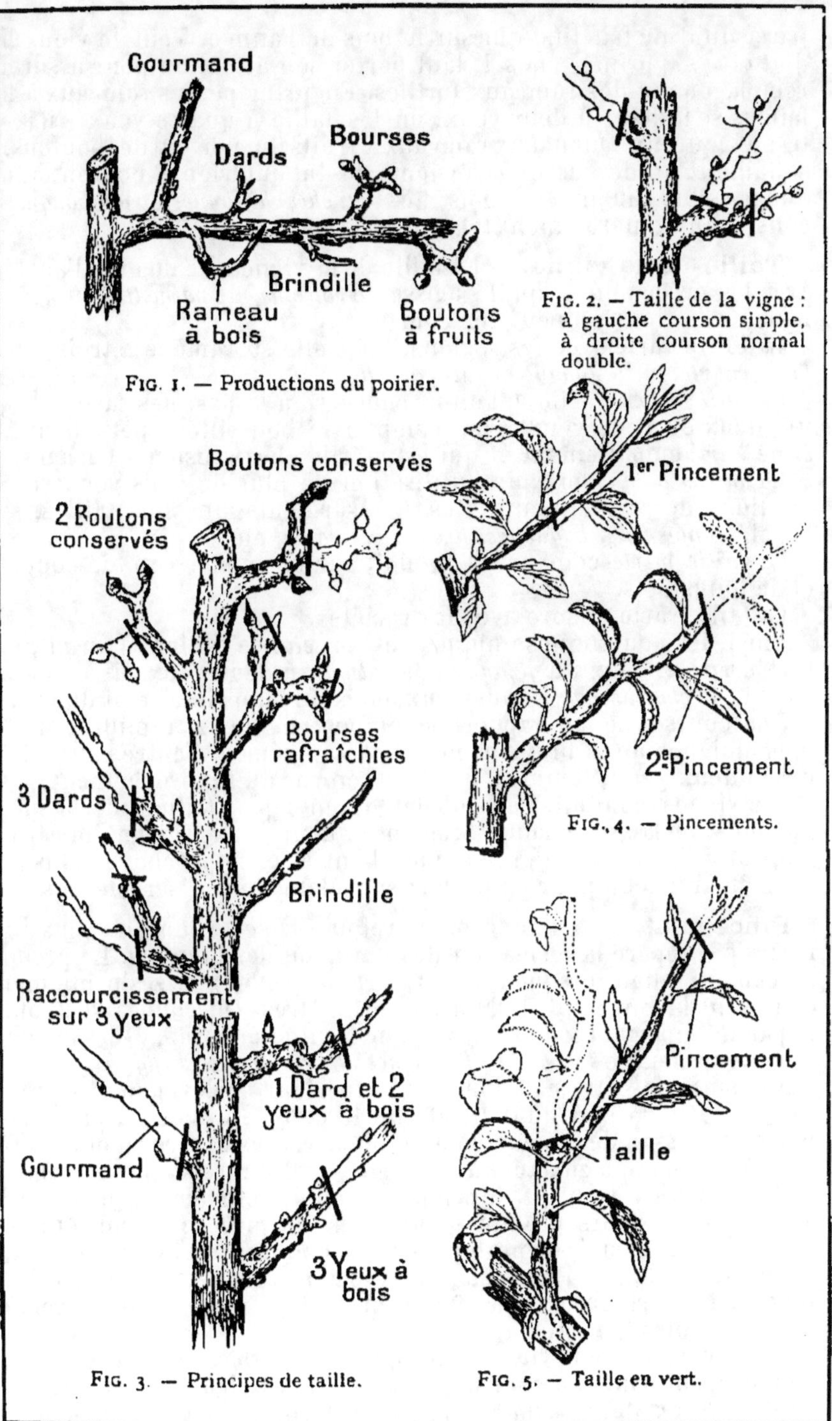

FIG. 1. — Productions du poirier.

FIG. 2. — Taille de la vigne : à gauche courson simple, à droite courson normal double.

FIG. 4. — Pincements.

FIG. 3. — Principes de taille.

FIG. 5. — Taille en vert.

TAILLE DES ARBRES FRUITIERS

parce qu'il ne fructifie que sur le bois de l'année. Tout le vieux bois doit être supprimé, mais il faut porter son attention pour assurer le remplacement des rameaux fertiles. En principe, les rameaux à bois faibles se taillent à deux yeux; on les taille à quatre yeux s'ils sont très vigoureux. Quant aux rameaux à fruits qui portent des boutons, ils se taillent au-dessus du troisième ou du quatrième bouton, autant que possible sur un œil à bois. Les *branches chiffonnes* et les *bouquets* se conservent généralement tels quels.

Taille de la vigne. — La taille de la vigne a beaucoup d'analogie avec les précédentes, qu'il s'agisse de *cordons*, de *palmettes* ou de *ceps*, mais on la tient un peu plus courte.

La taille varie avec les régions, mais elle se ramène à trois types : *taille courte*, *taille longue* et *taille mixte*.

La *taille est courte* lorsqu'on ne conserve à la base des sarments que un, deux ou trois yeux, sans compter le bourrillon (petit bourgeon situé sur l'empattement et qui est stérile chez plusieurs cépages).

La *taille longue* prévoit l'utilisation de plus de trois yeux sur les fractions de sarments utilisées. Ces sarments, une fois taillés, sont appelés *longs bois*, *baguettes*, *archets*, *versadis*, etc.

La *taille mixte* comporte l'emploi, sur un même cep, de coursons et de longs bois.

La taille varie encore avec les variétés.

Ainsi, les coursonnes uniques du *chasselas* se taillent à un œil, plus le *bourrillon*; ceux du *gamay* et de l'*aligoté* à deux yeux : le *muscat*, le *pinot* et le *chardonnay* à trois yeux, mais on supprime celui du milieu.

Une coursonne en rapport se compose de deux ramifications. La plus éloignée de la branche mère est supprimée, l'autre est taillée à un ou deux yeux, comme il a été dit, en vue du rapprochement.

Les vignes conduites en gobelet ou en cep se taillent de la même manière; on laisse à chaque bras un ou deux yeux, suivant le cépage, non compris le bourrillon, en cherchant à se rapprocher le plus possible de la souche pour empêcher son élongation disgracieuse.

Pincement. — Le pincement refoule la sève dans les yeux inférieurs et prépare la formation des dards ou des boutons. Le premier pincement a lieu lorsque les jeunes rameaux ou pousses printanières dépassent la longueur de 20 à 25 centimètres. On coupe avec l'ongle la partie supérieure du rameau non lignifié encore, au-dessus de la cinquième feuille (V. *Tabl. Taille des arbres fruitiers*, *fig.* 4).

A la suite de cette ablation, l'œil supérieur se développe en *prompt bourgeon*. On attend qu'il ait atteint 15 à 25 centimètres, puis on le pince au-dessus de la deuxième feuille. Avec les arbres vigoureux, on peut être amené à effectuer un peu plus tard un troisième pincement.

Mais, le plus souvent, lorsque le premier pincement provoque le départ de plusieurs prompts-bourgeons, on préfère attendre un peu plus longtemps, puis on pratique ce que l'on appelle la *taille en vert*, à l'aide du sécateur. Pour cela, on rabat le rameau au-dessus de la repousse inférieure la plus faible et celle-ci est pincée à trois ou quatre feuilles (*fig.* 5).

Le pincement de la vigne comprend l'*ébourgeonnement* et le *rognage*. L'ébourgeonnement a pour but d'enlever toutes les pousses herbacées en dehors des deux sarments prévus par coursonne ou par bras. Les vignes ou les sarments sont rognés au-dessus des échalas ou à quelques feuilles au-dessus des grappes aux approches de la floraison.

V. — LE POMMIER

Différentes sortes de pommiers. — Le *pommier* a une grande ressemblance botanique avec le poirier, aussi Linné l'a-t-il classé dans le même genre. Certains auteurs voient à l'origine deux types distincts : les *doucins*, qui ont donné naissance aux *fruits à couteau* ou de *table*; les *cerbes* dont proviennent les *pommiers à cidre*. Dans l'une et l'autre division une foule de variétés, fournies par les croisements, ont été sélectionnées par la culture.

En ce qui concerne les porte-greffes on distingue : les *sauvageons* des bois, tantôt issus des doucins, tantôt des acerbes; les *francs* ou *égrains* produits par les pépins des fruits à cidre, le *doucin* végète moins vigoureusement que le franc, mais il donne encore trop de bois et peu de fruits, notamment lorsqu'on veut dresser des petites formes dans les terres sèches; on le remplace par le *paradis*.

Ce dernier porte-greffe convient admirablement pour les petites formes tolérées au potager.

Choix des variétés. — Au point de vue utilitaire, les pommiers ont été classés en deux grands groupes : 1° celui des fruits de table ou à couteau; 2° les ruits destinés à la fabrication du cidre. Quelques pommes à deux fins, notamment *châtaignier* et *gendreville*, peuvent servir à la consommation sur table et pour le pressoir.

En ce qui concerne les bonnes pommes à couteau, nous citerons celles qui conviennent à l'alimentation familiale échelonnée et à l'approvisionnement du marché, en retenant surtout celles qui sont de bonne conservation, en les rangeant par degré de précocité.

Pommes à couteau d'été : *Astrakan rouge* et *Borowitsky*, qui arrivent en maturité en juillet-août. Pommes d'automne ou de demi-saison ; *grand Alexandre, rambour d'été, transparente de Croncels, royale d'Angleterre*. Pommes d'hiver ou tardives : *calville blanc, reinette du Canada, reinette grise, reine des reinettes*. Ces dernières variétés peuvent être consommées de décembre à mai.

Pommes à cidre de première saison : *blanc-mollet, doux-évêque, précoce David ;* deuxième saison : *binet rouge, bramtôt, boutteville, doux-normandie, Godard, joly rouge, médaille d'or ;* troisième saison : *bédange, binet blanc, doux-véret, fréquin-audièvre, fréquin tardif, grise dieppois, moulin-à-vent, reine des pommes, rouge de Trèves, rousse Latour.*

Pour obtenir un excellent cidre bien équilibré, susceptible de se conserver en tonneau et en bouteilles, il faut donner la préférence aux pommes de troisième saison, en prenant des variétés à floraison échelonnée, pour se prémunir contre les risques de non-fécondation. On cherchera en outre à produire des fruits appartenant aux différentes catégories : douces, amères et acides, afin que tous les principes utiles, savoir : le sucre, l'acide tartrique, le tanin et les matières pectiques se trouvent en proportions convenables.

Culture du pommier. — Le pommier est l'une de nos essences fruitières les plus rustiques. Il s'accommode de tous les sols, à condition qu'ils soient pas humides ou secs par excès. Il peut même prospérer dans ces derniers si on maintient la fraîcheur par des paillages de fumier.

Les pommiers à *haute tige*, les plus productifs de toute la série, se plantent en quinconce, à 6 ou 8 mètres d'écartement. On forme les *cordons horizontaux* sur paradis, de même que les *fuseaux* et les U, tandis que les doucins sont mis à contribution pour les formes intermédiaires, *candélabres, palmettes, vases* et *petites pyramides.*

Le pommier se multiplie par le greffage en pépinière de sujets *francs,* fournis par les pépins stratifiés que l'on a semés en terre douce, saine et bien exposée, vers le mois de mars et que l'on repique l'année suivante en pépinière, à 60 centimètres environ de distance. On le reproduit également par le repiquage de marcottes obtenues en faisant des cépées de doucin et de paradis qui émettent des rejets au collet. Ces marcottes s'enracinent très facilement.

Tous les sujets transplantés peuvent être greffés au pied, à œil dormant, l'année suivante. Les grandes formes se greffent sur franc, les moyennes sur doucin, les petites sur paradis. Au lieu de greffer les égrains en écusson, on préfère dresser les fûts en pépinière, en les tuteurant et en les ébranchant pour les faire monter bien droits, puis on les greffe en fente ou en écusson à hauteur d'homme quand ils ont trois ou quatre ans de pépinière. Ce procédé est le plus suivi pour le pommier à cidre. Si l'on appose deux greffons, on conserve seulement le plus beau et c'est lui qui donnera les trois yeux de taille, origine des trois maîtresses branches devant être ramifiées pour fournir une charpente rayonnante toujours bien dégagée du centre.

Pour réussir le greffage du pommier, il faut que le bois du greffon ait un degré de dureté ou de souplesse à peu près égal à celui du sujet. On l'apprécie en déterminant par la flexion des rameaux de même taille la limite de la rupture. Enfin, quand on greffe en écusson les hautes tiges, on doit toujours prendre, pour former le fût, des variétés vigoureuses, quitte à surgreffer en tête plus tard. Les intermédiaires recommandés sont *noire de Vitry,* pour les bois durs. *fréquin de Chartres* pour les variétés à bois demi-dur, *rouge bruyère* pour les bois tendres.

Le pommier se plante en plein verger et dans les herbages; on le met aussi dans les terres en culture. On doit tenir les branches inférieures à bonne hauteur, 1ᵐ,75 à 2 mètres, afin qu'elles ne gênent pas le passage des instruments aratoires et que les animaux ne puissent pas les atteindre. De plus, les arbres doivent toujours être tuteurés dans leur jeune âge, pour se bien tenir en position verticale. Dans les lieux pâturés il faut toujours les munir *d'armures* en fer, en lattes de châtaignier avec pointes, à l'aide de trois forts liteaux étrésillonnés, ou tout au moins en épines, pour éviter que le bétail ne vienne se gratter après (V. *Tabl. Poirier,* p. 219).

Les petites formes du jardin sont issues de jeunes scions d'un an de greffe, que l'on dresse dans leur jeune âge en faisant prendre progressivement aux branches une direction convenable avant leur lignification complète. Ainsi les *cordons horizontaux* se recourbent à 35 centimètres du sol. Suivant la plus ou moins grande richesse du terrain, on fait prendre 1ᵐ,50 à 1ᵐ,75 de longueur aux *cordons simples* et 2 mètres à 2ᵐ,25 aux *cordons doubles.* L'accroissement annuel est proportionnel à la vigueur de l'arbre, les coursonnes doivent être en nombre suffisant, sans encombrement. Les *cordons verticaux,* les U et les *palmettes à trois branches* se forment d'après les principes généraux.

Tous les palissages d'espaliers se placent à 30 centimètres, espacement reconnu le meilleur pour le pommier, dont les coursonnes divergent un peu plus que celles du poirier. On leur réserve, sur les

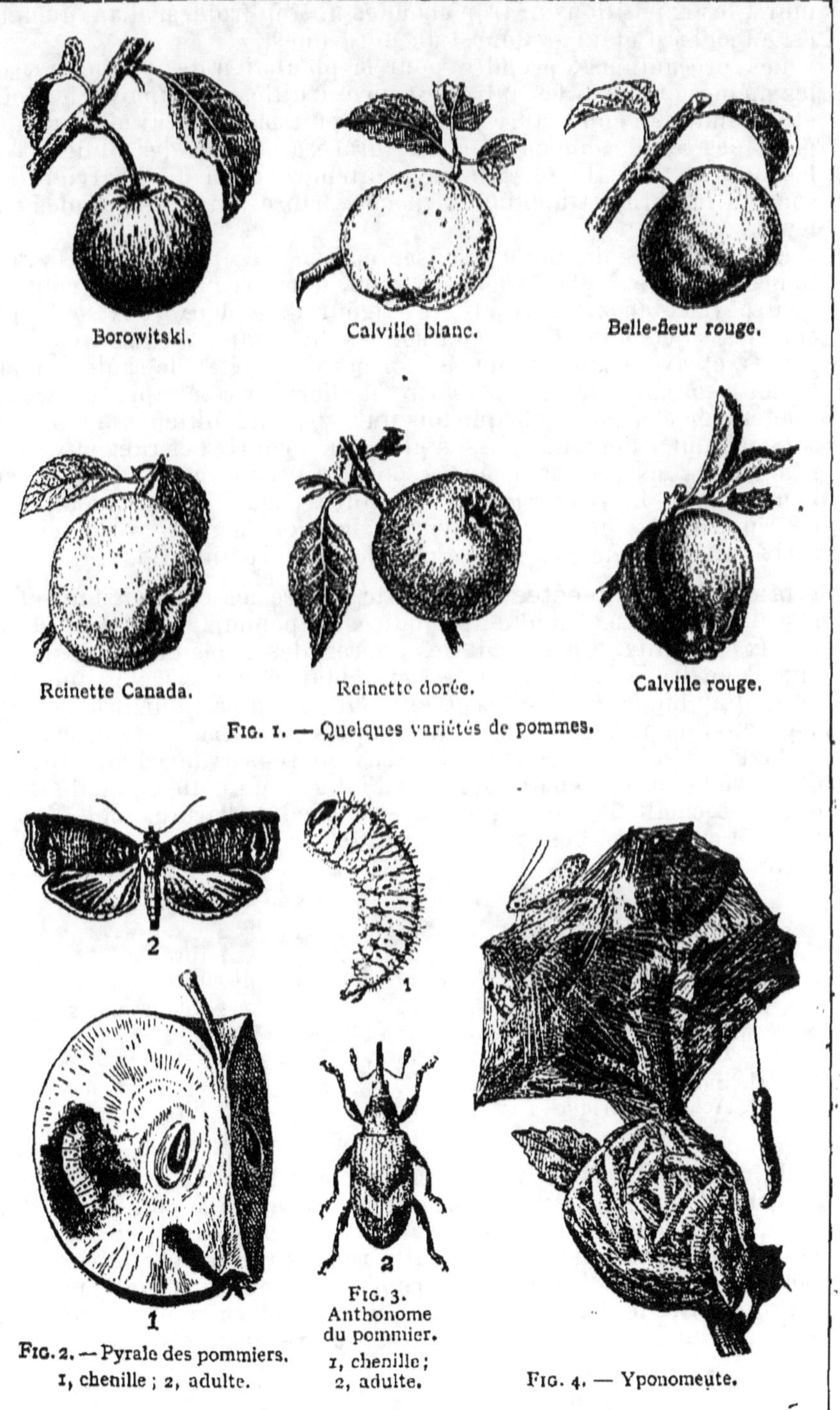

Fig. 1. — Quelques variétés de pommes.

Fig. 2. — Pyrale des pommiers. 1, chenille ; 2, adulte.

Fig. 3. Anthonome du pommier. 1, chenille ; 2, adulte.

Fig. 4. — Yponomeute.

POMME : VARIÉTÉS ET ENNEMIS

murs, les expositions ni trop chaudes ni trop froides, allant du nord-est au sud-est et du sud-ouest au nord-ouest.

Les précautions à prendre pour la plantation des pommiers sont les mêmes que pour les autres essences fruitières. Employer le fumier et l'épandre en couverture pour entretenir la fraîcheur et fournir les principes solubles de haut en bas, grâce à l'action des pluies. Tous les ans on bine le terrain au printemps, ainsi qu'à l'arrière-saison. La fumure est appliquée en couverture avant les grandes chaleurs.

Les principes de taille à observer sont les principes généraux. Généralement, on taille à trois yeux. Par exception, on conserve quatre yeux chez les sujets très vigoureux et deux yeux seulement chez les sujets faibles. Les coursonnes du pommier étant très divergentes, et ayant une tendance à former des « têtes de saule », il faut tailler sur rides de temps à autre et chercher à se rapprocher de la branche de charpente chaque fois qu'il y a possibilité de le faire.

Le pommier demande aussi à être pincé court. Les rameaux destinés à être conservés sont pincés, pour la première fois, à trois yeux bien formés. Le *faux-bourgeon* est pincé ensuite à deux yeux et, si la repousse est encore trop vigoureuse, on la pince à un œil. On arrive ainsi à mater les arbres rebelles à la fructification.

Maladies et insectes. — La lutte contre les champignons et les insectes qui causent tant de préjudices au pommier mériterait d'être mieux conduite. On détruit les spores des *chancres*, de la *tavelure*, ainsi que les *mousses*, les *lichens* et la plupart des insectes nuisibles, ou tout au moins leurs œufs et leurs larves, en pratiquant le décorticage suivi de pulvérisations antiseptiques ou de badigeonnages.

On fait tomber les vieilles écorces en se servant d'un grattoir, d'une vieille brosse en fil d'acier ou d'un gant en cotte de mailles. Les débris, recueillis sur un drap placé au pied de l'arbre, sont détruits aussitôt par le feu. Les formules antiseptiques les plus usitées sont les suivantes :

I. Chaux grasse	10	kilogrammes
Sulfate de fer	2	—
Alcool à brûler	1	litre
Eau	100	litres
II. Chaux	2	kilogrammes
Sulfate de cuivre	2	—
Eau	100	litres
III. Sulfate de fer	10	kilogrammes
Acide sulfurique	2	litres
Eau	100	—

On doit en outre écheniller très soigneusement au printemps pour détacher les nids d'*yponomeutes*, qui se trouvent à la pointe des branches, et les brûler. On ramasse également les boutons avortés attaqués par l'*anthonome*, ainsi que les fruits rendus véreux par le *carpocapse* pour empêcher les larves de se propager en les détruisant par le feu. Enfin, contre le *puceron lanigère*, qui rend les pommiers difformes et improductifs, on applique en hiver la préparation suivante :

Savon noir	500	grammes
Nicotine à 10 pour 100	800	—
Alcool à brûler	1	litre
Eau	10	litres

VI. — LE POIRIER

Remarques sur le poirier. — Le *poirier* est l'arbre fruitier par excellence, celui qui donne les fruits les meilleurs et les plus estimés, aussi est-il beaucoup cultivé dans les jardins et les vergers. Comme le pommier, le poirier nous procure de délicieux fruits de garde, qui contribuent pour une bonne part à l'approvisionnement, en dessert, de nos tables pendant une grande partie de l'année.

Pour la fabrication des boissons, la poire a moins d'importance que la pomme. Cependant, en association avec ce dernier fruit, elle soutient, grâce à son tanin, les jus des pommes douces et elle prolonge la durée de la conservation des cidres. Le *cidre-poiré*, obtenu par le mélange en proportions convenables des pommes et des poires, est une excellente boisson.

Bien que le poirier soit originaire de l'Europe occidentale, il est loin de pouvoir prospérer partout, car il demande un terrain profond, riche et un peu frais. Dans les sols secs, comme dans les sols humides, le poirier dépérit rapidement et il est incapable de vivre dans les sols très calcaires.

L'exposition ou l'altitude lui sont plus indifférentes. Néanmoins, le poirier redoute les grands froids, ainsi que les climats brumeux par excès, à cause de la *tavelure*. C'est sur les plateaux peu élevés, dans les vallées larges et sur les coteaux à faible pente que le poirier réussit le mieux. On peut d'ailleurs pallier dans une certaine mesure à l'influence du milieu et du terrain en choisissant des porte-greffes et des variétés adaptés à la région.

Choix des variétés. — Les bonnes *poires à couteau* sont nombreuses. Cependant, lorsqu'on a en vue la création d'un jardin fruitier, avec de petites et moyennes formes, ou un verger-herbage renfermant exclusivement de grandes formes, il convient de se limiter à un nombre assez restreint de variétés de vente courante, dont la maturité s'échelonne à partir de juillet jusqu'en mai. Ci-dessous une liste de bonnes variétés à cultiver en petites ou moyennes formes au potager, avec l'époque approchée de leur maturité : *beurré Giffard*, en juillet; *Williams*, en août; *bon chrétien* et *triomphe de Vienne*, en septembre; *fondante des bois*, *doyenné du comice* et *duchesse d'Angoulême*, en octobre; *Charles-Ernest*, *beurré d'Aremberg* et *beurré Clergeau*, en novembre; *beurré-Diel* et *passe-Colmar*, en décembre; *doyenné d'Alençon* et *doyenné d'hiver*, en janvier; *passe-crassane* et *Olivier-de-Serres*, en février-mars; *bergamote Espéren*, en avril-mai.

Comme variétés recommandées pour les grandes formes, on cite : *beurré Giffard*, *épargne*, *beurré d'Amanlis*, *beurré Hardy*, *comtesse de Paris*, *passe-Colmar*, *doyenné d'Alençon*, *curé*, *Marie-Guise*, qui mûrissent de fin juillet jusqu'en mai.

Les bonnes *poires à cuire*, à marmelades et à compotes, sont représentées par les variétés *messire Jean*, *martin-sec* et *catillac*.

Parmi les poires susceptibles de fournir le meilleur poiré on cite : *carisi blanche* (pochon) et *courcou*, comme fruits de deuxième saison; *cnte-tricotel*, *ivoie* et *souris* correspondent aux pommes de troisième saison. Un tiers de ces poires, en mélange avec un tiers de pommes **douces** *grise dieppois* **et un tiers de pommes amères** *rouge de Trèves* donnent une boisson titrant 8° d'alcool et excellente sous tous les rapports.

Dressage des poiriers. — Le poirier greffé sur cognassier fructifie trois ou quatre ans après le greffage ; sur franc il ne commence à produire qu'au bout de six à huit ans et sa pleine production n'est atteinte qu'au bout de dix à douze ans. Les premiers ont une longévité limitée à quinze ou vingt ans ; les deuxièmes vivent un demi-siècle et plus.

En général, on greffe le poirier sur *franc*, c'est-à-dire sur *égrains* issus de pépins, quand on veut obtenir de grandes formes ou de moyennes formes ayant une vigueur suffisante dans les sols médiocres. Le *cognassier* est le porte-greffe le plus employé pour tous les espaliers, contre-espaliers et vases, destinés aux potagers créés dans de bons terrains. Dans les sols maigres et un peu arides on peut greffer sur *aubépine*.

Le mode de greffage le plus employé pour les jeunes plants élevés en pépinière et âgés de deux ans est l'écussonnage d'août, par conséquent à œil dormant. La ligature faite en coton ou en raphia demande à être coupée trois ou quatre semaines après l'opération, pour éviter l'étranglement des tissus. Au printemps, on rabat le sujet à 12 ou 15 centimètres au-dessus de la greffe, de manière à pouvoir accoler le rameau après le chicot conservé. Ce dernier est supprimé l'année suivante.

Le plus souvent, les sujets sont mis en place définitive à l'automne qui vient après le greffage, sauf chez les pépiniéristes qui se chargent du dressage des arbres. Les jeunes scions sont alors soumis à l'*habillage*, en ayant soin de couper le pivot pour favoriser la croissance des racines latérales, lesquelles permettront d'alimenter l'arbre en surface avec des fumiers appliqués en couverture.

La cause initiale des insuccès dans la culture du poirier est occasionnée par la déplorable habitude que l'on a de mettre l'engrais au fond des trous profonds où les racines vont se « casser le nez » contre le sous-sol stérile, après avoir épuisé toutes les réserves qu'on y avait mises. Les arbres plantés de cette manière languissent et meurent au bout d'un petit nombre d'années. Il faut étaler les racines pour les faire tracer, l'arbre étant placé à une hauteur telle que son collet ne soit jamais enterré, même après le tassement.

Pour former les cordons verticaux et obliques, on part d'un scion d'un an, que l'on palisse ou que l'on tuteure en donnant au prolongement, tous les ans, une longueur de 20 à 30 centimètres, de manière que le fût se garnisse de coursonnes et de productions fruitières, sans laisser de grands vides. Ces petites formes permettent de garnir rapidement un mur ; mais il faut que la hauteur de celui-ci soit au moins de 2 mètres, surtout si le terrain est de bonne qualité. Cependant, à cause de l'encombrement des racines, les plantations étant distancées de 30 centimètres seulement, les U et les palmettes sont préférables.

Quand on a en vue le dressage d'*espaliers* ou de *contre-espaliers*, suivant que l'on veut couvrir les murs ou les treillages plus ou moins vite, on adopte une forme en rapport avec la vigueur des sujets, la qualité du terrain et la hauteur de l'appui. Si on veut des U, ou *cordons à deux branches*, on plante tous les 60 centimètres ; les *palmettes verticales*, à trois branches, se placent à 90 centimètres- de

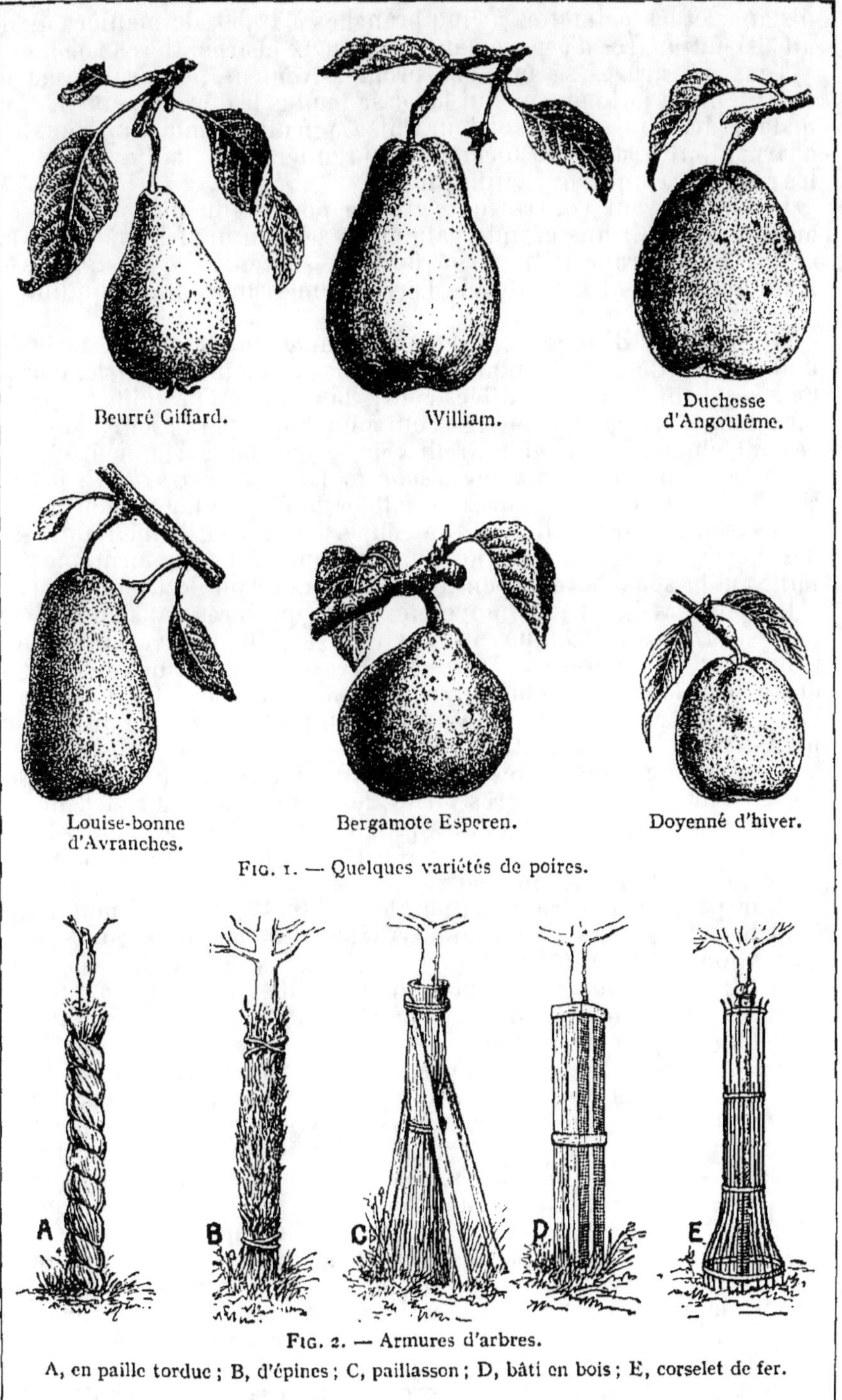

Fig. 1. — Quelques variétés de poires.

Fig. 2. — Armures d'arbres.
A, en paille tordue ; B, d'épines ; C, paillasson ; D, bâti en bois ; E, corselet de fer.

LE POIRIER : VARIÉTÉS ET ARMURES DE PLEIN VENT

distance et les palmettes à cinq branches à 1m,50, de manière qu'il y ait 30 centimètres d'espacement entre deux charpentières voisines.

Tous ces arbres se forment progressivement, les prolongements étant tenus à la longueur qui favorise le plus le développement équidistant des coursonnes et leur mise à fruit. Comme toujours, les charpentières basses se forment les premières; il faut avoir soin de les courber avant leur lignification.

Lorsqu'on veut couvrir une grande portion du mur avec un seul arbre, on établit une grande palmette à sept ou neuf branches ayant été greffée sur franc. Cette forme doit être surveillée de près, si on veut maintenir toutes les parties de l'arbre symétriques et en équilibre.

Opérations diverses. — Il faut arrêter à temps la tête de l'arbre ou une charpentière quelconque, lorsqu'elles ont tendance à s'emporter. Celles-ci sont toujours taillées court, tandis que l'on taille beaucoup plus long les branches et les coursonnes qui paraissent bouder ou restent chétives, afin qu'un reflux de sève se fasse à leur profit.

On peut encore, au moyen d'*entailles* faites en mars, à la serpette, canaliser la sève dans les organes faibles, tout en la détournant des organes trop vigoureux. Il suffit de couper l'écorce et l'aubier au-dessus des charpentières chétives que l'on veut renforcer, puis on donne l'entaille au-dessous des charpentières fortes que l'on désire affaiblir.

Les poiriers de vigueur moyenne, bien équilibrés dans toutes leurs parties et dressés comme il convient, se taillent invariablement à trois yeux (*taille trigemme*). On conserve deux yeux aux coursonnes des arbres faibles ou chétifs, mais on n'hésite pas à tailler à quatre yeux les coursonnes des arbres qui s'emportent du côté du bois, au préjudice de la fructification.

Mais, si on considère les coursonnes d'un même arbre, les unes portées par des charpentières fortes, les autres par des charpentières faibles, on taille plus court les premières que les secondes, pour régulariser l'appel de sève et la répartir au prorata du nombre des yeux qui émettent des rameaux.

Pour pousser à la fructification les arbres rebelles, il faut tailler long les coursonnes et les pincer souvent pendant le cours de la végétation : une première fois à cinq feuilles, une deuxième fois à trois feuilles et une troisième à deux feuilles. De temps à autre on remplace le troisième pincement par le *cassement* du rameau, en deçà du deuxième pincement.

Si ces mesures ne suffisent pas, on greffe des boutons à fruits aux endroits dégarnis de coursonnes, puis on découvre le collet de l'arbre pour mettre à nu une ou deux grosses racines, que l'on coupe proprement avec un pic à tranche à une petite distance de la souche.

Les arbres chétifs, malingres, peu productifs et ceux qui donnent des fruits petits, ridés, peu juteux doivent être suralimentés. Tous les ans, après une série de façons printanières, on épand en couverture, sur le périmètre occupé par les racines, une bonne couche de fumier de ferme bien décomposé, qui fournira les sucs assimilables et entretiendra la fraîcheur. Suivant la taille de l'arbre, on met 10 à 50 kilogrammes de fumier. Contre la *chlorose*, due à l'humidité et à l'excès de calcaire, on épand du sulfate de fer au pied des arbres. Le traitement le plus efficace consiste à creuser dans le collet, à l'aide d'une mèche, un trou oblique que l'on bourre de sulfate de fer, puis de recouvrir avec du mastic.

Maladies et insectes. — La *rouille* est un champignon qui prolifère sur les feuilles. La *tavelure* en est un autre, plus dangereux encore, qui cause d'immenses préjudices en s'attaquant aux feuilles, aux fruits et au bois. Le seul traitement efficace consiste en trois pulvérisations de *bouillie bordelaise* faites, la première durant l'hiver, la deuxième au printemps au réveil de la végétation, la troisième après la floraison. Pour préparer la bouillie, on prend 2 kilogrammes de sulfate de cuivre et 1 kg. 200 de chaux grasse éteinte.

Le *chancre* ronge le bois. Il faut laver les plaies avec une solution renfermant 500 grammes de sulfate de fer pour 1 litre d'eau, en ajoutant 1 centilitre d'acide sulfurique. Quelques jours après, on recouvre de mastic à greffer.

Les badigeonnages au lait de chaux, additionné de sulfate de fer, sont le meilleur préservatif contre les cryptogames, les mousses et un grand nombre d'insectes. On les effectue en hiver après le grattage des écorces. Les débris étant toujours détruits par le feu. Le lessivage du tronc et des grosses branches avec une solution à 1 pour 100 de carbonate de soude est également efficace.

Contre la *cheimatobie* et le *bombyx neustria*, dont les femelles viennent pondre dans les bourgeons et autour des rameaux, on doit employer les anneaux de glu pour les capturer et on détruit les chenilles en faisant des pulvérisations à l'arséniate de plomb, au plus tard quinze jours après la défloraison (1 kilogramme d'arséniate de plomb pour 100 litres d'eau).

VII. — LE PÊCHER ET L'ABRICOTIER

Le pêcher. — Le *pêcher* donne la *pêche*, considérée comme étant le meilleur et le plus parfumé de tous les fruits à noyau. Malheureusement, c'est un arbre assez délicat, dont la culture ne réussit pas partout et qui exige des soins spéciaux.

Tout d'abord, le pêcher craint les sols argileux, froids et humides; il demande une terre perméable, profonde, assez fertile, sans excès de calcaire. Néanmoins, il s'accommode assez bien des sols cailloteux et graveleux. Bien qu'il puisse prospérer dans le nord de la France, aux bonnes expositions et surtout en espalier, il est utile de le protéger par le voisinage des murs ou des bâtiments et de le couvrir de toiles au moment des gelées printanières. Quoi qu'il en soit, c'est surtout un arbre des contrées méridionales.

En dehors des variétés anciennes et bien fixées, telles que *mignonne* et *reine des vergers*, qui se reproduisent par semis directs, en donnant des arbres vigoureux à fructification rapide, il faut avoir recours au greffage.

Suivant la nature du terrain, on prend comme sujet l'*amandier* dans les terres riches et un peu calcaires, que l'on greffe en écusson vers la fin de la sève d'août, c'est-à-dire à œil dormant. Le *prunier* est employé comme porte-greffe dans les terrains maigres, un peu humides ou manquant de profondeur. Dans ce cas, c'est au *damas noir* que l'on donne la préférence. Enfin, dans les très mauvais sols, on aura recours au *prunellier*. Le greffage sur *franc* peut encore réussir dans le Midi; dans le Nord il donne de mauvais résultats.

En dehors des variétés franches, la *grosse mignonne* et la *reine des vergers* qui, avec *Amsdem* conviennent pour les *plein-vent*, on peut adopter également *France, admirable jaune* et *belle impériale*, greffées suivant les cas sur amandier ou sur prunier. Pour les espaliers, on recommande les variétés suivantes, appartenant à la catégorie des fruits duveteux, notamment *rouge de mai* et *Amsdem* (maturité en juillet), *Galande* et *Lepère* (fin août), *bon ouvrier* et *belle Beausse* (septembre), *Baltet* (octobre). Parmi les pêches à peau lisse ou *brugnons* on remarque : *précoce de Croncels, Early Rivers, lord Napier, galopin* et *Victoria*.

L'abricotier. — L'*abricotier* et son fruit, l'*abricot*, ont beaucoup d'analogie avec le pêcher et la pêche. L'arbre fructifie également sur le bois d'un an et la floraison qui est précoce est très sensible à l'action des gelées printanières. C'est pourquoi, en dehors des régions méridionales, on doit le cultiver en situation abritée et bien exposée. Si on en excepte les variétés telles que *Alberge* et *Hollande*, on a également recours au greffage pour multiplier les abricotiers.

Comme porte-greffe on adopte l'amandier ou le franc pour les sols sains et riches ; le *damas noir* et le *Saint-Julien* conviennent mieux dans les terres pauvres, à sous-sol argileux, et c'est encore à la greffe en écusson à œil dormant que l'on donne la préférence.

Le plus généralement, l'abricotier se conduit en plein-vent. Les variétés suivantes, classées par degré de précocité, sont les plus cultivées : *précoce de Montplaisir, hâtif du clos, commun, Hollande, royal, luizet, abricot-pêche*. Cette dernière est assez tardive ; cependant, c'est à elle que l'on s'adresse, surtout pour les plantations en espalier.

Culture du pêcher. — Le pêcher est très sujet à la *gomme* (maladie des blessures) aussi ne doit-on le tailler qu'avec la plus grande prudence, surtout quand il s'agit de faire des ablations de grosses branches. Si la variété adoptée nécessite le greffage, on écussonnera les jeunes scions après un an de plantation. On formera ensuite les arbres le plus rapidement possible en s'efforçant de ne faire des coupes que sur le jeune bois.

Pour les plein-vent, on adopte généralement les demi-tiges. Dans ce cas, on laisse monter le fût à bonne hauteur, en ayant soin de faire les suppressions latérales avant l'aoûtement du bois, puis on arrête la tige sur trois rameaux divergents, à peu près d'égale force, par l'étêtage. Deux raccourcissements successifs portent à douze le nombre des branches maîtresses qui formeront les charpentières évasées devant être abandonnées à elles-mêmes.

Pour former les U *simples*, on taille sur deux yeux à 35 ou 40 centimètres du sol, puis on palisse les rameaux obliquement, crescendo, pour leur donner la courbure convenable sans risque de les briser ; on les palisse ensuite. L'espacement des charpentières étant de 50 centimètres, on plantera tous les mètres s'il s'agit d'U simples et à 2 mètres pour les U *doubles*, Si on forme des *candélabres à six branches*, ce qui est le cas le plus habituel, ou à *huit branches*, comme celui figuré sur le tableau *Pêcher*, le recépage a lieu d'abord sur les deux yeux qui formeront la charpentière principale, le redressement se faisant à 1ᵐ,75 de l'axe. Les extrémités étant relevées et palissées, on attendra qu'elles soient déjà fortes pour former les branches médianes qui seront d'autant plus courtes qu'elles se rapprocheront du centre. Cet accroissement en forme de V doit être maintenu jusqu'à ce que les charpentières extrêmes aient atteint le faîte du mur,

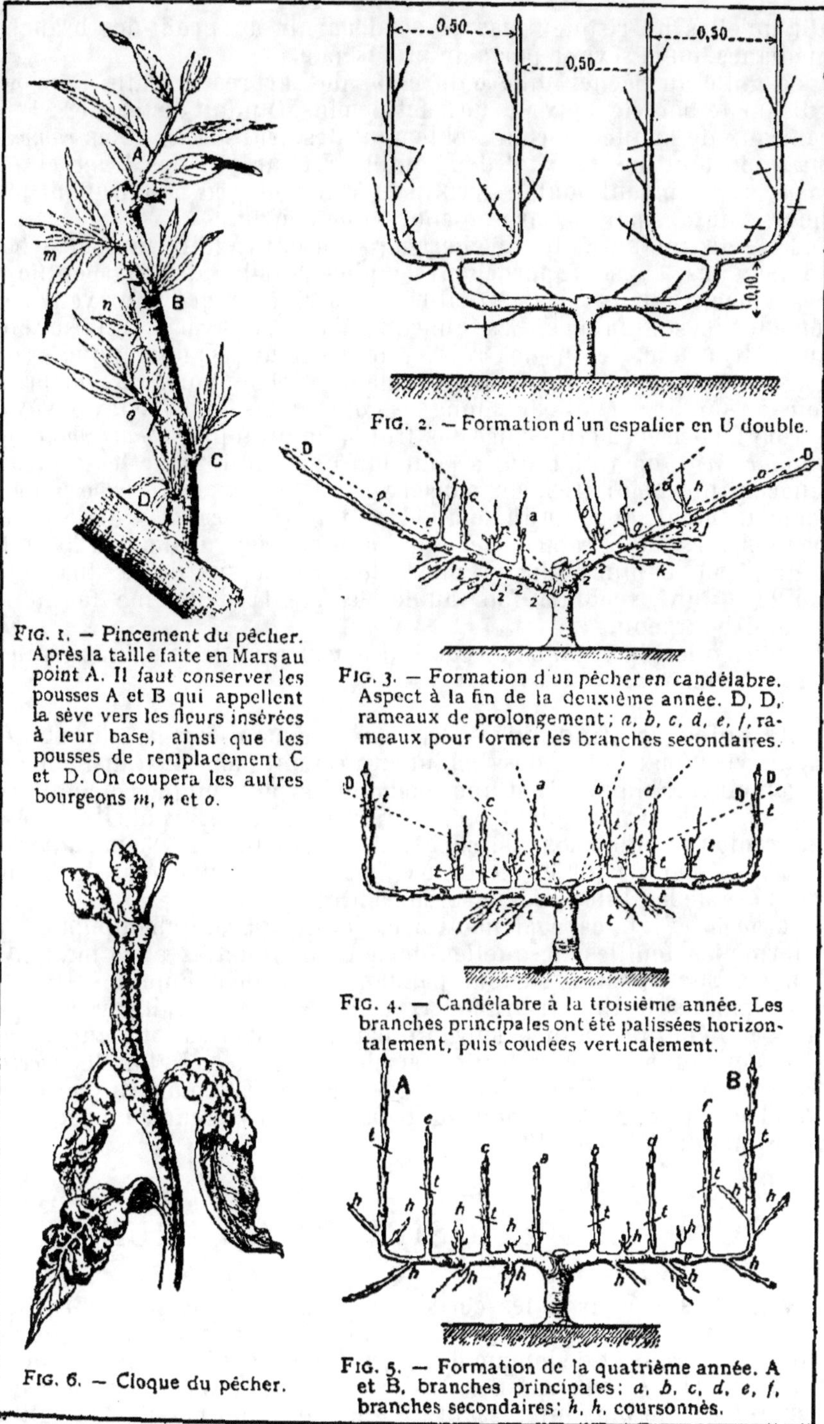

FIG. 1. — Pincement du pêcher.
Après la taille faite en Mars au point A. Il faut conserver les pousses A et B qui appellent la sève vers les fleurs insérées à leur base, ainsi que les pousses de remplacement C et D. On coupera les autres bourgeons *m*, *n* et *o*.

FIG. 2. — Formation d'un espalier en U double.

FIG. 3. — Formation d'un pêcher en candélabre. Aspect à la fin de la deuxième année. D, D, rameaux de prolongement; *a*, *b*, *c*, *d*, *e*, *f*, rameaux pour former les branches secondaires.

FIG. 4. — Candélabre à la troisième année. Les branches principales ont été palissées horizontalement, puis coudées verticalement.

FIG. 5. — Formation de la quatrième année. A et B, branches principales; *a*, *b*, *c*, *d*, *e*, *f*, branches secondaires; *h*, *h*, coursonnes.

FIG. 6. — Cloque du pêcher.

LE PÊCHER : FORMATION ET MALADIES

afin qu'elles ne risquent pas de se dégarnir au profit des branches médianes, où la sève se porte de préférence.

La taille du pêcher diffère de celle des arbres à fruits à pépins puisque le bois de deux ans ne fructifie plus. On doit distinguer : 1º les rameaux de l'année portant seulement des *yeux à bois;* 2º les *rameaux mixtes* portant des yeux et des boutons à fleurs ; 3º les *branches chiffonnes* avec un seul bouton terminal ; 4º les *bouquets* comprenant plusieurs boutons portés par une coursonne courte.

Cette distinction faite, on cherchera toujours à faire tomber le bois de deux ans, en se rapprochant le plus possible des charpentières. Les rameaux à bois forts sont taillés à quatre yeux et à deux yeux seulement s'ils sont faibles. Les rameaux mixtes sont raccourcis sur l'œil qui se trouve au-dessus des trois premiers boutons ; les bouquets sont conservés, les chiffonnes courtes également. Quand on a un vide provisoire à remplir, on taille très long les coursonnes qu'on veut y envoyer.

Pour favoriser la croissance des fruits, on pratique l'*ébourgeonnement* ou *pincement*, opération qui a pour but de faire tomber les rameaux foliacés intermédiaires, en conservant les deux de la base pour le remplacement, et celui du sommet comme *tire-sève* (*fig.* 1 du tableau). De plus, lorsque le rameau terminal a une longueur de 20 à 25 centimètres, on le pince une première fois au-dessus de la quatrième feuille et une seconde fois au-dessus de la deuxième feuille du prompt-bourgeon.

L'abricotier en espalier se conduit à peu près de la même manière que le pêcher.

Maladies et ennemis. — La *gomme* se manifeste par des suintements visqueux qui se dessèchent en prenant l'aspect translucide de la gomme arabique. C'est une maladie cryptogamique surtout fréquente sur les arbres plantés en terrain argileux et froid. Il faut éviter le plus possible les blessures. A l'apparition de la maladie, on gratte les plaies pour les mettre à vif, puis on les enveloppe de bandes imbibées de bouillie bordelaise concentrée.

La *cloque* (*fig.* 6) est également occasionnée par un champignon qui déforme les feuilles, lesquelles deviennent violettes et se mettent à tomber. Elle apparaît surtout pendant les années humides. On doit supprimer et brûler les rameaux atteints, et on traite préventivement au début de l'année suivante par des pulvérisations cupriques.

Le *blanc* ou *meunier* se traite par des soufrages. Enfin, le *puceron vert*, qui provoque l'enroulement des feuilles, est combattu par le jus de tabac à 1 pour 100, allongé de trois fois son volume d'une solution de savon noir à 3 pour 100.

VIII. — LE CERISIER ET LE PRUNIER

Variétés. — Parmi les cerisiers on distingue les *sauvageons*, utilisés comme porte-greffes, comprenant : le *merisier*, qui donne des sujets vigoureux et de longue durée ; le *franc*, représenté par les *bigarreaudiers* et les *guigniers*, à l'exclusion des cerisiers à fruits aigres ; le *Sainte-Lucie*, le plus intéressant de tous, qui rend possible la culture du cerisier jusque dans les terrains calcaires les plus arides. On l'appelle aussi *mahaleb*.

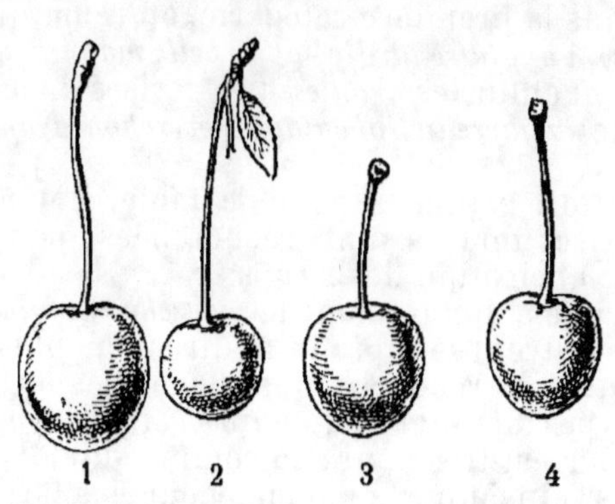

FIG. 1. — Principales formes de cerises : 1. cerise proprement dite; 2. Griotte; 3. Bigarreau ; Guigne

FIG. 2. — Tache des feuilles et des fruits du cerisier.

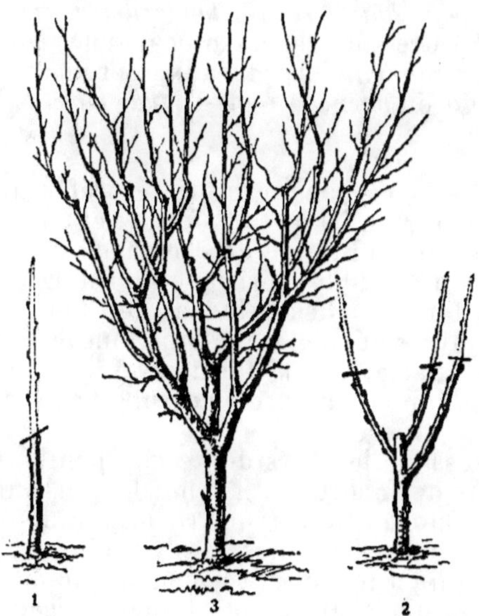

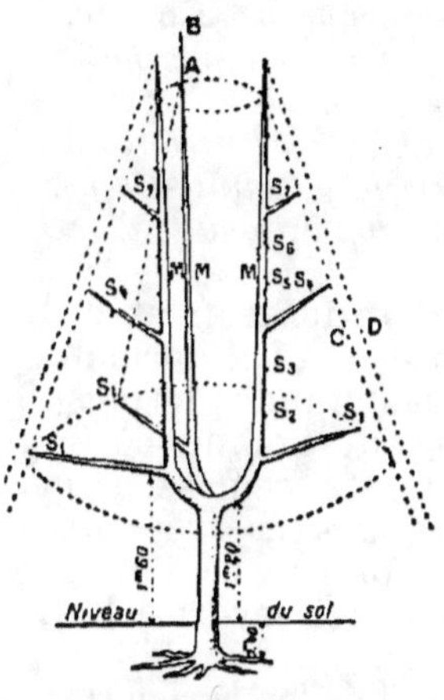

FIG. 4. — Formation du prunier d'Ente M, M, M, branches mères; S, S, S, sousmères; A, B, prolongement annuel des branches mères; C, D, prolongement annuel des sous-mères.

FIG 3. — Formation d'un cerisier en gobelet: 1. Taille de 1ʳᵉ année; 2. Taille de 2ᵉ année; 3. Cerisier âgé de 5 ans.

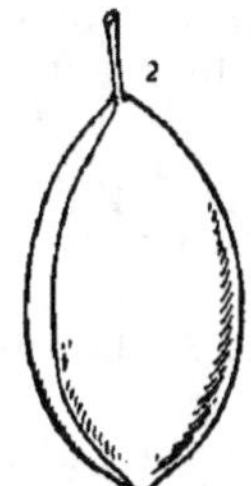

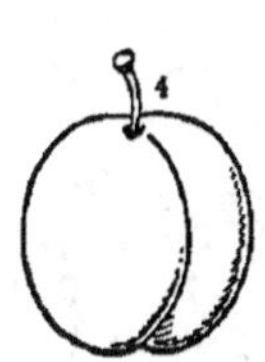

FIG. 5. — Principales formes de prunes : 1. Bonne; 2. Golden Drop; 3. Prune d'Agen; 4. De Monsieur; 5. Quetsche.

LE CERISIER ET LE PRUNIER

Les cerises ont été classées, suivant leur degré de sapidité, en *fruits acides* et en *fruits doux*. Dans la première catégorie, on remarque *l'anglaise hâtive*, la *reine Hortense*, *l'anglaise tardive* et la *belle magnifique*, puis viennent les *Montmorency* et enfin les *griottes*. Les cerises douces comprennent les *bigarreaux*, le *bigarreau Jaboulay*, *Reverchon*, *Napoléon*, etc., et les *guignes*.

Les cerises acides sont surtout estimées pour la table, comme dessert rafraîchissant; les cerises douces sont recherchées par la confiturerie, la pâtisserie et la fabrication des sirops.

Les anciennes variétés de prunes, notamment la *quetsche*, la *mirabelle* et la *reine-Claude ordinaire* peuvent se reproduire directement par semis; pour les autres variétés, il faut recourir au greffage. Les porte-greffes appartiennent à trois types distincts : le *mirobolan*, le *damas noir* et le *Saint-Julien*. Ce dernier est très apprécié comme sujet destiné aux bonnes terres franches, ainsi que le damas; pour les terres pauvres et calcaires, le mirobolan donne de meilleurs résultats.

Les prunes ont été classées en *fruits à couteau*, *fruits à confitures* et *fruits à pruneaux*. Comme fruits à couteau recherchés, il convient de citer : *reine-Claude hâtive*, *monsieur hâtif*, *reine-Claude dorée*, *reine-Claude diaphane*. Les prunes à confiture sont représentées par les *mirabelles* et la *reine Victoria*. Enfin, comme fruits à pruneaux, on remarque la *quetsch*, la *Sainte-Catherine*, *l'ente* ou *agen*, la *reine-Claude violette*, la *golden drop* ou *goutte d'or*.

Multiplication et culture. — Le cerisier se greffe de préférence en écusson à œil dormant, en pied pour les petites formes et en tête pour les grandes formes, le seul mode pratique de dressage étant le plein-vent. Comme porte-greffe, on prend le merisier et le franc pour les grandes formes destinées aux terres riches et le mahaleb pour les petites tiges réservées aux sols pauvres et calcaires. Dans tous les cas, on s'efforcera de faire prendre aux arbres la forme évasée ou en gobelet, qui favorise la fructification et procure aux fruits le maximum d'air et de soleil.

Une fois les cerisiers en possession de leurs douze charpentières rayonnantes, dégageant le centre de l'arbre, on n'y touche plus car, de même que toutes les espèces à noyau, le cerisier redoute la taille et surtout les suppressions de grosses branches. Il n'y a plus qu'à maintenir les arbres en production en les faisant bénéficier de deux façons annuelles, sur la surface occupée par la projection des organes aériens sur le sol. Le premier labour étant effectué au printemps, à l'aide de la bêche à dent, on attend la mort des herbes, puis on étend le fumier de ferme en couverture, de façon à procurer au sol une fraîcheur salutaire, tout en alimentant l'arbre grâce aux solutions du fumier entraînées par les pluies. Suivant la taille des sujets, on applique 25 à 75 kilogrammes de fumier par pied. Un peu avant l'hiver, on effectue un deuxième labour à la bêche, en ayant soin de ne pas endommager les racines.

Les pruniers, de même que les cerisiers, se conduisent en plein-vent (voir la figure 4 du tableau et le chapitre *Formation des arbres*); la forme en espalier ne leur convient guère. Ce sont les sols argilo-siliceux et argilo-calcaires, sans excès, qui ont leur préférence. Sans être délicats, les pruniers craignent cependant les terrains qui pèchent par excès d'humidité ou de sécheresse. Ils se plaisent en coteau bien exposé, même sous un climat relativement rigoureux, comme ceux du nord et de l'est de la France. On peut les planter dans les vergers pâturés, à condition de les dresser en hautes tiges, dont les branches inférieures se trouvent à 1ᵐ,70 du sol. On les distribue en quinconce, à 6 mètres de distance. La fumure qui leur convient le mieux est le fumier en couverture. Il faut les biner en pied, tout au moins pendant les premières années de leur formation.

Les *pieds francs* : quetsch, mirabelle et reine-Claude, ainsi que les sujets destinés au greffage, proviennent de semis de noyaux exécutés en pépinière au premier printemps. On peut cependant reproduire le mirobolan par *boutures à talon*, et le Saint-Julien par *marcottage en butte*. Quant au greffage, il se fait généralement en écusson, à œil dormant, en juillet-août. On peut encore greffer en fente en avril et août-septembre, soit au pied, soit en tête. Lorsqu'on établit des hautes tiges avec des variétés peu vigoureuses, telle que la mirabelle, il est utile de surgreffer les sauvageons en apposant d'abord une variété à fort développement, la *reine-Claude de Bavay*, par exemple, afin d'obtenir de plus beaux fruits.

Le prunier se dresse comme le cerisier et les autres arbres à haute tige au moyen de trois tailles successives qui déterminent le départ des douze charpentières principales (Voir p. 226).

Récolte des fruits. — Les cerises destinées à la table doivent être cueillies à la main, de préférence le matin et toujours avec la queue. On a intérêt à retarder la cueillette jusqu'au terme de leur maturité, car elles gagnent en qualité. Cependant, on doit l'avancer de quelques jours lorsqu'elles sont destinées au marché et qu'elles ont à supporter un assez long voyage, surtout lorsque le temps est à l'orage.

Les cerises destinées à la fabrication des confitures et des sirops restent le plus longtemps possible sur l'arbre, leur teneur en sucre étant plus élevée. Il faut avoir soin de ne pas blesser les branches ni de les casser en faisant la cueillette.

Les prunes doivent également être cueillies bien mûres, lorsque le fruit ne tient presque plus après le pédoncule. Celles destinées à la table ou à la fabrication des pruneaux sont toujours cueillies à la main et manipulées avec précaution. Les prunes à compote et à confiture peuvent être secouées sur des toiles étendues au pied des arbres. Il faut les usiner le plus vite possible, la durée de leur conservation étant très limitée.

Maladies et ennemis. — Les cerises et les prunes sont souvent atteintes par une moisissure grise qui provoque leur pourriture et leur dessèchement. Ce champignon (*monilia fructigena*) se combat par des pulvérisations de bouillie bordelaise pendant l'hiver. Il faut ramasser les fruits tombés et les incinérer.

Le *pourridié* ou blanc des racines attaque souvent les arbres dans les vergers. Ce champignon est propagé par les bois en putréfaction. Il faut arracher les arbres malades et désinfecter le sol au moyen du *sulfure de carbone* injecté au pal, à la dose de 40 à 50 grammes par mètre carré.

Contre les taches des feuilles, la *brunissure* et la *cloque* du cerisier, ainsi que pour combattre la *maladie des pochettes* des prunes, on pulvérise de la bouillie bordelaise au sortir de l'hiver.

La *mouche des cerises* rend les fruits véreux, principalement les bigarreaux ; la prune est attaquée par le *carpocapse*. On doit ramasser avec soin tous les fruits tombés pour les détruire.

IX. — AUTRES ESSENCES FRUITIERES

Le noyer. — Le *noyer* n'est pas bien difficile sur le choix du terrain. Il prospère dans presque tous les sols, même ayant peu de valeur, et redoute seulement les terrains argileux, compacts, à sous-sol imperméable.

Le noyer se reproduit par semis, avec ou sans greffage; mais, pour la reproduction fidèle les bonnes variétés, il est nécessaire de recourir au greffage. Dans tous les cas, il faut rechercher surtout les *variétés tardives* donnant de grosses et belles amandes riches en huile. Les jeunes plants issus de semis sont greffés sur table, à l'*anglaise*, de même que la vigne, après une mise en jauge en février-mars. On les greffe en avril, puis on les place dans la mousse, pour les repiquer en pépinière lorsque la soudure se manifeste par des points blancs

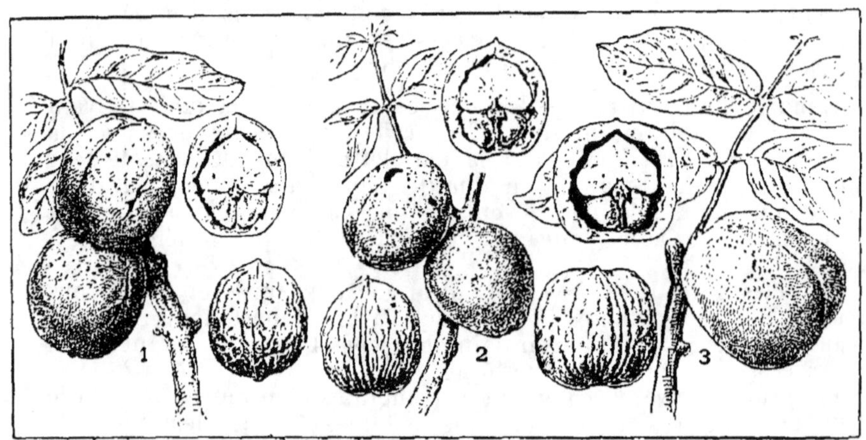

QUELQUES VARIÉTÉS DE NOIX :

1, Noix commune; 2, Noix à coque tendre; 3, Noix mayette ou de Tullins.

et que les bourgeons commencent à se gonfler. On peut également greffer le noyer en écusson, en fente terminale, etc., mais la soudure est moins bonne.

Les meilleures variétés de noix sont celles dites *à deux fins* qui peuvent servir conjointement pour l'huile et le dessert. On fera bien aussi, surtout dans les localités exposées aux gelées printanières, de donner la préférence aux variétés tardives. Les bonnes noix sont représentées par la *chaberte*, riche en huile; la *mayette*, dite encore de *Grenoble* ou de *Tullins*, et la *franquette*, pour le dessert; la *parisienne* et la *vouray*, à deux fins. La *commune* se reproduit assez fidèlement par semis. En principe, les noyers issus de semis directs et n'ayant pas subi de transplantation poussent plus vigoureusement et possèdent un fût plus droit et plus allongé que ceux ayant été déplacés, mais ils fructifient moins vite que s'ils ont été greffés.

Les seules maladies graves spéciales au noyer sont le *dépérissement*, occasionné par le défaut d'engrais. On y remédie par des fumures, en couverture. Les *ulcères* sont provoquées par les chocs et les blessures : on doit gratter les plaies, puis on les recouvre de mastic après les avoir laissées sécher. La *carie* pénètre jusqu'au cœur et rend le bois inutilisable. Il faut nettoyer la cavité et la remplir ensuite avec un ciment composé de bouse de vache, plâtre, cendres de bois et sable tamisé en parties égales, que l'on recouvre ensuite de mastic à greffer. Quand on fait des suppressions de branches, on opère après la chute des feuilles, on pare les plaies et on les mastique.

Le gaulage des noix fait beaucoup de tort aux noyers. Il vaut mieux les ramasser quand elles tombent ou procéder par secouage au moyen d'une corde fixée à la pointe de l'arbre et en faisant le tour. Les noix sont étendues en couche mince sur le grenier et pelletées souvent.

Le châtaignier. — Le *châtaignier* est un arbre de bon rapport, mais, pour être réellement productif il lui faut de l'espace. On doit donc l'exploiter en clairière et non en fourré. C'est l'essence par excellence des terrains granitiques ; il redoute par-dessus tout les sols argileux et calcaires.

On distingue le *châtaignier proprement dit* et le *marronnier*, espèce très voisine dont le fruit se différencie du premier par une plus grand délicatesse de chair, la finesse de sa peau intérieure, sans replis, la petitesse de son hile et la forme pointue du fruit. Le marronnier est un peu moins productif et plus capricieux que le châtaignier. Les variétés les plus estimées sont le *marron doré de Lyon*, le *marron franc du Limousin*, et le *nouzillard*. Les meilleures châtaignes sont représentées par la *paingaude*, l'*hermiterie*, la *grosse rouge*, la *patouillette*, la *bourrue*, la *verte tardive* et la *noire de l'Aveyron*.

Pour avoir des sujets vigoureux, il faut prendre la semence sur les types sauvages. On la sème après une mise en stratification, vers le 15 août, puis on repique les jeunes plants à la fin de la deuxième année dans la pépinière de greffage, où on les greffe en fente dans la deuxième quinzaine de mars, lorsque les tiges mesurent de 8 à 12 centimètres de circonférence. Les greffons sont apposés à 1^m,80 ou 2 mètres du sol ; ils sont ligaturés et englués. Les autres modes de greffage : couronne, anglaise, flûte, écusson, etc., ne paraissent pas aussi bien convenir au châtaignier.

La fructification se produit sur le bois d'un an ; le châtaignier et surtout le marronnier donnent leur maximum de rendement quand on les plante en bordure des champs ou dans les vergers. Au moment de la mise en place, on rabat la tête à bonne hauteur pour former les charpentières, tout en conservant une flèche qui, rabattue, donnera naissance à d'autres étages de branches. Le fumier de ferme épandu en couverture et les engrais phosphatés appliqués au moment de la plantation de l'arbre favorisent la croissance des châtaigniers et leur fructification.

Les groseilliers. — Les *groseilliers* comprennent le *groseillier à grappes*, le *groseillier épineux* ou *à maquereau* et le *groseillier noir ou cassissier*. Ce sont des arbustes vivaces qui ont, dans certains centres, un grand intérêt cultural, puisque les plantations se font en plein champ, sur une vaste échelle. Les fruits des différents groseilliers ont de nombreux emplois : on les utilise en confiturerie, en confiserie, et surtout pour la fabrication des sirops et des liqueurs.

On cultive les groseilliers dans la plupart des jardins. Les variétés les plus en vogue sont, parmi les groseilliers à grappes : *l'ordinaire*,

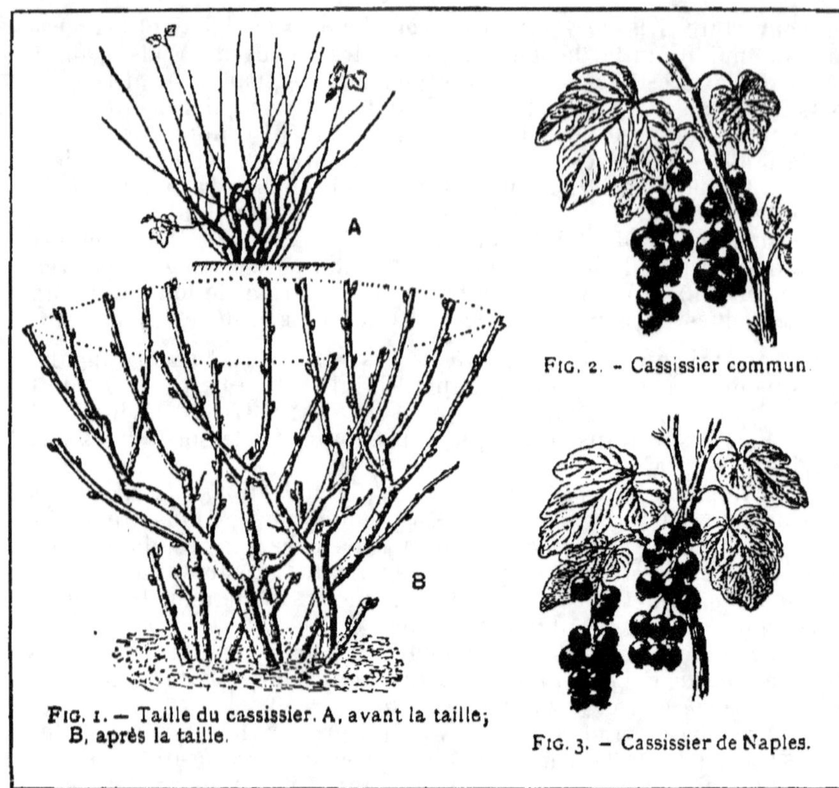

FIG. 1. — Taille du cassissier. A, avant la taille;
B, après la taille.

FIG. 2. — Cassissier commun.

FIG. 3. — Cassissier de Naples.

TAILLE DU CASSISSIER ET QUELQUES VARIÉTÉS

la *cerise*, la *versaillaise* et les *hollandes* rouge et blanche. Comme groseilles à maquereau on remarque : l'*ordinaire*, la *rouge hâtive*, la *green
océan*, la *favorite* et la *rouge tardive*. Enfin, les variétés de cassis les
plus cultivées sont le *commun* et le *royal de Naples*.

Sans être exigeant et bien que s'accommodant de tous les sols,
c'est encore dans les bonnes terres franches ou argilo-siliceuses de
jardin que les groseilliers donnent les plus forts rendements, mais il
faut les fumer. L'arbuste se reproduit presque toujours par bouture
simple ou par éclat, dans le cas de marcottage en butte ou cépée, en
usage surtout pour le groseillier épineux.

Les boutures étant prélevées au sortir de l'hiver, le repiquage se
fait sur place, ou le plus souvent en pépinière, pour planter en fin
d'année lorsque les boutures sont enracinées. Il n'y a plus qu'à former
les touffes. Pour cela, on taille sévèrement la première, la deuxième
et la troisième année de la plantation dans le but de provoquer le
départ d'un grand nombre de rameaux fertiles que l'on maintient à
la hauteur de 80 centimètres en limitant l'espacement des brins
à un mètre au maximum. Tous les ans, on a soin d'évider le centre
de la touffe en rajeunissant progressivement les brins par la suppression annuelle de deux d'entre eux, par exemple, et leur remplacement
par deux nouvelles repousses bien disposées, que l'on raccourcit la
première année à la longueur de 15 centimètres.

X. — LA VIGNE

Sol et climat. — La *vigne* est originaire des climats chauds. Dans la région du Nord, elle doit être conduite en espalier ou sous abri.

Sa culture peut se faire à peu près dans tous les terrains, à condition de choisir des porte-greffes adaptés à la nature du sol. Toutefois elle ne donne que de maigres résultats dans les terrains humides et ceux qui pèchent par excès de sécheresse.

Multiplication. — Nous ne parlons ici que de la vigne au jardin fruitier et non de la vigne à vin en grande culture qui sera traitée dans la partie *Viticulture*; c'est là que l'on trouvera tout ce qui concerne la multiplication de la vigne.

Plantation. — S'il s'agit de dresser des espaliers, la distribution se fait le long du mur, en les distançant plus ou moins suivant la forme adoptée, les racinés étant couchés à 60 centimètres du mur, dans une jauge, puis on relève l'extrémité du sarment que l'on palisse.

Les *cordons horizontaux* à un rang se plantent à 1^m,40 d'espacement; les horizontaux à deux rangs à 0^m,70 et à 0^{m}35 quand on les étage sur trois rangs. Les *cordons verticaux* se distancent généralement de 70 centimètres.

Formation et taille de la vigne. — Pour couvrir promptement les murs on adopte souvent les cordons verticaux simples, distancés de 70 centimètres. Les plants rabattus au niveau du sol émettent un prolongement que l'on taille à 35 centimètres du sol, sur trois yeux, de manière à former les deux premiers *coursons* et le prolongement que l'on palisse; on fait tomber les autres yeux. A la taille suivante, on ménage encore trois nouveaux yeux sur le prolongement, pour obtenir deux autres coursons et un autre prolongement et ainsi de suite jusqu'à ce que la charpentière atteigne le sommet du mur.

Si le mur est très élevé, les racinés sont plantés à 40 centimètres de distance. Tous les sujets pairs servent à garnir la moitié inférieure du mur; les sujets impairs ne commencent à porter des coursons que sur la deuxième moitié qu'ils ont pour objet de couvrir.

Le *cordons bilatéraux* se superposent généralement sur trois étages, en plantant à 35 centimètres de distance et à 0^m,70 chacun des bras s'étendant sur une longueur de 70 centimètres. On les établit ainsi qu'il suit : chaque brin mère est raccourci à la longueur convenable sur deux yeux, le premier à 40 centimètres du sol, le deuxième à 75 centimètres, le troisième à 1^m,10. Les deux sarments obtenus sont palissés horizontalement, puis, l'année suivante, chacun d'eux est taillé à trois yeux, deux pour former les coursons, le troisième pour le prolongement. Tous les ans, on forme ainsi deux nouveaux coursons sur chaque bras et on allonge les charpentières. Les branches mères se palissent sur un gros fil de fer; un fil de fer plus petit sert à attacher les sarments.

La taille de la vigne est des plus simples. Chacun des coursons conservés est taillé à un œil plus le *bourrillon* (*chasselas*) ou à deux yeux plus le bourrillon (*gamay*, *pinot*), en prenant les yeux de taille sur le sarment le plus rapproché de la charpentière, la coupe étant

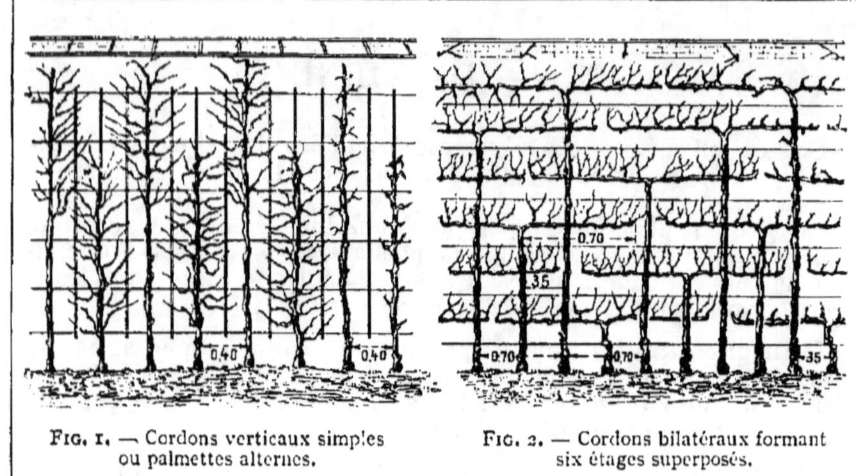

Fig. 1. — Cordons verticaux simples
ou palmettes alternes.

Fig. 2. — Cordons bilatéraux formant
six étages superposés.

PALISSAGE DE LA VIGNE

toujours faite à une bonne distance de l'œil, 12 à 15 millimètres, et
obliquement à l'opposé. Il y a bien quelques dérogations à ce principe, dans le cas de *taille longue, demi-longue à crochet*, etc., mais ces
méthodes sont rarement usitées.

Façons culturales. — Les façons de la vigne comprennent
les fumures à base de fumier de ferme, pour le maintien du sol en
état de productivité. Vient ensuite le *palissage* des sarments. L'*ébour-
geonnage* a pour but l'enlèvement des rameaux fournis par les sous-
yeux, les deux sarments à fruits étant seuls conservés sur chaque
courson. Le *pincement* ou *rognage* a pour but de faire tomber l'extrémité des deux sarments de chaque courson, quelques jours avant la
floraison. Le sarment supérieur destiné à être supprimé à la taille
est pincé à deux feuilles au-dessus de la dernière grappe; l'autre est
pincé quelques jours plus tard, à quatre feuilles, au-dessus de la
dernière grappe.

L'*incision annulaire* et l'*ensachage* du raisin ne sont pas d'une
pratique courante. Les *soufrages* et *sulfatages* effectués en cours
de saison ont beaucoup plus d'intérêt. Leur but est de défendre les
raisins et la vigne des attaques de l'*oïdium* et du *mildiou*, qui causent
de si grands préjudices pendant les années chaudes et humides.

Contre le mildiou et les rots, on emploie la *bouillie bordelaise* en
pulvérisations, à plusieurs reprises, avant et après la floraison. La
bouillie bordelaise ordinaire se compose de 2 kilogrammes de sulfate
de cuivre et 1 kg. 500 de chaux pour 100 litres d'eau. Le soufre est
projeté au moyen d'un soufflet.

Espèces et variétés. — Comme variétés recherchées pour la
table, en raisins rouges on cite : *frankental, gamay, muscat, pinot,
portugais bleu;* comme raisins blancs : les *chasselas (vibert, doré, rose
royal)* et les *muscats.*

Il n'est question dans ce chapitre que de la vigne cultivée au jardin
fruitier pour la production du raisin de table.

XI. — LES ESSENCES FORESTIÈRES

Le choix des espéces. — Les bonnes essences à planter varient suivant la nature du terrain et le climat. La technique à suivre et le choix des espèces diffèrent aussi suivant qu'il s'agit de boiser des pays de plaine ou de montagne, car il y a une limite d'adaptation à observer au sujet des altitudes.

En général, on ne boise guère que les terrains de peu de valeur, éloignés des habitations, peu productifs ou difficilement cultivables. Dans ces conditions, pour que les *semis forestiers* puissent y prospérer, il faut faire un choix raisonné des variétés. Tout d'abord, on donnera la préférence aux essences croissant spontanément dans la région, en retenant celles qui donnent les meilleurs résultats et sont les plus estimées.

Sur les sommets des régions granitiques, c'est le *sapin pectiné* ou *des Vosges* qui prospère le mieux. Le *pin sylvestre* vient bien dans les contrées sablonneuses, jusqu'à 1 000 mètres d'altitude. Au-dessus, on le remplace par le *pin des montagnes*. Enfin, le *pin noir d'Autriche*, le moins exigeant de tous, est seul capable de vivre sur les coteaux arides ou désertiques du crétacé et du jurassique. Dans les bas-fonds un peu frais, c'est l'*épicéa* qui donne les meilleurs résultats.

Parmi les feuillus, le *chêne rouvre* et le *chêne pédonculé* prospèrent à peu près partout, dans les sables gras et les argiles des plateaux ; ils redoutent cependant les terrains calcaires et les sols fangeux. Il en est de même du *hêtre*.

Dans la plupart des situations, pour obtenir des forêts productives, il est utile d'associer les diverses essences *feuillues* et *résineuses*, dans une proportion en rapport avec la nature du sol. Ainsi, dans les terres de composition moyenne, où le chêne tient lieu de futaie, le *charme* est le meilleur sous-bois ; les terrains granitiques s'accommodent bien du sapin et du hêtre ; le pin sylvestre et le hêtre viennent mieux sur les grès ; enfin, pour le boisement des friches calcaires, c'est le pin noir d'Autriche que l'on associe au *bouleau* ; dans les bons fonds, l'*épicéa*, le *peuplier* et l'*aune* sont les essences dominantes. Ces remarques souffrent cependant quelques exceptions.

Plantation. — Quand on a déterminé la nature du terrain et la proportion des essences qu'il convient d'introduire dans les nouveaux peuplements, on se munit du plant nécessaire, soit qu'on l'ait élevé soi-même en pépinière, ou que l'on se soit adressé à des marchands. Autant que possible, les semis seront faits avec la graine des sujets du pays, mieux adaptés au climat que si on les faisait venir d'ailleurs. La meilleure reprise est assurée par les plants en godets, ou ceux produits sur les lieux et que l'on peut repiquer aussitôt l'arrachage avec une petite motte.

Autant que possible, si on plante des sapins, ceux-ci seront âgés de quatre ans, les hêtres et les peupliers auront trois ans, les pins sylvestres et les pins noirs d'Autriche, deux ans. De préférence, on plante au printemps, les grands froids passés, dans des trous ou potets ouverts au hoyau, après avoir jalonné le terrain en lignes distantes de 1^m,25. En plantant également à 1^m,25 sur les lignes il faut 6 400 plants à l'hectare, soit, par exemple, 3 200 sapins et autant de hêtres, ou 3 200 pins et hêtres placés en alternant. Dans les terrains plus pauvres, on pourra mettre 3 200 pins noirs, 1 600 sylvestres et 1 600 hêtres, toujours en alternant : un pin noir, un sylvestre, un pin noir et un hêtre. Les boisements sur friches calcaires comprendront 3 200 pins noirs, 1 600 sylvestres et 1 600 bouleaux. Quant aux terres humides, le moyen de les rendre productives, c'est de les boiser en *peupliers noirs* et en *peupliers régénérés*. Cette essence s'accroît très vite et le rendement argent est le plus élevé. On estime en effet qu'un peuplier de bonne venue rapporte au minimum 2 ou 3 francs tous les ans à son propriétaire.

Avant de créer une peupleraie, il faut d'abord assainir le terrain, si c'est nécessaire, en formant, suivant la ligne de plus grande pente, des banquettes distantes de 5 mètres avec la terre prise dans les intervalles. Le beau plant de peuplier âgé de trois ans est distribué en quinconce sur les buttes, tous les 5 mètres. Il faut donc 400 sujets pour planter un hectare. Pendant toute la durée de leur formation et plusieurs années encore après la plantation, les jeunes peupliers sont élagués pour les empêcher de fourcher et afin de faire monter leur cime. On les abandonne à eux-mêmes lorsque, par suite de leur rapprochement, l'élagage naturel se produit. Au bout de vingt ans, on supprime un peuplier sur deux, ce qui limite le nombre à deux cents sujets à l'hectare. Une deuxième coupe faite à trente ans réduit l'effectif à cent, que l'on conserve jusqu'à quarante ou quarante-cinq ans.

Pour le boisement des landes envahies par la *bruyère*, la *fougère* ou l'*airelle myrtille*, on peut procéder par semis, ainsi qu'il suit : On se procure de la graine de *pin sylvestre*, de *mélèze*, de *bouleau*, d'*orme* ou d'*aune* que l'on sème à la volée, assez épais, puis on fait pâturer la lande par les moutons, afin que le piétinement mette la graine en contact avec le sol. Quand il y a des vides par endroits, ce qui arrive assez souvent, on les comble par des repiquages. En admettant que l'on se décide pour une plantation mixte de pins sylvestres, de bouleaux et d'aunes, on emploierait 10 kilogrammes de graines de chaque sorte, que l'on épanderait en trois fois aussitôt la récolte.

Exploitation des forêts. — On exploite les forêts en *taillis*, à *blanc étoc* ou en *futaie*. Le troisième mode seul est rationnel dans les peuplements composés ; c'est d'ailleurs lui qui procure les meilleurs résultats pécuniaires, tout en assurant la *régénération normale* de la forêt.

Les essences étant divisées en arbres de couvert ou de futaie, chênes, hêtres, sapins, etc., et en sous-bois : charme, orme, noisetier, etc., on effectue des coupes partielles qui reviennent périodiquement, tous les vingt-cinq ans par exemple. A chaque abatage, on établit les réserves, tant d'anciens, tant de modernes, tant de baliveaux, respectivement âgés de soixante-quinze ans, de cinquante ans et de vingt-cinq ans, en choisissant les mieux conformés et aussi régulièrement espacés que possible, puis on supprime tous les autres et la totalité du sous-bois, de manière à obtenir à chaque coupe du bois d'œuvre ou de charpente, du bois à bûches et des fagots. Les suppressions portent donc sur des sujets âgés de cent ans, de soixante-quinze ans, de cinquante ans, de vingt-cinq ans ainsi que sur le taillis.

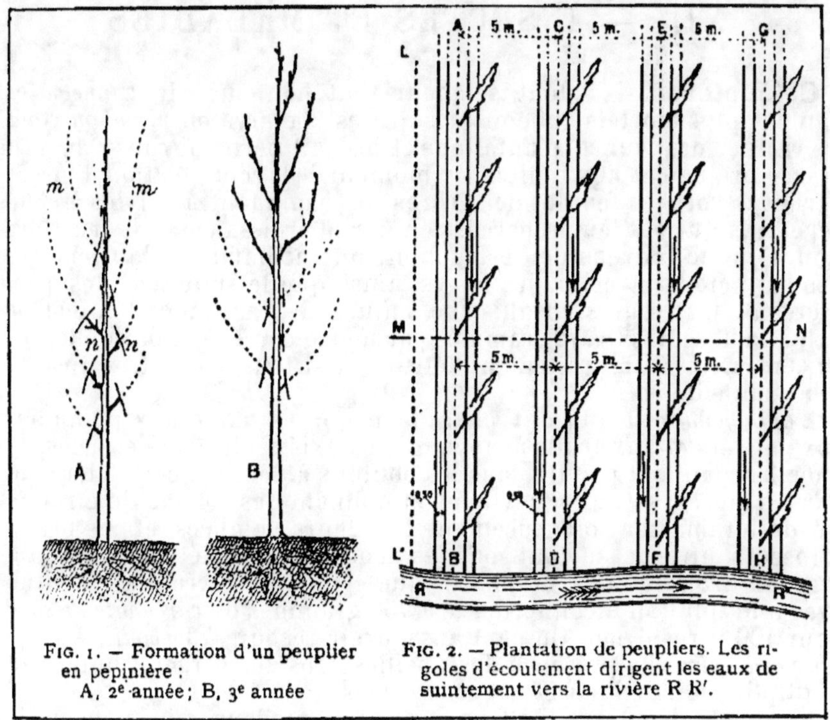

FIG. 1. — Formation d'un peuplier
en pépinière :
A, 2ᵉ année ; B, 3ᵉ année

FIG. 2. — Plantation de peupliers. Les rigoles d'écoulement dirigent les eaux de
suintement vers la rivière R R'.

ÉLEVAGE ET PLANTATION DE PEUPLIERS

La coupe vidangée, le repeuplement se fait partie par les rejets des souches et partie par la semence fournie par les anciens. La forêt redevient ce qu'elle était quand on effectue une nouvelle coupe, vingt-cinq ans après.

Améliorations. — Les améliorations forestières portent sur le dessouchement ou enlèvement des souches et quelquefois sur l'assainissement, lorsque le terrain est « mouilleux », par l'ouverture de fossés. On ne fume pas la forêt, mais il faut avoir soin d'empêcher son appauvrissement en interdisant l'enlèvement des herbes et des feuilles mortes. Ces matières organiques, en se décomposant, forment l'humus qui contribue à la nourriture des arbres; il entretient une fraîcheur salutaire et combat l'action érosive des eaux.

Par-dessus tout, on doit empêcher les bestiaux et surtout les moutons et les chèvres de venir brouter les jeunes pousses et de mordiller les écorces.

Sur les déclivités à pente roide, on combat le ravinement des *eaux sauvages* en brisant leur vitesse sur des barrages en maçonnerie ou en fascines, que l'on élève en travers des thalwegs, de manière à provoquer la formation de biefs, avec chutes verticales. On aura soin, en outre, dans les lieux fort accidentés, sujets au dénudement, de conserver le sous-bois qui retient les terres. Au grand jamais, il ne faut recourir aux coupes à *blanc étoc,* c'est-à-dire à un abatage sans réserves d'anciens ni de baliveaux.

XII. — INSECTES ET MALADIES

Coléoptères. — A tout seigneur tout honneur : le *hanneton* est l'un des plus mortels ennemis des arbres. Sa larve ou *ver blanc* ronge les racines des jeunes plantations et les fait périr ; il cause aussi de graves préjudices aux adultes. Au moment de la reproduction, l'insecte parfait dévore les feuilles des arbres, occasionnant ainsi des à-coups végétatifs qui ont leur répercussion sur la croissance et la fructification. Comme moyens de destruction, on recommande le ramassage des hannetons et celui des larves, ainsi que le sulfurage des pépinières et des vergers envahis. Le sulfure de carbone est injecté au pal, à la dose de 50 à 70 grammes par mètre carré, à la profondeur de 50 centimètres. Ce traitement détruit aussi tous les autres insectes hibernants du sol.

L'*anthonome* est un petit charançon qui s'attaque aux pommiers, aux poiriers et aux fruits à noyau. Il en existe plusieurs espèces. Les femelles viennent pondre dans les boutons à fleurs et ceux-ci, rongés par les larves, se recroquevillent et donnent des « clous de girofle. » On doit ramasser soigneusement les fleurs tombées et les brûler. L'insecte hiverne surtout sous les écorces ; on le détruit après grattage du tronc et des branches, que l'on fait suivre d'un lessivage avec une solution alcaline, dosée à 750 grammes de *carbonate de soude* pour 100 litres d'eau. On peut aussi avoir recours à la *bouillie bordelaise ordinaire.* La présence des abeilles dans les vergers contrarie la multiplication de l'insecte et ses ravages.

D'autres coléoptères térébrants cheminent dans le bois et sous les écorces où ils creusent des galeries. Citons : les *bostriches*, les *xolytes*, les *capricornes, callidies, clytes, saperdes*, etc. Le traitement le plus efficace réside dans les lessivages et l'injection, dans les galeries, de solutions alcalines de potasse ou de soude.

Lépidoptères. — Les papillons nuisibles aux arbres fruitiers sont extrêmement nombreux. Signalons les *yponomeutes*, dont les larves se rassemblent en nids soyeux et qu'il faut écheniller avec soin de bonne heure pour les détruire. Les rescapés se traitent par des pulvérisations arsenicales qui sont les mêmes pour toutes les chenilles.

> Arséniate de plomb................... 1 kilogramme
> Eau .... 100 litres

La *cheimatobie* ou *phalène hièmale* fait surtout du tort aux pommiers et aux cerisiers. Les larves rongent les jeunes pousses et les fleurs. La *phalène défeuillante* attaque tous les arbres fruitiers. Les femelles aptères montent sur les troncs pour pondre en octobre et en novembre. Le meilleur moyen d'entraver leur ponte, c'est l'emploi des *bandes engluées* entourant le fût des arbres. On obtient une bonne glu en liquéfiant 1 kilogramme de poix blanche, à laquelle on ajoute 500 grammes d'huile de lin, 500 grammes d'huile douce et 500 grammes d'essence de térébenthine. On peut aussi employer un mélange par parties égales de goudron de houille et d'huile de poisson.

Les *carpocapses* rendent les fruits véreux. Les femelles aptères grimpent après les arbres en juin pour venir pondre sur les fruits.

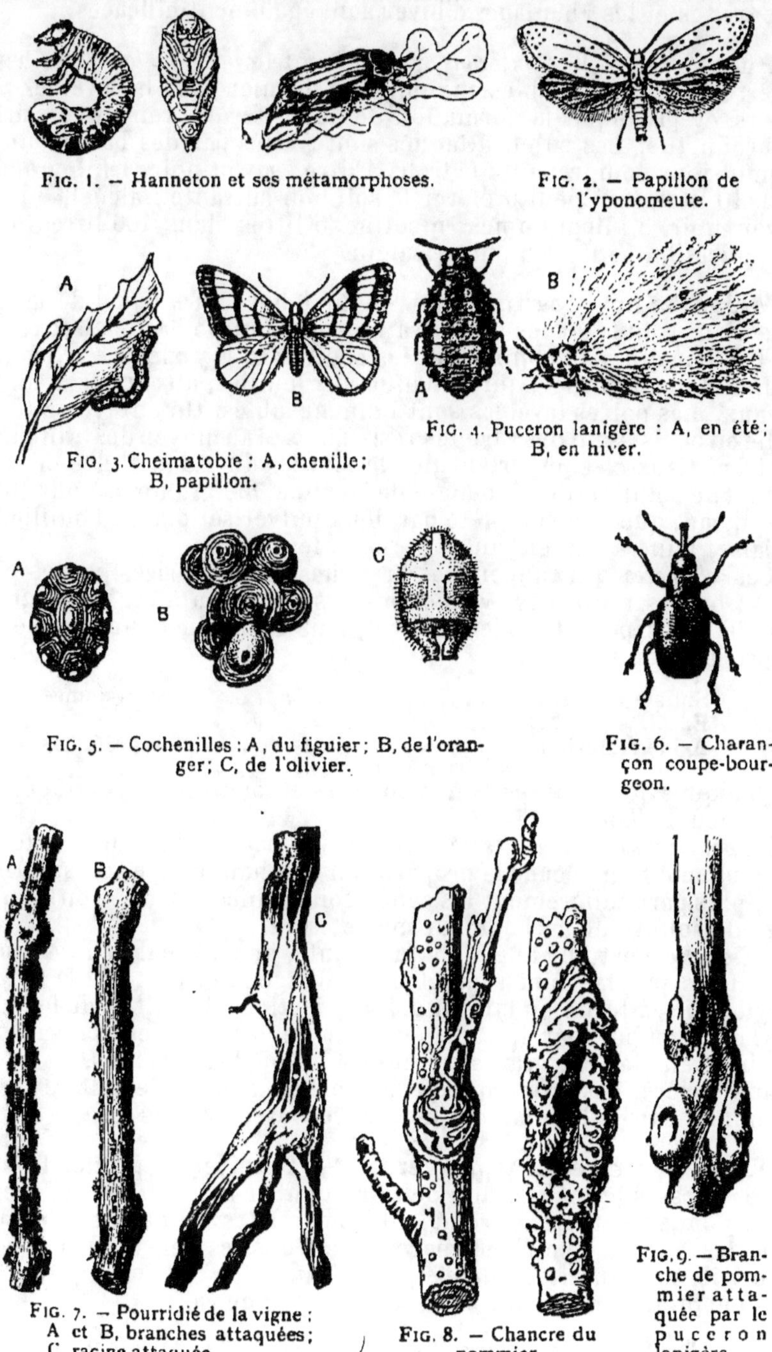

FIG. 1. — Hanneton et ses métamorphoses.

FIG. 2. — Papillon de l'yponomeute.

FIG. 3. Cheimatobie : A, chenille ; B, papillon.

FIG. 4. Puceron lanigère : A, en été ; B, en hiver.

FIG. 5. — Cochenilles : A, du figuier ; B, de l'oranger ; C, de l'olivier.

FIG. 6. — Charançon coupe-bourgeon.

FIG. 7. — Pourridié de la vigne : A et B, branches attaquées ; C, racine attaquée.

FIG. 8. — Chancre du pommier.

FIG. 9. — Branche de pommier attaquée par le puceron lanigère.

INSECTES NUISIBLES

L'usage des bandes engluées donne de bons résultats. Les lessivages des troncs et les chaulages d'hiver sont également efficaces.

Pucerons. — Les *pucerons*, notamment le *puceron lanigère* du pommier, sont de redoutables ennemis. Le dernier suce la sève des pommiers et provoque la formation de nodosités qui rendent les arbres improductifs. Les sujets attaqués sont traités par des badigeonnages d'émulsions comprenant : pétrole, 1 litre ; savon noir, 1 kilogramme ; eau, 10 litres. On peut préférer la solution suivante : alcool, 5 litres ; savon noir, 3 kilogrammes ; nicotine, 5 litres dans 100 litres d'eau. L'application se fait au pulvérisateur.

Maladies cryptogamiques. — En dehors du *mildiou* de la vigne que l'on traite par les pulvérisations de bouillie bordelaise, et celle de l'*oïdium* que l'on combat par les soufrages, il y a la *tavelure*, surtout redoutable au poirier, qui s'attaque aux feuilles, aux fruits et aux rameaux. Les poires tavelées sont immangeables. On enraye cette maladie en choisissant des variétés résistantes et au moyen des traitements d'hiver. Ceux-ci comportent des lessivages du tronc et des branches avec une solution de carbonate de soude à 750 grammes pour 100 litres d'eau, que l'on complète par deux pulvérisations de bouillie bordelaise, l'une avant et l'autre après la feuillaison.

Les *chancres* qui rongent les branches sont favorisés par les pucerons ; on les rencontre fréquemment sur le pommier. Il faut gratter les chancres pour les mettre à vif, puis on badigeonne la plaie avec la préparation suivante :

Sulfate de fer	500 grammes
Eau	1 litre
Acide sulfurique	100 grammes

Quelques jours après, on recouvre de goudron de houille étendu d'un peu d'alcool.

Le *pourridié* ou *blanc des racines* exige l'abatage des sujets atteints ; de plus, pour empêcher la propagation du champignon, on sulfure au pal, plus particulièrement les zones contaminées, avec 50 ou 60 grammes de sulfure de carbone par mètre carré.

La *chlorose* est une affection anémiante, encore mal définie, qui se manifeste par le jaunissement du feuillage et la perte de la chlorophylle. On la traite en faisant des applications de sulfate de fer sur la surface occupée par les racines, complétées par des arrosages au purin. Dans les cas graves, on creuse au pied des arbres, au moyen d'une tarière, des trous obliques que l'on bourre de sulfate de fer comme un trou de mine et que l'on recouvre de mastic.

Traitement général préventif. — Nettoyer et gratter le tronc et les grosses branches, afin de faire tomber la *mousse* et les vieilles *écorces* dans lesquelles se réfugient les parasites animaux et végétaux : insectes, larves, nymphes, spores, etc. Tous les débris recueillis sur une toile sont aussitôt détruits par le feu.

On applique ensuite un badigeon ainsi composé :

Chaux	10 kilogrammes
Sulfate de fer	6 —
Sulfate de cuivre	5 —
Eau	100 litres

VITICULTURE

I. — VIGNES ET RAISINS

Classification. — La vigne (*vitis*) est une plante sarmenteuse de la famille des *ampélidées*, caractérisée par une tige noueuse et grêle, revêtue d'une écorce caduque qui se détache en lamelles.

On distingue : 1° les *vignes européennes*, (*vitis vinifera*) très nombreuses; 2° les *vignes américaines*, qui comptent une vingtaine d'espèces; 3° les *vignes asiatiques*, une quinzaine d'espèces, n'ayant guère qu'un intérêt ornemental.

Cépages. — Les cépages cultivés en France diffèrent beaucoup, au point de vue qualité, productivité, rusticité, précocité, résistance aux insectes, aux maladies, etc. La qualité du vin qu'ils fournissent est influencée aussi par la nature du terrain qui les porte, aussi ne doit-on les planter dans un sol, sous certains climats, sans savoir s'ils y sont bien adaptés.

Pour ces raisons majeures, il faut toujours s'en tenir aux questions d'adaptation climatérique et géologique des cépages avant de les choisir. Leur répartition régionale, de laquelle on doit s'inspirer, est la suivante pour les principaux cépages :

Bourgogne, Mâconnais et Beaujolais : *Pineau noir, pineau blanc, gamay noir, gamay blanc, aligoté, césar.*

Bordelais : *Cabernet sauvignon, cabernet franc, merlot, grappu de la Dordogne, sémillon, sauvignon, muscadelle.*

Champagne : *pineau noir, pineau blanc, gamay, meunier.*

Centre : *chenin noir, gros-lot-de-cinq-mars, teinturier du Cher, chenin blanc, meslier.*

Savoie : *persan, mondeuse, gouet hibou, durif, corbeau, roussette, peloursin, verdesse.*

Jura : *trousseau, poulsard, gueuche, savagnin.*

Alsace : *riesling, petit riesling, savagnin blanc, burger, meunier.*

Languedoc : *aramon, carignane, terret, grenache, cinsaut, œillade, mourvèdre, calitor, spiran, picpoule ou piquepoule, clairette, muscat blanc, morastel, ugni blanc, colombaud.*

Roussillon : *malvoisie, grenache, morastel.*

Charente : *folle-blanche, ugni blanc, mourvèdre.*

Les principaux cépages américains, si utiles pour la reconstitution des vignobles français et la création des *producteurs directs*, résistants au phylloxera, comprennent : *arizonica, berlandieri, bicolor, californica, coriacea, candicans, cordifolia, cinerea, linsecumii, labrusca, monticola, riparia, rubra, rupestris.*

Caractères botaniques. — La tige et les rameaux de la vigne sont grêles et allongés. Aux nœuds prennent naissance les feuilles, avec des bourgeons à leur aisselle (V. *Tabl. Vigne, fig.* 1); en face se forment les vrilles et les grappes de fleurs. L'espace compris entre les nœuds s'appelle *mérithalle* (*fig.* 3). En coupe transversale (*fig.* 4), on aperçoit l'écorce, le liber, le bois et la moelle. C'est entre le liber et le bois que se trouve la zone génératrice ou *cambium* (*fig.* 5), si importante au point de vue du greffage.

L'accroissement est lent. Tous les ans, une mince couche de bois s'applique sur l'ancienne et le liber augmente un peu d'épaisseur. Sous l'influence de ce grossissement intérieur, l'écorce devient trop étroite; elle se fend et tombe après qu'il s'est formé en dessous une excrétion de liège protecteur.

La feuille est à cinq lobes, plus ou moins découpés, les découpures accentuées sont un signe d'infertilité. C'est la feuille qui est le siège de l'élaboration des produits du raisin. A son aisselle il y a un *bourgeon principal*, accompagné de un à deux yeux stipulaires plus petits (*fig.* 5). Ce sont des *yeux dormants* qui ne se développent généralement que l'année suivante, à moins que le bourgeon principal ne vienne à être détruit par la gelée. Sur certains cépages fertiles, comme le *gamay*, les faux bourgeons fructifient l'année même de leur départ.

La fleur est petite, verte (*fig.* 2); elle possède cinq pétales, cinq sépales, cinq étamines, un ovaire à deux loges de chacune deux ovules qui deviennent des pépins. Un seul sarment peut porter trois ou quatre grappes de fleurs.

Les racines principales lancent leur chevelu dans les deux directions, verticales et horizontales (*fig.* 6). Les dernières s'établissent toujours, avec le temps, à un même niveau, à une distance assez rapprochée de la surface. C'est pour cela que les bons praticiens préfèrent les façons superficielles aux labours profonds qui coupent ou détériorent les radicelles.

Cycle végétatif. — On dit que la vigne « débourre » lorsqu'elle entre en végétation au printemps. A ce moment, les bourgeons s'ouvrent et s'épanouissent, à une époque plus ou moins hâtive, suivant la précocité du plant, à partir de la température de 9°. Dans les contrées où les gelées printanières sont à craindre, on a intérêt à adopter les cépages à débourrement tardif.

Après la taille, la vigne « pleure, » c'est-à-dire qu'elle laisse échapper un liquide très aqueux, relativement peu épuisant pour les souches. On ne doit pas hésiter à reculer la taille pour retarder l'épanouissement des bourgeons, afin d'éviter les atteintes des dernières gelées.

La croissance des feuilles et des sarments est très rapide au printemps. Elle se ralentit et devient à peu près stationnaire lorsque, après la fécondation, le raisin est en train de se former. Quant à la fécondation, elle ne se produit vraiment bien qu'à la température de 20° à 25°, alors que l'air est un peu humide et par vent léger. Les

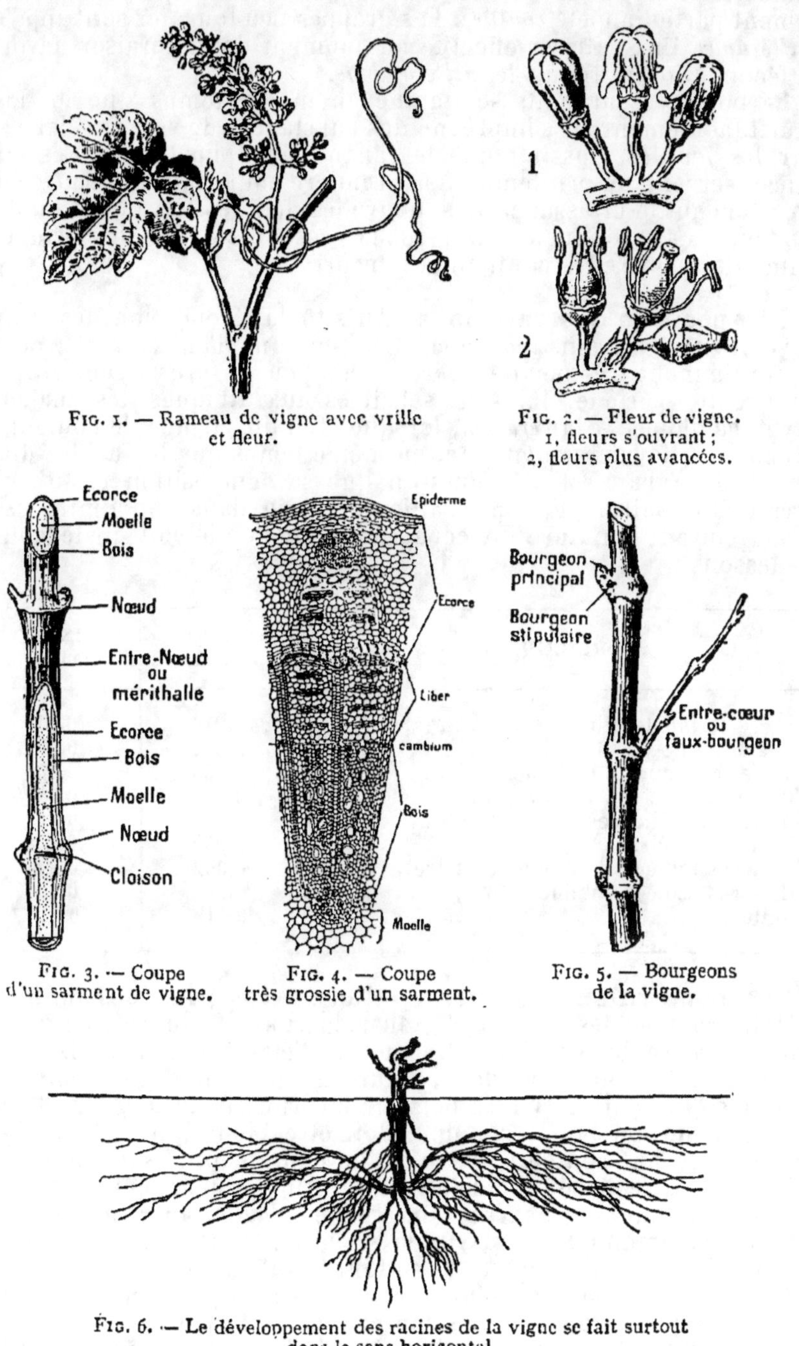

FIG. 1. — Rameau de vigne avec vrille et fleur.

FIG. 2. — Fleur de vigne. 1, fleurs s'ouvrant ; 2, fleurs plus avancées.

FIG. 3. — Coupe d'un sarment de vigne.

FIG. 4. — Coupe très grossie d'un sarment.

FIG. 5. — Bourgeons de la vigne.

FIG. 6. — Le développement des racines de la vigne se fait surtout dans le sens horizontal.

CARACTÈRES BOTANIQUES DE LA VIGNE

pluies froides gênent le transport du pollen et il se produit un avortement partiel appelé *coulure*. Les grappes peu fournies sont appelées *millerands*. Un soufrage effectué au moment de la floraison favorise la fécondation et réduit le *millerandage*.

Le bois des sarments se lignifie en même temps que le raisin mûrit (aoûtement). Il s'imprègne des substances de réserve élaborées par les feuilles, aussitôt que le raisin n'en a plus besoin. Ces substances servent, au printemps, à la première nourriture des bourgeons, en attendant la croissance des nouvelles feuilles. Avant de tomber, les feuilles abandonnent aux pieds la presque totalité des principes alimentaires qu'elles contiennent encore.

Composition des raisins. — Aussitôt la fécondation, les ovaires deviennent des grains (*nouaison*). Ceux-ci sont d'abord verts, acides et contiennent très peu de sucre. Peu à peu ils grossissent et, pendant cette période, ils sont sensibles aux attaques des maladies cryptogamiques. A la *véraison*, lorsque le grain change de couleur, la proportion de sucre augmente, en même temps que les acides diminuent. Le raisin est mûr aussitôt que sa composition reste à peu près stationnaire. Celle-ci, d'ailleurs, varie dans une limite assez large, suivant la nature du cépage, ainsi qu'on le voit sur le tableau ci-dessous :

PRINCIPES	ARAMON pour 100	PINEAU pour 100
Sucre fermentescible	11,910	16,640
Bitartrate de potasse	0,543	0,555
Acide tartrique et malique	0,756	0,363
Tanin	0,254	0,366
Matières résineuses	0,106	0,304
Acides volatils	0,009	0,048
Matières minérales (moins le tartre)	0,352	0,273
Matières azotées solubles	0,230	0,391
Huile	0,115	0,378

Les bons raisins de cuve. — Nous avons parlé des *raisins de table* fournis par les treilles (V. ARBORICULTURE). Les *raisins de cuve* ne doivent pas seulement flatter le palais, à l'état frais, mais ils ont un objet beaucoup plus complexe, celui de plaire à la dégustation de la clientèle qui a fait du vin sa boisson favorite. Pour obtenir de bon vin, le raisin, ou plutôt sa pulpe, doit être bien équilibrée, c'est-à-dire qu'elle doit contenir, outre le sucre en quantité suffisante pour fournir un titre alcoolique d'au moins 8°, une proportion satisfaisante d'*acide*, de *tanin*, de *matières minérales* et d'*huiles essentielles* de bon aloi qui communiquent au vin la sapidité, la fraîcheur, le goût et surtout l'arome ou bouquet qui en font la valeur.

Comme il faut 1 kg. 700 environ de sucre par « degré-hecto, » il s'ensuit qu'un raisin d'une contenance de 17 pour 100 fournirait un vin titrant 10 degrés. Un raisin dont la teneur est de 12 pour 100 donnerait un vin à 7°, etc. Mais il y a une limite de « générosité » au-dessous de laquelle il n'est pas prudent de descendre, quand on veut des vins de garde, susceptibles de s'améliorer en vieillissant.

II. — MULTIPLICATION DE LA VIGNE

Modes différents. — La vigne peut se multiplier : 1° par *semis* de pépins; 2° par *bouturage,* avec ou sans crossette; 3° par *marcotte* ou *provin;* 4° par *greffage.*

Depuis l'invasion phylloxérique, pour se défendre contre les attaques du puceron, on forme le plus généralement, les boutures avec du bois de *plant américain,* que l'on greffe avec des rameaux de *cépages français,* plus réputés pour la qualité de leurs raisins.

Semis. — Les semis de pépins sont peu usités pour la vigne, car ils ne reproduisent pas fidèlement les variétés dont ils proviennent, comme d'ailleurs la plupart des espèces fruitières insuffisamment fixées. On a seulement recours aux semis pour l'obtention des plants hybrides, américains ou franco-américains, destinés à fournir des *porte-greffes* ou des *plants directs.* Mais c'est là une spécialité délicate qui appartient au domaine de l'expérimentation et de la sélection assidue. En effet, avec la fécondation croisée, sur des milliers de plants hybrides étiquetés, quelques rares spécimens méritent d'être reproduits.

Cependant, c'est ainsi que l'on a créé les porte-greffes intéressants : *riparia* × *rupestris,* *riparia* × *berlandieri,* *mourvèdre* × *rupestris,* *chasselas* × *rupestris.* Quant aux plants directs, obtenus par le même procédé, si on en excepte quelques-uns tels que *seibel n° 1020,* la question du bon cépage n'est pas encore élucidée.

Dans tous les cas, avant de semer les pépins, il faut d'abord les faire stratifier dans le sable durant l'hiver (V. Arboriculture, *Tabl. Élevage des jeunes plants*), puis, au printemps, quand la terre est déjà réchauffée, on les distribue en lignes distantes de 35 centimètres, ouvertes à la serfouette. La graine ne doit pas être recouverte de plus de 20 millimètres de terreau, la pépinière étant établie en terre douce et fertile, située à bonne exposition. Durant les chaleurs, il convient d'abriter les jeunes plants par des claies; on les bassine de temps à autre et on effectue les binages quand le besoin s'en fait sentir.

Le plant est mis en place au printemps suivant. Il faut attendre la fructification, c'est-à-dire cinq ou six ans, avant de pouvoir juger de la valeur relative des différents plants issus de semis.

Bouturage. — Le bouturage a pour but de mettre en terre un fragment de sarment aoûté, portant des bourgeons, dans le but d'obtenir un plant enraciné ayant les mêmes caractères que le pied mère.

Les boutures doivent toujours être prises sur des cépages fertiles, de bonne qualité, peu sujets à la coulure et résistants aux maladies cryptogamiques. Il faut en outre que les rameaux employés soient bien mûrs, sains, vigoureux, portant des nœuds rapprochés.

En principe, on rejettera l'extrémité des sarments et on utilisera seulement leur partie médiane ou inférieure, en conservant un talon ou une crossette de vieux bois (V. Arboriculture, *Tabl. Multiplication*). C'est d'ailleurs en faisant un choix judicieux des boutures que l'on peut arriver à améliorer la valeur productive des cépages et la qualité des raisins. Pour lutter contre le phylloxera, les boutures sont rarement prises sur les plants français, dont la résistance aux attaques de l'insecte est trop faible; on les prend sur des plants américains.

Les boutures pour porte-greffes se récoltent à l'arrière-saison et, si on ne les met pas en place de suite, on les conserve en bottes et on les stratifie dans le sable. La distribution se fait dans des billons ouverts au hoyau, dans une terre meuble, saine et fertile, à la distance de 40 centimètres, en espaçant les boutures de 20 centimètres sur les lignes. On effectue quelques binages, puis on paille à l'approche des chaleurs pour entretenir la fraîcheur.

Au printemps suivant, les *racinés* peuvent être mis à leur place définitive, en ayant soin de les arracher avec précaution, afin de ne pas abîmer le chevelu. On procède ensuite à leur greffage en place.

Dans la pratique viticole courante, le bouturage vient compléter le greffage, c'est-à-dire que les greffons de plant français ont été apposés sur les porte-greffes américains avant de les mettre dans la pépinière pour les faire enraciner, après une stratification préalable des *greffes-boutures* préparées sur table.

Marcottage. — Le marcottage ou provignage est encore usité au jardin pour l'allongement d'une treille, cordon ou palmette, le long d'un mur ou d'une allée; mais on ne l'emploie plus guère au vignoble, sauf pour le remplacement accidentel d'un cep disparu. Le plus souvent même, le renouvellement d'un manquant se fait avec un raciné pris dans la pépinière des greffés-soudés.

Pour provigner, on conserve un long bois que l'on couche en terre dans une tranchée ouverte à la pioche, dans le but de lui faire prendre racine, en ayant soin de laisser pointer son extrémité à l'endroit où on veut créer une nouvelle souche, puis on la palisse le long d'un échalas. Avant le couchage, on a eu soin d'éborgner les yeux du rameau qui se trouvent les plus rapprochés de la souche (V. *fig.* 4 et 5).

La vigne ayant été couchée à l'arrière-saison, on peut sevrer la marcotte au bout d'un an en la tranchant à une petite distance du sol. Les brins provignés étant alimentés par le pied mère ont une croissance très rapide et, généralement, ils fructifient à partir de la deuxième année.

Greffage. — Dans les régions infestées par le phylloxera, il n'est plus possible de cultiver la vigne sans recourir aux plants américains comme porte-greffes. Malheureusement, ces porte-greffes n'ont pas toujours été bien choisis, ni bien adaptés au sol, et il en est résulté une diminution dans la qualité du vin et le rendement.

On peut greffer la vigne en *fente pleine* (*fig.* 1) ou en *fente de côté*, lorsque le sujet est plus gros que le greffon. Dans tous les cas, par ce procédé, on se sert toujours de sujets enracinés, l'opération devant être faite avant la période des grands pleurs, parce que le liquide abondant qui s'échappe empêcherait la formation du tissu cicatriciel. C'est en février que ce greffage se pratique dans le Midi; dans la région du Centre, on peut le reculer jusqu'en mars.

La greffe en fente pleine (*fig.* 1) se pratique sur des racinés, en place depuis un an. Le greffon doit avoir un diamètre égal à celui du sujet. Ce dernier ayant été décapité quelques jours avant l'opération, on rafraîchit la plaie et, après l'avoir fendue en son milieu d'un coup de greffoir, on y insère le greffon taillé en coin aminci à partir de l'œil de la base, de façon à bien mettre en contact les deux couches

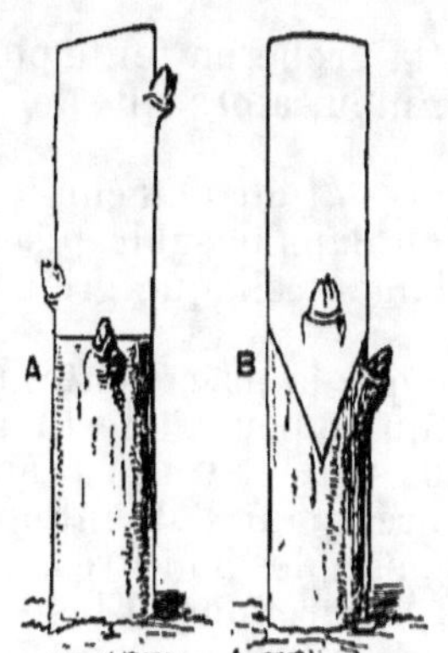

FIG. 1. — Greffe en fente
pleine.
A, profil ; B, face.

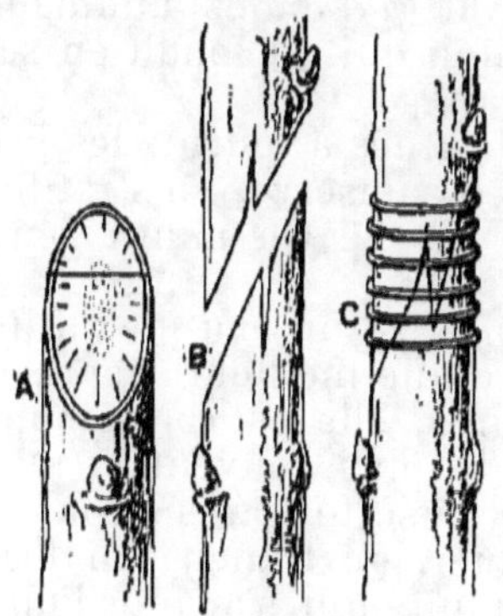

FIG. 2. — Greffe anglaise.

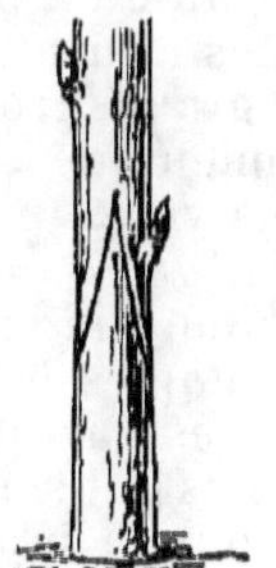

FIG. 3. — Greffe
à cheval.

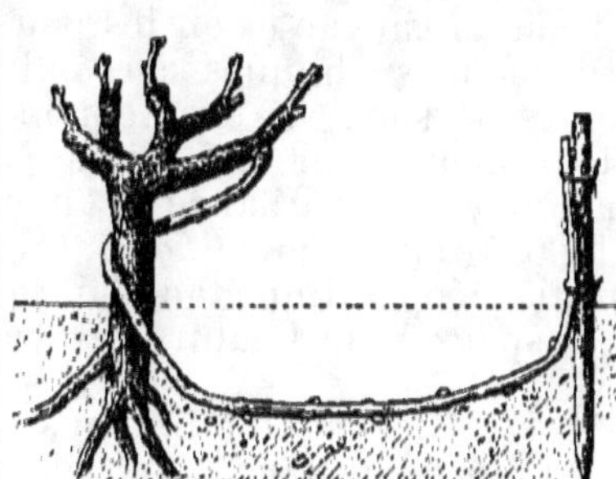

FIG. 4. — Provignage simple.

FIG. 5. — Provignage par versadi.

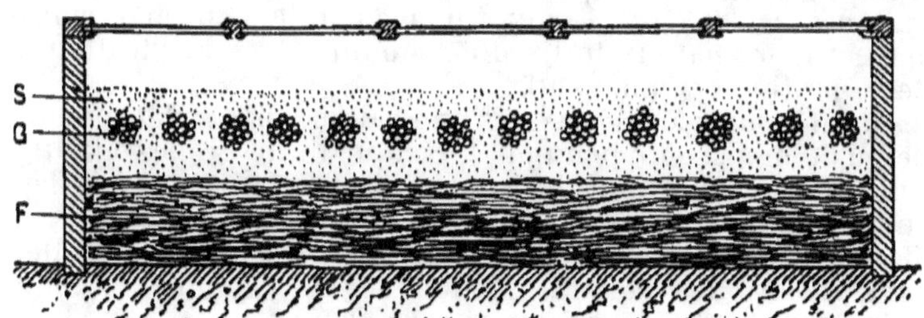

FIG. 6. — Stratification de greffes-boutures sur couche et sous châssis.
F, fumier ; S, sable ; G, paquets de greffes.

MULTIPLICATION DE LA VIGNE

génératrices. On ligature avec du raphia, puis on englue d'un peu de mastic.

La greffe à cheval (*fig.* 3), est analogue à la greffe en fente pleine, mais c'est le greffon qui est fendu en son milieu, alors que le sujet est taillé en biseau.

Les rameaux destinés à fournir les greffons ont été détachés avant les grands froids et conservés en stratification dans le sable jusqu'au moment de s'en servir. On munit généralement chaque greffon de trois yeux.

La *greffe anglaise* est un peu plus difficile que la précédente, mais comme elle assure une meilleure reprise et qu'on peut l'effectuer sur de simples boutures, elle est beaucoup plus usitée. On la pratique sur les racinés, le plus souvent en chambre, pour l'obtention des greffes qui seront ensuite traitées comme de simples boutures.

Pour la pratiquer, on tranche en biseau les greffons et les sujets suivant une obliquité qui s'adapte l'une sur l'autre, en laissant les deux tronçons dans le même prolongement linéaire. Le greffon peut avoir quatre ou cinq yeux et le sujet trois ou quatre. L'un et l'autre sont fendus sur leur biseau, d'un coup de greffoir profond de 15 millimètres environ, entre le bois et l'écorce, dans le premier tiers supérieur du sujet (*fig.* 2, A), et dans le premier tiers inférieur du greffon. Cela fait, avec la main droite, on introduit l'esquille du greffon dans celle du sujet tenu de la main gauche et on les pousse bien à fond, de manière que les deux coupes obliques arrivent en contact (*fig.* 2, B). Si les deux éléments ne sont pas exactement de même diamètre, on les met en affleurement d'un côté, sans s'inquiéter de l'autre, afin que le liber soit en concordance au moins sur une face. On termine par une ligature au raphia (*fig.* 2, C), et même on fait une application de mastic. L'opération étant faite par des personnes exercées, on peut se dispenser de ligaturer et d'engluer.

Les greffages en place sont buttés avec de la terre fine aussitôt l'opération finie et on laisse seulement dépasser l'œil supérieur du greffon. Il faut avoir soin de trancher les liens qui étrangleraient les greffes lorsque l'on procède au débuttage, en même temps que l'on enlève les rejets des sujets et les racines qui pourraient être émises par les greffons.

Avant la plantation en pépinière, les greffes-boutures sont souvent soumises à la *stratification*, qui a pour effet de faciliter la pousse des racines et la formation du tissu de soudure. La stratification dans le sable se pratique comme suit :

Les greffes sont couchées dans une caisse mise à plat sur un lit de sable ou de mousse un peu moite, chaque lit de greffes étant séparé du suivant par une nouvelle couche de mousse. Une fois la caisse pleine, on la referme, puis on la met sur champ, de manière que les greffes se placent verticalement dans leur position naturelle. Dans les régions froides la stratification se fait, comme le montre la figure 6, sur couche de fumier et sous châssis.

Au bout de trente ou quarante jours, on peut mettre les greffés-soudés en pépinière, dans une terre meuble et riche, en lignes espacées de 35 centimètres et à 20 centimètres sur les lignes. Au printemps suivant, les greffes-boutures sont enracinées et pourvues d'un abondant chevelu. On peut les arracher avec précaution et les mettre en place définitive.

III. — CRÉATION DES VIGNOBLES

Principes directeurs. — La distribution des cépages dans les vignobles est très variable. Tantôt les vignes sont palissées sur des fils de fer (V. *Tabl. Création de vignobles fig.* 2), en lignes régulières, laissant entre elles l'espace nécessaire à l'exécution des façons avec les attelages, tantôt elles sont réparties irrégulièrement, en ordre serré, et soutenues par des échalas. En certains endroits, comme à Chablis, les cépages rampent sur le sol, chaque pied mère fournissant cinq à six bras, etc.

Autant que possible, on doit planter les souches en lignes régulières, en laissant entre elles un intervalle d'au moins 1 mètre, afin de ne pas être gêné au cours des travaux et pour permettre le passage des chevaux et celui des instruments.

Avant d'entreprendre une plantation, on devrait prévoir à l'avance le nombre de plants nécessaires, de manière à avoir le temps de les élever soi-même, pendant l'exécution des travaux destinés à mettre le terrain en état de recevoir les racinés dans des conditions de confort qui en assureront la reprise et la croissance rapide.

D'autre part, il faut savoir se limiter. Ainsi, tous les ans, on ne plantera que la surface de vignoble qu'il est matériellement possible de mener à bonne fin, sans nuire à ses autres occupations et sans rien négliger. Si on adopte la forme en *gobelet*, on pourra distancer les plants de 80 centimètres sur les lignes, celles-ci étant à l'espacement de 1 mètre. Pour les *cordons doubles*, il est préférable de porter la distance à 1 mètre sur les lignes et à 1^m,20 entre les lignes.

Choix des cépages. — On peut dresser, dans tous les pays, une liste des meilleurs cépages, noirs et blancs, les mieux adaptés au terrain et au climat, tout en étant d'un bon rapport. Les vieux vignerons de l'endroit les connaissent mieux que quiconque et c'est à eux que l'on s'adressera pour se renseigner. Dans tous les cas, on se gardera d'un engouement exagéré ou irréfléchi en faveur de certains cépages étrangers et on restera réservé sur l'emploi des *plants directs*, qui ont déjà causé nombre de déceptions.

Pour le choix des variétés, on s'inspirera d'abord des préférences de la clientèle, soit que l'on vise à produire des vins ordinaires à grand rendement, ou des vins demi-fins ou fins à rendement plus limité. On peut avoir des débouchés à un prix rémunérateur pour des vins ordinaires, alors que les cuvées de choix sont d'un placement difficile. En résumé, il y a des considérations d'ordre économique à faire entrer en ligne de compte quand il s'agit de créer un vignoble, lesquelles varient suivant la réputation ou la vogue des crus locaux.

Le mieux en l'occurrence est de fixer et d'arrêter son choix sur deux ou trois bons cépages, susceptibles de fournir un vin de bonne garde, bien équilibré, et de s'en contenter.

Influence du terrain. — Les *sols siliceux* donnent des vins légers, peu alcooliques, généralement bouquetés et agréables à boire. On peut y cultiver sans grand danger la vigne sans greffage préalable des plants, le phylloxera ne s'y multipliant que difficilement.

Les *sols argileux* sont loin de valoir les précédents; cependant, à bonne exposition, ils peuvent encore fournir, en « ordinaire », un rendement en vin assez élevé, mais celui-ci est parfois âpre et peu estimé.

Les *sols calcaires* sont généralement pierreux et secs; ils produisent des vins qui manquent souvent de « corps », mais toujours alcooliques, légers et bouquetés. Ce sont eux qui fournissent les meilleurs crus : *champagne, chablis, sauternes,* etc.

Choix des porte-greffes. — N'importe quel sujet américain, franco-américain ou hybride devant servir de porte-greffe ne convient pas à tous les sols. Il en est de calcifuges, d'autres qui s'accommodent assez bien du calcaire. Certains sont capables de prospérer en terrains secs, d'autres viennent encore dans les terrains humides où ils donnent des produits passables, etc. Mais il est utile de connaître leurs aptitudes, afin de pouvoir les choisir judicieusement.

Ainsi, dans les terrains où la teneur du calcaire s'élève à 65 ou 70 pour 100, il faut prendre les *berlandieri* comme porte-greffes; avec 50 pour 100 de calcaire, on adoptera *mourvèdre* $\times$ *rupestris* n° *1202*; à 40 pour 100, *berlandieri* $\times$ *rupestris* n° *33*; à 30 pour 100, *riparia* $\times$ *rupestris* n° *3309*; à 20 pour 100, *solonis* $\times$ *riparia* n° *1616*.

Les meilleurs porte-greffes pour terrains secs sont : *berlandieri* ou encore *aramon* $\times$ *rupestris Ganzin* n° *2* et *rupestris du Lot.* Pour les terres humides, on prendra de préférence *aramon* $\times$ *rupestris Ganzin* n° *1, riparia* $\times$ *rupestris* n° *3306* et *solonis* $\times$ *riparia* n° *1616*.

Les *terres humifères* poussent trop au bois; elles donnent des vins colorés, mais communs et grossiers, d'une conservation difficile.

Les *terres franches* conviennent parfaitement à la vigne. Les vins y acquièrent à la fois la finesse, le bouquet, la couleur; ils sont riches en alcool et en autres principes, par conséquent « complets ».

Les *terres caillouteuses* sont réputées comme étant les plus favorables à la culture de la vigne, les cailloux s'opposant au desséchement du sol pendant les périodes de sécheresse, sans gêner la pénétration des racines qui les contournent facilement. Il n'y a pas lieu d'épierrer les terrains destinés à la vigne.

La coloration du sol a une certaine influence sur sa précocité et son échauffement, les teintes noires ou foncées étant évidemment plus chaudes que les terres blanches, aussi les réserve-t-on de préférence à la culture des raisins rouges, naturellement plus exigeants que les raisins blancs.

Climat et exposition. — La vigne ayant besoin d'une quantité respectable de calories pour mûrir ses raisins, elle se plaît bien dans les climats tempérés de la région moyenne de la France et même dans le Midi, à condition que le terrain ne pèche pas par excès d'aridité et que la plante puisse s'y approvisionner en eau.

Les conditions climatériques changent évidemment avec la latitude, l'altitude, la situation orographique, hydrographique, le voisinage des forêts, etc. Néanmoins, on peut cultiver la vigne beaucoup plus au Nord que ne l'indique la limite théorique, à condition de la planter sur un terrain légèrement incliné, face au Sud, et de choisir une terre de couleur foncée, capable d'absorber et de retenir beaucoup de calories.

Dans la région du Centre, la vigne se cultive de préférence aux expositions de l'Est et du Sud-Est, sur les coteaux; on recherche plutôt le Sud en terrain peu accidenté. Dans le Midi, pour éviter le grillage du raisin, on préfère planter la vigne au Nord et à l'Ouest.

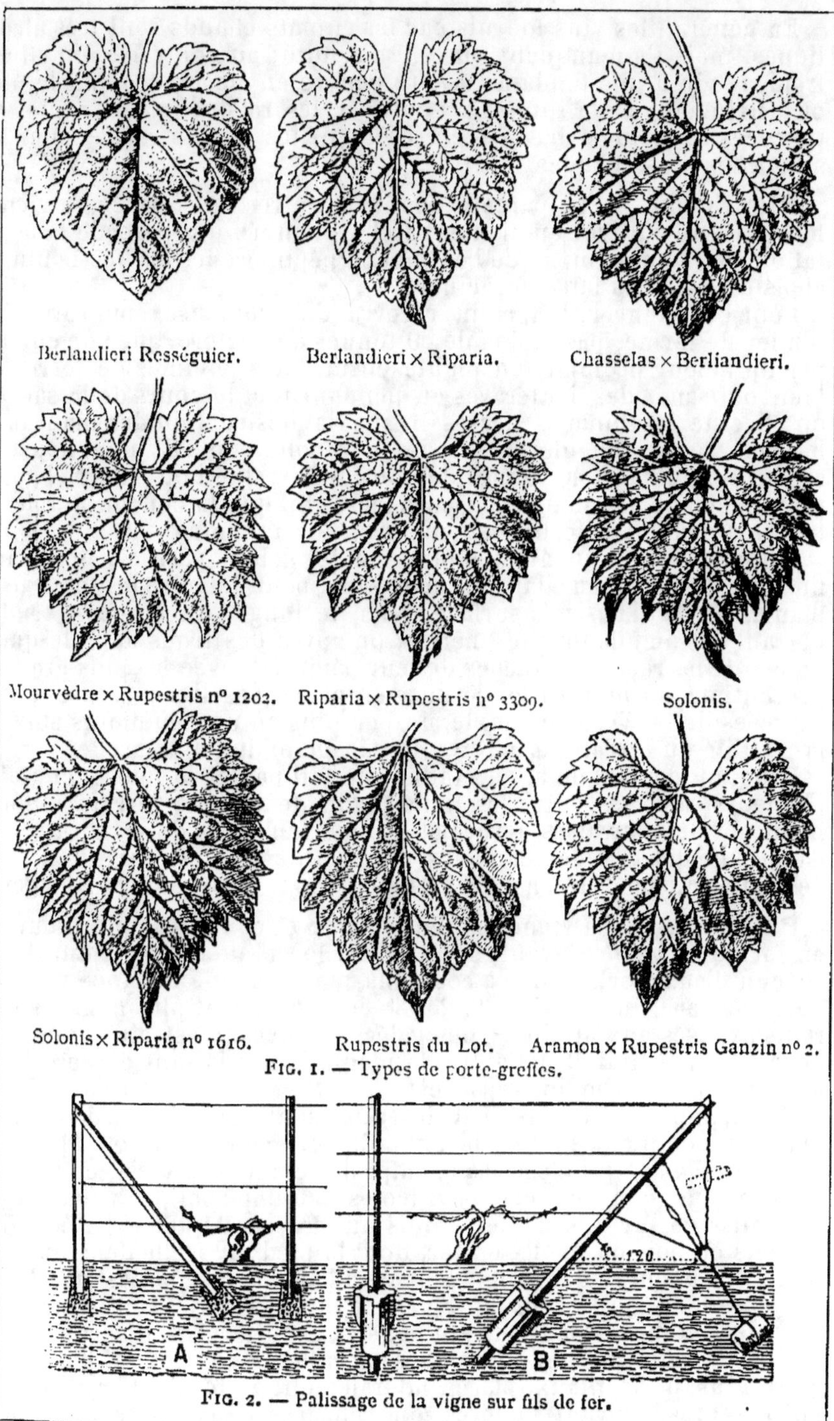

Fig. 1. — Types de porte-greffes.

Fig. 2. — Palissage de la vigne sur fils de fer.

CRÉATION DE VIGNOBLES

En général, les vins fournis par les climats chauds sont très alcooliques, mais ils manquent souvent d'acidité; au contraire, en climat froid, le vin a une tendance à être pauvre en alcool, trop acide, dur ou astringent. On a intérêt à y cultiver les raisins blancs, qui sont précoces et moins exigeants, en réservant les raisins rouges pour les situations plus chaudes.

Plantation. — La parcelle destinée à être transformée en vignoble doit être cultivée en plantes sarclées l'année qui précède la plantation, en même temps que l'on met en pépinière les greffes-boutures choisies pour les faire enraciner.

Pour commencer, le terrain recevra une copieuse application de fumier de ferme, pas moins de 50 tonnes à l'hectare, que l'on enfouit par un labour profond; on plante ensuite des pommes de terre, ou bien on sème des betteraves et, pendant tout le cours de la saison, on effectue les binages nécessaires à la destruction des mauvaises herbes. Aussitôt l'enlèvement de la récolte, on fait une nouvelle application de 30 à 40 tonnes de bon fumier, que l'on enterre le plus profondément possible avant les gelées, afin que la couche arable se trouve ameublie et fertilisée pour trois ans au moins.

Lorsque vient le printemps, une fois les gelées passées, on donne un coup d'extirpateur dans les deux sens, pour détruire les mauvaises plantes et régulariser la surface, puis, le long d'un cordeau tendu, portant des nœuds tous les mètres, on ouvre des trous dans lesquels on plante les racinés arrachés de leur pépinière avec les plus grandes précautions au moment de la mise en place. Les lignes peuvent être espacées de 1^m,25 par exemple, un peu plus ou un peu moins suivant la fertilité du terrain, la nature du cépage et du porte-greffe.

Pendant le cours de la végétation, on fait passer la houe à cheval à plusieurs reprises entre les lignes, afin de tenir le terrain absolument net de mauvaises herbes et d'empêcher le sol de se crevasser. A l'approche des grandes chaleurs, il est utile de mettre une fourchée de fumier au pied de chaque jeune cep pour entretenir la fraîcheur.

Palissage. — La vigne en plein champ se conduit le plus souvent en forme de *gobelets* ayant, suivant leur force, de quatre à huit bras, chacun d'eux portant deux coursons placés à une distance variable de la surface du terrain, 20, 25, 30 centimètres et plus dans les terrains exposés aux atteintes des gelées tardives. C'est ainsi que l'on opère dans le Midi et le Centre, la plantation se faisant actuellement en lignes plus ou moins espacées.

En Champagne et dans l'Est, les ceps sont tenus en ordre serré, mais ils comptent moins de bras. Chaque cep est accolé après un tuteur (*échalas*), qui n'est pas exempt de reproches. Aussi tend-on de plus en plus, dans les régions viticoles, à remplacer les échalas par un palissage sur fils de fer raidis au moyen de tendeurs sur des piquets en bois ou mieux en fer, dont le pied est scellé dans un petit massif de béton et que l'on arc-boute à l'aide de jambettes (*fig.* 2).

Le premier rang de fil de fer est tendu à 30 ou 50 centimètres du sol, plus ou moins haut suivant la gélivité du terrain. Il sert à soutenir les bras qui partent en nombre variable du gobelet ou, plutôt, les deux bras horizontaux, placés latéralement en forme de *cordon*. Sur chaque bras, suivant la force, on conserve deux, trois ou quatre coursons à fruits. Le deuxième rang de fil de fer est placé à 30 ou 40 centimètres au-dessus du premier; il sert à palisser les coursons.

IV. — TAILLE DE LA VIGNE

Formation d'un gobelet. — Une plantation faite en terre riche, de bonne nature, avec des greffés-soudés bien enracinés, commence à fructifier l'année suivante; mais ce n'est guère qu'au bout de quatre ou cinq ans qu'elle est en plein rapport.

Dans la forme en *gobelet*, le dressage de l'arbuste est des plus simples, puisqu'il s'agit d'augmenter le nombre des bras, à mesure que les souches prennent de la force, jusqu'à concurrence de six.

Les opérations successives à effectuer sont les suivantes : l'année qui suit la plantation, on taille le raciné à deux yeux situés à 15 ou 20 centimètres du sol, de manière à obtenir deux coursons (*fig.* 1, A) et on ébourgeonne tous les autres. L'année suivante, si l'arbuste est vigoureux, on peut tailler également chacun des deux coursons conservés à deux yeux B, pour obtenir deux autres coursons. Des quatre sarments obtenus trois seulement sont conservés et taillés à deux yeux, c'est la troisième taille C. Un an plus tard, cinq six ou sept sarments s'étant développés, trois ou quatre seulement sont conservés et rabattus comme il convient, c'est-à-dire en tenant compte de la fertilité des yeux de la base. Chaque année, les coursons sont raccourcis, simplifiés et leur nombre est limité en raison de la vigueur. Finalement le gobelet bien formé présente l'aspect de la figure 2. Ce système dispense de l'emploi des échalas.

Dressage d'un cordon. — L'usage des cordons en plein vignoble est moins répandu qu'au jardin. C'est cependant une forme régulière, pratique, qui laisse plus d'espace entre les lignes et qui convient bien lorsque le palissage est fait avec deux rangs de fils de fer, et qui tend à se répandre de plus en plus.

Le cordon peut être annuel ou permanent, vertical ou horizontal, unilatéral ou bilatéral. Quelle que soit la forme envisagée, ce n'est guère qu'au cours de la troisième année qu'un pied de vigne peut être mis en forme. Jusque-là, la taille (*fig.* 6.) consiste : la première année (A), à rabattre l'unique sarment au-dessus de l'œil inférieur pour obtenir un fort sarment; la seconde année (B), à rabattre ce dernier sur deux yeux inférieurs pour disposer, l'hiver suivant, de deux très forts sarments (C) qui servent à constituer le cordon.

Supposons maintenant que l'on veuille conduire ce cordon en *cordon permanent*. On adoptera la taille dite en *cordon de Royat*. C'est un cordon horizontal unilatéral, dont la charpente est constituée par un sarment couché à 0^m,40 du sol, sur un fil de fer n° 16 qui est tendu horizontalement.

La charpente horizontale, établie tout d'abord partiellement à l'aide d'un sarment très vigoureux conservé seul sur un pied de trois ans, ne procure que trois coursons et un prolongement, dans le cours de la première année (D). Pour l'année suivante, ces sarments sont coupés à deux yeux, tandis que le prolongement est taillé quelque 40 centimètres plus loin et sur un œil situé en dessous, en vue d'obtenir deux nouveaux coursons et un prolongement. Après trois tailles semblables, le cordon peut comporter six ou sept coursons situés au-dessus de la tige et distants entre eux de 20 centimètres environ (E). Pour les obtenir tous au-dessus de la charpente, il suffit en général d'imprimer au sarment, si besoin est, un léger mouvement de torsion, de façon à disposer une série de bourgeons en dessus, tandis que les autres sont nettement en dessous. A la condition d'éborgner ces derniers, on se trouve en présence, dans le courant de l'été qui suit, de pampres équidistants et capables, le plus souvent, d'être utilisés comme coursons.

Le *cordon annuel* s'emploie avec des ceps vigoureux et en terrain fertile, car il s'obtient par une taille courte quelque peu épuisante, dite *taille Guyot*. Elle consiste dans l'obtention de deux sarments dont l'un, le supérieur, est taillé très long (0ᵐ,60 ou 0ᵐ,80 tandis que l'inférieur est taillé au-dessus de deux yeux. Le premier sarment est couché, palissé sur le fil de fer, et constitue le cordon proprement dit qui assure la récolte, le second, taillé à courson, doit procurer deux sarments; quand, après une année de végétation, le porteur à fruit horizontal a rempli sa mission, il est coupé en hiver, immédiatement au-dessus des deux forts sarments obtenus. Le supérieur de ceux-ci est à son tour taillé long et couché, tandis que l'inférieur est coupé à deux yeux, etc. Dans le courant de l'été, les pampres nés sur le long bois sont pincés ou même fixés sur un fil de fer, tandis que les sarments de remplacement sont attachés sur un échalas et pincés seulement lorsque leur longueur est de 1 mètre au moins.

Le cordon peut encore être unilatéral ou bilatéral.

Le cordon bilatéral est surtout utilisé au jardin, sur treille, car il est plus esthétique mais il peut être également constitué dans les vignobles. La première manière qui se présente pour constituer un cordon bilatéral consiste en partant d'un sarment tel que celui représenté en B (*fig.* 6) à le tailler au-dessus de deux yeux *m* et *n* opposés et à ébourgeonner tous les autres; les deux sarments issus de *m* et de *n* formeront les deux branches du cordon, mais elles ne seront pas à la même hauteur, n'auront probablement pas même force. Une autre méthode, un peu meilleure, consiste en partant de la forme C à rabattre le sarment une fois couché sur un œil en dessous tel que *r* (qui se trouvera placé en *s* après que le sarment aura été palissé); le bourgeon *t* placé au coude donnera naissance au deuxième bras. Mais la seule méthode correcte est de poursuivre l'obtention d'un T parfait. Pour l'obtenir, le sarment est coupé au-dessus de l'œil situé à 1 ou 2 centimètres plus bas que le fil de fer (*fig.* 5, A). De cette ablation il résulte au printemps un sarment herbacé qu'on rabat à son tour 1 centimètre au-dessus de son empattement (dès qu'il a atteint 0ᵐ,30). Les deux sous-yeux (B) qui existent toujours sur cet empattement se développent peu de temps après en donnant deux pousses symétriquement placées (*m*) qu'on palisse obliquement d'abord, puis horizontalement. Elles procurent les deux bras recherchés qui se trouvent placés à même hauteur. Ce procédé est dit en « vert » ou « par pincement ».

Taille d'hiver. — La *taille d'hiver* de la vigne est relativement simple. Comme le raisin ne se montre que sur le nouveau bois, les principes directeurs à observer consistent à répartir le plus uniformément possible sur la charpente de la vigne, sans qu'elles se gênent, les coursonnes fruitières, en cherchant à maintenir celles-ci le plus possible en équilibre.

La taille s'effectue au printemps. On peut, durant l'hiver, mais en dehors des périodes de grands froids, effectuer la taille dite *prépara-*

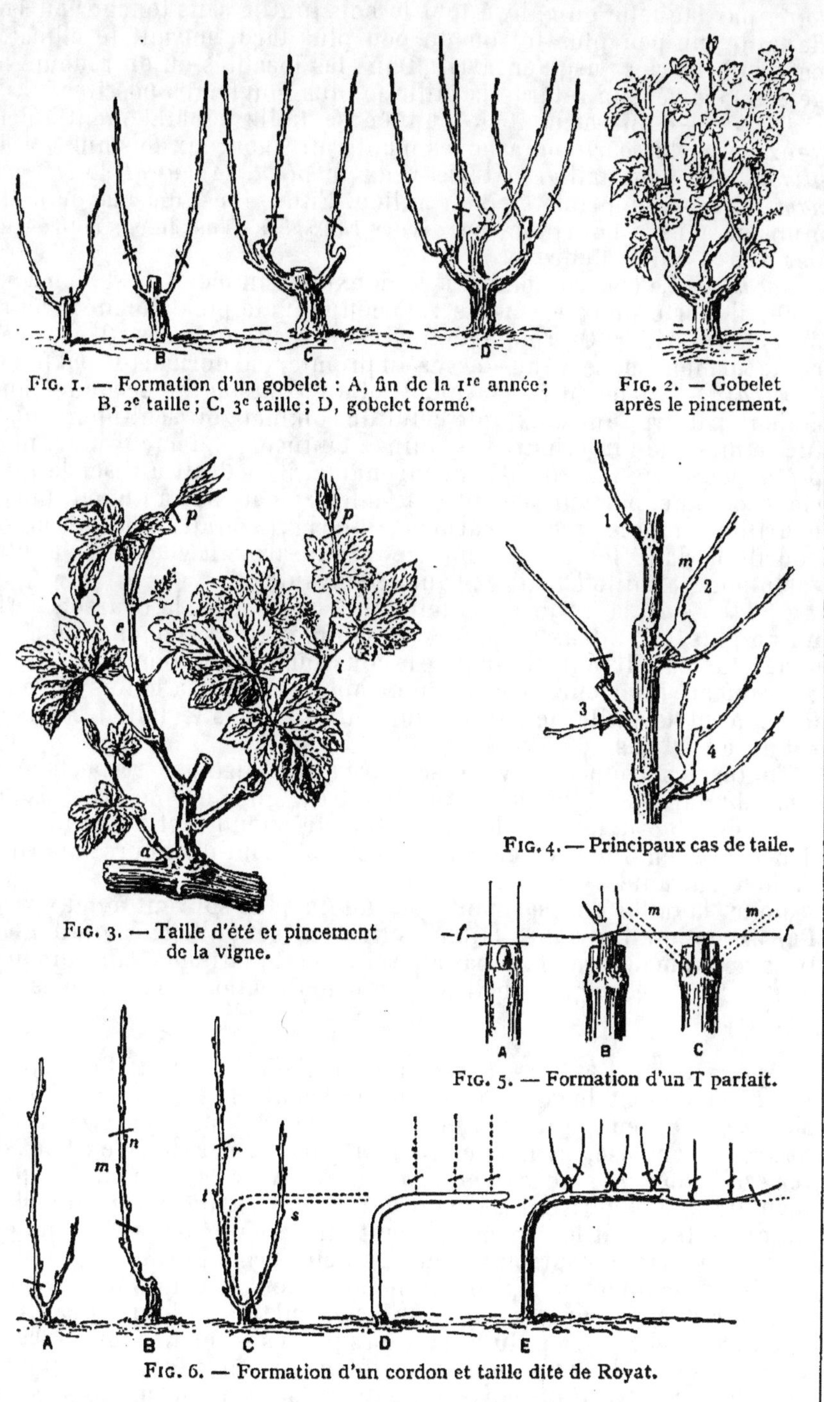

FIG. 1. — Formation d'un gobelet : A, fin de la 1re année ;
B, 2e taille ; C, 3e taille ; D, gobelet formé.

FIG. 2. — Gobelet
après le pincement.

FIG. 3. — Taille d'été et pincement
de la vigne.

FIG. 4. — Principaux cas de taile.

FIG. 5. — Formation d'un T parfait.

FIG. 6. — Formation d'un cordon et taille dite de Royat.

TAILLE DE LA VIGNE

toire, par laquelle on enlève tout le bois inutile sans toucher au bois de taille, un peu plus tôt ou un peu plus tard, suivant le climat, à partir de février jusqu'en avril. Dans les localités où on redoute les gelées tardives, on retarde la taille le plus longtemps possible.

1er cas. — Un sarment de l'année se taille généralement à deux yeux, plus le *bourillon*, avec les plants mi-vigoureux tels que *gamay*, *aligoté*. On peut tailler à trois yeux le *pinot*, le *muscat*, le *chardonnay*, mais on supprime l'œil du milieu. Enfin, il est d'usage de tailler à un œil, plus le bourillon, les divers *chasselas*. C'est le cas représenté par le n° 1 sur la figure 4.

2° cas — Le courson en est à sa deuxième année. S'il est bien constitué, il porte deux sarments : on coupe (2) le plus éloigné *m* au ras du plus inférieur. On retombe ainsi dans le premier cas : il faut couper le sarment conservé au-dessus du premier œil normal (ou œil franc).

3° cas. — Si les deux sarments d'un courson de seconde année étaient par trop inégaux, que celui du sommet soit seul bien constitué tandis que l'inférieur, trop mince ou incomplètement mûr, ne se prête pas à une fructification convenable, il faudrait utiliser le supérieur comme porteur à fruit et le tailler à cet effet à un œil, plus le bourillon, tandis que le sarment inférieur serait rabattu sur son bourillon dans le but d'obtenir de lui un sarment vigoureux et utilisable pour la taille à fruit de l'année suivante (3).

4° cas. — A la suite de la taille prévue au n° 3, le courson porte, un an plus tard : deux sarments au sommet et un sarment vigoureux situé plus bas. Il faut ici rabattre le courson immédiatement au-dessus du rameau inférieur, parfaitement apte à assurer à la fois la fructification et la taille de l'année suivante (4), puis le tailler comme il est dit au 1er cas.

Toutes les coupes doivent se faire à une distance respectable de l'œil de taille, à 12 ou 15 millimètres, afin de ne pas risquer de « l'éventer », le bois de vigne étant très tendre et ayant une tendance à se fendiller en séchant. Les chicots sont d'ailleurs supprimés l'année suivante.

Donc, la taille des sarments se fait le plus souvent à deux yeux. Par exception, les vignes faibles ou fortes se taillent à un œil ou à trois yeux, mais il ne faut pas abuser de cette latitude, sauf lorsqu'on veut mater des ceps rebelles à la fructification ou sensibles à la coulure.

Opérations d'été. — Les coursonnes qui ont été taillées à deux yeux fournissent deux rameaux ou sarments feuillus, *e* et *i* (*fig. 3*). Mais, outre ceux qui proviennent des bourgeons conservés, il peut naître à l'embase, et même un peu partout sur le vieux bois, des *rameaux stipulaires* ou *adventifs*, *a* (*fig. 3*). Tous ces sarments supplémentaires, qui dérivent à leur profit une partie de la sève et encombrent inutilement le cépage, doivent être ébourgeonnés. On ne doit tolérer, à chaque coursonne, que les deux brins prévus.

L'ébourgeonnement s'effectue pendant tout le cours de la végétation, lorsque les pousses ont 12 à 15 centimètres de longueur. D'autre part, avant la floraison du raisin, lorsque les sarments conservés ont une trentaine de centimètres de longueur, on effectue ce que l'on appelle le *pincement* de l'extrémité de tous les rameaux, *p, p* (*fig. 3*).

On attend ensuite que la floraison soit terminée, de manière à ne pas provoquer d'à-coups ou de réactions dans la sève, ce qui pourrait faire avorter des fleurs, puis on passe à nouveau en revue les cépages de façon à enlever les nouveaux bourgeons stipulaires qui auraient pu naître et pour pincer une deuxième fois les sarments conservés, afin de refouler la sève dans les raisins.

Effeuillage et cisellement. — L'*effeuillage* a pour but de découvrir les grappes pour les exposer en plein soleil, de manière à activer leur maturité et afin de leur faire acquérir une plus belle teinte. Cette opération appartient au domaine de la culture des treilles.

Le *cisellement* consiste à faire l'ablation, au moyen de ciseaux, de tous les petits grains qui encombrent les grappes, afin de leur communiquer un plus bel aspect. C'est une manipulation fastidieuse et longue, dont l'intérêt est limité à la production du raisin de table. Il en est de même de l'*ensachage*, par lequel on enveloppe les grappes dans des sacs de gaze, de crin ou de papier, de manière à les soustraire aux attaques des insectes.

V. — CULTURE ET ENGRAIS

Particularités propres à la vigne. — La vigne n'est pas une plante annuelle. C'est un arbrisseau ligneux et vivace, dont la culture diffère assez de celle des plantes herbacées, qui doivent former dans une même année la totalité de leur charpente. Ses racines étant longues et pénétrantes, c'est dans le sous-sol qu'elle puise une bonne partie de sa nourriture, aussi les fumures qu'on peut appliquer en surface sont loin d'avoir une action aussi marquée et aussi prompte que sur les autres végétaux cultivés.

D'autre part, si les façons culturales ayant pour objet la destruction des mauvaises herbes ont une action heureuse sur la prospérité des vignobles, les labours et les binages profonds qui font partie de la technique habituelle ne produisent pas d'aussi bons résultats sur la vigne. Les meilleurs praticiens prétendent même que les racines ont en horreur le fer de la charrue et que l'on ne doit pas s'approcher trop près des souches. Ils appuient leur appréciation sur ce fait que les treilles les plus belles sont souvent celles que l'on ne touche jamais au pied, aussi conseillent-ils les grattages de surface, juste ce qu'il faut pour réduire l'exhalation aqueuse et tenir le terrain net de mauvaises herbes.

Labours et binages. — Les façons culturales varient quelque peu suivant les régions, le Nord et le Midi. En raison du froid et de la chaleur, les besoins de la vigne ne sont pas les mêmes. Ainsi, dans le Nord, on effectue un labour d'automne dit « de buttage », par lequel on rejette de chaque côté la terre sur les ceps, de façon à les protéger des gelées, tout en enfouissant le fumier et les autres engrais. Le travail terminé, il reste une dérayure entre chacune des perchées. Au printemps suivant, après la taille, mais avant le débourrage, lorsque les gelées ne sont plus à craindre, on effectue un deuxième labour, dit de « débuttage », qui découvre les souches.

Dans le Midi on ne butte jamais les vignes. On attend le mois de février pour effectuer le labour de « déchaussage », afin de soumettre la terre à l'action ameublissante des dernières gelées, sans toutefois les retarder davantage dans les situations gélives des vallées, en raison des risques auxquels les bourgeons seraient exposés du fait de la terre fraîchement remuée, qui accentue l'action du froid par suite de l'évaporation. Cependant, il n'est pas prudent de l'effectuer trop tôt, afin de ne pas favoriser la croissance des mauvaises herbes. En effectuant cette opération, il faut avoir soin d'enlever soigneusement les racines des greffons qui auraient tendance à s'affranchir, ainsi que les rejets émis par les porte-greffes.

Bien que l'on ait souvent conseillé les labours profonds, il est prudent de ne pas exagérer, surtout au voisinage des souches, si on ne veut pas blesser le chevelu de surface. Sur les lignes et entre les ceps, on ameublit le terrain à la houe à main. De plus, durant l'été, on fait passer la houe vigneronne à deux reprises différentes entre les lignes, une première fois en mai, avant la floraison, une deuxième en juin, lorsque le raisin est formé.

Les binages ont pour objet : 1° la destruction des plantes spontanées ; 2° l'ameublissement du terrain pour lui conserver sa fraîcheur. Toutes les façons peuvent être remplacées par des grattages légers de surface, échelonnés sur toute l'année, au nombre de quatre ou cinq.

Accolage. — L'*accolage* ou *attachage* est une opération qui vient compléter les diverses phases de la taille et du pincement dont nous avons parlé. Il a pour but de maintenir les pampres après le palissage, qu'il s'agisse d'échalas ou de fil de fer, afin d'éloigner les feuilles et les raisins du voisinage immédiat du sol, qui favoriserait les maladies et pour procurer aux grappes le maximum d'air et de lumière.

Cette opération, qui est obligatoire dans la zone tempérée, n'est pas absolument nécessaire dans les pays chauds où on laisse volontiers le feuillage s'étaler sur le sol, ce qui n'empêche pas le raisin de mûrir, tout en le protégeant des coups de soleil.

En Bourgogne, l'accolage se pratique en pleine floraison, pour faciliter, dit-on, la fécondation. Par ailleurs, l'opération est généralement faite avant la floraison. Pour fixer les pampres ou extrémités des sarments on se sert de brins de paille, de jonc et parfois de raphia. Auparavant, les charpentières ou longs bois, voire même les ceps, ont été attachés aux tuteurs avec des brins d'osier refendus.

Exigences de la vigne. — Si on compare la vigne aux autres cultures, on remarque qu'elle est moins exigeante, sous le rapport des engrais, pour chacun des principes essentiels. Ainsi, une récolte moyenne de vin, en comprenant le bois des tailles et les sarments exportés, n'emprunte guère que la moitié des matières fertilisantes nécessaires à une culture de blé et à peine le quart de ce qu'il faut pour suffire à la betterave, ainsi qu'on peut s'en rendre compte par l'examen du tableau suivant :

	Azote.	Acide phosphorique.	Potasse.
	Kg.	Kg.	Kg.
Vigne................	39	11	42
Blé................	76	31	16
Betterave............	108	41	219

Il est aujourd'hui admis que l'*azote* favorise le développement des sarments et des feuilles, mais quand il se trouve en excès sous une forme soluble, le gavage qui en résulte active beaucoup trop la croissance des organes foliacés au détriment des fruits ; de plus, l'aoûte-

ment du bois se trouve retardé et il y a davantage de risques de *coulure*, sans compter que la vigne parait être plus sensible aux attaques
des parasites végétaux.

La *potasse*, au contraire, améliore la qualité du vin ; elle favorise la
maturité du raisin et lui communique une résistance plus grande aux
gelées et aux maladies. L'*acide phosphorique* corrige les défauts de
l'azote ; il régularise le développement herbacé et ligneux et active la
fructification.

En somme la vigne est peu épuisante, mais comme elle doit élabo-
rer dans ses tissus des quantités considérables de *carbone*, pour
former sa cellulose et le sucre de ses raisins, on doit veiller attentivement à ce que ses fonctions chlorophylliennes ne soient entravées
ni par les maladies, ni par les insectes ou toute autre cause. En outre,
l'*humus* ayant un rôle important à jouer sur la diffusion de l'acide
carbonique dans le sol, par suite de ses aptitudes à dispenser aux
racines les principes essentiels nécessaires à leurs besoins végétatifs, on doit empêcher sa disparition au moyen des fumures organiques.

Engrais. — Sans avoir de grands besoins, la vigne ne peut pas se
passer d'engrais. A ce sujet, on a proposé de nombreuses formules
d'engrais chimiques, les unes intéressant les terres fortes, les autres
les terres calcaires, sur la base de sels solubles et immédiatement
assimilables : *nitrate de soude, nitrate de potasse, sulfate de potassium,
superphosphate*, etc., mais il n'en est point qui puissent satisfaire aux
besoins vitaux de la vigne au même titre que le *fumier de ferme*. Celui-
ci, en effet, maintient dans le sol une salutaire fraîcheur et il garan-
tit l'aération, mais il joue un rôle très important sur la diffusion du
carbone et son captage ; il fournit aussi les éléments fertilisants
dans une proportion qui est en équilibre avec les exigences de la
vigne en azote, en acide phosphorique et en potasse.

Donc le fumier est l'engrais de fonds par excellence, le plus utile à
la vigne et le plus économique, celui auquel on doit donner la préférence, quand on l'a en quantité suffisante (V. ENGRAIS).

Dans la pratique, on peut se contenter de fumer tous les deux ans,
à la dose de 15 à 20 tonnes à l'hectare, de manière à fournir à l'hectare 75 à 80 kilogrammes d'azote, autant de potasse et 40 ou 45 kilogrammes d'acide phosphorique. A défaut de fumier, on aura recours
aux *composts*, aux *boues de ville* bien décomposées ou aux autres engrais organiques équivalents comme teneur, tels que *corne moulue,
tourteaux, sang desséché, guano*, etc. Si l'on n'a pas de fumier ces
engrais organiques azotés devront toujours accompagner les engrais
chimiques.

Toutefois, dans les terrains naturellement pauvres en acide phosphorique, il est bon de forcer la dose de cet engrais en faisant une
application à haute dose de *phosphates naturels* ou de *scories de déphosphoration*, 1 000 à 1 200 kilogrammes à l'hectare, en étant réservé sur
l'emploi des superphosphates qui ont une tendance à rétrograder
avant d'être absorbés, ce qui leur enlève le bénéfice de leur forme
monocalcique.

Il est aussi très utile d'effectuer dans les vignobles, de temps à
autre, une application de *plâtre* à la dose de 300 à 400 kilogrammes à
l'hectare, en raison de l'heureuse action du sulfate de chaux comme
agent désinfectant, solubilisant, fertilisant et énergétique.

VI. — MALADIES DE LA VIGNE

Remarque. — Les ennemis de la vigne sont nombreux et redoutables. Rien que dans la catégorie des cryptogames microscopiques, on en compte une demi-douzaine qui rendent parfois la culture de la vigne extrêmement aléatoire, pénible et onéreuse.

Les deux plus terribles, ceux contre lesquels le vigneron est tenu d'organiser une lutte implacable et répétée, sont sans contredit le *mildiou* et l'*oïdium*, qui s'attaquent indifféremment aux feuilles, aux rameaux et aux sarments. Viennent ensuite la série des *rots*, le *black-rot* et le *rot pâle* ou *blanc*, l'*anthracnose*, puis la *pourriture grise*, qui occasionne la décomposition des grappes avant la récolte. Enfin le *pourridié*, également dû à un champignon, s'attaque aux racines au point de faire périr les souches.

Tous ces parasites végétaux ont pour caractéristique une contagiosité rapide et sournoise, souvent foudroyante, contre laquelle il faut agir préventivement. Une fois la maladie déclarée, le mal est à peu près sans remède et, pour être efficace, le traitement ne doit jamais être appliqué à l'aveuglette. On doit surveiller de près l'évolution des champignons, de manière à appliquer à temps les produits anticryptogamiques pour tuer les spores avant leur prolifération et l'apparition des mycéliums. Vouloir opérer de toute autre façon c'est s'exposer à de graves mécomptes car, non seulement, la récolte peut être nulle, mais la vigne étant privée de ses organes respiratoires et l'élaboration de la sève ne se faisant pas, le bois est insuffisamment aoûté et les fructifications subséquentes sont gravement compromises.

Mildiou. — Le mildiou de la vigne (*plasmopara*) est un champignon analogue au mildiou de la pomme de terre. Il se présente, sur le dessus des feuilles, sous la forme de taches jaunâtres, à contours irréguliers, qui passent au roux, puis au brun, en même temps que, sur le dessous, apparaissent des efflorescences blanchâtres pouvant s'effacer sous le frottement du doigt. Sous les attaques du mycélium qui vit dans le parenchyme, les organes foliacés se fanent, meurent et le raisin est incapable de mûrir. Le cryptogame est favorisé par les temps chauds et humides des périodes orageuses, alors que les pluies chaudes alternent avec les coups de soleil.

Le seul moyen de se défendre du mildiou consiste en l'emploi des *solutions cupriques* appliquées en nombre variable, plus ou moins suivant l'état hygrométrique de l'air et sa température, au moyen d'un pulvérisateur à dos d'homme, ou d'une façon plus expéditive avec un pulvérisateur à bât porté par un cheval.

Généralement, le premier traitement est donné lorsque les bourgeons ont 20 centimètres de longueur et le deuxième quinze ou vingt jours après. Une troisième application est faite aussitôt la floraison terminée et même, si les circonstances l'exigent, on sulfate une quatrième fois un peu plus tard.

La *bouillie* dite « bordelaise », la plus employée, est une solution cuprique contenant 2 kilogrammes de *sulfate de cuivre* et 1 kg. 400 de *chaux grasse* pour 100 litres d'eau. On fait dissoudre, d'une part, le sulfate dans 80 litres d'eau, puis on y ajoute lentement, en brassant le mélange, le lait de chaux de 20 litres.

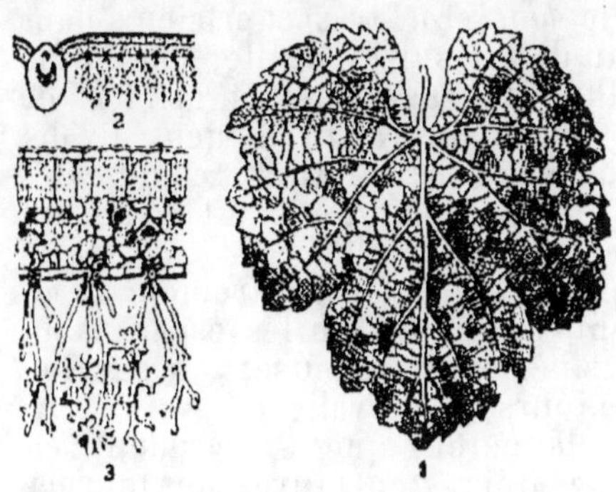

Fig. 1. — Mildiou de la vigne : 1, feuille atteinte de mildiou vue en dessous ; 2, coupe d'une feuille atteinte, grossie ; 3, fort grossissement.

Fig. 2. — Grappe, feuilles et sarment atteints par l'oïdium.

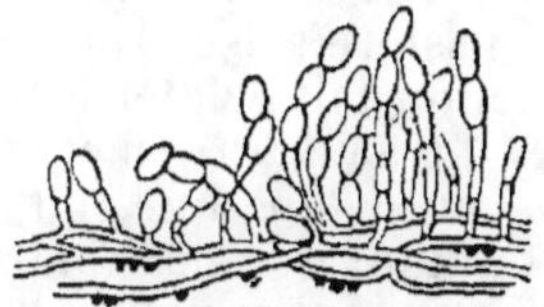

Fig. 3. — Appareil végétatif de l'oïdium (mycélium) très grossi. Les points noirs sont les suçoirs.

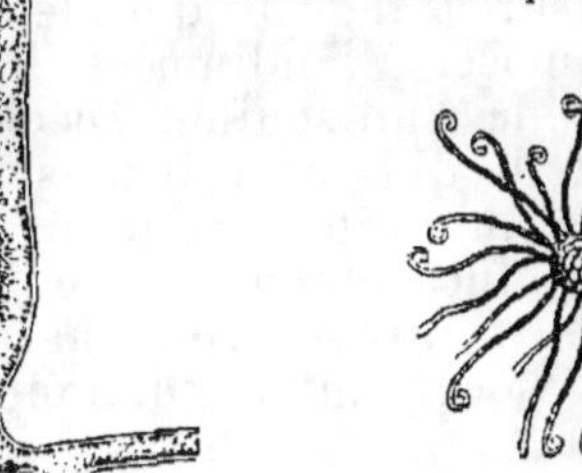

Fig. 4. — Appareil reproducteur de l'oïdium (conidiophore).

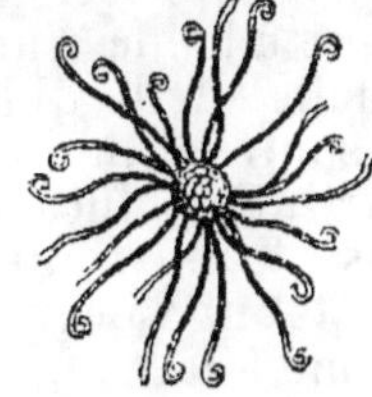

Fig. 4. — Forme sous laquelle les germes de l'oïdium passent l'hiver (périthèce).

Fig. 6. — Grappe atteinte du black-rot.

Fig. 7. — Feuille atteinte du black-rot.

MALADIES DE LA VIGNE

Rots. — Le plus à craindre est le *black-rot*, très capricieux dans ses manifestations. Il se présente, au début, sur la feuille, sous forme de ponctuations fauves de 2 à 3 millimètres, assez nettes, criblées de petits points noirs. Par la suite, la teinte du raisin devient livide, pour passer ensuite au noir, puis les grains se ratatinent comme des pruneaux. Dans une même saison, le champignon envahit également les jeunes pousses, les rafles et le pétiole des feuilles.

On ne peut se défendre des attaques du black-rot autrement qu'en multipliant le nombre des traitements cupriques, en les espaçant au maximum de vingt jours. Durant les périodes orageuses, on effectue cinq applications à douze ou quinze jours d'intervalle.

Le *rot blanc* (*coniothyrium*), moins dangereux que le précédent, en diffère en outre par la couleur des taches qui restent fauves sans tourner au noir. On le traite comme le précédent en employant la *bouillie bourguignonne* faiblement acide, préparée avec 3 kilogrammes de sulfate de cuivre et 1 kg. 150 de carbonate de soude Solvay pour 100 litres.

Oïdium. — L'*oïdium* est une moisissure à odeur caractéristique de moisi, qui prend sur les feuilles l'aspect d'une poussière grise. Après avoir occasionné la coulure des fleurs, le champignon fait éclater les grains de raisin et il provoque leur pourriture. Le seul traitement pratique à opposer à l'oïdium est le *soufre sublimé* ou *trituré*, que l'on applique à l'aide d'un soufflet spécial, en évitant autant que possible le « plein soleil » qui pourrait causer des brûlures aux jeunes pousses et en soufrant de préférence le matin, par temps calme.

Pour lutter efficacement contre l'oïdium et empêcher ses manifestations, trois soufrages sont nécessaires : le premier lorsque les sarments ont 15 centimètres de long, le deuxième à la floraison, le troisième à la nouaison.

Anthracnose. — L'*anthracnose* est une rouille qui apparaît sur les sarments sous la forme de ponctuations, de déformations ou de maculations ayant beaucoup d'analogie avec les chancres. Cette affection provoque l'atrophie des rameaux et celle des pédoncules, lesquels deviennent cassants, puis les raisins se dessèchent.

Contre cette affection on préconise : 1° un traitement d'hiver, en février-mars, qui comporte le badigeonnage des souches avec une solution de *sulfate de fer*, 40 kilogrammes, dans 100 litres d'eau chaude, en y ajoutant ensuite un litre *d'acide sulfurique*. L'application se fait au pinceau ; 2° un traitement printanier, à la soufreuse, avec un mélange par parties égales de *chaux en poudre* et de *soufre*. Ce dernier combat à la fois l'anthracnose et l'oïdium.

Pourridié. — Le *pourridié* attaque tous les arbres fruitiers et il les fait périr en entraînant la décomposition de leurs racines (V. ARBORICULTURE, *Ennemis et maladies*). Le champignon, dénommé *dematophora necatrix*, se propage surtout dans les terrains froids, humides et imperméables. Ses attaques se manifestent de proche en proche, par taches, d'une façon concentrique, sur les ceps voisins. Les souches atteintes ont leurs racines recouvertes d'un mycélium floconneux, ouaté de blanc et de gris ; elles deviennent improductives et prennent l'aspect d'une « tête de chou ».

On ne connaît pas de traitement vraiment curatif contre le pourridié. Tout sujet atteint doit être arraché et incinéré sur place. Il faut en outre assainir le terrain et le désinfecter au pal en faisant des injections de *sulfure de carbone*, à la dose de 200 grammes par mètre carré.

Chlorose. — La *chlorose* n'est pas une maladie cryptogamique. C'est une affection organique qui atteint les cépages mal adaptés au terrain sur lequel on les transporte, principalement vis-à-vis du calcaire. A ce point de vue, les plants américains sont généralement plus délicats que les plants français.

C'est sous l'influence de l'acide carbonique de l'air que le calcaire natif du sol devient assimilable. Absorbé en trop grande quantité, le carbonate de chaux occasionne à la vigne des troubles de nutrition qui font faner les feuilles en entraînant la disparition de la chlorophylle. Comme conséquence les souches deviennent improductives et finalement meurent.

Le seul moyen pratique de se défendre contre la chlorose, c'est de ne jamais planter que des cépages bien adaptés au terrain, suivant leur teneur en calcaire. Ainsi, dans les sols crayeux, il est tout indiqué de se servir de porte-greffes résistants, notamment du Mourvèdre × Rupestris n° 1202 ou de l'Aramon × Rupestris Ganzin n° 1.

Au cas où la chlorose viendrait à se manifester, on devrait procéder ainsi : effectuer la taille préparatoire de toutes les souches, en enlevant les gourmands et tout le menu bois autre que celui de taille, pendant la morte-saison, en décembre, par exemple ; passer sur toutes les coupes un pinceau imbibé d'une solution de sulfate de fer à 30 pour 100. Le simple contact du sulfate de fer se traduit par une recrudescence d'intensité végétative et la réapparition de la chlorophylle. La première année, les pousses sont déjà moins chlorosées et on arrive à les guérir entièrement en répétant la même opération deux ou trois ans de suite.

VII. — INSECTES NUISIBLES A LA VIGNE

La plupart des parasites animaux qui causent d'assez graves préjudices à la vigne appartiennent à la classe des *lépidoptères*, papillons crépusculaires ou nocturnes, nuisibles surtout par leurs chenilles qui s'attaquent aux parties aériennes. Viennent ensuite les nombreux *coléoptères*, petits et gros, qui dévorent aussi les feuilles, mais s'attaquent également aux bourgeons et parfois aux racines.

Enfin, pour mémoire, citons le *phylloxera*, petit puceron très vorace, ayant occasionné la disparition de la plupart des anciens vignobles qui ont dû être reconstitués à grands frais, à l'aide des sujets greffés sur plants américains suffisamment vigoureux pour pouvoir nourrir l'insecte sans trop en souffrir. A l'époque de l'invasion phylloxérique, on a fait de grosses dépenses pour essayer de sauver les vignes françaises, soit par immersion, soit en effectuant des injections de sulfure de carbone au pal, sans malheureusement pouvoir arrêter le fléau. Aujourd'hui les traitements sulfurés sont classés. On se défend du phylloxera en cultivant les plants greffés ou encore certains producteurs directs qui réagissent aux piqûres de l'insecte.

Pyrale. — La *pyrale* (V. *Tab. Insectes nuisibles, fig.* 1) est une *chenille tordeuse*, de couleur jaune verdâtre, qui, à l'automne, mesure 1 centimètre environ de longueur et possède quelques poils roides sur le corps. Pour passer l'hiver, les chenilles se tissent un cocon et se réfugient sous les écorces des ceps. Les premières déprédations débutent avec le réveil de la végétation et se manifestent par la disparition des jeunes pousses qui se trouvent englobées dans un réseau de fils de soie. Un peu plus tard, les chenilles s'attaquent aux grappes et finissent par se nymphoser à l'intérieur. Le papillon ou insecte parfait apparaît en juillet : il mesure 2 centimètres environ d'envergure et les ailes supérieures, de couleur jaune, sont traversées par trois bandes brunes ; les ailes inférieures étant grises.

Cochylis. — La *cochylis*, comme la pyrale, est un papillon nocturne, vulgairement appelé teigne ou *ver* (*fig.* 2). Il cause parfois de graves dégâts dans certains vignobles. L'insecte hiverne à l'état de chrysalide dans des cocons dissimulés sous les vieilles écorces. La première génération apparaît vers le 15 mai. Les papillons sont reconnaissables à leurs ailes grises, les supérieures étant traversées par une bande brune ; leur envergure est de 15 millimètres environ. Aussitôt l'accouplement, les femelles pondent trente à quarante œufs sur les grappes et, dix à douze jours après, les larves éclosent et pénètrent dans les boutons. Dans la première quinzaine de juin apparaissent les papillons de la deuxième génération, qui pondent sur les raisins. Les larves pénètrent à l'intérieur des grains.

Eudémis. — L'*eudémis*, appelée *tordeuse de la grappe*, est une chenille de 8 à 10 millimètres de longueur, pourvue d'une tête brune et de pattes noires (*fig.* 3). Elle mange les jeunes grappes de la vigne. Le papillon à 13 millimètres d'envergure, ses ailes supérieures sont grises, tachées de roux, traversées par deux bandes brunes. L'insecte fournit deux générations de larves tous les ans : la première s'attaque aux jeunes bourgeons et aux boutons à fleurs ; la deuxième, qui apparaît en mai, s'attaque aux grappes. La nymphose se produit fin juin dans les feuilles roulées en forme de tuyau.

Autres papillons. — Aux lépidoptères précités, qui sont les plus nuisibles, on peut ajouter les *noctuelles* (n. épaisse, n. fiancée, n. point d'exclamation, n. des moissons). Les chenilles de ces papillons, notamment la chenille de la noctuelle des moissons connue sous le nom de *ver gris* (*fig.* 7), dévorent les jeunes pousses et parfois les racines ; les *sphinx* (petit s., s. phœnix, s. rayé) ; enfin les *bombyx* (b. processionnaire, b. caja, b. vellica, etc.), insectes polyphages qui s'attaquent aussi à la vigne.

Moyens de destruction. — La lutte contre les lépidoptères peut s'organiser de deux façons différentes. La première est une opération d'automne et d'hiver, qui comporte l'*ébouillantage* et le *lessivage* des souches, dans le but de détruire les insectes réfugiés sous les écorces, avant, pendant ou après leur nymphose. La deuxième réside dans l'emploi des *lampes-pièges* à acétylène que l'on allume le soir au-dessus d'une cuvette d'eau, afin d'attirer les papillons pour leur brûler les ailes et les noyer ensuite. Ces deux traitements conjugués, d'hiver et de printemps, ont une grande efficacité.

L'ébouillantage des souches se pratique à l'automne ou de très bonne heure au printemps, après un décorticage en règle, en se servant d'appareils spéciaux pourvus de tubes en caoutchouc qui projettent l'eau à la température de 100°, reconnue comme étant la plus efficace. Le badigeonnage s'effectue avec un pinceau ; la solution alca-

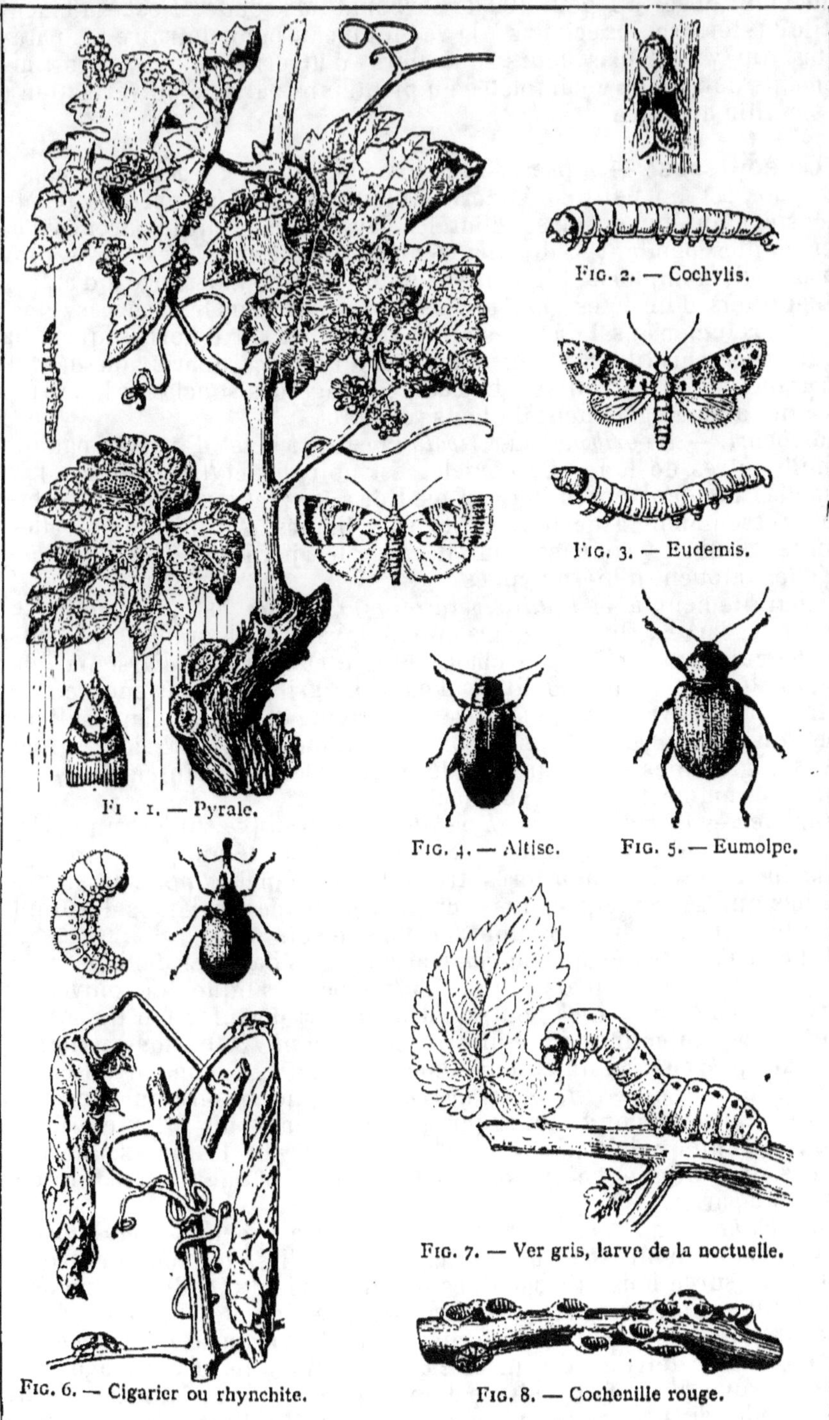

FIG. 2. — Cochylis.

FIG. 3. — Eudemis.

FI . 1. — Pyrale.

FIG. 4. — Altise.

FIG. 5. — Eumolpe.

FIG. 7. — Ver gris, larve de la noctuelle.

FIG. 6. — Cigarier ou rhynchite.

FIG. 8. — Cochenille rouge.

INSECTES NUISIBLES

line étant dosée à 1 pour 100 de carbonate de soude. Il est également utile de stériliser les échalas à la vapeur d'eau pour détruire les parasites qui y ont pris leurs quartiers d'hivernage. Tous ces traitements doivent être complétés au printemps par une pulvérisation à la bouillie arsénicale.

Coléoptères. — *Altises.* — L'*altise* de la vigne, également appelée *puce*, est un petit coléoptère sauteur, de couleur verte, à reflets bleus et à antennes noires, dont les larves dévorent le parenchyme des feuilles pendant la deuxième quinzaine de mai. Ces larves vont ensuite se nymphoser dans le sol pour donner naissance à d'autres générations d'insectes. Les altises hivernent sous les écorces; elles vont se réfugier aussi dans les abris de feuilles ou d'herbes que l'on peut utiliser au titre de pièges. En incinérant ces débris, on détruit un grand nombre d'altises. Le badigeonnage des souches à la lessive alcaline donne également de bons résultats.

Gribouri. — Le *gribouri* ou *écrivain* mesure, à l'état d'insecte parfait, 4 millimètres de long. Le corselet est noir, les élytres rousses. Les femelles pondent en juillet, au pied des ceps, et les larves qui éclosent ressemblent à de tout petits vers blancs. Au printemps elles montent sur les souches pour dévorer les jeunes pousses de vigne qu'elles tatouent d'hiéroglyphes.

Le traitement à la *bouillie bordelaise arséniquée* est assez efficace contre les larves. On la prépare en employant 2 kilogrammes de sulfate de cuivre, 1 kg. 400 de chaux grasse et 0 kg. 600 d'arséniate de plomb, le tout pour 100 litres d'eau. Le gribouri peut encore être détruit par les vapeurs de sulfure de carbone et d'hydrogène sulfuré que l'on fait dégager dans le sol en y enfouissant à l'arrière-saison 300 kilogrammes de tourteau de moutarde, conjointement avec 300 kilogrammes de plâtre, à l'hectare.

Cigarier. — Le *cigarier*, ou *rhynchite* du *bouleau* (*fig.* 6), est un coléoptère de 5 millimètres de long, d'un beau bleu métallique, au corps chagriné et à reflets mordorés, très joli. Les femelles pondent sur les feuilles qui se roulent comme un cigare et que les larves dévorent ensuite avant d'aller se nymphoser dans le sol.

On conseille de détruire le cigarier en recueillant les feuilles roulées pour les brûler, mais ce procédé est peu pratique. Le moyen le plus efficace d'en venir à bout, c'est encore la désinfection du sol au moyen des injections de sulfure de carbone, 300 kilogrammes à l'hectare précédées d'un enfouissement de plâtre à la même dose.

Péritèle. — Le *péritèle* ou *coupe-bourgeons*, ne mesure que 2 millimètres. L'insecte pond sur les jeunes bourgeons, puis il les mordille à la base, afin qu'ils tombent d'eux-mêmes lorsque les larves, une fois repues, doivent aller se nymphoser dans le sol. Même traitement que pour le cigarier.

Cochenille de la vigne. — La *cochenille*, encore appelée *kermès* ou *pou*, mesure 2 millimètres de diamètre. Les femelles, de couleur grise, se collent sur le bois et les feuilles qu'elles sucent (*fig.* 8); les mâles, d'une nuance plus rousse, possèdent des ailes longues et farineuses. Durant l'hiver, les œufs sont protégés par la carapace desséchée de la mère. Pour détruire ces insectes, on pratique le décorticage des souches que l'on fait suivre d'une application au pinceau d'un insecticide ainsi composé : *alcool dénaturé*, 10 litres ; *savon noir*, 4 kilogrammes ; *nicotine titrée* à 10 pour 100, 2 litres ; *eau*, 100 litres.

LE BÉTAIL

I. — REPRODUCTION DES ANIMAUX
DOMESTIQUES

Les écueils à éviter. — La *reproduction* ou *multiplication* des animaux domestiques, notamment celle du gros et du moyen bétail : *chevaux, vaches, porcs, moutons, chèvres,* ne doit pas être laissée au hasard.

Trop de causes, en effet, tendent à faire dégénérer les espèces ou à réduire leur puissance productive. Il y a d'abord l'appât du gain, qui pousse les propriétaires à vendre leurs plus beaux animaux, les mieux conformés, afin d'obtenir un plus haut prix et à conserver pour la reproduction ceux qui n'ont pas trouvé preneur, parce que moins précoces ou de plus mauvaise venue.

Cette sélection à rebours ne se pratique plus guère, heureusement, que dans les campagnes reculées, principalement sur les veaux et sur les porcs, et c'est déjà l'une des causes de la dégénérescence de nos races bovines et porcines.

Mais elle n'est pas la seule. Il y a l'abâtardissement occasionné par les mauvais *croisements* et l'importation irréfléchie de reproducteurs étrangers, aussi bien mâles que femelles, n'appartenant pas à une race adaptée au milieu, ni aux fonctions auxquelles on les destine.

L'alimentation joue aussi un rôle de premier plan, car il ne faut jamais lésiner sur la nourriture si on ne veut pas que les sujets manquent de taille, de précocité ou qu'ils perdent une partie de leurs facultés productives.

Pour se mettre en garde contre ces aléas qui découlent d'une mauvaise directive, l'éleveur doit posséder les notions essentielles de la *zootechnie pratique* se rapportant aux races qu'il exploite ; il doit connaître en outre les généralités qui le guideront dans le choix des géniteurs.

Notions théoriques indispensables. — L'*espèce* est un groupe d'animaux ayant mêmes caractères ou des caractères approchés, remplissant des fonctions analogues, et capables de se reproduire par accouplement entre eux en donnant naissance à une descendance indéfiniment féconde : *chevaux, bœufs, moutons, porcs.*

Cependant, on peut constater de grandes différences dans les caractères extérieurs des animaux d'une même espèce : la taille, le poids, la forme du corps, de la tête, des membres, la couleur de la robe, etc., varient à l'infini. Néanmoins, les zootechniciens experts sont arrivés à les différencier et à les classer par groupes ou *races*, voire même en *sous-races* lorsque les caractères sont bien fixés.

Les sujets d'une même race, outre leur ressemblance physique, possèdent également une certaine analogie de fonctions ou d'aptitudes : propension à la viande, à la graisse, au lait, au beurre, au fromage pour les vaches ; aptitudes au travail de la terre, à la voiture, à la course pour le cheval ; laine, gigots, viande chez le mouton, etc.

Quand on *accouple* entre eux des animaux d'une même race, par exemple un *taureau hollandais* avec une *vache hollandaise* de bonne sorte, la descendance possédera, comme les parents, des aptitudes remarquables pour la production du lait, en vertu de l'*hérédité*. Mais si on prend comme reproducteurs des sujets, mâles et femelles, ayant une grande *parenté d'origine*, c'est-à-dire provenant d'une même étable, il en résultera une *consanguinité* très étroite, de famille, qui peut donner de mauvais résultats si on en abuse.

Dans la pratique, on doit toujours chercher à *rafraichir le sang* en prenant dans une autre ferme des reproducteurs de la même race, mais non consanguins.

Les résultats obtenus sont toujours meilleurs lorsque les géniteurs sont *sélectionnés*.

Quand on veut modifier les caractères généraux et les aptitudes des animaux exploités simultanément pour plusieurs fonctions, on pratique le *croisement*.

Ainsi, le croisement du *mérinos*, mouton à laine, avec le *dishley*, mouton à viande, donne les *dishley-mérinos* (race de Grignon), qui bénéficient en partie des avantages respectifs des deux races souches et chez lesquels les défauts propres à ces races sont atténués.

Quoi qu'il en soit, ces métis issus de croisements récents manquent de *fixité* ; ils sont, comme on dit, en *état de variation désordonnée*. Pour maintenir le troupeau homogène, il faut surveiller attentivement la *monte* et l'on donne plus ou moins de « sang » mérinos ou dishley, suivant que l'on veut obtenir plus de laine ou de viande. Si on admet qu'il y ait, outre les *demi-sang*, des *trois quarts de sang* des deux races précitées, il est facile, en choisissant bien le bélier et la brebis de faire acquérir à la descendance un peu plus de mérinos ou de dishley. Cette remarque s'applique à tous les animaux domestiques et autres que l'homme exploite pour leurs produits.

Lorsqu'on croise des animaux d'espèces différentes, comme le cheval et l'ânesse, qui donnent le *bardot* ou comme l'âne et la jument, qui donnent le *mulet*, on obtient des *hybrides* inféconds, c'est-à-dire incapables de se reproduire.

Espèce chevaline. — La *jument*, femelle de l'étalon, porte environ onze mois. L'accouplement a lieu en février-mars, de préférence, afin que la mise bas se produise en janvier-février et que le sevrage du poulain coïncide avec la croissance de l'herbe.

Une jeune *pouliche* peut être fécondée vers l'âge de deux ans, mais seulement si elle est *précoce*. Dans le cas contraire, il vaut mieux attendre six mois de plus pour la mettre au mâle. Un étalon est apte à remplir ses fonctions vers l'âge de quatre ans, en faisant deux *saillies* par jour.

La fécondation des femelles est capricieuse. En général, le pourcentage de réussite ne dépasse pas 50 pour 100. C'est pour cela que, toute femelle couverte doit être représentée à l'étalon dix-huit à vingt jours après la première saillie. Si elle refuse le mâle, elle est considérée comme pleine.

Espèce bovine. — La *monte* peut se faire *en liberté*, au pâturage ; mais, dans la pratique, il est préférable d'adopter la *monte en main*. On ne risque pas ainsi d'épuiser le taureau en pure perte et la réussite est plus certaine.

Les génisses de bonne venue sont couvertes pour la première fois vers l'âge de deux ans. Les taureaux doivent être âgés de quatorze mois au moins et on ne les conserve, tout au plus, que jusqu'à quatre ans.

Un seul taureau peut assurer la fécondation échelonnée de plus de deux cents vaches, mais il ne faut jamais lui demander plus de deux saillies dans la même journée et, encore, doit-on le laisser se reposer de temps à autre. La fécondation de la vache est plus certaine que celle de la jument. On ne la remet au taureau que si les chaleurs réapparaissent vingt jours environ après la monte.

En principe, une vache peut fournir un veau tous les ans. Comme la durée de la *gestation* est de neuf mois, on devra la remettre au mâle trois mois environ après le *part*. Dans la pratique, on limitera à cinq ou six le nombre des vêlages successifs, ce qui porte à neuf ans environ l'âge de la réforme. A ce moment, les vaches fournissent encore une viande acceptable pour la boucherie.

Espèce porcine. — Les *verrats* sont aptes à la reproduction vers l'âge de dix mois, les *truies* également. La durée de la gestation étant de cent dix à cent vingt jours, si on ajoute huit semaines, soit cinquante-six jours pour l'allaitement, jusqu'au sevrage complet, on voit qu'il est possible d'obtenir de la même femelle deux portées de gorets dans la même année, au nombre de quatre à douze, soit huit en moyenne. Autant que possible, on fera saillir les truies de manière que la mise bas ait lieu en dehors de la période des grands froids. Les chaleurs de la truie réapparaissent tous les mois. Si la saillie a été stérile, on s'en aperçoit au bout de trente jours.

Logiquement, un verrat ne doit pas faire plus d'une saillie dans la même journée. On le réforme, de même que la truie, vers l'âge de cinq ans, un peu plus tôt ou un peu plus tard suivant l'intensité de ses facultés procréatrices.

Espèce ovine. — La monte du mouton se fait *en liberté* ou *en main*. Dans le premier cas, le bélier est lâché avec les brebis ; dans le deuxième, les femelles sont conduites dans la boxe du mâle au moment où elles sont prêtes à le recevoir. On active les chaleurs par les boute-en-train, béliers de peu de valeur, munis d'un tablier, qu'on lâche en liberté dans le troupeau des brebis.

Il y a trois saisons de monte : la monte de septembre-octobre pour l'*agnelage de printemps* ; celle de janvier-février pour l'*agnelage d'été* ; celle de juin-juillet pour l'*agnelage d'hiver*.

Par la monte en main, un bélier vigoureux, de quinze à dix-huit mois, peut assurer la fécondation de soixante brebis environ dans la période de vingt jours. Si la monte a lieu en liberté, il ne faut pas dépasser le chiffre de quarante brebis par mâle.

Les agnelles peuvent être couvertes à l'âge de quinze mois, ou tout au moins avant dix-huit mois, afin de donner leur premier agneau à deux ans. Les reproducteurs mâles et femelles sont réformés vers l'âge de six ans. On dirige vers la boucherie, sans hésitation, les brebis qui se montrent mauvaises nourrices ou mauvaises mères. La durée de la gestation est d'environ cinq mois.

Espèce caprine. — Les *chevrettes* précoces peuvent être couvertes à un an. Le *bouc* est apte à la reproduction vers l'âge de huit à dix mois. Quand il est en pleine force, c'est-à-dire à vingt ou vingt-quatre mois, il peut effectuer dix à douze saillies par jour pendant la période active de la monte, à condition d'être nourri substantiellement.

Le plus souvent, c'est en septembre, octobre et novembre, que l'on fait saillir les femelles, et toujours en main, afin de ne pas épuiser le bouc en pure perte. Les chaleurs réapparaissent tous les dix-huit jours chez la chèvre et durent trente heures environ. Il est utile de tenir un carnet des saillies et de surveiller les femelles pour les remettre au mâle en cas d'insuccès.

Une bonne chèvre donne régulièrement deux *chevreaux* à chaque parturition. Elle doit pouvoir les nourrir de son lait jusqu'au commencement du sevrage, si elle est bonne laitière. Le sevrage définitif des chevreaux destinés à la procréation a lieu à quatre mois. Les femelles sont exploitées pour leur lait, de même que la vache, jusqu'au tarissement occasionné par la gestation suivante.

II. — AMÉLIORATION DU BÉTAIL

La sélection. — C'est par la *sélection* que l'on peut arriver à améliorer la valeur productive du bétail, petit ou gros, qu'il s'agisse d'*espèces, de races, de sous-races, de variétés*, etc.

La sélection a pour objet de choisir les meilleurs *reproducteurs mâles* et *femelles* pour les faire procréer ensemble, de manière à obtenir une progéniture ayant une grande perfection de formes et d'heureuses aptitudes. Par la même occasion, on élimine tous les sujets tarés, ou simplement défectueux, qui transmettraient à leur descendance les défauts ou l'improductivité pouvant en diminuer la valeur.

Dans tous les cas, la sélection doit être *méthodique* et *continue*, qu'il s'agisse de *métis* ou d'animaux de race pure ; elle s'applique d'abord aux reproducteurs, aussi bien mâles que femelles, puis aux élèves. On arrive ainsi, au bout d'un petit nombre de générations, à améliorer progressivement les animaux que l'on exploite, sans être obligé de se livrer à des dépenses inutiles. Sans doute, l'amélioration est beaucoup plus rapide quand on a recours à l'importation des mâles, mais il faut agir avec prudence, afin de ne pas aller à l'encontre de ses intérêts.

En général, il est mauvais de dépayser le bétail, quel qu'il soit, surtout lorsqu'on le transporte d'un climat doux et d'un terrain riche sous un climat rigoureux et sur un sol pauvre. Le plus souvent, les résultats qu'on en obtient sont inférieurs à ceux fournis par les animaux indigènes. Ainsi, c'est un non-sens de vouloir substituer la *vache flamande* des plaines fertiles du Nord à la petite *fémeline* qui vit sur les plateaux caillouteux du jurassique, là où l'atmosphère manque d'humidité et le sol d'acide phosphorique. Dans de telles situations, les rendements en lait de la première seraient bientôt inférieurs à ceux de la deuxième. De même, on ne cherchera pas à transporter les *moutons anglais* améliorés, habitués aux riches pâturages, sur les chaumes désertiques du crétacé de la Champagne ou les Causses du Larzac.

Il faut être prudent également sur les *croisements*, car il est souvent préférable de chercher à améliorer une race par la sélection, en prenant toujours des mâles de bonne souche, ayant une grande perfection de formes et beaucoup de *précocité*. Si, conjointement, on sélectionne attentivement les femelles destinées à la reproduction, en conservant seulement celles issues de parents productifs, bien adaptés à leur fonction, une amélioration notable en résultera et le bétail sera d'un bien meilleur rapport. Quand la nature du terrain et le climat se prêtent à l'introduction d'un sang étranger, appartenant à des races qui sont à la fois plus exigeantes et plus précoces, la substitution pourra se faire d'une façon plus ou moins complète. L'élevage du mulet est tout entier basé sur le *croisement*, puisque les produits obtenus sont inféconds : on utilise les juments mulassières du Poitou qui, avec le baudet mulassier (V. *Tabl. Sélection et croisement, fig. 5*), donnent les plus beaux produits.

Les sujets issus d'un croisement direct sont des métis *demi-sang*. Lorsque la descendance femelle est couverte une deuxième fois par le reproducteur mâle on a des *trois-quarts de sang*. En continuant le croisement avec des géniteurs de la race paternelle, on peut arriver, au bout d'un petit nombre d'années, à avoir des sujets de race pure ou considérés comme telle.

Dans aucun cas il ne faut subordonner à des considérations secondaires de pelage, de formes ou d'attributs accessoires ou insignifiants, les aptitudes beaucoup plus importantes de la productivité, qu'il s'agisse de *travail*, de *viande*, de *lait*, de *laine*, etc. La sélection doit être pratiquée avant tout.

En effet, un animal précoce, quelle que soit son affectation, coûte toujours moins à produire qu'un animal tardif et il a une valeur marchande beaucoup plus élevée. La sélection seule ne suffit pas : il faut la compléter par la suralimentation lactée et autre, en évitant les à-coups de sevrage qui rendent les animaux beaucoup plus vulnérables aux affections du jeune âge.

Amélioration du cheval de labour. — Le *cheval de labour* est celui qui intéresse le plus le cultivateur. Il doit être fort, patient, doux, rustique, franc du collier. Pas de croisements avec les demi-sang qui ne peuvent fournir que des « rossinantes » à la culture.

Un bon cheval de labour est râblé ; il possède des membres courts et puissants, un corps cylindrique, une poitrine large et profonde, de bons pieds, etc. Il ne doit pas être trop lourd, afin de pouvoir travailler dans les terres molles ; il doit l'être assez pour soutenir de fortes charges dans les montées et les descentes.

Sa conformation générale lui permettra de pouvoir effectuer conjointement les labours, les transports sur routes, dans les bois, les champs, les prairies et il se chargera de la conduite des machines. Il ne sera pas grotesque non plus si on l'attelle à une carriole.

Le bon cheval de culture se rencontre parmi les petits *percherons,* les *nivernais* et surtout les *ardennais* (V. *Tabl. Sélection et croisement*, *fig*. 1). Ces derniers sont remarquables par leur rusticité, ils s'adaptent à toutes les régions et c'est à eux que l'on demandera les géniteurs qui permettront l'amélioration rapide de nos chevaux de *demi-trait*.

Pour le croisement, on peut utiliser toutes nos juments indigènes ayant l'habitude du travail de la terre, à condition de ne pas avoir été abâtardies par des alliances inconsidérées avec des demi-sang. Les femelles sélectionnées issues du premier croisement et saillies par un autre étalon ardennais donneront des trois-quarts de sang qui, à la prochaine génération, pourront être considérés comme étant de race pure.

Amélioration des races bovines. — Les races bovines sont surtout exploitées pour le *lait* et la *viande*; dans certaines régions on leur demande en outre du *travail*. En principe, les deux premières fonctions sont liées : on produit toujours de la viande en même temps que du lait, puisque les sujets mâles sont sacrifiés à l'état de veau et les vaches de réforme dirigées vers la boucherie.

Lorsqu'on vise plus particulièrement à l'obtention d'une viande faite, de choix, on adopte des races spéciales telles que *durham*, *charolaise* (*fig*. 3). Au contraire, dans les régions où on fait entrer le travail en ligne de compte, on donne la préférence aux races rustiques de la montagne : *fribourgeoise*, *comtoise*, *limousine*, *basquaise*, *vosgienne*, *nivernaise*, etc.

D'autre part, quand on veut produire beaucoup de lait pour la vente en nature, sans trop regarder à la qualité, on s'adresse aux *hollandaises* (*fig*. 6) et aux *flamandes*. Mais, si on se spécialise du côté du beurre, on aura souvent intérêt à adopter la *normande*, qui donne un lait plus crémeux. Pour le fromage, le lait de la *montbéliarde* et de la *schwitz* convient tout particulièrement.

Ces considérations entraînent une foule de combinaisons. Pour améliorer séparément ou simultanément les trois productions bovines qui sont, le lait, la viande et le travail, on fera des croisements adaptés à ces diverses fonctions. Ainsi, par exemple, on introduira du sang charolais chez les limousins, pour augmenter leur propension à la viande et on croisera la flamande et la montbéliarde, dans le but d'obtenir à la fois un lait abondant et riche.

Cette amélioration par *métissage* demande à être surveillée d'assez près, en tenant compte des aptitudes individuelles, car il y a de grandes différences entre les sujets d'une même race. Souvent même, on a intérêt à simplement sélectionner les animaux pour le but que l'on se propose, sans s'occuper de croisements étrangers.

Il ne faut pas perdre de vue, non plus, que la plupart des races bovines se dépaysent mal : la normande, la montbéliarde et la schwitz sont celles qui paraissent le moins souffrir du changement d'habitat.

Amélioration des porcs. — Les porcs sont exclusivement exploités pour la viande. Ils doivent être précoces, rustiques, d'un élevage et d'un engraissement faciles.

La plupart de nos races indigènes manquent de précocité, leur poids est de beaucoup inférieur à celui que peuvent atteindre les animaux sélectionnés des races *yorkshire* ou *craonnaise*. Ces derniers, en effet, sont de forte taille et arrivent à peser un poids considérable. Les yorkshires, d'origine anglaise, sont courts et râblés ; ils peuvent

FIG. 1. — Cheval ardennais.

FIG. 2. — Mouton dishley-mérinos.

FIG. 3. — Vache charolaise.

FIG. 4. — Chèvre chamoisée des Alpes.

FIG. 5. — Ane mulassier.

FIG. 6. — Vache hollandaise.

FIG. 7. — Porc yorkshire-craonnais.

SÉLECTION ET CROISEMENT

être sacrifiés vers l'âge de six à huit mois, tandis que les craonnais doivent être conservés jusqu'à dix ou douze mois.

Un bon porc de rapport, à la fois rustique, prolifique, précoce et bien en chair est fourni par le croisement des cochons indigènes de bonne souche, *craonnais*, *normands* avec les *yorkshires*. Par une sélection individuelle attentive, il est facile de fixer les caractères de manière qu'ils répondent aux desiderata des producteurs et des consommateurs.

Les croisements *yorkshires-craonnais* (fig. 7), sont à l'ordre du jour. Par l'accouplement des demi-sang obtenus on obtient des métis extrêmement intéressants.

Amélioration du mouton. — Le *mouton* est un producteur de *viande*, de *laine* et de *fumier*. On l'exploite surtout sous le régime du pâturage ou en demi-liberté. Habitué à vivre de privations pendant la longue période de stabulation à la bergerie et durant les sécheresses, le mouton est beaucoup moins précoce et moins productif qu'il ne devrait être.

L'amélioration de l'espèce ovine est surtout une question d'alimentation. Il faut en outre se procurer des reproducteurs qui ne soient pas trop dégénérés, tout au moins les *béliers*, en ayant soin de les choisir adaptés à l'objet auquel on les destine.

Ainsi, on augmentera la qualité de la viande et le poids des gigots en prenant pour la monte des béliers anglais sélectionnés, *dishleys* ou *southdowns*, dont les agnelles arrivent à peser 70 kilogrammes à un an, en donnant un rendement de 65 pour 100 de viande nette.

Ce croisement a un bon côté touchant la précocité et le poids ; mais, en même temps, les métis obtenus sont plus délicats et plus exigeants sur la nourriture. Le plus souvent, les ressources naturelles de leur pâturage ne suffisent plus à leurs besoins et il est nécessaire de les compléter par des distributions supplémentaires d'aliments concentrés faites à la bergerie.

Pour améliorer la qualité de la laine des moutons on a recours au croisement avec les *mérinos*. C'est ainsi que l'on a créé les *dishleys-mérinos* (fig. 2). les *southdowns-mérinos*, etc. Toutefois, on ne doit pas perdre de vue que la laine a beaucoup moins d'importance que la chair et, dans nombre de situations, on préfère des métis plus productifs, notamment les *southdowns-berrichons*.

Amélioration de la chèvre. — La sélection de la chèvre a beaucoup d'analogie avec celle de la vache, puisqu'elle est exploitée pour les mêmes productions, le lait d'abord, la viande de chevreau ensuite. On doit chercher des femelles dont le rendement en lait est le plus élevé, dans l'intervalle compris entre deux parturitions successives, quelle que soit d'ailleurs la race à laquelle elles appartiennent.

Généralement, les meilleures chèvres laitières se rencontrent dans la forte *race des Alpes* (fig. 4), dont le rendement annuel peut atteindre et dépasser 800 à 900 litres. Les races suisses de *Saanen* et du *Valais*, un peu plus petites comme taille, ont un rendement moindre, 700 à 800 litres.

L'amélioration de l'espèce caprine, par la sélection des reproducteurs mâles et femelles, ne diffère pas de celle suivie pour les autres animaux domestiques. Contrairement à l'opinion admise, les chèvres cornues sont souvent meilleures laitières et plus douces que celles dépourvues d'appendice frontal.

III. — PRINCIPES D'ALIMENTATION

La nutrition animale. — Pour être rationnelle, l'*alimentation du bétail* doit nécessairement varier avec l'âge des animaux, l'espèce, l'affectation. Ainsi, elle ne sera pas la même pour un jeune bovin dans la période d'accroissement que s'il s'agit d'un bœuf de travail ou d'une vache laitière, les exigences alimentaires des bestiaux, bien que de même espèce, étant très différentes.

Certains techniciens estiment que la ration doit être proportionnelle au poids vif de l'animal, d'autres qu'elle est en rapport avec la surface du corps. Les uns évaluent la ration d'entretien à 1 kg. 660 en foin par 100 kilogrammes de poids vif des gros animaux domestiques; d'autres à 1 kg. 500 de matières sèches pour 100 kilogrammes de poids vif. Ces données sont relatives, car il faut tenir compte de la digestibilité ou de la valeur nutritive des divers fourrages, des différences individuelles qui font qu'entre deux animaux de même poids on en trouvera un qui réclamera 1/3 ou 1/4 de plus de nourriture que son voisin pour se maintenir en bon état.

Dans tous les cas, la nourriture distribuée doit non seulement suffire aux besoins vitaux des animaux, mais elle doit leur fournir tous les principes essentiels de la nutrition, afin que leur accroissement en charpente, en viande ou en graisse soit aussi rapide que possible. Autrement dit, on cherchera à obtenir, avec des *rations bien équilibrées* et sans gaspillage, la plus grande *précocité*, tout en réduisant au minimum le prix de revient de la nourriture. La question est d'ordre physiologique et économique.

La nutrition animale n'est pas moins complexe que celle de la nutrition végétale. Les aliments ayant entre eux de grandes différences sous le rapport de leur composition chimique et de leur teneur en *principes digestibles*, il convient de les associer en proportions convenables, de manière à obtenir des rations dont le volume fera le plein de l'estomac des animaux auxquels elles sont destinées, mais néanmoins assez riches pour suffire à tous leurs besoins.

Les rations équilibrées. — Tout le bétail, petit ou gros, quel que soit son âge, son espèce, son objet, exige deux types de rations se complétant mutuellement :

1° Une *ration d'entretien* nécessaire et suffisante pour assurer l'exercice normal de la vie organique, savoir : les calories assurant les fonctions organiques (digestion, circulation, sécrétions); les principes indispensables à la rénovation des tissus et au remplacement des cellules détruites par les fonctions précitées; 2° une *ration de production* variable suivant le but poursuivi. Ainsi, la ration du jeune bétail qui doit s'accroître en tissus carné et osseux ne sera pas la même que celle d'une bête de somme destinée à fournir surtout de la force, ni que celle d'un animal à l'engrais producteur de graisse.

D'autre part, on doit savoir que les besoins alimentaires de tous les êtres organisés exigent cinq types d'aliments différents : de l'*albumine*, des *matières hydrocarbonées* ou *hydrates de carbone*, des *matières grasses*, des *matières minérales* et de l'*eau* pour véhiculer les substances précitées dans l'organisme et présider à toutes les fonctions vitales.

L'albumine ou *protéine*, à base d'*azote*, est la grande pourvoyeuse de la cellule qui se crée ou se reconstitue ; les hydrocarbones, représentés par les *sucres*, l'*amidon*, la *cellulose* sont les détenteurs de la chaleur et de la force, tout en étant susceptibles de se transformer en matière grasse ; la graisse est avant tout un *aliment respiratoire* que l'économie utilise comme combustible calorifique ; enfin, les matières minérales fournissent les substances solubles du sang et de la viande, notamment le *chlorure de sodium*, ainsi que les substances qui entrent dans la constitution de la charpente osseuse, le *phosphate* et le *carbonate de chaux*. La proportion relative des matières albuminoïdes (*caséine, fibrine, gélatine*) comparée à celle des matières hydrocarbonées et grasses contenues dans un aliment fournit un *rapport* plus ou moins *large* ou *étroit*.

L'albumine ou protéine étant au numérateur et les hydrates de carbone et la graisse au dénominateur, on obtient des *relations nutritives* qui varient depuis 1/3 et 1/5 jusqu'à 1/8 et 1/10. Les premières qui intéressent le jeune bétail sont dites « étroites », les dernières, dites « larges », conviennent aux adultes soumis à l'engraissement.

Nota. — Le dénominateur représente les matières hydrocarbonées augmentées des matières grasses. Mais comme la graisse a une puissance calorigène plus grande que l'amidon et le sucre, on lui donne le coefficient 2,4.

Le calcul des rations. — Considérons le lait, qui est l'aliment de prédilection de tous les jeunes mammifères. Sa composition moyenne étant la suivante : *caséine*, 4 ; *matière grasse, 3,5* ; *sucre de lait*, 5, la relation nutritive du lait s'établit ainsi qu'il suit : numérateur = 4 ; dénominateur = 5 + (3,5 × 2,4) = 13,4. En divisant les deux termes par 4, le rapport devient : 1/3,35.

Donc, pour établir la relation nutritive d'une ration quelconque, connaissant la proportion d'aliments qui entrent dans sa composition, il suffit de consulter une *table d'alimentation*, comme celle de Wolff, par exemple, qui donne la teneur des divers types d'aliments, en *éléments bruts* et en *éléments digestibles*, l'albumine, les hydrates de carbone et la graisse, en retenant seulement les éléments digestibles assimilables, les autres étant rejetés par les excréments.

Soit la ration ci-dessous destinée aux porcs à l'engrais. En multipliant par le nombre de kilogrammes de chaque aliment la teneur centésimale des diverses denrées, on obtient la teneur globale :

ALIMENTS		ÉLÉMENTS DIGESTIBLES		
		ALBUMINE	HYDRATES DE CARBONE	GRAISSE
		Grammes	Grammes	Grammes
Pommes de terre....	4 kg.	84	872	8
Farine d'orge.......	1 kg.	85	566	23
Tourteau de coprah...	0 kg. 250	37	100	27
Lait écrémé aigri....	1 litre	35	50	7
Petit lait aigri.......	4 litres	32	196	4
Totaux........		273	1 784	69

$$\text{Relation nutritive} = \frac{273}{1784 + (69 \times 2,4)} = \frac{273}{1949} = \frac{1}{7,14}.$$

Les variations alimentaires. — Pendant son jeune âge, le bétail demande une ration à relation nutritive étroite, se rapprochant de celle du lait, c'est-à-dire riche en azote, puisque cet élément est le plus utile à l'accroissement des tissus, la chair étant presque exclusivement constituée par de l'albumine.

Si les aliments distribués ne sont pas naturellement riches en *phosphate de chaux*, pour éviter le rachitisme, on devra en introduire dans la ration, en complément, sous la forme d'os verts ou calcinés, qui apporteront l'*acide phosphorique* et le *calcaire*.

Mais cela ne suffit pas. Il faut aussi fournir aux jeunes élèves les comburants représentés par les hydrates de carbone et la graisse pour satisfaire aux dépenses de mouvement, aux usures de la respiration et des autres fonctions vitales qui sont considérables. C'est pour cela que le lait, avec sa relation nutritive de 1/3,35, peut être pris comme point de départ.

Au moment du sevrage, et, à mesure qu l'animal grandit ou se développe, on élargit la relation nutritive au voisinage de 1/4, puis on adopte 1/4,5 et 1/5, jusqu'au moment où les animaux ont atteint le développement complet qui permet de les qualifier d'adultes.

On doit alors modifier la ration pour favoriser la production de la graisse, si les animaux sont destinés à l'abattoir, en réduisant la dose d'albumine et en augmentant les hydrates de carbone, de manière à obtenir une relation nutritive passant progressivement à 1/6, 1/7, 1/8 et au delà dans la période finale de l'engraissement.

Quant aux laitières et aux nourrices, il leur faut des quantités élevées de *protéine* pour suffire aux exigences de la lactation, puisque la caséine du lait est une substance albuminoïde. On doit donc leur fournir des aliments à relation nutritive assez étroite.

Ainsi, une vache laitière susceptible de pouvoir donner 20 litres de lait par jour doit recevoir quotidiennement, en plus des quantités nécessaires à sa ration d'entretien, 800 grammes de matières azotées digestibles, avec 1 kg. 700 environ d'hydrates de carbone pour former la matière grasse et le sucre de lait.

C'est pour cela que, lorsqu'on veut obtenir une production abondante et soutenue de lait, on doit nourrir les vaches laitières à satiété avec des aliments suffisamment concentrés, afin qu'elles reçoivent dans leur ration la totalité des principes alimentaires absorbés pour leur entretien et la lactation.

En ce qui concerne la production intensive du travail chez le cheval et le bœuf, ce sont les aliments respiratoires et calorifiques, à base de féculents, qui doivent prédominer. La ration doit donc être tenue assez large. Il faut en outre lui ajouter des principes énergétiques et stimulants, qui se rencontrent surtout dans l'avoine, sous la forme d'*avénine*. Le picotin est de rigueur pour les chevaux de culture.

Il ne faut pas oublier, quand on se livre à des calculs de ration, de tenir compte que toutes les denrées de même nom sont loin de posséder la même valeur alimentaire. Il y a, en effet, de bons et de mauvais fourrages, de bonnes et de mauvaises graines.

Même les résidus industriels sont loin d'avoir une composition identique. Ainsi, les *tourteaux*, qui sont les aliments concentrés les plus employés pour équilibrer les rations, ont une composition très variable. Il y a les *tourteaux bruts*, qui contiennent du ligneux et des substances indigestes, et les *tourteaux décortiqués* beaucoup plus assimilables. D'autre part, certaines denrées avariées sont non seulement peu nutritives, mais dangereuses pour la santé du bétail.

Rien que la teneur du foin de prairie naturelle en albumine digestible peut varier entre 9,2 pour 100 et 3,4 pour 100 (Wolff), suivant qu'il s'agit de fourrage de choix, récolté dans de bonnes conditions, ou de fourrage fourni par une flore de mauvaise nature, ayant subi l'influence des pluies. La différence est moins sensible pour les autres principes, mais néanmoins appréciable.

De même, le tourteau de palmiste, par exemple, renfermant 15 à 16 pour 100 d'albumine digestible est loin de valoir celui d'arachides décortiquées, qui en contient de 42 à 44 pour 100.

Valeur vénale des aliments. — Il peut être utile de comparer entre elles les différentes denrées destinées à l'alimentation du bétail, en tenant compte seulement des principes digestibles, afin de choisir ceux qui sont les plus économiques.

La méthode dite des *unités nutritives*, préconisée par Kellner, semble à priori assez judicieuse. Il suffit de totaliser les unités nutritives, transformées en *amidon*, en donnant aux matières albuminoïdes et aux hydrates de carbone le coefficient 1, mais en affectant les matières grasses, beaucoup plus profitables, du coefficient 2,4.

D'après ces données, il est facile, une fois en possession d'une *table analytique*, de trouver la valeur respective des différentes denrées et d'en tirer des conclusions. Considérons les aliments suivants, avec leur teneur centésimale en matières digestibles :

| | ÉLÉMENTS DIGESTIBLES | | | UNITÉS |
ALIMENTS	ALBUMINE	HYDRATES DE CARBONE	GRAISSE	NUTRITIVES
Bon foin	6	42	1	50,4
Paille d'avoine	1,4	40	0,7	43,0
Froment	11,7	64,3	1,2	78,8
Betteraves fourragères	1,1	10	0,1	11,3
Tourteau de lin	24,7	29,8	9,6	77,5

Ainsi, pour le foin, on trouve les unités nutritives ainsi qu'il suit :

$$6 + 42 + (1 \times 2,4) = 50,4$$

Par comparaison, on voit que la valeur nutritive de la paille d'avoine n'est pas sensiblement inférieure à celle du foin, du froment et du tourteau. Logiquement, on serait tenté de faire des substitutions économiques, au profit des denrées dont les cours du commerce sont faibles. Dans la pratique, les résultats fournis par la théorie des unités nutritives seraient désastreux, si on les suivait à la lettre. La paille ne peut pas remplacer intégralement le foin ; la betterave, malgré sa pauvreté apparente, fournit certains principes minéraux et l'eau de végétation qui conviennent à la vache laitière. Le tourteau est un aliment concentré extrêmement utile, car il permet de réduire le volume des rations pour bovidés, qui risquerait de dépasser la capacité des estomacs des ruminants. En résumé, il faut être prudent et circonspect sur la question des équivalences alimentaires. Ici comme ailleurs, la pratique doit avoir le pas sur la théorie.

*Composition centésimale moyenne de quelques denrées
et résidus industriels en éléments digestibles.*

NOMENCLATURE DES ALIMENTS	EAU	CENDRES	ALBUMINE	HYDRATES DE CARBONE	GRAISSE	RELATION NUTRITIVE
Bon foin de prairie naturelle	15	7	7,4	47,1	1,3	1/6,1
Mauvais foin de prairie naturelle . . .	14,3	5	3,4	34,9	0,5	1/10,4
Bon foin de trèfle violet.	16,5	6	8,5	38,2	1,7	1/5
Mauvais foin de trèfle violet.	15	5,1	5,7	37,9	1	1/7,8
Bon foin de luzerne.	16,5	6,8	12,3	31,4	1,0	1/2,8
Bon foin de sainfoin	16,7	6,2	7,6	35,8	1,4	1/5,2
Herbe de prairie naturelle	75	2,1	2	13	0,4	1/7
Luzerne en vert de bonne qualité. . .	74	2	3,2	9,1	0,3	1/3,1
Trèfle incarnat en vert.	81,5	1,6	1,5	7,5	0,3	1/5,5
Paille de froment	14,3	4,6	0,8	35,6	0,4	1/45
Paille d'avoine.	14,3	4	1,4	40,1	0,7	1/40
Bales de froment.	14,3	9,2	1,4	32,8	0,4	1/24
Pomme de terre	75	0,9	2,1	21,8	0,2	1/10,6
Betterave fourragère	88	0,8	1,1	10	0,1	1/9,3
Carotte blanche à collet vert.	87	0,8	1,2	10,8	0,2	1/9,4
Grain de blé.	11,4	1,7	11,7	64,3	1,2	1/5,8
— d'orge.	14	2,7	8,5	56,6	2,3	1/7,3
— de maïs.	12,7	1,6	8	63,1	4	1/9,1
— de seigle.	14	1,8	9,9	65,4	1,6	1/7
— de féverole	14,4	3,2	22	50	1,4	1/2,4
Pulpes fraîches de sucrerie	91	0,7	0,4	6,3	0,1	1/16
Pulpes sèches de sucrerie	11,6	7,1	4,1	61.9	0,5	1/15
Son de froment fin	12,1	4,1	11,9	47,2	2,9	1/5
Gros son de froment	13,6	5,6	10,6	45,2	2,4	1/5
Tourteau de colza	10,4	7,7	24,9	23,8	7,6	1/1,7
— de lin.	11,8	7,3	24,7	29,8	9,6	1/2,1
— d'arachides.	9,8	6,9	24,8	19	7,2	1/1,5
— d'arachides décortiquées . .	10	4,6	43,2	25,2	6,7	1/1
— de coprah.	10,3	5,9	15	40,3	11	1/4,4
— de coton décortiqué.	8,9	7,2	36,9	18,7	13,1	1/1,4
— de palmiste.	10,5	4	15,7	40,3	11	1/4,4
Farine de viande.	10,8	4,6	67,5	0,5	12,8	1/0,5
Sang desséché.	12	4,1	54,1	2,6	0,5	1/0,07
Lait écrémé.	90	0,8	3,5	5	0,7	1/1,9
Petit lait de fromagerie.	93,6	0,6	0,8	4,9	0,1	1/6,4

IV. — LE CHEVAL DE LABOUR

Soins et hygiène du cheval. — En principe, on ne devrait pas commercer sur le cheval, afin de se mettre à l'abri du maquignonnage qui, par le truquage, fait payer tous les ans un lourd tribut à la culture. Tout d'abord, les chevaux nés à la ferme, sauf ceux en surnombre, sont de la maison et conservés jusqu'à leur mort ou l'abatage, car c'est presque une mauvaise action que de vendre pour quelques louis, aux romanichels qui en font des souffre-douleur, des animaux ayant rendu tant de services et peiné toute leur vie avec leur maître. Quant aux chevaux achetés chez le producteur ou le marchand, on les prend à l'essai et, le choix fait, on les conserve.

D'ailleurs, la plupart des tares et des infirmités qui surviennent chez les *chevaux de labour* résultent du défaut de soins, de négligences, des mauvais traitements, ou elles sont la conséquence d'un logement mal aménagé ou mal construit.

Les animaux qui habitent des *écuries confortables*, spacieuses, aérées, saines, avec pentes pour les urines, qui reçoivent une *nourriture appropriée* à leurs fonctions, et qui sont soumis à un *pansage quotidien*, ne sont presque jamais malades.

Mais le cheval étant surtout délicat de la poitrine et de l'intestin, il faut prendre les plus grandes précautions contre les refroidissements auxquels il est exposé. Au grand jamais il ne faut laisser stationner les chevaux dans les courants d'air lorsqu'ils sont en sueur, à moins qu'on ne les couvre d'une couverture de laine.

Quant au pansage, il doit être effectué à fond tous les matins. Le coup d'étrille et le coup de brosse sont de rigueur pour décoller les poils et rendre possible la respiration cutanée. Chaque fois que les animaux rentrent en sueur, il faut les « bouchonner » avec de la paille pour les sécher et ramener le sang à la peau. De plus, tous les ans, aux approches des grandes chaleurs, on passe les chevaux à la tondeuse.

Enfin, la partie essentielle qu'il faut soigner tout particulièrement, c'est le pied. « Sans pied, pas de cheval » et la plupart des affections du sabot sont dues à une ferrure défectueuse, parce que l'on pare beaucoup trop la corne. Il ne faut pas établir le pied pour le fer, mais le fer pour le pied. Si la corne est sèche, on fait usage de la graisse à sabots.

D'autre part, le travail auquel on soumet les chevaux doit être modéré, mais soutenu. Il ne faut jamais les astreindre à des efforts qui sont au-dessus de leur force, ni les laisser inactifs pendant de longs mois : l'entraînement continu et méthodique est nécessaire.

Principales races. — Le cheval *percheron* est un bon cheval de gros trait assez répandu en France. Il faut distinguer le petit et le gros percheron ; le premier n'a qu'une taille de 1^m,55 à 1^m,60 avec un poids moyen de 500 kilogrammes, le second offre une taille de 1^m,65 à 1^m,70 avec un poids allant de 600 à 700 kilogrammes. La tête est allongée, à profil rectiligne, le corps cylindrique, la croupe musclée, les membres forts. La robe fondamentale est le gris pommelé. Le gros percheron est le cheval de trait par excellence des pays de plaine ; il peut traîner de très lourdes charges à l'allure du trot.

FIG. 1 et 2. — Cheval percheron et cheval boulonnais.

FIG. 3. — Cheval ardennais.

FIG. 4. — Cheval belge.

TYPES DE CHEVAUX DE LABOUR

Dans le *boulonnais* on distingue également, comme chez le *percheron*, le petit et le gros boulonnais à peu près avec les mêmes limites de taille et de poids. La robe est ordinairement grise, mais le gros boulonnais est souvent noir ou bai. Le gros boulonnais est le type du cheval de gros trait, lent, excellent démarreur, apte aux travaux agricoles, aussi bien qu'aux lourds transports.

Le cheval *belge* (*fig.* 4) a une tête forte, longue, quelque peu camuse, une encolure volumineuse, le dos légèrement ensellé, le rein court, épais et large, la croupe musclée, les membres musclés, osseux à articulations très larges. On désigne sous le nom de *brabançon* la variété de cheval belge à taille particulièrement élevée, à formes massives, type du cheval de gros trait, lent, apte à tirer les plus lourdes charges. Le *belge* de la variété dite *du Condroz* est un peu moins lourd et d'un format un peu plus réduit; il offre la transition entre le précédent et l'*ardennais*.

Le cheval *ardennais*, (*fig.* 3) dont l'élevage a été à peu près complètement anéanti par la guerre, est un cheval de trait plus léger que tous les précédents. La tête est assez longue, effilée par le bas, le front large, carré et plat, le chanfrein est puissant, déprimé vers le milieu, formant la tête dite « de rhinocéros »; les membres sont épais et courts, mais l'allure est énergique et rapide. La robe est souvent aubère, rouanne ou alezane, parfois baie et grise.

Le cheval *nivernais* est un cheval de gros trait à robe noire, apte au service de la culture, ou du gros trait; ce cheval est exigeant comme nourriture et de tempérament lymphatique.

Un cheval de gros trait propre aux travaux de la ferme est produit dans le nord du Finistère et sur le littoral des Côtes-du-Nord : c'est le gros *breton*. Il a la tête camuse, les orbites en saillie, les oreilles petites et écartées, les ganaches fortes, la face courte, l'encolure rouée, le garrot bas, le poitrail large, les épaules arrondies, le dos musclé, un peu plongeant, la croupe avalée, double et musclée, la fesse descendue, les membres forts avec des canons fins et nets ayant le boulet chargé de crins et les pieds solides. La robe est alezan clair, rouanne, aubère, gris fer ou baie. C'est un cheval énergique, bien membré, ayant conservé l'endurance et la rusticité de l'ancienne race bretonne.

Alimentation. — La ration du cheval doit être proportionnée à son poids, à sa taille, aux efforts dynamométriques que l'on exige de lui. L'inactivité nuit à la force et encore plus à la robustesse. Un cheval est un moteur animé qui se fatigue moins à travailler modérément qu'à ne rien faire, surtout si on sait équilibrer sa ration alimentaire pour lui permettre de suffire à ses besoins énergétiques et autres. De temps à autre, le dimanche par exemple, on fait prendre une « cure de vert » dans une pâture. Les animaux malades et surtout ceux qui ont besoin de se « refaire » font une cure de verdure pendant une saison.

Il ne faut pas perdre de vue que, dans l'alimentation à l'écurie, les hydrates de carbone non transformés en force ou en chaleur viennent encombrer l'organisme; il y a pléthore sanguine et les accidents de circulation sont à craindre. La *saignée* peut être utile dans bien des cas. D'une façon générale, la *suralimentation* occasionne de l'embonpoint qui gêne le cheval pour l'exécution de son labeur, aussi doit-on toujours réduire le picotin d'avoine lorsqu'on diminue les heures de travail. Au contraire, on l'augmentera pendant la période active où les attelées sont longues et pénibles.

Les distributions se règlent aussi d'après la nature des animaux; il en est de plus exigeants que d'autres, ce qui tient souvent à des vices de la nutrition. En général, la *ration d'entretien* varie peu pour les chevaux de labour de même poids. Mais, pour doser judicieusement la *ration énergétique*, il faut apprécier sa puissance d'action sur les animaux considérés séparément. Un cheval peut avoir besoin de 18 litres d'avoine par jour, alors qu'un autre de même taille et de même poids peut se contenter de 8 litres. En principe, les animaux naturellement lymphatiques demandent à être stimulés; d'autres, au contraire, fougueux à l'excès, ont besoin d'être modérés dans leurs mouvements.

D'autre part, le cheval de culture doit être tenu dans un état d'embonpoint qui ne le gêne pas pour l'exécution de ses pénibles travaux. Si les animaux prennent du ventre, ils s'essoufflent facilement et la *pousse* les guette au moindre effort. Il faut alors diminuer la ration de foin et augmenter celle de paille.

Lorsqu'un cheval maigrit, on introduit un peu de farine d'orge, de maïs ou du tourteau de coprah dans son picotin. S'il engraisse, on s'abstiendra de lui donner des féculents. Aux uns et aux autres on fera bien de distribuer de temps à autre quelques rafraîchissements, notamment des *carottes* ou des *betteraves* avec un peu de *son mouillé*. Ces aliments peuvent remplacer l'avoine au repas de midi, mais seulement pendant la période peu active.

Durant l'été, on remplace un des repas de foin par du *fourrage vert*, vesce, luzerne, sainfoin ou trèfle, mais il ne faut pas exagérer; l'excès de vert rend les animaux mous et les pousse à la transpiration.

Rationnement. — Pour le rationnement des chevaux, qu'il s'agisse de poulains, d'animaux de trait, de juments poulinières ou d'étalons, il faut tenir compte que la capacité de l'estomac des solipèdes est moindre que celle de l'estomac des ruminants, aussi doit-on leur fournir la totalité des principes utiles sous un volume relativement restreint. Les aliments doivent donc être assez riches et assez concentrés.

On admet que les adultes astreints à un travail moyen ont besoin, tous les jours, de 7 kg. 250 de matières azotées et 5 kg. 500 de matières hydrocarbonées, contenant 300 à 400 grammes de matières grasses. La relation nutritive doit être de 1/5,5 environ.

Ci-dessous un type de ration pour un cheval du poids de 500 kilogrammes :

ALIMENTS		MATIÈRES AZOTÉES	MATIÈRES HYDRO-CARBONÉES	MATIÈRES GRASSES
Bon foin de luzerne.....	6 kg.	661 gr.	1 860 gr.	50 gr.
Avoine...............	7 kg.	560 —	3 130 —	300 —
Carottes crues.........	1 kg.	12 —	118 —	2 —
Paille de blé..........	2 kg.	17 —	712 —	8 —
Totaux.........	16 kg.	1 250 gr.	5 803 gr.	360 gr.

Un bon type de ration pour poulinière est le suivant :

ALIMENTS		MATIÈRES AZOTÉES	MATIÈRES HYDRO-CARBONÉES	MATIÈRES GRASSES
Bon foin de pré.....	4 kg.	320 gr.	1 600 gr.	52 gr.
Paille............	2 kg.	16 —	712 —	8 —
Avoine..........	5 kg.	400 —	2 245 —	215 —
Tourteau d'arachide..	0 kg. 750	324 —	189 —	50 —
Son	2 kg.	215 —	904 —	50 —
Carottes..........	2 kg.	28 —	250 —	4 —
Poudre d'os	0 kg. 040	»	»	»
Totaux.....	15 kg. 790	1 303 gr.	5 900 gr.	379 gr.

D'une façon générale, les distributions d'avoine se font toujours en grains naturels aux chevaux adultes pourvus d'une bonne dentition et capables de mastiquer, car c'est sous cette forme qu'elle plaît le mieux. Avec les vieux chevaux dont la dentition est défectueuse et qui digèrent assez mal, ainsi que les poulains faisant des dents, il vaut mieux donner l'avoine aplatie, mais non concassée.

Les juments poulinières doivent travailler comme les autres chevaux, jusqu'à sept mois de gestation. Pendant les trois derniers mois, il faut prendre des précautions pour éviter les coups et les efforts violents. Aux approches de la parturition, on fait prendre de l'exercice dans les paddocks. Enfin, on réduit le volume de la ration pour ne pas comprimer le fœtus. Un peu de tourteau d'arachides et de la poudre d'os sont utiles en complément de la ration embryogénique.

En ce qui concerne les poulains, l'alimentation du premier mois doit être exclusivement lactée. Elle se compose de 9 à 10 litres de lait pris en tétées. A partir du deuxième mois, jusqu'au sevrage, qui n'est définitif qu'à six mois, on donne en complément une ration établie d'après les bases suivantes :

ALIMENTS	MATIÈRES AZOTÉES	MATIÈRES HYDRO-CARBONÉES	MATIÈRES GRASSES
Bon foin ou herbe, 1 ou 4 kg. (suivant les saisons).........	80 gr.	410 gr.	13 gr.
Avoine aplatie....... 1 kg.	80 —	447 —	43 —
Tourteau d'arachide... 0 kg. 500	216 —	126 —	33 —
Poudre d'os verts .... 20 gr.	»	»	»
Totaux........	376 gr.	983 gr.	89 gr.

Le sevrage commence à cinq mois et il se termine à six mois. Les tétées étant au nombre de quatre, on en supprime une tous les huit jours. On élargit progressivement la ration et, vers l'âge de douze mois, on peut la constituer comme suit :

ALIMENTS	MATIÈRES AZOTÉES	MATIÈRES HYDRO-CARBONÉES	MATIÈRES GRASSES
Bon foin........... 3 kg.	152 gr.	1 251 gr.	39 gr.
Carottes........... 1 kg.	12 —	108 —	2 —
Avoine aplatie ...... 1 kg.	80 —	447 —	43 —
Tourteau d'arachide.. 0 kg. 500	216 —	126 —	33 —
Poudre d'os........ 0 kg. 040	»	»	»
Paille de blé........ 1 kg.	8 —	356 —	4 —
Totaux..... 6 kg. 540	468 gr.	2 288 gr.	121 gr.

Dans le cas où l'élevage se ferait au pâturage, si l'herbe est abondante et riche, on se contenterait de donner l'avoine aplatie avec le tourteau et la poudre d'os en mélange. Si l'herbe est rare et de mauvaise qualité, il faudrait ajouter un peu de foin en complément ou tout au moins de la paille.

Les étalons devant être tenus en bon état, sans excès d'embonpoint, les proportions d'aliments concentrés, comprenant avoine, son et farine d'orge, varieront suivant les exigences de la monte.

V. — ÉLEVAGE DU CHEVAL

Choix des reproducteurs. — Il n'est pas nécessaire de rechercher, pour le cheval de labour, du moins, de la part des juments, les mêmes perfections de formes que pour les chevaux de course ou de concours. Ce qu'il faut demander avant tout aux femelles de demi-trait, c'est une propension manifeste pour le travail, un poids moyen, ni trop lourd ni trop léger, une grande rusticité et beaucoup de courage. Les *ardennais* et les petits *percherons* conviennent bien pour les travaux de la culture.

Une jument propre à la reproduction est celle qui donne satisfaction à son maître à tous les points de vue ; elle est douce, obéissante et franche du collier. L'étalon qui lui convient doit appartenir, lui aussi, aux bonnes races de trait léger ; comme il constitue l'élément essentiel de l'amélioration zoologique, il sera en outre bien proportionné, élégant comme formes et comme allures.

Les juments étant capricieuses au point de vue fécondation, il est nécessaire de faire saillir de bonne heure celles que l'on destine à la procréation, c'est-à-dire vers l'âge de deux ans ou deux ans et demi au plus tard, car si on laisse passer un trop grand nombre de chaleurs sans les satisfaire, la stérilité est à craindre. Elles sont généralement bonnes pour la reproduction jusqu'à l'âge de quatorze ou quinze ans et on peut leur demander un poulain tous les quinze ou seize mois, si on a la précaution de les remettre au mâle au début du sevrage. Si la première saillie est inféconde, on attend dix-sept à vingt et un jours pour présenter à nouveau la femelle à l'étalon.

Gestation, parturition et sevrage. — Les accidents du *poulinage* sont assez fréquents chez la jument. Il est aussi dangereux de les laisser inactives pendant la gestation que de les soumettre à un travail excessif. Une *poulinière* doit travailler modérément tous les jours, jusqu'aux approches de la parturition, mais il ne faut jamais l'utiliser comme limonière et on prendra toutes les précautions nécessaires pour éviter les chocs et les efforts violents qui pourraient provoquer l'avortement.

La durée de la *gestation* chez la jument est d'environ onze mois. Quelques jours avant la mise bas, on la loge dans une stalle isolée, assez étroite pour qu'elle ne puisse pas se tourner en travers ni s'appuyer postérieurement contre les bat-flancs. Les travaux sont totalement suspendus la dernière quinzaine ; on met les femelles dans un paddock tranquille, ou bien on les promène pendant une couple d'heures, tous les jours.

La mise bas est très rapide, quand le poulain est bien placé, c'est-à-dire en *position normale* (V. *Tabl. Élevage du Cheval, fig.* 1), on a à peine le temps de s'en apercevoir. Mais si les douleurs se prolongent après la sortie de la poche d'eau, qui contient le *liquide amniotique*, c'est que le fœtus est mal placé. A moins de connaissances spéciales, il faut demander d'urgence un vétérinaire. L'expulsion des enveloppes fœtales a généralement lieu une demi-heure après le poulinage.

Aussitôt la naissance du poulain, on examine le *cordon ombilical* qui s'est naturellement rompu et, si sa longueur dépasse 4 ou 5 centimètres, on le coupe avec des ciseaux après l'avoir ligaturé. Le petit, léché par la mère, se met à téter aussitôt qu'il peut se tenir debout. Si la jument est chatouilleuse, on lève un de ses pieds de devant, pendant que le poulain prend ses premières tétées. S'il reste du lait dans la mamelle, on la vide à fond pour éviter l'engorgement des tétines et les mammites qui peuvent en être la conséquence.

Au début de l'allaitement, quand le temps est propice, les poulinières se trouvent bien d'un séjour partiel au pâturage. On se gardera de leur fournir des aliments concentrés en excès, qui rendraient le lait indigeste; si la chose est possible, on établira leur ration sur la base du fourrage vert.

On peut laisser le poulain avec sa mère pendant trois semaines au pré, puis on lui fait prendre des tétées à heures fixes, trois fois par jour, une fois que la jument à repris son travail. On évitera, dans tous les cas, de mettre la mère en sueur, car cela pourrait occasionner des coliques dangereuses au petit.

Le *sevrage* commence à cinq mois; il se fait par la suppression d'une tétée tous les huit jours et il est définitif à six mois. A ce moment apparaissent les premières molaires permanentes et le poulain peut mastiquer les aliments ligneux. Il est bon de lui donner de temps à autre un peu de *tourteau de lin* à la place de l'arachide pour empêcher la constipation. L'élevage en liberté, dans les pâturages pourvus d'abris, où on donne une petite ration de complément, est celui qui convient le mieux aux jeunes élèves.

L'âge du cheval. — Il est utile de savoir reconnaître l'*âge des chevaux* par l'examen de leurs incisives (*fig.* 5). Les observations reposent sur les variations physiologiques des dents à l'époque de leurs évolutions successives. En effet, si on observe une jeune dent, qu'elle soit *caduque* ou *permanente,* on remarque qu'elle possède, dans l'épaisseur de sa tranche supérieure, une dépression profonde et bien marquée, appelée *cornet*, qui s'use de plus en plus à mesure que l'animal vieillit, sous l'influence du frottement occasionné par la mastication.

Une fois le cornet rasé, il n'y a plus de dépression, mais seulement un petit point noir, qui finit par disparaître entièrement. Un peu avant le *rasement* complet, on aperçoit sur la table dentaire une autre tache jaunâtre ou blanchâtre, représentée par de l'ivoire de formation récente, qui vient combler l'ancien canal autrefois occupé par la pulpe : c'est l'*étoile dentaire.*

Les variations d'aspect du *cornet* et de l'*étoile* sur les incisives comprenant les *pinces*, les *mitoyennes* et les *coins* permettent d'évaluer l'âge des animaux d'une manière à peu près approximative.

A neuf mois, les pinces caduques commencent à se raser; à un an c'est le tour des mitoyennes et à deux ans celui des coins, le rasement étant caractérisé par la disparition du cornet dentaire. Jusqu'à trois ans, le rasement s'accentue, puis les pinces de lait tombent et sont remplacées par les pinces permanentes. A quatre ans, les mitoyennes caduques sont remplacées et, à cinq ans, c'est le tour des coins, On dit alors que l'animal a ses *dents de cheval* ou qu'il est *adulte* (*fig.* 5).

A partir de cet âge, l'usure se produit en commençant par les pinces, pour atteindre les mitoyennes, puis les coins, dans l'ordre de leur apparition. A six ans, il y a déjà un peu d'usure sur le bord anté-

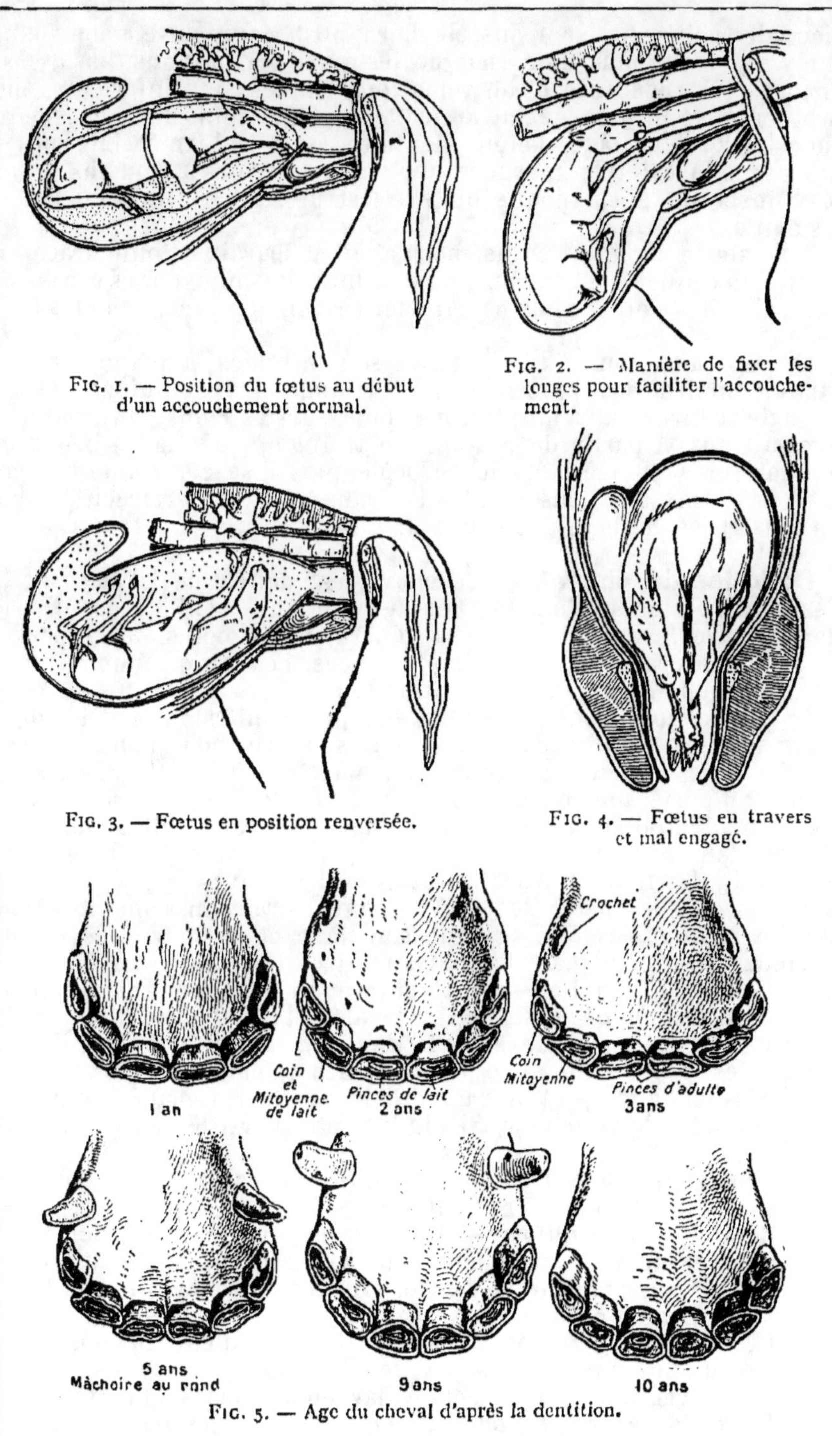

Fig. 1. — Position du fœtus au début d'un accouchement normal.

Fig. 2. — Manière de fixer les longes pour faciliter l'accouchement.

Fig. 3. — Fœtus en position renversée.

Fig. 4. — Fœtus en travers et mal engagé.

Fig. 5. — Age du cheval d'après la dentition.

ÉLEVAGE DU CHEVAL

rieur des coins et, à sept ans, le bord postérieur s'use à son tour ;
il n'y a presque plus de cornet sur les pinces. A huit ans, l'usure est
encore plus accentuée et on remarque, sur les coins inférieurs, une
protubérance prononcée due au frottement des coins de la mâchoire
supérieure. A cet âge, l'étoile dentaire est déjà bien visible sur les
pinces ; elle est très marquée sur les mitoyennes à neuf ans et sur
les coins à dix ans, époque où elle est presque centrale sur toutes
les dents.

A partir de dix ans, le rasement a fait disparaître toute trace de
cornet aux pinces ; à onze ans, c'est le tour des mitoyennes et à douze
ans celui des coins ; mais ce caractère est moins précis que les précédents.

A treize ans, toutes les incisives sont nivelées ; à quatorze ans la
table dentaire des pinces devient triangulaire ; à quinze ans, le
triangle se forme aux mitoyennes, puis sur les coins, vers seize ou
dix-huit ans. A partir de cet âge, le triangle, qui était à peu près
équilatéral, s'allonge et devient isocèle, puis il se comprime en per-
dant sa forme anguleuse ; enfin l'arcade dentaire se rétrécit de plus
en plus et les dents se déchaussent.

Coliques du cheval. — Le cheval est délicat de la *poitrine* ; il
l'est encore plus de l'*intestin*. Ces deux organes sont le siège d'accidents graves, souvent mortels, généralement occasionnés par le
défaut de précaution ou des imprudences. Les dérangements intestinaux sont de huit sortes. On distingue :

1º Les *coliques dues à la constipation*, se manifestent par des douleurs sourdes. L'animal fait de violents efforts pour fienter et il se
couche avec précaution sur le côté, mais sans se rouler. Le traitement comporte une purge de 200 grammes de sulfate de soude, suivie d'une demi-diète à base de barbotages. On rafraîchit ensuite les
chevaux en leur distribuant, au repas du soir, des fourrages verts
et, à midi, des racines crues, carottes ou betteraves ;

2º Les *coliques nerveuses* proviennent de refroidissement. L'animal se roule, se relève, regarde son flanc et se couvre de sueur.
Remèdes : lavement ; faire prendre un litre d'eau contenant 15 grammes d'éther, 10 grammes de camphre et 10 grammes d'assa fœtida ;

3º L'*indigestion de l'estomac* se manifeste par des plaintes, le
cheval gratte du pied, il relève la lèvre supérieure et bâille ; il peut
rendre des matières non digérées par le nez ou par la bouche. Donner
une infusion de sauge et de camomille dans du vin chaud ; bouchonner l'animal et le promener. Si l'indigestion persiste, on pratique la
saignée ;

4º L'*indigestion intestinale* ou *trachée rouge* occasionne des douleurs
atroces. Les patients se roulent ou se laissent tomber, le pouls
s'accélère et devient filiforme. Il faut saigner de suite, frictionner
les membres au vinaigre chaud, puis à l'essence de térébenthine et
mettre un sinapisme sur le ventre. Lavements à la graine de lin et
breuvages de camomille ;

5º Les *coliques gazeuses* causent le ballonnement du ventre. Le
cheval peut mourir asphyxié par les gaz. Traitement : tisane à la
camomille avec 15 grammes d'éther, lavements tièdes à l'huile de lin ;

6º Les *coliques d'eau froide* ont mêmes symptômes que la trachée
rouge. Il peut y avoir congestion ou hémorragie intestinales : saignée, frictions, breuvages excitants, lavements ;

7° Les *coliques par empoisonnement* sont occasionnées par l'absorption de plantes vénéneuses ;

8° Les *coliques néphrétiques* proviennent de calculs. L'animal ne peut pas uriner. Il faut recourir au vétérinaire.

La saignée. — On doit recourir à la saignée dans le cas de *pléthore sanguine*, ainsi que dans la plupart des maladies aiguës. On peut soutirer sans danger 2 kg. 500 de sang.

Les précautions à prendre sont les suivantes : Pendant que l'aide maintient l'animal la tête haute, avec un bridon, en lui cachant l'œil gauche de la main droite, l'opérateur place la *flamme* parallèlement au trajet de la jugulaire et il frappe dessus avec un bâton pour la ponctionner, après avoir fait gonfler le vaisseau sous la pression des derniers doigts de la main gauche. Ces doigts doivent rester en place pour empêcher la rentrée de l'air.

On mesure le sang dans un récipient et, lorsqu'on juge l'extraction suffisante, on pince la plaie, sans tirer dessus, avec le pouce et l'index de la main gauche. On passe une épingle en travers des deux lèvres, puis on l'embrasse au moyen d'une mèche de crins disposée en *nœud de saignée*, en serrant fortement. Il n'y a plus qu'à couper l'extrémité de l'épingle, puis on raccourcit les bouts libres de la mèche de crins.

VI. — LA VACHE

Exploitation de la vache. — La *vache* est l'animal de rapport par excellence. C'est un facteur de prospérité pour toutes les fermes, car elle fournit en abondance les excréments liquides et solides qui maintiennent les terres en bon état de fertilité et rendent possible l'obtention des récoltes économiques.

Les pays qui entretiennent le plus de bétail, comme la Hollande et le Danemark, sont précisément ceux où les rendements sont les plus élevés, qu'il s'agisse de céréales ou de plantes sarclées. Cela tient surtout à l'action améliorante des cultures fourragères et à la teneur élevée des sols en humus, grâce aux copieux apports de fumier.

D'autre part, la vache est un admirable transformateur des substances végétales et de leurs sous-produits. Non seulement elle nous dispense la *viande de boucherie*, le bœuf et le veau qui sont à la base de l'alimentation humaine, mais elle nous approvisionne en *lait* et en ses dérivés, le *beurre* et le *fromage*, dont on fait une si grande consommation.

Une bonne vache du poids vif de 500 à 600 kilogrammes peut donner tous les ans un veau qui, à sa naissance, pèse environ 40 kilogrammes. Ce veau pèse 60 kilogrammes environ si on le conserve pendant quatre semaines et atteint le poids de 160 à 170 kilogrammes quand il est âgé de quatre mois.

La production annuelle du lait pouvant varier entre 1 500 et 4 000 litres, plus ou moins suivant les aptitudes et les soins donnés aux animaux, que ce lait soit consommé en nature ou transformé en beurre ou en fromage, on voit de suite le profit considérable qu'il est possible de réaliser par l'exploitation rationnelle d'une vacherie.

Peuplement d'une vacherie. — Le choix des vaches laitières varie suivant le but poursuivi, les ressources dont on dispose, la région et le climat que l'on habite. Il y a des animaux qui conviennent mieux que d'autres aux différentes affectations.

Ainsi, lorsqu'on a en vue la production du lait en nature, et que l'on se trouve dans une région fertile, en pays humide, on peut opter pour les grandes races du nord, comme la *flamande* ou la *hollandaise*, dont le rendement en lait oscille entre 3 000 et 4 000 litres, à condition d'être suralimentées.

Mais le lait fourni par ces laitières est relativement pauvre en *matière grasse* et en *caséine*, et c'est pourquoi, si l'on s'oriente du côté de l'industrie du beurre ou de la fromagerie, on a souvent intérêt à leur préférer des races plus rustiques, ou moins exigeantes, telles que la *normande*, la *montbéliarde*, la *schwitz*, etc., ayant moins à souffrir du changement d'habitat. Le lait de ces vaches étant beaucoup plus riche, on obtient autant de beurre ou de fromage avec un rendement moindre d'un quart ou même d'un tiers.

Lorsqu'on envisage la production des animaux gras, pour la boucherie, il faut avoir recours aux races précoces, comme la *durham*, la *charolaise* ou leurs croisements *durham-manceau*, *durham-charolais* ou autres, dont le rendement en viande nette, de première qualité, est supérieur à celui des races purement laitières.

Enfin, si on veut obtenir des animaux de travail, on adopte des bovins plus fortement charpentés et vigoureux, *nivernais, limousins, salers*, etc., habitués aux durs travaux des champs.

Ces remarques n'ont rien d'exclusif, car on peut demander aux bovins, en même temps qu'une certaine rusticité, une précocité satisfaisante et une propension manifeste pour la lactation. On y arrive par la sélection individuelle, en conservant toujours pour la reproduction les sujets issus d'animaux remplissant les conditions requises.

Signes extérieurs de lactation. — Une *bonne vache laitière* est de taille moyenne, sans embonpoint mais sans maigreur. Les membres sont fins, sa tête petite, de même que ses cornes, et son poil luisant. Elle respire la vie et la santé, sans être turbulente. Le corps est cylindrique, la poitrine large, de même que l'arrière-train et le bassin.

Voici les mesures les plus généralement considérées comme caractériques de bonnes proportions (V. *Tabl. Exploitation de la Vache, fig.* 1). La hauteur du garrot E F étant prise comme unité *h*, la hauteur au milieu du dos en L doit être, autant que possible, la même, c'est-à-dire = *h*. La hauteur aux hanches I J doit surpasser *h* de 6 centimètres ; la hauteur à l'attache de la queue O doit être la même que la hauteur aux hanches. La profondeur de poitrine G H doit être la moitié de *h*.

La longueur du corps M N doit être égale à *h* + 1/5 ; enfin la longueur de la tête doit être à peu près 1/5 de *h*.

La *mamelle* volumineuse, bien arrondie, est portée en avant (*fig.* 4), et fait saillie à l'arrière ; les *trayons* sont moyens, souples, doux au toucher et largement espacés. La *peau* du pis est fine, striée de *veines mammaires* proéminentes et non poilue. Les petites tétines en excédent sont aussi un signe de bon augure. Sous le ventre apparaissent en saillie les grosses veines qui alimentent la mamelle et, si on les suit jusqu'aux *portes du lait*, on doit pouvoir introduire le petit doigt dans les orifices.

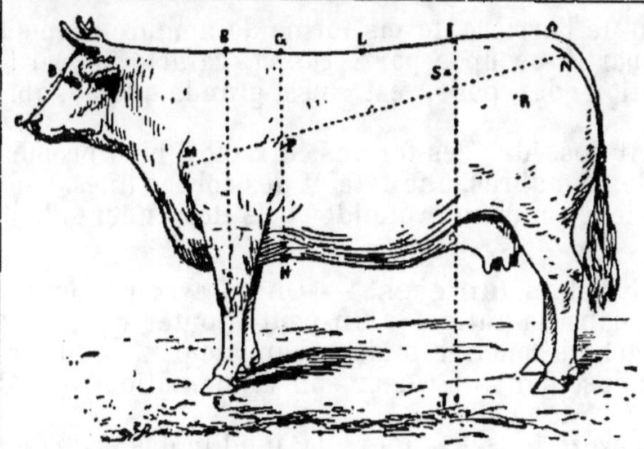

FIG. 1. — Mensuration d'une vache : longueur du corps, MN ; hauteur au garrot, EF ; hauteur aux hanches, IJ ; attache de la queue, O ; profondeur de poitrine, GH ; longueur de la tête, AC.

FIG. 2. — Ponction en cas de météorisation. Le trocart doit être enfoncé entre la côte *c* et la hanche *h*.

FIG. 4. — Pis bien conformé

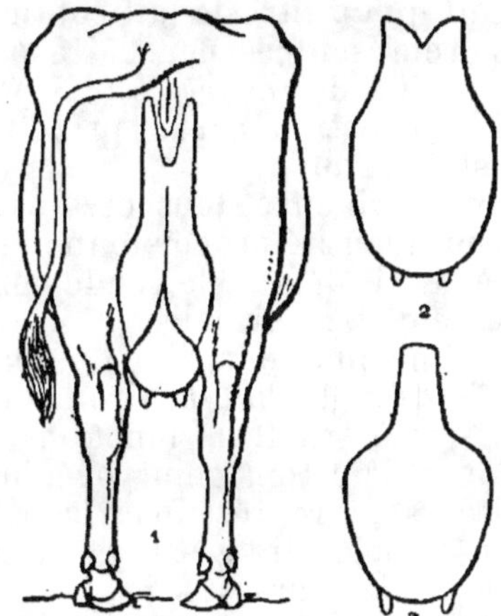

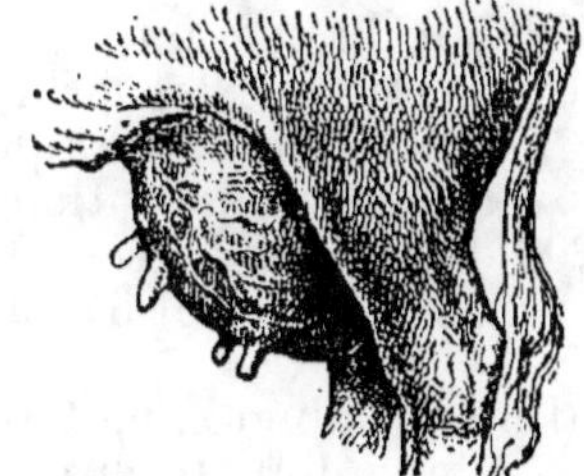

FIG. 3. — Écusson : 1, forme dite double liserine ; 2, bicorne ; 3, pot-de-vine.

FIG. 5. — Trayons mal placés.

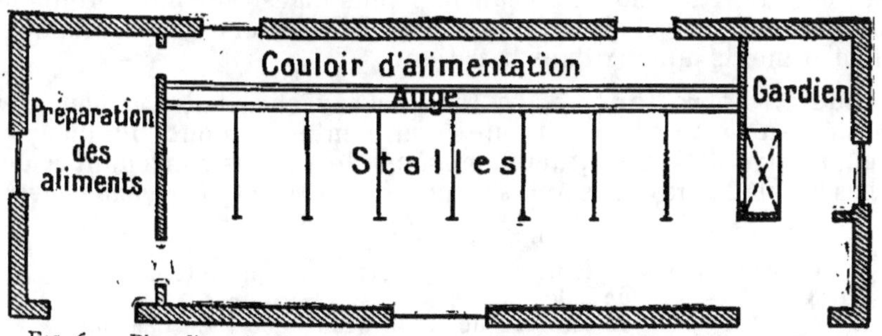

FIG. 6. — Plan d'une étable longitudinale à couloir d'alimentation (type moderne).

EXPLOITATION DE LA VACHE

Entre les jambes, vu de l'arrière, le pis forme de nombreux replis après la traite, et la partie occupée par l'*écusson*, caractérisé par le changement de direction des poils, est aussi grande que possible (*fig.* 3).

Les géniteurs doivent posséder des formes correctes, bien proportionnées et posséder des membres, une tête et des cornes fines. Leur corps est cylindrique, leur poitrine profonde et ils descendent d'une lignée de choix.

Alimentation des vaches laitières. — On dit avec raison que « le miroir du lait est dans la ration ». On peut ajouter que, pour faire rendre à une vache le maximum de ce qu'elle peut produire, il faut la nourrir copieusement et régler son alimentation suivant ses besoins.

Une laitière doit recevoir tous les jours la totalité des principes nécessaires à l'entretien de sa chaleur animale et à la rénovation de ses tissus, c'est-à-dire les *hydrates de carbone* et les *matières azotées* qui concourent à la production des calories et au renouvellement des cellules usées. Il lui faut en outre une quantité variable de ces mêmes principes pour combler les vides de l'exportation et assurer le fonctionnement des glandes mammaires.

On sait qu'un litre de lait contient de 11 à 13 pour 100 de matières sèches, représentées par 2,5 à 4 pour 100 de *matière grasse*, 3,5 à 4,5 pour 100 de *caséine*, 4 à 5 pour 100 de *sucre de lait*, 0,6 à 0,8 pour 100 de *sels minéraux*, principalement du *phosphate de chaux*. Le reste est de l'eau.

De toute évidence, tous ces principes doivent se trouver dans la ration en quantité proportionnelle aux besoins de la lactation, car si l'un d'eux fait défaut, le rendement en lait diminue ou sa composition cesse d'être normale.

On estime qu'une laitière du poids de 550 à 600 kilogrammes, donnant 15 litres de lait environ, doit recevoir en bloc les principes nécessaires à ses trois fonctions, savoir : l'entretien calorifique, la lactation et la ration embryogénique des femelles en gestation. Ces quantités sont représentées par 48 kg. 200 d'eau, 1 kilogramme de matières azotées, 5 kg. 810 de matières hydrocarbonées et 544 grammes de matières grasses.

Une partie de l'eau est fournie par les aliments aqueux, betteraves, fourrages verts, et le reste par la boisson. Celle-ci doit être présentée à un état tempéré ou tout au moins attiédi, surtout en hiver. Toutefois, l'eau de végétation est beaucoup plus digeste et plus profitable que l'eau crue; c'est pourquoi on doit faire intervenir le plus possible d'aliments aqueux dans la ration.

Modèles de rations. — La ration des vaches laitières peut être modifiée suivant les disponibilités alimentaires dont on dispose. Voici, à titre d'exemple, deux modèles de rations convenant à des vaches de poids moyen, soumises au *régime d'été* et au *régime d'hiver* :

RÉGIME D'HIVER

6 kilogrammes de fourrage sec (luzerne, sainfoin, etc.).
3   —   de bales de blé
1   —   de tourteau de coton décortiqué } En mélange
35   —   de betteraves en cossettes } ou mêlée.
40 grammes de sel
Paille d'avoine à discrétion.

RÉGIME D'ÉTÉ

40 kilogrammes de fourrage vert (trèfle, vesce, **etc.**)
1 kg. 500 de tourteau d'arachide.
40 grammes de sel.
7 kilogrammes de paille d'avoine.

Hygiène, maladies et accidents. — Les vaches laitières tenues dans les étables saines, à la fois spacieuses, bien aérées et bien construites (*fig.* 6), c'est-à-dire avec pentes et canalisations pour les urines, et où les prescriptions de l'hygiène sont observées, ne sont que très rarement malades. Il suffit de pratiquer l'enlèvement quotidien des fumiers, de renouveler les litières et d'effectuer tous les jours le pansage à l'étrille et à la brosse, pour éviter les affections graves qui pourraient mettre en danger la vie des animaux.

Le local étant tenu dans une demi-obscurité et les distributions faites à heure fixe, sans tumulte et sans bruit, dans les étables pourvues d'un couloir d'alimentation, les vaches jouissent d'une quiétude qui favorise au plus haut point la lactation, surtout si on a la précaution de toujours les faire traire par la même personne, et si l'égouttement des tétines est poussé à fond à chaque traite.

Cependant, les accidents sont assez fréquents dans les vacheries. Il y a des *avortements* occasionnés par les chutes et les glissades, les coups de cornes dangereux, l'asphyxie provoquée par l'*obstruction de l'œsophage* et surtout la *météorisation*. On doit prendre ses mesures de manière à les éviter, notamment en supprimant le lâcher et en fournissant l'eau de boisson dans la mangeoire.

Quant à la météorisation, elle est toujours à craindre quand on fait de copieuses distributions de luzerne verte ou de trèfle violet susceptibles de fermenter, ou qu'on fait pâturer ces légumineuses par le bétail. Par mesure de précaution, on devrait toujours mélanger de la paille d'avoine avec ces fourrages avant de les introduire dans le râtelier.

En cas de météorisation, caractérisée par le gonflement de la panse, il ne faut pas hésiter à ponctionner l'animal. C'est d'ailleurs une opération bénigne, sans suites graves, quand est elle pratiquée à temps.

Pour soulager le rumen distendu, il suffit de faire un trou à bonne hauteur, pour permettre l'échappement des gaz, au moyen d'un instrument appelé *trocart*. C'est une pointe d'acier accompagnée d'un tube un peu plus court que l'on place sur le flanc gauche, à une égale distance de la pointe de la hanche, des apophyses transverses et de la dernière côte (V. *Tab. Exploitation de la Vache*, *fig.* 2). On frappe un petit coup sur le manche du trocart pour faire pénétrer la lame, que l'on retire ensuite en laissant le tube dans la plaie jusqu'à ce que le gaz se soit échappé. On soumet ensuite le patient à une petite diète.

À défaut de trocart, on ponctionne avec la lame d'un couteau et on met dans le trou un tube quelconque en sureau ou en caoutchouc durci.

Lorsque les animaux sont conduits à l'abreuvoir ou au pâturage, on doit les détacher sans cris et sans brusquerie, les uns après les autres, de manière que la sortie se fasse sans précipitation, de même que la rentrée, surtout si le dallage est glissant. De plus, on ne laissera jamais sur le trajet des ruminants aucun corps rond tel que pommes de terre, navets, pommes, etc., qui pourraient être saisis et déglutis hâtivement.

VII. — ÉLEVAGE DES VEAUX

Génisses et vaches. — Les femelles destinées à la reproduction doivent posséder, quelle que soit la race exploitée, des caractères évidents de bonne lactation, même si les animaux sont orientés vers la boucherie. En effet, les veaux ne doivent pas avoir à souffrir de la pénurie du lait jusqu'au sevrage, si l'on veut obtenir des animaux précoces, susceptibles de prendre le gras par la suite.

En principe, une génisse de bonne venue doit être saillie de bonne heure, vers l'âge de vingt mois et toujours avant deux ans; mais il faut la suralimenter afin de ne pas nuire à son accroissement. Une vache doit donner un veau tous les douze ou treize mois, suivant qu'on la fait saillir trois ou quatre mois après la mise bas. Il faut savoir profiter des chaleurs qui reviennent tous les vingt jours environ pour la présenter au taureau.

Dans la pratique, on a intérêt à réformer les femelles après leur cinquième ou leur sixième veau, lorsqu'elles sont âgées de huit ou neuf ans. Leur chair est encore acceptable et elles sont susceptibles d'acquérir un certain embonpoint pour la boucherie. D'ailleurs la lactation diminue généralement à cet âge et les accidents consécutifs au vêlage sont plus à craindre.

Gestation et parturition. — Le régime de la stabulation est celui qui paraît le mieux convenir aux vaches laitières. Cependant, les génisses peuvent être mises au pâturage jusqu'aux approches de la parturition, à condition de les isoler des animaux méchants et de leur fournir des aliments complémentaires.

Les prodromes de la *mise bas* sont les suivants : formation du pis, tuméfaction de la vulve, abaissement du ventre, affaissement de l'embase de la queue, la vache se « casse » et le *colostrum* apparaît. La *parturition* est peu à craindre pour les femelles bien constituées; elle est un peu plus difficultueuse pour les génisses, mais les accidents sont tout à fait rares, à condition d'observer quelques prescriptions essentielles.

Aussitôt la sortie de la poche d'eau, qui prépare le passage, et que l'on se gardera bien de crever, on n'intervient que pour aider la bête dans ses efforts expulsifs, et seulement lorsqu'on a la certitude absolue que le veau est bien placé. En *position normale*, les pattes de devant apparaissent les premières et la tête suit à une petite distance (V, *Tabl. Elevage des Veaux, fig.* 1). On fait alors exercer une traction modérée par un aide, dans le sens horizontal, pendant que l'on retient les organes génitaux.

Si le veau est en *position anormale*, c'est-à-dire s'il ne vient rien ou si l'on aperçoit seulement une patte ou trois pattes à la fois, la tête ou les membres sont probablement repliés sur le côté ou en arrière (*fig.* 2 et 3). Il faut remettre le fœtus en place en le refoulant, après s'être coupé les ongles et enduit la main d'huile. Pour cela, le concours d'une personne exercée ou d'un vétérinaire est nécessaire.

Aussitôt sa naissance, on débarrasse la bouche et les narines du nouveau-né des mucosités qui les encombrent, puis on le frictionne avec un bouchon de paille pour activer la circulation du sang. On coupe alors le cordon ombilical à la longueur de 10 centimètres, après

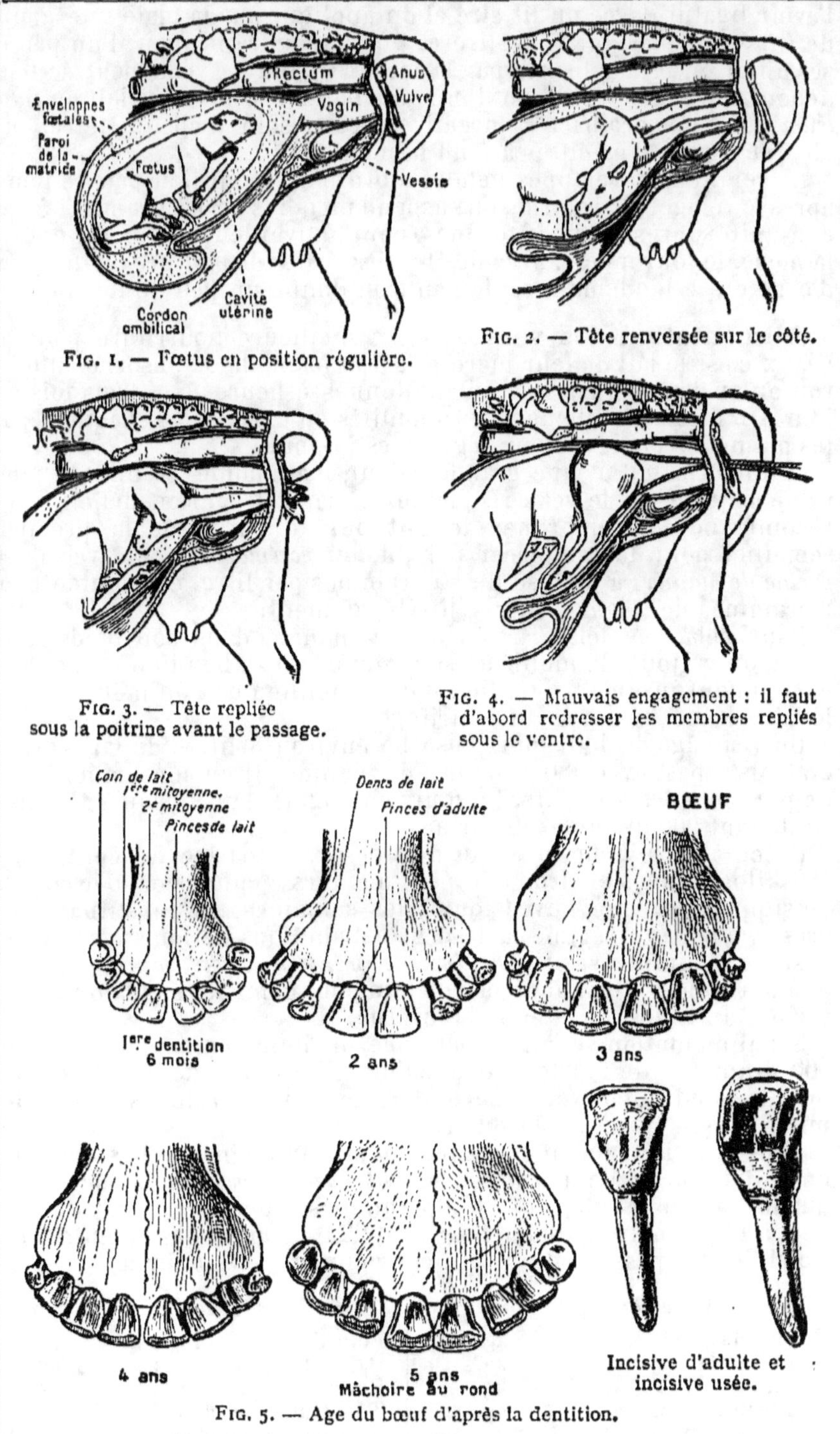

FIG. 1. — Fœtus en position régulière.

FIG. 2. — Tête renversée sur le côté.

FIG. 3. — Tête repliée sous la poitrine avant le passage.

FIG. 4. — Mauvais engagement : il faut d'abord redresser les membres repliés sous le ventre.

FIG. 5. — Age du bœuf d'après la dentition.

ÉLEVAGE DES VEAUX

l'avoir ligaturé avec un fil ciré et on applique sur la plaie une goutte de *teinture d'iode* qui l'aseptisera. On saupoudre le veau d'un peu de sel fin et on le fait lécher par la mère. Quand le veau peut se tenir debout, on fait téter ou on donne au baquet le premier lait ou *colostrum* qui a des propriétés purgatives. Avoir soin, à chaque tétée, ou à chaque buvée, d'égoutter à fond la mamelle.

Le rejet des enveloppes fœtales a ordinairement lieu peu de temps après le vêlage. S'il retarde, on suspend un poids de 500 grammes à leur extrémité, après les avoir tordues, pour activer leur sortie. On nourrit la mère, le jour même, avec des buvées tièdes de pouture ou de farine d'orge et, le lendemain seulement, on donne un peu de fourrage.

Alimentation des veaux. — La meilleure nourriture pour les veaux c'est le lait de leur mère pris à la mamelle ou absorbé au biberon ou au baquet, les repas étant donnés à heure fixe, trois fois par jour. On distrait seulement les quantités en excédent à chaque repas, les mamelles étant toujours égouttées à fond.

Comme le lait a une grande valeur marchande et que la plus-value acquise par le veau risque de laisser l'éleveur en déficit, il est recommandé de supprimer le lait pur, à partir de la première semaine, pour le remplacer par du *lait écrémé*, enrichi avec de la *farine de manioc*, à la dose de 60 grammes par litre, en ajoutant 1 ou 2 grammes de *poudre d'os*, par litre également.

Pour cela, on délaie la farine de manioc dans son poids d'eau tiède, on y ajoute la moitié de son volume d'eau bouillante et on cuit en remuant jusqu'à l'obtention d'une bouillie que l'on mélange dans le lait écrémé au sortir du centrifuge.

Un veau âgé de huit jours absorbe environ 8 litres de lait écrémé en trois repas, avec 480 grammes de manioc. Il en consomme 1 litre de plus tous les six jours, toujours en augmentant, jusqu'à 15 litres, contenant 900 grammes de farine.

Grâce à ce régime, un veau doit peser, vers l'âge de cent jours, 150 kilogrammes environ. On peut dès lors commencer à le sevrer, en supprimant une buvée toutes les semaines, en substituant progressivement au régime lacté des distributions de fourrages verts à base de légumineuses : *trèfle, luzerne, sainfoin, vesces, minette,* etc., en donnant conjointement un peu de foin pour combattre l'action météorisante du trèfle rouge et de la luzerne.

Si l'alimentation se fait au pâturage, on donne en supplément 250 à 500 grammes de tourteau d'arachide, additionné de 50 à 100 grammes de poudre d'os verts, surtout lorsque le terrain est naturellement pauvre en acide phosphorique.

Pour le rationnement des veaux soumis au régime de la stabulation on doit s'efforcer de maintenir la *relation nutritive* au voisinage de 1/5 quand leur poids atteint 150 kilogrammes, puis on l'élargit quelque peu, à 1/5,5 environ, quand ils pèsent 250 kilogrammes et enfin à 1/6. Voici deux types de rations qui conviennent à ces animaux :

I. — *Veau âgé de 5 mois.*		II. — *Veau âgé de 8 à 9 mois.*	
Regain de pré........	2 kg.	Foin de pré	3 kg.
Bales de blé.........	1 kg.	Bales de blé.........	2 kg.
Betteraves	10 kg.	Betteraves	20 kg.
Tourteau d'arachide ...	0 kg. 500	Tourteau d'arachide ...	0 kg. 750
Os verts en poudre....	0 kg. 100	Os verts en poudre....	0 kg. 150
Sel dénaturé..........	0 kg. 015	Sel dénaturé.........	0 kg. 020

Reconnaissance de l'âge. — On peut, par l'examen de la dentition, reconnaître l'âge des bovidés jusqu'à cinq ans, époque où la totalité des *dents de lait* ont été remplacées par les dents permanentes (*fig.* 5). Il suffit de savoir que la mâchoire inférieure porte 6 incisives qui sont appelées : les deux du milieu les *pinces*, celles de chaque côté les *premières mitoyennes*, les deux suivantes les *deuxièmes mitoyennes* et les deux dernières les *coins*.

Le *rasement* des incisives de lait se produit dans l'ordre suivant : les pinces commencent à se raser à dix mois; vers un an, c'est le tour des premières mitoyennes; à quinze mois les deuxièmes mitoyennes et à dix-huit ou vingt mois les coins.

C'est à cet âge que les pinces de lait tombent généralement pour laisser la place aux *pinces permanentes* qui sont complètement sorties à deux ans. De deux ans et demi à trois ans ont lieu la chute et le remplacement des premières mitoyennes; de trois ans et demi à quatre ans, c'est le tour des deuxièmes mitoyennes; de quatre ans et demi à cinq ans, celui des coins.

Au-dessus de cinq ans, on contrôle l'âge des vaches par l'examen des cornes, en comptant le nombre des sillons que l'on aperçoit à leur base. Le premier secteur, limité par la première dépression circulaire, compte pour trois ans; tous les autres sillons comptent pour un an.

Ainsi, une corne qui posséderait trois dépressions indiquerait cinq ans, celle qui en aurait quatre compterait pour six ans, et ainsi de suite. Ces indications ne sont que relatives. On peut d'ailleurs les truquer par le râpage des cornes.

Bénéfices de l'élevage. — On ne réalise pas toujours, dans l'élevage du veau, les bénéfices escomptés à l'avance, surtout lorsqu'on nourrit au lait pur. On peut d'ailleurs s'en rendre compte en tenant un rudiment de comptabilité, en attribuant au lait la valeur marchande qu'il possède dans la localité. Les calculs sont faciles à faire en s'inspirant des chiffres suivants :

Un veau de cinq jours ne coûte rien à nourrir, le premier lait étant inutilisable, sauf pour la nourriture des porcs. Un veau de quatre semaines nourri au lait pur en a consommé 200 litres environ. S'il avait été nourri au lait écrémé, il en aurait consommé 200 litres également avec, en plus, 11 kg. 340 de farine de manioc et 300 grammes de poudre d'os. La consommation serait :

	Lait écrémé.	Manioc.	Poudre d'os.
A 5 semaines.	277 litres	15 kg. 960	430 grammes
A 6 —	371 —	20 kg. 990	566 —
A 7 —	462 —	26 kg. 450	693 —
A 8 —	560 —	32 kg. 330	840 —
A 9 —	665 —	38 kg. 630	997 —
A 17 —	1 295 —	76 kg. 430	1 943 —

Maladies des veaux. — Les veaux sont sujets à des maladies épidémiques extrêmement graves qu'il est absolument nécessaire d'enrayer quand elles se produisent. On doit prendre en outre des mesures prophylactiques sévères pour en empêcher le retour.

La plus grave de toutes les affections est la *septicémie*, qui se manifeste trois ou quatre jours après la naissance et toujours avant huit jours. L'animal atteint s'affaiblit, son flanc se vide, une diarrhée jaune et fétide apparaît et la mort survient.

Il faut tenir les litières propres et isoler les mères un peu avant la parturition. On ne remet les veaux à l'étable qu'après la cicatrisation complète de l'ombilic. Aussitôt la mise bas, on ligature le cordon à 3 centimètres, avec un fil ébouillanté, on le tranche avec des ciseaux, puis on badigeonne le moignon à la teinture d'iode. On fait ensuite un pansement avec un mélange de charbon de bois et d'alun calciné en poudre. En cas d'infection, on pulvérise de temps à autre à l'étable une solution d'*eau de Javel* ou de *crésyl* à 4 pour 100.

Vers l'âge de trois à quatre semaines, la *diarrhée* est assez fréquente chez les veaux allaités au baquet. Pour l'enrayer, on remplace de suite l'alimentation au lait écrémé et aux adjuvants par le lait pur. Pour commencer, on donne un purgatif, 12 à 15 grammes de crème de tartre, puis on applique une demi-diète : premier jour, eau bouillie avec un quart de lait; deuxième jour, eau bouillie avec moitié lait.

VIII. — LE BŒUF

Considérations économiques. — La production du bœuf est un des profits de l'élevage des bovins. Elle ne peut être intéressante que dans les situations où cet animal est utilisé comme tracteur. Partout ailleurs, son entretien ne paraît pas avantageux, car le prix de revient de la viande est trop élevé pour que l'élevage exclusif en vue de cet objet puisse être économique.

Il est en effet très onéreux de nourrir et de soigner un bovidé jusqu'au moment où, devenu adulte, il est susceptible de pouvoir être soumis à l'engraissement, le coût du kilogramme de viande étant souvent supérieur aux prix payés par la boucherie. Pour que cette spécialité soit rémunératrice, il faut que la production de la *viande* puisse marcher de pair avec celle du *travail*. Le bœuf doit être attelé de bonne heure, à partir de dix-huit mois jusqu'à quatre ans environ, époque où il a atteint son développement charpentier complet, tout en payant sa nourriture par son travail. Tout autre mode d'exploitation risque de laisser l'éleveur en déficit, ce qu'il peut d'ailleurs vérifier en calculant les dépenses correspondantes, nourriture et main-d'œuvre.

Choix d'une race. — Dans toutes les situations, on peut utiliser les bœufs pour les labours et les gros charrois, notamment dans les pays accidentés, voire même en plaine, là où la terre argileuse rend les labours profonds trop pénibles pour les chevaux.

On donne alors la préférence aux races *nivernaise, charolaise* ou *limousine,* les unes et les autres étant fortement charpentées et ayant une propension marquée pour l'engraissement.

Cependant, dans les régions montagneuses, on peut conserver les races acclimatées, mieux adaptées à la production mixte, notamment la *fribourgeoise,* la *montbéliarde,* la *bleue de Mons,* voire même la *normande,* qui se prête à toutes les exploitations. De nombreuses variétés locales, habituées aux travaux des champs depuis un temps immémorial, conviennent bien pour la culture.

Ce qu'il faut enfin, dans toutes les situations, ce sont des races précoces, rustiques, vigoureuses et courageuses, dont les mâles aient des aptitudes marquées pour le travail et la viande, les femelles étant d'assez bonnes laitières, sans toutefois se montrer trop exigeant sur les trois genres de spéculations.

Élevage des bouvillons. — Le bœuf est l'animal qui tire le meilleur parti des aliments grossiers que l'on récolte en abondance dans toutes les fermes, en raison de la grande capacité et de la multiplicité de ses estomacs, au nombre de quatre : la *panse* ou *rumen*, le *bonnet*, le *feuillet* et la *caillette*. Néanmoins, bien que sa puissance digestive soit grande, il ne faut pas lui donner que des fourrages de deuxième qualité, si on ne veut pas nuire à sa précocité ni à son développement charpentier.

Une partie de la ration peut être constituée par des ligneux, tels que foins, pailles et fanes divers, complétés par des résidus d'industries agricoles : *drêches* de brasserie, *pulpes* de sucrerie, de distillerie, de féculerie, etc., tous aliments qui ne conviennent guère aux vaches, en raison du mauvais goût qu'ils communiqueraient au lait.

Pour la constitution des rations, on fera une distinction entre les rations d'élevage destinées aux jeunes sujets et les rations de travail. Les premières, dites de sevrage, sont réservées aux animaux âgés de trois mois et demi à quatre mois, pesant 150 kilogrammes environ, et nous avons donné des modèles de ces rations dans le chapitre précédent.

Si les bouvillons sont mis au pâturage, on leur donne en supplément, tous les jours et en mélange, 250 grammes de tourteau d'arachide, 250 grammes de son, 100 grammes de poudre d'os et 10 grammes de sel.

Lorsque les élèves atteignent le poids de 250 kilogrammes, il faut leur fournir quotidiennement à l'étable, en moyenne, 3 kilogrammes de foin, 2 kilogrammes de bales, 20 kilogrammes de betteraves, 750 grammes de tourteau d'arachide, de la poudre d'os et du sel, auxquels on ajoute plus ou moins de paille d'avoine, à mesure que les bouvillons grandissent.

On attend l'âge de quatorze ou quinze mois avant de castrer les taureaux destinés à fournir des bœufs de labour, afin de les rendre plus vigoureux, tandis que l'opération est faite à quatre ou cinq mois s'ils sont destinés exclusivement à la boucherie.

C'est vers l'âge de dix-huit mois que l'on commence à faire travailler les bouvillons; on n'a pas intérêt à attendre davantage.

Nourriture des bœufs. — Un bœuf du poids de 600 kilogrammes, soumis à un travail régulier, mais non excessif, doit recevoir dans sa ration, de 1 000 à 1 050 grammes de *matières azotées*, 7 350 grammes à 7 400 grammes de *matières hydrocarbonées* et 170 à 180 grammes de *matières grasses*, ayant une *relation nutritive* d'environ 1/7,6, c'est-à-dire plus « étroite » que pour les animaux à l'engrais et plus « large » que pour les vaches à lait.

Cette ration peut être constituée de la façon suivante :

Paille d'avoine........	5 kilogr.		Bales de blé..........	3 kilogr.
Foin divers..........	3 —		Tourteau d'arachide....	1 —
Betteraves..........	30 —		Sel	40 gr.

La betterave fourragère peut être remplacée par 38 kilogrammes de pulpe de diffusion ensilée, ou par 42 kilogrammes de pulpe fraîche. Les pulpes de presse étant plus riches que les précédentes, 25 kilogrammes suffisent généralement. Un autre type de ration à base de drèche de brasserie peut être établi ainsi qu'il suit :

Paille d'avoine........	6 kilogr.		Tourteau d'arachide....	1 kilogr.
Drèches fraîches......	10 —		Carotte	4 —
Bales de blé.........	4 —		Sel	40 gr.
Son de froment	1 —			

Le travail des bœufs. — C'est principalement dans la tête et le cou que réside la force du bœuf. Par conséquent, le meilleur mode d'attelage de cet animal est le *joug simple* (*fig.* 2) ou le *joug double articulé*, lequel procure une plus grande liberté d'allure aux bêtes lorsque, accouplées pour les labours, le bœuf de la « hors main » doit cheminer dans le sillon ouvert, à un niveau plus bas que celui de la « main ».

Les *jougs doubles rigides* conviennent assez pour les transports sur route. Si le harnachement se fait au *collier* ou à la *bricole*, ceux-ci doivent être bien ajustés.

Le bœuf de travail doit être ferré, tout au moins d'un onglon à chaque pied, ou mieux encore des deux. Un *travail* spécial est nécessaire pour immobiliser la patte de la bête pendant le ferrage.

Le *dressage* des bouvillons âgés de dix-huit mois se fait par couple, en choisissant toujours des animaux de même taille et de même poids. Généralement, pour commencer, on les attelle à une charrue en les plaçant avec un ou deux couples de bœufs dressés. Comme ils sont d'un tempérament doux et très dociles, ils s'habituent vite à toutes sortes de travaux, surtout si on les conduit sans brutalité et à la parole. Mais il faut avoir soin de ne pas les rebuter par des ouvrages qui seraient au-dessus de leurs forces, et on ne doit pas les astreindre à de trop grandes attelées. Si la conduite se fait au moyen de l'aiguillon, il ne faut jamais le munir d'une pointe acérée qui impose des souffrances inutiles aux animaux.

Le bœuf va lentement, mais sûrement. S'il est moins rapide que le cheval, il s'essouffle moins et il est beaucoup plus rustique et plus résistant. Il augmente de valeur, tout en travaillant, tandis que celle du cheval diminue ; la différence est très sensible. C'est à lui que l'on doit confier les labours profonds en sol argileux et les défrichements de vieilles prairies. Il convient également pour l'exécution des lourds charrois, déblavements de betteraves, conduite des fumiers et l'exploitation des forêts en pays montueux.

Engraissement. — La bonne *viande de bœuf* est ferme, à grain fin, d'une coloration rouge vif, à odeur douce et fraîche, persillée par des arborisations de graisse dans tous les sens. Elle est fournie par des animaux âgés de quatre à cinq ans, que l'on a soumis à un engraissement variable. Le degré d'embonpoint s'apprécie par les *maniements* de *travers*, de la *côte*, du *cimier*, de la *hanche*, du *cœur*, de l'*œillet* ou *grasset*.

Suivant la race et l'état plus ou moins graisseux de la bête, le rendement en viande nette varie entre 45 à 50 pour 100, avec les animaux maigres, et 62 à 65 pour 100 pour les animaux fin gras. En terme de boucherie, on distingue : le *demi-gras*, le *gras*, le *très gras*, le *fin gras*. D'après les rendements, on comprend l'intérêt qu'il y a de livrer à la boucherie des animaux bien au point.

La viande de bœuf a été classée en trois catégories. Première qua-

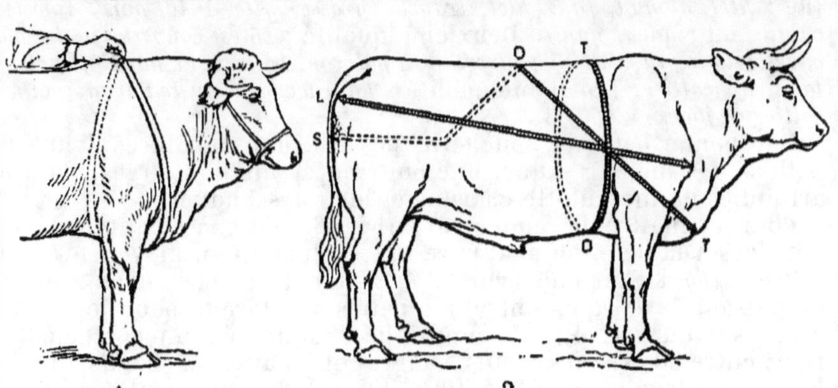

FIG. 1. — Barymétrie : 1, d'après Mathieu de Dombasle ; 2, d'après Crevat :
TD, tour droit ; IL, longueur du corps ; TOS, tour spirale.

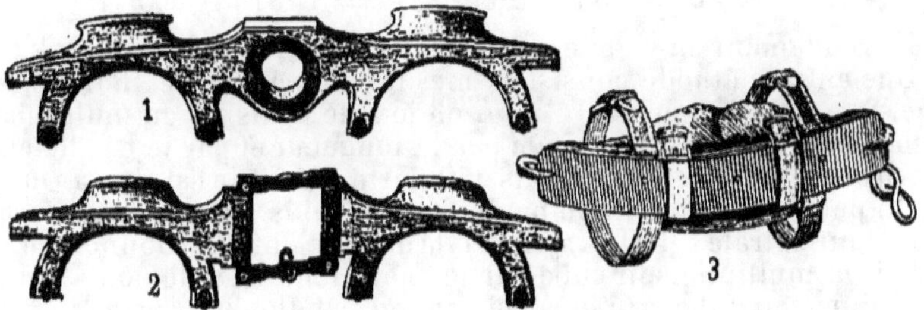

FIG. 2. — Joug : 1, joug double rigide ; 2, joug articulé ; 3, joug simple ou jouguet.

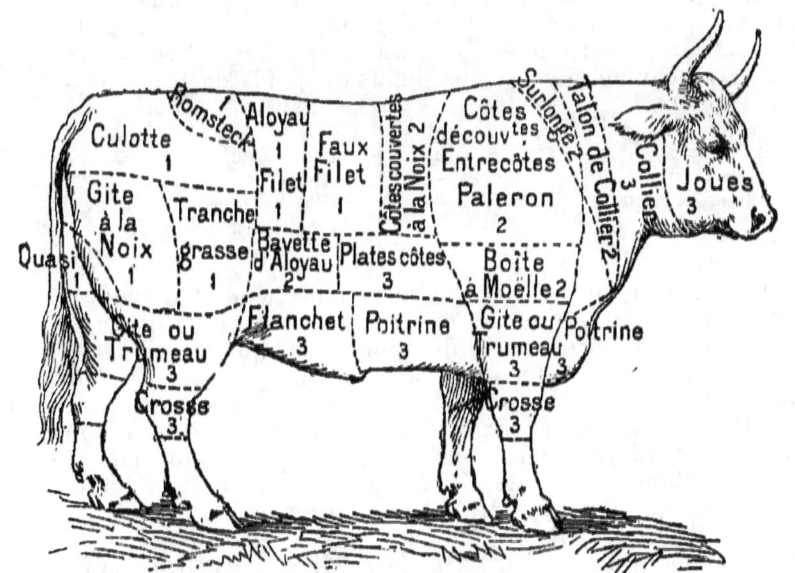

FIG. 3. — Schéma d'un bœuf de boucherie avec le nom des morceaux.

BŒUF DE TRAVAIL ET DE BOUCHERIE

lité : *filet, aloyau, faux-filet, tranche grasse, gîte à la noix, romsteck, culotte* ou *cimier, quasi*. Deuxième qualité : *côtes couvertes à la noix, bavette d'aloyau, côtes découvertes* ou *paleron, boîte à la moelle, surlonge, talon du collier*. Troisième qualité : *flanchet, gîte* ou *trumeau, poitrine, collier et joues* (V. *fig.* 3).

Une bonne bête de boucherie possède une encolure et une tête petites, des membres fins, une poitrine et un dos larges, des côtes arrondies et une culotte charnue et bien descendue.

Pour connaître le rendement en viande nette, à défaut de bascule pour peser la bête, on peut faire une évaluation au moyen du *cordon métrique* (*fig.* 1). Le poids brut est égal au cube de la longueur obtenue en passant le cordon entre les pattes de devant pour le ramener au-dessus du garrot, cube multiplié ensuite par un coefficient variant entre 80 avec les bœufs maigres et 70 avec les bœufs fin gras. Le pourcentage en viande nette s'obtient en multipliant par 0,6.

Ainsi, un bœuf gras, ayant $2^m,50$ de périmètre thoracique, aurait approximativement comme poids vif :

$$2,50 \times 2,50 \times 2,50 \times 74 = 1\,187 \text{ kg. } 500.$$

Le rendement en viande nette serait : $1\,187,50 \times 0,6 = 712$ kg. 500.

Une autre méthode consiste à mesurer le périmètre thoracique T D (*fig.* 2), et la longueur I L ; on obtient le poids vif en multipliant le cube du périmètre thoracique par la longueur et par le coefficient 88. Le produit représente le poids vif. Cette méthode est due à Quételet.

On peut enfin obtenir le poids vif et le poids net par la mesure dite du « tour spirale » T O S (*fig.* 1, 2), la mesure obtenue donnera le poids vif si on multiplie son cube par le coefficient 40, et le poids net si on multiplie son cube par le coefficient 22. (Méthode Crevat.)

Quand on engraisse les bœufs, on attend que les labours d'automne soient terminés, puis on maintient les animaux en stabulation à l'étable, dans une demi-obscurité. On leur fournit alors une ration de plus en plus riche en hydrates de carbone. Voici deux types de ration qui conviennent à des bœufs du poids de 600 kilogrammes :

I		II	
Foin	5 kilogr.	Luzerne sèche	5 kilogr.
Drèches fraîches	25 —	Betteraves	35 —
Tourteau de coprah	1 —	Paille hachée	4 —
Bales de blé	6 —	Coprah et arachides	2 —
Sel	50 gr.	Sel	50 gr.

Des bœufs bien préparés pour l'engraissement doivent bénéficier d'une augmentation journalière de 1 kg. 500. Au pâturage, l'augmentation dépasse rarement 1 kilogramme par jour, et il n'est pas toujours aussi économique qu'on se l'imagine à cause du piétinement qui empêche l'herbe de pousser et des refus occasionnés par les excréments. En réalité, le régime de la pâture occasionne toujours un certain gaspillage d'herbe et il ne permet pas de nourrir, à surfaces égales, autant de têtes de bétail que le régime de la stabulation.

En principe, il est préférable de réserver les herbages à l'élevage du jeune bétail, car s'il ne supprime pas le gaspillage, il favorise le développement musculaire des élèves, il leur procure à la fois un air pur et un exercice salutaire. Mais les sujets à l'engrais profitent mieux à l'étable, où ils jouissent d'une plus grande quiétude et où les dépenses calorifiques et énergétiques sont moindres.

IX. — LE PORC

Intérêt de cet élevage. — L'élevage du *porc* est à portée de tous les ruraux qui exploitent un domaine, si petit soit-il. C'est, de tous les animaux domestiques, celui qui utilise le mieux les épluchures de toutes sortes et les détritus ménagers fournis par la cuisine, le potager, la laiterie, les cultures et les diverses industries campagnardes. Même dans les plus humbles exploitations, on peut toujours produire tous les ans un ou deux porcs, lesquels fourniront le lard, le saindoux, le salé et les autres conserves consommées à la ferme sur une grande échelle.

En dehors de l'alimentation familiale, on peut produire des porcs gras pour la charcuterie, ou encore des porcelets vendus aussitôt le sevrage ou un peu plus tard. Toutes ces spéculations sont rémunératrices, à condition d'être bien dirigées et si l'on sait tirer parti des ressources dont on dispose.

Peuplement de la porcherie. — Quand on a seulement en vue la production simultanée de deux porcs, dont l'un est destiné à la consommation familiale, un réduit mesurant 2 mètres sur 2 mètres suffit à leur logement. Ce réduit peut être établi en maçonnerie de briques enduites ou en ciment armé, sous un couvert quelconque, avec pente pour l'écoulement des urines, avec une mangeoire en ciment poli pour les distributions, que l'on munit d'un volet mobile.

On peuple alors la porcherie avec deux gorets castrés et sevrés, âgés de deux mois au moins, de préférence en avril-mai, de manière que les animaux puissent être sacrifiés pendant la saison froide, de décembre à mars, lorsqu'ils sont âgés de sept à neuf mois, et que leur poids s'élève à 120 ou 175 kilogrammes. On profite ainsi des ressources alimentaires de l'arrière-saison et l'engraissement n'est pas gêné par les grandes chaleurs de l'été.

Il faut toujours prendre des porcelets précoces et de bonne venue : *yorkshires*, si on veut des sujets précoces pouvant être tués à six mois; *craonnais*, si on veut des animaux plus charpentés, ne devant pas être sacrifiés avant l'âge de huit à dix mois. Les croisements *yorkshires-craonnais* ont des aptitudes intermédiaires entre les deux races précitées. La race *limousine* est rustique, féconde, de précocité moyenne. Le porc *normand* ressemble au porc craonnais, il atteint des poids vifs considérables : 200 à 300 kilogrammes entre 16 et 18 mois, la truie est très prolifique. (V. *Tabl. Élevage du porc*).

L'élevage des gorets est un peu plus compliqué que l'engraissement simple, car la porcherie doit comprendre des réduits pour les truies, d'autres pour les porcelets à la mamelle et d'autres encore pour l'élevage en commun des « grands cochons ». Une buanderie spéciale, pourvue d'un appareil de cuisson, doit être annexée à l'établissement. Enfin, on doit pouvoir disposer de lait écrémé et d'autres résidus de laiterie, afin d'établir des rations de transition permettant d'éviter les aléas du sevrage.

Les reproducteurs doivent être de bonne sorte. Ils appartiendront aux races recommandées, craonnaise, yorkshire ou à leurs croisements. Il faut en l'occurrence tenir compte des préférences manifestées par les éleveurs de la région.

Élevage. — Les loges destinées à la production des gorets doivent comprendre : 1° Un réduit pour chaque truie, de 2 mètres × 2 mètres, identique à ceux destinés à l'engraissement simultané de deux porcs, mais portant en plus, sur le pourtour, une armature en fer rond, maintenue par des scellements à une petite distance des parois, qui protège les petits de l'écrasement lorsque la mère se couche pour les tétées ;

2° Des réduits, ayant mêmes dimensions que les précédents et en communication avec eux par une trappe mobile, servent au logement des gorets pendant toute la durée de l'allaitement, jusqu'au moment où le sevrage est terminé. Ils sont munis d'une mangeoire circulaire en fonte, dans laquelle les porcelets prennent leurs repas complémentaires ;

3° Une ou plusieurs loges d'élevage très spacieuses, de 2 mètres de large sur 4 ou 5 mètres de long, où on réunit les petits de deux ou trois portées du même âge.

Une truie porte cent quinze jours en moyenne. La durée de l'allaitement, jusqu'au sevrage complet, étant de soixante jours environ, on peut lui faire produire deux portées tous les ans. Mais, pour cela, on doit éviter de laisser prendre de l'embonpoint aux mères, car cela risque de les rendre stériles ou mauvaises nourrices. Il faut leur donner une pâtée moyennement riche, assez aqueuse, en la complétant par des racines ou des fourrages verts.

Voici un type de ration qui convient pour une truie de moyenne taille, en état de gestation :

Pommes de terre cuites.	5 kilogrammes
Son.	1 —
Tourteau d'arachide.	500 grammes
Lait écrémé.	3 litres
Eaux grasses	4 —
Racines ou fourrages verts.	4 à 5 kilogrammes

Au moment de la mise bas, il faut surveiller les truies : elles pourraient manger leurs petits sous l'empire de la douleur. Le mieux est de retirer aussitôt les porcelets pour les mettre dans la loge contiguë qu'ils devront habiter.

En général, une bonne mère donne de six à dix gorets à chaque portée. Il est recommandé de ne pas en conserver plus de dix ; mais si leur nombre est toujours inférieur à six, la femelle peut être réformée sans crainte.

Régulièrement et à heures fixes, quatre fois par jour, on fait téter les porcelets, puis on les enferme dans leur loge. Pendant toute la durée de l'allaitement, la mère est copieusement nourrie, en augmentant progressivement la proportion des aliments concentrés, pour éviter d'avoir un lait trop riche et partant indigeste. A la fin de la première semaine, la ration d'une nourrice peut être à peu près la suivante :

Pommes de terre cuites.	6 kilogrammes
Son et farine d'orge	0 kg. 500 de chaque sorte
Lait écrémé	6 litres
Eaux grasses.	6 —
Verdures à satiété.	

Sevrage des gorets. — Le *sevrage* commence au bout de trente jours. On supprime une tétée tous les dix jours, que l'on remplace

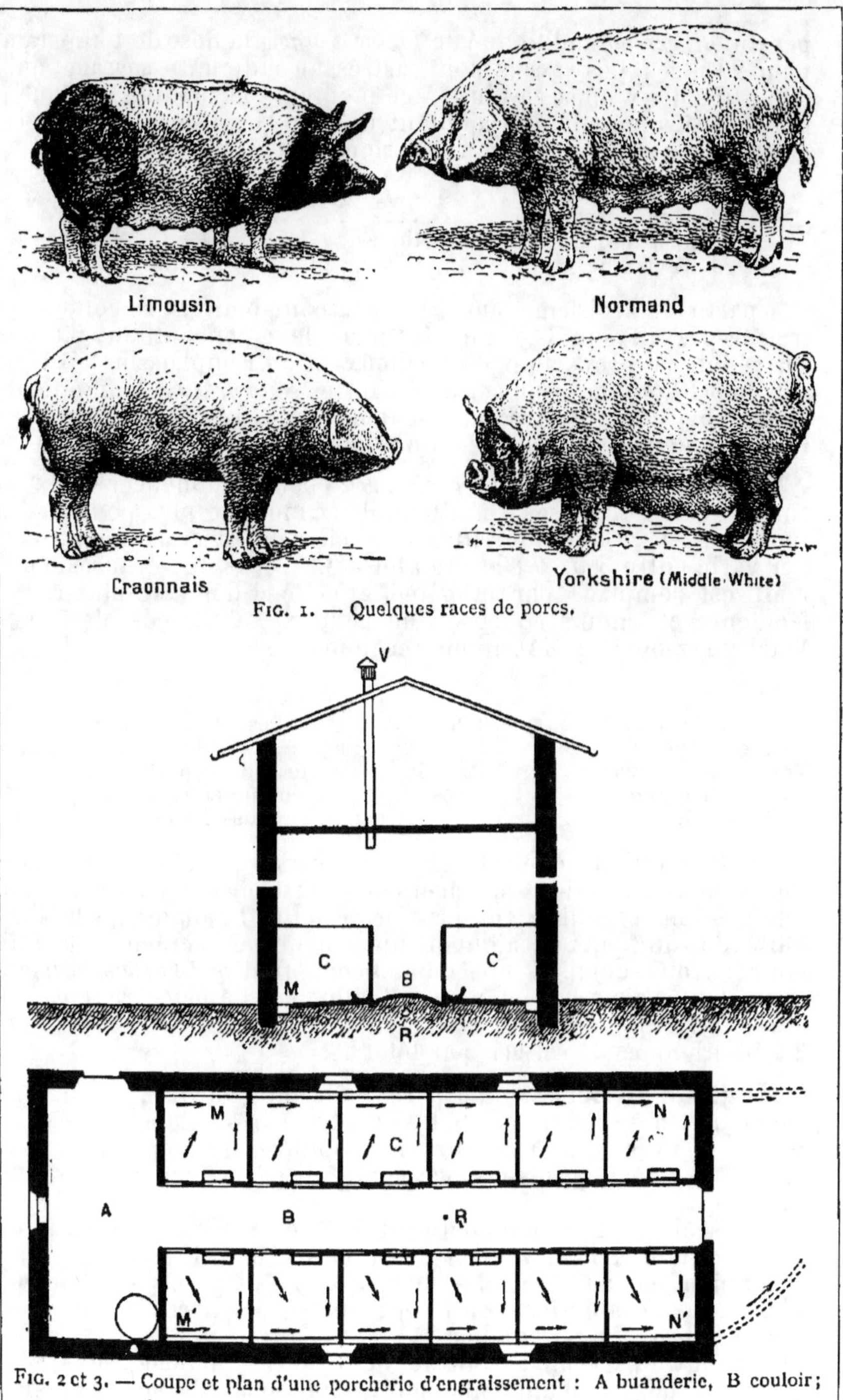

FIG. 1. — Quelques races de porcs.

FIG. 2 et 3. — Coupe et plan d'une porcherie d'engraissement : A buanderie, B couloir ;
C cases ; M N et M' N' conduits de drainage ; R eprise d'eau.

ÉLEVAGE DU PORC

par du *lait écrémé* additionné de *farine d'orge* à la dose de 1 kilogramme pour 20 litres. Les gorets sont castrés au milieu du sevrage, qui est définitif à deux mois révolus. A ce moment, on modifie quelque peu la ration des porcelets en ajoutant un peu de *pommes de terre* et de *tourteau* à la ration. Une bonne formule est la suivante :

Pommes de terre	10 kilogrammes
Farine d'orge	1 —
Tourteau d'arachides décortiqués	1 —
Lait écrémé	20 litres

A partir du troisième mois, les porcelets peuvent se contenter de trois repas. Lorsqu'ils ont quatre mois, leur poids atteint 50 kilogr. On réduit la proportion de farineux et on remplace le lait écrémé par du *petit lait* de fromagerie ou par des *eaux grasses*. La moitié de la ration environ peut être représentée par des *verdures* tendres ou des *racines* aqueuses, betteraves ou navets.

Engraissement. — L'*engraissement* peut commencer à six mois chez les races anglaises. On attend deux mois de plus pour les races indigènes. Avec une nourriture bien choisie, l'accroissement journalier varie entre 500 et 800 grammes. Le repas de verdures donné à midi est remplacé par la pâtée, et celle-ci doit être plus riche en féculents et moins aqueuse que pendant la période de l'élevage. Voici deux modèles de rations recommandées :

I		II	
Pommes de terre	4 kg.	Betteraves cuites	5 kg.
Farine d'orge	1 kg.	Farine de maïs	1 kg.
Tourteau de coprah	0 kg. 250	Tourteau de coprah	0 kg. 250
Lait écrémé aigri	2 litres	Lait écrémé aigri	2 litres
Petit lait aigri	3 —	Eau de vaisselle aigrie	3 —

D'autres rations équivalentes peuvent être établies en utilisant toutes sortes de résidus ménagers ou industriels, en cherchant autant que possible à réduire leur prix de revient. On augmente la digestibilité des aliments en ajoutant un peu de lait écrémé à la ration, après l'avoir soumis à un commencement d'*acidification lactique*. La digestibilité gagne également sous l'influence d'une légère *fermentation alcoolique*. Enfin on variera la nourriture et on salera à la dose de 8 à 10 grammes de sel gris par tête.

Hygiène du porc. — Le porc, quoi que l'on dise, est un animal soigneux de sa personne. S'il se vautre parfois dans la boue, c'est pour y trouver de la fraîcheur, car il souffre énormément de la chaleur et des démangeaisons occasionnées par la malpropreté et les parasites.

Non seulement on doit nettoyer à fond les réduits tous les jours, en procédant à l'enlèvement des fumiers, mais il faut les laver fréquemment à grande eau. De plus, si on ne dispose pas d'une pièce d'eau pour les ablutions, on lavera souvent les porcs à l'eau fraîche, soit à la brosse ou à la lance.

Si, d'autre part, on a soin de nettoyer les mangeoires et de ne jamais y laisser d'aliments subir l'influence de la fermentation putride, les maladies sont peu à craindre. Par la désinfection hebdomadaire des loges au moyen de l'*eau de Javel* ou de *crésyl* en solution à 4 pour 100, on se met à l'abri des affections épidémiques.

La maladie la plus fréquente, celle qui cause une mortalité parfois élevée dans les porcheries d'élevage, c'est *l'entérite infectieuse,* vulgairement « gros ventre » qui prend parfois un caractère épidémique accentué chez les jeunes porcelets. Le microbe infectieux se propage par les litières, les récipients et les mangeoires, où séjournent les aliments. Il faut désinfecter soigneusement les loges et tout le matériel d'élevage.

Les *affections gastro-intestinales* sont également fréquentes chez les porcelets, avant et après le sevrage. Elles sont occasionnées par des à-coups ou des changements brusques d'alimentation et par la suppression trop rapide du lait dans la ration. De plus, le lait de la mère doit être abondant, mais pas trop riche en matière grasse ni en caséine ; il faut régler sa nourriture en conséquence.

La substitution du régime ordinaire au régime lacté doit se faire progressivement. Si des troubles intestinaux se manifestent, on revient pendant quelque temps au lait écrémé doux, additionné de farine d'orge. En résumé, pour éviter les accidents du premier âge, on doit avoir du lait écrémé à sa disposition.

Quant à la *goutte* ou *mal des pattes,* qui se manifeste par des boiteries et l'enflure des jointures chez les porcelets âgés de trois mois environ, elle est due surtout à l'insalubrité des locaux et à la pauvreté de la ration. Il faut introduire dans la pâtée, suivant la taille des porcelets, 8 à 10 grammes par tête de phosphate de chaux, 5 à 6 grammes de sel marin et 50 à 100 grammes de farine de viande ou d'autres aliments animalisés.

X. — LE MOUTON

Considérations générales. — L'élevage du *mouton* est surtout en honneur dans les régions où on dispose de grands parcours, tels que friches, landes, éteules, pâturages accidentés ou peu accessibles aux instruments aratoires et où ce bétail trouve la majeure partie de sa nourriture. Le mouton peut également être tenu en stabulation dans des bergeries bien aménagées, auxquelles seraient annexés de petits parcs ou paddocks sains.

Les ovins en liberté sont surtout du bétail de terres pauvres et ils ne s'accordent guère avec la culture intensive. Ils sont plus nuisibles qu'utiles aux régions montueuses, parce qu'ils favorisent le dénudement des côtes ; ils causent d'importants préjudices aux boisements et à la flore naturelle en broutant le collet des plantes.

Le mouton fournit de la viande et de la laine. On l'exploite quelquefois pour la production des *agneaux de lait,* âgés de quatre à six semaines, comme c'est le cas dans la région du Sud-Est où le lait est utilisé à la fabrication du *roquefort.* Les *agneaux blancs* sont représentés par des sujets de trois à quatre mois, non sevrés, que l'on destine à la boucherie. Les *agneaux gris* sont des animaux précoces que l'on sacrifie vers l'âge de huit mois. Le *mouton* proprement dit est fourni par les bêtes de dix à dix-huit mois, ayant acquis un certain degré d'embonpoint, qui donnent une viande ferme, savoureuse et estimée. Enfin la *viande d'adultes* provient des animaux de réforme que l'on ne doit jamais laisser vieillir outre mesure, si on veut qu'elle soit acceptable, sans odeur suiffeuse.

La valeur marchande de la chair du mouton varie suivant qu'il s'agit d'agneaux de lait, d'agneaux blancs, d'agneaux gris, de moutons faits ou de bêtes de réforme. C'est à l'éleveur de voir quel est le genre de production qui lui convient le mieux et qui reste le plus avantageux. Généralement, ce sont les moutons précoces, sacrifiés à dix ou douze mois, qui laissent le plus de bénéfices.

Outre la viande, les ovins donnent une laine plus ou moins estimée, suivant sa longueur, sa finesse, sa souplesse, sa force, etc. On distingue les *toisons fermées*, caractérisées par des mèches ayant même longueur et les *toisons ouvertes*, qui sont inégales et inférieures aux précédentes.

Le *mérinos* est le type idéal de la bête à laine; le *dishley* est surtout un mouton à viande. Par le croisement des deux races précitées, (race de Grignon), ou l'adoption du *southdown*, on obtient des animaux à deux fins donnant un pourcentage élevé de viande nette, 60 à 65 pour 100, en même temps qu'une laine de bonne qualité.

Le mouton de la *Charmoise* est comparable au *southdown* ; il a été obtenu par son croisement de brebis solognotes et berrichonnes avec des béliers anglais, c'est maintenant une race bien fixée qui se répand en France.

Pour les terres pauvres, quand on néglige l'alimentation à la bergerie, il faut des moutons rustiques ou peu exigeants, comme le *mérinos de Champagne,* le *berrichon*, la *race du Larzac*, etc., mais cette spéculation n'est pas très rémunératrice.

Enfin, le mouton donne un fumier plus riche de beaucoup que tous ceux obtenus à la ferme. Un adulte tenu en stabulation produit annuellement 700 kilogrammes d'engrais, de quoi fumer copieusement deux ares de terrain.

Installation des bergeries. — Quelle que soit l'orientation donnée à l'élevage, il faut toujours prévoir le régime de la stabulation pour la mauvaise saison. Le logement doit donc être construit et aménagé de manière à pouvoir alimenter les moutons à la bergerie.

Une bergerie bien comprise est installée dans un local vaste et spacieux, largement aéré et susceptible d'être ventilé pendant les chaleurs, que l'on divise en *compartiments* ou *travées* permettant l'affourragement et l'enlèvement facile des fumiers.

Des cloisons transversales en briques, avec *portillons* de communication, portant des *râteliers* et des *mangeoires* fixes ou mobiles pour les distributions, divisent la bergerie en travées auxquelles on donne généralement une superficie de 40 mètres carrés au minimum, de manière à pouvoir y loger cinquante adultes, en s'arrangeant de manière à ce que chaque animal puisse disposer de 35 centimètres de mangeoire-râtelier.

Un compartiment supplémentaire ou haut-le-pied rend possible la mutation alternative des groupes de moutons d'une travée dans une autre, pour la distribution des fourrages et la vidange des fumiers. Le sol doit être imperméable, avec pente, afin d'empêcher les déperditions d'urines qui sont très riches et la contamination du terrain. Enfin, des portes roulantes à galets, s'ouvrant de l'extérieur, rendent possible le reculement des tombereaux et donnent accès aux charrettes de service. Des abreuvoirs en ciment permettent l'abreuvement des moutons à la bergerie. Le comble du bâtiment peut servir à

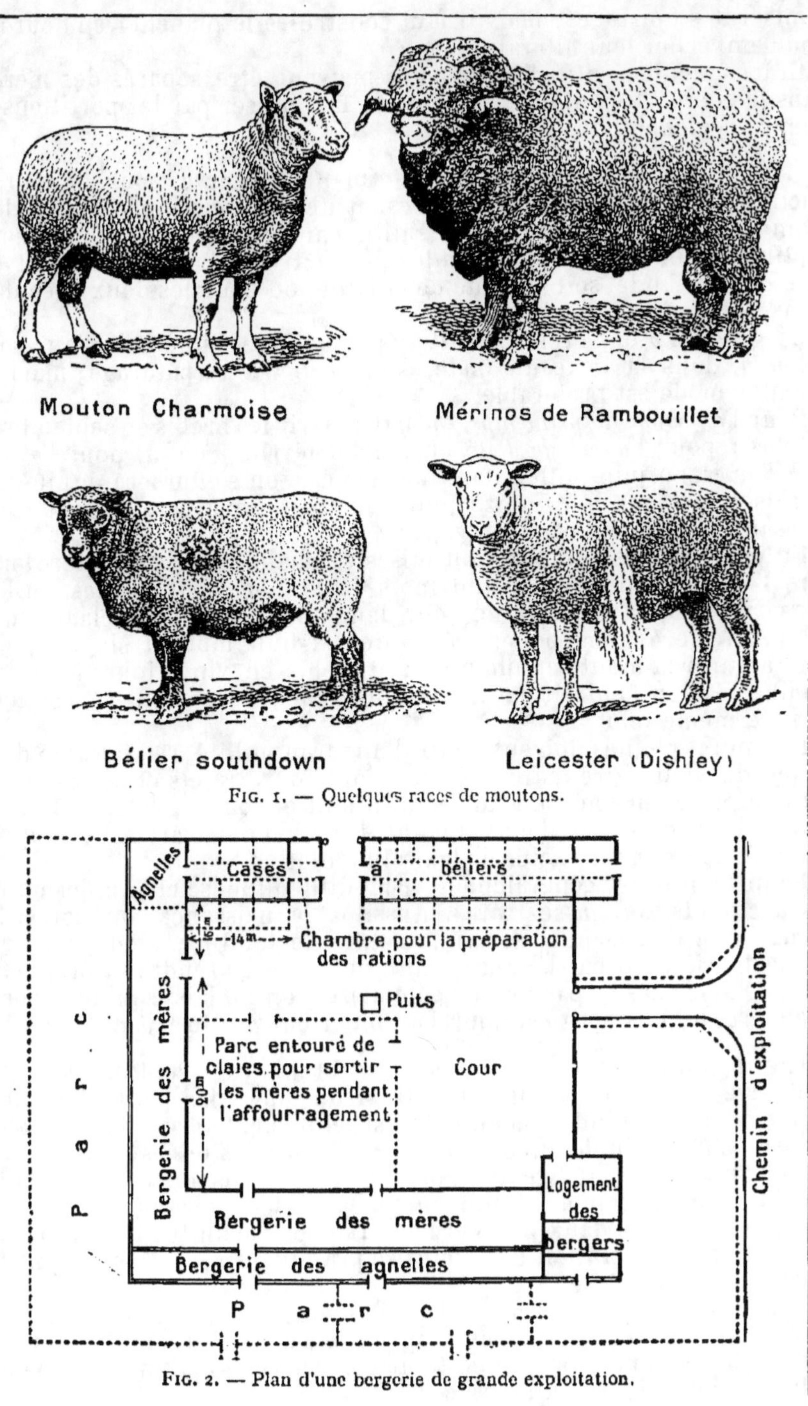

FIG. 1. — Quelques races de moutons.

FIG. 2. — Plan d'une bergerie de grande exploitation.

ÉLEVAGE DU MOUTON

remiser des fourrages; mais il faut construire le plancher en hourdis pour empêcher leur altération.

Grâce à ce dispositif, les agneaux peuvent être séparés des mères dans le compartiment contigu. On les fait passer par les portillons à l'heure réglementaire des tétées.

Conduite de la bergerie. — On ne conserve pour la reproduction que les femelles précoces et de bonne venue, issues des bonnes nourrices et on les fait saillir par des béliers de choix, susceptibles d'améliorer les aptitudes productrices du troupeau, soit du côté de la viande, soit du côté de la laine, ou pour les deux spéculations.

La « monte » des brebis se fait à époques fixes, une fois l'an, soit *en main,* dans la boxe du mâle, soit *en liberté* au pâturage; mais le premier mode est préférable.

Pour l'*agnelage de printemps,* on fait couvrir les brebis en septembre-octobre; pour l'*agnelage d'été,* en janvier-février; enfin, pour l'*agnelage d'hiver,* en juin-juillet. Dans tous les cas, on s'efforcera de limiter la saison de monte à quinze jours ou trois semaines, afin que les naissances ne soient pas trop espacées.

En principe, les agnelles sont mises au mâle, pour la première fois, vers l'âge de quinze à dix-huit mois et, si elles sont bonnes, on les conserve jusqu'à six ans, en leur demandant quatre agnelages successifs. Avec 4 bons béliers, âgés de dix-huit mois à six ans, on peut assurer la monte en main de 250 brebis en vingt jours environ. En liberté il en faudrait davantage pour obtenir les mêmes résultats dans le même temps.

Les mères pleines doivent jouir d'une tranquillité relative; on doit éviter de leur faire parcourir de trop longs trajets et de les exposer à la pluie, au soleil ou au froid. Il faut en outre les tenir en bon état, mais sans excès d'embonpoint, les aliments avariés et de qualité inférieure étant exclus de leur alimentation.

La mise bas est généralement peu difficultueuse chez la brebis et les accidents sont assez rares. Aussitôt la naissance, on coupe le cordon que l'on aseptise avec une goutte de teinture d'iode, puis on fait lécher le petit par la mère; enfin on l'aide à prendre sa première tétée. Dans le cas de parturition gémellaire, on ne laisse qu'un agneau à la mère, le plus petit est nourri au biberon avec du lait de vache.

Élevage. — Après la mise bas, les brebis reçoivent une boisson tiède avec tourteaux et farineux. On isole alors les petits dans une travée contiguë et indépendante, où ils retournent après chaque tétée.

Jusqu'à la fin du deuxième mois, le nombre des tétées journalières est de quatre. On les réduit ensuite à trois, puis à deux, jusqu'à la fin du quatrième mois. Enfin on ne fait plus téter qu'une fois par jour, puis tous les deux jours et le sevrage est définitif. L'ablation de la queue et la castration des mâles se pratiquent vers l'âge de quinze jours.

Pendant toute la durée de l'allaitement, les nourrices reçoivent une nourriture copieuse, pas trop riche cependant, afin de ne pas rendre le lait lourd ou indigeste aux agneaux. Voici un bon type de ration qui convient aux nourrices :

Trèfle ou luzerne en vert.	3 à 4 kg.	Son de blé........	150 grammes
Paille d'avoine.........	1 kg. 500	Tourteau d'arachide.	100 —

Jusqu'à l'âge de trois ou quatre semaines, les agneaux se contentent du lait de leur mère qu'ils absorbent à la dose de 0,7 l. à 2 litres par jour. Dès qu'ils cherchent à manger et jusqu'à deux mois, on leur donne un peu d'avoine aplatie, mélangée de son et de tourteau; mais en petite quantité. A trois mois, cette nourriture ne suffit plus, on leur distribue une ration analogue à celle-ci, ou son équivalent :

> Betteraves, 600 gr.; bales, 60 gr.
> Tourteau d'arachide, 50 gr.; germes de maïs, 50 gr.
> Luzerne sèche, 300 gr.

Cette ration est progressivement augmentée. Jusqu'à l'époque de l'engraissement qui a lieu à dix ou douze mois, un mouton doit recevoir :

> Sainfoin vert, 2 kilog.; dravières, 2 kilogr.
> Paille d'avoine, 1 kilogr.; orge et tourteau, 200 gr.

Les « mêlées » doivent bénéficier d'une légère fermentation alcoolique de vingt-quatre heures en été et de trente-six heures en hiver; de plus, il faut y ajouter 3 à 4 grammes de sel par tête d'adulte. Le nombre des repas est fixé à trois pour les animaux en stabulation. Ceux qui vont au pâturage peuvent se contenter d'un petit supplément de paille et de quelques aliments concentrés distribués dans la mangeoire, un peu plus ou un peu moins suivant la richesse des parcours.

Maladies. — Des maladies spéciales aux moutons il convient de citer :

La *diarrhée grise,* souvent mortelle pour les agneaux. Elle se manifeste par de l'inappétence, des vomissements, du ballonnement, des excréments blancs, caillebottés et à odeur fétide. Cette maladie provient surtout de la richesse exagérée du lait en caséine. Comme traitement, donner deux cuillerées à bouche d'huile de foie de morue; distribuer aux nourrices un régime mi-sec et mi-vert, en supprimant provisoirement les aliments concentrés.

La *cachexie aqueuse* ou *douve* est fréquente chez les moutons nourris sur les pâturages humides, durant les années pluvieuses. Les parasites, ingérés avec les herbes, perforent l'intestin et vont se loger dans le foie. Les sujets atteints perdent l'appétit; ils s'anémient et il apparaît une boule sous les ganaches. Il faut tenir les animaux à la bergerie et leur faire prendre de la filicine (extrait de fougère mâle). Les pâturages doivent être défrichés, assainis, et chaulés avant d'y remettre les moutons.

Le *tournis* est engendré par les cysticerques du ver solitaire (*tænia serrata*) rejetés par les chiens dans leurs excréments. Les moutons les avalent en broutant les herbes souillées et les eaux de boisson polluées. Il faut sacrifier les animaux atteints et, sans plus tarder, on fait prendre des vermifuges aux chiens pour les débarrasser de leurs parasites. On cesse pendant quelque temps d'abreuver les moutons à la mare.

La *mammite* est une inflammation d'un des quartiers de la mamelle qui prend parfois un caractère nettement contagieux. Quand elle prend la forme gangréneuse, l'ablation de la partie malade doit être faite sans délai. On isole les animaux atteints, puis on désinfecte à fond la bergerie. Les agneaux à la mamelle des brebis malades ne doivent pas pouvoir téter d'autres nourrices.

XI. — LA CHÈVRE

Intérêt de cet élevage. — La chèvre est *la vache du pauvre*. C'est un animal rustique, productif, peu exigeant, bien à la portée des ruraux peu fortunés : ouvriers, journaliers, petits rentiers, obligés de compter ou de chercher des à-côté pour équilibrer leur budget.

L'entretien de quelques chèvres est d'ailleurs peu onéreux et il n'exige pas beaucoup de culture; les profits qu'on en retire sont néanmoins appréciables. Cet animal, quand il est bien soigné et bien nourri, donne un lait extrèmement digeste, sensiblement plus riche en caséine et en matière grasse que celui de la vache. Comme il est rarement atteint de tuberculose, les enfants et les vieillards peuvent le consommer sans grand danger à l'état cru. On peut aussi l'utiliser pour la fabrication ménagère des fromages et du beurre.

Le rendement d'une bonne chèvre en lait atteint annuellement douze fois son poids, tandis qu'il ne dépasse pas, chez les vaches, six fois leur poids. Quant à l'*odeur hircine* (goût de bouc) il affecte seulement le lait des chèvres âgées, tenues malproprement. Le lait fourni par les femelles en bon état, bien logées et soumises à un pansage régulier, est absolument franc de goût; il est sain, digeste et propre à tous les usages.

Il convient de noter, en outre, qu'une bonne chèvre donne tous les ans deux chevreaux qui, sacrifiés vers l'âge de deux ou trois mois, fournissent une viande d'excellente qualité. La chair des adultes est encore acceptable, à condition de les tenir en bon état et de ne pas les laisser vieillir au delà de six à sept ans.

Disons encore que le *fumier des chèvres* est de toute première qualité, presque aussi riche que celui des moutons. Il est avantageusement employé à la fertilisation du potager. Tous ces profits réunis sont appréciables, pour un capital engagé relativement faible, et susceptibles d'améliorer la situation budgétaire des humbles habitants des campagnes. Pour toutes ces raisons, on ne saurait trop recommander l'élevage en petit des caprins.

L'élevage en grand est moins répandu. Cependant, il y aurait encore de ce côté une source importante de revenus à réaliser pour les exploitants du sol qui voudraient se spécialiser vers la vente du lait en nature, la fabrication du fromage façon *mont-d'or*, ou encore la production des sujets destinés au peuplement des petites chèvreries. Mais, pour ces diverses spécialités, il est nécessaire d'avoir à sa disposition des locaux bien aménagés, afin de réduire au minimum les dépenses de main-d'œuvre et la surveillance.

Installation d'une chèvrerie. — La chèvrerie du petit propriétaire, destinée à recevoir deux ou trois chèvres, n'a pas besoin d'être très spacieuse. Un petit local indépendant, de deux mètres sur deux mètres, suffit pour cet objet. On peut fort bien le prendre dans un des communs, à côté du bûcher, du poulailler et du clapier. Dans bien des cas, on a intérêt à réunir ces diverses annexes sous le même couvert, en les séparant par de minces cloisons, le tout placé à une petite distance du potager.

L'essentiel est d'assurer la salubrité de la chèvrerie en cimentant le bas des murs, ainsi que le sol, ce dernier étant pourvu de pentes

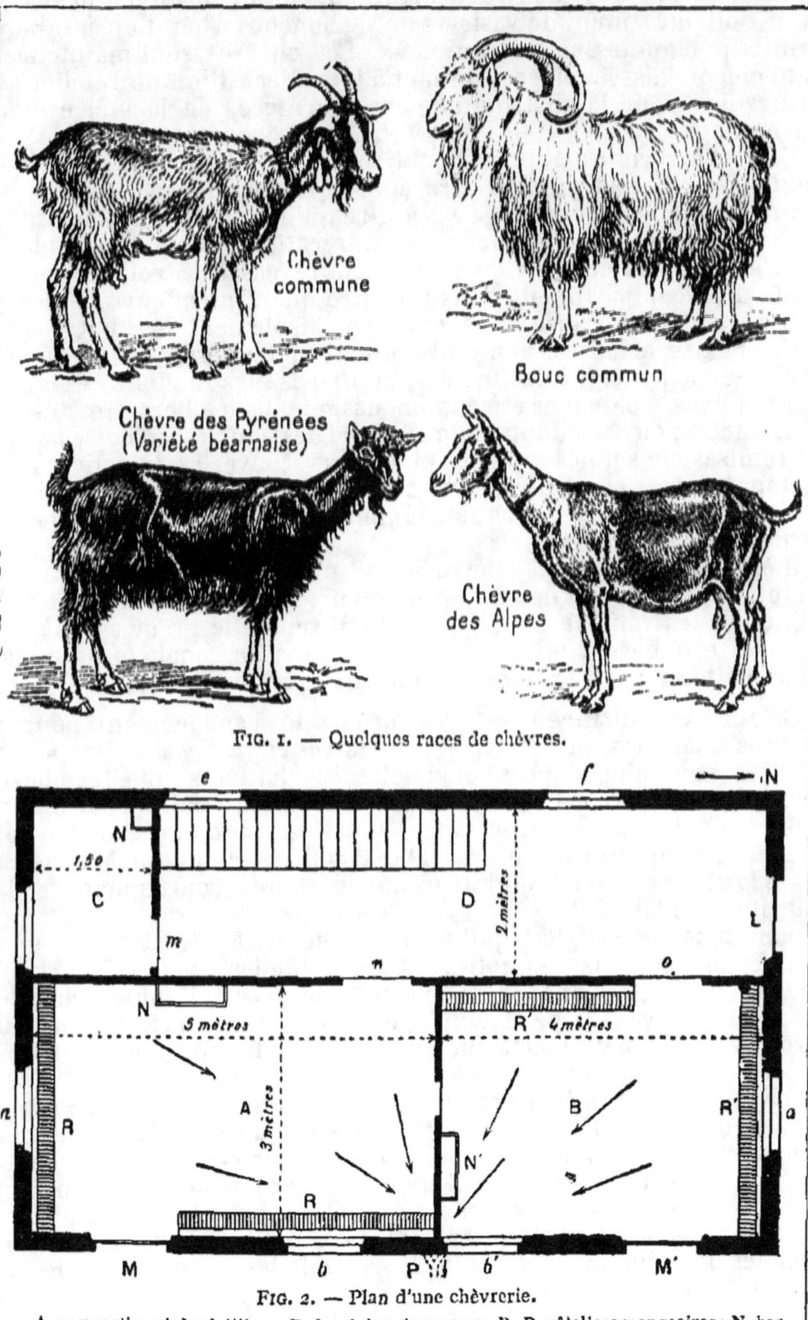

FIG. 1. — Quelques races de chèvres.

FIG. 2. — Plan d'une chèvrerie.

A, compartiment des laitières; B, local des chevreaux; R, R, râteliers-mangeoires; N, bac à eau; a, b, c, f, fenêtres à vasistas; P, conduite en grès pour la canalisation des urines; C, case réservée au bouc; D, couloir de service pour la préparation et la distribution des aliments; L, entrée du couloir; m, n, o, portillons.

ÉLEVAGE DE LA CHÈVRE

ad hoc pour l'écoulement des urines. Avec un éclairage modéré, le local doit être muni de vasistas ou de bouches d'aération assurant la ventilation au-dessus des animaux. Les chèvres sont maintenues à l'attache ou laissées libres; on met à leur disposition un râtelier avec mangeoire pour la distribution des fourrages, de la mêlée et des farineux.

Une chèvrerie de rapport, quel que soit le genre d'exploitation auquel on la destine, doit être construite et aménagée de la même manière que les bergeries, c'est-à-dire qu'il faut la diviser en travées, pourvues de portillons pour la communication et de portes roulantes assurant le service, afin de pouvoir faire passer à volonté les animaux d'un compartiment dans un autre quand on affourrage, ou que l'on nettoie la chèvrerie, ainsi que pour l'isolement des chevreaux.

Une boxe spacieuse est en outre réservée pour servir de logement au bouc. Sur le pourtour des travées, on dispose les râteliers et les mangeoires fixes, analogues à ceux en usage dans les bergeries. Pour la construction on abandonnera le système des édifices en bois, hangars ou remises cloisonnés avec des planches recouvertes de voliges ou de carton bitumé, car outre que ces matériaux sont de durée trop limitée, ils ne protègent pas suffisamment les chèvres contre les changements de température.

Il est nécessaire que la chèvrerie soit pourvue d'un grenier qui, tout en jouant le rôle de matelas protecteur, servira à emmagasiner les pailles et les fourrages. Le plafond qui sépare le grenier de l'étable devra être imperméable afin que les émanations malodorantes et la buée n'altèrent pas les denrées emmagasinées au-dessus.

Choix des laitières. — Il y a beaucoup d'engouement pour les chèvres blanches, non cornues, de la *variété de Saanen*. On prétend qu'elles sont plus douces et meilleures laitières que les chèvres cornues, ce qui n'est pas toujours exact. En réalité, les chèvres suisses, dont le poids varie entre 50 et 70 kilogrammes, ont un rendement en lait qui varie entre 700 et 800 litres, alors que la forte *race des Alpes*, pesant 60 à 80 kilogrammes, donne couramment 800 à 900 litres de lait.

Dans tous les cas, les aptitudes des chèvres à la lactation dépendent beaucoup plus des aptitudes individuelles et de la nourriture que de l'origine. Quand on peuple une chèvrerie, il faut rechercher des femelles ayant la peau souple, le poil luisant, une forte musculature, avec une petite tête, une encolure courte, une poitrine large et un corps allongé. Le pis doit être volumineux, en saillie devant et derrière, des tétines écartées, une mamelle nue, à peau fine, douce et souple au toucher. Une bonne laitière possède un œil vif et intelligent. Contrairement à l'opinion admise, les chèvres cornues sont généralement plus pacifiques que celles dépourvues d'appendice frontal.

D'autre part, on fera bien de ne prendre pour la reproduction que des sujets issus de parturitions doubles, et on réservera toujours les femelles les plus précoces, afin de pouvoir les mettre au mâle vers l'âge de douze mois.

Élevage. — Les chevrettes d'un an et les chèvres âgées de sept ans au plus sont présentées au bouc lorsqu'elles sont en chaleur. Il est utile d'échelonner les saillies de façon à ne jamais être à court de lait. De cette manière, un mâle adulte peut suffire à lui seul aux besoins d'une chèvrerie peuplée de deux cents à deux cent cinquante têtes.

Cependant, de préférence, c'est en septembre, octobre et novembre que l'on fait couvrir la majeure partie des femelles. Les saillies inécondes sont caractérisées par le retour périodique des chaleurs qui a lieu tous les dix-huit jours.

Pendant la gestation, les chèvres doivent être suralimentées pour satisfaire aux besoins de leurs fonctions. On évitera les coups, les compressions, l'eau froide ou glacée, les racines gelées et les aliments avariés ou vénéneux pouvant provoquer l'avortement.

Aussitôt la mise bas, les chevreaux tètent leur mère. Les bonnes laitières nourrissent aisément leurs deux petits pendant le premier mois. Ceux-ci prennent leurs tétées à heures fixes, au nombre de quatre pendant les huit premiers jours, puis on les limite à trois jusqu'à la fin du deuxième mois. Il faut avoir soin d'égoutter la mamelle à fond après chaque repas.

A partir de deux mois, le sevrage commence. En supprimant une tétée tous les cinq jours, il est complet à deux mois et demi. La castration des mâles a lieu vers l'âge de quinze jours; c'est une opération peu difficultueuse.

Alimentation. — Les caprins sont assez capricieux sur le choix de la nourriture. On doit la varier le plus possible pour stimuler leur appétit, afin de les rendre plus productifs et pour obtenir des animaux précoces. Vouloir lésiner sur les distributions est un très mauvais calcul.

De leur naissance jusqu'à six semaines, les chevreaux sont exclusivement nourris au lait de leur mère. A partir de cet âge on leur donne, pour commencer, un petit supplément : avoine aplatie, son, maïs concassé et tourteaux en mélange, en très petite quantité, avec quelques brins de fourrage vert ou sec, en augmentant petit à petit la dose, surtout au sevrage. Lorsqu'ils sont âgés de trois mois, les chevreaux doivent recevoir en moyenne la ration ci-dessous ou son équivalent :

Fourrages verts variés	2 kilogrammes
Orge concassée	100 grammes
Tourteau d'arachide	100 —

A six mois, au régime d'hiver, la ration journalière est représentée par les aliments suivants :

Betterave	1 kg. 500
Bales ou fenasses	150 grammes
Tourteau d'arachide	100 —
Luzerne sèche	750 —

Une ration pour chevrette d'un an, prête à prendre le mâle, peut être établie comme suit :

Betterave	1 kg. 500
Bales de blé	150 grammes
Tourteau d'arachide	100 —
Avoine aplatie	100 —
Foin et regain	1 kilogramme

En ce qui concerne les chèvres laitières, si on veut obtenir beaucoup de lait, il faut les nourrir au maximum, en alternant les fourrages verts avec les fourrages secs. Durant l'hiver, le vert est représenté par les racines en cossettes, les choux fourragers et autres, les épluchures ménagères. Voici, à **titre d'exemple**, une ration type pour le régime d'été :

Trèfle vert	2 kilogrammes
Dravières (seigle et vesce)	2 —
Foin de regain	750 gr. à 1 kilogr.
Tourteau d'arachide	150 grammes
Orge aplatie	200 —

Les distributions se font à heures fixes, trois fois par jour, ou préférablement quatre fois, en changeant la nourriture à chaque repas, si la chose est possible. Le rationnement doit être établi de manière à obtenir la satiété, sans gaspillage. Dans les intervalles des repas, les chèvres jouissent de la plus grande quiétude. Dans les chèvreries importantes, on affourrage la travée disponible, puis on y fait passer les chèvres.

Pendant la belle saison, les laitières en stabulation iront se dégourdir de temps à autre les pattes dans un paddock, mais seulement quand il fait beau. Dans les petits élevages, on peut les mettre au *piquet* dans des endroits non dommageables, à une distance respectable des arbres dont elles rongeraient les écorces. Cette pratique n'est pas absolument nécessaire, car les chèvres s'accommodent très bien du régime de la stabulation complète.

Durant l'hiver, le fourrage vert, considéré comme plante lactescente, est représenté par les plantes racineuses, en mélange avec des bales de blé, des fenasses criblées et du tourteau. Alternativement on donne des betteraves, des carottes et des rutabagas découpés en cossettes, que l'on fait alterner avec des choux à vaches. On peut aussi leur donner, en petite quantité, des feuilles ou des fourrages verts ensilés, mais toujours en association avec des fourrages secs de bonne qualité.

Dans les grandes chèvreries, on peut faire paître les chèvres de la même manière que les moutons; mais il ne faut pas perdre de vue que ce régime est moins profitable à la lactation qu'on se l'imagine, sans compter que les caprins causent parfois de graves préjudices aux cultures. On aura soin, toutefois, de ne pas sortir les animaux par la pluie, ni par les grandes chaleurs, et on leur donnera au bercail un petit supplément de nourriture.

Soins. — On ne laissera jamais séjourner de fumiers dans les chèvreries exploitées pour le lait. Il faut enlever les excréments et renouveler les litières tous les jours ou tous les deux jours, avant d'affourrager les travées. De plus, les mangeoires seront nettoyées avant chaque distribution et on donnera avant la traite un coup de brosse à chacune des laitières, pour faire tomber les poussières et les impuretés qui risqueraient de souiller le lait.

Un petit bac en ciment armé, à remplissage et à vidange automatiques, situé dans chacune des travées, sert à l'abreuvement. Mais on doit s'efforcer de procurer aux laitières, avec les fourrages verts, le plus possible d'eau de végétation beaucoup plus digeste et plus profitable que l'eau crue.

La traite des chèvres se pratique par l'arrière. On doit égoutter à fond les mamelles et recueillir le lait dans des récipients ébouillantés, proprement tenus. De plus, le lait est transporté à la laiterie, à l'abri des souillures, pour y être coulé et utilisé aux diverses affectations : vente en nature, fromage ou beurre.

XII. — MALADIES DU BÉTAIL

Les causes de mortalité. — Les *maladies du bétail* peuvent être classées en trois catégories :

1° Les maladies infectieuses imputables au défaut d'hygiène et à l'insuffisance des mesures prophylactiques ;

2° Les maladies organiques anormales dues aux lacunes de l'alimentation, qui se manifestent par des dérangements circulatoires et digestifs ;

3° Les maladies et les affections occasionnées par l'imprévoyance des propriétaires.

Les premières sont de beaucoup les plus nombreuses et causent les plus graves préjudices, surtout quand elles se transforment en épidémies qui déciment les troupeaux. La culture leur paye un lourd tribut tous les ans.

Maladies contagieuses. — Les animaux de la ferme n'ont pas à redouter les refroidissements, sauf *les chevaux* chez lesquels ces accidents peuvent avoir de graves répercussions sur les fonctions vitales du cœur, des poumons et du tube digestif. Ce qu'ils redoutent par-dessus tout, c'est l'envahissement de leur organisme par les malfaisants microbes qui engendrent des maladies extrêmement graves et foudroyantes. C'est par l'observation de l'hygiène et en prenant des mesures prophylactiques sévères qu'il est possible de les éviter.

Parmi les *maladies contagieuses* les plus communes, on cite : la *morve* et le *farcin* propres au cheval, à l'âne et au mulet ; la *fièvre aphteuse* qui sévit chez le bœuf, le mouton, la chèvre et le porc ; la *péripneumonie contagieuse* affecte les animaux de l'espèce bovine ; la *fièvre charbonneuse*, appelée *charbon* ou *sang de rate*, s'attaque à toutes les espèces, mais particulièrement aux bovidés et aux ovidés ; le *charbon symptomatique* ou *charbon à tumeurs* ; la *tuberculose*, la plus commune de toutes les maladies, fréquente chez le bœuf et la vache ; la *rage* se transmet par le chien à la suite de morsures, à tous les animaux domestiques et à l'homme ; la *clavelée* affecte les moutons ; le *rouget* est spécial aux porcs.

On évitera ces maladies en surveillant attentivement les écuries, étables, bergeries, porcheries, etc., pour empêcher la contamination de leurs pensionnaires. Au grand jamais, on ne doit introduire d'animaux étrangers à la ferme sans les soumettre à un examen sévère. Dans bien des cas, il est prudent de mettre le bétail suspect en *quarantaine* dans des locaux isolés, surtout lorsqu'on n'en connaît pas l'origine et pour tous les animaux d'exportation.

Il est bon aussi de connaître les caractères symptomatiques qui permettent de diagnostiquer les différentes maladies contagieuses et les traitements à appliquer.

Gourme : Chevaux sans appétit, tristes, fiévreux, jetage par les narines, formation d'abcès sous les ganaches, après dix à vingt jours d'incubation. *Traitement :* isolement des malades, fumigations à l'eau phéniquée, diète partielle aux barbotages, 40 grammes de sulfate de fer tous les deux jours. Inciser les abcès, vésicatoires ; donner 6 à 8 grammes de kermès, autant de soufre et d'iodure de potassium dans du miel.

Morve : Lésions à tubercules dans les narines, la trachée et la gorge; jetage gris et poisseux, parfois sanguinolent. La maladie révélée à la malléine, il faut abattre les animaux.

Fièvre aphteuse : Éruptions vésiculaires dans la bouche, sur la langue, les mamelles et au pourtour des onglons; sécrétion d'un liquide virulent, bave. Il faut propager la maladie aussitôt son apparition dans une étable, pour provoquer l'évolution simultanée de l'affection sur tous les animaux. Laver à l'eau vinaigrée ou phéniquée légère; donner des barbotages et des farineux sans ligneux. Légère purge au début.

Péripneumonie : Accélération très rapide de la respiration, perte de l'appétit et disparition de toute sécrétion lactée. Toux faible et quinteuse, avec plainte, fièvre, poitrine sensible. Comme remède, l'abatage.

Fièvre charbonneuse : Manifestations foudroyantes, muqueuse de l'œil injectée de sang, fièvre très forte, frissons, tremblements, diarrhée sanguinolente, mort. Pas de traitement en dehors de la vaccination préventive et de l'assainissement des terrains pollués dans les foyers charbonneux.

Tuberculose : Toux, jetage par les narines, amaigrissement, essoufflement, lésions des poumons, grosseurs du cou, de la gorge, boiteries, mammites, etc. Faire l'épreuve à la tuberculine; abattre tous les animaux atteints.

Rage : Évolution de un à trois mois après la morsure du chien enragé chez le bœuf; perte de l'appétit, meuglements, grincements de dents, bave, fureur. Pas de traitement en dehors de la vaccination faite préventivement ou aussitôt l'inoculation.

Clavelée : Fièvre vive, intense, perte de l'appétit, éruption des pustules, sécrétion purulente des pustules qui se creusent puis se dessèchent. Remède : inoculation de sérum anticlaveleux.

Mesures préventives : Pour se mettre à peu près à l'abri des maladies contagieuses, il suffit de pratiquer de temps à autre le nettoyage complet des locaux que l'on fait suivre d'une *désinfection complète*, après avoir nettoyé et désinfecté également les augettes, mangeoires, râteliers et tout le matériel d'élevage. Le mieux est d'effectuer des lavages et des pulvérisations à la lessive bouillante, à 0,5 pour 100, sur le sol, les murs, les plafonds. On complète par des *fumigations* d'acide sulfureux en brûlant du soufre dans les locaux hermétiquement clos, pendant douze heures au moins. Aérer avant de remettre les animaux et badigeonner avec un *lait de chaux* à 10 pour 100. Par mesure de précaution, on peut épandre sur les abords des étables une solution de sulfate de fer à 30 grammes par litre. Les solutions d'eau de javel ou de crésyl à 3 pour 100 sont également très efficaces contre les microbes malfaisants.

Maladies anormales. — Les maladies anormales sont de deux sortes. Elles sont occasionnées par une alimentation insuffisante ou débilitante, ou par une alimentation excessive, trop riche ou mal équilibrée. Ainsi, nombre de décès qui se produisent chez les porcelets et les agneaux sont souvent dus à la richesse exagérée du lait en caséine, laquelle occasionne des troubles digestifs graves chez les petits à la mamelle. Il faut régler la nourriture des mères de manière à réduire la proportion des albuminoïdes.

De même, chez les animaux qui reçoivent des aliments concentrés

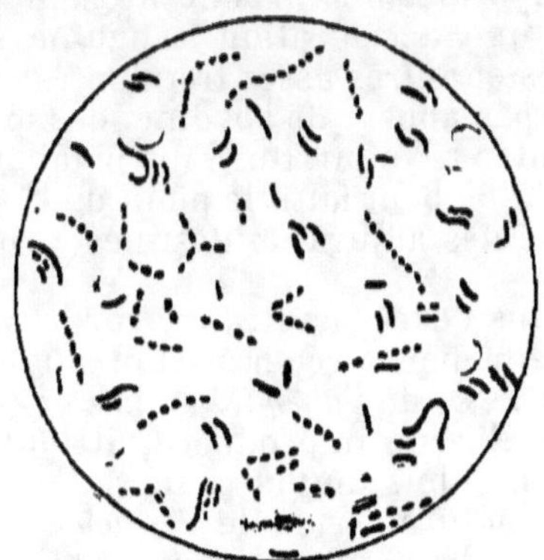

Fig. 1. — Bacilles de la septicémie chez le cheval.

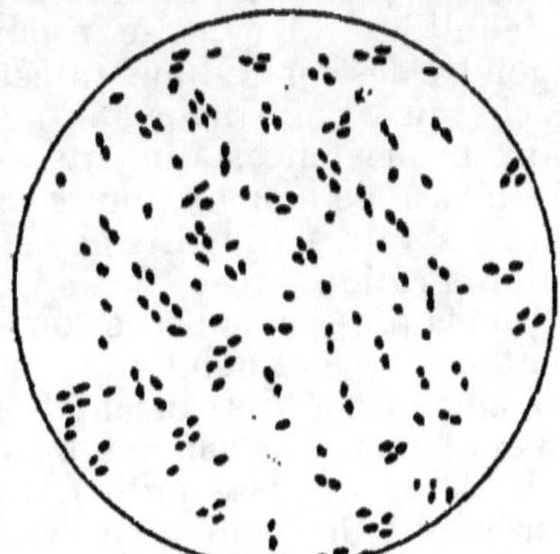

Fig. 2. — Bacilles de la morve.

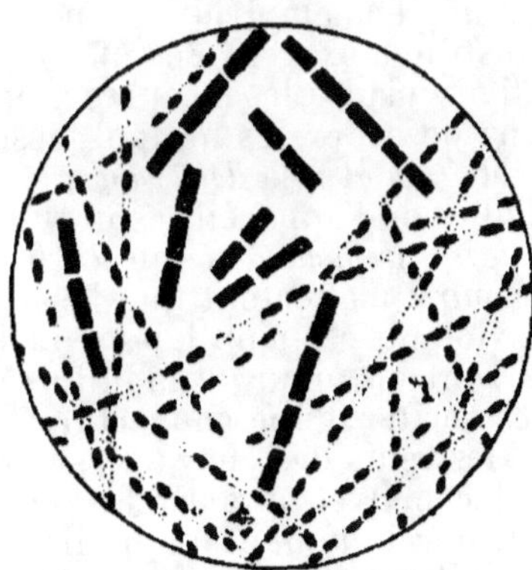

Fig. 3. — Bacilles du charbon.

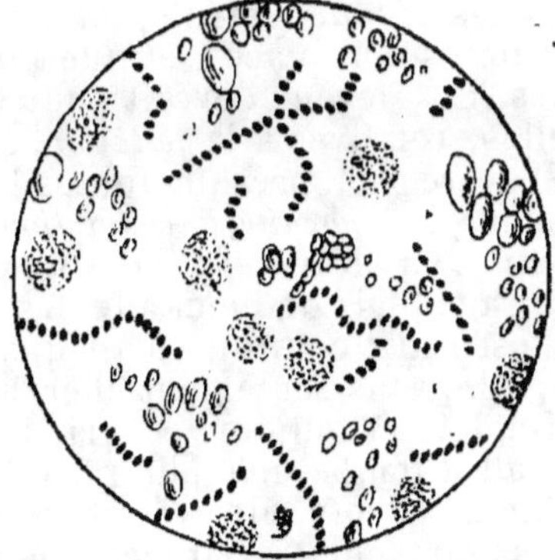

Fig. 4. — Microcoques de la mammite chez la vache.

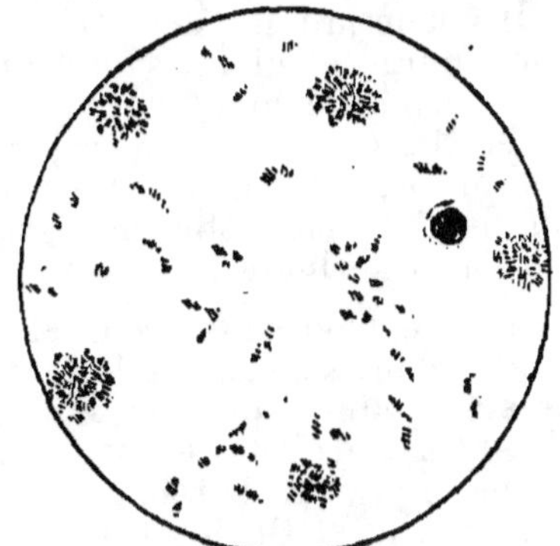

Fig. 5. — Microbes du rouget chez le porc.

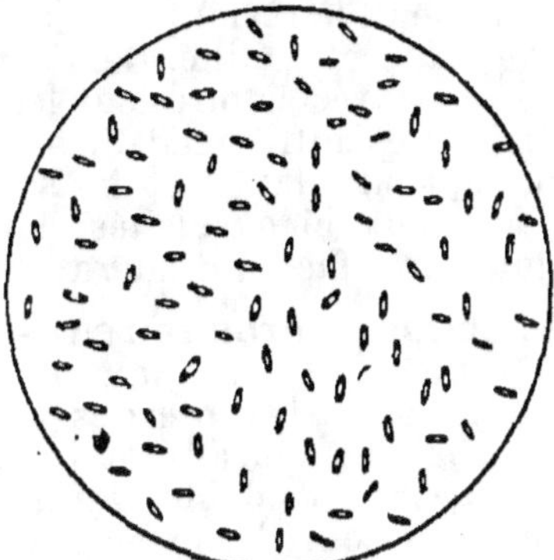

Fig. 6. — Microbes du choléra des poules.

MALADIES DU BÉTAIL

en excès, quand la protéine et les hydrates de carbone ne sont pas en équilibre, il peut se produire une accélération sanguine qui engendre des congestions intestinales et autres assez fréquentes chez les chevaux. En principe, on ne doit pas abuser de l'avoine, des tourteaux ni des autres aliments excitants. La nourriture du bétail doit être à base de ligneux, fourrage et paille, pour faire le plein de l'estomac ; les autres aliments ne sont que des adjuvants destinés à compléter la ration.

Il ne faut cependant pas tomber dans l'excès contraire, car les aliments pauvres et débilitants ont une fâcheuse répercussion sur l'organisme animal. Ils causent de la *faiblesse*, de l'*anémie*, de la *chlorose* : le bétail meurt de langueur ou bien il reste improductif, il faut se tenir dans un juste milieu. Enfin, on doit toujours surveiller les excréments de manière à éviter la *constipation* ou le *dévoiement*, en usant des aliments rafraîchissants ou échauffants suivant les cas.

Maladies accidentelles. — Les décès causés par les accidents sont extrêmement rares chez les cultivateurs prévoyants et instruits. La plupart sont dus à l'ignorance et aux moyens empiriques employés lors des accouchements, lorsqu'on s'obstine à exercer des efforts sur les fœtus mal placés, et que l'on néglige ensuite les mesures aseptiques. Un éleveur devrait pour le moins posséder les notions essentielles, relatives à la *gestation*, à la *parturition* et à la *délivrance*.

D'autre part, presque toutes les maladies de l'appareil respiratoire : l'*angine*, la *bronchite*, la *congestion pulmonaire*, la *pneumonie* ou *fluxion de poitrine*, la *pleurésie*, l'*emphysème pulmonaire*, n'affectent que les chevaux auxquels on demande des efforts violents et qu'on laisse ensuite exposés aux courants d'air quand ils sont en sueur ou mouillés par la pluie, sans seulement chercher à les abriter d'une couverture.

On devrait toujours couvrir le dos et les reins des chevaux, surtout quand il tombe une pluie froide ou glacée, avec une bâche imperméable et avoir soin de les bouchonner énergiquement lorsqu'ils sont en sueur, leur travail terminé. On ne doit pas non plus leur donner à boire froid quand ils sont en transpiration ; c'est élémentaire.

La fluxion de poitrine se manifeste par la perte de l'appétit, le cheval refuse son avoine et il a une soif inextinguible. Son flanc bat précipitamment, la respiration s'accélère, il y a de la toux, des râles, du jetage blanc et rouillé. Remèdes : repos, purge et diète ; saignée de 3 à 5 litres, vésicatoires sur les côtes et farine de moutarde sur la poitrine. Les autres maladies qui affectent les organes de la respiration, de la circulation et des sécrétions sont extrêmement rares avec des animaux bien soignés, bien nourris. Le diagnostic n'est pas toujours très facile, il faut avoir recours au vétérinaire.

Affections parasitaires. — Les parasites sont nombreux et ils font beaucoup de tort au bétail. Les plus dangereux sont les *petits vers* qui causent les entérites parasitaires des jeunes animaux, notamment chez les agneaux et les porcelets. On détruit les parasites du tube digestif à l'aide des vermifuges, comme la noix d'arec.

Les *gales* sont l'apanage des animaux négligés. On les traite par des lavages au savon noir, après la tonte des poils, puis on applique de la pommade d'Helmerich. L'*eczéma* est plutôt un vice du sang : on effectue des lavages émollients, puis on lubrifie à l'oxyde de zinc.

Les *poux* se détruisent au moyen de deux applications, à quinze jours d'intervalle, d'eau crésylée à 3 pour 100, suivies de savonnages.

LA BASSE-COUR

I. — LES POULES

Ce qu'il faut savoir. — La *poule* est un gallinacé domestique, que Darwin fait descendre du *gallus bankiva*. Une domestication très ancienne a adapté cet oiseau aux conditions d'existence que lui fait l'homme, qui l'élève pour la production simultanée de la chair et des œufs.

Non seulement un poulailler se trouve annexé à toutes les exploitations agricoles, si petites soient-elles, mais tous les habitants des campagnes, voire même ceux des villes, quand la chose est réalisable, sentent le besoin, dans le but de conjurer la vie chère, de créer une petite basse-cour de rapport.

Lorsqu'on est limité par la place, il faut séquestrer les volailles dans des *parquets*. Il est alors nécessaire de leur procurer, d'une manière artificielle, le bien-être dont elles jouiraient à l'état de liberté.

Pour être lucrative, l'exploitation en grand des volailles exige des *connaissances professionnelles* approfondies. C'est surtout pour avoir méconnu cette vérité, que nombre de personnes bien intentionnées ont englouti leurs économies dans des tentatives d'élevage qui n'ont pas réussi. Les petits éleveurs doivent également connaître les principes essentiels de la conduite d'un poulailler, pour réaliser des bénéfices appréciables.

Distinction à établir. — Avant d'établir une classification galline quelconque et d'étudier la zootechnie des poules, il faut savoir que, dans toutes les races, il y a des *volailles productives* et d'autres qui le sont moins. Quelquefois même, leur élevage est déficitaire.

Rentrent seules dans la première catégorie les volailles bien soignées et rationnellement nourries, sélectionnées en vue du but poursuivi, et que l'on sait défendre contre les affections épidémiques.

Les basses-cours décimées par les maladies, peuplées de volailles âgées de plus de trois ans, de pondeuses constamment sous l'empire de la fièvre d'incubation, de sujets nourris exclusivement au grain, de grosses poules indolentes et lymphatiques des races asiatiques, de poules naines et autres volailles de fantaisie trop délicates, etc., sont presque toujours déficitaires.

Alors que le rendement des poules de ferme, qui jouissent de beaucoup d'espace, devrait être sensiblement plus élevé que celui des volailles tenues captives dans des parquets exigus, c'est souvent le contraire qui se produit. Cela tient surtout à l'insuffisance de l'alimentation, au défaut de sélection, à l'abâtardissement de la race et à la déplorable habitude qu'ont les fermières de conserver leurs poules au delà de leur troisième saison de ponte. Une volaille âgée de plus de trois ans ne paye plus sa nourriture. Il faut la réformer après sa troisième ou mieux encore après sa deuxième ponte.

On fixe l'âge des poules par périodes de trois ans en leur mettant la première année une bague à la patte droite, l'année suivante, à la patte gauche et, la troisième année, on se dispense de les baguer.

En aviculture, on doit orienter son élevage en tenant compte de ses disponibilités de temps, d'argent, de moyens et de débouchés.

La poule de ferme. — La *poule commune* ou *de ferme* est de valeur extrêmement variable. Les meilleures sont celles qui ont été sélectionnées en vue de la production mixte des œufs et de la viande, et ne sont pas trop dégénérées par une consanguinité excessive, ou un abâtardissement irréfléchi, conséquence de croisements avec les mastodontes de l'espèce, *race cochinchinoise* et ses dérivés.

Une bonne poule de ferme est vive, pétulante, toujours en éveil. Elle court, gratte, se démène, sait se garer des accidents. Quand elle dispose de grands parcours, elle trouve, sous la forme de grains égarés, d'insectes et de verdures, la majeure partie de sa nourriture.

Une fois croisée avec des volailles exotiques, la poule de ferme voit sa taille augmenter, mais elle devient moins débrouillarde et, généralement, ses aptitudes à la ponte diminuent.

On reconnaît une bonne volaille commune à son port bien dégagé et à sa taille moyenne. Son plumage est quelconque, mais abondant et brillant. Dans aucun cas, elle ne doit avoir l'arrière-train proéminent ni ébouriffé. L'œil de la poule et du coq sont vifs, la crête rouge, les oreillons blancs, les pattes lisses et nues. Autant que possible, pas de barbillons ni de huppes volumineuses : ce sont des ornements encombrants et superflus. Il en est de même des plumes aux pattes.

Les sujets conservés pour la reproduction doivent toujours être issus des couvées venues en bonne saison; il faut en outre choisir les plus remarquables au point de vue précocité, en attachant son attention sur la propension de leurs parents à la ponte et à la production de la viande. Tous les oiseaux malingres, chétifs ou tardifs, sont écoulés vers le marché.

Une bonne méthode de sélection pour la ponte, c'est de faire, pour les mises à couver, un tri des œufs pondus par les meilleures pondeuses. En opérant ainsi, on améliore rapidement la productivité des basses-cours de ferme.

Races bonnes pondeuses. — Les aviculteurs de profession et les amateurs peuvent peupler leurs parquets avec des poules de ferme améliorées. Ils ont souvent intérêt à adopter des *races pures*, acclimatées à leur région, en donnant la préférence aux meilleures pondeuses.

Parmi les plus méritantes, il convient de citer : la *bresse*, la *leghorn*, l'*espagnole*, l'*andalouse*, la *campine*, la *minorque*, la *hambourg*. Ces

FIG. 1. — Poule du Mans.   FIG. 2. — Wyandotte.   FIG. 3. — Leghorn blanche.

FIG. 4. — Barbezieux.   FIG. 5. — Campine.   FIG. 6. — Houdan.

FIG. 7. — Coucou de Malines.   FIG. 8. — Faverolles.   FIG. 9. — Orpington noire.

QUELQUES RACES DE POULES

volailles sont assez petites comme taille, sauf la bresse et les races
espagnoles qui sont moyennes. Les sujets à pattes jaunes, comme les
leghorns, possèdent une chair de qualité secondaire.

Races pour la viande et pour les œufs. — En dehors de la
poule commune sélectionnée, qui convient aux deux productions, on
peuple aussi les basses-cours avec des volailles d'une taille un peu
plus forte que celle des races précitées, et dont la viande est généralement plus estimée.

Parmi les nombreuses variétés préconisées, il y a un choix régional
à faire.

Dans tous les cas, on ne doit accepter que des variétés acclimatées. Ainsi, dans le Nord, on prendra de préférence la *bourbourg*,
la *coucou des Flandres*, l'*estaires*; dans le Nord-Est, l'*ardennaise*; dans
le Centre, la *gâtinaise*, la *noire du Berry*, la *noire de Touraine*, la *bour-
bonnaise*; dans le Midi, la *gasconne*, la *caussade*, la *barbezieux*; en Nor-
mandie et dans l'Ouest, la *caumont*, la *coucou de Rennes*, la *gournay*,
la *pavilly*, etc.

Ajoutons que la *houdan*, la *faverolle*, les *races de Mantes, du Mans,
de La Flèche, de Crèvecœur* donnent aussi de bons résultats dans leur
pays d'origine; mais elles sont sujettes à de nombreux aléas quand
on les change d'habitat. Enfin, les Anglais, les Australiens et les
Américains ont une prédilection marquée pour l'*orpington*, la *dorking*,
la *plymouth-rock*, la *wyandotte*, la *langsham*.

Ces dernières races, issues de croisements, peuvent réussir dans
certaines contrées, où la température est relativement douce et les
hivers peu rigoureux, mais elles se comportent assez mal dans les
climats froids.

C'est, par comparaison avec les races indigènes, que l'on peut se
rendre compte de l'intérêt qu'il y aurait à les adopter. Dans tous les
cas, il faut s'attendre, avec des races naturellement portées à tenir
le nid, à voir le rendement en œufs diminuer, par suite des interrup-
tions de ponte occasionnées par les fièvres d'incubation.

Les poules qui ne couvent pour ainsi dire jamais sont les leghorns,
les campines, les andalouses, les bresses. Pour cette raison, elles
conviennent aux *méthodes artificielles d'élevage*, faites avec le concours
des incubateurs et des éleveuses chauffés.

L'*élevage naturel* se pratique en entretenant conjointement un
petit lot de poules couveuses, à moins que l'on ait recours aux dindes,
qui sont les incubateurs naturels les plus parfaits. Avoir soin, pour
éviter les bizarreries de l'*imprégnation*, due au cochage, de ne jamais
mettre de poules étrangères dans un parquet où se trouvent un coq
et des poules de race pure. Les œufs fournis par ces dernières se
ressentiraient de l'imprégnation : le port, le plumage, les aptitudes, etc., pourraient en être modifiés.

En principe, on admet qu'un seul coq suffit pour assurer la fécondation de dix poules, même tenues en parquet, si les sujets appartiennent à des races pondeuses et vives. Avec les races lymphatiques
ou lourdes, on ne peut guère dépasser le chiffre de un coq pour huit
poules, ce qui augmente notablement les frais. En liberté, un coq
suffit pour douze poules ou dix poules, suivant la race. Pour éviter
les « clairs », il est prudent de ne pas trop s'écarter de ces chiffres
limites. D'ailleurs, les coqs ont une action stimulante sur l'ovulation; les
poules qui en seraient privées pondraient moins qu'elles ne devraient.

II. — L'INCUBATION NATURELLE
ET ARTIFICIELLE

Choix des œufs. — L'*incubation naturelle* et l'*incubation artificielle* peuvent donner toutes deux de bons résultats. La première méthode est la plus communément suivie par les fermières et les petits éleveurs; la deuxième s'applique surtout aux établissements qui s'adonnent sur une grande échelle à la production des poussins pour la vente, ou à celle des poulets de table. Dans tous les cas, la réussite des éclosions est subordonnée aux connaissances techniques de celui qui les entreprend.

Le point de départ est l'œuf fécondé. L'embryon de l'œuf est bien constitué quand il provient de sujets vigoureux, et qu'il a été recueilli pendant la pleine saison de ponte. Au printemps, ou en fin de saison, le pourcentage d'œufs clairs est toujours plus élevé et les germes sont plus délicats.

Les œufs destinés à l'incubation ne doivent pas être âgés de plus de quinze jours. On les ramasse régulièrement deux fois par jour, pour les ranger sur un lit de grain, dans un local sain, où on les retourne tous les jours afin d'empêcher les embryons de venir s'accoler à la coquille.

Autant que possible, on ne fera incuber que des œufs bien conformés, à coquille régulière, exempte de concrétions calcaires proéminentes.

La *détermination anticipée des sexes* est assez sujette à caution. Néanmoins, il y a toujours un pourcentage élevé en faveur des mâles, quand on choisit les plus gros œufs pondus par la même poule. De plus, le sexe dominant est toujours fourni par les jeunes sujets. Ainsi, si on veut obtenir beaucoup de poulettes, on prendra les plus petits des œufs provenant de l'union d'un coq déjà âgé avec de jeunes poules. Si, au contraire, on désire des mâles, ils seront fournis par le cochage des poules de deux ou trois ans par un jeune coq, et l'on choisira les plus gros œufs. Cette remarque n'est pas infaillible, mais elle donne 75 pour 100 au moins de succès, ce qui est appréciable.

Incubation naturelle par les poules. — Les meilleures *couveuses* sont les poules de poids moyen, ni trop lourdes, ni trop petites, mais bien emplumées.

Avant de leur confier de vrais œufs, il faut d'abord les mettre à l'essai sur des œufs en plâtre, pour voir si elles tiennent bien le nid. En même temps, on ne leur donne à manger qu'une nourriture échauffante, à base de grain, *sarrasin*, *chènevis* ou *blé*, pour les constiper et les échauffer.

Au bout de deux ou trois jours, lorsque la poule couve pour de bon, on la place dans un endroit tranquille et peu éclairé, qui lui servira de *couvoir*. C'est sur le sol même qu'il convient d'établir le nid, de préférence avec de la paille brisée. L'humidité du sol favorise l'incubation, et les éclosions sont moins laborieuses que si les œufs avaient été placés dans un endroit sec.

Suivant la taille de la couveuse, on lui donne de douze à quinze œufs, en moyenne treize, puis on se contente de mettre à proximité une mangeoire renfermant du grain et un petit abreuvoir siphoïde.

On pourrait lever la mère tous les jours, à la même heure, pour qu'elle satisfasse à ses besoins, savoir : manger, boire, fienter, se poudrer, refroidir ses œufs, mais la pratique enseigne que l'on peut abandonner la poule à ses instincts. On se contentera donc de veiller à ce que la nourriture et la boisson ne manquent jamais, puis on surveillera attentivement les excréments.

Si les fientes sont relativement molles, on donnera du grain et pas autre chose. Si elles sont dures par excès, on distribuera une pâtée rafraîchissante, renfermant beaucoup de verdures, notamment de l'oseille et de la laitue hachées, une fois seulement. Avoir soin, en outre, de mettre à proximité un petit tas de cendres de bois contenant un peu de soufre et de poudre de pyrèthre pour les poudrages.

L'éclosion se produit entre les dix-neuvième et vingt et unième jours. Elle est d'autant plus rapide que les germes de l'œuf sont plus vigoureux et que l'incubation a été bien conduite. Vers la fin du vingtième jour, il convient de lever la couveuse pour retirer les poussins éclos qui, par leurs cris, pourraient inciter la mère à quitter ses œufs avant la fin de l'incubation. On retire en même temps les coquilles vides. Si l'on a pris des mesures pour que les éclosions aient lieu simultanément, ce qui est préférable, on distribue les poussins à une ou plusieurs mères et on répartit les œufs restants sous les autres couveuses.

Une fois les incubations terminées, on peut donner à chaque couveuse, suivant la clémence de la température, de vingt à quarante poussins; les poules libérées sont remises avec les pondeuses. Les interventions faites pour aider les poussins à sortir de leur coquille sont souvent plus nuisibles qu'utiles et il vaut mieux s'en abstenir. D'ailleurs, les petits qui n'arrivent pas à sortir d'eux-mêmes sont très délicats et ils s'élèvent difficilement : ce sont des « non-valeur ».

Incubation par les dindes. — Les *dindes* ont sur les poules le grand avantage de pouvoir être forcées, c'est-à-dire qu'on peut les faire couver beaucoup plus tôt, en les soumettant à un régime échauffant. Il suffit de les maintenir accroupies pendant quelques jours sur de faux œufs, jusqu'à ce qu'elles couvent pour de bon.

Une fois échauffée, la dinde couverait inlassablement, jusqu'à la mort. Quelques *accouveurs* lui font faire trois incubations successives; le plus souvent on se contente de deux. Une dinde de taille ordinaire peut couver vingt-deux à vingt-cinq œufs de poule. Il ne faut pas oublier, toutefois, qu'il est nécessaire de la lever tous les jours, à la même heure, afin qu'elle se restaure et que les œufs puissent bénéficier de leur refroidissement quotidien. Cette prescription est obligatoire, parce que les germes pourraient être tués par excès de chaleur si la couveuse venait à s'oublier sur le nid pendant trois ou quatre jours, sans se lever.

La dinde est aussi bonne mère que bonne couveuse. On peut lui confier cinquante poussins à la fois, ce qui permet de faire continuer les incubations par les oiseaux disponibles.

Incubation artificielle. — Pour bien réussir les incubations, avec le concours des *couveuses artificielles*, il faut :

1° Etre en possession d'un bon incubateur ;

2° Savoir s'en servir.

Ces prescriptions observées, on peut obtenir d'aussi bons résultats avec les appareils qu'à l'aide des couveuses naturelles

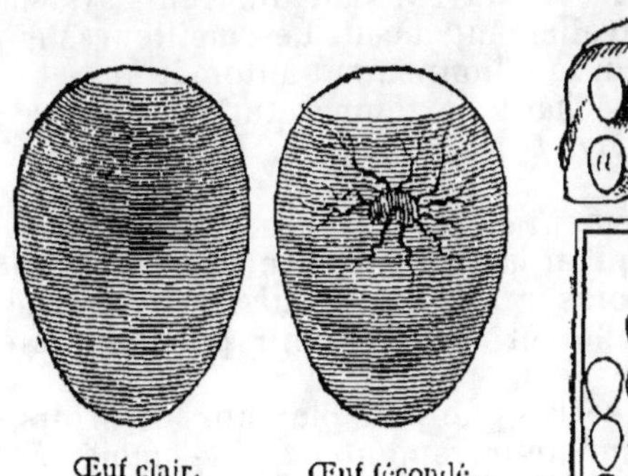

Œuf clair.   Œuf fécondé.

FIG. 1. — Mirage des œufs.

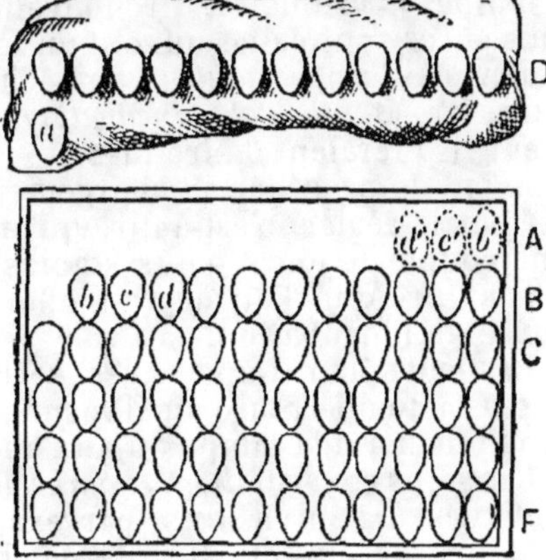

FIG. 2. — Théorie du déplacement des œufs.

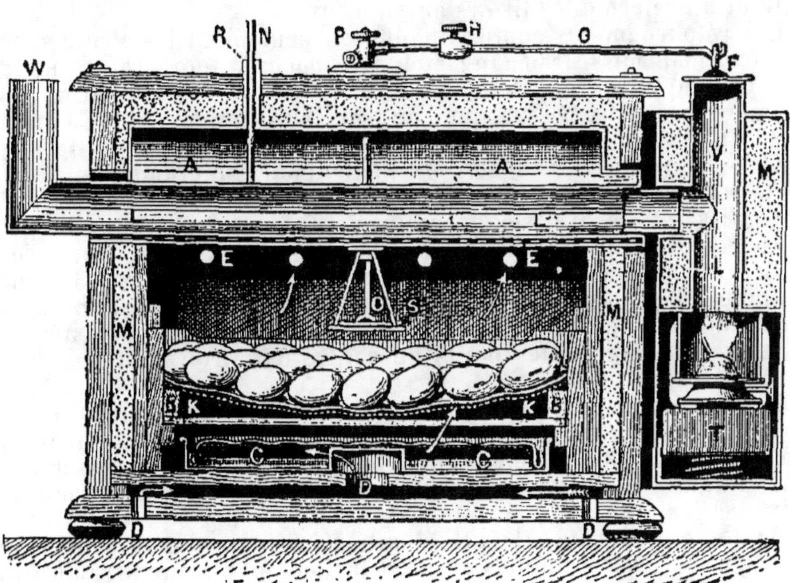

FIG. 3. — Incubateur à régulateur automatique : A, A, réservoir d'eau ; B, B, plateau
mobile perforé pour les œufs ; C, C, augette d'eau pour humidifier l'air ; D, D, ouvertures pour le renouvellement de l'air ; E, E, Bouches de ventilation ; F, registre du
régulateur ; G, Levier ; H, poids mobile pour régler la dilatation ; K, K, Pièces de
bois supports ; L, L, cheminée conduisant la chaleur à travers l'eau ; M, M, sciure
de bois isolatrice ; N, thermomètre ; O, aiguille communiquant l'expansion de la capsule S au levier G ; P, vis d'arrêt de l'aiguille et tube de remplissage ; S, capsule
thermostatique ; T, lampe à pétrole ; V, cheminée pour l'échappement de l'excès de
chaleur ; W, cheminée pour l'échappement des résidus de la combustion.

INCUBATION

On trouve, dans le commerce, des couveuses de différents systèmes, à lampe, à briquette, à renouvellement d'eau. Les meilleures et les plus sûres sont celles qui ont un fonctionnement automatique et sont pourvues d'un *régulateur* empêchant la température intérieure de dépasser 40° (V. *Tabl. Incubation, fig.* 3). Au delà, les embryons de l'œuf risqueraient d'être tués.

Avant de procéder au chargement de la couveuse, il faut commencer par la régler, c'est-à-dire qu'on la fait fonctionner à vide, pendant une couple de jours, pour stabiliser la température au voisinage de 39°, chiffre que l'on devra s'efforcer de maintenir pendant toute la durée de l'incubation.

Les œufs étant rangés aussi serrés que possible dans les tiroirs, on laisse la température de l'incubateur remonter d'elle-même, à 39°, sans toucher à la lampe ou aux autres modes de chauffage.

Les soins consistent en *retournements* et *refroidissements* bi-quotidiens, effectués à heures fixes, par exemple à huit heures du matin et huit heures du soir. La durée du refroidissement varie suivant la phase de l'incubation. Pendant les huit premiers jours, elle est de dix minutes environ ; du huitième au dix-huitième jour, on attend quinze minutes ; du dix-huitième à la fin, on retourne les œufs à la hâte et on referme les tiroirs aussitôt.

Les retournements comprennent non seulement les changements de face, mais aussi les changements de place, la température n'étant pas partout uniforme dans les tiroirs. Le tiroir sorti, on retire la première rangée A (*fig.* 2), que l'on place sur un morceau de flanelle, ainsi qu'un œuf de la rangée B. On fait ensuite passer ce qui reste de B en A en faisant pivoter chaque œuf sur son grand axe, et non en le roulant, afin que le trait de crayon bleu, marqué sur les œufs, apparaisse et disparaisse alternativement.

En même temps on change les œufs de côté dans le tiroir, c'est-à-dire qu'on transporte *a* en *a'*, *b* en *b'*, *c* en *c'*, et ainsi de suite. La rangée B prend la place de A, la rangée C vient en B, enfin le rang placé sur la flanelle vient en D. De cette manière, les œufs passent successivement des bords au centre des tiroirs, en changeant de côté.

Le cinquième jour, on procède au mirage des œufs, soit au moyen d'un *ovoscope* ou à l'aide d'une simple lampe, en faisant abat-jour avec la main. Dans les œufs bien constitués, l'embryon ressemble à une araignée et on l'aperçoit très bien, oscillant dans la masse albumineuse (*fig.* 1).

De toute nécessité, il faut éliminer les œufs non fécondés, les faux germes et les doubles germes, facilement reconnaissables. Ces œufs ne sont utilisables, une fois cuits durs, que pour l'alimentation des poussins dans leur jeune âge.

Le nombre des œufs clairs est surtout élevé dans les incubations précoces ou tardives, alors que les coqs sont peu ardents. En pleine saison de ponte, ils sont extrêmement rares, surtout chez les poules qui ne sont pas trop à l'étroit.

Pendant toute la durée de l'éclosion, on n'ouvre les tiroirs qu'aux heures réglementaires, et seulement pour retirer les petits poussins que l'on se hâte de mettre dans la *sécheuse* adaptée à l'appareil. On attend qu'ils soient bien ressuyés avant de les transporter dans leur éleveuse, où il faut bien se garder de leur donner à manger avant trente-six heures, pour éviter les indigestions fatales.

III. — ALIMENTATION DES POULES

La nourriture doit être rationnelle et économique. — Pour réaliser des bénéfices dans toutes les branches de l'aviculture, le prix de revient de la nourriture doit être aussi réduit que possible. Elle doit néanmoins être adaptée aux besoins des volailles que l'on exploite, qu'il s'agisse de produire des œufs ou de la viande.

Les *matières amylacées* poussent à la graisse, les *graines* sont stimulantes, mais échauffantes, sauf l'orge et le maïs qui rentrent plutôt dans la première catégorie. L'excès de verdure peut occasionner de la chlorose ou de la diarrhée.

Les sujets d'élevage et les pondeuses ont besoin de plus d'*azote* ou *matières albuminoïdes* que les oiseaux à l'engrais ; mais l'excès de *matières animalisées* communique aux œufs et à la chair un goût détestable. Il faut tenir compte de ces données dans l'alimentation des volailles, en adoptant une *nourriture mixte*, comprenant à la fois des féculents, des verdures, des racines, des grains, de la viande, etc. Pendant la période d'engraissement, on augmente simplement la dose d'*hydrates de carbone*.

Les sujets en voie d'accroissement et les pondeuses doivent recevoir le maximum de *protéine*, sous la forme de produits d'origine animale et de tourteaux.

Les aliments du premier âge. — La première nourriture à distribuer aux jeunes poussins, âgés de trente-six heures au moins, est à base de *mie de pain rassis*, mélangé à des *œufs cuits durs*, le tout finement émietté. On leur ajoute des *verdures hachées* très fin, principalement des orties et de la laitue. De temps à autre, on jette quelques grains de *millet*, pour inciter les petits poussins à prendre un exercice salutaire.

Il faut aussi tenir à leur disposition, dans des abreuvoirs siphoïdes (*Tabl. Alimentation des poules, fig.* 4 et 7), une eau de bonne qualité, que l'on renouvelle souvent.

Comme la nourriture à base de mie de pain et d'œuf est très coûteuse, on la remplace, à partir du sixième jour, par des aliments plus économiques, que l'on distribue sur des billots (*fig.* 5) jusqu'à la fin du premier mois.

Ci-dessous un type de pâtée qui convient très bien aux poussins :

Farine d'orge	500 grammes
Lait écrémé	300 —
Poudre d'os et viande boucanée	50 —
Verdures hachées	50 —

Le tout est pétri intimement, de manière à obtenir une pâtée demi-ferme qui se tient sur les billots. Les distributions se font par petites quantités à la fois et souvent. Au bout d'une heure, la totalité de la nourriture doit être consommée. Ce qui reste ou ce qui a été piétiné est donné à la mère.

On s'arrangera pour que la pâtée soit en dehors des atteintes de la couveuse, dans le cas d'élevage naturel. Les poussins auront donc un petit parc à leur disposition, où eux seuls pourront pénétrer en passant par des barreaux. Avoir soin de ne jamais laisser vagabonder la mère ni les petits quand il pleut, et que les herbes sont mouillées de rosée, ou bien quand le soleil est ardent. Les poussins sont sensibles à l'humidité, au froid et à l'excès de chaleur.

L'usage des *mues* en osier (*fig. 3*) est assez pratique pour le dressage des poussins, avec le concours des mères poules.

Pour l'élevage artificiel, il faut être en possession d'*éleveuses vitrées* (*fig. 1*) ou autres, chauffées à la lampe ou à renouvellement d'eau chaude. Il faut régler le chauffage de manière que la température ne dépasse jamais 25° à l'intérieur de l'éleveuse, même pendant la nuit, alors que les poussins se tassent sous le pilou. Enfin, on doit tenir les mangeoires et les abreuvoirs dans le plus grand état de propreté.

Rations d'élevage. — A partir du premier mois, jusqu'à la fin du quatrième, on substitue à la pâtée précédente, encore trop coûteuse, une ration plus économique.

La nourriture se donne alors dans de petites mangeoires (*fig. 6*). avec lesquelles le gaspillage est moins à craindre. Celles-ci étant pourvues d'un couvercle mobile, les poussins ne peuvent pas souiller leur pâtée de leurs excréments. Cette prescription doit être observée si l'on veut éviter les maladies infectieuses dues à la contagion par les fientes.

L'éleveur varie la composition des rations d'élevage suivant ses disponibilités alimentaires, en recherchant de préférence la nourriture qui convient le mieux aux poussins, sans coûter trop cher.

Voici, à titre d'exemple, une formule-type qui contient tous les principes essentiels nécessaires aux jeunes poussins et que l'on peut modifier suivant les besoins :

Farine d'orge ou de maïs	300	grammes
Pommes de terre cuites	300	—
Lait écrémé ou eaux grasses	300	—
Tourteau (arachide, colza, œillette)	70	—
Viande boucanée ou sang desséché	30	—
TOTAL	1 000	grammes

La quantité de pâtée consommée par jour et par tête varie avec l'âge des sujets. On a intérêt à nourrir à satiété, mais sans gaspillage. A cette pâtée, on adjoint une distribution par jour, de préférence le soir, de petit blé. A défaut, on donne du sarrasin ou encore de l'orge, mais on fera bien d'éviter l'avoine, bien moins profitante pour les volailles. On complète la ration par des verdures hachées, telles que salades, choux, ou encore par des cossettes de betteraves, distribuées surtout dans le milieu du jour.

Avec une nourriture rationnelle et copieuse, la croissance des élèves est beaucoup plus rapide que si on la leur mesure parcimonieusement. Comme conséquence, le prix de revient des poulets est bien moins élevé.

Ration des poules pondeuses. — On peut adopter, pour les pondeuses, la ration ci-dessous, qui donne d'excellents résultats :

Petites pommes de terre cuites	650	grammes
Tourteau de colza ou d'arachide	300	—
Viande boucanée	50	—

On fait dissoudre le tourteau à l'avance dans les eaux grasses ménagères, puis on le pétrit avec les pommes de terre, au sortir du feu,

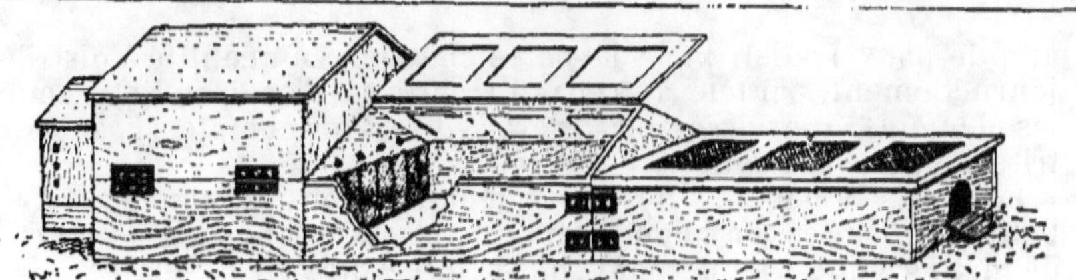

Fig. 1. — Éleveuse moderne avec parc vitré.

Fig. 2. — Épinette.

Fig. 3. — Mue.

Fig. 4. — Abreuvoir circulaire.

Fig. 5. — Billot.

Fig. 6. — Mangeoire.

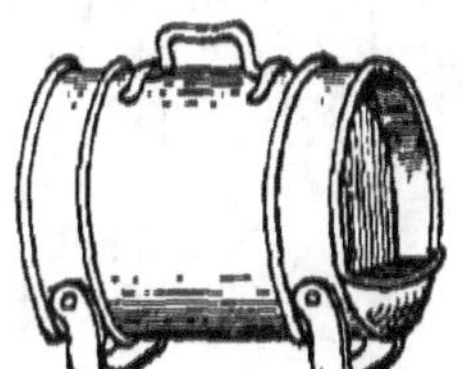

Fig. 7. — Abreuvoir cylindrique.

ALIMENTATION DES POULES

afin de pouvoir distribuer la pâtée chaude. La quantité à distribuer journellement, par tête au repas du matin est d'environ 100 grammes, les éléments étant pesés secs, c'est-à-dire sans compter l'eau de pétrissage ni de cuisson.

Lorsque les pommes de terre manquent, on les remplace par des betteraves cuites, en augmentant un peu la proportion de tourteau, de manière que chaque poule puisse recevoir :

Betteraves cuites	57 grammes
Tourteau d'arachide	38 —
Viande boucanée	5 —

On peut remplacer également la *viande boucanée* par du *sang frais*, coagulé dans l'eau par la chaleur et haché ensuite. La *viande de cheval* et les *déchets d'abattoir* peuvent être utilisés pour le même objet.

Outre la pâtée, chaque pondeuse doit recevoir 40 grammes de grain, de préférence du blé, sans compter les verdures dont elle ne doit jamais manquer, si on veut que sa ponte soit soutenue et que les jaunes conservent une belle couleur vive.

Pâtée d'engraissement. — Pour la préparation des coquelets et des poulettes destinés à être vendus pour la table, vers l'âge de quatre ou cinq mois, ainsi que pour donner un meilleur embonpoint aux poules de réforme, que l'on écoule vers le marché, il faut leur donner pendant quelque temps une alimentation spéciale.

La pâtée doit contenir une plus forte proportion de matières amylacées ou grasses, qui se trouvent en abondance dans les farines d'orge, de maïs et le tourteau de coprah. Si on pratique l'engraissement libre à la pâtée, celle-ci peut se préparer en mélangeant intimement :

Lait caillé	400 grammes
Farine d'orge	250 —
— de maïs	250 —
Tourteau de coprah	100 —

La pâtée est donnée à satiété. On distribue en outre des verdures hachées à midi et un peu de grain le soir.

Dans les établissements industriels, l'engraissement s'effectue généralement d'une manière forcée, au moyen d'appareils spéciaux appelés *gaveuses*. Le gavage à l'entonnoir est peu pratique pour les poulets; il exige beaucoup de main-d'œuvre. On a souvent intérêt à séquestrer les volailles dans des *épinettes* (*fig.* 2) pour les engraisser.

Poudre à faire pondre. — Pour stimuler la ponte des poules et la rendre plus précoce, surtout en hiver et au printemps, on a intérêt à incorporer dans leur pâtée une petite quantité de principes stimulants, désinfectants et nutritifs.

Une bonne formule de poudre à faire pondre est la suivante :

Pour 10 kilogrammes :

Coquilles d'huîtres écrasées	2 kilogrammes
Charbon de bois pulvérisé	2 —
Sel gris (chlorure de sodium)	2 —
Os verts râpés	2 —
Quinquina gris en poudre	2 —

Il suffit d'introduire dans la pâtée 5 grammes de cette poudre par tête de pondeuse et par jour pour obtenir d'excellents résultats.

IV. — LOGEMENT DES POULES
ET HYGIÈNE DE LA BASSE-COUR

Différentes sortes de basses-cours.— Afin d'éviter les épidémies qui menacent surtout les populations gallines sédentaires, séquestrées dans des parquets exigus, il faut les loger confortablement.

Les poulaillers doivent être construits et aménagés de manière à pouvoir observer une prophylaxie sévère. On distingue :

1° Les *poulaillers de ferme*, représentés par des constructions spéciales, ou simplement pris dans une portion d'annexe rurale, grange, remise, étable, etc.

2° Les *poulaillers d'amateur ou d'éleveur*, qui sont pourvus d'un *parquet* plus ou moins étendu, mais toujours limité par des clôtures.

Dans les basses-cours de ferme, les volailles ont la libre disposition des cours, des fumières, des chemins, des champs et des bois avoisinants. Elles se trouvent dans les meilleures conditions d'hygiène et de confort, mais elles causent beaucoup de dégâts. Dans les parquets, au contraire, les poules sont séquestrées sur un terrain peu étendu. Par suite de la contamination du sol par les fientes, les épidémies y sont assez fréquentes.

Distribution rationnelle des parquets. — Pour éviter les maladies contagieuses, telles que la *diphtérie* et le *choléra*, qui causent de si grands ravages dans certaines basses-cours, à parcours limité, il convient d'observer les prescriptions suivantes :

Au milieu de l'enclos réservé aux volailles, on construit un poulailler divisé en deux ou quatre compartiments, de manière qu'il y en ait toujours un « haut-le-pied » inoccupé. Le parquet, lui aussi, est divisé en un même nombre de parties égales, de sorte que l'un d'eux est toujours en culture pendant que les autres sont habités.

Admettons une basse-cour comprenant trois groupes de chacun 100 pondeuses et 10 coqs occupant trois compartiments pourvus de poulaillers indépendants. Le quatrième parquet a été labouré, puis ensemencé en avoine ou en salades. Une fois les verdures développées, on y fait passer les volailles du premier des trois compartiments occupés. Ce parquet libéré est labouré à son tour et ensemencé pour recevoir les habitants du deuxième parquet, et ainsi de suite.

Par ce procédé, on assainit le terrain tour à tour par la végétation, qui est le meilleur des désinfectants. Les fientes servent de fumure et les poules tirent un bon profit des herbes tendres produites. Ce changement alternatif a aussi la plus heureuse influence sur la productivité et la prospérité des basses-cours.

Types différents de poulaillers. — Les poulaillers se construisent de différentes manières (*Tabl. Logement des poules*). On peut les diviser en deux grandes classes :

1° Les *poulaillers mobiles* ou *démontables*, à l'usage des locataires ;

2° Les *poulaillers fixes* ou *à demeure*, généralement plus confortables, qui conviennent mieux aux propriétaires.

Les poulaillers mobiles se font presque toujours en bois. Ils sont constitués par une charpente ou ossature fermée par des panneaux en planches ou en liteaux, que l'on fixe au moyen d'écrous et de boulons. On peut facilement les changer de place. Quelquefois, les panneaux de bois sont remplacés par des plaques de fibrociment, mais les principes de construction sont les mêmes.

Les poulaillers à demeure peuvent être construits économiquement avec des matériaux de peu de valeur : bois de débroussaillement, terre pétrie, pisé, etc., que l'on recouvre d'une toiture en paille de seigle (chaume). On se sert aussi de matériaux de plus longue durée, tels que briques, parpaings, ciment armé, d'un emploi courant.

Dans les exploitations où l'on dispose de nombreux locaux, on les aménage pour recevoir les poules, à moins que l'on n'installe le poulailler dans une portion de bâtiment isolée par une cloison.

Poulaillers de ferme. — On peut aménager en poulailler hygiénique une portion de local quelconque, à condition qu'une de ses faces soit exposée au Midi. On la munit alors, de ce côté, d'une large baie vitrée, qui laisse passer à la fois l'air, la lumière et le soleil. Cette fenêtre, pourvue de volets protecteurs, empêche les excès de chaleur en été et défend les volailles contre les grands froids de l'hiver.

Les murs doivent être enduits finement à l'intérieur et badigeonnés souvent à la chaux. La partie inférieure des murs est pourvue d'un soubassement en ciment poli à la truelle ; enfin le sol est dallé ou carrelé, afin de faciliter les lavages à grande eau.

Les dimensions du poulailler varient avec l'effectif. Non compris les couloirs, on compte un mètre carré de surface par dix têtes.

Les perchoirs sont constitués par des tringles de bois blanc, larges de 8 à 10 centimètres, dont les arêtes supérieures ont été abattues. Ces tringles se placent toutes à la même hauteur, sans dépasser 80 centimètres ; elles reposent dans des encoches qui les rendent démontables pour les nettoyages. Les lignes de perchoirs étant distantes de 35 centimètres, on a soin de ménager le long du mur, auquel les nids sont suspendus, un couloir de circulation pour les visites.

Les nids s'accrochent à 50 centimètres du sol, à un niveau un peu plus bas que celui des perchoirs, ce qui détourne les volailles d'aller percher dessus.

Poulaillers mobiles en bois. — Le plus souvent, on leur donne un cachet décoratif, qui imite les chalets enjolivés. Les poulaillers en planches rabotées ou en lames de parquet, se font de préférence à deux compartiments : l'un à usage de dortoir est pourvu de cloisons pleines ; l'autre sert de courette et de réfectoire. Il permet de retenir les poules captives les jours de mauvais temps et par les froids.

Les poulaillers peuvent aussi s'établir sur roues ou sur traîneau, ce qui rend possible les changements de place lorsque le terrain est souillé par les fientes. Mais les modèles simplement démontables sont plus communs (*fig. 3*).

Chaque fois qu'on le pourra, on installera les poulaillers dans un verger fermé par des clôtures de 1ᵐ,75 de hauteur, en grillage galvanisé de 5 centimètres de mailles, en le fixant sur des fers à T ou des poteaux de bois ou en ciment armé.

Les arbres attirent les insectes et les poules ont à leur disposition un parcours riche en verdures, qui n'est pas dommageable.

Poulaillers à demeure. — Les poulaillers fixes se construisent généralement en briques ou en parpaings, dont les dimensions ré-

FIG. 1. — Poulailler en appentis.

FIG. 2. — Poulailler mobile.

FIG. 3. — Poulailler avec abri se repliant à volonté.

LOGEMENT DES POULES

duites conviennent aux murs de faible épaisseur. On peut aussi les mouler dans des *banches*, en employant un béton de mâchefer ou de gravier gâché avec de la chaux hydraulique et un peu de ciment, en ayant soin de ménager dans chacun d'eux une porte, une fenêtre et une trappe de sortie.

La meilleure toiture, la plus durable, s'établit en ardoises ou en tuiles mécaniques. Les couvertures métalliques sont légères, mais mauvaises protectrices ; le chaume est un bon isolateur, malheureusement de peu de durée.

Le sol doit être imperméable et les murs demandent à être talochés finement, pour ne pas laisser de refuges aux parasites.

Lorsqu'on désire agrémenter un parc ou un jardin, on établit le poulailler en rocaillage jointoyé, en le divisant en trois compartiments : le milieu, ouvert en façade, sert de clapier ; les ailes, séparées par des cloisons, sont à usage de poulailler et de remise.

Les poulaillers les plus économiques se font en clayonnage. Les cloisons sont enduites intérieurement et extérieurement avec du *pourget*, mélange de terre glaise et de bouse de vache pétries. La charpente s'établit au moyen de perchettes brelées avec du fil de fer doux ; on la recouvre d'une épaisse couche de chaume.

Parasites des volailles. — Les volailles tourmentées par les *poux* et les *acares* sont toujours peu productives. On distingue les *lipeurus* et les *menopons*, qui vivent sur les poules, et les *dermanysses* qui se cachent dans les interstices des poulaillers.

On les détruit par des pulvérisations fréquentes, à l'intérieur du poulailler, de crésyl ou d'eau de Javel à 5 pour 100 et par les badigeons à la chaux. Contre les *poux*, on insuffle sous les plumes des volailles de la poudre de pyrèthre, mélangée à de la fleur de soufre.

La *gale aux pattes*, très commune, est combattue efficacement par des lavages à l'eau de savon vert, employée tiède et par des applications subséquentes de pétrole ou de pommade d'Helmerich.

Maladies. — La *crotte* est une maladie de l'intestin qui affecte les jeunes poussins. Elle revêt parfois le caractère nettement contagieux d'une épidémie. On s'en défend en observant la plus grande propreté à l'intérieur des éleveuses. Il faut éviter en outre les courants d'air, les excès de froid et de chaleur.

La *diphtérie* est éminemment contagieuse. Cette maladie affecte la langue (*pépie*), le fond du bec (*muguet*), les bronches (*croup*) et aussi l'intestin. Il y a presque toujours du larmoiement. Il faut isoler les sujets atteints et désinfecter à fond le poulailler et ses abords à l'eau de Javel à 5 pour 100. On peut encore avoir recours aux fumigations de goudron données le soir dans le poulailler.

Le *choléra* se manifeste par une somnolence prononcée, suivie de la mise en boule et de la mort de l'oiseau, les plumes hérissées. A son apparition, les mesures sévères doivent être prises : isolement des sujets suspects, désinfection du poulailler et des abords par la mise en culture.

La *maladie du bâillement* est occasionnée par la présence des vers (*strongles*) dans les poumons. On en vient à bout par des fumigations de goudron et en ajoutant de l'ail écrasé dans la pâtée. Mettre en outre 3 grammes de salicylate de soude par litre d'eau de boisson. Arroser les fumiers et les eaux croupissantes du voisinage à l'eau de Javel ou au crésyl pour détruire les foyers d'infection.

V. — LES RACES DE LAPINS

Bénéfice de l'élevage du lapin. — De tous les petits élevages de la basse-cour, celui du lapin est certainement le plus commun, parce qu'il est le mieux à la portée des habitants des campagnes et même de la petite ville. Il n'est pas nécessaire, en effet, de disposer d'un grand parcours pour installer un clapier : un coin de cour, de remise, ou de jardinet suffit pour mettre les lapins à l'aise.

D'autre part, lorsqu'on n'a en vue qu'un élevage modeste de lapins, ceux-ci coûtent très peu à nourrir, parce qu'ils consomment une foule de déchets sans valeur fournis par le potager et le ménage. Outre les épluchures des légumes, les restes de table, les sarclages, etc., il y a les herbes sauvages qui croissent sur le bord des chemins et dans les lieux incultes.

Avec un peu de fourrage sec, il est loisible à chacun de produire à peu de frais la viande nécessaire aux besoins familiaux, et cette perspective ne manque pas d'être intéressante par les temps de vie chère.

Les clapiers plus importants sont aussi très rémunérateurs, à condition que l'éleveur produise lui-même la majeure partie de la nourriture consommée par les lapins. Si on connaît bien les besoins de notre rongeur domestique et que l'on prenne des mesures efficaces pour empêcher la mortalité qui décime les clapiers, on est certain de retirer de cet élevage de sérieux bénéfices.

Différentes sortes de lapins. — Les lapins ont été classés, d'après l'objet auquel on les destine, en *lapins à viande, lapins à fourrure et lapins à poil.*

Cette distinction n'est que relative, puisque les lapins à fourrure ou à poil sont aussi exploités pour la viande, et que les bêtes à viande donnent également leur fourrure. Sans doute, les fourrures des races à viande ont moins de valeur que celles fournies par les sujets recherchés des fourreurs et des mégissiers, elles atteignent néanmoins un prix élevé quand elles sont produites en bonne saison par des animaux adultes, sacrifiés après la mue d'été.

Les lapins à poil, que l'on entretient le plus longtemps possible, puisque leur rendement pileux s'accroît avec l'âge, ne peuvent fournir qu'une chair coriace et filandreuse, de qualité inférieure.

Tous les lapins produisent un fumier abondant, plus riche que celui de vache, qui permet d'entretenir le potager en bon état de fertilité.

Lapins à viande. — Rentrent dans cette catégorie la longue théorie des *lapins communs* (V. *Tabl. Races de lapins, fig.* 1), qui peuplent les clapiers de ferme depuis un temps immémorial. Ils sont d'autant plus productifs qu'ils sont moins dégénérés et mieux soignés. Les lapins communs sont d'une taille moyenne; leur couleur est quelconque. Ils sont assez rustiques et prolifiques, mais ils manquent généralement de précocité.

D'autres lapins, dénommés « géants » *géants des Flandres* (fig. 2), *géants béliers* (fig. 4), etc., atteignent et peuvent dépasser le poids de 10 kilogrammes. Ce sont les mastodontes de l'espèce. On leur reproche d'être délicats et peu prolifiques. Leur développement n'est guère complet qu'au bout de huit ou dix mois, tandis que les lapins ordinaires peuvent couramment être sacrifiés à cinq ou six mois.

Le croisement de géant des Flandres avec le lapin commun a donné naissance au *géant normand*, aujourd'hui très répandu. Il est à la fois rustique et précoce; quand il est bien nourri, il pèse 3 kilogrammes dans le poil, vers l'âge de cinq mois, bien au point pour la cuisine.

Lapins à fourrure. — Les lapins à fourrure, par suite de la variété de leur pelage, suivent les caprices de la mode. C'est tantôt le noir, le blanc, l'argenté, le havane, le bleu, etc., qui sont en vogue.

L'*argenté de Champagne* est l'un des plus réputés de toute la série. Son élevage n'est pas plus difficile que celui des autres lapins; il demande seulement un peu d'attention dans les sélections, pour maintenir dans une juste mesure le blanc et le noir de leur fourrure, afin de satisfaire aux exigences de la pelleterie.

Le *havane* est un petit lapin dont le poids ne dépasse guère 2 kilogrammes. Son pelage marron imite assez celui de la martre. C'est un lapin dont le rendement en viande est relativement faible.

Le *russe* (*fig.* 4), caractérisé par une fourrure d'un blanc immaculé, sauf les extrémités qui sont noires, est un lapin râblé, de poids moyen, 3 à 4 kilogrammes, aux yeux d'albinos. Sa chair, ferme et savoureuse, est très estimée.

Le *papillon* (*fig.* 3), avec ses mouchetures de noir sur fond blanc est autant un lapin à viande qu'à fourrure. Comme le russe, il fournit une viande délicieuse et il est remarquable par sa précocité.

Les *bleus* (de Beveren, de Vienne, de Saint-Nicolas) ont la fourrure ardoisée. On peut entreprendre leur élevage quand on trouve à vendre leurs peaux à un prix notablement plus élevé que celui des races précitées, généralement plus rustiques, plus prolifiques et plus précoces.

Races à poil. — Les lapins à poil sont représentés par les *angoras* (*fig.* 5), les blancs et les noirs.

On les exploite pour leur poil, extrèmement fin et moelleux, qui atteint 10 à 15 centimètres de longueur. Ce poil filé et tissé fournit des tissus de grande valeur, réservés pour les usages thérapeutiques, confection des plastrons, des genouillères pour rhumatisants, aviateurs, explorateurs, etc. Les angoras sont peignés régulièrement. On les épile généralement tous les trois mois. Cette opération bien conduite est peu douloureuse.

On estime qu'un angora adulte, bien soigné, bien nourri, peut fournir 300 grammes de poil dans l'année. Le prix de vente, qui n'a fait que croître, atteint et dépasse même 75 francs le kilogramme. L'élevage des angoras est surtout intéressant quand on dispose d'une main-d'œuvre familiale abondante. Il convient surtout aux familles rurales nombreuses. Comme se sont surtout les vieux lapins qui donnent le poil le plus long et le plus soyeux, ces animaux sont conservés le plus longtemps possible; par contre, il est évident que leur chair est dure, coriace et de qualité inférieure.

Choix d'une race. — On choisira, pour peupler son élevage, les animaux qui conviennent le mieux au but poursuivi et à l'objet pour lequel on exploite les lapins.

L'angora convient aux familles nombreuses et les lapins à four-

QUELQUES RACES DE LAPINS

rures sont surtout recommandés aux éleveurs qui vendent directement les peaux aux pelletiers, sans passer par les intermédiaires.

Le particulier qui cherche seulement à produire de la viande pour ses besoins personnels, par exemple un lapin par semaine, n'a pas besoin d'entretenir des gros sujets. Ce qu'il lui faut, c'est un lapin petit, mais râblé, précoce, à chair savoureuse. Il se contentera des communs sélectionnés, ou bien il adoptera le russe ou le papillon.

Lorsqu'on a en vue la vente pour le marché, soit au kilogramme de viande, brut ou « dans le poil », on a intérêt d'entretenir une espèce de plus forte taille, bien qu'un peu moins précoce, comme le *gros normand*.

Sélection des lapins. — Quelle que soit la race adoptée, il est utile et même nécessaire de chercher à perfectionner les caractères initiaux, qui font l'objet de son exploitation, en pratiquant attentivement la *sélection*.

La sélection doit porter sur la propension à prendre de la viande et de la graisse, pour les lapins de boucherie. Pour les lapins à fourrure, on cherche à améliorer le plus possible la qualité de la peau, au double point de vue de la beauté des poils et de leur abondance. On recherche la « laine » la plus longue, la plus soyeuse et la mieux fournie pour les lapins angoras. On doit poursuivre en outre la sélection sur la rusticité, la précocité et la fécondité.

A cet effet, on éliminera de la procréation tous les sujets, jeunes ou adultes, peu robustes, dont l'état de débilité en ferait des victimes toutes désignées pour la *tuberculose* ou la *septicémie*, les deux affections les plus redoutables pour les lapins. On prendra, en outre, les reproducteurs aux nichées normales, venues en bonne saison, qui se font remarquer par leur précocité.

Toute lapine qui ne réussit pas sa première portée, ou la réussit mal, est réformée sans hésitation. On ne conserve que les bonnes nourrices et les bonnes mères. On réforme également les femelles qui ne donnent pas au moins six lapereaux à chaque portée et, si l'une d'elles ne fournit pas ce quantum de progéniture, on se gardera bien de prendre pour la reproduction les sujets qui en sont issus.

Il n'y a qu'un cas où l'on peut se permettre une dérogation à cette règle, c'est lorsqu'on se propose de produire des sujets de concours. Mais cette spécialité n'a qu'un intérêt relatif. Elle est même souvent plus nuisible qu'utile à la productivité des clapiers, parce qu'elle exagère la taille et le poids au détriment des facultés productives qui font la valeur pratique des races de rapport.

C'est surtout avec des soins bien compris, et par une alimentation rationnelle, que l'on améliore la valeur des lapins.

La sélection doit porter aussi bien sur les mâles que sur les femelles; on n'a généralement pas intérêt à les conserver au delà de douze à quinze mois. Il faut en outre éviter les effets débilitants d'une *consanguinité* trop suivie.

De temps à autre, pour changer le sang, on demandera à un éleveur voisin, à charge de réciprocité, le mâle destiné à la fécondation des femelles d'un même clapier. Bien entendu, le sujet importé devra appartenir à une race analogue à celle que l'on exploite, car il est souvent plus nuisible qu'utile de faire des croisements de races disparates ne répondant pas aux besoins de l'élevage.

VI. — CONDUITE RATIONNELLE
DES CLAPIERS

Principes d'élevage à observer. — On ne doit jamais laisser vieillir les *lapines portières*. Lorsqu'elles sont âgées de plus de deux ans, elles prennent difficilement le mâle. Elles manquent souvent de fécondité et deviennent mauvaises nourrices. Il ne faut pas non plus leur laisser prendre de l'embonpoint, les lapines grasses étant généralement stériles et médiocres laitières. Les accidents de parturition sont en outre beaucoup plus à craindre.

Si on attend trop longtemps pour les remettre au mâle, après la mise bas, comme on a la mauvaise habitude de le faire, l'accouplement se fait mal. C'est un jour ou deux après le sevrage que la saillie réussit le mieux. La fièvre occasionnée par l'arrêt des fonctions mammaires provoque l'apparition des chaleurs.

Les jeunes lapines des races précoces sont mises au mâle, pour la première fois, quand elles sont âgées de cinq à six mois et qu'elles sont turbulentes. On n'a pas intérêt à attendre plus longtemps, car l'on risquerait de leur voir prendre un embonpoint préjudiciable aux fonctions génésiques.

Les jeunes femelles sont élevées en commun jusqu'à la saillie, puis on les loge dans des niches isolées, où se fera la mise bas. Il est nécessaire de les suralimenter pendant la *gestation* et plus copieusement encore durant l'*allaitement*.

L'alimentation doit être *mixte*, c'est-à-dire *mi-aqueuse*, à base de racines et de fourrages verts, et *mi-sèche*, à base de foin. Cette prescription étant observée et la *verdure* ne faisant jamais défaut, on peut se dispenser de donner à boire.

L'*eau de végétation* fournie par les herbes et les racines est plus digeste et plus profitable que l'*eau crue*, que l'on serait dans l'obligation de donner à boire dans des abreuvoirs, ce qui est assez assujettissant et incommode.

La *durée de la gestation* est de vingt-neuf à trente et un jours. Vers le vingt-cinquième jour, on nettoie à fond les niches des mères et on leur donne une abondante litière de paille fraîche. Avoir soin de forcer la dose du fourrage vert aux approches de la mise bas.

La parturition. — On n'a pas à intervenir dans la mise bas des lapines. On se contente de leur donner discrètement à manger, en ayant la précaution de les déranger le moins possible.

Le lendemain ou le surlendemain, on s'empare dextrement de la lapine, sans l'effaroucher, puis on visite le nid. S'il y a des lapereaux morts on les enlève. On les compte ensuite, puis on remet dans le nid les six plus beaux et on supprime tous les autres.

La pratique enseigne que les portées de six lapereaux réussissent presque toujours, tandis que la mortalité est fréquente dans les portées plus populeuses, à cause de l'insuffisance d'alimentation lactée qui en résulte.

En fin de compte, le poids global de six lapereaux conservés sera toujours plus élevé que si l'on en avait laissé huit, dix ou douze, chacun d'eux ayant une tétine à sa disposition, tandis qu'ils se battent dans le cas contraire, les plus faibles étant exposés à manquer de lait.

Sevrage et renouvellement des mères. — La durée de l'allaitement ne doit pas être inférieure à six semaines. Avec des mères abondamment nourries, on peut sevrer sans crainte à quarante-cinq jours. A cet âge, les lapereaux sont habitués de manger avec leur mère, le sevrage est déjà partiel et ils peuvent se passer de lait.

On retire alors les lapereaux pour les élever en commun, avec d'autres du même âge, jusqu'à trois mois révolus.

Lorsque les instincts génésiques commencent à se manifester, on sépare les sexes : les mâles sont mis ensemble, les femelles aussi. L'élevage est poursuivi ainsi jusqu'à cinq mois.

Deux jours après le sevrage, on met les lapines au mâle. La réussite est à peu près certaine. Au bout de trente jours vient la deuxième saillie, puis le sevrage, quarante-cinq jours après. On fait encore faire une troisième portée à la même femelle, sans marquer de temps d'arrêt, puis on la réforme.

Ainsi, une lapine mise pour la première fois au mâle à cinq mois ou six mois sera âgée de douze mois et demi ou treize mois et demi quand on arrêtera la procréation. On la soumettra à un régime spécial d'engraissement pendant deux ou trois semaines, puis on la sacrifiera.

En ne dépassant pas ces délais, la chair des lapines est encore acceptable. De plus, elles ne risquent pas de devenir stériles, ni de rester improductives, comme le fait se produit souvent lorsqu'on les laisse « reposer », comme on dit, entre les portées.

Différents types d'élevage. — Une seule lapine portière, constamment tenue en état de production, et que l'on remplace après qu'elle a fourni trois portées successives, peut donner six lapereaux tous les soixante-quinze jours, soit un lapin au point pour le sacrifice tous les douze ou treize jours. Si on veut en obtenir un par semaine, il faut entretenir deux mères et cela suffit généralement.

C'est ce genre d'élevage qui intéresse le plus les particuliers, qui veulent s'alimenter en viande fraîche sans bourse délier.

Lorsqu'on désire orienter son élevage du côté de la vente, on entretient un nombre variable de lapines, plus ou moins, suivant la place dont on dispose et les disponibilités de nourriture. Dans ce cas, on s'arrange de manière à établir un groupement en série des mères, qui seront mises au mâle à des dates échelonnées, afin que la vente ne subisse pas d'interruption et qu'il n'y ait pas d'encombrement dans le clapier.

Répartition des portées. — Si l'on veut produire tous les mois vingt-quatre lapins pour la vente, il faudra être en possession de cinq groupes de deux lapines, constamment en production, que l'on fera saillir simultanément, deux à deux, ainsi qu'il est indiqué par le tableau schématique ci-après.

Groupe I. — Saillie le 1er janvier, mise bas le 30 janvier, sevrage le 15 mars. Lapins bons pour la vente le 30 juin.

Groupe II. — Saillie le 15 janvier, mise bas le 14 février, sevrage le 1er avril. Bons pour la vente le 15 juillet.

Groupe III. — Saillie le 30 janvier, mise bas le 1er mars, sevrage le 15 avril. Bons pour la vente le 1er août.

Groupe IV. — Saillie le 14 février, mise bas le 16 mars, sevrage le 1er mai. Bons pour la vente le 15 août.

Groupe V. — Saillie le 1er mars, mise bas le 31 mars, sevrage le 15 mai. Bons pour la vente le 1er septembre.

PREMIER GROUPE

Mères Saillie le 1er janvier	**Lapereaux** Jusqu'à 3 mois	**Élevage par sexe** Jusqu'à 5 mois	
1 | 2	Mâles et femelles	Mâles	Femelles
Mise bas le 30 janvier	Sevrage le 15 mars	Bons pour la vente le 30 juin	

DEUXIÈME GROUPE

Mères Saillie le 15 janvier	**Lapereaux** Jusqu'à 3 mois	**Élevage par sexe** Jusqu'à 5 mois	
3 | 4	Mâles et femelles	Mâles	Femelles
Mise bas le 14 février	Sevrage le 1er avril	Bons pour la vente le 15 juillet	

TROISIÈME GROUPE

Mères Saillie le 30 janvier	**Lapereaux** Jusqu'à 3 mois	**Élevage par sexe** Jusqu'à 5 mois	
5 | 6	Mâles et femelles	Mâles	Femelles
Mise bas le 1er mars	Sevrage le 15 avril	Bons pour la vente le 1er août	

QUATRIÈME GROUPE

Mères Saillie le 14 février	**Lapereaux** Jusqu'à 3 mois	**Élevage par sexe** Jusqu'à 5 mois	
7 | 8	Mâles et femelles	Mâles	Femelles
Mise bas le 16 mars	Sevrage le 1er mai	Bons pour la vente le 15 août	

CINQUIÈME GROUPE

Mères Saillie le 1er mars	**Lapereaux** Jusqu'à 3 mois	**Élevage par sexe** Jusqu'à 5 mois	
9 | 10	Mâles et femelles	Mâles	Femelles
Mise bas le 31 mars	Sevrage le 15 mai	Bons pour la vente le 1er septembre	

ÉLEVAGE ÉCHELONNÉ PAR GROUPES DE DEUX LAPINES

Pour obtenir quarante-huit lapins par mois, on formerait des groupes de quatre lapines, et ainsi de suite.

De cette manière, il est possible de réunir les lapereaux de plusieurs portées, en les logeant par douze ou par vingt-quatre, pour pratiquer leur élevage simultané. On simplifie ainsi la main-d'œuvre et la surveillance.

La lutte contre les affections des lapins. — Pour qu'un clapier soit productif, il faut absolument empêcher la mortalité qui cause de si grands dommages dans les élevages.

La plupart des affections des lapins sont dues au défaut d'hygiène.

Les plus communes sont la *septicémie* et la *coccidiose* ou « gros ventre ». Ces maladies s'abattent surtout sur les lapereaux âgés de trois ou quatre mois ; elles sont très contagieuses.

Le gros ventre apparaît à toutes les époques de l'année et il fait souvent périr, sans en excepter un seul, tous les lapereaux d'une même portée. Il se manifeste par le ballonnement du ventre, accompagné de diarrhée et parfois de constipation. On l'attribue à la nourriture, à l'humidité, au froid, à la chaleur, etc.

En réalité, la septicémie est d'origine microbienne. C'est une affection qui existe à l'état endémique dans tous les clapiers.

Les sujets forts, vigoureux, copieusement nourris au lait, dans leur jeune âge, traverseront sans encombre la période critique. Au contraire, les sujets malingres, dont les mères sont mauvaises nourrices, ont un intestin paresseux. Par suite, le microbe de la septicémie se trouve dans un milieu favorable et la maladie devient rapidement mortelle. Pour se défendre de cette affection, il faut alimenter copieusement les mères pendant la gestation et l'allaitement. Ne laisser que six lapereaux par portée et les sevrer à quarante-cinq jours. Donner une alimentation mixte aux mères, en évitant tous les aliments fermentés.

La *coccidiose* se manifeste par des granulations blanchâtres et granuleuses sur le foie. L'engorgement de cet organe occasionne la mort des animaux atteints. Contre cette maladie hépatique, on recommande l'extrait de fougère mâle, 75 centigrammes par animal, mélangé à 4 grammes d'huile blanche.

La coccidiose est surtout fréquente dans les clapiers négligés, où on ne pratique jamais de désinfection.

Comme moyens préventifs, les nettoyages et les lavages des niches à l'eau de Javel sont de rigueur tous les huit jours. Il est utile, en outre, de donner de temps à autre, des branches de saule ou de genêts à ronger. Enfin, on ne prendra jamais, pour la reproduction, des sujets issus d'animaux reconnus atteints de coccidiose. Cette maladie est non seulement contagieuse, mais aussi héréditaire.

La *ladrerie* est caractérisée par la présence des cysticerques (larves de tœnia) dans le mésentère et le péritoine. Les cysticerques proviennent des œufs véhiculés par les excréments du chien et accolés aux herbes vertes que l'on cueille sur le bord des routes.

Signalons enfin le *coryza*, qui se guérit par des inhalations de vinaigre bouillant, lavage des narines avec le même liquide tiède, chaleur et bonne nourriture ; la *gale des oreilles,* qui se traite avec une mixture composée d'essence éthérée de cumin à 10 pour 100 d'huile d'amandes ; lorsque la gale se complique d'eczéma (démangeaisons et présence de croûtes), il n'y a qu'à sacrifier les sujets.

VII. — ALIMENTATION DES LAPINS

Les aliments de prédilection. — Les lapins sont moins difficiles et moins délicats sur la nourriture qu'on se l'imagine généralement.

La mortalité qui frappe certains clapiers, que l'on attribue aux plantes vénéneuses, est due le plus souvent à la monotonie des rations, à la présence des aliments fermentés et surtout aux maladies épidémiques : *septicémie* et *coccidiose*.

Les lapins qui reçoivent une *nourriture variée* se portent bien et profitent mieux que ceux auxquels on distribue une seule sorte de fourrage, par exemple. La nourriture mixte, mi-sèche et mi-aqueuse est la meilleure, parce que, comme nous l'avons dit, l'eau de végétation est beaucoup plus profitable que l'eau crue.

Les menus constamment les mêmes fatiguent les lapins; la variété, au contraire, stimule leur appétit et ils croissent bien plus vite. Autant que possible, on donnera à chaque repas du « vert » et du « sec ».

Comme *aliments verts*, appétés des lapins et classés par ordre de mérite, citons : la chicorée sauvage, le pissenlit, les laiterons, séneçons, liserons et autres herbes lactescentes, les plantains, la renouée des oiseaux, le sainfoin, les trèfles, la luzerne, la minette, les choux divers, y compris les trognons fendus, le colza, la navette, la moutarde, les sanves et autres crucifères; les feuilles et les racines de carottes, de rutabagas, de betteraves; les épluchures de légumes, les sarclages de jardin; les herbes de prairies naturelles ou temporaires, les ramilles d'arbres et d'arbustes, les fruits véreux ou tombés, les fanes de pois, de lentilles, de haricots, etc.

La *nourriture sèche* est à base de foin et de regain. Tous les fourrages secs sont bons, dès l'instant qu'ils ont été récoltés dans de bonnes conditions et sont exempts de moisissures. Les meilleurs sont fournis par les légumineuses qui ont conservé leurs feuilles. Le foin de champ ou de pré, composé surtout de graminées, doit être donné de temps à autre.

Les sons de céréales et les farines non avariées, ainsi que les drèches, les cossettes et les marcs séchés peuvent aussi entrer dans l'alimentation des lapins. Il en est de même des tourteaux, notamment ceux d'arachide et de coton décortiqués.

Le prix des grains est trop élevé pour qu'on puisse y avoir recours d'une façon régulière et suivie. L'avoine contient une substance excitante, l'*avenine*, qui rend les animaux turbulents et les empêche de profiter, quand on en abuse.

Les plantes réputées vénéneuses dont on fait un épouvantail, telles que le mouron, la ciguë, les pavots, les renoncules, etc., n'ont pas l'action toxique qu'on leur attribue généralement.

Préparation des aliments et distribution des rations. — Les lapins ont le tube digestif délicat. Il ne faut pas leur distribuer d'aliments fermentés, ou, tout au moins, il ne faut pas que ces aliments dépassent une légère fermentation alcoolique.

Quand on donne de la « mêlée » au lapin, mélange de betteraves en cossettes et de paille, de bales ou de fenasses, celle-ci doit être fraîchement préparée et on se gardera bien de la prendre dans le tas destiné aux ruminants.

Les racines de carottes, de rutabagas, de panais, de navets ou de betteraves sont préférablement distribuées en gros quartiers. On ne les passe au coupe-racines que lorsqu'on les mélange à du son, à des tourteaux ou à des fenasses. On peut donner des racines avec du fourrage sec au repas du matin. Au repas du soir, on distribue une autre sorte de fourrage sec, avec des herbes ou des feuilles de choux.

Si on n'a que des racines, on donnera, par exemple, des betteraves le matin et des carottes ou des rutabagas le soir.

La nourriture doit être distribuée à satiété, mais sans gaspillage; les lapins copieusement nourris sont beaucoup plus productifs que si on lésine sur l'alimentation. C'est l'examen des râteliers et des mangeoires qui guide les distributions.

Lorsqu'on donne deux repas, le premier est servi à sept heures du matin, le deuxième à cinq ou six heures du soir. Le deuxième doit être plus copieux que le premier. Il faut forcer la nourriture sèche le soir, les lapins ayant pour habitude de manger toute la nuit.

Quand un repas a été trop abondant, on s'en aperçoit à la distribution suivante : on réduit alors quelque peu la ration.

Dans les clapiers privés de mangeoires et de râteliers, pour éviter que les aliments soient piétinés et souillés par les déjections, on fait trois distributions : le matin, à midi et le soir.

La ration d'herbes vertes ou de choux est donnée à midi. Le matin et le soir, avec le fourrage sec, on distribue les racines.

Avoir soin de surveiller les excréments en tout temps. Lorsqu'ils ont une tendance à se ramollir, on diminue la ration de fourrage vert. On l'augmente, au contraire, quand ils sont secs par excès.

Règles du rationnement. — Le lapin consomme beaucoup plus, proportionnellement à son poids, que la vache, le bœuf ou le mouton, mais il s'accroît beaucoup plus vite.

On a calculé que le gros bétail doit recevoir, par kilogramme de poids vif, 2 gr. 5 de matières azotées, 12 à 13 grammes de matières hydrocarbonées et 0 gr. 6 de matières grasses. Ces quantités doivent être plus que doublées pour les lapins. C'est par l'expérimentation et le contrôle des râteliers qu'on peut la déterminer.

La valeur des aliments est d'ailleurs très variable : elle dépend de leur composition et de leur degré d'aquosité.

Aux lapereaux âgés de moins de cinq mois, il faut surtout des *aliments de croissance*, riches en albumine. Les lapines nourrices doivent recevoir beaucoup de plantes aqueuses et les sujets à l'engrais ont besoin de substances féculentes et amylacées. Dans tous les cas, la nourriture doit être copieuse, les animaux seront suralimentés pour produire leur rendement maximum et acquérir de la précocité. En principe, il faut obtenir qu'un lapin puisse peser 5 à 6 livres dans le poil quand il atteint l'âge de cinq mois; la réussite est à ce prix.

Pour le rationnement, rien ne vaut l'examen des litières : sont-elles nettes de tout aliment, vite on augmente les distributions; on les réduit au contraire lorsqu'il reste de la nourriture dans le râtelier ou la mangeoire. Si les fientes sont sèches, on augmente la proportion des aliments verts; si elles sont molles, on augmente la nourriture sèche. Enfin, tous les soirs, on mettra dans chaque niche une pincée de paille d'avoine en complément; ce qui ne sera pas consommé passera dans la litière.

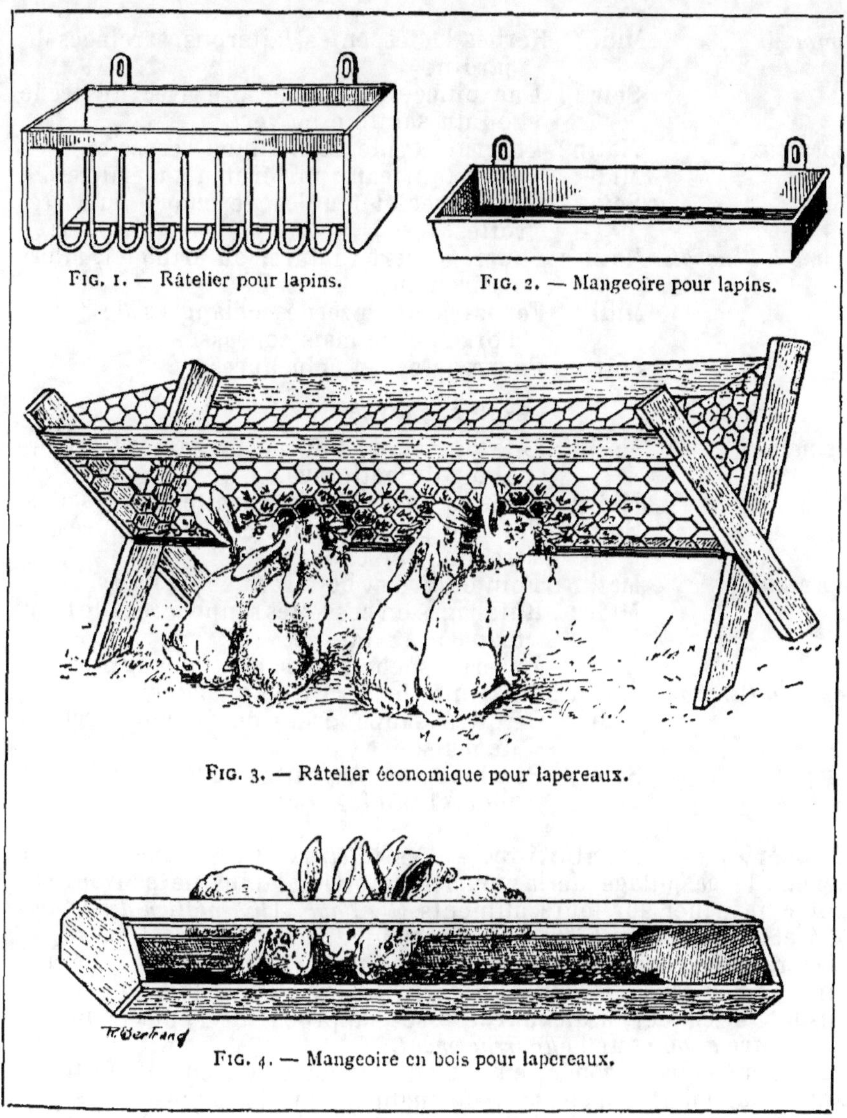

FIG. 1. — Râtelier pour lapins.

FIG. 2. — Mangeoire pour lapins.

FIG. 3. — Râtelier économique pour lapereaux.

FIG. 4. — Mangeoire en bois pour lapereaux.

ALIMENTATION DES LAPINS

Types de rations. — Les rations varient non seulement avec la saison, car les ressources fourragères ne sont pas les mêmes en été qu'en hiver, mais aussi suivant qu'il s'agit de lapines portières, de lapereaux ou de sujets à l'engrais.

Ci-dessous, des types de rations que l'on pourra modifier, pour tirer le meilleur parti possible des résidus dont on dispose :

RÉGIME D'ÉTÉ

Lapines. Matin : Une pincée de luzerne sèche et des épluchures de légumes divers.

Lapines.	Midi :	Herbes lactescentes, laiterons, sarclages de jardin.
	Soir :	Une pincée de foin de pré avec du trèfle ou du sainfoin en vert.
Lapereaux.	Matin :	Luzerne, trèfle, sainfoin ou vesces en vert.
	Midi :	Son et tourteaux pulvérulents mélangés.
	Soir :	Regain sec et feuilles de choux ou de carottes.
Lapins à l'engrais.	Matin :	Fourrage vert, naturel ou artificiel, alternativement.
	Midi :	Fenasses de luzerne mélangées de farine d'orge ou de maïs concassé.
	Soir :	Fourrage sec et épluchures.

RÉGIME D'HIVER

Lapines.	Matin :	Une pincée de foin de pré avec des morceaux de betterave.
	Midi :	Bales de luzerne avec carottes en cossettes.
	Soir :	Foin de prairie artificielle, épluchures ou trognons de choux.
Lapereaux.	Matin :	Foin de pré et betterave en quartier.
	Midi :	Rutabagas en cossettes saupoudrées de tourteau d'arachide.
	Soir :	Luzerne sèche et carottes fourragères.
Lapins à l'engrais.	Matin :	Regain et betterave en quartier.
	Midi :	Carottes saupoudrées de farine d'orge ou de maïs.
	Soir :	Pommes de terre cuites au four, feuilles de chou et sainfoin sec.

Matériel de distribution. — Les *râteliers* et les *mangeoires* empêchent le gaspillage de la nourriture et les lapins ne peuvent pas fienter ni uriner sur leurs aliments (V. *Tabl. Alimentation des lapins*, fig. 1 et 2). Ils doivent être bien construits pour rester pratiques.

Les râteliers pour les mères et les sujets à l'engrais sont généralement en fer forgé, à barreaux serrés, que l'on suspend à l'une des cloisons du clapier, à un endroit assez rapproché de l'entrée, afin de ne pas être gêné pour l'*affourragement*.

Les mangeoires, généralement en fer étamé ou en tôle forte, se fixent également à la cloison, de manière que les lapins ne les renversent pas. Le système d'accrochage doit être combiné de manière qu'on puisse démonter ces mangeoires à volonté pour les nettoyages.

S'il s'agit de lapereaux élevés en commun dans des réduits ou des cases spacieuses, on a intérêt à se servir des *râteliers économiques* (*fig.* 3), constitués par une sorte de chevalet à quatre pieds, tendu sur tout le pourtour de grillage galvanisé à mailles de 57 millimètres. Avec ce dispositif, le gaspillage de la nourriture, sèche ou verte, est impossible.

Quant à la mangeoire (*fig.* 4), on l'établit de la même manière que pour les poules, c'est-à-dire qu'on lui donne la forme d'une augette en bois, d'une longueur variable, recouverte d'un couvercle, fixe ou mobile, qui empêche les lapins de s'introduire dans la mangeoire.

Un espace suffisant est ménagé de chaque côté, afin que les animaux puissent y passer la tête.

VIII. — CONSTRUCTION ET AMÉNAGEMENT
DES CLAPIERS

Les exigences des lapins. — Il faut beaucoup d'air pur aux lapins. On ne doit pas les séquestrer dans des locaux mal aérés ni humides, où le soleil ne pénètre jamais. Cependant, l'excès de lumière déplaît aux lapins et ils sont incommodés par la chaleur et les grands froids.

Comme ils ont de nombreux ennemis, notamment les rats et les chats, qui en veulent à leur progéniture, il est nécessaire que les cases soient à l'abri de l'intrusion de ces carnassiers.

Un clapier remplit les conditions requises de salubrité lorsqu'il bénéficie d'une large ventilation indirecte et que les cases sont protégées du soleil de midi et des pluies battantes par un auvent saillant, lequel ne s'oppose pas cependant à la pénétration modérée de la lumière et du soleil.

Disons que les caisses et les tonneaux gerbés (V. *Tabl. Logement des lapins, fig.* 2 et 4) sont mal commodes. Ils laissent perdre les urines dans le sol, ce qui est une cause de contamination au plus haut point préjudiciable à l'élevage. Tous les clapiers devraient être munis de fonds imperméables, avec pentes appropriées pour dériver les urines dans la fosse à purin.

Il faut en outre des cases spacieuses pour les *mères*, un logement plus spacieux encore pour l'élevage des *lapereaux en commun* et, enfin, des cases étroites et un peu plus obscures pour les *animaux à l'engrais*.

Différentes sortes de clapiers. — Les clapiers les plus pratiques et les plus hygiéniques se construisent en ciment armé ou en briques non hygrométriques, recouvertes d'un enduit en ciment. Dans tous les cas, ils doivent être d'un nettoyage commode, les parois et le fond étant recouverts d'un enduit poli à la truelle.

On distingue :

1° Les *clapiers mobiles* ou *démontables*, à l'usage des éleveurs qui ne sont pas propriétaires du fonds et, par conséquent, ne peuvent pas établir à leur frais des constructions à demeure. Le plus souvent, ces clapiers sont édifiés en bois et quelquefois en fibrociment. Les clapiers superposés, en bois, doivent toujours être pourvus d'un plancher en tôle, recouverte d'un enduit bitumeux, pour l'écoulement des urines;

2° Les *clapiers à demeure* se font parfois en bois; mais, le plus souvent, on les construit en briques ou en ciment. Les cases sont généralement disposées sur trois étages, en constructions isolées ou indépendantes, ou encore en appentis, abrité par un mur ou un couvert, dans des annexes, telles que granges, remises, hangars, etc.

On peut aussi utiliser, pour loger les bandes de lapereaux, des réduits analogues à ceux en usage pour les porcs, mais sur le fond seront toujours aménagées des pentes divergentes pour l'écoulement des urines.

Dimensions des cases. — Les niches destinées au logement des mères portières doivent mesurer au minimum 80 centimètres de longueur, 70 à 75 centimètres de largeur ou profondeur et 60 à 65 centimètres de hauteur. Chacune d'elles est pourvue d'un râtelier et d'une petite mangeoire.

Pour l'élevage en commun des bandes de douze lapereaux, jusqu'à trois mois, ou de six lapereaux âgés de trois à cinq mois, séparés par sexes, la longueur des cases sera portée à 1^m,20 ou 1^m,30, la profondeur restant la même.

Enfin, les cases d'engraissement destinées à recevoir un seul lapin ou deux au plus, auront leur longueur réduite à 40 ou 45 centimètres.

Clapiers mobiles en bois. — On les établit à deux ou à quatre cases (*fig.* 5).

Dans le premier cas, le clapier est constitué par une caisse parallélépipédique, en planche de « pouce », rabotée sur les deux faces. Ses dimensions intérieures sont : longueur 1^m,60, largeur 75 centimètres, hauteur 70 centimètres.

Les panneaux de pourtour sont solidement fixés avec de fortes pointes et une cloison en volige sépare les deux compartiments. La caissette est supportée par quatre pieds en chêne et le fond est constitué par des liteaux laissant entre eux un vide de 1 centimètre pour l'écoulement des urines, lesquelles sont reçues dans une rigole cimentée, avec pente, qui les conduit dans la fosse à fumier.

Le devant du clapier est pourvu de deux portes grillagées portées par des paumelles. Une toiture à auvent saillant, recouverte de tôle ondulée, de zinc, de carton bitumé ou de rubéroïd protège les lapins de la pluie, quand le clapier est destiné à être placé à l'extérieur.

Lorsque le clapier comporte deux rangs de cases superposées, l'étage supérieur est muni d'un fond en tôle, pour canaliser les urines dans le caniveau, avec le concours d'un tuyau de descente situé à l'arrière. Quant à la construction, elle est identique à la précédente. On lui donne simplement une hauteur double et on obtient ainsi quatre cases au lieu de deux.

Clapiers fixes en bois. — Ces clapiers sont constitués par une ossature de montants et de traverses en bois scellés dans le sol par des massifs en béton et s'assemblant au moyen d'encoches à mi-bois consolidées par des pointes ou des boulons. Si l'on dispose d'un simple appentis pour les abriter, il n'y a pas besoin de toiture.

Il est facile aussi de protéger les lapins par un couvert en rustique, laissant un couloir de circulation sur le devant, en établissant un toit en chaume à l'aide de montants, puis on ferme le pourtour avec du grillage galvanisé à grosses mailles.

Quand on peut s'appuyer contre un mur, une seule ligne de montants suffit. Les traverses, scellées par une de leurs extrémités, supportent le plancher. Si le rez-de-chaussée peut se contenter d'un plancher à claire-voie, celui de l'étage doit être muni d'un fond en tôle, disposé comme il a été dit précédemment, pour l'évacuation des urines.

Tous les clapiers en bois doivent être protégés, extérieurement et intérieurement, par une application de goudron à chaud ou de carbonyle, que l'on renouvelle de temps à autre.

Clapiers en briques. — Les clapiers en briques s'établissent de même en appentis ou en constructions isolées, généralement sur trois étages, en donnant aux cases des dimensions en rapport avec leur affectation.

Comme la brique ordinaire est très hygrométrique, il est utile de la maçonner sur des fondations isolatrices en béton de chaux hydrau-

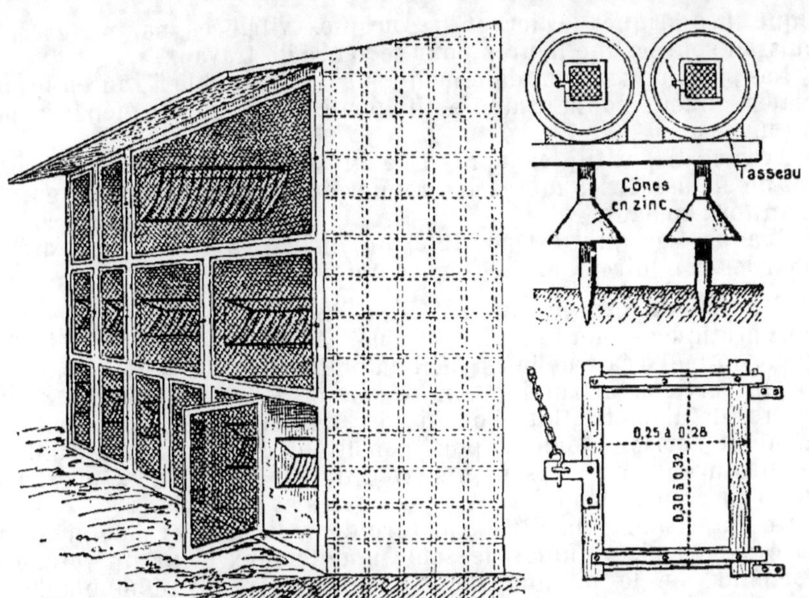

FIG. 1. — Clapier en ciment armé.

FIG. 2. — Clapier à tonneaux
avec détail d'une porte.

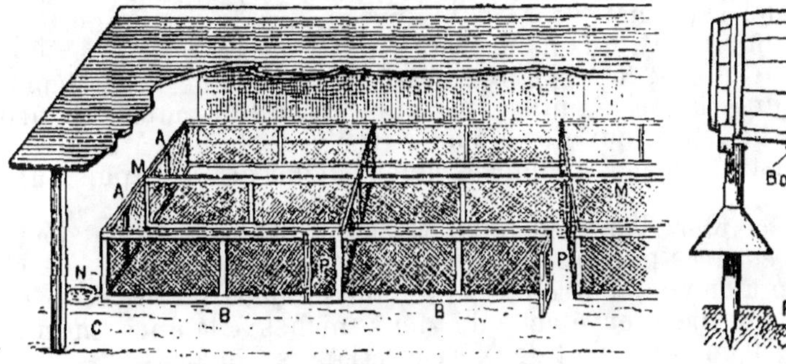

FIG. 2. — Parc couvert pour lapereaux : A, A, B, B, pourtour
grillagé ; M, M, séparations ; P, porte ; N, puisard ; C, couloir de service.

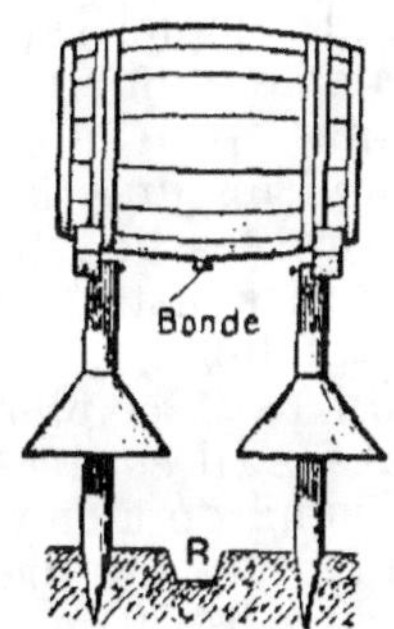

FIG. 4. — Clapier à ton-
neaux vu de profil.

FIG. 5. — Clapier mobile en bois.

FIG. 6. — Construction
d'un clapier en ciment armé.

LOGEMENT DES LAPINS

lique. Les briques laitier et les briques vitrifiées par un excès de cuisson sont les meilleures pour ce genre de travaux.

Les planchers se font en ciment, sur fers à double T, ou en briques plates, en leur donnant une petite pente vers la sortie ménagée pour les urines.

Avec ce dispositif, les lapins à l'engrais se placent généralement au rez-de-chaussée, les mères au premier étage et les lapereaux en commun tout en haut.

Chaque fois qu'il est possible, on dirige les urines vers l'arrière, pour les conduire dans la fosse à fumier.

Clapier en ciment armé. — Les clapiers les plus sains, et les plus pratiques se font en ciment armé (*fig*. 1). Le ciment taloché finement ou poli à la truelle est facile à nettoyer et à désinfecter.

Pour cette construction, on se sert de fers ronds de 6 à 8 millimètres de diamètre, que l'on dispose dans les deux sens, verticalement et horizontalement, pour constituer une armature solide, en les ligaturant aux croisements avec du fil de fer doux. C'est ainsi que l'on prépare les cloisons horizontales et verticales.

On emprisonne ensuite l'armature dans du mortier de ciment préparé avec trois volumes de sable non terreux, pour un volume de portland, en le pilonnant entre deux panneaux démontables en planches formant moule. L'épaisseur à donner aux cloisons varie entre 4 et 6 centimètres. Au fur et à mesure du moulage des cloisons verticales, on établit avec une légère pente les planchers des cases.

Si le clapier est construit à l'extérieur, on termine par une toiture également en ciment, qu'on fait saillir de 30 à 40 centimètres sur le devant, pour protéger les lapins des pluies obliques. On démoule quand on juge la prise suffisante, puis on enduit toutes les parties apparentes et l'intérieur des niches. Il n'y a plus qu'à sceller les portes, constituées par un encadrement de fer grillagé, puis on fixe les râteliers.

Un petit clapier d'amateur disposé sur trois rangs tient peu de place, et il est très pratique.

Quand on a en vue l'entretien simultané de deux mères, on peut se contenter, au premier étage, de deux niches à lapines mesurant $0^m,80 \times 0^m,70$ en surface et deux cases à lapins d'engrais.

Au deuxième étage, on ménage une case à lapereaux mesurant $1^m,00 \times 0^m,70$, et deux cases d'engrais de $0^m,40 \times 0^m,70$.

Au rez-de-chaussée, il y aura six cases ayant également $0^m,40 \times 0^m,70$.

La hauteur totale de la construction est de $2^m,10$, sous l'auvent. On accède à l'étage supérieur au moyen d'un tabouret.

Clapiers en tonneaux. — Comme cela a déjà été dit plus haut, ce genre de clapier n'est pas très recommandable : il est mal commode et il risque fort d'être malpropre et malsain ; enfin, il n'est pas très économique en raison du prix du bois et de la rareté des fûts, même usagés. Cependant on peut encore, parfois, trouver ce système en usage dans certaines campagnes. Les figures 2 et 4 du tableau montrent que cette installation devra tout au moins répondre alors aux conditions suivantes : la bonde des tonneaux sera disposée de manière à assurer l'écoulement des urines dans un fossé d'écoulement R ; les tonneaux seront disposés sur des traverses fixées solidement à des piquets enfoncés dans le sol et munis de cônes en zinc pour empêcher l'intrusion des rats, fouines et autres animaux.

IX. — L'ÉLEVAGE DES CANARDS

Les bonnes races de canards. — Les canards intéressants sont ceux qui donnent à la fois des œufs et de la viande, en faisant une distinction entre ceux qui fournissent plus particulièrement de la viande ou des œufs. Les bons *canards à viande* sont surtout représentés par les *rouens* (*Tabl. Élevage des canards, fig.* 1), qui, arrivés à l'état adulte, pèsent couramment 4 kilogrammes. Les mâles ont une livrée voyante; les canes ont le plumage terne, de couleur marron déteint. Elles pondent de 60 à 80 œufs.

Les *pékins* sont de couleur crème. Leur arrière-train, porté très bas, leur fait prendre la position d'un oiseau qu'on dirait prêt à s'envoler. Les canes sont de médiocres pondeuses et de très mauvaises couveuses. Les canetons, assez délicats dans leur jeune âge, doivent être protégés contre la pluie et la rosée.

Les *aylesburys* (*fig.* 2), au plumage d'un beau blanc, précoces et de forte taille, sont très estimés en Angleterre.

Pour la production des œufs, les *coureurs indiens* (*fig.* 3) tiennent le record. Les canes de cette race pondent autant et plus que les meilleures poules, 175 à 200 œufs en moyenne. Le port du coureur a beaucoup d'analogie avec celui du pingouin. Ce palmipède est très en vogue aujourd'hui.

Le *barbarie* (*fig.* 4), dont la face est toute barbouillée de caroncules rouges, fournit des sujets de forte taille, bien qu'un peu lents à se former.

Quand on accouple un mâle barbarie avec des canes rouens, on obtient des hybrides, appelés *mulards* ou *mutards*, à la fois rustiques et précoces, susceptibles de fournir des foies volumineux, réputés pour la confection des pâtés truffés.

Dans la pratique, l'éleveur donnera la préférence au canard qui répond le mieux à ses besoins.

Peuplement de la canarderie. — On peut conduire un élevage assez important avec un petit nombre de reproducteurs, quand on cherche surtout à produire de la viande. Dans ce cas, c'est aux rouens que l'on aura recours.

Si l'on veut se spécialiser du côté de la production des œufs, pour les besoins de la pâtisserie, les coureurs indiens sont tout indiqués. Il faut alors organiser des parquets et les peupler comme on le ferait avec les poules pondeuses.

Lorsqu'on cherche surtout à produire de la viande, on sacrifie les canetons une fois au point, en conservant seulement les sujets nécessaires à la production des œufs devant servir aux incubations.

Lorsque les reproducteurs ont de l'eau à leur disposition, ce qui facilite les accouplements, un seul mâle suffit pour six femelles.

Les reproducteurs, mâles et femelles, doivent être réformés tous les trois ans. Il est donc nécessaire de les « baguer » pour pouvoir les reconnaître. Cette précaution est nécessaire, parce que les sujets plus âgés manquent généralement de fécondité.

Donc, tous les ans, on supprime le tiers de l'effectif, que l'on remplace par un nombre égal de reproducteurs, choisis parmi les sujets qui se font remarquer par leur taille ou leur précocité.

Avec un mâle et six canes rouens, on peut obtenir en bonne saison 350 à 400 œufs pour les mises à couver, lesquels donnent une proportion d'éclosion d'environ trois cents à trois cent cinquante canetons. Un même nombre de coureurs indiens en fournira au moins le double.

Incubation et élevage. — Il faut multiplier le nombre des *nids* ou des *pondoirs rustiques* dans les parquets des palmipèdes, à proximité de la pièce d'eau où ils ont accès, pour éviter que les canes ne perdent leurs œufs. Ceux-ci sont recueillis tous les jours et mis en dépôt sur un lit de grain, jusqu'à ce qu'on en ait un nombre suffisant pour charger les couveuses artificielles.

Les couveuses artificielles se conduisent de la même manière que pour les œufs de poule ; la réussite est subordonnée à la régularité de leur fonctionnement.

Les dindes se prêtent bien aussi à l'incubation des canetons. Chacune d'elles peut couvrir facilement une vingtaine d'œufs et elle mène à bien deux couvaisons successives.

La durée de l'incubation est de vingt-huit à trente jours.

Les canetons sont assez rustiques. Une mère dinde peut facilement en élever quarante. Mais on doit s'efforcer de ne pas les laisser gambader par la pluie ni par la rosée, à cause de leurs plumes, encore spongieuses, qui se laissent pénétrer par l'eau. Pour la même raison, on ne mettra pas d'eau à leur disposition, car ils iraient y barboter et ils risqueraient d'attraper des refroidissements dangereux.

Les canetons sont également sensibles aux excès de chaleur. C'est pour cela qu'il faut être prudent sur le chauffage des éleveuses artificielles, surtout le soir. Si la température dépasse 25° pendant la nuit, les canetons sont incommodés.

Alimentation. — Le premier repas est distribué seulement vingt-quatre heures après l'éclosion, pour donner aux jeunes le temps de résorber entièrement le vitellus de leur jaune d'œuf.

Les canetons étant maladroits au début, on peut leur donner, pour commencer, du vermicelle cuit et des vers coupés, puis on leur distribue du pain rassis, avec des œufs durs émiettés et un peu d'ortie finement hachée. Au bout de quatre ou cinq jours, la nourriture exclusive est la pâtée.

La pâtée se donne un peu molle, et à satiété, d'abord dans de très petites mangeoires, et par petites quantités à la fois. On augmente la dose progressivement, suivant l'appétit des jeunes sujets.

En principe, les canetons doivent être nourris au maximum : plus ils mangent, mieux ils profitent, et on a intérêt à activer le plus possible leur croissance.

Pendant le premier mois, la pâtée est constituée par un mélange de pommes de terre cuites, additionnées de tourteau exotique ou indigène, de poudre d'os et de verdures. La poudre d'os s'obtient en passant des os verts au broyeur. Les verdures sont divisées finement à l'aide du hachoir. Les meilleures sont l'ortie, le chou, la chicorée et la laitue.

Comme proportion on prend : *pommes de terre*, 6 kilogrammes ; *tourteau*, 1 kilogramme ; *poudre d'os*, 500 grammes ; *verdures*, 2 kg. 500.

Le tout est pétri intimement en l'additionnant avec des eaux grasses ou du lait écrémé.

FIG. 1. — Canard de Rouen.

FIG. 2. — Canard d'Aylesbury.

FIG. 3. — Canard coureur indien.

FIG. 4. — Canard de Barbarie.

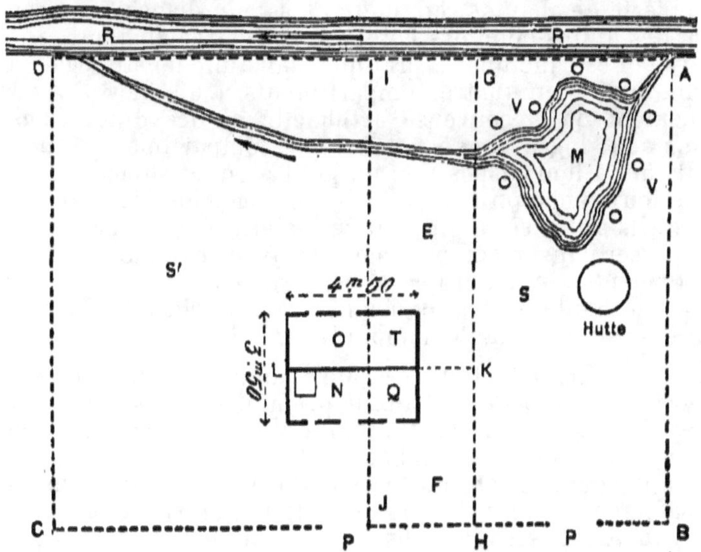

FIG. 5. — Parquet d'élevage pour canards : A, B, C, D, surface grillagée ; P, P, portes ; S, parquet des reproducteurs avec hutte ; M, bassin ; R, ruisseau ; V, pondoirs ; N, compartiment des couveuses ; Q, F, compartiment et parquet des canetons ; O, S', compartiment et parquet d'engraissement.

ÉLEVAGE DES CANARDS

Une fois que les canetons sont âgés d'un mois, on peut remplacer la première pâtée par une autre plus économique encore :

Betteraves cuites	40 kilogr.	Os verts râpés	2 kg. 500
Pommes de terre cuites.	40 —	Poudre de viande	2 kg. 500
Tourteau d'arachide	5 —	Verdures diverses	10 kilogr.

A partir de l'âge de deux mois, jusqu'au moment du sacrifice, c'est-à-dire pendant quinze jours ou trois semaines, on donne une ration d'engraissement.

La pâtée peut s'établir ainsi qu'il suit :

Pommes de terre cuites.	60 kilogr.	Tourteau de coprah	10 kilogr.
Maïs concassé	10 —	Lait écrémé	20 litres

A défaut de lait écrémé, on se sert tout simplement d'eaux grasses.

Il y a encore l'engraissement forcé aux pâtons ou à la bouillie, au moyen d'un *entonnoir*, mais cette méthode est assujettissante et longue si l'on a un grand nombre de sujets à nourrir, à moins de se servir d'une *machine à gaver*. La meilleure pâtée s'obtient avec le mélange de farines d'orge et de maïs pétries dans du lait écrémé.

Logement des canards. — Les canards sont rustiques et ils craignent très peu les froids. Ils ne causent pas de préjudices aux cultures comme les poules. Ce sont surtout des côtoyeurs de ruisseaux, mais il vaut mieux les séquestrer dans un coin de prairie ou autre, ayant accès à une pièce d'eau, que de les laisser vagabonder.

Pour l'élevage des canetons, que l'on conserve tout au plus pendant trois mois, on peut se contenter d'un petit terrain enherbé, avec un peu d'eau. Un bon dispositif consiste à loger les reproducteurs à part, dans une hutte ou une construction rustique en clayonnage ou en pisé couverte de chaume, en mettant à leur disposition une pièce d'eau et des huttes-pondoirs édifiées avec des capuchons de paille.

L'élevage des canetons se pratique dans une logette également en rustique, divisée en quatre compartiments. L'un d'eux N, sert pour le placement de la couveuse artificielle ou des dindes. Les petits canetons sont logés dans un deuxième compartiment Q, jusqu'à un mois. Ils ont à leur disposition un petit parquet adjacent, sans eau. De un à deux mois, on leur fournit un logement T, avec parc plus spacieux. Ils ont accès à un petit ruisselet. Pour l'engraissement, on les fait passer dans le compartiment O, ayant comme dépendance un parquet peu étendu. La propriété est fermée par une clôture grillagée de 1ᵐ,50 de hauteur. Les divisions transversales peuvent s'établir avec des clôtures de hauteur moindre (*fig.* 5).

Maladies. Les affections les plus communes des canards sont la *diarrhée* et la *constipation*. Dans le premier cas, les excréments sont mous, verdâtres et glaireux. On donne un peu de riz cuit et, de temps en temps, de l'avoine et du chènevis.

Contre la constipation, on force la dose de verdure dans la pâtée, principalement la laitue, les feuilles de betteraves, etc.

La *diphtérie* est assez rare chez les canards. Quand elle se produit, il faut désinfecter les locaux à l'eau de Javel et le terrain par le labour et le réensemencement.

Les *rhumatismes* affectent surtout les palmipèdes qui habitent les lieux humides. Il faut surélever la logette sur un tertre et assainir le terrain avoisinant.

X. — L'ÉLEVAGE DES OIES

Principes d'élevage. — De même que l'élevage des canards, celui des oies peut être d'un bon rapport, quand il est bien conduit, mais il faut mettre à la disposition de ces palmipèdes une surface enherbée, pré, pâture ou verger, où ils trouveront une partie de la nourriture verte qui est à la base de leur alimentation. Sauf, pour les reproducteurs, l'eau n'est pas absolument nécessaire à l'élevage des oisons.

En principe, il ne faut jamais loger les oies avec les poules. Ces palmipèdes ont besoin d'un local indépendant, construit à proximité d'une pièce d'eau ou d'un ruisselet, s'il s'agit de reproducteurs. On l'établit de préférence en rustique, en mettant en application les procédés économiques, comme pour les canards.

Dans les petits élevages d'amateurs et de ferme, le plus souvent, on se contente d'entretenir une demi-douzaine de reproducteurs, cinq *femelles* et un *jars*. La même proportion est observée dans les grands élevages, c'est-à-dire que le peuplement se fait sur la base de vingt mâles pour cent femelles, afin d'avoir une bonne fécondation des œufs.

Les races d'oies. — Les oies dites « communes » sont les plus nombreuses. Celles qui sont l'objet de soins intelligents, sans être trop dégénérées, donnent encore des résultats passables. On leur reproche cependant de manquer de précocité, de taille et de poids et d'être d'un engraissement difficile.

Le mieux est encore d'adopter la bonne *oie normande* (V. *Tabl. Elevage des oies*, *fig.* 2), qui est à la fois rustique et assez précoce. Elle est en outre beaucoup plus féconde que les variétés lourdes et massives, auxquelles une consanguinité suivie réduit considérablement les facultés de pondeuses.

Cependant, les aviculteurs de profession qui s'adonnent surtout à la production des œufs à couver et à la vente des reproducteurs ont souvent intérêt à entreprendre l'élevage des *races de Toulouse* (*fig.* 3), qui comprennent la *variété agricole* et la *variété industrielle*. Cette dernière est caractérisée par la présence, sous la gorge, d'excroissances de chair appelées *bavettes*. Toutes deux sont pourvues de *fanons* traînants.

Les belles oies de Toulouse atteignent couramment le poids de 12 kilogrammes. Celles qui pèsent 15 kilogrammes sont des sujets de concours qui manquent d'intérêt pratique.

Chez les oies normandes, la reconnaissance des sexes est facile. Les mâles ont le plumage invariablement blanc, tandis que, chez les femelles, la livrée est grise sur le dos. L'oie normande pond une trentaine d'œufs en moyenne. Les oies de Toulouse pondent d'autant moins qu'elles sont lourdes et massives. Comme conséquence, il faut entretenir, avec ces dernières, davantage de femelles pour l'obtention des œufs nécessaires aux incubations.

Organisation de l'élevage. — Tous les élèves de l'année sont écoulés sur le marché aussitôt qu'ils ont acquis un embonpoint suffisant. On conserve seulement les sujets nécessaires au remplacement des palmipèdes réformés.

Considérons, par exemple, un élevage modeste de cinq femelles et un jars. Ces palmipèdes doivent être âgés d'un an ou de deux ans. Le mieux est d'en réformer la moitié tous les ans, alternativement trois femelles, puis deux femelles et un mâle. De cette manière, il n'y a jamais de reproducteurs âgés de plus de deux ans et demi, la réforme se fait après la ponte. Le même roulement est observé dans les élevages plus importants. Mais, pour ne pas commettre d'erreur, il est utile de baguer les reproducteurs tous les deux ans.

Les jeunes femelles ont un pourcentage d'œufs clairs plus élevé que celles de deux ans. A partir de la troisième année, la ponte diminue, c'est pour cela que l'on n'a pas intérêt à les conserver plus longtemps. Le remplacement doit donc être biennal et il se fera en deux échelons. Avoir soin, en outre, de ne jamais conserver, au titre de reproducteurs, des oisons tardifs ou de mauvaise venue, dont la croissance aurait laissé à désirer.

Conduite de l'élevage. — La ponte est généralement précoce et abondante lorsque les reproducteurs ont une demeure spacieuse et saine, en torchis ou en pisé, avec de l'eau pour leurs ablutions et la disposition d'un grand parcours riche en herbe.

En faisant quelques distributions complémentaires d'*avoine*, conjointement avec de la *pâtée chaude,* les premiers accouplements ont lieu en janvier et la ponte commence au début de février.

Les œufs sont recueillis tous les jours, dans des pondoirs discrets représentés par des capuchons en paille de seigle, pourvus d'une entrée. On les place sur un lit de grain, où on les retourne tous les jours en attendant le chargement des couveuses. L'oie ne pond pas un œuf tous les jours : une seule oie fournit une moyenne de quinze à vingt œufs, en vingt-cinq ou trente jours.

On peut faire couver les œufs par les oies qui consentent à tenir le nid ; mais comme elles sont assez capricieuses en tant que couveuses, on préfère leur substituer, soit la dinde, soit les couveuses artificielles.

Une dinde peut couver facilement treize œufs d'oie. Si on entretient cinq pondeuses, c'est un total approximatif de soixante-quinze œufs, obtenus à la première ponte, qui peuvent être incubés par six dindes. La durée de l'incubation est de vingt-huit à trente jours. Aussitôt leur éclosion, les oisons sont réunis sous trois mères dindes et les trois autres recommencent de nouvelles incubations.

Si on se sert des couveuses artificielles, celles-ci doivent être bien réglées et il faut surveiller attentivement la machine pour éviter les coups de chaleur. L'incubateur artificiel doit être complété par une *éleveuse,* représentée par un bâti qui supporte un réservoir à renouvellement d'eau chaude, isolé par de la sciure de bois (*fig.* 5).

Nourriture des oisons. — Les oisons sont peu délicats. Il suffit de leur fournir un local sain, bien aéré, en observant une température de 22° à 25° dans l'éleveuse.

On leur distribue, dans une mangeoire, trois ou quatre repas par jour, à base de pâtée, complétée par des verdures hachées, telles que salades, choux, orties, etc. Une *pâtée économique* du premier âge est représentée par le mélange intime des denrées suivantes :

Farine d'orge et tourteau d'arachide, 1 kilogramme de chaque sorte ; betteraves cuites, 3 kilogrammes ; verdures hachées, 3 kilogrammes. Le tout est pétri avec 2 litres de lait écrémé ou de petit-lait, ce qui représente un total de 10 kilogrammes environ.

Fig. 1. — Oie cendrée.

Fig. 2. — Jars et femelle normands.

Fig. 3. — Oie de Toulouse avec fanon.

Fig. 4. — Oie de la Meuse.

Fig. 5. — Coupe d'une éleveuse pour oies : F, bouchon de remplissage ; D, robinet de vidage.

ÉLEVAGE DES OIES

Un peu plus tard, vers l'âge de deux mois, on élargit la *relation nutritive* de la ration, en remplaçant une partie, puis la totalité des betteraves par des pommes de terre cuites.

Si l'on donne seulement deux repas, un le matin et l'autre le soir, ceux-ci doivent être très copieux. A midi, on force la dose de verdure, surtout si le parcours est mal approvisionné en gazons tendres, à base de graminées et de trèfle blanc.

La nourriture doit être donnée à satiété. On règle les distributions d'après l'appétit des volatiles. Dans tous les cas, on a intérêt à suralimenter les oisons, pour réduire le plus possible la durée de l'élevage.

Vers l'âge de six à sept mois, le développement charpentier des élèves est à peu près complet. On les soumet alors à un engraissement d'une durée de vingt-cinq à trente jours, de manière que les sujets, dont le poids initial est de 5 à 6 kilogrammes, puissent peser au minimum 7 à 8 kilogrammes.

L'engraissement forcé à l'aide des *patons* de farine de vieux maïs est le plus expéditif, mais il demande beaucoup de temps. Le mieux est encore de procéder par la méthode libre, en donnant conjointement du maïs en grain et de la pâtée ainsi composée :

Farine de maïs	3 kilogr.	Tourteau de coprah.....	1 kilogr.
Pommes de terre cuites..	3 —	Lait écrémé............	3 litres

Les reproducteurs reçoivent une pâtée analogue à celle des oisons, mais la base de leur nourriture comprend les herbes de prairie et les verdures. Il faut veiller attentivement à ce qu'ils ne prennent pas trop d'embonpoint.

Habitation des oies. — Les oies adultes réservées à la procréation ont à leur disposition des constructions économiques en pisé, recouvertes de chaume. On peut également édifier, pour les loger, des huttes, analogues à celles en usage pour la chasse au marais.

Les constructions doivent être établies sur un tertre un peu élevé, à l'abri de l'humidité et des crues, autant que possible à proximité d'un petit cours d'eau, et au milieu d'une prairie qui leur est réservée.

On installera, en outre, à l'usage des pondeuses, des pondoirs rustiques, constitués par des surtouts de paille soutenus à l'aide de pieux.

Les productions de l'oie. — La viande d'oie est très estimée. Elle atteint un prix élevé sur les marchés. On peut encore exploiter ce palmipède pour les œufs à couver et la vente des oisons.

La viande d'oie se consomme à l'état frais, ou transformée en *confits, saucissons, poitrines fumées, pâtés truffés*, etc., toutes préparations qui sont du domaine de l'économie ménagère.

Les *peaux d'oies*, dégraissées et tannées, servent à faire des parements de vêtements féminins et des houppes à poudre de riz.

Le *duvet* est d'une vente courante. Un seul oison, plumé la première fois à trois mois, la deuxième à six mois et la troisième au sacrifice, peut fournir 300 grammes de plumes et duvet pour les trois plumées. Les oies adultes sont plumées après la ponte et avant la mue en août. Elles donnent environ 250 grammes de plume et duvet. Il faut avoir soin de conserver chaque fois le fouet des ailes pour les empêcher de tomber.

XI. — L'ÉLEVAGE DES DINDONS
ET PINTADES

Généralités sur les dindons. — Les *dindons domestiques* sont de gros oiseaux que l'on dit délicats, ou plutôt d'un élevage difficile. En réalité, les *dindonneaux* ont une période critique à traverser, lorsqu'ils prennent leurs caroncules. Les caroncules sont des excroissances charnues et sanguines de la face, dont le développement coïncide avec celui de l'oiseau.

A tort ou à raison, la mortalité excessive qui se produit à ce moment est attribuée à la prise du « rouge ». Quoi qu'il en soit, l'élevage du dindon serait beaucoup plus pratiqué sans cette fâcheuse anomalie, car ce volatile coûte relativement peu à nourrir, lorsqu'il s'en va glaner sur les chaumes, après la moisson, et que l'on met à sa disposition des parcours tels que friches, landes, bois, jachères, etc., toujours riches en verdures, en insectes et en graines spontanées.

La *crise du rouge* prend une forme suraiguë, en raison de la croissance rapide de l'oiseau, qui naît relativement petit, comparée à sa taille d'adulte. Il lui faut donc beaucoup d'air et de grands soins à l'époque où il se forme, et une nourriture très fortifiante pour passer l'âge critique.

La pintade est intéressante pour sa chair qui rappelle celle du faisan, et pour ses œufs, petits, mais très fins comme saveur et de vente facile. La pintade réclame encore plus que le dindon des parcours étendus.

Les bonnes races de dindons. — Tous les dindons paraissent avoir la même origine. Ils ont pour souche le *dindon noir de la Sologne*, réputé comme étant le plus rustique de tous (V. *Tabl. Dindons, fig.* 3).

Quand il est bien soigné et que la sélection des reproducteurs est dirigée du côté de la précocité et de la taille, il donne satisfaction à tous les points de vue. En soumettant les « solognots » à un engraissement modéré, les mâles pèsent 8 kilogrammes et les femelles 5 kilogrammes.

Une variété très en vogue, à cause de la valeur de ses plumes, c'est le *dindon blanc* (*fig.* 2). La chair de ce dindon est également délicate. Les plumes sont payées un prix élevé par la plumasserie. On le traite à peu près comme les oies.

Il existe encore d'autres variétés de dindons communs, qui se différencient simplement par la couleur du plumage. Citons : le *rouge des Ardennes*, le *chamois*, le *bleu*, le *jaspé*.

Pour mémoire, citons le *dindon bronzé*, mastodonte de l'espèce qui nous vient d'Amérique. C'est surtout un sujet de concours. Il est trop délicat et il exige trop de soins pour être adopté à la ferme.

Exploitation du dindon. — Le dindon est surtout exploité pour sa chair, qui est délicate. Sa valeur marchande est supérieure à celle des autres volailles. Les sujets les plus estimés sont ceux que l'on a soumis à l'engraissement.

Les œufs de dinde, bien que succulents, ne sont pas destinés à la consommation. La dinde est une médiocre pondeuse et la totalité des œufs pondus sont réservés aux incubations. La première ponte, la plus intéressante, est d'environ vingt œufs. Une fois terminée, la dinde se charge de les faire éclore. La deuxième ponte, dix à douze œufs, a lieu en juillet-août. Elle est trop tardive pour qu'on puisse l'utiliser aux mises à couver.

La dinde étant une remarquable couveuse et une bonne mère, elle est très recherchée pour les incubations de poulets, de palmipèdes, etc. Il y a de ce côté des débouchés intéressants à exploiter.

Dans un élevage bien conduit, où on renouvelle les producteurs tous les deux ou trois ans, les sujets mâles sont écoulés vers le marché, les femelles, au contraire, servent aux incubations printanières et on ne les réforme qu'après la période de l'élevage. Une même mère peut faire éclore jusqu'à trois couvées successives de poulets, ce qui exige soixante-trois jours d'incubation successifs.

Élevage. — Une *dindonnière* de rapport est représentée par un mâle et huit femelles, qui peuvent fournir une moyenne de cent cinquante dindonneaux, ce qui est déjà appréciable. La même proportion est observée pour les élevages plus importants.

Les mâles étant assez vindicatifs, lorsque les dindes les fuient, il faut mettre à la disposition de ces dernières des pondoirs discrets, dissimulés sous des capuchons de paille, où on recueille les œufs qui y sont pondus tous les deux jours.

Les œufs de dinde conservent pendant un mois au moins leur faculté d'éclosion, si on a la précaution de les mettre au frais sur un lit de grain, où on les retourne de temps à autre.

Une belle dinde peut couver vingt de ses œufs, vingt-cinq œufs de poule, trente-cinq œufs de faisan.

L'incubation a lieu de préférence dans des casiers placés dans le couvoir, sur le sol même. On lève la couveuse tous les jours, à heure fixe, pour refroidir les œufs et permettre à la dinde de se restaurer, de se vider et de se poudrer.

Généralement, la première ponte a lieu de la mi-mars à la fin d'avril. On peut l'avancer de quelques semaines en donnant aux reproducteurs des aliments excitants : avoine, sarrasin, chènevis, blé chaulé et *poudre à faire pondre*, analogue à celle que nous avons conseillée pour les poules.

La durée de l'incubation est de trente jours environ. En faisant plusieurs couvées simultanées, on donne les petits dindonneaux éclos à la même mère, pendant que les autres continuent les incubations.

On peut essayer de libérer les jeunes, non encore sortis le trente-deuxième jour, en humectant la coquille avec de l'eau tiède, mais cette intervention est assez aléatoire.

On obtient le meilleur pourcentage de réussite quand le nid est placé sur le sol même, car les œufs bénéficient de la fraîcheur de la terre et les jeunes ont plus de force pour briser leur coquille.

Pour combattre la mortalité du jeune âge, qui sévit avec intensité à la crise du rouge, il faut :

1° Ne laisser sortir les dindonneaux que par le beau temps, c'est-à-dire que l'on doit éviter la pluie, la rosée, le brouillard, le froid, l'excès de chaleur. La mère étant retenue captive dans une boîte grillagée, les petits ont à leur disposition une courette intérieure, à usage de réfectoire, et une courette extérieure, où ils vont prendre librement leurs ébats quand le temps le permet;

2° La nourriture du premier âge doit être riche en azote et fortifiante.

FIG. 1. — Dinde et dindon domestiques.

FIG. 2. — Dindon blanc.

FIG. 3. — Dindon noir de Sologne.

FIG. 4. — Pintade.

FIG. 5. — Logement des dindons : A, dortoir ; N, couvoir ; P, parc des dindonneaux.

ÉLEVAGE DE DINDONS ET PINTADES

Quant à la pintade, elle pond dans les endroits les plus cachés qu'elle peut trouver. Il est bon, quand on a découvert ses œufs, de les faire couver par une dinde, car elle couve mal; l'incubation dure vingt-huit jours.

Nourriture. — Les premières rations sont représentées par des œufs cuits durs émiettés finement, des verdures hachées et un peu de mie de pain trempée dans du vin.

Au bout de quelques jours, on donne sur des billots trois repas de pâtée, plus un repas de pain trempé dans du vin.

Une bonne pâtée du premier âge s'établit de la façon suivante :

Farine d'orge......................	1 kilogramme
Tourteau d'arachide................	200 grammes
Poudre de viande...................	100 —
Verdures hachées...................	1 kilogramme

Pétrir intimement avec du lait écrémé ou du lait caillé, mais non fermenté. Saler à la dose de 15 grammes par kilogramme de pâtée, qui doit être un peu ferme. De temps à autre, on jette un peu de grain tel que petit blé, chènevis, sarrasin, etc.

Les meilleures verdures sont les oignons, le persil, les chardons, les orties et les salades, le tout mélangé et finement haché.

Une fois la crise passée, vers l'âge de deux mois, jusqu'à cinq ou six mois, on donne une ration plus économique, qui vient compléter la nourriture que les dindonneaux trouvent sur les lieux de parcours.

Un bon type de ration est représenté par la formule suivante :

Betteraves cuites......................	4 kilogrammes
Pommes de terre cuites...............	4 —
Tourteau..............................	0 kg. 500
Poudre de viande	0 kg. 250
Lait écrémé ou eaux grasses	Q. S.
	(Quantité suffisante)

Pour l'engraissement, on remplace progressivement la betterave par la moitié de son poids de farine de vieux maïs, on supprime la farine de viande et on donne la préférence au tourteau de coprah.

Logement. — Les dindons sont beaucoup plus sensibles à la chaleur qu'au froid. Comme ils ont une respiration très active, ils exigent un grand cube d'air pur. C'est surtout durant l'été, alors que l'effectif de la dindonnière est au complet, que les dindons sont incommodés par la chaleur. A cette époque, un hangar simplement fermé sur trois faces et muni de perchoirs serait ce qui conviendrait le mieux.

Quant au local à demeure, que l'on a édifié de préférence au milieu du verger ou à l'orée d'un petit bois, il sera abrité des ardeurs du soleil par des arbres, du côté du midi. Ce logement doit comprendre trois pièces (*fig.* 5). La plus grande A, à usage de *dortoir*, est pourvue de perchoirs disposés horizontalement à 50 ou 60 centimètres de distance. Elle doit être pourvue de nombreuses ouvertures tenues, en été, constamment ouvertes. Une pièce plus petite N sert de *couvoir* pour les dindes. Enfin, un troisième compartiment P sert à l'*élevage des dindonneaux*, jusqu'après la crise du rouge. Il comprend un certain nombre de boîtes grillagées, où les mères sont retenues captives, avec chacune un parc intérieur, qui se prolonge par un petit parc extérieur P'. La trappe de communication n'est ouverte que lorsque le temps le permet.

XII. — ÉLEVAGE DES PIGEONS

L'opinion des praticiens. — De toutes les branches de l'aviculture, l'*élevage des pigeons* est généralement le plus négligé. Bien conduit, il est cependant une source appréciable de profits; dans le cas contraire, il devient déficitaire et il est une cause continuelle d'ennuis.

Tout d'abord, il faut abandonner l'idée de vouloir élever des pigeons en les retenant captifs dans des volières, *comme des serins*, car ils ne paieraient certainement pas leur nourriture ni les soins qu'ils occasionneraient. En faisant exception pour les élevages destinés à la vente des sujets de concours et de fantaisie, on devra délaisser toutes les races délicates ou peu prolifiques.

Pour qu'un colombier soit vraiment productif, il faut le construire et l'aménager d'une façon méthodique et pratique, puis le peupler exclusivement avec des sujets de rapport. On donne alors aux oiseaux le plus de liberté possible, en les séquestrant seulement aux époques de fermeture de colombiers. Ils doivent en outre être nourris très copieusement, avec les aliments qui leur conviennent le mieux, tout en restant économiques.

La conduite rationnelle d'un colombier, qui comprend le peuplement, l'appariement, la succession des couvées, la réforme et le remplacement des reproducteurs, etc., demande beaucoup de méthode.

Au cas où la *diphtérie* viendrait à faire son apparition, il faudrait réformer en bloc tous les reproducteurs et repeupler le colombier avec des sujets sains, après l'avoir désinfecté avec soin.

Les races de pigeons. — Quand on a étudié la monographie complète des nombreuses races de pigeons actuellement existantes, qui dérivent toutes du *bizet* (V. *Tabl. Élevage des pigeons, fig.* 1) ou *pigeon de roche*, et dont la plupart sont dues à des fantaisies d'éleveurs, depuis les *bazadais*, jusqu'aux *pattus*, en passant par les *culbutants*, les *trembleurs* (*fig.* 2), les *boulants* (*fig.* 3), les *capucins*, les *hirondelles*, etc., on n'est pas beaucoup plus avancé au point de vue pratique. Il existe un très petit nombre de pigeons de rapport, vraiment recommandables, lesquels sont caractérisés par une taille moyenne, une rusticité et une productivité acceptables.

Pour les élevages de ferme, on laissera encore de côté les *volerets* ou *fuyards*, trop petits comme taille et très sauvages, ainsi que les gros *romains*, qu'une consanguinité suivie a rendus lymphatiques et peu prolifiques, pour adopter les *mondains* (*fig.* 4), les *carneaux*, et les *cauchois*, qui ont beaucoup de ressemblance entre eux.

Ce sont des pigeons de poids moyen, bien râblés, au vol puissant, ni trop sauvages ni trop familiers, qui ont l'avantage d'être précoces, rustiques et prolifiques. Ces pigeons sont capables de fournir tous les ans sept ou huit portées de pigeonneaux. Le poids moyen des adultes est de 700 à 800 grammes. Les *voyageurs* font l'objet d'un élevage spécial qui ne rentre pas dans notre cadre.

Installation des colombiers. — Pour réussir l'élevage des pigeons, il faut d'abord les loger confortablement dans des colombiers bien construits et bien aménagés. Les cages appliques, de même que les fameux colombiers italiens, juchés sur des poteaux, rendent la surveillance et les visites pour ainsi dire impossibles : il faut les délaisser.

Comme les pigeons ont une prédilection marquée pour les lieux élevés, on devra les installer dans les combles (*fig.* 6) des habitations ou sur les tourelles.

Dans tous les cas, le local ne doit être ni trop obscur, ni trop éclairé. Il ne doit pas non plus être trop froid ni trop chaud. L'humidité est également préjudiciable à la santé de ces volatiles.

Il convient d'observer ces prescriptions à la lettre, si on ne veut pas voir les pigeons déserter leur domicile, ce qui est assez fréquent.

Les *poux* et les *acares* sont aussi des causes d'émigration et il faut que les locaux soient tenus en parfait état de propreté.

On observera en outre que :

1º Les colombiers doivent être exposés à l'Est ou au Midi, jamais au Nord ni à l'Ouest ;

2º Ils recevront une lumière tamisée par des vitres striées et, s'il s'agit de combles, ceux-ci devront toujours être plafonnés ;

3º Des prises d'air et des cheminées ventilantes sont de rigueur pour assurer le renouvellement de l'air ;

4º Le sol sera carrelé et les murs cimentés intérieurement, afin d'empêcher l'intrusion des rats et des chats dans le local ;

5º Les cases spacieuses mesureront 55 centimètres de longueur, 35 centimètres de largeur et autant de hauteur. Chacune d'elles devant contenir deux nids, afin que les couples puissent conduire deux couvées de front ;

6º De préférence, les nids seront en plâtre ou en bois, moins froids que la pierre ou le ciment.

Le dispositif à adopter pour meubler le pigeonnier dépend de la place disponible et de la forme du local.

On peut mettre les cases (*fig.* 5) sur deux rangs, latéralement au mur ou, si on manque de hauteur sous la sablière, on place un rang double au milieu de la pièce ;

7º Le pigeonnier doit être commandé par une trappe basculante, qui permet de séquestrer les pigeons à l'époque des emblavements ;

8º Il faut une mangeoire ou une trémie pour la distribution des aliments, afin que ceux-ci ne soient jamais en contact avec les fientes ;

9º De l'eau fraîche et pure sera en permanence à la disposition des pigeons dans des abreuvoirs syphoïdes.

On ne doit pas oublier que la bonne installation du colombier est un facteur essentiel et primordial de réussite dans l'élevage des pigeons.

Conduite de l'élevage. — Le *pigeonnier* étant aménagé de manière à recevoir dix, vingt, trente ou un plus grand nombre de couples, on ne doit le peupler qu'avec des sujets de choix et de bonne venue, appartenant à des races pratiques.

Les pigeons seront âgés de un, deux et trois ans. On les reconnaîtra en leur mettant alternativement une bague à la patte droite, une bague à la patte gauche et en leur laissant les pattes nues. Tous les ans on réforme le tiers de l'effectif que l'on remplace par des pigeonneaux de printemps, remarquables par leur précocité.

Chaque mâle devant avoir sa femelle, pour la réussite des couvées,

FIG. 1. — Pigeon biset. FIG. 2. — Pigeon trembleur. FIG. 3. — Pigeon boulant.

FIG. 4. — Pigeon mondain. FIG. 5. — Cases à pigeons.

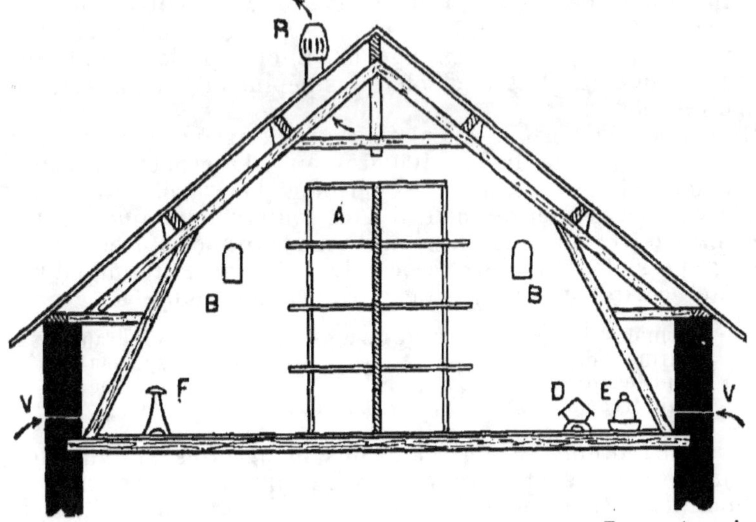

FIG. 6. — Pigeonnier aménagé dans un comble bas : A, cases ; B, ouvertures à trappe ; D, mangeoire ; E, abreuvoir ; F, perchoir ; V, V, ventouses d'aération ; R, cheminée d'aération.

ÉLEVAGE DES PIGEONS

il faut tenir en réserve quelques mâles et quelques femelles, afin de pouvoir remédier aux inégalités de nombre de l'un ou de l'autre sexe.

Le peuplement se fait avec des pigeonneaux mangeant seuls, mais n'ayant pas encore quitté leur colombier, pour éviter les désertions assez fréquentes.

Les couples appariés prennent possession d'une case. La pigeonne pond ses deux œufs à deux jours d'intervalle, puis le mâle et la femelle couvent alternativement.

L'éclosion a lieu au bout de dix-sept ou dix-huit jours. Les parents nourrissent leurs petits par régurgitation dans le gésier, d'une bouillie partiellement digérée. Au bout de vingt-deux à vingt-cinq jours, si la nourriture est abondante, les pigeonneaux peuvent être consommés.

On n'a pas intérêt à les garder plus longtemps, parce que les aliments consommés serviraient à former les plumes et les sujets n'augmenteraient guère de poids.

Après quinze jours d'élevage, on voit souvent la pigeonne pondre de nouveaux œufs qu'elle se met à couver, pendant que le mâle continue l'élevage. C'est pour cette raison que chaque couple doit pouvoir disposer de deux nids.

On aura soin de ne jamais conserver, pour la reproduction, des sujets issus de portées simples. Dans les portées doubles, le sujet le plus lourd est généralement le mâle, mais il arrive fréquemment que, dans la même couvée, il y a deux mâles ou deux femelles.

Avoir soin de ne jamais introduire de sujets étrangers dans un colombier sans les soumettre à une quarantaine sévère, pour s'assurer qu'ils ne sont pas atteints de diphtérie.

Nourriture. — Les pigeons aiment par-dessus tout les graines rondes, notamment celles de légumineuses. Ils ont une préférence marquée pour la *jarosse*, la *vesce*, le *pois*. Viennent ensuite le *petit maïs*, le *blé*, le *chènevis*, le *sarrasin*, l'*orge*, le *riz*. D'autres graines sont également bien appétées des pigeons. Citons : la lentille, le séné, la ravenelle, le colza, le grand soleil, les pépins de raisin, de pommes, de poires, etc.

Un couple de pigeons en plein rapport, exclusivement nourri au grain, en consomme de 75 à 100 grammes. La proportion peut tomber à 50 grammes en dehors des périodes d'élevage. Cette alimentation est assez coûteuse, mais il faut tenir compte que les pigeons peuvent trouver au dehors une partie de leur nourriture.

Il est possible de réduire le prix de revient de la ration en remplaçant une partie du grain par de la pâtée ainsi composée :

Pommes de terre ou carottes cuites	1 kilogramme
Farine d'orge	0 kg. 500
Tourteau d'arachide	0 kg. 200
Lait écrémé	Q. S.

Les distributions se font dans des mangeoires, à l'intérieur du pigeonnier. Elles sont en rapport avec l'appétit des pigeons.

On retient les pigeons à domicile en leur donnant une *queue de morue* et du *pain minéral*, composé de sel, d'os calcinés, de sable fin et de coquilles d'huîtres mélangés et gâchés avec un peu de plâtre.

On leur donne en outre des verdures tendres, telles que choux, salades, etc., tout au moins pendant la fermeture des colombiers.

APICULTURE

I. — LES ABEILLES

La colonie. — L'abeille est un insecte du genre *apis*, subdivision des *apides sociales*, appartenant à l'ordre des *hyménoptères*.

Les caractères généraux des apides sociales sont les suivants :

Ces insectes vivent en *familles* ou *colonies* comprenant trois catégories d'individus (V. *Tabl. Abeilles*, *fig.* 1) : 1° une *femelle fécondée*, appelée *mère* ou *reine*; 2° un certain nombre de *mâles* ou *faux bourdons*, mais seulement pendant la période active des travaux ; 3° un effectif variable d'*ouvrières* ou *neutres* qui, en réalité, sont des femelles avortées.

Dans une colonie bien constituée, il ne doit y avoir qu'une seule femelle. Celle-ci pond des *œufs*, *fécondés* ou *non*, susceptibles de fournir, suivant les besoins, des femelles, des mâles ou des ouvrières.

On y rencontre plusieurs centaines de mâles, mais seulement pendant la belle saison. Les colonies surpeuplées de faux bourdons, ou plutôt celles qui les conservent en hiver sont dites *bourdonneuses*. Elles sont appelées à disparaître si on ne vient pas à leur secours.

Le gros de la population est représenté par les ouvrières, dont le nombre varie entre 10 000 et 100 000, plus ou moins suivant la saison considérée et la force des colonies. Dans une même ruche, c'est toujours aux approches des miellées que l'effectif est le plus élevé.

Sachant qu'il y a environ 10 000 abeilles au kilogramme, on peut connaître la population d'une colonie en la pesant à l'état nu, c'est-à-dire sous la forme d'un *essaim*.

Fonctions physiologiques et sociales. — Contrairement à ce que l'on croit, la *mère* est plutôt une esclave qu'une reine. En tous cas, ce n'est pas elle qui dirige la collectivité abeillère. En réalité, elle obéit à un gouvernement occulte : elle active, ralentit ou même arrête entièrement sa ponte, son unique fonction, d'après les circonstances et les nécessités comme si elle recevait des ordres.

La quantité d'œufs pondus journellement, en vingt-quatre heures, peut varier entre zéro et cinq mille. C'est aux approches des miellées que la ponte est la plus active. Au cœur de l'hiver elle est généralement suspendue.

On doit savoir qu'une femelle peut pondre deux sortes d'œufs :

1° Des *œufs fécondés* qui, une fois éclos, peuvent donner naissance, suivant le genre de nourriture distribuée aux larves, soit à des mères, soit à des ouvrières ;

2° Des *œufs non fécondés* qui ne peuvent donner que des mâles (phénomène de la parthénogénèse).

Les ouvrières sont la partie agissante et directrice de la population. C'est de leur groupe que semble émaner l'autorité par le fonctionnement d'une forme idéale de gouvernement dont nous n'avons pu pénétrer le mécanisme, mais qui a atteint la limite de sa perfectibilité.

La distribution du travail à la ruche est merveilleuse. On ne discute pas les ordres qui émanent de la collectivité consciente, au sein de laquelle on ne tolère point de parasites.

Une ouvrière, qui met vingt-un jours pour éclore, s'occupe d'abord, au sortir de son berceau, de l'élevage de ses plus jeunes sœurs. Elle va ensuite en commission, pas trop loin, pour rapporter de l'eau et du pollen des fleurs. Une fois en pleine force, l'abeille devient *butineuse*, elle s'acquitte alors de la mission pénible d'aller recueillir le nectar situé au fond des corolles. Mais les ailes s'usent vite à ce genre de travail. Devenue vieille, l'abeille ne sort plus, elle s'occupe dans le magasin au rangement du miel, à l'élevage des jeunes.

Un peu avant sa mort, qui survient au bout de quarante-cinq à cinquante jours d'intense travail, l'ouvrière utilise la dernière parcelle de vie qui lui reste pour aller mourir au loin, afin que son cadavre ne cause pas le moindre ennui à la collectivité.

Les mâles assurent la fécondation des femelles, qui a lieu en plein air et une fois seulement pour toute la durée de l'existence de la même mère (vol nuptial). La longévité des mères étant de trois à quatre ans en moyenne, les fécondations sont peu fréquentes, sauf dans les colonies qui se multiplient par *essaimage*.

Durant les journées chaudes, les faux bourdons vont se promener. Le matin ils restent tardivement à la ruche, pour l'entretien de la chaleur d'élevage, pendant que les butineuses partent à la picorée.

Édification des bâtisses. — Pour emmagasiner le pollen nécessaire à l'alimentation des larves, de même que le miel, nourriture exclusive des adultes, et surtout pour l'élevage de leur progéniture, les abeilles construisent des *gâteaux de cire*, encore appelés *rayons* ou *bâtisses* (*fig.* 2).

Les bâtisses sont constituées par le groupement, sur les deux faces d'une mince cloison, de *cellules* plus ou moins profondes, à section hexagonale.

On distingue les *alvéoles d'ouvrières* et les *alvéoles de mâles*, un peu plus grands que les premiers. Les *alvéoles maternels* ou de mère ont la forme d'un gland. Les cellules d'ouvrières et de mâles servent à emmagasiner le miel et à loger le pollen. Les abeilles peuvent élever des faux bourdons dans les deux types d'alvéoles, mais elles ne peuvent produire des butineuses que dans les premiers.

La *cire* employée à l'édification des bâtisses est un produit de sécrétion, fourni par les glandes cirières, situées sous l'abdomen des ouvrières (*fig.* 6).

La sécrétion est surtout activée durant la période des travaux, alors que l'insecte consomme beaucoup de matières sucrées. Elle est favorisée par une température modérée, voisine de 30°.

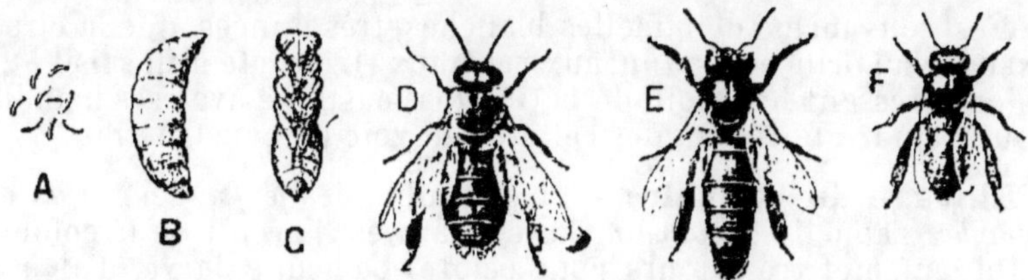

Fig. 1. — Métamorphoses et différentes sortes d'abeilles (grandeur naturelle).
A, œufs ; B, larve ; C, nymphe ; D, mâle ou faux bourdon ; E, reine ou mère ; F, ouvrière.

Fig. 2. — Ruche renversée montrant les rayons ou bâtisses.

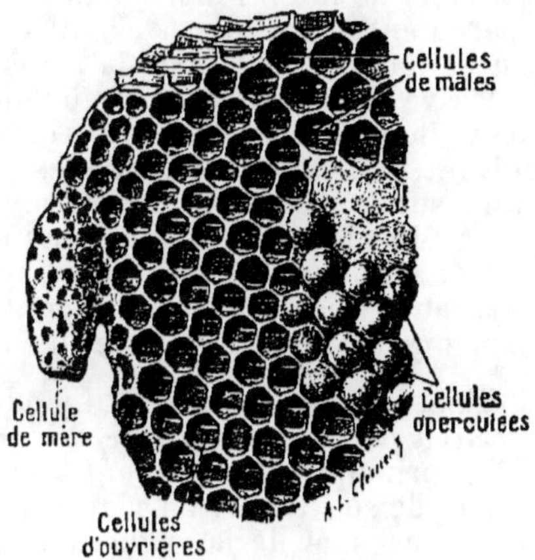

Fig. 3. — Fragment de rayon montrant les diverses sortes de cellules.

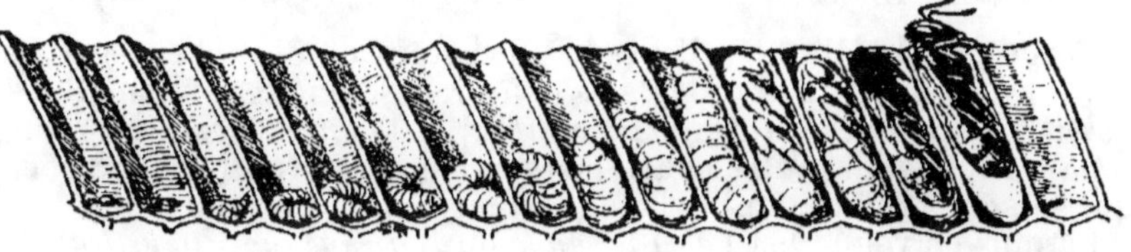

Fig. 4. — Fragment d'un rayon (coupe) montrant le développement d'une abeille.

Fig. 5. — Abeille mère pondant.

Fig. 6. — Abdomen d'une abeille sécrétant la cire : a, cire.

Fig. 7. — Abeille butinant.

ABEILLES

C'est sous forme de lamelles blanches, très minces, que la cire vient exsuder à l'orifice des anneaux ventraux. L'insecte s'en saisit et, si la colonie ressent le besoin de bâtir, il la mastique avec ses mandibules pour étendre le réseau des cellules en voie de construction.

Élevage du couvain. — L'ensemble des *œufs*, des *larves* et des *nymphes* s'appelle le *couvain*. Le couvain est l'avenir de la colonie.

Un œuf met trois jours pour éclore. La jeune larve, d'abord très petite, grossit progressivement, grâce à l'alimentation azotée que lui distribuent les *nourrices*, sous forme de *bouillie*, mélange dilué de pollen et de miel. Puis, son développement jugé suffisant, les abeilles operculent la cellule avec un couvercle de cire mince et la *nymphose*, deuxième stade de la transformation, se produit.

Arrivé au terme de sa métamorphose, l'*insecte parfait* ronge son opercule et il sort de son alvéole. La *durée des métamorphoses* varie, suivant qu'il s'agit de femelles, d'ouvrières ou de mâles. Pour les trois sujets, la durée de l'accroissement des larves est d'environ six jours. Mais les mères ayant reçu une *bouillie* plus digeste, elles bénéficient d'une nymphose plus rapide : elles peuvent sortir de leur berceau seize jours après la ponte de l'œuf, tandis que les ouvrières demandent vingt-un jours et les mâles vingt-quatre jours (*fig.* 4).

L'essaimage. — Le seul mode de multiplication des colonies est l'*essaimage*, qu'il soit *naturel* ou *artificiel*.

En principe, toute colonie d'abeilles qui est à l'étroit ressent le besoin de se diviser. La vieille mère, accompagnée d'une partie des ouvrières, sort de la ruche dans le milieu du jour, pour aller fonder une autre colonie ailleurs (*essaim primaire*). Aussitôt, une jeune mère, encore au berceau, sort de sa cellule. Il peut y avoir un deuxième départ, puis un troisième (*essaims secondaires, tertiaires,* etc.).

Races d'abeilles. — Il existe un certain nombre d'espèces, variétés et croisements d'abeilles. Les deux races souches originelles sont l'*abeille noire* ou *commune* (*apis mellifica*) et l'*abeille égyptienne* (*apis fasciata*). Toutes les autres variétés semblent provenir de croisements qui se sont produits entre l'abeille noire et l'égyptienne.

La plus en vogue est l'*abeille jaune* ou *italienne* (*apis ligustica*) caractérisée par la présence sur son abdomen de bandes transversales jaunâtres. D'autres croisements entre l'abeille noire, l'abeille jaune et d'autres métisses ont donné naissance à une foule de sous-races plus ou moins fixées, telles que les *chypriotes*, les *carnoliennes*, les *caucasiennes*, les *syriennes*, etc.

Les auteurs ne sont pas d'accord sur la valeur respective des diverses races d'abeilles. Généralement, elles donnent de moins bons résultats quand on les transporte sous un climat différent de celui de leur habitat d'origine.

En France, on a beaucoup importé d'italiennes, auxquelles on reconnaissait certains mérites. Cet engouement tire à sa fin. Comme le croisement des abeilles peut se faire dans un rayon de plusieurs kilomètres, la mouche jaune perd ses caractères propres, et il en résulte des *métisses* souvent acariâtres, difficiles à manipuler.

Dans toutes les situations, le mieux est encore de se contenter des abeilles du pays. Toutefois, il est utile d'introduire dans un apier des colonies d'origine différente, mais de même race, pour éviter les effets de la *consanguinité*.

II. — LES TYPES DE RUCHES

Classification rationnelle. — Aucun auteur, si bien documenté soit-il, ne serait capable de consigner tous les types et systèmes de ruches dont le nombre est considérable. Dans aucun domaine il n'y a eu autant d'inventeurs et de novateurs qu'en apiculture, non seulement en France, mais à l'étranger.

Toutes les ruches peuvent rentrer dans les quatre catégories ci-après :

1° Les *ruches fixes* ou *vulgaires*, encore appelées *paniers*, ont pour caractéristique d'avoir des gâteaux à demeure, fixés au plafond. Il faut les culbuter pour les visiter ou leur prendre du miel ;

2° Les *ruches à calotte* sont composées de deux compartiments indépendants. Celui du bas, analogue à la ruche fixe, sert de nid à couvain ; celui du haut, de capacité généralement moindre, sert de magasin à miel. Une ouverture pouvant être fermée par un bouchon met l'étage inférieur en communication avec la calotte. Dans les deux compartiments, les rayons sont rattachés au plafond et absolument fixes ;

3° Les *ruches mixtes* affectent des formes différentes. Dans tous les cas, le nid à couvain est à rayons fixes, tandis que le magasin renferme des cadres mobiles, interchangeables, que l'on peut déplacer à volonté. On les désigne encore sous le nom de *ruches semi-mobiles*;

4° Les *ruches à cadres* gagnent de jour en jour du terrain. Elles sont d'une exploitation plus commode et rendent généralement plus de miel que les ruches fixes et à calotte.

Elles sont caractérisées par le « mobilisme » parfait de leurs rayons, aussi bien ceux du corps de ruche que ceux du magasin, ce qui facilite beaucoup les visites et la récolte du miel.

En cas d'*orphelinage*, de même que pour le *nourrissement* des abeilles et toutes les autres opérations apicoles, le *mobilisme* marque un progrès véritable sur le *fixisme*.

Cela n'empêche pas les *fixistes* experts d'obtenir de meilleurs résultats que les *mobilistes* mal initiés à la conduite des ruches à cadres.

En réalité, ce n'est pas tant du système de ruche en usage, que de la valeur professionnelle de l'apiculteur, que dépend le succès en matière d'élevage d'abeilles.

Les *abris* et les *ruchers couverts* peuvent servir de complément à tous les systèmes de ruches. Ils ont surtout pour objet de les protéger des intempéries et de les défendre de l'intrusion des maraudeurs de tout acabit (1).

Les ruches fixes. — Les bonnes ruches fixes ont la forme d'une cloche plus ou moins spacieuse et écrasée. On les désigne souvent sous le nom de paniers ou ruches vulgaires (V. *Tabl. Types de ruches*, fig. 1).

Leur forme allongée et arrondie imite assez bien le groupement naturel d'un essaim, ce qui concentre la chaleur, aussi les abeilles s'y trouvent-elles à l'aise durant l'hivernage.

---

(1) Les détails techniques relatifs à la construction des principaux types de ruches (vulgaires et à cadres) se trouvent sur la brochure *Ruches et Ruchers*, de la Série agricole. (Librairie Larousse.)

Le plus souvent, les ruches fixes se construisent en saucissons de paille maintenus par un brellage d'osier ou de ronces fendues.

Un type pratique de panier est représenté par la *ruche bourguignonne*, un peu aplatie, ce qui facilite la *taille*. Sa capacité habituelle est de 40 à 50 litres.

En principe, une ruche vulgaire ne devrait jamais cuber moins de 35 à 40 litres, même dans les situations réputées peu mellifères.

On doit toujours les munir de croisillons horizontaux en bois, pour empêcher les effondrements de jeunes cires.

Ces paniers se construisent également en *clayonnages* de viorne ou d'osier, sur une ossature périphérique en coudrier, en laissant dépasser une poignée pour faciliter la manœuvre. Les clayonnages doivent être enduits extérieurement de *pourget*, qui est un mélange de terre glaise et de bouse de vache pétries ensemble. La ruche est en outre protégée par un *surtout* ou *capuchon* en paille de seigle.

Indépendamment des systèmes précités, il existe encore des ruches fixes, constituées par des troncs d'arbres creux, des demi-futailles, des caissettes diverses de formes différentes, mais elles sont généralement moins pratiques que les paniers.

Les ruches à calotte. — Les ruches à calotte se construisent le plus souvent en paille et plus rarement en bois (*fig.* 2).

Elles se composent d'un corps de ruche de dimensions et de forme variables, mais toujours assez haut pour que les abeilles puissent hiverner en grappe ovalaire, mais sans excès, afin de ne pas gêner l'ascension des ouvrières dans le magasin.

Une bonne capacité est comprise entre 30 et 40 litres et une hauteur variant entre 30 à 35 centimètres, un peu plus ou un peu moins suivant la richesse mellifère de la flore.

La calotte, dont la capacité est habituellement la moitié de celle du corps de ruche, est établie de manière qu'elle se juxtapose sur cette dernière en la couronnant comme un dôme.

Le plafond de l'étage inférieur, plus écrasé que celui des ruches vulgaires, et parfois même à plat, est pourvu d'un trou en son milieu pour le passage des abeilles.

Durant l'hiver ce trou est fermé par un bouchon. Quelques apiculteurs préfèrent construire un plafond ajouré, au moyen de barrettes parallèles espacées de 36 à 38 millimètres d'axe en axe, laissant entre elles un espace de 8 à 10 millimètres. Ils ferment les couloirs avec de petits liteaux ayant cette épaisseur. On peut encore construire les ruches à calottes, ainsi que leurs magasins, avec de la planche brute, en leur donnant la forme d'une pyramide tronquée quadrangulaire.

Les ruches mixtes. — Les ruches mixtes ou semi-mobiles (*fig.* 4) se composent d'un rez-de-chaussée à bâtisses fixes, en bois ou en paille, d'une capacité de 35 à 45 litres, auquel on donne une forme parallélépipédique ou cylindrique.

Le plafond du corps de ruche est constitué par des liteaux de 25 millimètres de large, espacés de 37 à 38 millimètres d'axe en axe, que l'on recouvre d'une toile cirée ou d'un jeu de planchettes jointives pour l'hivernage.

Le magasin est représenté par une hausse en bois, renfermant neuf à treize cadres mobiles, de dimensions variables, qui s'adapte sur le corps de ruche, après avoir retiré la toile cirée ou les planchettes.

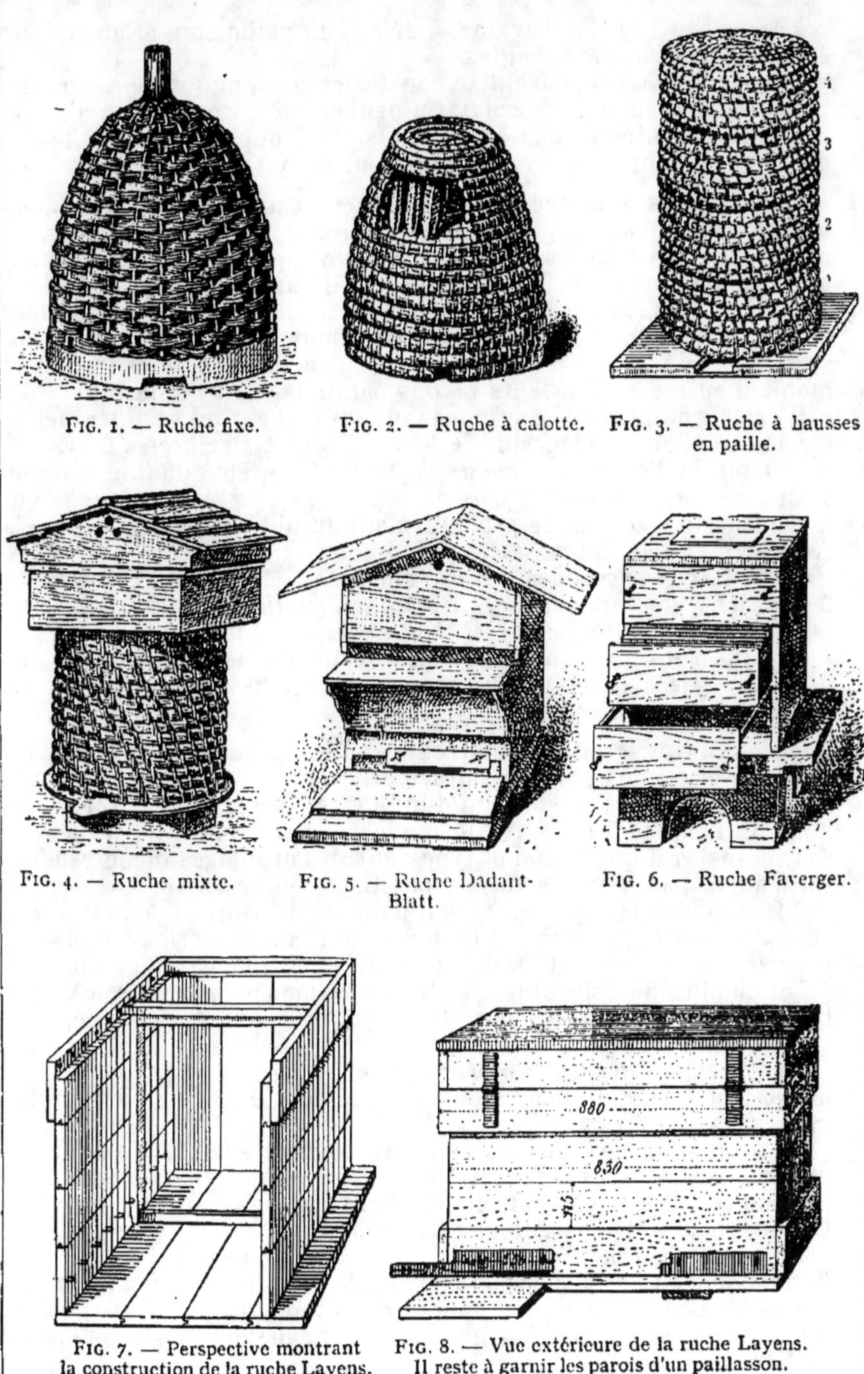

FIG. 1. — Ruche fixe.

FIG. 2. — Ruche à calotte.

FIG. 3. — Ruche à hausses en paille.

FIG. 4. — Ruche mixte.

FIG. 5. — Ruche Dadant-Blatt.

FIG. 6. — Ruche Faverger.

FIG. 7. — Perspective montrant la construction de la ruche Layens.

FIG. 8. — Vue extérieure de la ruche Layens. Il reste à garnir les parois d'un paillasson.

TYPES DE RUCHES

Un coussin en bales d'avoine, à défaut un paillasson, et une toiture étanche protègent les abeilles.

Les ruches mixtes peuvent se construire économiquement avec des boîtes à chicorée ou à chocolat. On peut employer également d'autres caissettes de dimensions appropriées. En coupant l'une d'elles en deux, on obtient deux hausses du même coup.

Les ruches à cadres. — Les ruches à cadres sont les plus nombreuses, la plupart des apiculteurs ayant un système à eux ou, du moins, presque tous ressentant le besoin d'apporter des modifications personnelles au type primitif adopté. On distingue :

1° Les *ruches à bâtisses froides*, les plus répandues en France, dans lesquelles les cadres sont placés perpendiculairement au trou de vol ;

2° Les *ruches à bâtisses chaudes*, en usage dans les régions froides et montagneuses, qui ont leurs rayons parallèles au trou de vol.

Il existe en outre deux systèmes bien tranchés, qui se différencient par la situation du magasin. Ce sont : les *ruches verticales*, telles que la *Dadant*, la *Voirnot*, la *Langstroth*, la *Delépine*, etc., dont le magasin se trouve au-dessus du corps de ruche. Les *ruches horizontales* ont leur magasin placé sur le prolongement du nid à couvain, comme la *Karel de Kesel*, la *Layens*, etc.

On distingue encore les *ruches à cadres bas*, les *ruches à cadres hauts*, les *ruches à couvain divisible*, les *ruches feuilletables*, les *ruches oculaires* (genre *Tonelli*), les *ruches claustrantes*, etc., etc.

Le plus souvent, dans les ruches verticales, les hausses ont une hauteur égale à la moitié du corps de ruche. Les cadres qu'ils contiennent sont appelés des *demi-cadres*.

Choix d'une ruche à cadres. — Tous les systèmes de ruches ont leurs partisans et leurs détracteurs.

Bien que la réussite soit plutôt influencée par la valeur professionnelle de l'exploitant que par le modèle de ruche adopté, il n'en est pas moins vrai que certains types ont des avantages incontestables sur d'autres, au point de vue simplicité et commodité.

Il faut qu'une ruche à cadres soit pourvue de cadres *interchangeables* et *impropolisables;* ils doivent en outre avoir une superficie suffisante pour assurer la continuité de la ponte et l'emmagasinage du miel.

Les abeilles ne doivent pas y être incommodées par le froid ni par l'excès de chaleur, l'aération se faisant d'une manière continue, mais sans courant d'air.

L'espacement des cadres du corps de ruche sera de 36 à 38 millimètres d'axe en axe ; dans le magasin, il peut être de 38 à 52 millimètres.

La circulation des abeilles doit être assurée sur tout le pourtour des cadres. Entre les deux extrêmes de 7 et 10 millimètres on n'a pas à craindre la propolisation, ni les constructions dans les intervalles. La toiture doit être parfaitement étanche.

Le novice ne peut pas établir une *ruche pratique* s'il n'a pas un bon modèle ou des plans sous la main. Il se bornera à la calquer servilement. Le praticien peut apporter des modifications à ses ruches, mais seulement lorsqu'il a acquis la connaissance approfondie du métier.

Les types les plus recommandables de ruches verticales, pour notre pays, sont le *Dadant-Blatt*, à cadres 27 × 42 centimètres et la *Voirnot* à cadres carrés de 33 × 33 centimètres.

Les personnes qui n'ont que peu de temps à consacrer à leurs abeilles peuvent se contenter de la ruche Layens, dont les cadres mesurent intérieurement 31 × 37 centimètres.

Les ruchers couverts. — Les *ruchers couverts* sont des constructions spéciales, de forme différente, qui abritent les abeilles du froid et aussi de l'humidité. On les établit souvent en appentis, et quelquefois en chalet-pavillon. Dans ce dernier cas, les ruches sont sous clef, ce qui convient surtout aux ruchers isolés.

Les colonies, placées sous le couvert, et distribuées sur la périphérie, disposent chacune d'une planchette de repos et d'un trou de vol qui traverse la cloison. Il est recommandé de ne pas les étager sur plus de deux rangs.

La meilleure orientation pour la bâtisse est le Nord-Sud passant par l'une des diagonales. Chaque ruche doit être indépendante de ses voisines et mobile pour rendre les mutations possibles.

Les ruchers couverts coûtent cher. Cependant, ils permettent de réaliser une économie appréciable sur la construction des ruches, qui n'ont pas besoin de toiture. Ils peuvent en outre servir pour le rangement du matériel et comme laboratoire d'extraction.

III. — MATÉRIEL D'APICULTURE

L'outillage essentiel. — L'outillage essentiel, indispensable à l'exploitation d'un rucher, petit ou gros, quel que soit le type de ruche en usage, comprend l'*enfumoir* et le *voile*.

On ne peut pas se passer d'enfumoir, car il est à peu près impossible de visiter l'intérieur d'une ruche sans en être muni.

C'est un simple cylindre muni d'une cheminée, généralement en fer-blanc, à l'intérieur duquel on brûle des chiffons d'origine végétale, pour produire de la fumée.

Chaque enfumoir est muni d'un soufflet. La fumée incite les abeilles à se gorger de miel et elle les met en « bruissement ».

A cet état, elles sont moins agressives. L'apiculteur exercé n'abuse pas de la fumée ; il se contente de tenir ses abeilles en respect.

Le modèle d'enfumoir le plus pratique est l'*enfumoir ordinaire à soufflet*, pouvant se manœuvrer d'une seule main (V. *Tabl. Matériel, fig.* 3).

L'*enfumoir automatique*, actionné par un ressort, fonctionne seul. Au point de vue pratique, il ne vaut pas le précédent (*fig.* 2).

Le *voile* est un morceau de tulle assez ample, qu'on sertit autour du chapeau au moyen d'un élastique, et qu'on rabat sur le visage pour se garantir des piqûres (*fig.* 1). On peut le remplacer par un *masque d'escrime*, complété par un camail.

En principe, on ne devrait jamais manipuler les abeilles sans voile ou sans camail. Cependant, comme ils fatiguent la vue et gênent la respiration, on peut se contenter de relever le voile sur le chapeau pour être prêt à le rabattre en cas d'alerte.

Les piqûres d'abeilles sont toujours douloureuses, même pour les personnes immunisées contre le venin.

Il est bon d'avoir dans sa poche, en permanence, un petit flacon d'*extrait de Javel*. En tamponnant les piqûres immédiatement, on empêche l'enflure en décomposant le venin.

Le miel se loge dans des *pots en verre* ou *en grès*, dans des *seaux en fer-blanc étamé*, dans des *tonneaux* ou encore dans du *carton paraffiné*. Il ne faut jamais le mettre dans des récipients en cuivre, en zinc, ni en tôle galvanisée, à cause des composés vénéneux qui se forment au contact de ces métaux et de l'acide formique du miel.

L'outillage du fixiste. — Que les ruches vulgaires soient soumises à la « taille » ou exploitées différemment, le fixiste doit être en possession d'un *couteau à long manche* (*fig.* 4).

Le meilleur modèle est pourvu d'une lame tranchante et courbe, permettant de suivre la courbure des paniers pour détacher les gâteaux.

On extrait le miel des ruches vulgaires au moyen du *mellificateur solaire*, sorte de caisse fermée par un couvercle vitré, placé obliquement, sous lequel on place les gâteaux en les faisant reposer sur une claie. On peut encore se servir d'un tamis que l'on place au-dessus d'un récipient quelconque (*fig.* 6), dans lequel le miel tombe. Le miel liquéfié sort par un orifice situé à la partie inférieure du mellificateur, où on le recueille.

Cet appareil peut encore être remplacé par une simple *claie* métallique ou en bois, sur laquelle on rassemble les rayons brisés, au-dessus d'une table qui canalise le miel dans un récipient *ad hoc* placé à la partie la plus basse.

Le miel s'extrait naturellement, sans pression, sous l'influence de la pesanteur et d'autant plus vite que le local est chaud.

La *presse* est non moins utile au fixiste. Elle lui sert pour tirer des débris de gâteaux le deuxième miel qu'ils renferment encore. On l'utilise également à l'épuisement du marc de cire, après sa liquéfaction par la chaleur.

Le modèle le plus pratique est celui que l'on peut établir économiquement, d'une manière analogue aux pressoirs à fruits, en se servant pour le serrage de la vis d'établi.

L'outillage du mobiliste. — La ruche à cadres n'aurait pas sa raison d'être si on était obligé de détruire les rayons pour en extraire le miel.

Le mobiliste doit donc être en possession d'un *extracteur* composé d'une *cuve* et d'une *cage* dans laquelle on place les rayons après les avoir désoperculés, ce qui permet de les extraire avec le concours de la *force centrifuge* (*fig.* 7).

Les extracteurs perfectionnés du commerce sont en métal : la cuve en fer-blanc étamé, la cage en fer forgé, les engrenages en fonte dure. L'extracteur est muni à sa partie inférieure d'un clapet de soutirage

Cet appareil est assez coûteux. Les petits apiculteurs ont intérêt à construire, au moyen d'un tonneau, un petit *mello-extracteur*, qui leur reviendra à très bon compte.

Dans ce cas la cuve et la cage, sauf les pivots, sont en bois; les engrenages peuvent également être remplacés par deux simples poulies à gorge faites avec du bois dur.

Le mouvement est transmis par une corde, qui va de la poulie de manœuvre, dont le diamètre est de 25 centimètres, à la petite poulie placée à l'extrémité de l'arbre et dont le diamètre ne dépasse pas 10 centimètres.

On pourrait encore actionner la cage par un système alternatif d'en-

FIG. 1. — Voile d'apiculteur.

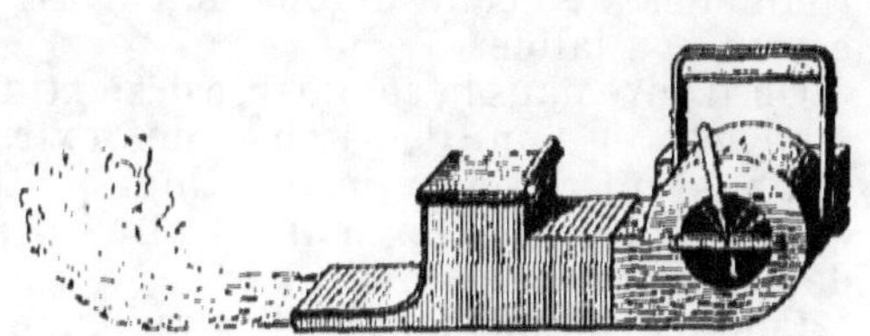

FIG. 2. — Enfumoir automatique.

FIG. 3. — Enfumoir à soufflet.

FIG. 5. — Chevalet à désoperculer.

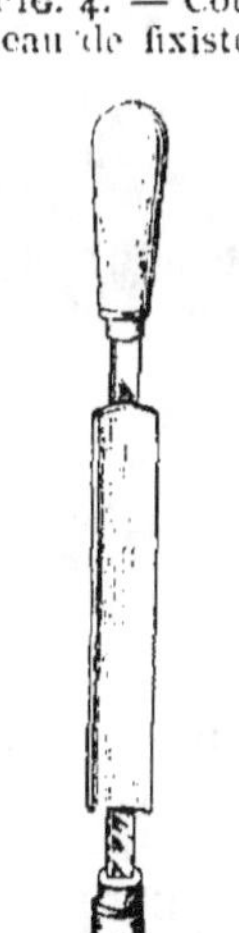

FIG. 4. — Couteau de fixiste.

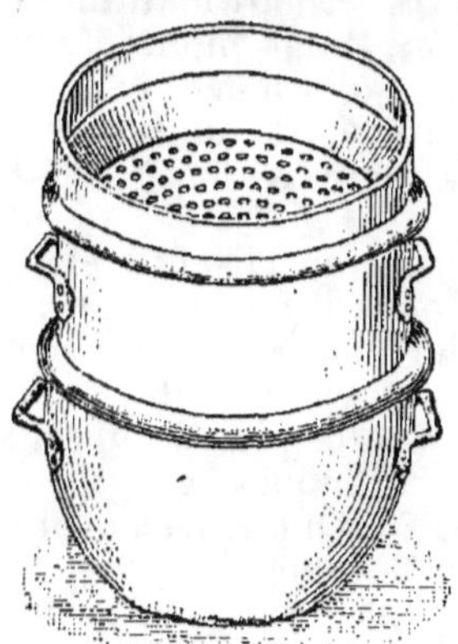

FIG. 6. — Mellificateur solaire à égouttoir.

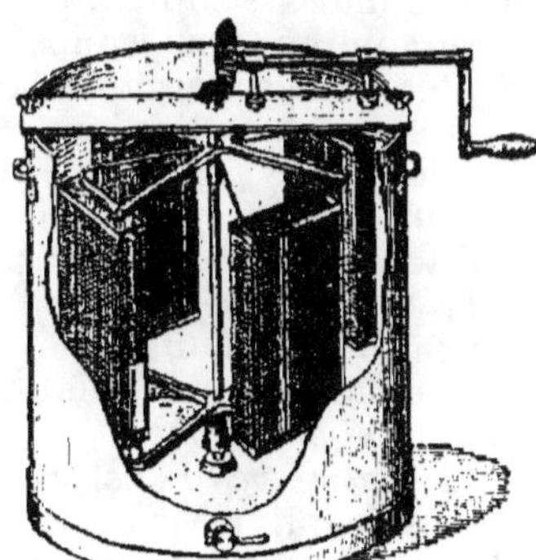

FIG. 7. — Extracteur à force centrifuge.

FIG. 8. — Gaufrier pour préparer les feuilles de cire.

FIG. 9. — Couteau à désoperculer.

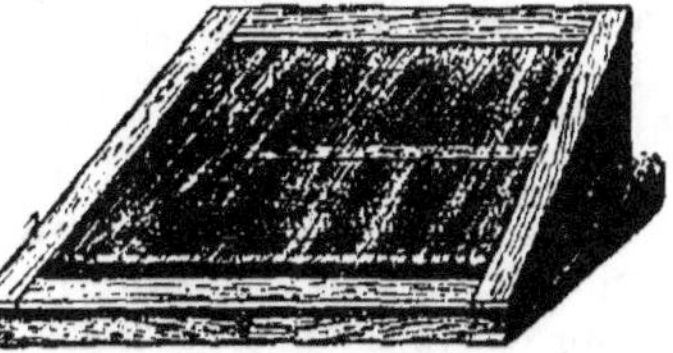

FIG. 10. — Cérificateur solaire.

MATÉRIEL D'APICULTURE

roulement de ficelle autour de l'arbre, mais la vitesse ainsi obtenue est un peu faible.

On trouve dans le commerce des extracteurs *à deux* et *à quatre cages*, *reversibles* ou non. Il y a aussi des extracteurs *bilatéraux* ou *radiaires* qui peuvent recevoir jusqu'à vingt-quatre cadres placés dans le sens des rayons et que l'on peut extraire sur les deux faces sans être obligé de retourner les cadres.

Comme complément de l'extracteur il faut :

Un *couteau à désoperculer*, à lame tranchante, avec lequel on décachette les cellules pour mettre le miel à nu. Il en existe plusieurs systèmes. Celui que représente la figure 9 est pourvu de deux poignées, et il se manœuvre des deux mains.

Un *chevalet à désoperculer*, qui permet de suspendre les cadres, au moment où on effectue le travail. Il est pourvu d'un tamis et d'un récipient collecteur pour le miel et la cire détachés pendant l'opération (*fig. 5*).

Un *maturateur*, récipient cylindrique, plus haut que large, de contenance variable, dans lequel on verse le miel, et où il séjourne pendant quinze jours au moins, afin qu'il finisse de se réduire, en même temps qu'il s'épure et s'homogénise. C'est seulement après que l'on procède à son embouteillage ou à son emballage définitif. Un estagnon à huile, dont on a dessoudé le col, peut servir de petit maturateur.

L'extraction par la force centrifuge se fait bien mieux quand le miel est chaud et que les cadres sont passés à la machine au sortir de la ruche. Si, pour une raison ou une autre, on doit surseoir à l'opération, il faut un appareil de chauffage pour réchauffer le local où les hausses sont empilées.

On obtient une coupe plus nette des cires en faisant tremper le couteau à désoperculer dans l'eau chaude, mais il faut l'essuyer.

Il existe bien des couteaux à désoperculer chauffés à la vapeur et à l'électricité ; mais ces instruments compliqués et coûteux n'intéressent pas les petits apiculteurs, de beaucoup les plus nombreux.

Citons encore, comme petit matériel utile au mobiliste :

La *brosse à abeilles*, employée pour chasser les mouches encore sur les cadres au moment où on effectue les prélèvements, ou que l'on veut effectuer une mutation de rayons. On peut la remplacer par une simple *plume d'oie*.

Le *chasse-abeilles* est utile pour libérer les hausses. C'est un porche à couloir qui laisse sortir les ouvrières, mais ne les laisse pas rentrer. Malgré son ingéniosité, un très petit nombre seulement d'apiculteurs praticiens s'en servent.

Le *piège à bourdons* est une caissette en tôle perforée, mise devant l'entrée des ruches, qui laisse passer les ouvrières et retient les mâles prisonniers. Il permet de s'emparer de ces derniers, lorsqu'ils sont en surnombre, pour les détruire. Le bien-fondé de la destruction des faux bourdons est contesté ; il paraît préférable d'en limiter la procréation avec l'emploi des feuilles de cire gaufrée.

Les *nourrisseurs*, dont il existe une foule de modèles, sont dits « d'entrée », « d'arrière », « de dessus », etc. Les plus communément employés sont le *Doolittle*, le *Hill*, le *Siebenthal*, le *Derosne*, le *Raynor*, le *Layens*, le *Fusay*, etc. On les remplit de sirop de sucre ou de miel liquide devant être distribué aux abeilles pour compléter leurs provisions jugées insuffisantes, ou à très petites doses, afin de stimuler la ponte des femelles au printemps.

Un *nourrisseur pratique* et économique est représenté par une boîte quelconque, en fer ou en bois, munie de pieds ou de cales de 8 à 10 millimètres de hauteur. Cette boîte se place dans le vide ménagé à l'intérieur du coussin, puis on recouvre d'une feuille de verre. A défaut de coussin, on place la boîte sur le trou nourrisseur débouché et on l'isole de la toiture en la coiffant avec une deuxième boîte renversée, un peu plus grande que la première.

Avec les ruches vulgaires, on nourrit généralement au moyen d'*assiettes* ou de *plats*, que l'on glisse sous la ruche.

Matériel facultatif. — Les *abreuvoirs* sont utiles aux apiers éloignés des sources et autres lieux afin que les abeilles puissent s'approvisionner en eau, sans danger de noyade.

On peut les établir d'une façon simple au moyen d'un tonnelet qui laisse tomber l'eau en petit filet sur la mousse. On se sert également des *abreuvoirs siphoïdes*, dont le plus simple s'obtient au moyen d'un récipient renversé sur une cuvette garnie de rondelles de bouchons.

Les *casiers à sections* sont de petits cadres, pliants ou rigides, que l'on insère dans des cadres ordinaires de hausse, de manière à pouvoir les démonter une fois pleins. Ils renferment de petites sections pouvant contenir de 200 à 500 grammes de miel en gateau.

Les *ruchettes d'observation* vitrées sont utiles pour l'enseignement.

Les *ruchettes portatives*, avec poignées, servent à transporter les cadres, notamment ceux des ruches horizontales, qui ne possédent pas de hausses.

Les *ruchettes d'élevage* sont employées par les éleveurs de reines, qui opèrent au titre de marchands ou, simplement, pour assurer le renouvellement bisannuel des mères de leurs colonies d'abeilles.

L'introduction des femelles fécondées se fait au moyen des *cages à mères*, petits cylindres en toile métallique, se fermant au moyen d'un bouchon.

Les apiculteurs mobilistes peuvent fondre leurs cires d'opercules à l'aide d'un *cérificateur solaire* (*fig.* 10) pourvu d'un tamis, d'un plan incliné et d'une vitre sur laquelle le soleil frappe le plus verticalement possible. La cire fondue abandonne ses impuretés et vient se rassembler dans des *moules* où elle se solidifie.

Pour obtenir un épuisement plus parfait des marcs ou brèches, le concours d'une *presse* est nécessaire.

Les *moules à cire* servent à couler la cire en pains. Ils ont généralement une forme allongée et tronconique.

Pour éviter les fraudes par introduction de cérésine dans les cires gaufrées, les apiculteurs ont intérêt à fabriquer eux-mêmes leurs feuilles, soit au moyen d'un *gaufrier à main* (*fig.* 8), soit avec un *laminoir* à cylindres estampés tournant en sens contraire.

Pour fixer les feuilles de cire dans les cadres, il faut du *fil de fer galvanisé*, des *agrafes* ou *conduits* et un *éperon*.

Une *cave à miel*, en ciment ou en briques, exposée au Nord, dans un lieu sec, assure la bonne conservation du miel.

Un *laboratoire fermé*, pour l'extraction du miel et le rangement du matériel, est de la plus grande utilité.

Pour l'utilisation du miel et sa transformation en hydromels, liqueurs, bonbons, pain d'épice, il faut être en possession d'un *glucomètre Guyot* pour doser les moûts, de *barboteurs hydrauliques* permettant la fermentation à l'abri de l'air, d'un *marbre* et de *moules à pavés*.

IV. — CONDUITE DES RUCHES VULGAIRES

Un aperçu économique. — L'exploitation des *ruches vulgaires* peut être d'un bon rapport; mais il faut adopter une ligne de conduite n'ayant rien de commun avec les méthodes empiriques en usage dans la plupart des campagnes.

Sans doute, pour une même situation, les paniers rapportent moins de miel que les ruches à cadres, et leur miel n'est pas tout à fait aussi blanc, bien que la différence soit peu sensible quand il a été bien récolté.

En revanche, les ruches vulgaires produisent beaucoup plus de cire. Elles donnent en outre des *essaims,* naturels ou artificiels, nécessaires aux besoins de l'apiculture pour le peuplement des ruches à cadres et le remplacement des colonies devenues orphelines, ainsi que pour renforcer les populations faibles aux approches de la grande miellée.

Tout apiculteur, même mobiliste, devrait toujours avoir une *pépinière de paniers* pour parer aux éventualités pouvant se produire dans son apier et combler les vides.

Le fixiste, outre la vente du miel et de la cire, retirera toujours un profit appréciable en produisant des essaims ou des ruches vulgaires peuplées pour la vente.

Les colonies d'abeilles sont aujourd'hui d'une vente courante et très demandées. Elles atteignent dans le commerce un prix élevé, vraiment rémunérateur.

Création d'un apier de ruches fixes. — Il faut, pour débuter, au moins deux ruches vulgaires.

Ces colonies doivent être en bon état et populeuses. Défalcation faite du poids du panier, elles ne doivent pas peser moins de 10 à 12 kilogrammes à l'automne et 6 à 8 kilogrammes au printemps.

Pour se renseigner, on enfume les abeilles pour les mettre en bruissement. On retourne ensuite le panier et on examine les gâteaux qui doivent être exempts de moisissures.

De plus, en écartant les rayons à la main, on doit apercevoir des plaques compactes de couvain de tout âge, ce qui est l'indice de la présence d'une mère bonne pondeuse.

Il faut avoir une certaine habitude pour juger de la valeur d'une colonie logée dans un panier. Le novice fera bien de demander le concours d'un praticien quand il traitera son premier achat d'abeilles.

Les ruches vulgaires se déplacent facilement pendant la saison froide. Il suffit de les enfumer; puis, après les avoir entoilées, on les transporte sur leur nouvel emplacement.

Le transport se fait à dos d'homme, ou à la hotte pour les petites distances. On se sert de charrettes ou de voitures à ressort pour les distances moyennes. Enfin, pour les longs parcours, on emprunte le chemin de fer.

A leur arrivée, les paniers sont installés sur des plateaux ou tabliers surélevés de 15 à 20 centimètres au-dessus du sol, afin qu'ils n'aient rien à craindre de l'humidité, en se servant de supports portés par des pieds, ou encore de longrines reposant sur des pilastres en briques.

Le meilleur emplacement pour l'apier se trouve au potager ou au verger, à une petite distance des habitations, dans un lieu tranquille. Il faut avoir soin de protéger les ruches des ardeurs du soleil, en les masquant par un rideau d'arbres du côté du Midi.

On recouvre chaque panier d'un bon surtout ou capuchon de paille et on observe la règle de déranger le moins possible les abeilles, surtout pendant la saison froide.

L'essaimage naturel. — En année favorable, les paniers populeux et bien approvisionnés donnent généralement un ou plusieurs *essaims naturels.*

Ces essaims seraient les meilleurs s'ils ne venaient pas si tard. On peut cependant activer leur sortie en pratiquant au printemps un peu de nourrissement stimulant.

Malgré cela, à cause des pertes de temps occasionnées par la surveillance des essaims, les méthodes naturelles d'exploitation se laissent supplanter de plus en plus par les méthodes artificielles.

La sortie des essaims s'effectue dans le milieu du jour, entre 9 heures et 14 heures, par le beau temps, à partir du 15 mai, jusqu'en septembre, plus ou moins tôt, suivant la précocité et la nature de la flore dominante.

Le premier essaim, dit *primaire*, sort avec la vieille mère. Après avoir tourbillonné, les abeilles se rassemblent dans le voisinage, après un arbre (*fig.* 1), un buisson ou tout autre objet et même à terre.

On le capture en le faisant monter dans un panier vide, avec le concours de la fumée ou bien, lorsqu'il se trouve après une branche et bien dégagé, on le fait tomber d'un coup brusque en secouant vigoureusement la branche (*fig.* 2).

Le panier est placé sur cales à l'endroit où il se trouve et on attend le soir pour le transporter sur son emplacement réservé.

Lorsqu'il se produit un *essaim secondaire*, sa sortie a lieu huit jours après le premier. Le départ des *essaims tertiaires* a lieu trois ou quatre jours après celui des secondaires.

Tous ces *jetons*, ayant à leur tête une mère vierge, par conséquent légère, s'élèvent assez haut dans l'espace; ils se perdent souvent.

Pour les retenir et les engager à se poser, on leur jette du sable, ou bien on les éblouit par les rayons d'un miroir.

Dès qu'ils sont posés, il faut s'en emparer de suite pour éviter de nouvelles désertions. Il convient de les loger dans des paniers ayant déjà servi, puis on jettera par-dessus une couverture légèrement humectée. La chaleur, lorsqu'elle les incommode, les pousse à émigrer à nouveau, et c'est la principale cause de désertion.

S'il y a des années propices à l'essaimage naturel, il en est d'autres où les dédoublements sont extrêmement rares.

Les méthodes qui ont pour base cet essaimage capricieux ne permettent pas l'exploitation rationnelle des ruches vulgaires.

L'essaimage artificiel. — *L'essaimage artificiel* fournit à l'apiculteur les moyens d'augmenter tous les ans d'un tiers l'effectif de son apier, en récoltant encore un peu de miel et de cire, ou même de le doubler s'il s'adonne exclusivement à la production des abeilles.

Il est de beaucoup supérieur à l'essaimage naturel, à la condition d'opérer toujours avec de bonnes colonies. Les ruches médiocres sont des « non-valeurs »; elles causent une foule d'ennuis et de déboires à leurs propriétaires.

La meilleure méthode est celle de *Vignole*. Elle a pour point de départ deux bons paniers. Désignant ces paniers par les lettres A et B, vous procédez ainsi qu'il suit (V. *Tabl. Peuplement des ruches vulgaires*, *fig.* 5) :

Commencez par stimuler vos ruches avec un peu de miel liquide au printemps.

Quelque temps avant la grande miellée, vers le 15 mai, dans les régions à sainfoin, vous chassez les abeilles de la ruche A, dans un panier vide A', par *tapotement* (*fig.* 3).

Pour tapoter, enfumez la ruche vulgaire et culbutez-la dans un tabouret renversé ou dans un trou creusé en terre, en plein soleil, en la coiffant d'un panier vide, après avoir mis le capuchon à sa place. Frappez sur la paroi de la ruche pleine, avec les mains ou des bâtons, pour effrayer les abeilles et les forcer à déménager.

Une fois l'essaim groupé, posez le panier sur un drap noir et, si vous apercevez des œufs assez semblables à ceux d'une mouche ordinaire, l'opération est réussie.

Mettez l'essaim A' à la place de A ; la tapotée A, à la place de B et cette dernière sur un nouvel emplacement. Vous disposez maintenant de trois ruches, A', A et B.

Exactement 13 jours après cette première chasse, vous en effectuez une deuxième, toujours avec la ruche A, comme la première fois.

L'essaim est logé dans un nouveau panier A'' qui prend encore la place de la souche A, laquelle est mise sur le plateau de B, déplacé pour la deuxième fois. Il vient donc : A' — A'' — A — B. L'effectif est de quatre colonies.

Cela fait, attendez encore huit jours, que la totalité du couvain soit éclos, et tapotez A pour la troisième fois.

L'essaim obtenu peut être réuni à une colonie faible ; vous pouvez récolter le panier qui ne contient plus d'abeilles.

Si vous préférez conserver ce panier, vous y greffez, après le deuxième tapotement, un morceau de gâteau pris dans la ruche B, avec des œufs et du couvain de tout âge pour parer aux éventualités d'*orphelinage*. Les quatre ruches conservées auront le temps de se rétablir avec les fleurs de la deuxième miellée.

Récolte des ruches vulgaires. — Si vous voulez exploiter vos paniers en vue de la production du miel, vous obtiendrez certainement de moins bons résultats qu'avec des ruches à cadres, mais vous récolterez davantage de cire.

La méthode qui consiste à récolter les ruches à l'arrière-saison, après avoir *asphyxié* les abeilles à l'aide d'une *mèche de soufre*, est barbare et irréfléchie.

Elle cause la ruine des apiers et lèse gravement les intérêts des apiculteurs. Pour cette double raison, nous la passerons sous silence.

Le procédé le plus usité est la *taille*, effectuée de préférence entre les deux miellées, alors que la majeure partie du miel récolté à la première récolte est operculé.

Le principal ennui, c'est d'être obligé de recueillir les essaims naturels qui sortent durant la période d'essaimage.

Pour tailler un panier, vous commencez d'abord par l'enfumer, en opérant par une belle journée.

Avec votre grand couteau, vous détachez les gâteaux pleins de miel

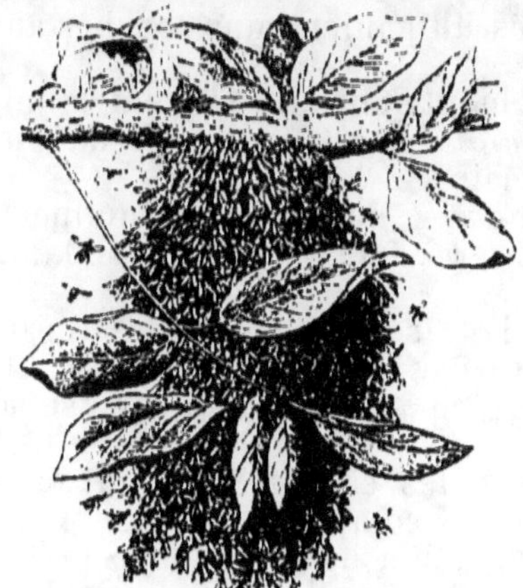

Fig. 1. — Essaim fixé après une branche.

Fig. 2. — Récolte d'un essaim que l'on fait tomber dans un panier en secouant les branches.

Fig. 3. — Transvasement des abeilles d'un panier dans un autre par tapotement.

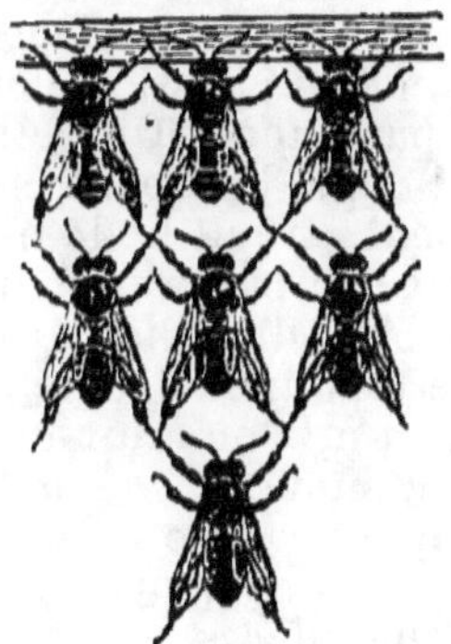

Fig. 4. — Abeilles en posture de sécrétion de la cire pour commencer leurs bâtisses dans leur nouvelle ruche.

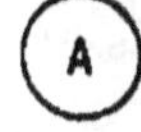

Fig. 5. — Schéma de l'essaimage artificiel en quatre phases successives.

PEUPLEMENT DES RUCHES VULGAIRES

qui se trouvent sur l'un des côtés du panier, sans toucher au *nid à couvain*.

Ces gâteaux sont mis provisoirement dans un récipient muni d'un couvercle, puis vous les épuisez, *grosso modo*, en les plaçant sur une claie, ou dans un mellificateur solaire.

Par le procédé de la taille, même avec des ruches volumineuses et bien approvisionnées, vous ne retirerez guère plus de 4 à 5 kilogrammes de miel à chaque colonie.

Les paniers étant replacés sur leur socle, les abeilles répareront leurs bâtisses avec le nectar fourni par la deuxième miellée et elles seront en bon état pour l'hivernage, ce qui ne pourrait pas se faire si l'opération avait lieu plus tard.

Quand on procède par *tapotement*, les cires se trouvent rajeunies successivement, puisque la récolte est complète.

C'est en somme la mise en application de la méthode préconisée pour l'essaimage artificiel, de manière que l'on puisse récolter A la première année et B la deuxième.

On peut même récolter les deux ruches la même année, mais seulement dans les régions très mellifères. On opère comme il a été dit pour A, de manière à peupler A' et A'', par permutation avec B.

Quand on chasse A pour la troisième fois, on tapote également B, mais pas à fond. On réunit les deux essaims pour peupler une ruche vide B', que l'on place sur le plateau de A.

Il peut être utile de nourrir cet essaim, bien que populeux, pour l'engager à bâtir, tout au moins si la miellée ne donne pas.

Au bout de vingt et un jours après ce tapotement, on chasse la ruche B pour la deuxième fois et on la récolte. On peut encore réunir l'essaim à B' ou à un autre panier plus faible.

En résumé, par ce moyen, on a récolté deux paniers A et B et l'on a peuplé néanmoins trois paniers A', A'' et B'. Il est évident que ces opérations ne peuvent se pratiquer que dans les situations éminemment mellifères.

Soins à donner au miel. — Le miel fourni par les ruches vulgaires est toujours de bonne qualité, dès l'instant que l'extraction se fait par simple égouttage, sans pression.

Cependant, comme il renferme toujours quelques impuretés, notamment du pollen et de la cire, il est nécessaire de le laisser reposer pendant une quinzaine de jours dans un maturateur placé en local sain, à la température de 15° à 20°.

Au grand jamais, on ne doit mettre le miel à la cave, à cause de son hygrométricité, car il absorberait la vapeur d'eau et il risquerait de fermenter ultérieurement.

Tous les miels jouissent de la propriété de granuler naturellement à grains plus ou moins fins.

La *cristallisation* est assez capricieuse. Les miels blancs d'acacia et de sainfoin ont une prise assez lente, qui peut durer six mois et plus, la granulation est beaucoup plus rapide quand le miel renferme une petite proportion de nectar de crucifères.

Dans tous les cas, on peut activer la cristallisation en faisant passer le miel d'un local chaud dans un local frais, ou vice versa, en même temps qu'on y incorpore, au moyen d'une spatule, quelques parcelles de miel solide. On peut aussi liquéfier à volonté le miel en le chauffant au bain-marie.

V. — PEUPLEMENT DES RUCHES A CADRES

Les débuts dans le mobilisme. — Avant de songer à peupler des ruches à cadres, on doit être en possession d'un certain nombre de paniers ou ruches vulgaires en bon état, que l'on a placés dans un endroit tranquille et ombragé du jardin ou du verger, autant que possible à l'abri des courants d'air.

D'autre part on a acheté ou construit économiquement un certain nombre de ruches à cadres d'un bon modèle : *Dadant-Blatt, Voirnot* ou *Layens, Langstroth,* etc., en choisissant celle qui paraît le mieux convenir à la flore et aux disponibilités de temps dont on dispose.

Ces ruches doivent en outre être *garnies de cire gaufrée,* aussi bien les cadres du nid à couvain que ceux du magasin, bien que l'année même du peuplement on n'ait pas souvent besoin de se servir des hausses.

Pour gaufrer les cadres, on achète des fondations aux marchands, ou bien on les fabrique soi-même en cire pure d'abeille, en se servant d'un gaufrier à main ou d'un laminoir à cylindre.

Ces feuilles sont soutenues avec des fils de fer tendus en W, à l'aide de petits conduits, puis on passe une roulette chauffée sur les fils pour les noyer dans la cire.

On se procure également un *extracteur centrifuge* du commerce, ou bien on l'établit soi-même en achetant seulement les engrenages. On fait de même pour le *chevalet à désoperculer.*

En possession de ce matériel indispensable, on attend le printemps et on effectue les *transvasements* d'usage, pour faire passer les abeilles des ruches fixes qu'elles habitent dans les ruches à cadres qu'on leur destine.

Il existe plusieurs modes de peuplement que nous allons successivement passer en revue.

Peuplement avec des essaims naturels. — Avec les *essaims naturels,* on ne sait jamais le nombre des ruches à cadres que l'on pourra peupler, car l'essaimage est assez capricieux et on est astreint à une grande surveillance.

La méthode consiste à capturer les essaims au fur et à mesure de leur départ, en les logeant provisoirement dans un panier vide, que l'on place au pied de l'arbre ou du buisson sur lequel il s'était groupé.

A la tombée de la nuit, lorsque tout est tranquille, on transporte l'essaim à côté de la ruche à cadres destinée à le recevoir, laquelle se trouve être munie de ses feuilles de cire gaufrée.

Après avoir envoyé une bouffée de fumée dans le panier, pour prévenir les abeilles, on fait tomber l'essaim en frappant la ruche vulgaire d'un coup sec, sur le devant ou sur les cadres de la ruche à peupler.

Il y a donc deux procédés d'introduction. Pour opérer *par le devant,* on met la ruche à cadres sur un drap, par terre, en soulevant la paroi avant sur des cales. L'essaim tombé, on enfume modérément pour guider les abeilles sous l'ouverture béante où elles battent le « rappel ». Au bout de quelques minutes, le rassemblement est effectué sur les cadres (V. *Tabl. Peuplement des ruches à cadres, fig.* 2). Il n'y a plus qu'à remettre doucement la ruche sur son support, en laissant

la porte ouverte et le travail des butineuses commencera le lendemain.

L'introduction *par le dessus* se fait de la façon suivante (*fig.* 1) :

La ruche à peupler restant sur son tablier, on enlève la toiture et
les planchettes séparant les cadres. On peut aussi retirer deux ou
trois cadres du milieu, mais cela n'est pas nécessaire. On fait tomber
l'essaim en frappant d'un coup sec le panier sur les cadres restants,
puis on envoie un peu de fumée sur le pourtour de la masse des
abeilles pour les empêcher de se disperser le long de la paroi extérieure. Une fois qu'elles se sont groupées sur les cadres, on remet
ceux que l'on avait retirés, les planchettes, le coussin et le toit.

Pour activer le travail des essaims, on peut distribuer, le surlendemain et les jours suivants, un peu de sirop de sucre ou de miel dans
le *nourrisseur*. Si le temps est inclément, ou s'il vient à pleuvoir, le
nourrissement est de rigueur.

En fin d'année, si la saison est favorable, l'essaim aura bâti la majeure partie ou la totalité des cadres de son corps de ruche et il aura
emmagasiné les provisions nécessaires à son hivernage.

Cependant, bien rarement, on pourra prendre du miel à un essaim
l'année même de son introduction et, dans la pratique, il est prudent
de s'en abstenir.

Les *essaims secondaires* étant généralement plus tardifs que les *primaires*, si on veut qu'ils aient les moyens de meubler et d'approvisionner leur ruche, il faudra les stimuler avec du sirop, notamment
entre les deux miellées.

Ceux qui viennent tardivement doivent être réunis deux à deux.
S'ils sont recueillis le même jour, on les rassemble en les faisant
tomber l'un sur l'autre, puis on les enfume assez longuement pour les
empêcher de se battre.

La réunion d'un *essaim nu* avec un *essaim au travail* demande des
précautions. Il faut glisser sous chaque ruche un tampon de ouate
imbibé d'éther, pour communiquer la même odeur aux deux colonies,
puis on fait tomber l'essaim nu sur le dessus des cadres, après en
avoir retiré deux ou trois que l'on remet ensuite.

Peuplement avec des essaims artificiels. — Le peuplement
au moyen des essaims artificiels se pratique une huitaine de jours
avant la miellée principale, en faisant intervenir deux paniers bien
mouchés A et B.

Les ruches vulgaires ayant été stimulées au sirop, pour les rendre
populeuses, à partir d'avril, on attend le mois de mai pour prendre
par tapotement, au milieu d'une belle journée, un essaim au panier A.

L'essaim obtenu, contrôlez la présence de la mère par l'examen des
œufs sur un drap noir, puis introduisez-le, soit par le devant ou le
dessus, dans la ruche à cadres mise à la place du panier.

Le panier A ayant fourni l'essaim est transporté sur l'emplacement
du panier B ; ce dernier est mis ailleurs.

Au bout de treize jours, tapotez à nouveau la souche A, pour lui
prendre un essaim secondaire, souvent plus populeux que le premier,
lequel servira à peupler une deuxième ruche à cadres, qui prendra
encore la place de la souche.

Prenez ensuite à B un fragment de rayon contenant des œufs et un
peu de couvain, pour le greffer à la place d'un fragment équivalent

FIG. 1. — Peuplement
par le dessus.

FIG. 2. — Introduction d'un essaim
par le devant.

FIG. 4. — Transvasement
par culbutage.

FIG. 3. — Transvasement
par superposition.

FIG. 5. — Transvasement direct,
montage des gâteaux dans les cadres.

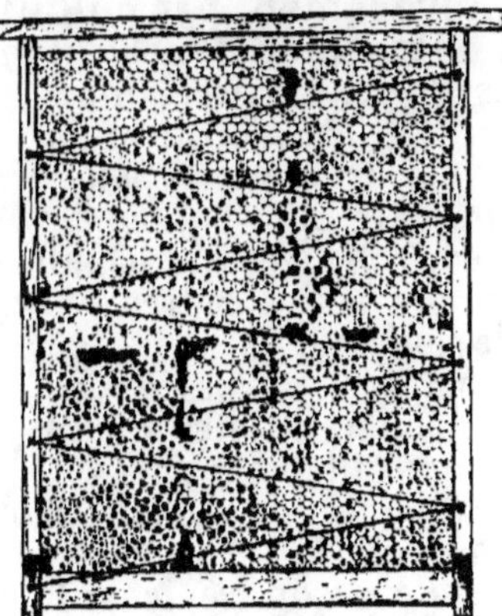

FIG. 6. — Cadre dans lequel les gâteaux
provenant d'une ruche fixe ont été
placés et maintenus par une ficelle en
zig-zag.

PEUPLEMENT DES RUCHES A CADRES

enlevé à la tapotée et mettez-la pour la deuxième fois à la place du panier B, déplacé à nouveau.

Par ce procédé, vous avez peuplé deux ruches à cadres, tout en conservant vos paniers.

On ne peut réussir à coup sûr que si les paniers originels sont de première force.

Transvasement par superposition. — La *superposition* a pour objet de provoquer l'émigration d'une colonie logée en ruche vulgaire, pour lui faire adopter une ruche à cadres garnie de cire gaufrée.

Cette méthode est simple et bien à la portée du débutant, mais elle ne réussit qu'avec des paniers populeux, abondamment pourvus de miel. Elle s'effectue généralement dans le courant d'avril, ainsi qu'il suit (*fig.* 3) :

Enfumez d'abord le panier pour mettre les abeilles en bruissement, détachez-le de son plateau pour le poser à terre.

Mettez à sa place la ruche à cadres, simplement l'étage du bas, s'il s'agit d'un type vertical, après avoir retiré le toit, le coussin et les planchettes, en conservant seulement les cadres du corps de ruche.

Posez le panier sur les traverses supérieures des cadres et, comme il reste des vides sur le pourtour, vous les obstruez avec des morceaux de papier ou de carton, en appliquant par-dessus un enduit de pisé qui empêchera l'eau de pénétrer à l'intérieur.

Le meilleur pisé se prépare avec un mélange de terre glaise et de bouse de vache pétries à la truelle. Les abeilles n'ont pas d'autre sortie que le trou de vol de la ruche à cadres.

Aussitôt que la place manque pour la ponte, la mère descend à l'étage inférieur et les abeilles y emmagasinent du miel.

En fin de saison, vous pouvez récolter le panier qui ne contient plus que du miel. Les planchettes, le coussin et la toiture étant remis en place, votre ruche à cadres est prête pour l'hivernage et pour se trouver en bonnes conditions l'année suivante.

Transvasement par culbutage. — Avec les colonies médiocres, il vaut mieux procéder par la méthode du *culbutage* ou *renversement*. La réussite est plus certaine.

Pour cela, faites un trou dans la terre (*fig.* 4), à l'emplacement du panier, de manière à pouvoir y loger les deux tiers du panier retourné et le caler solidement.

Recouvrez l'ouverture béante avec un plateau percé, sur lequel vous placerez la ruche à cadres amorcée, après avoir mastiqué soigneusement le pourtour.

La position renversée des cellules déplaît aux abeilles, aussi celles-ci émigrent-elles volontiers pour venir installer leurs pénates dans la nouvelle demeure.

Cette opération ne doit se faire qu'une quinzaine de jours au plus avant la miellée.

En fin de saison, replacez la ruche à cadres sur son plateau plein et récoltez le panier qui ne contient plus que du miel, les abeilles ayant remonté leur nid d'élevage dans la ruche supérieure.

Transvasement direct. — C'est une méthode de peuplement rapide, que pratiquent parfois les apiculteurs ayant déjà une certaine expérience des abeilles.

Le *transvasement direct* (*fig.* 5) a l'avantage de mettre promptement les ruches à cadres en rapport, mais il n'est pas exempt de reproches.

Il introduit dans les cadres de vieilles cires qu'il faudra remplacer à bref délai. S'il stimule parfois les abeilles, au point de pouvoir fournir une petite récolte de miel l'année même du transvasement, il y a des cas où les résultats obtenus laissent à désirer.

Il faut : 1° Se procurer des torons de ficelle décordée, en longueur suffisante pour pouvoir les tendre en zig-zag, avec des pointes de tapissier (*fig.* 6), sur l'un des côtés de quatre ou cinq cadres vides et attacher sur l'autre côté ce qu'il faudra pour fermer l'autre face de la même manière, après avoir piqué incomplètement un même nombre de pointes de tapissier ;

2° On enfume le panier à transvaser et on le tapote à fond, en plein soleil ;

3° On démonte les gâteaux avec un long couteau courbe, après avoir retiré les croisillons qui les retenaient, en commençant par les rayons qui contiennent du couvain ;

4° On met les cadres à plat et on y range les plus beaux fragments de rayon, en ajoutant du miel. On développe le bout libre de ficelle que l'on maintient en achevant d'enfoncer les pointes. Au fur et à mesure, les cadres sont mis dans la nouvelle ruche située à l'emplacement du panier ;

5° Il n'y a plus qu'à introduire l'essaim, le plus tôt possible, afin que les abeilles puissent réchauffer leur couvain.

Si la mère venait à être tuée dans l'opération, ce qui est rare, les ouvrières en élèveraient une autre. Dans tous les cas, avec du miel en réserve, les abeilles auront tôt fait de restaurer leurs rayons et les ficelles effilochées seront rejetées au dehors.

VI. — LES PRÉLIMINAIRES DE LA RÉCOLTE

Les abeilles en hiver. — Durant la saison froide, on s'efforcera de procurer aux abeilles la plus grande quiétude possible. Si la *mise en hivernage* a été faite dans de bonnes conditions, on n'a pas à s'en inquiéter.

On veillera simplement à ce que les chiens errants et les animaux domestiques ou sauvages ne s'introduisent pas dans l'apier.

Tout bruit ou tout dérangement occasionné aux abeilles se traduit par une consommation anormale de miel et il peut en résulter pour les recluses un commencement de *dysenterie* très nuisible par ses manifestations au printemps.

Au cas où une colonie se trouverait à court de vivres, ce qui ne doit pas être, on viendrait néanmoins à son secours, mais il faudrait attendre, au mois de février, un adoucissement de la température.

La seule nourriture que l'on puisse distribuer sans danger à cette époque est le *sucre en pâte*, obtenu par le pétrissage intime de sucre en poudre, 3 kilogrammes, dans un kilogramme de miel liquide.

Ce sucre en pâte se donne sous la forme de galette épaisse, que l'on place au-dessus des abeilles, sans les déranger, en écartant une des planchettes.

Avoir soin de recouvrir chaudement avec des chiffons, pour empêcher toute déperdition de chaleur.

La visite des ruches vulgaires. — La *visite de printemps* ne doit guère se faire avant le début d'avril.

Il faut attendre que la température se soit réchauffée; de plus, la visite doit être précédée d'une belle journée ayant permis aux abeilles de sortir.

Pour inspecter les paniers, on commence d'abord par enfumer le trou de vol. On retire ensuite le capuchon, puis on décolle la ruche.

On enfume à nouveau et, sans se presser, pour laisser aux abeilles le temps de se gorger de miel, on retourne le panier et on examine l'intérieur.

Toutes les ruches en bon état sont *populeuses* et leurs gâteaux ne présentent pas trace de *moisissures*.

En écartant les rayons à la main, et en se plaçant au jour, on doit apercevoir du *couvain operculé* en plaques compactes, reconnaissable à ses couvercles d'une teinte plus foncée que le miel.

On nettoie ensuite le siège qui peut être souillé par des débris de cire et on y replace la ruche.

Par le poids brut du panier, on apprécie d'une façon approximative le miel restant en magasin et cela suffit pour les personnes exercées.

La visite des ruches à cadres. — Par l'examen des entrées et l'activité déployée sur le devant du trou de vol, travaux de nettoyage, apports de pollen, etc., on peut juger de la valeur d'une colonie.

Mais cela ne suffit pas. Il est nécessaire de la visiter pour connaître l'abondance du couvain et le quantum de miel restant en magasin.

Il faut opérer avec célérité, afin de ne pas refroidir l'intérieur de la ruche, ce qui serait préjudiciable au couvain.

En premier lieu, on se dispensera d'enfumer par l'entrée, pour éviter de désorganiser la défense, qui est nécessaire contre l'intrusion des *pillardes*. Cette règle ne souffre pas d'exception.

Commencez par retirer les planchettes extrêmes et enfumez modérément. Retirez les deux premiers cadres et posez-les à terre (V. *Tabl. Visite des ruches à cadres, fig.* 1).

Tout en maintenant les abeilles en respect, avec un peu de fumée donnée à bon escient, vous retirez les autres planchettes. Rapidement, vous examinez successivement chacun des cadres sans les déplacer, en vous contentant de les obliquer l'un après l'autre dans l'espace vide.

Vous évaluez les provisions restantes, approximativement, en tablant sur ce fait que 12 décimètres carrés de rayons pleins sur les deux faces, soit un *grand cadre,* contiennent environ 4 kilogrammes de miel. Voyez en même temps s'il y a du couvain de tout âge et quelle surface il occupe.

Cette inspection demande peu de temps. Il faut une minute, tout au plus, pour remettre les cadres dans leurs encoches et replacer les planchettes.

Vous inscrivez aussitôt sur un carnet le résultat de vos observations, savoir : le miel restant ; le développement du couvain.

Toute ruche qui possède encore en avril 10 kilogrammes de miel, avec du couvain compact groupé sur quatre cadres, est en très bonne posture. Vous la cotez d'un B (bonne) ou d'un A B (assez bonne).

Que faire des ruches orphelines ? — Toute colonie *orpheline,* c'est-à-dire dépourvue de couvain, est vouée à une perte certaine si on ne lui procure pas une nouvelle mère, ou si on ne lui donne pas la possibilité d'en élever une.

FIG. 1. — L'apiculteur enfume les abeilles pour examiner les cadres l'un après l'autre.

FIG. 2. — S'il s'agit de retirer ou de déplacer un cadre, l'apiculteur *brosse* les abeilles.

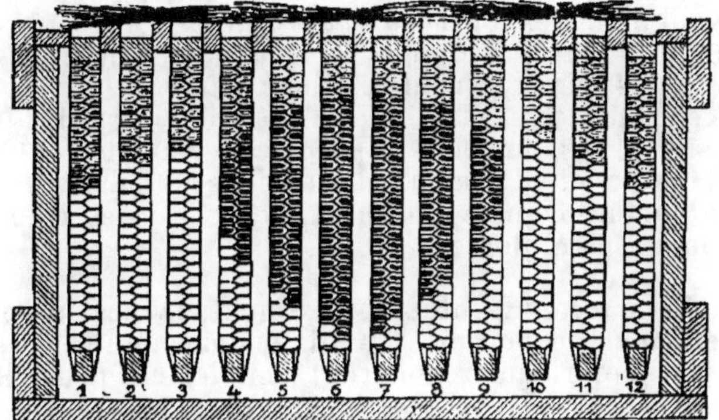

FIG. 3. — Disposition normale du nid de couvain représenté par des cellules noires au centre de la ruche. Les cellules grisées sont pleines de miel ; les blanches sont vides.

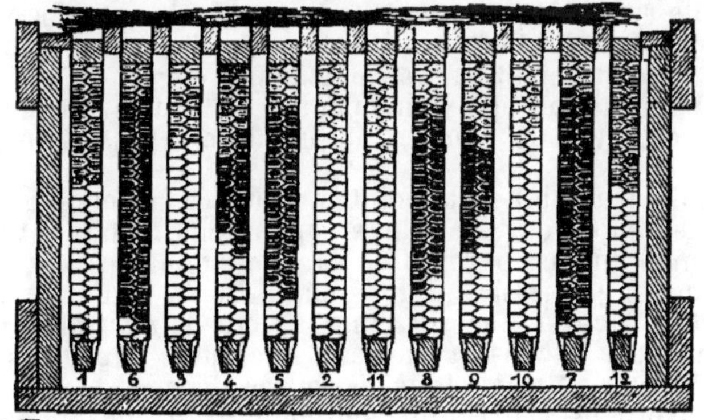

FIG. 4. — Pour empêcher les essaimages on scinde le nid à couvain en déplaçant les cadres dans l'ordre nouveau indiqué par les chiffres.

VISITE DES RUCHES A CADRES

Ce cas se présente une fois sur dix ou une fois sur vingt.

S'il s'agit d'une ruche vulgaire, il faudra tailler dans une bonne ruche un morceau de couvain contenant des œufs et des larves de tout âge, puis on l'insérera au milieu des gâteaux de l'orpheline, après avoir fait la place pour le recevoir. Ce morceau de rayon est maintenu en place à l'aide de petites fichettes de bois.

Avec les ruches à cadres, c'est beaucoup plus commode. Il suffit de prendre un cadre dans une bonne colonie, en mettant à sa place un autre cadre pris à l'orpheline. Cette simple mutation réussit presque toujours avec les colonies populeuses et bien approvisionnées.

On peut encore procéder par introduction d'une femelle fécondée, prise dans un *nucléus*, c'est-à-dire dans une ruchette d'élevage, ou bien on s'adresse à un spécialiste qui en envoie une par la poste.

La *mère de remplacement* se met dans un étui grillagé. On place la cage pendant quarante-huit heures entre deux rayons de la ruche orpheline et, le surlendemain, on remplace le bouchon de liège par un bouchon de cire et de miel pétris. Les abeilles se chargent de libérer leur nouvelle femelle et la ponte reprend presque aussitôt.

Quant aux ruches *bourdonneuses*, c'est-à-dire celles qui ne possèdent que du couvain de mâles, on les dit *désorganisées* et il est plus difficile de les remettre en état, parce qu'elles n'adoptent que très difficilement de nouvelles mères et négligent leur élevage.

On peut cependant essayer l'un ou l'autre des procédés indiqués. S'ils ne réussissent pas, on démonte purement et simplement la ruche, par une belle journée, en brossant les abeilles au dehors (*fig. 2*).

Un certain nombre d'entre elles sont reçues par les colonies voisines et viennent les renforcer.

Réunion des ruches faibles. — Les ruches faibles en population et pauvres en miel ne peuvent devenir que des non-valeurs, autrement dit des colonies qui récolteront péniblement pour elles, sans rien rapporter.

Le mieux est encore de les réunir deux à deux pour les renforcer.

Pour cela, on met à profit une période de réclusion, qui empêche les abeilles de sortir, pour rapprocher les colonies à réunir.

S'il s'agit de ruches vulgaires, on fait un trou dans la terre afin de pouvoir y loger l'un des deux paniers, en le culbutant, comme on le fait pour le transvasement par renversement.

On le coiffe ensuite du deuxième panier, en ayant soin de mastiquer le pourtour avec du pourget, de manière à laisser une entrée unique.

Au moyen de deux piquets appointés et fichés en terre, on immobilise le panier supérieur. Les deux populations ne tardent pas à se réunir et le miel du bas est remonté dans le panier du haut.

On est ainsi en possession d'une bonne ruche, au lieu de deux mauvaises qui étaient à la merci d'une période de mauvais temps.

Pour réunir deux ruches à cadres, on enfume copieusement les deux colonies, puis on retire tous les cadres vides.

On loge ensuite les cadres qui contiennent du couvain et un peu de miel dans la même ruche, avec les abeilles qu'ils portent, en les alternant, de manière que les ouvrières ne puissent plus se reconnaître et que la réunion se fasse sans bataille.

L'une des mères est tuée, généralement la plus mauvaise, et l'unique colonie restante peut sans encombre attendre la miellée. Il n'y a pas intérêt à chercher l'une des mères pour la supprimer, ce peut être la meilleure, et il vaut mieux laisser faire les abeilles.

Le nourrissement. — Toutes les colonies à court de vivres doivent être nourries : c'est une condition *sine qua non* de réussite.

On a aussi intérêt à nourrir à petite dose pour stimuler la ponte, en vue d'obtenir des colonies très populeuses au moment de la principale floraison, mais ce n'est pas obligatoire.

Dans ce cas, les distributions de sirop ne dépasseront pas 150 à 200 grammes à la fois, tous les deux ou trois jours. On les donne un mois au moins avant la miellée, afin de faire naître des ouvrières qui viendront renforcer le contingent des butineuses.

Il faut bien se garder de stimuler des colonies qui ne seraient pas très bien approvisionnées, à cause de la pénurie désastreuse qui pourrait en résulter par la suite.

Quand il s'agit de compléter les vivres, les distributions se font à la dose de 1 à 2 kilogrammes à la fois, jusqu'à concurrence de 4 à 6 kilogrammes, en écourtant le plus possible la durée.

Chaque fois que la chose sera possible, on confectionnera le sirop en faisant liquéfier au bain-marie 2 kilogrammes de sucre cristallisé dans un demi-litre d'eau et on ajoutera un kilogramme de miel deuxième. Cette nourriture ne risque pas de cristalliser dans les alvéoles comme le ferait le sucre pur donné trop épais.

Il faut attendre que le sirop soit attiédi avant de le distribuer dans les nourrisseurs, de préférence le soir, en restreignant les entrées.

On empêche les noyades en plaçant sur le sirop des rondelles de bouchons ou des fétus de paille.

Comment empêcher les essaimages ? — En principe, une ruche à cadres ne devrait jamais essaimer. Si elle essaime, sa récolte en miel est nulle ou insignifiante.

On empêche les dédoublements en agrandissant le nid de ponte au moment de la période d'élevage, qui coïncide avec les miellées, de manière à obliger les abeilles à raccorder leur couvain.

Procédez ainsi qu'il suit :

Un peu avant la grande floraison, retirez à chaque ruche les deux cadres médians de son nid à couvain, pour les reporter à l'avant-dernière place, sur les rives, de chaque côté, comme l'indique le schéma des mutations (*fig.* 3 et 4).

Mettez à leur place les cadres, vides de couvain, pris à cet endroit.

Par ce procédé simple, le *nid de ponte* se trouve scindé à trois endroits et comme il ne doit pas y avoir de solution de continuité en matière d'élevage, la mère et les abeilles s'emploieront fébrilement à remettre leur ruche en ordre en raccordant leur couvain.

Pendant ce temps, les ruches sont en possession de leur hausse et la *fièvre d'essaimage* est passée quand les abeilles s'en aperçoivent. Les essaims ne se produisent pas.

Vous pouvez également retirer deux cadres défectueux, en portant sur les rives deux cadres du milieu, à la place desquels vous mettez des cires gaufrées. Cette opération rend possible le renouvellement périodique des cires et elle a sa raison d'être parce que les travaux d'élevage se poursuivent avec plus d'intensité dans les rayons rajeunis que dans les vieux cadres difformes, noirs, chargés de pollen et tapissés de cocons qui déplaisent naturellement aux abeilles.

VII. — LA RÉCOLTE DES RUCHES A CADRES

Époque de la récolte. — Le moment propice à la *récolte du miel* varie suivant l'époque des floraisons qui alimentent les miellées principales.

Dans les pays où les prairies artificielles à base de *sainfoin* dominent, c'est à partir du 20 mai, dans le midi de la France, jusqu'à la fin de juin, dans le nord, que l'on récolte les ruches.

Lorsque la grande miellée est produite par les prairies naturelles, elle se trouve retardée de quinze ou vingt jours, et même davantage dans les situations froides.

En pays de montagne, où la flore dominante est représentée par les plantes spontanées, les miellées sont encore plus tardives.

Le plus souvent, les récoltes précoces sont fournies par les *arbres fruitiers* et le *colza*. Les récoltes tardives sont à base de *bruyère* et de *sarrasin*. Ce sont généralement les miellées intermédiaires qui sont les plus abondantes.

Dans les localités où l'on peut faire deux récoltes, une à la première coupe des prairies et l'autre à la deuxième, le miel récolté le premier est généralement plus blanc et plus estimé que le deuxième.

Dans tous les cas, il faut attendre que les miellées soient presque terminées avant d'effectuer les prélèvements, pour laisser aux abeilles le temps d'operculer le miel dans les rayons. Cependant, la récolte ne doit pas être différée trop longtemps, car les abeilles sont irascibles lorsque les fleurs deviennent rares et que la sécrétion du nectar est arrêtée.

La consultation d'une ruche sur bascule renseigne l'apiculteur sur la marche des miellées et lui indique l'importance des apports journaliers. En dressant un *diagramme*, il peut saisir plus facilement le moment propice à la récolte.

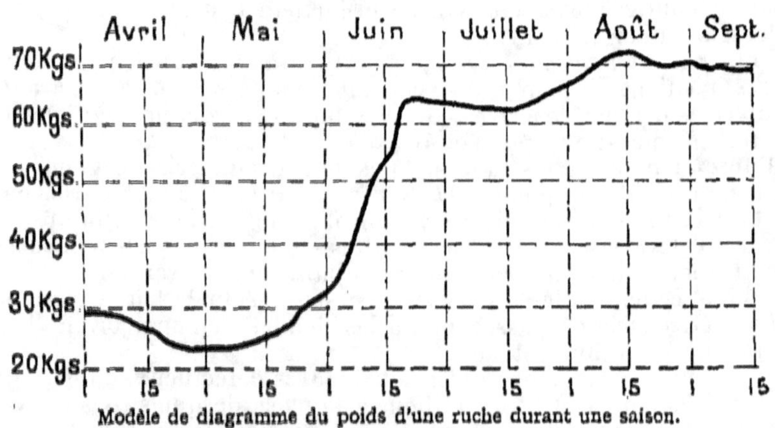

Modèle de diagramme du poids d'une ruche durant une saison.

Les bonnes plantes mellifères. — Toutes les contrées ne sont pas également favorables à l'apiculture. Certaines d'entre elles, riches en sainfoin, comme le Gâtinais, donnent un *miel blanc* estimé pour la table ; d'autres, où fleurissent surtout la bruyère et le sarrasin, comme la Bretagne et les Landes, fournissent un *miel brun* que l'on utilise à la fabrication du pain d'épice.

La classification des plantes au point de vue mellifère ne peut pas être établie rigoureusement, puisque le sol, le climat, l'exposition influent sur la sécrétion nectarifère des fleurs. Nous nous bornerons donc à énumérer les plus intéressantes en les classant par catégories.

Plantes fourragères artificielles : sainfoin, trèfle blanc, trèfle hybride, trèfle incarnat, minette, luzerne (deuxième coupe), vesce, etc.

Plantes de prairies naturelles : jacée centaurée, sauge, serpolet, bourrache, scabieuse, pissenlit, lotier corniculé, etc.

Plantes cultivées des champs : sarrasin, colza, moutarde, navette, pois, choux à graines, etc.

Plantes spontanées : mélilot, lavande, romarin, séné, ravenelle, verge d'or, menthe, mélisse, chardon, vipérine, réséda, giroflée, etc.

Arbres et arbustes : acacia, tilleul, bruyère, cerisier, prunier, pommier, saule marsault, ronce, noisetier, groseillier, aubépine, airelle myrtille, marronnier, etc.

Récolte des ruches verticales. — Les hausses ayant été mises en place une huitaine de jours avant la miellée, il ne doit pas y avoir d'encombrement dans le corps de ruche.

Si les abeilles n'avaient pas la place suffisante pour disséminer leur miel nouveau et le réduire, il y aurait des risques d'essaimage.

La récolte des ruches verticales doit se faire lorsque la majeure partie du miel emmagasiné dans les hausses est operculé.

Dans certaines régions éminemment nectarifères, on met deux hausses sur chaque ruche. La deuxième s'intercale entre le magasin déjà placé et le corps de ruche, lorsque les cadres commencent à s'operculer. Mais c'est là une exception. Le plus souvent, une seule hausse pouvant contenir 25 kilogrammes de miel suffit dans la plupart des situations.

Dans les pays de sainfoin à deux coupes, on effectue le premier prélèvement lorsque cette légumineuse est en grande partie fauchée, sans jamais attendre la floraison de la deuxième coupe qui teinterait le miel et le déprécierait. Il n'y a qu'au cas où la première miellée aurait été nulle ou à peu près qu'on laisserait les hausses en prévision de la deuxième, pour les récolter.

L'enlèvement définitif des hausses en fin de saison peut être retardé davantage, la floraison des regains étant plus prolongée à cause des luzernes que l'on fauche généralement assez tard, et qui sont d'un bon appoint pour les ruches.

Le prélèvement des hausses se pratique d'une façon simple et rapide, ainsi qu'il suit : Après avoir découvert la hausse, vous retirez les planchettes, en même temps que vous enfumez modérément pour refouler les abeilles à l'étage inférieur. Au moyen d'un burin ou d'un outil analogue, faisant service de levier, vous décollez la hausse.

L'aide saisit la hausse et l'emporte, pendant que vous remettez les planchettes. Si vous êtes seul, vous la posez provisoirement à terre, jusqu'à ce que vous ayez fermé la ruche.

En principe, il n'y a presque plus d'abeilles sur les cadres lorsqu'ils sont entièrement operculés. Il y en a beaucoup, au contraire, sur ceux qui ne le sont que partiellement.

Vous pouvez donc rentrer directement au laboratoire, pour la récolter, une hausse entièrement pleine de miel ; il vous faudra la débarrasser de ses abeilles, si elles sont trop nombreuses, afin de ne pas être gêné pour l'extraction.

Dans ce but, saisissez successivement chacun des cadres et, après avoir brossé les abeilles, vous les replacez dans une nouvelle hausse qui vous servira au transport.

Un petit nombre d'apiculteurs empilent leurs hausses en les munissant de *cônes* ou de *chasse-abeilles* et ils attendent que les abeilles aient émigré. Le plus simple est encore de les transporter directement au laboratoire, si celui-ci est protégé par des *toiles métalliques* au travers desquelles les abeilles peuvent s'échapper par les fentes du haut, sans pouvoir rentrer. Mais il ne faut pas que le laboratoire soit trop éloigné des ruches, sans quoi les recluses se perdraient.

Récolte des ruches horizontales. — Munissez-vous d'un certain nombre de ruchettes portatives, avec couvercles mobiles, pouvant recevoir chacune six à huit cadres du modèle que vous exploitez.

Commencez par ouvrir vos ruches en retirant les planchettes situées du côté opposé au nid à couvain et enfumez modérément.

Généralement, les premiers cadres sont incomplètement pleins; si on va trop loin, ils renferment du couvain et ce sont les cadres intermédiaires qu'il faut prélever.

Avec une brosse ou une plume d'oie, faites tomber les abeilles qui se tiennent sur les cadres à moitié operculés, car il ne faut pas se montrer trop difficile avec ce système de ruche.

Mettez ces cadres dans vos ruchettes et resserrez tous les autres. Comme la grande miellée est passée, il n'y a pas à craindre que les abeilles viennent construire dans les espaces vides.

Avec les horizontales, on peut enlever le miel sans que les ouvrières occupées à l'élevage aient le temps de s'en apercevoir. A ce point de vue, elles sont très pratiques.

Extraction du miel. — Le miel s'extrait beaucoup plus facilement quand les rayons sont chauds, que lorsqu'ils sont refroidis.

Si, pour une raison ou une autre, on est obligé de surseoir à l'opération, il faut chauffer le local afin que la température se maintienne au voisinage de 30°.

La première chose à faire, c'est d'abord de *désoperculer* les rayons, au moyen du couteau spécial, bien aiguisé et chauffé dans de l'eau chaude, que l'on passe sur les deux faces, de manière à trancher les couvercles de cire qui emprisonnent le miel.

Le mieux est encore de se guider, pour la coupe, sur les montants des cadres, de manière à rabattre la cire à leur affleurement.

Pour faciliter le travail, on se sert de deux couteaux. Pendant que l'un d'eux trempe dans l'eau chaude, l'autre travaille.

Une fois en possession de deux cadres, quatre cadres, huit cadres ou seize cadres désoperculés, suivant le nombre des cages d'extracteur et leur capacité, on les met verticalement en place, en cherchant à les équilibrer le mieux possible, comme poids.

On tourne ensuite l'appareil, mais très lentement, surtout au début, car, sous la poussée du miel contenu dans la deuxième face, la force centrifuge briserait sûrement les gâteaux. Cet inconvénient n'existe pas avec les *extracteurs bilatéraux* ou à *dispositif oblique*, chez lesquels la poussée est atténuée.

Lorsque la première face est partiellement épuisée, on retourne les cadres, puis on donne la vitesse normale, jusqu'à épuisement complet de la deuxième face. Il faut encore un deuxième retournement pour achever d'essorer la première face.

Le miel projeté sur la périphérie de la cuve se rassemble ensuite au fond. On le soutire par le clapet, pour le verser dans le maturateur aussitôt qu'il gène le fonctionnement de la cage.

Il n'y a plus qu'à mettre en pots ou en seaux, mais seulement après quinze ou vingt jours de séjour dans le maturateur, afin que l'épuration et la conservation ne laissent pas à désirer. Le miel étant très hygrométrique, l'extraction et la maturation doivent se faire dans un local sain et non humide.

Le nettoyage des cadres. — La première récolte terminée, on reporte les hausses avec leurs cadres le plus vite possible sur leurs ruches respectives, afin que les abeilles les remplissent à nouveau.

On évite ainsi l'encombrement du nid à couvain, nuisible à la réduction du nectar.

Pour la même raison, on rend aussi aux ruches horizontales les cadres passés à l'extracteur. La meilleure manière de défendre les cires des attaques de la fausse teigne, c'est encore de les faire garder par les abeilles.

Dans tous les cas, qu'il s'agisse de hausses ou de cadres séparés, on ne doit les rendre aux abeilles que le soir, à la tombée de la nuit, pour éviter les batailles. On a soin, en outre, de restreindre les trous de vol au passage de trois ou quatre butineuses pendant une couple de jours.

La deuxième récolte se fait comme la première, en prélevant la hausse tout entière, s'il s'agit de ruches verticales, quitte à compléter les vivres et à équilibrer par la suite les provisions, en prélevant un cadre ou deux aux colonies « grasses » pour les donner aux colonies « maigres ».

Dans les ruches horizontales, on prend simplement l'excédent de 15 à 18 kilogrammes reconnus comme étant nécessaires aux besoins de l'hivernage.

Les cadres n'étant pas entièrement essorés au sortir de l'extracteur, il convient de les faire lécher, mais cela n'est pas absolument nécessaire. Le mieux est encore de les laisser sur les ruches jusqu'au moment où la température commence à se refroidir.

On les rentre alors au grenier, où on les empile, puis on les soumet à l'action de l'acide sulfureux, en brûlant du soufre par en dessous, après avoir calfeutré le dessus. Cette opération répétée au début du printemps permet de venir à bout de la fausse teigne, l'ennemi inné des cires.

Pour éviter le pillage. — Le pillage est la plaie des apiers. Les colonies qui ont pris l'habitude de piller deviennent intraitables. Non seulement on risque de faire piquer les voisins, mais les colonies du même apier, qui ont à souffrir de leur déprédations, deviennent pillardes à leur tour.

Dans les batailles acharnées que se livrent les abeilles, bon nombre d'entre elles sont tuées. Les colonies faibles qui n'ont pas la force de se défendre sont dévalisées de fond en comble.

Le meilleur moyen d'éviter le pillage, c'est d'abord de ne pas ouvrir les ruches à tout propos et, si on opère en dehors des miellées, on doit le faire avec célérité. De plus, on aura soin de ne jamais laisser traîner de cire ni de miel au voisinage des apiers.

VIII. — LA VISITE D'AUTOMNE

La fin de l'année mellifère. — Vers la fin septembre ou le commencement d'octobre, les abeilles ne butinent plus guère que sur de rares fleurs de luzerne, de bourrache, de bruyère, de trèfle blanc, etc., éparses de-ci de-là.

Les apports suffisent à peine aux besoins journaliers des colonies et les ruches mises sur bascule ont, depuis quelque temps déjà, cessé d'accuser une augmentation de poids.

L'élevage n'est cependant pas encore arrêté, mais il est fortement réduit. Au lieu de s'étendre sur six ou huit cadres, le couvain n'occupe plus que trois ou quatre cadres, sur une faible surface.

Nous avons laissé nos ruches au moment de la récolte, sans nous préoccuper des vivres de réserve.

Comme la prospérité future des colonies est subordonnée à la quantité et à la qualité du miel restant en magasin, l'apiculteur a le devoir urgent de s'en inquiéter, afin de pouvoir remédier à son insuffisance, alors qu'il n'est pas encore trop tard. Si on attendait trop longtemps, les abeilles ne pourraient pas operculer leur sirop et elles se trouveraient en mauvaise posture pour passer l'hiver.

Il faut effectuer le nourrissement avant l'arrivée des froids.

Mise en équilibre des colonies. — Les ruches verticales sont rarement équilibrées pour l'hivernage. Il arrive même que les meilleures colonies sont souvent celles qui ont le moins de miel en réserve.

En effet, dans leur précipitation à dégager leur nid à couvain, elles montent presque tout leur miel dans les hausses, de sorte qu'il n'en reste plus assez dans le corps de ruche une fois la récolte effectuée. On doit prévoir cette éventualité et chercher à y remédier le plus tôt possible.

Il est prudent, quand on retire les hausses pour la dernière fois, afin de les récolter, de jeter un coup d'œil sur le corps de ruche pour évaluer le stock de miel restant.

Le calcul porte sur le nombre de décimètres carrés operculés sur les deux faces, sachant que 3 décimètres carrés contiennent environ 1 kilogramme de miel.

Comme on doit laisser à chaque ruche 18 kilogrammes de miel, on se rend rapidement compte des quantités manquantes.

Supposons qu'il manque seulement 2 ou 3 kilogrammes de vivres à une seule ruche. Cette quantité peut lui être fournie en lui donnant à lécher cinq ou six hausses complètes, en une ou deux fois. On n'en donne pas évidemment à celles qui sont suffisamment approvisionnées.

Une colonie qui ne disposerait pas de plus de 8 kilogrammes de miel dans son corps de ruche, ce qui est assez fréquent, pourrait bénéficier du traitement suivant :

On lui prendrait, par exemple, deux cadres vides, pour les remplacer par deux cadres pleins, retirés à une ou deux ruches ayant des vivres en excédent (V. *Tabl. Mise en état pour l'hivernage*).

Si aucune ruche n'est capable de parfaire le déficit, il y a encore la ressource de mettre dans une des hausses un certain nombre de

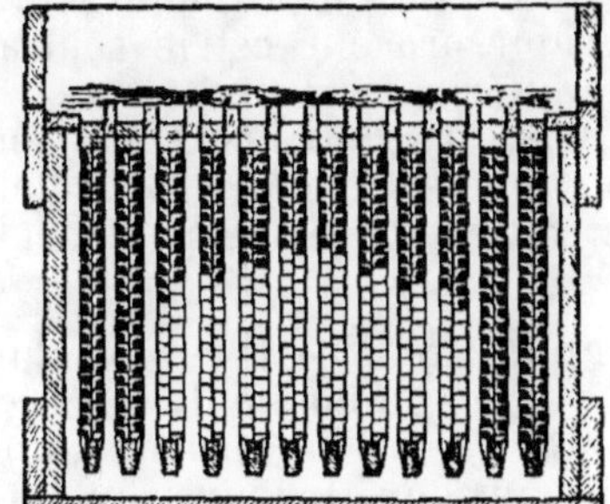

FIG. 1. — Ruche très riche en miel. Les cellules pleines de miel sont représentées en noir.

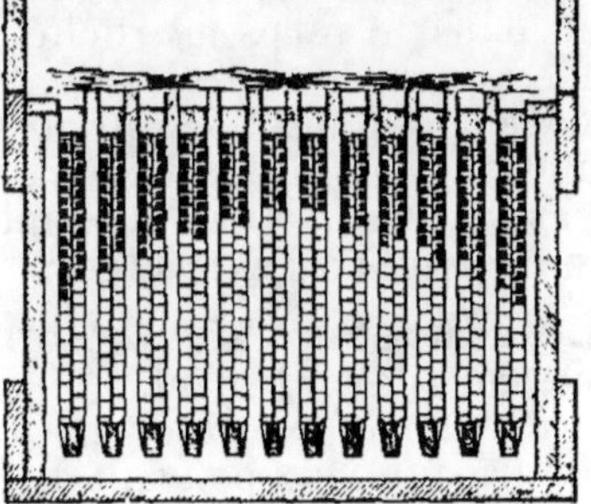

FIG. 2. — Ruche pauvre en miel. Aucun des rayons, même aux extrémités de la ruche, n'est complètement rempli.

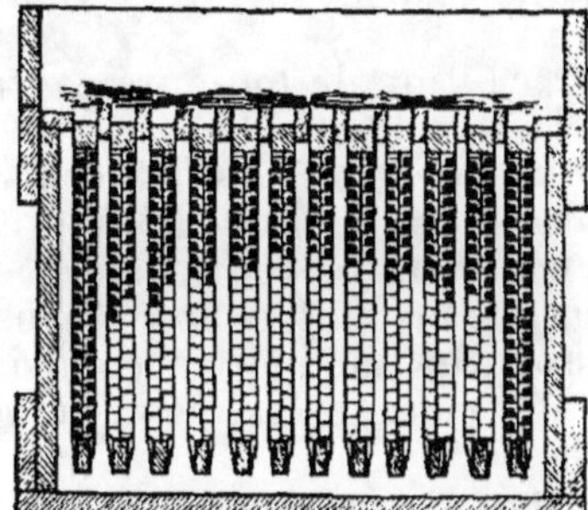

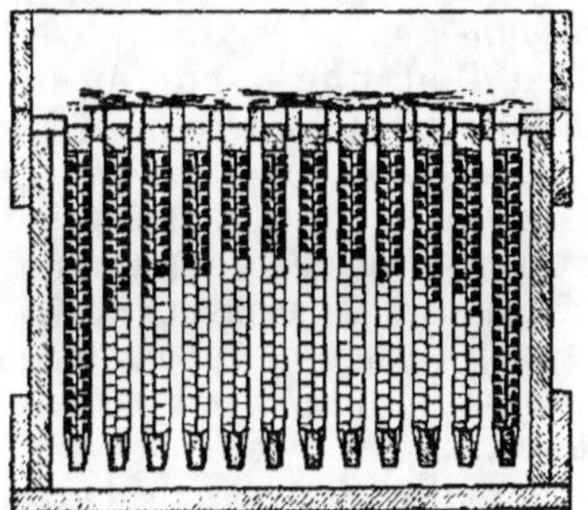

FIG. 3. — Les deux ruches précédentes équilibrées par l'échange de l'une à l'autre de deux rayons complètement remplis avec deux rayons à demi-garnis de miel.

FIG. 4. — Mise en hivernage d'une ruche. La ruche est soulevée de son tablier par de très petites cales placées derrière et invisibles sur la figure. Le plateau lui-même est soulevé par la cale C ; les trous de vols sont obturés par des grilles T.

MISE EN ÉTAT POUR L'HIVERNAGE

demi-cadres désoperculés, afin que les abeilles descendent leur contenu dans le corps de ruche. Ce dernier procédé est le seul applicable aux ruches mixtes dont l'étage inférieur est fixe.

Avec les ruches horizontales, on parfait les vivres en effectuant des mutations de cadres vides contre des pleins, ou bien on rend aux nécessiteuses un certain nombre de cadres conservés pour cet objet et non passés à l'extracteur.

Le sauvetage des colonies orphelines. — Il est absolument nécessaire de contrôler la présence des mères au moment de la récolte, afin de remédier aux orphelinages d'arrière-saison, beaucoup plus à craindre que ceux pouvant se produire au cours de l'hiver ou au printemps.

Une ruche orpheline à cette époque se dépeuple plus vite que les autres. Comme cette ruche ne contient plus au printemps que de vieilles abeilles, elle élève difficilement, si même elle ne devient pas *bourdonneuse*.

C'est donc une bonne mesure de précaution de toujours contrôler la présence du jeune couvain aussitôt la récolte effectuée.

En cas d'absence, on regardera s'il y a des alvéoles maternels en construction. Dans la négative, on procédera à l'introduction d'une mère que l'on aura demandée d'urgence à un éleveur, ou que l'on aura prise dans une ruchette d'élevage. On peut encore, dans les pays où l'*étouffage* est en usage, se procurer une mère accompagnée d'un essaim obtenu par le tapotement des paniers destinés à la mèche de soufre.

Ces abeilles sauvées de l'étouffage peuvent également servir à renforcer les populations faibles qui hivernent généralement mal.

L'introduction des mères et des essaims doit se faire en appliquant les mesures de prudence déjà conseillées. On se servira d'une cage grillagée pour faire accepter la femelle seule et on communiquera aux colonies la même odeur, avec un tampon d'ouate imbibée d'éther, pour les réunir.

Au cas où on ne pourrait se procurer ni mère ni essaim, on essayerait de faire élever une nouvelle reine par la ruche orpheline en lui glissant un cadre de couvain contenant des œufs.

Il est rare que la jeune femelle ne trouve pas encore quelques mâles dans le voisinage pour se faire féconder. Cependant, on n'est pas toujours certain de réussir les élevages tardifs.

La mise en hivernage. — Une fois les ruches approvisionnées, on peut voir venir sans inquiétude la saison des froids, surtout lorsqu'elles ont une bonne mère à leur tête. On les mettra donc en *hivernage*, sans plus tarder, et on ne les dérangera plus (*fig.* 4).

Pour cela, on vérifiera la position des planchettes de recouvrement et celles du coussin, afin de voir si tout est en ordre.

On regardera aussi la toiture, qui doit être bien étanche. S'il y a des gouttières, on les obstruera avec du mastic. On réparera ou on remplacera les voliges détériorées.

Pour obtenir une étanchéité parfaite de la couverture, on n'hésitera pas à employer le carton bitumé ou le rubéroïd, de manière qu'il ne puisse pas pleuvoir dans les ruches.

Il faut encore procurer aux abeilles une ventilation qui assure le renouvellement de l'air, en soulevant l'arrière des ruches sur deux petites cales n'ayant pas plus de 5 millimètres d'épaisseur.

On incline en outre légèrement le plateau vers l'avant, en le soulevant de l'arrière sur des cales de 4 ou 5 centimètres, pour procurer un écoulement aux eaux pluviales et à celles de condensation, lesquelles risqueraient d'occasionner la *moisissure des gâteaux* si elles restaient stagnantes.

C'est l'*humidité* et le *manque d'air* qui causent le plus de préjudices aux abeilles pendant la période de réclusion.

Avec les ruches horizontales à vingt cadres, type Layens ou autre, on fera bien de retirer les trois ou quatre derniers cadres pour les conserver dans un placard sain pendant l'hiver, à l'abri des rongeurs.

On peut cependant les laisser dans les ruches, mais il faut avoir soin de retirer la planchette extrême, située du côté opposé au nid à couvain, pour provoquer un léger courant d'air qui empêchera les cires de moisir.

Par mesure de précaution, on met une boule de naphtaline dans la partie de la ruche non occupée par les abeilles.

Le nourrissement des nécessiteuses. — Il peut arriver que, par suite d'un défaut de prévoyance, la totalité des cadres des hausses ait été passée à l'extracteur, alors qu'on constate, lors de la mise en hivernage, que certaines colonies ne sont pas suffisamment approvisionnées.

Il faut alors compléter les vivres manquants en faisant des distributions de sirop à haute dose aux nécessiteuses.

On peut donner du *sirop de sucre* préparé en faisant dissoudre à chaud 3 kilogrammes de sucre cristallisé dans 1 litre d'eau, en poussant jusqu'à l'ébullition et en ayant soin d'écumer.

On empêche ce sirop de cristalliser en y ajoutant une cuillerée à bouche de fort vinaigre. Le sirop sera bien meilleur encore si on peut l'additionner d'un peu de miel, ne serait-ce que 500 grammes pour les 3 kilogrammes de sucre prévus.

La distribution se fait dans un nourrisseur de grande capacité et seulement le soir. On s'efforcera de faire prendre aux nécessiteuses, en deux ou trois fois, la quantité qu'il leur faut pour parfaire leurs provisions.

Mise en hivernage des ruches vulgaires. — Les ruches vulgaires qui ont fourni des essaims de peuplement, naturels ou artificiels, ou que l'on a soumises à la taille entre les deux miellées sont également visitées.

Chacune d'elles doit contenir 10 à 12 kilogrammes de miel pour être en bonne posture, défalcation faite du poids du panier, des gâteaux et des ouvrières.

Celles qui n'ont pas assez de vivres sont nourries au moyen de plats et d'assiettes, dans lesquels on verse le sirop, et que l'on glisse sous les paniers, après avoir rogné le bas des gâteaux.

Par la même occasion, on contrôle la présence du couvain.

Les colonies orphelines doivent recevoir une nouvelle mère; celles trop faibles en population sont réunies deux à deux, comme nous l'avons déjà exposé (chapitre VI).

On répare ou on remplace les capuchons usagés, puis on met devant les entrées des *grilles d'hivernage*, qui empêcheront l'intrusion des rongeurs. Il n'y a plus qu'à incliner les plateaux d'arrière en avant, enfin on met sous la tranche postérieure des paniers les petites cales de 5 millimètres d'épaisseur, pour favoriser l'aération, ainsi qu'on l'a fait pour les ruches à cadres.

Travaux d'intérieur. — S'il n'y a plus rien à faire au rucher durant l'hiver, en revanche, les travaux d'intérieur ne manquent pas.

Il y a d'abord la *construction des ruches à cadres* prévues pour l'agrandissement du rucher et les nouveaux peuplements.

On gratte ensuite les cadres souillés de *propolis*, laquelle gêne leur bon fonctionnement. On répare les hausses qui ont besoin d'être reclouées ou repeintes. On fait de même pour le menu matériel et on construit celui qui manque à l'exploitation du rucher.

Les modes d'utilisation du miel ne manquent pas. Outre la consommation sur table, il y a la fabrication des *bonbons*, du *pain d'épice*, de *l'hydromel*, etc., que l'on doit connaître et mettre en pratique (1).

On fond aussi la cire d'opercules et les débris de vieux rayons, puis on la coule en pains d'un emploi commode. Avec cette cire, on fabrique des *cirages*, des *encaustiques*, des *mastics*, etc., après avoir mis à part la quantité nécessaire au *gaufrage des cadres* (2).

IX. — LES ENNEMIS ET LES MALADIES
DES ABEILLES

Le plus grand ennemi des abeilles. — Le plus grand ennemi des abeilles est l'*homme*, du moins l'homme ignorant, égoïste et barbare, qui ne cherche pas à perfectionner ses méthodes.

Si, par ignorance ou routine, les colonies ont été laissées en mauvaise condition pour passer l'hiver, des apiers tout entiers se trouvent dépeuplés au printemps et les colonies qui restent ne peuvent donner que de maigres récoltes.

Un penchant contre lequel doivent surtout réagir les novices, c'est de faire des prélèvements exagérés de miel. Toute colonie logée en panier devrait avoir 12 kilogrammes de vivres quand on la met en hivernage. Il lui en faut 16 kilogrammes au moins si elle habite une ruche à cadres. Celles qui ne remplissent pas ces conditions risquent de mourir de faim, ou bien elles deviennent des *non-valeurs*.

Enfin, il ne faut pas oublier que l'*étouffeur*, c'est-à-dire celui qui, par crainte des piqûres, et par ignorance, introduit sournoisement une mèche de soufre sous ses paniers est un barbare malfaisant.

Comme les ruches les plus lourdes ont à leur tête les meilleures mères, il s'ensuit une sélection à rebours, qui nuit à la productivité des apiers et à la multiplication de ces colonies.

Une loi devrait s'opposer à ces agissements cruels et stupides.

Les insectes nuisibles. — La *fausse teigne* ou *galléric* est un vilain papillon grisâtre, qui pénètre nuitamment dans les ruches pour y pondre des œufs (V. *Tabl. Ennemis et maladies, fig.* 1).

Les œufs éclos à la chaleur de la ruche donnent naissance à de petites chenilles très voraces qui se nourrissent surtout de cire et de pollen.

(1 et 2) Les procédés ménagers d'utilisation du miel et de la cire ont été décrits en détail dans la brochure *Miel et Cire* (série agricole). (Librairie Larousse.)

En grossissant, les larves gagnent en appétit; elles creusent des galeries qui rendent les rayons inutilisables et provoquent des effondrements (*fig.* 2).

Les chenilles repues effectuent leurs transformations. Elles deviennent des nymphes et reproduisent des papillons. Dans la même année, il se produit plusieurs générations de fausses teignes.

Toutes les ruches populeuses se défendent assez bien des galléries. Elles expulsent les larves et chassent les papillons. Les colonies faibles, au contraire, succombent presque toujours.

Les fausses teignes sont surtout nombreuses dans les localités où l'apiculture est en retard. Ces fragments de rayons qu'on laisse traîner de-ci de-là favorisent leur reproduction.

Une ruche est perdue lorsque les gâteaux, effondrés par endroits, ne sont plus qu'un amalgame de larves, de cocons, de papillons et d'excréments.

Le remède : maintenir toujours les colonies populeuses, en pratiquant les réunions si c'est nécessaire. Passer à la fonte les « défaites » et les autres débris de cire, aussitôt leur récolte. Soufrer les hausses à l'arrière-saison et au printemps, ou les soumettre à l'action des vapeurs du sulfure de carbone.

Les *guêpes*, surtout les germaniques, sont d'effrontées pillardes. En arrière-saison, elles cherchent toujours à forcer l'entrée des ruches pour y voler du miel. Il faut diminuer la longueur du trou de vol, pour rendre la défense plus facile aux gardiennes.

Avoir soin d'écraser impitoyablement, au printemps, les femelles fécondées, au vol lourd, qui s'apprêtent à perpétuer leur espèce.

Quand on découvre un nid de guêpes aériennes, on le brûle. S'il est souterrain, on verse un petit verre de sulfure de carbone dans le trou et on le bouche avec une motte de terre.

Les *araignées* capturent les abeilles dans leurs toiles, pour s'en repaître.

L'espèce la plus nuisible est une *épeire* de petite taille, qui se tient aux aguets dans les fleurs du sainfoin et détruit en certaines années beaucoup de butineuses.

Il faut toujours nettoyer les abords de l'apier, notamment le devant des ruches, avec un balai, pour enlever les toiles. Rien à faire contre les épeires. La *philante apivore* (*fig.* 3) paralyse les abeilles dont elle peut s'emparer et les entraîne dans un terrier pour les donner en pâture à ses larves.

Les *larves du méloé* [*fig.* 6, B et C] (*triongulin*), qui s'attachent aux poils des abeilles ouvrières et que celles-ci rapportent ainsi à la ruche, ne manquent pas de les incommoder.

Certains auteurs leur attribuent le *mal de mai*, mais ce n'est pas certain. Quoi qu'il en soit, chaque fois que l'on rencontre un méloé adulte, on fera bien de l'écraser.

Les *poux des abeilles* (*braula cœca*) [*fig.* 6, A] vivent en parasite sur les abeilles. Ils se tiennent presque toujours sur le corselet. Ces poux sont sensibles à la fumée de tabac qui les fait tomber. Une boule de naptaline placée sur le plateau peut les faire disparaître.

Les *fourmis* de nos pays sont peu dangereuses pour les abeilles. Elles établissent leur quartier général au-dessus de cadres, pour bénéficier de la chaleur de la ruche.

C'est surtout quand on les dérange pour visiter les ruches qu'elles sont le plus gênantes. Elles s'en prennent alors aux abeilles, qu'elles mordillent, et celles-ci, rendues furieuses, deviennent parfois intraitables.

Pour chasser les fourmis et les détruire, il suffit de passer un peu de carbonyle sur les coussins ou les paillassons. Elles sont tuées par les vapeurs. Avoir soin, afin de ne pas nuire aux abeilles, de placer une feuille de papier fort sur les planchettes, pour empêcher le carbonyle de pénétrer le bois.

On attribue au *sphinx tête de mort*, au *clairon des abeilles*, etc., une foule de méfaits, mais il y a beaucoup d'exagération et de légende au sujet des dégâts qu'ils peuvent commettre.

Les animaux nuisibles. — Certains oiseaux insectivores, notamment les *abeilleroles,* les *mésanges* et les *hirondelles* gobent les abeilles.

Le *pivert,* à lui seul, est plus nuisible que tous les autres. Il vient percer les paniers en plein hiver, pour manger du miel et des abeilles.

On sera bien inspiré en le gratifiant d'un coup de fusil quand on le verra rôder au voisinage des apiers.

Les *souris,* les *mulots* et les *musaraignes* cherchent à pénétrer dans les ruches pour s'y abriter durant l'hivernage.

On leur interdira l'entrée des ruches en armant les trous de vol avec des bandes de fer-blanc laissant seulement une hauteur de 8 millimètres pour le passage des abeilles.

Certaines *poules domestiques* tuent les abeilles, mais sans les manger. C'est d'ailleurs l'exception. Néanmoins, il paraît prudent de ne pas laisser vagabonder les volailles à l'intérieur des ruchers et on fera bien de leur en interdire l'accès au moyen d'une clôture grillagée.

Quant aux *crapauds,* aux *hérissons,* aux *escargots,* etc., signalés comme des ennemis des abeilles, ils nous paraissent peu dangereux.

Les méfaits du *blaireau* même ne doivent être qu'une légende. Des apiculteurs très expérimentés ont installé des ruches à la lisière de bois surpeuplés de blaireaux sans avoir jamais eu à souffrir de ce voisinage.

Plantes ennemies. — La *sétaire (fig. 5),* vulgairement *accroche-abeilles,* est une graminée pourvue d'épillets crochus.

Les fleurs d'*asclépias (fig. 4)* sont tapissées intérieurement de poils soyeux.

L'une et l'autre de ces plantes retiennent les abeilles captives par les pattes, occasionnant ainsi leur mort.

Il faut arracher les sétaires et les asclépias qui croissent aux abords du rucher.

Les maladies des abeilles. — En dehors de la *loque,* les maladies des abeilles sont bénignes et peu nombreuses.

L'une des plus fréquentes est la *dysenterie,* qui se manifeste par le rejet d'excréments mous et jaunâtres.

La dysenterie est commune au printemps, dans les colonies ayant mal hiverné, c'est-à-dire lorsque l'air pur leur a manqué, ou que le milieu s'est trouvé humide.

Elle se manifeste presque toujours lorsqu'il y a de la moisissure dans les gâteaux.

Cette affection apparaît souvent à la suite du nourrissement, tantôt en automne, le plus souvent au printemps et surtout pendant les années pluvieuses.

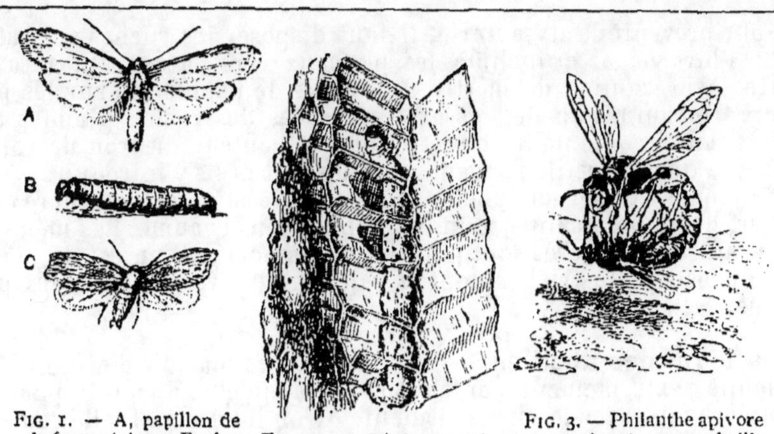

FIG. 1. — A, papillon de la fausse teigne; B, chenille de la fausse teigne; C, petite fausse teigne.

FIG. 2. — Dégâts causés par la fausse teigne dans les rayons de la ruche.

FIG. 3. — Philanthe apivore entraînant une abeille qu'elle donnera en pâture à ses larves.

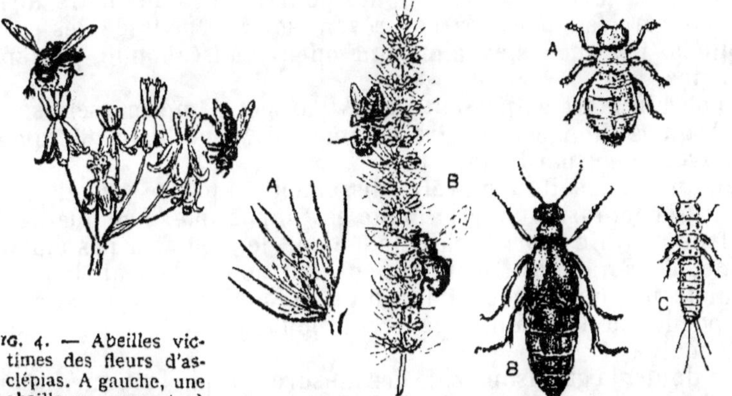

FIG. 4. — Abeilles victimes des fleurs d'asclépias. A gauche, une abeille au moment où elle vient d'être prise par les pattes; à droite, abeille morte.

FIG. 5. — A, fleur de sétaire; B, abeilles retenues par les fleurs de sétaire.

FIG. 6. — A, pou des abeilles; B, méloé (*triongulin*) adulte; C, larve du méloé.

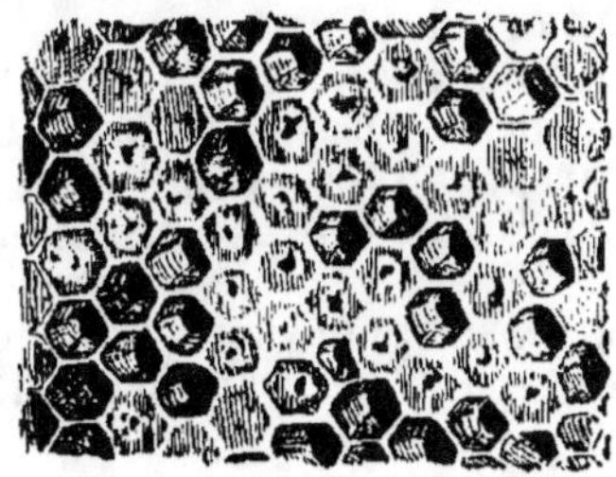

FIG. 7. — Fragment de rayon à couvain attaqué par la loque. Dans le fond des cellules à couvercle affaissé, on n'aperçoit plus qu'un liquide visqueux et noirâtre.

FIG. 8. — Bacille de la loque (*Bacillus alvei*), très grossi.

ENNEMIS ET MALADIES DES ABEILLES

Pour prévenir la dysenterie, il faut disposer les ruches sur cales, pour l'hivernage, et incliner les plateaux vers l'avant. On aura en outre la précaution de mettre une boule de naphtaline sur les plateaux. On aura soin de laisser les entrées des ruches grandes ouvertes, en se contentant de restreindre la hauteur du trou de vol de manière que les petits rongeurs ne puissent pas s'y introduire.

Ne jamais donner aux abeilles, à défaut de miel, que du sucre cristallisé, de bonne qualité, soumis à l'ébullition et écumé. Les mélasses et les autres jus sucrés sont plus ou moins nocifs. Il en est de même des glucoses industrielles dont la valeur nutritive est d'ailleurs peu élevée.

La loque des abeilles. — La *loque* est une maladie d'origine bactérienne, extrêmement contagieuse. Lorsqu'elle apparaît pour la première fois, avec la forme virulente qu'on lui connaît, elle cause la ruine de l'apiculteur.

Le *bacille alvei* (*fig.* 8), qui engendre la loque, a beaucoup d'analogie avec la *flacherie* du ver à soie. Dans toute ruche véritablement loqueuse, les larves et les nymphes pourrissent dans leurs alvéoles et les couvercles operculés se crèvent sous la poussée des gaz emprisonnés. Les ruches exhalent une odeur nauséabonde, perceptible à distance.

Le couvain mort se présente sous l'aspect d'une masse visqueuse (*fig.* 7), qui s'allonge et s'étire comme du caoutchouc, lorsqu'on le saisit avec une écharde de bois.

Bien que, à la suite d'un refroidissement, il puisse y avoir mort de couvain, la confusion avec la loque est impossible. Les abeilles sortent leur couvain mort accidentellement, lequel n'est pas gluant, ni putride, alors qu'elles l'abandonnent dans le cas de vraie loque.

Pour traiter un rucher atteint, on a préconisé la destruction complète par le feu. C'est un remède vraiment trop radical, qui est pire que le mal.

Sans doute, la guérison exige des mesures prophylactiques sévères; on peut néanmoins venir à bout de la loque, mais il faut s'armer de beaucoup de patience.

On commence d'abord par tenir en permanence une solution antiseptique d'eau de Javel, à 5 pour 100, pour se laver les mains et y tremper les outils, quand on passe d'une ruche à une autre.

La première chose à faire est la visite. Toutes les colonies malades et affaiblies sont réunies deux à deux, sur des cires gaufrées neuves, dans des ruches désinfectées par un lavage au crésyl à 5 pour 100, puis à l'acide formique à 10 pour 100. Tous les cadres contenant du couvain mort sont jetés au feu.

Cela fait, on nourrit les abeilles avec du sirop de sucre, additionné de 5 grammes d'*acide salicylique* dissous dans 20 grammes d'alcool (dose pour 1 kilogramme).

De plus, toutes les ruches, qu'elles soient atteintes ou seulement suspectes, reçoivent une bande de flanelle de 10 centimètres environ de large, que l'on étend sur toute la longueur de la ruche, au-dessus des cadres, après l'avoir trempée au préalable dans une *solution formiquée* à 25 centilitres d'*acide formique* par litre d'eau.

On renouvelle le trempage de la flanelle tous les quatre jours pour les ruches contaminées et tous les huit jours seulement pour les ruches suspectes, jusqu'à complète guérison.

INDUSTRIES ᴅᴜ LAIT

I. — LE LAIT

Rôle alimentaire. — Le *lait* est un aliment de premier ordre, qui convient aux enfants, aux vieillards, aux convalescents, aux malades et aux adultes, même bien portants.

Il renferme la totalité des principes essentiels qui sont à la base de la nutrition animale, savoir : les *matières albuminoïdes* et *grasses*, les *hydrates de carbone* et les *sels minéraux* assimilables.

C'est en même temps un précieux antidote contre les excès d'alimentation carnée et les intoxications de toute nature. Il est l'agent thérapeutique par excellence de la plupart des affections.

Le lait n'est pas seulement consommé à l'état cru et cuit, mais il rentre dans la confection d'un grand nombre de préparations culinaires.

Ses produits dérivés : le *lait écrémé*, la *crème*, le *beurre* et les différents *fromages* contribuent encore pour une bonne part à l'alimentation humaine.

C'est à l'*état cru*, au sortir de la mamelle, que le lait est le meilleur et le plus digeste. L'appréhension de la *tuberculose* fait qu'on le consomme beaucoup moins sous cette forme qu'on ne le devrait, bien que la transmission de la maladie de l'espèce bovine à l'homme soit loin d'être confirmée, ce qui n'empêche pas, par mesure de prudence, de soumettre les animaux à l'épreuve de la *tuberculine*.

Différentes sortes de laits. — Le lait est un produit extrêmement variable au point de vue de sa qualité et de sa composition.

Sa teneur en *eau* et en *matière sèche* varie du simple au double, suivant l'âge des laitières, leur espèce, la nourriture et les soins dont on les entoure, les périodes de lactation, l'état général, la race, etc.

Il y a de très bons laits, de mauvais laits et des qualités intermédiaires. On peut déjà les apprécier par la dégustation.

Le *bon lait* a une teinte opaque, d'un blanc mat ou un peu jaunâtre. Il est franc de goût, sans odeur ni sapidité spéciales. Sa saveur est douce, faiblement sucrée et il est très agréable à boire. Il résiste assez longtemps à l'influence des agents de coagulation et il supporte bien l'ébullition.

Le *lait altéré*, au contraire, placé dans des conditions analogues, subit assez vite l'influence de l'acide lactique ou celle des mauvais microbes. Il « tourne » volontiers lorsqu'on le chauffe.

Les laitières exploitées pour la production du lait sont la *vache*, la *chèvre* et la *brebis*.

La vache, à elle seule, fournit les trois quarts de la consommation ; son lait sert aux usages domestiques et à l'élevage du bétail.

Le lait de chèvre, dont la composition est analogue à celle du lait de vache, est surtout employé à l'alimentation des enfants et à la fabrication du fromage.

Le lait de brebis, plus riche en crème et en caséine que les précédents, n'est guère utilisé que pour la fabrication du *roquefort*, et seulement dans les contrées pauvres du Larzac.

Composition du lait. — La composition des laits est sujette à de grands écarts, principalement en matière grasse. Quand ils sont pauvres, il faut 30 à 32 litres pour obtenir un kilogramme de beurre, alors que, avec des laits à teneur double, il en faut une quantité moitié moindre, soit seulement 15 à 16 litres. La teneur en matière grasse doit arrêter l'attention du producteur, tous ses efforts devant viser à l'obtention de laits normaux.

Tous les laits contiennent : 1° Une certaine proportion de *matière albuminoïde*, représentée par la *caséine ;* de la *matière grasse*, vulgairement appelée *crème* ou *beurre* ; 3° du *sucre de lait* ou *lactose* ; 4° des *sels minéraux* que l'on retrouve sous la forme de *cendres*, après l'incinération ; 6° une forte proportion d'*eau*.

La *matière grasse* est en suspension dans le lait. Elle se présente sous forme de globules sphériques, plus ou moins gros, qui, en vertu de leur faible densité (0,930) montent spontanément, au bout d'un certain temps, à la surface du lait en repos. C'est la *crème*. La crème soumise à une série de chocs prolongés, dans une baratte, s'agglomère et devient du *beurre*.

La *caséine* est la matière azotée du lait. Elle se trouve en suspension et en dissolution dans le liquide. Sous l'influence de la présure ou de l'acide lactique, la matière albuminoïde en suspension se coagule pour former le *caillé*.

Le *sucre de lait* ressemble assez au sucre de canne. On le rencontre à l'état de dissolution dans le lait et le *sérum* de fromagerie.

Les *sels minéraux* sont constitués, pour les deux tiers environ de leur poids, par du *phosphate de chaux*. Le reste est représenté par des sels de potasse, de soude, de chaux, de fer, de magnésie.

Ci-dessous nous donnons la proportion moyenne des divers constituants qui entrent dans la composition du lait de vache :

Caséine.	4	pour 100
Matière grasse.	3,75	—
Lactose.	5	—
Sels . . . . ·	0,70	—
Eau.	86,55	—

Les microbes du lait. — Le lait est peuplé d'un nombre considérable d'êtres vivants, appartenant à la série des infiniment petits, classés sur les confins du monde animal et du monde végétal, seulement perceptibles sous les verres grossissants du microscope.

Les *microbes* et les *levures*, placés dans des conditions favorables, prolifèrent par bourgeonnement avec une rapidité déconcertante.

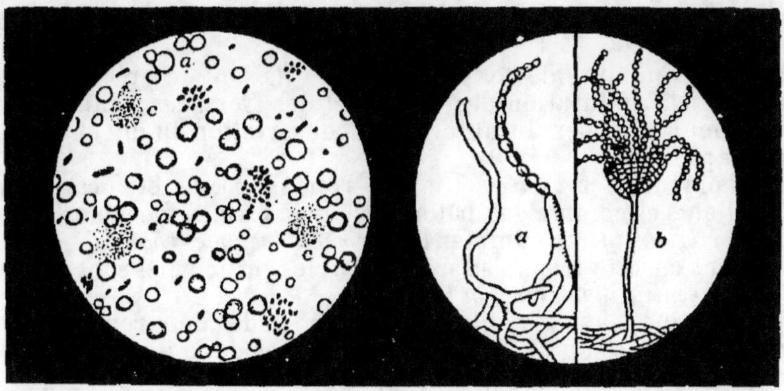

FIG. 1. — Goutte de lait vue au microscope : *a*, globules de crème ; *c*, colonies de bacilles.

FIG. 2. — Moisissures ou champignons du lait : *a*, mycelium de *l'oïdium lactis* ; *b*, *penicillium glaucum*.

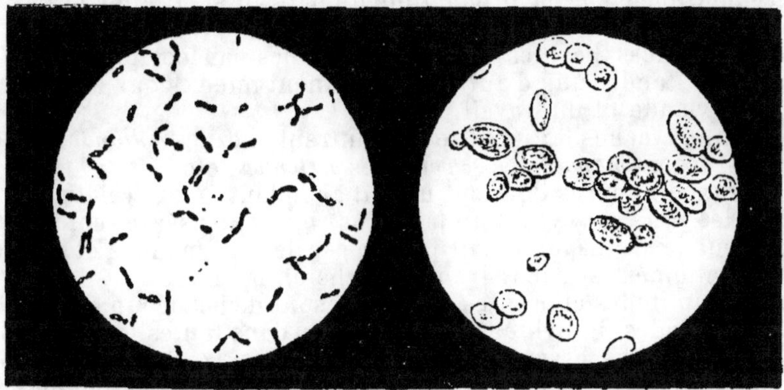

FIG. 3. — Ferment lactique à gros éléments, transformant le sucre de lait en acide lactique.

FIG. 4. — Levure de lactose : champignon faisant subir au lait la fermentation alcoolique.

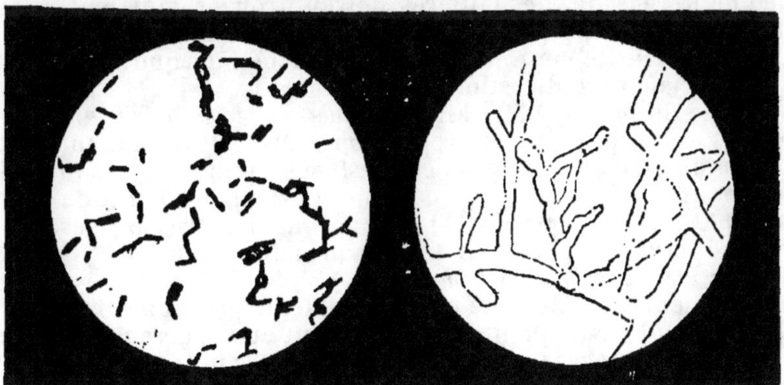

FIG. 5. — *Tyrothrix*, type de nombreux microbes vivant aux dépens de la matière azotée du lait.

FIG. 6. — *Oïdium camemberti*, champignon recherché pour la fabrication du camembert.

MICROBES DU LAIT

Les *moisissures* se multiplient au moyen des *spores* (**V.** *Tabl. Microbes du lait*).

Un certain nombre de ces infiniment petits sont de précieux auxiliaires pour la maturation des crèmes et des fromages ; d'autres sont franchement nuisibles. Ils abrègent la conservation du lait et activent sa décomposition.

On distingue : les *bactéries*, tantôt rondes (*coccus* et *micrococcus*) ; tantôt allongées comme des bâtonnets ou de formes variables [*fig.* 1] (*bacilles, vibrions*), sans compter les *ferments lactiques* (*fig.* 3).

Viennent ensuite les moisissures, dont les principales sont l'*oïdium lactis* et le *penicillium glaucum* (*fig.* 2).

Ajoutons que, dans les laits altérés ou malades, on rencontre en outre les bactéries du *lait visqueux*, les bacilles de la *tuberculose*, de la *fièvre aphteuse*, de la *fièvre typhoïde*, de la *mammite*, etc.

Causes qui influent sur le rendement et la qualité du lait. — Aptitudes des laitières. — Parmi les facteurs qui ont une influence marquée sur la production du lait, on peut citer la *race* et l'*individualité*.

Certaines races bovines sont remarquables par leur propension à la lactation, tandis que d'autres conviennent mieux pour la production de la viande et du travail.

Les bonnes vaches laitières se rencontrent chez les *hollandaises*, les *flamandes*, les *normandes*, les *schwitz*, les *bretonnes*, etc.

Les deux premières donnent un lait abondant, mais relativement pauvre ; les *races suisses* ont un lait plus riche en caséine, convenant mieux pour le fromage ; le lait fourni par les normandes et surtout par les bretonnes est excessivement riche en beurre.

Mais les aptitudes afférentes aux races sont de beaucoup dépassées par les aptitudes individuelles. On trouve dans toutes les races des laitières médiocres, assez bonnes et très bonnes. C'est par une sélection suivie et intelligente qu'on les améliore pour l'objet auquel on les destine.

L'alimentation. — L'*alimentation* est le facteur essentiel et primordial de la réussite. Les laitières doivent trouver dans leur ration la totalité des principes essentiels exportés par la mamelle.

On doit, non seulement, les nourrir à satiété, bien que sans gaspillage, mais il faut en outre stimuler leur appétit.

Une vache du poids de 500 kilogrammes a besoin de 300 grammes de *matières azotées* pour son entretien journalier. Il lui faut autant de fois 60 grammes d'albumine qu'elle est susceptible de produire de litres de lait. Ainsi, pour une production de 20 litres, la ration devra contenir $(60 \times 20) + 300 = 1\,500$ grammes de matières azotées.

Même observation pour les autres principes exportés : *matières grasses, hydrates de carbone, sels minéraux, eau.*

Le rendement maximum ne peut être obtenu que si on suralimente les animaux en leur donnant, conjointement aux fourrages secs, les racines et les fourrages verts qui contiennent l'eau de végétation, de beaucoup la plus digeste et la plus profitable. La ration est complétée par des *aliments concentrés*, tels que tourteaux et farineux.

Grâce à une légère fermentation alcoolique de la « mêlée » et à l'emploi, à petite dose, du *sel condiment*, on stimule l'appétit.

L'usage de l'eau attiédie et des buvées chaudes favorise au plus haut point la sécrétion du lait.

Les soins. — Les laitières doivent être bien logées, bien soignées et bien conduites ; il leur faut un grand cube d'air pur, une température douce, une grande tranquillité. La distribution de la nourriture et l'enlèvement des fumiers ont lieu à heures fixes. Les locaux sont constamment tenus dans le plus grand état de propreté. Le pansage active les fonctions cutanées et favorise la sécrétion lactée.

La traite doit toujours être faite à fond, autant que possible par la même personne. Laver la mamelle à l'eau douce avant de commencer et traire en diagonale.

La traite mécanique des vaches, en raison de la pénurie de main-d'œuvre et de la nécessité des soins de propreté et d'hygiène, est appelée à se développer, mais elle ne peut trouver sa place que dans les exploitations importantes.

Autres considérations. — Ne jamais conserver de laitières âgées, qui donnent souvent des laits anormaux. Le mieux est de les réformer après leur sixième veau.

Le lait fourni par les vaches fraîchement vêlées contient du *colostrum* : il ne peut servir pendant les dix premiers jours qu'à l'alimentation des veaux et des porcs. Si on le mélangeait au bon lait, il occasionnerait des accidents de fabrication au beurre ou au fromage ; de plus il risquerait de « tourner » lorsqu'on le fait bouillir.

De même, le lait produit en petite quantité par les animaux arrivés au terme de leur gestation est impropre à la consommation. Il faut le donner aux porcs.

II. — CONTRÔLE DU LAIT

Les fraudes du lait. — Le lait destiné à la consommation en nature, ou mis en œuvre pour le beurre et le fromage, ne peut être vendu qu'à *l'état pur*.

La fraude courante, la plus pratiquée, est le *mouillage*.

Le mouillage consiste à introduire, dans un but frauduleux, une certaine quantité d'eau dans le lait.

Une deuxième fraude, couramment pratiquée, est le mélange, en proportions variables, de lait pur et de *lait centrifugé*, c'est-à-dire privé de sa matière grasse.

Cette sophistication est également répréhensible, puisque le beurre ayant été récupéré d'une part, le *lait écrémé* ne doit être vendu que comme tel, sans quoi il y a dol au préjudice de l'acheteur.

Les laits écrémés ou mouillés sont d'un blanc moins opaque ou plus bleu que le lait pur ; mais la vue seule ne suffit pas à les différencier avec certitude et il faut avoir recours à l'emploi des instruments spéciaux.

Si, d'un côté, la densité du lait pur diminue par le mouillage, elle augmente par l'écrémage. Une double fraude, faite en proportions convenables, n'est pas décelée avec le *pèse-lait*, ce qui complique les moyens de contrôle.

Emploi du pèse-lait. — Le pèse-lait ou *thermolactodensimètre* (V. *Tabl. Contrôle du lait, fig.* 1) est un densimètre permettant de connaître la densité du *lait pur* ou *mouillé* et celle des *laits écrémés purs* ou *mouillés*, mais non mélangés.

Deux graduations, une pour le lait ordinaire et l'autre pour le lait écrémé donnent le poids respectif de chaque échantillon lorsqu'on y plonge l'instrument.

On admet que le lait pur doit avoir une densité de 1029 à 1033 grammes.

Le lait écrémé pur pèse environ 1040.

Si le lait ne se trouve pas à la température de 15°, il faut rectifier sa densité en ajoutant ou en retranchant un gramme par 5° en plus ou en moins de la normale, ou une fraction correspondante.

Il suffit de consulter le thermomètre. Celui-ci marque-t-il 1028 à 25°, sa densité réelle est de 1030. Marque-t-il 1028 à 10°, il ne pèse en réalité que 1027 et il peut être considéré comme adultéré.

La rectification peut se faire au moyen de la table livrée avec l'appareil ; une simple règle de trois donne les mêmes résultats.

Dosage de la crème. — Un lait suspect a besoin d'être contrôlé par le dosage de sa teneur en *crème* (*fig.* 2).

Si on ne dispose pas d'un matériel perfectionné, on se sert d'un *crémomètre*, simple éprouvette portant à la partie supérieure des divisions qui donnent l'épaisseur de la couche de crème.

On a intérêt à se servir du crémomètre lorsqu'on veut établir des termes de comparaison entre les vaches d'une même étable, pour connaître celles qui sont les meilleures beurrières.

Pour cela, on remplit le crémomètre jusqu'au trait zéro et, après un repos de vingt-quatre heures dans un lieu frais, on lit le nombre de divisions occupées par la couche crémeuse.

Avec dix ou douze divisions, le lait peut être considéré comme moyennement riche et pur. Au-dessous de dix, et surtout à partir de huit, on peut avoir des doutes sur son degré de pureté, sans cependant avoir une certitude absolue de sophistication.

Si on veut être affirmatif, le contrôle doit se faire sur des échantillons prélevés à l'étable.

Dosage de la matière grasse. — Le crémomètre ne donne que des chiffres très approximatifs sur la teneur des laits en crème, parce que les petits globules gras sont retenus par la masse aqueuse et ils ne montent pas spontanément à la surface.

On obtient des résultats plus exacts en se servant du *lactobutyromètre* de Marchand (*fig.* 4, A et B).

Cet appareil est un simple tube de verre, que l'on remplit jusqu'au premier trait avec du lait, dans lequel on ajoute deux ou trois gouttes de soude ou de potasse caustique.

On verse ensuite, jusqu'au deuxième trait, de l'éther à 66°. On bouche, puis on agite.

On achève de remplir, jusqu'au troisième trait, avec de l'alcool à 90°, puis on agite à nouveau.

En plongeant le *butyromètre* dans de l'eau à la température 46°, la matière grasse monte à la surface et on peut lire sur la graduation le nombre de divisions qu'elle occupe.

Il n'y a plus qu'à la multiplier par 2,33, en ajoutant 12,6 au produit. Ainsi, un échantillon de lait qui fournirait douze divisions, aurait une teneur en matières grasses de : $(2,33 \times 12) + 12,6 = 40$ gr. 56 pour 1000 ou 4 gr. 056 pour 100. Sa teneur serait satisfaisante.

Le procédé Marchand, malgré son empirisme, donne des résultats assez exacts et on peut s'en contenter dans la pratique.

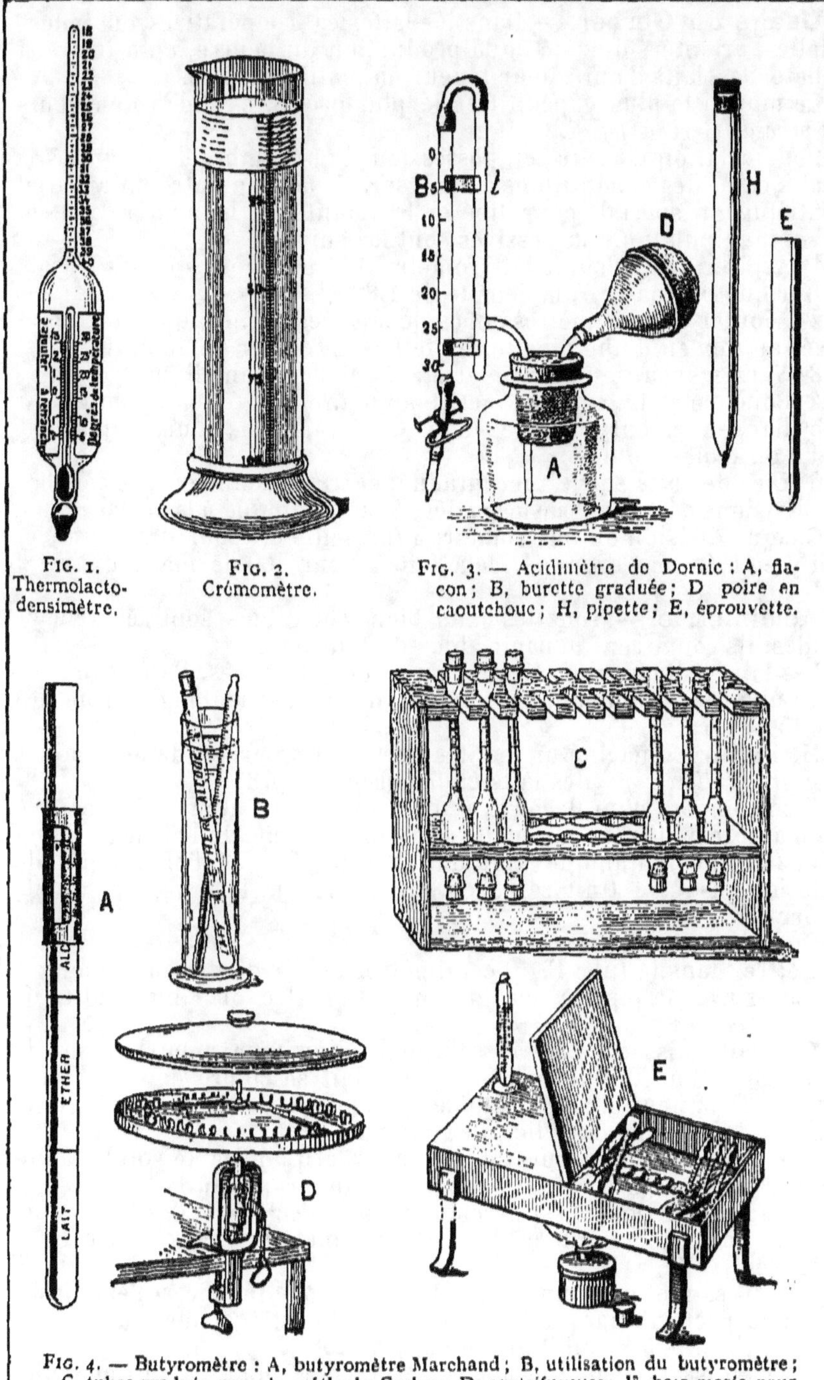

FIG. 1.
Thermolacto-
densimètre.

FIG. 2.
Crémomètre.

FIG. 3. — Acidimètre de Dornic : A, flacon ; B, burette graduée ; D poire en
caoutchouc ; H, pipette ; E, éprouvette.

FIG. 4. — Butyromètre : A, butyromètre Marchand ; B, utilisation du butyromètre ;
C, tubes gradués pour la méthode Gerber ; D, centrifugeuse ; E, bain-marie pour
porter les butyromètres à 68-70°.

CONTRÔLE DU LAIT

Usage du Gerber. — Dans les laiteries coopératives ou industrielles, orientées du côté de la production du beurre, on a intérêt à acheter les laits d'après leur teneur en matière grasse.

Le moyen le plus expéditif et le plus précis, c'est d'avoir recours au *procédé Gerber* (*fig.* 4, C, D et E).

Pour cela, on doit être en possession d'un nombre de *butyromètres* égal à celui des échantillons à analyser. Il faut en outre un appareil centrifugeur spécial, pour libérer la totalité de la matière grasse.

Les manipulations successives sont les suivantes :

1° Aspirer dans chaque butyromètre 10 centimètres cubes d'acide sulfurique ordinaire, à la densité de 1,820 ;

2° Ajouter 11 centimètres cubes de lait à examiner, que l'on a prélevés au moyen d'une pipette, en le faisant couler le long du tube ;

3° Verser ensuite un centimètre cube d'alcool amylique ;

4° Boucher et agiter, puis mettre au bain-marie quelques minutes ;

5° Ranger les butyromètres dans le centrifuge ; tourner pendant deux ou trois minutes ;

6° Lire de suite sur le tube gradué, et très exactement, le nombre de divisions occupées par la matière grasse montée à la surface.

Chaque division du butyromètre représente 0,1 pour 100 de graisse. S'il y en a 40, par exemple, cela fait 4 pour 100 de matière grasse.

Acidimétrie. — Tous les laits bien constitués sont légèrement acides. Ils rougissent le papier bleu de tournesol.

Les laits malades sont alcalins ou acides par excès. Ils ne conviennent ni à la consommation en nature, ni à la fabrication des fromages ou du beurre.

M. Dornic a imaginé un petit appareil, qui permet de déterminer le *degré acidimétrique* des laits et des crèmes (*fig.* 3).

Il se compose d'un flacon F, renfermant une solution sodique titrée de manière à obtenir une neutralisation uniforme de l'acide lactique.

Ce flacon communique avec une burette B, que l'on remplit de solution jusqu'au trait zéro, en appuyant sur la poire en caoutchouc P.

On opère ainsi qu'il suit :

Mettre, dans le tube E, 10 centimètres cubes de lait à examiner, mesurés avec la pipette, en lui ajoutant quatre ou cinq gouttes de *phénolphtaléine*.

Cela fait, laisser couler la solution sodique, en appuyant sur la pince de la burette, jusqu'à ce que le lait se colore en rose clair, indice de la neutralisation. On agite pendant l'opération et, vers la fin, on laisse tomber le liquide goutte à goutte.

Les divisions de la burette indiquent la quantité de solution employée et, en regard, on lit le degré acidimétrique du lait.

L'acidimètre Dornic est précieux pour la recherche des laits anormaux, qu'il faut éliminer de la consommation et des fabrications laitières.

Un lait sain et de bonne garde titre 16° à 20° Dornic, à l'état frais. Il est suspect s'il marque moins de 15° ; il l'est également au-dessus de 22°. Il caille à l'ébullition s'il dépasse 26°.

En vieillissant, l'acidité augmente, modérément d'abord et seulement de 2° pendant les douze premières heures, si le lait est de bonne nature. La coagulation spontanée se produit naturellement, au voisinage de 70°.

III. — CONSERVATION DU LAIT

Les laits malades et mauvais. — D'une façon générale, tous les *laits altérés* au sortir du pis de la vache, se conservent mal.

Il en est d'autres qui s'infectent après la traite, par suite du défaut de soins, ou bien parce que l'on n'a pas appliqué les procédés susceptibles d'arrêter ou de ralentir la *vie bactérienne*.

La plupart des altérations originelles sont occasionnées par la *nourriture*, lorsque celle-ci est avariée ou fermentée en excès, ce qui est le cas des fourrages moisis, des pulpes, des drèches, des tourteaux et autres denrées avariées.

L'infection peut aussi se faire par la *boisson*, comme cela se produit quand les purins viennent souiller l'eau de la mare et des abreuvoirs où les animaux se désaltèrent.

Quant aux *maladies* organiques ou épidémiques, qui rendent le lait visqueux, cailleboté, sanguinolent, amer, rouge, bleu, etc., la prudence exige que ces laits ne soient pas mélangés aux laits sains.

Il en est de même des laits fournis par les vaches arrivées au terme de leur gestation (vieilles à lait) et ceux des vaches au début de leur lactation, tout au moins pendant huit ou dix jours.

Origine des altérations. — Un lait, même sain, au sortir du pis de la vache, se trouve ensemencé aussitôt par les *microbes de l'atmosphère* de l'étable, puis par ceux de la laiterie.

Ces microbes comprennent les bactéries, les bacilles, les ferments, qui se reproduisent par bourgeonnement et d'autant plus vite que la température est convenable.

C'est entre 20° et 45° que les microbes prolifèrent le mieux. Au-dessous et au-dessus de ces températures extrêmes, la vie bactérienne se trouve ralentie et même entièrement arrêtée, du moins provisoirement, à partir d'une certaine limite.

Des laits chauffés à 65°, ou refroidis à 5°, conservent longtemps leurs propriétés organoleptiques. Le *chauffage* tue la plupart des microbes pathogènes ou dangereux ; le refroidissement retarde leur pullulation subséquente.

Les premières manifestations de la décomposition se traduisent par l'acidification provoquée, sous l'influence du *ferment lactique* et des autres microbes, qui s'attaquent au sucre de lait en produisant de l'*acide lactique* (V. *Tabl. Microbes du lait, fig.* 3). Comme conséquence, le lait devient de plus en plus aigre. Finalement, l'acide lactique agit sur la caséine et la coagule.

C'est l'*acidimètre*, dont nous avons parlé, qui met en évidence la teneur acidimétrique des laits et des crèmes.

Au sortir du pis, le lait fourni par des animaux bien portants ne contient pas un seul microbe ; il en renferme plus de 30 000 après une heure d'exposition à l'air et près de 5 millions au bout de vingt-quatre heures. C'est en entravant ou en empêchant la multiplication de ces infiniment petits que l'on prolonge la conservation du lait, en l'adaptant à l'objet auquel on le destine.

La lutte contre les microbes. — Connaissant l'origine des microbes, on s'en défend en les raréfiant le plus possible, ou bien on les place dans un milieu contraire à leur propagation.

On observera d'abord de tenir les étables dans *le plus grand état de propreté* et l'on procédera à l'enlèvement régulier des fumiers et au renouvellement quotidien des litières.

Les *lavages* à grande eau sont de rigueur. De plus, de temps à autre, on désinfecte les locaux au moyen d'eau de Javel ou de crésyl à 5 pour 100, de manière à empêcher la pullulation des mauvais germes et des odeurs ammoniacales, qui souillent l'atmosphère de l'étable et se communiquent au lait.

D'autre part, les mamelles de la vache sont toujours plus ou moins souillées de matières excrémentielles, qui tombent dans le lait au moment de la traite et l'infectent.

Il faut *laver* les mamelles avant la mulsion, au moyen d'une éponge imbibée d'eau tiède, après avoir pansé les laitières à la brosse, pour faire tomber les poils et les poussières, autre cause de contamination.

Les personnes chargées de traire doivent tenir leurs mains et leurs vêtements dans le plus parfait état de propreté.

Quant aux récipients, seaux, bassines, pots, destinés à recevoir le lait, il faut les échauder à la vapeur, puis les rincer à l'eau fraîche et pure, enfin on les fait égoutter. De temps à autre, on les fait sécher par une exposition au feu ou au soleil.

A défaut de vapeur, on se sert d'eau bouillante, rendue faiblement alcaline avec quelques cristaux de soude.

Ces conditions observées, on est certain de prolonger au maximum la durée de la conservation du lait, si, d'autre part, on a recours au froid ou à la chaleur.

Traite et filtration. — Les récipients ayant été sérieusement désinfectés, on transporte le lait aussitôt la *traite*, à la laiterie, pour le soustraire à l'influence des poussières et des mauvaises odeurs.

On verse le lait dans les bassines ou les pots qui doivent le contenir, en le passant au préalable sur un *filtre*, qui retient les impuretés (*coulage*).

Les passoires ordinaires à toile métallique fine retiennent les grosses impuretés, mais non les petites. Elles doivent être pourvues d'une double épaisseur de toile repliée, que l'on maintient au moyen d'un cercle en fer étamé.

Pendant le coulage, il faut laver fréquemment la passoire et remplacer le linge par une autre toile propre. Cette prescription doit être observée si on veut éviter que les matières limoneuses ne se trouvent lavées et entraînées dans le lait.

On obtient de bien meilleurs résultats en se servant de filtres spéciaux, garnis intérieurement d'une matière spongieuse, comme la ouate, qui retient toutes les impuretés boueuses, tel le filtre « Ulax » (*fig.* 3).

Ce filtre est représenté par une passoire à deux tamis, en laiton et en crin, garnie intérieurement d'une épaisse couche de matière spongieuse et filtrante.

Toutes les substances, même les plus ténues, étant retenues, il suffit de plonger la rondelle ouatée dans l'eau bouillante pour la nettoyer et la désinfecter. Le lait ainsi traité est toujours de bonne garde.

Conservation par le froid. — Le moyen le plus pratique, le moins coûteux et le plus expéditif de conserver le lait sans altération, surtout pendant la période des chaleurs, c'est d'avoir recours à l'emploi de l'*eau froide*, avec ou sans le concours de la *glace*.

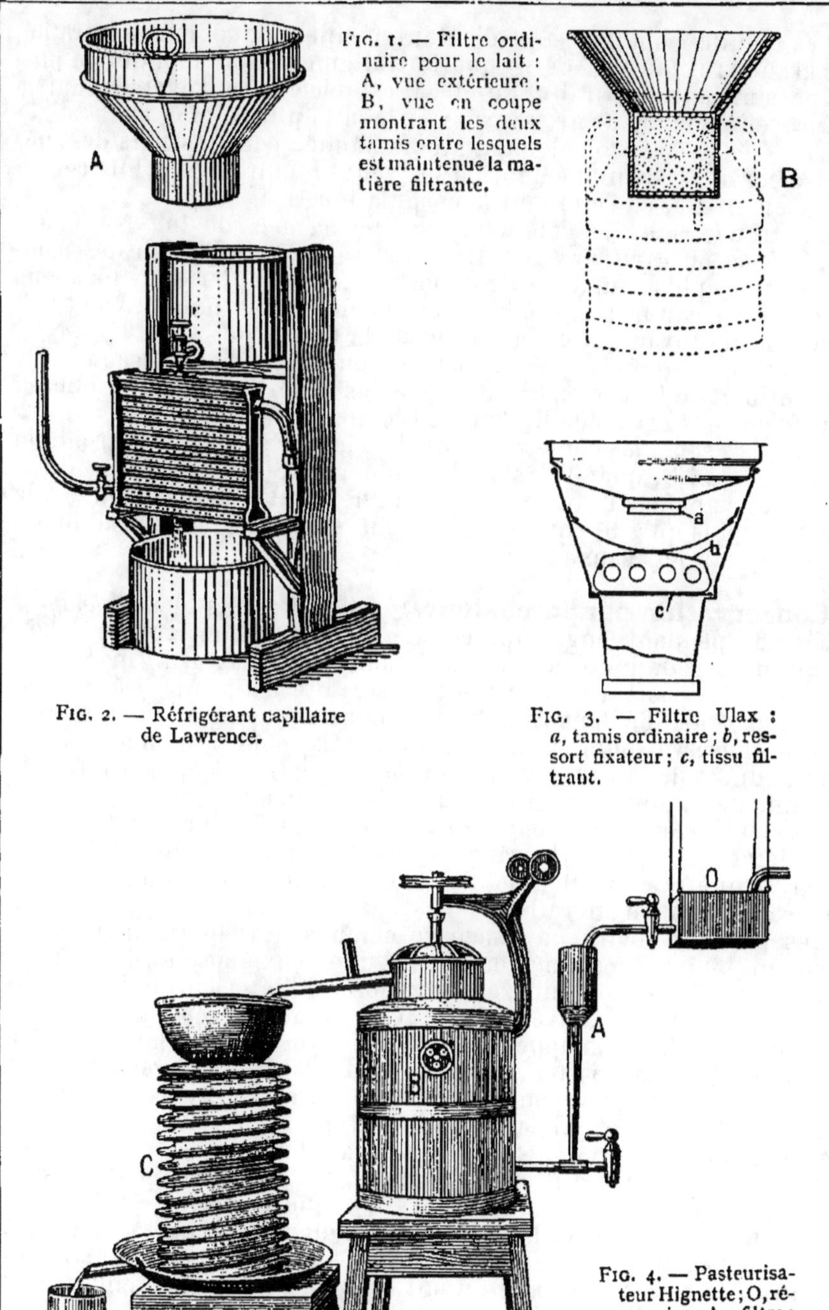

Fig. 1. — Filtre ordinaire pour le lait : A, vue extérieure ; B, vue en coupe montrant les deux tamis entre lesquels est maintenue la matière filtrante.

Fig. 2. — Réfrigérant capillaire de Lawrence.

Fig. 3. — Filtre Ulax : a, tamis ordinaire ; b, ressort fixateur ; c, tissu filtrant.

Fig. 4. — Pasteurisateur Hignette ; O, réservoir ; A, filtre ; B, pasteurisateur à 70° ; C, réfrigérant ; D, pot à lait.

CONSERVATION DU LAIT

Les résultats obtenus sont d'autant meilleurs que la réfrigération est grande ; il faut en outre que le traitement soit appliqué le plus tôt possible après la traite. En été, il est nécessaire d'avoir recours à ce procédé pour pouvoir transporter le lait au loin.

La *réfrigération* est également recommandée pour les laits destinés à être écrémés spontanément, si on veut obtenir le plus fort rendement en crème, en retardant la coagulation.

On trouve dans le commerce des *réfrigérants* de tous systèmes, cylindriques ou *capillaires*. Celui de Lawrence (*fig. 2*), l'un des meilleurs et des plus simples, se compose d'une tuyauterie en forme de serpentin. L'eau froide ou glacée circule de bas en haut et vient ressortir par le tuyau qui est à droite sur la figure.

Le lait, versé dans un récipient supérieur, tombe en cascade sur le serpentin et se trouve en contact avec des zones de métal de plus en plus froides. Il est recueilli dans le récipient inférieur.

Avec de l'eau à la température de 11°, le lait se trouve refroidi au voisinage de 13°, quand il sort de l'appareil. Si on fait usage de la glace pour amener l'eau de réfrigération à la température de 7°, le lait n'est plus qu'à 9° environ, et il peut supporter sans crainte les plus longs trajets sans altération.

Conservation par la chaleur. — Il est admis qu'un *chauffage* à 65°-68°, pendant vingt minutes, tue les mauvais microbes du lait, ce qui permet de le consommer sans danger à l'état cru. On dit que le lait a été « pasteurisé ». Le lait ainsi traité n'a pas le *goût de cuit*, il n'est pas modifié dans sa nature, ni dans sa composition chimique, et il a conservé toute sa digestibilité. Mais, pour prolonger davantage la durée de la conservation du *lait pasteurisé*, il faut le refroidir brusquement, au sortir de l'appareil de chauffage.

Il existe divers types de *pasteurisateurs*; certains d'entre eux sont complétés par un réfrigérant. Après le double traitement subi, le lait peut être embouteillé de suite et expédié à de grandes distances, sans crainte d'altération.

Les pasteurisateurs en usage se composent généralement d'un récipient en cuivre étamé, entouré d'une deuxième enveloppe pouvant recevoir de la vapeur sous pression. A l'intérieur de l'appareil, dans lequel on fait arriver le lait, il se meut une série d'agitateurs qui étalent le lait en nappe mince sur la paroi périphérique chauffée à la vapeur. Le lait pasteurisé se précipite dans le réfrigérant.

Pour éviter que la vapeur, en se condensant, ne ruisselle sur la paroi de chauffe, ce qui la refroidirait, on la munit extérieurement de bandes de tôle en dents de scie formant larmier.

On assure la conservation indéfinie du lait en le *stérilisant*, c'est-à-dire en portant sa température à 105° pendant quinze à vingt minutes. Certains industriels préfèrent chauffer le lait à 85° seulement, en prolongeant plus longtemps la durée du chauffage. Dans le lait stérilisé, la crème se sépare du lait et son aspect est peu engageant : il faut l'embouteiller sous pression, après l'avoir homogénéisé.

Le *lait condensé* s'obtient par réduction du lait ordinaire, à la densité de 128° après l'avoir édulcoré avec 8 ou 10 pour 100 de son poids de sucre de canne. Le *lait en poudre* s'obtient par la solidification du lait en minces feuilles, sur des cylindres chauffés à la vapeur, marchant à la vitesse de six tours à la minute. Tous ces procédés appartiennent surtout au domaine coopératif ou industriel.

IV. — VENTE DU LAIT EN NATURE

Du producteur au consommateur. — La vente du lait en nature est facile pour les producteurs situés à proximité des centres peuplés, dans les villages, les bourgs et les villes.

C'est cette vente qui, généralement, fait ressortir le litre de lait au prix le plus avantageux, parce que le lait étant devenu rare par suite de l'insuffisance de notre production, les consommateurs le payent beaucoup plus cher qu'autrefois.

Lorsque la vente a lieu au domicile du producteur, les clients viennent s'approvisionner directement à la ferme, sans dérangement pour le vendeur. Si la distribution se fait au domicile de l'acheteur, on majore quelque peu le prix de vente du litre pour couvrir les frais de transport.

On peut encore écouler le lait par l'intermédiaire des *ramasseurs* qui approvisionnent les grandes villes. Dans ce cas, on vend un peu meilleur marché, mais on n'a pas l'ennui du détail et cela vaut bien une petite concession.

Une combinaison plus rémunératrice encore, c'est de livrer directement le lait aux consommateurs, sous les auspices d'une *coopérative de vente*.

La coopérative est un groupement commercial qui remplace les intermédiaires, lesquels viennent s'interposer entre le producteur et les consommateurs. Il n'y a pas distribution de dividendes, mais la plus-value laissée par les bénéfices retourne aux associés sous forme de guelte, au prorata du nombre de litres de lait livrés par chaque sociétaire.

Livraison en bouteilles. — Un mode de livraison qui a les préférences d'un certain public, c'est la vente en bouteilles de verre cachetées, de la contenance d'un demi-litre, d'un litre et de deux litres.

Outre que cette présentation avantage beaucoup le produit, elle est pour le client une garantie précieuse contre les sophistications pouvant être faites en cours de route, par les revendeurs ou les intermédiaires.

Le client paye la première bouteille. On la lui échange tous les jours contre une bouteille pleine, ce qui supprime toutes les manipulations fastidieuses du mesurage.

Chaque bouteille remplie, on colle en travers du bouchon, également en verre, un papier gommé portant le nom du producteur. En cas de réclamation, on sait à qui s'adresser. D'ailleurs, le lait vendu sous cette forme est rarement frelaté.

D'autre part, pour l'alimentation des enfants et la consommation à l'état cru, tout propriétaire de vacherie qui veut lancer une spécialité ne peut le faire qu'en livrant ses produits en bouteilles.

Il peut, par exemple, garantir le lait exempt de tuberculose en soumettant ses animaux au contrôle vétérinaire par la *tuberculine*. Il peut aussi vendre des laits *pasteurisés* ou *stérilisés*.

Ce mode de présentation permet d'obtenir un reliquat de 10 à 15 centimes sur les prix ordinaires, ce qui paye largement les frais.

Expéditions par chemin de fer. — Pour l'alimentation des cités et des agglomérations ouvrières, on a recours aux voies ferrées, le transport se faisant d'une façon rapide par trains spéciaux.

Le lait est logé dans des *bidons* en forte tôle étamée, d'une contenance de 20 à 25 litres, pouvant être plombés au départ, ce qui est une garantie pour l'acheteur.

Une fois vides, les bidons font retour au producteur qui les remplit à nouveau.

On évite les altérations, qui sont la conséquence des chocs et du clapotis, ainsi que du séjour prolongé du lait dans les wagons surchauffés, en observant les prescriptions suivantes :

1° On *stérilise les récipients* à la vapeur, ou bien on les ébouillante à l'eau légèrement alcalinisée, avec quelques cristaux de soude. Après un rinçage à l'eau fraîche et pure, suivi d'un séchage dans un courant d'air chaud, les bidons peuvent recevoir à nouveau du lait.

2° Il faut *réfrigérer le lait*, même en hiver, aussitôt après la traite, avec de l'eau très froide, en ayant même recours à la glace, de manière à faire tomber brusquement la température entre 8° et 11°, afin que le lait puisse se conserver sans crainte pendant trente-six heures au moins.

3° Une fois le lait refroidi, il ne diminuera plus de volume. On ferme les bidons en enfonçant les couvercles dans le col, de manière à les mettre en contact avec le liquide, pour éviter tout clapotis pendant le transport, ce qui équivaut à un barattage.

4° En été, avant de réfrigérer le lait, il est prudent de commencer par le *pasteuriser* à 66°-68°. On augmente ainsi sa résistance aux altérations microbiennes. Cette mesure est même obligatoire avec tous les laits de ramassage, même en hiver, pour empêcher la contamination des laits sains par les laits malades, comme il s'en trouve toujours sur la quantité.

Laiterie coopérative ou industrielle. — La *coopération* réduit les frais généraux, main-d'œuvre et représentation, qui grèvent si lourdement les producteurs.

Elle permet de réaliser des bénéfices plus élevés que si l'on passe par les intermédiaires, tout en vendant meilleur marché.

La création d'une laiterie coopérative pour la vente en nature n'exige pas un matériel bien compliqué ni très onéreux.

Avec les parts de fondateurs, fournies par les associés et subsidiairement en ayant recours à la Caisse de crédit agricole à long terme, on recueille facilement les fonds nécessaires à l'installation.

Il suffit de se procurer ou de construire un local convenable, à proximité d'une voie ferrée, au centre d'une région laitière et, avec une bonne organisation, on est certain de mettre sur pied une coopérative prospère.

Deux combinaisons peuvent être adoptées : 1° les sociétaires apportent eux-mêmes leur lait à la laiterie ; 2° c'est la coopérative qui prend le ramassage à sa charge.

Dans le deuxième cas, il y a des dépenses supplémentaires de chevaux, voitures et personnel à la charge de la coopérative, mais cela évite des pertes de temps et des dépenses aux sociétaires. Tout compte fait, c'est encore cette méthode qui est la plus avantageuse.

Plan et coupe d'une laiterie pour la vente du lait. — Autant que possible, la laiterie coopérative ou industrielle sera installée au voisinage immédiat d'une gare, de manière à pouvoir être desservie par une voie de branchement, qui amène les wagons sur un quai d'embarquement A, pour le chargement et le déchargement des bidons.

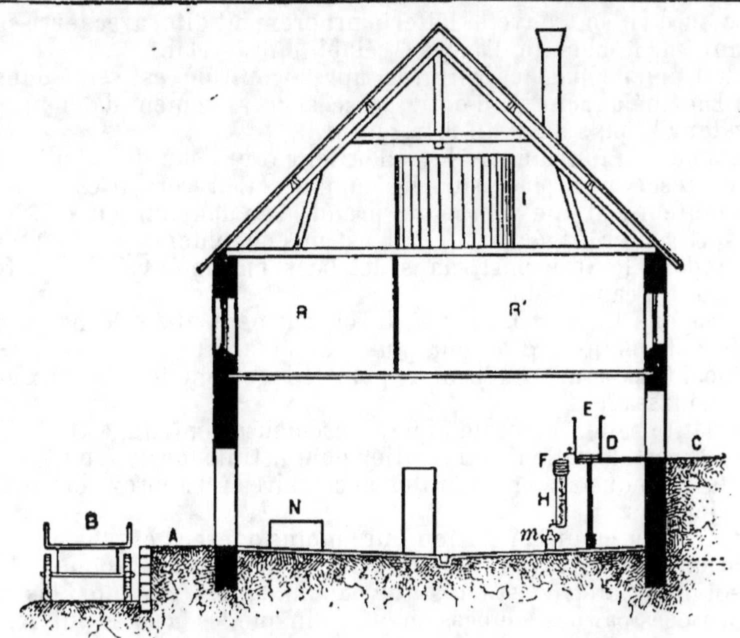

I, réservoir à eau ; R, R′, logement du gérant ; C, chemin d'accès à la laiterie ;
D, plancher surélevé ; E, bac mélangeur ; F, pasteurisateur ; H, réfrigérant ;
m, bidon ; N, bac d'attente à eau froide ; A, quai ; B, wagon.

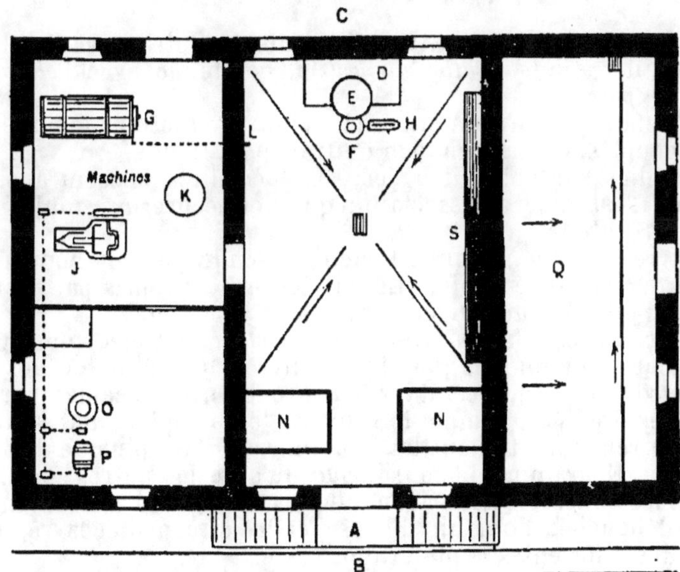

C, chemin d'accès à la laiterie ; D, plancher surélevé ; E, bac mélangeur ;
F, pasteurisateur ; H, réfrigérant ; G, générateur ; L, prise de vapeur ;
K, puits ; J, moteur ; S, égouttoirs ; O, écrémeuse centrifuge ; P, baratte ;
N, N, bacs d'attente à eau froide ; Q, écurie ; A, quai ; B, voie ferrée.

COUPE ET PLAN D'UNE LAITERIE COOPÉRATIVE

Face au quai se trouve la laiterie proprement dite, avec terre-plein donnant sur le chemin d'accès C, établi en remblai.

Le lait amené par les voitures, après contrôle, est versé dans un grand bac mélangeur E, d'où il passe successivement dans un pasteurisateur F, puis dans un réfrigérant H.

La vapeur est fournie par le générateur G et l'eau de réfrigération vient du réservoir I, placé sous les combles. Ce réservoir est alimenté par le moteur J et une pompe qui prend l'eau dans un puits K.

Au sortir du réfrigérant, le lait est mis en bidons que l'on place, en attendant le transport, dans des bacs en ciment N, où circule un courant d'eau froide.

Les wagons B, mis à quai A, le chargement et le déchargement s'effectue de plain-pied avec la plus grande facilité.

Le local Q est à usage d'écurie, pour le logement des chevaux affectés au ramassage.

Une petite salle, pourvue d'une écrémeuse centrifuge O et d'une baratte P, sert de salle de fabrication pour la transformation en beurre des laits invendus et des quantités nécessaires à l'approvisionnement des sociétaires.

Le travail en commun est toujours moins onéreux et plus pratique.

Le premier étage R R' est réservé au logement du directeur.

Le sol de la laiterie est constitué par un dallage cimenté; les murs sont protégés par des soubassements, afin que les lavages puissent se faire à grande eau. Des pentes convergentes et des caniveaux sont ménagés pour l'évacuation des eaux vannes.

Une prise de vapeur L et des égouttoirs superposés S permettent le nettoyage rapide et parfait des bidons.

Autres modes d'utilisation du lait. — Outre la vente du lait en nature, il y a la *fabrication du beurre*, combinée avec l'*élevage des veaux et des porcs*.

Ces affectations conviennent surtout aux productions éloignées des centres peuplés, ou sans moyen de transport rapide.

Quand elles sont bien dirigées, ces spécialités laissent aussi des bénéfices. C'est encore l'association qui donne presque toujours les meilleurs résultats.

Le beurre fabriqué rationnellement et vendu par les coopératives est celui qui rapporte le plus. Le lait écrémé est repris par les sociétaires qui l'utilisent aux divers besoins de l'élevage.

Dans certains cas, la *fabrication des fromages* peut être plus avantageuse encore, notamment quand on se livre à la production des petits suisses et des pâtes molles, dans le genre du brie, du camembert, etc.

Les pâtes pressées, comme le gruyère, le hollande, etc., sont toujours d'un rendement quantitatif moindre. Il faut plus de lait pour obtenir un kilogramme de ce fromage qu'avec les autres spécialités.

Toutes les considérations économiques changent évidemment suivant les débouchés dont on dispose, et les circonstances règlent la marche des différentes exploitations.

On se renseigne par le calcul, en faisant intervenir dans chaque bilan le montant des dépenses, de manière à mettre en évidence le rapport net du litre de lait, débarrassé de tous frais.

Pour les beurres, on tient compte de la valeur du lait écrémé utilisé par le bétail. C'est après avoir pesé le pour et le contre que l'on opte pour une spécialité plutôt que pour une autre.

V. — LE BEURRE ET SES SOUS-PRODUITS

Qu'est-ce que le beurre? — Le *beurre* est une *substance grasse* obtenue par l'agglomération, sous l'influence des chocs ou par la compression, des *globules butyreux* en suspension dans le lait.

Les globules gras ont des dimensions variables. Les plus gros sont des sphérules dont le diamètre ne dépasse guère un centième de millimètre.

Malgré leur densité plus faible que celle du liquide dans lequel ils sont en suspension, leur petitesse contrarie leur ascension et ils ne peuvent se souder que si on les soumet à l'action de forces capables de briser la résistance des tranches de sérum interposées.

Il faut, en outre, que les globules aient un degré de plasticité suffisant pour qu'ils puissent s'agglutiner. Cependant, ils ne doivent être ni trop durs ni trop mous et la question de température reste primordiale.

Le beurre peut être obtenu par *barattage* direct du lait. Mais comme, dans ce cas, la résistance atteint son maximum, on préfère extraire d'abord la crème, soit spontanément, soit par la force centrifuge et procéder ensuite au barattage.

En emprisonnant la crème dans un tissu perméable, puis en la soumettant dans du sable à une pression modérée et soutenue, on expulse progressivement le sérum et le beurre se forme également.

Dans la pratique, le beurre s'obtient en soumettant la crème à une suite de chocs violents et répétés dans une baratte.

Composition du beurre. — Les beurres ont une composition variable, qui dépend de la technique adoptée pour la fabrication : *acidité de la crème, température, délaitage, malaxage*, etc.

En principe, un beurre ne devrait jamais contenir moins de 80 pour 100 de *matière grasse*. Sa teneur peut parfois s'élever à 85 pour 100 et même atteindre 90 pour 100. Les meilleurs sont évidemment ceux dont la proportion de matière grasse est la plus forte.

Outre la matière grasse, il y a dans le beurre une certaine quantité d'eau, 10 à 15 pour 100, avec un peu de *caséine*, de *sucre de lait* et des *matières minérales*.

Lorsque la proportion des sels minéraux dépasse 2 millièmes, le beurre a été salé.

Ci-dessous nous indiquons la teneur moyenne des différents beurres, salés ou non salés :

	Beurre salé.	Beurre non salé.
Matières grasses............	84,50 pour 100	83,50 pour 100
Caséine..................	0,50 —	0,80 —
Sucre de lait et acide lactique..	0,60 —	1,50 —
Sels minéraux	1,90 —	0,20 —
Eau....................	12,50 —	14,00 —

Coloration des beurres. — Les beurres sont naturellement colorés. Leur teinte varie du jaune foncé au jaune très pâle, presque blanc.

Abstraction faite de l'action oxydante de la lumière et de certains microbes, la coloration des beurres est engendrée et entretenue par la couleur verte des fourrages frais.

Les vaches au pâturage, nourries à base d'herbes, ont toujours un beurre plus coloré que celles tenues en stabulation à l'étable pendant l'hiver.

Le défaut de coloration est préjudiciable à la vente. On y obvie par l'emploi des *colorants d'origine végétale* : jus de carotte, safran, souci, rocou, ou bien on a recours aux *colorants liquides du commerce*, d'un usage plus commode.

Il suffit de verser le colorant dans la crème, au moment du barattage, en quantité proportionnelle à l'intensité de la teinte que l'on veut obtenir.

Qualités et défauts des beurres. — Un bon beurre est coloré au goût du client. C'est généralement le *jaune d'or* qui plaît le mieux.

Son aspect est celui d'une masse compacte, homogène, agréable à l'œil et donnant l'impression d'une pâte bien travaillée.

Ce beurre doit se couper nettement en lames très minces, sans laisser perler de gouttelettes à teinte laiteuse, ni même de l'eau.

Quant à l'odeur, elle doit être légèrement aromatique, sans relent suiffeux, ni butyreux.

Sa sapidité sur la langue laisse une impression favorable de douceur et de *goût de noisette* bien fraîche. C'est la principale caractéristique des bons beurres. Tous les beurres qui ne remplissent pas ces conditions sont « défectueux ».

Les défauts peuvent avoir pour origine la mauvaise qualité des laits ou des crèmes. Ils sont aussi occasionnés par les malfaçons, soit par défaut ou excès d'*acidification*, soit par insuffisance de *délaitage* ou de *malaxage*, soit encore par le vieillissement, lorsque les mesures protectrices ne sont pas en rapport avec la durée de la conservation.

Causes d'altération. — L'*alimentation défectueuse* des vaches est l'un des facteurs qui influe le plus sur les défauts et l'altération des beurres.

Les laitières nourries avec des aliments variés et de bonne nature donnent toujours un meilleur beurre que celles qui ne reçoivent qu'une nourriture grossière et uniforme.

Les *pulpes* de féculerie et de sucrerie, les *drêches*, les *résidus* des fabriques d'amidon, les extraits de viande, etc., communiquent toujours au beurre un arrière-goût désagréable.

Il en est de même des *raves*, des *navets*, des *choux* et de toutes les autres crucifères quand elles sont distribuées en excès.

Les plantes aromatiques peuvent parfumer agréablement les beurres, à condition de ne pas être dominantes. Il en est d'autres telles que les *menthes* et les *aliacées* qui ont une odeur pénétrante très incommodante.

Dans tous les cas, on ne doit pas donner aux vaches une trop grande quantité de *navets*.

Les *tourteaux de colza* rendent le beurre mou; celui de *lin* le rend savoureux, mais dur.

Il ne faut jamais employer les laits de vaches sur le point de tarir, car ils communiquent une pointe d'amertume au beurre et ils rendent parfois son barattage difficile et même impossible.

Si les animaux reçoivent des aliments fermentés, les crèmes demandent à être barattées à l'état frais. Au contraire, avec les crèmes normales, il vaut mieux les laisser acidifier à 60°-65°, pour obtenir le goût de noisette.

Les crèmes ayant dépassé le degré acidimétrique convenable donnent des beurres de qualité inférieure et de mauvaise conservation.

Il en est de même des beurres insuffisamment lavés, malaxés ou délaités à cause de la proportion élevée de caséine, de sucre de lait et d'acide lactique qu'ils contiennent.

Les beurres mal fabriqués rancissent facilement. Ils deviennent acides et acquièrent une odeur forte. Les acides gras qu'ils dégagent impressionnent désagréablement le palais et l'odorat.

Le *goût de vache* ou d'étable est particulier aux étables malpropres. Le *goût de moisi* est occasionné par l'insalubrité des locaux où on travaille le lait. Le *beurre huileux* et *aigrelet* provient d'une mauvaise acidification et de l'envahissement des mauvais microbes.

On dit que le beurre est « graisseux » lorsque le lustre a été détruit par un excès de malaxage, ce qui le fait ressembler à de la graisse massée.

L'amertume provient des laits malades et du défaut de propreté des ustensiles. Elle est assez fréquente.

Les beurres sont *tachés* ou *striés* à la suite d'un salage défectueux ou imparfait et d'un mauvais emploi des colorants.

Les beurres de qualité, même irréprochables, s'altèrent assez vite quand on les laisse exposés à l'air et à la lumière, dans des locaux humides ou malsains, au contact des mauvaises odeurs.

Les meilleurs procédés de conservation. — C'est à l'état frais que le beurre est le meilleur. Si on veut le conserver pendant dix à douze jours en été et vingt-cinq ou trente jours en hiver, il faut le tasser dans des récipients tels que bols, pots vernissés, terrines, etc., que l'on retourne sur un plat ou une assiette contenant un peu d'eau salée, et que l'on met au frais.

Pour une conservation plus limitée, on se contente d'envelopper le beurre dans une toile imbibée d'eau salée, puis on le place dans un local sain, bien aéré, mais frais et sans mauvaise odeur.

Le *salage* des beurres est le procédé de conservation le plus usité. Suivant la proportion plus ou moins grande de *sel* employé, le beurre est à l'abri des altérations pour une durée de trois mois à un an.

Le salage s'effectue en même temps que le malaxage. Le beurre étant aplati en galettes assez minces, on les superpose en les saupoudrant de sel fin, blanc et pur, 1 à 10 pour 100 du poids du beurre.

Le beurre est coupé à la spatule, en tranches verticales, que l'on fait passer une dizaine de fois sous le rouleau du malaxeur, pour rendre la masse bien homogène.

On tasse ensuite dans des pots que l'on recouvre d'une couche de *saumure*. Si on met en baril, il faut avoir soin de plâtrer les fonds.

Une conservation d'une durée de six mois et plus s'obtient par le procédé Appert. On tasse le beurre dans des pots ou des flacons de verre, que l'on ferme hermétiquement, en ficelant le couvercle.

Les récipients sont rangés dans une chaudière contenant de l'eau que l'on chauffe à l'ébullition. On laisse refroidir, puis on lute le couvercle.

On peut même conserver le beurre assez longtemps dans des boîtes en fer blanc, où on le comprime en se contentant de sertir simplement le couvercle.

La conservation est meilleure quand on recouvre le beurre, avant le sertissage, d'une petite couche isolante de liquide renfermant

4 grammes d'acide tartrique et 2 grammes de bicarbonate de soude pour 1 litre d'eau.

Pour *rajeunir les vieux beurres*, altérés ou rances, on les découpe en petits morceaux que l'on jette dans une baratte, puis on les lave d'abord à l'eau fraîche à plusieurs reprises.

On met ensuite un peu de crème ou de lait frais et on recommence le barattage et le malaxage.

Si l'odeur persiste, on incorpore 4 pour 100 de bicarbonate de soude au moment du pétrissage.

Lait écrémé et babeurre. — Le *lait écrémé frais* contient tous les principes du lait, sauf la matière grasse, qui n'existe plus qu'à la dose de 0,08 à 1,2 pour 100 suivant que l'écrémage a été fait au moyen du centrifuge ou par la méthode spontanée.

On l'utilise avantageusement à l'alimentation des veaux, en association avec la farine de manioc ou la fécule de pomme de terre. Il sert aussi à préparer les pâtées pour porcs et pour volailles.

Le *babeurre* ou *lait de beurre*, soutiré de la baratte avant le lavage, contient un peu moins de sucre et de caséine que le lait écrémé, mais davantage de matière grasse, 3 à 4 grammes par litre.

Avec les eaux de lavage, on l'utilise surtout à l'alimentation des porcs.

VI. — ÉCRÉMAGE NATUREL ET ARTIFICIEL

Écrémage spontané. — Pour obtenir la crème par la *méthode naturelle*, dite « spontanée », on abandonne le lait au repos pendant une durée variable, dans des pots de formes et de dimensions différentes, suivant les us et coutumes du pays.

Ce procédé est généralement défectueux. En effet, dans les pots plus hauts que larges, la montée de la crème est lente et très incomplète. Les globules gras, surtout les plus petits, n'atteignent pas la surface et le rendement en beurre est faible.

Avec les pots à col étroit, l'inconvénient est plus grand encore, une partie de la crème est retenue par les parois et l'étranglement du vase ; de plus son prélèvement est difficile et partiellement impossible.

Le meilleur type de *crémière* est la terrine tronconique en terre vernissée, pourvue d'un goulet qui facilite l'écrémage. On peut prélever la crème en la chassant à la raclette et en inclinant la terrine.

La durée de l'écrémage spontané varie suivant l'état du lait et la température du local. On ne doit jamais attendre la coagulation du lait pour procéder à l'enlèvement de la crème.

Dans les conditions ordinaires, la moitié des globules gras sont montés à la surface au bout de cinq à six heures. Ce sont les plus gros et par conséquent ceux qui donnent le meilleur beurre.

Après douze heures les trois quarts de la crème est rassemblée ; après dix-huit heures, les quatre cinquièmes ; et, au bout de trente-six heures, les neuf dixièmes environ. C'est à peu près tout ce que l'on peut retirer.

Les meilleurs résultats sont obtenus en vingt-quatre heures, à la température de 10° à 12°. Environ 85 pour 100 de la crème est rassemblée et il n'y a pas d'acidification.

A une température plus élevée, le pourcentage est moindre; de plus, le lait et la crème ont une tendance à s'altérer. Il faut toujours placer les crémières dans un local frais et sain.

L'agitation nuit à la montée des globules, en produisant à l'intérieur du liquide des remous qui ont pour résultat de remettre constamment les globules en émulsion dans le sérum.

Les procédés employés varient avec l'importance de la laiterie, le but final de l'opération (beurre ou fromage), le degré d'écrémage que l'on désire obtenir, la nature, l'abondance et le prix des matières réfrigérantes dont on dispose.

Dans l'est de la France (Franche-Comté et Savoie) ainsi qu'en Suisse, on verse le lait dans des récipients ronds et plats appelés *rondots*.

Ceux-ci sont en fer étamé embouti, muni d'un rebord, ou quelquefois en bois. Ces derniers sont à rejeter, parce que leur nettoyage est difficile, leur pouvoir conducteur peu élevé et leur usure rapide.

Quoi qu'il en soit, l'*écrémage spontané* est toujours imparfait, il nécessite un matériel délicat et encombrant. Le rendement en beurre est faible et le lait écrémé ne peut plus servir à l'alimentation des veaux, à cause de son excès d'acidité.

Écrémage avec le concours de l'eau. — On peut, avec l'eau fraîche et courante, obtenir un lait écrémé doux. Par suite du refroidissement ainsi obtenu, le lait et la crème n'ont pas à craindre les altérations rapides dues au travail des microbes et du ferment lactique.

Comme le lait écrémé par ce procédé contient encore une proportion élevée de matière grasse, 12 grammes environ par litre, il convient mieux aux animaux d'élevage que le lait centrifugé qui n'en renferme plus seulement un gramme.

De plus, le lait écrémé spontanément contient la totalité des sels phosphatés, si utiles pour la formation de la charpente du jeune bétail, alors que le turbinage les a précipités.

Il convient mieux aussi pour la fabrication des *fromages maigres affinés*, parce que le turbinage a tué la majeure partie des microbes nécessaires à la maturation de la pâte.

L'écrémage spontané à l'eau peut donc rendre de bons services dans certains cas, mais il faut disposer d'une installation pratique et adopter des appareils spéciaux.

Deux dispositifs se prêtent assez bien à la méthode : ce sont les *systèmes Reimers et Cooley*.

Les crémeuses *Reimers* se composent de bacs en fer étamé, à large surface et peu profonds, que l'on distribue à la cave, au milieu de bassins ou rigoles dans lesquels circule un courant d'eau froide.

Ces bassins sont alimentés par un robinet; une vanne d'aval maintient l'eau à un niveau constant.

Avec le système Cooley, on peut opérer automatiquement la séparation de la crème et du lait; il n'y a rien de plus parfait (V. *Tabl. Écrémage du lait*, fig. 1). Comme le couvercle est hermétique, par suite de la compression de l'air emprisonné, la crème se trouve à l'abri de toutes les causes de contamination.

La *crémeuse Cooley* est constituée par un bidon cylindrique, en tôle nickelée, d'une contenance de 20 litres environ. Le récipient porte deux fenêtres vitrées, qui permettent de voir la séparation de la crème et du lait. Il est fermé par un couvercle mi-plat, fixé par un système à baïonnette très ingénieux, qui empêche l'eau de pénétrer à l'intérieur. On peut donc plonger la crémeuse entièrement dans le bassin en ciment armé, où l'eau se renouvelle. Pour séparer le lait de la crème, on adapte à la partie inférieure un tube coudé formant siphon.

On arrête la vidange lorsque la crème approche l'orifice de sortie. Le soutirage se fait donc automatiquement.

Dans la pratique, pour avoir un lait doux se prêtant à tous les usages, on soutire au bout de douze heures, lorsque 75 pour 100 environ des globules sont rassemblés.

Le contenu de plusieurs crémeuses est versé dans le même récipient, où s'achève l'*acidification*, en attendant le barattage.

Écrémage mécanique. — L'*écrémage mécanique* du lait est basé sur le principe de la séparation des éléments en suspension dans un liquide, lorsqu'ils possèdent une densité différente, et qu'on les soumet à l'action de la *force centrifuge* (*fig.* 2).

Le lait étant plus dense que la crème, si on fait tomber le tout au bas d'un *bol* pourvu d'un mouvement de rotation très rapide, le lait écrémé, plus lourd, se presse contre la paroi et la crème se tient dans la zone la plus rapprochée de l'axe.

Arrivé au sommet du bol, le lait écrémé se précipite dans l'ouverture ménagée à la partie périphérique de la plaque de fermeture. Il est évacué par un conduit spécial.

Quant à la crème, elle est happée par un *tube d'emprise*, qui a son orifice dans la partie moyenne de l'anneau circulaire, formé par la crème en mouvement qui se presse contre le lait écrémé.

Des vis de réglage permettent de faire varier la séparation, suivant que l'on veut obtenir une crème plus ou moins claire. Le débit du lait pur dans le bol est réglé par un flotteur.

Il existe un grand nombre de modèles d'écrémeuses centrifuges, les unes marchant à bras, d'autres actionnées par un moteur. Leur débit horaire varie entre 50 litres et 2 000 litres.

Dans la plupart des systèmes, on a adopté dans le bol un *polarisateur*, formé d'assiettes superposées, qui divisent le lait en tranches minces, favorables à la séparation du lait et de la crème.

Parmi les types courants d'écrémeuses citons : la *Laval* (*fig.* 4), la *Mélotte* (*fig.* 3), la *Couronne*, la *Burmeister*, etc.

Remarques sur l'écrémage. — Les écrémeuses doivent être conduites en se conformant aux instructions particulières des constructeurs. Les grandes lignes étant à peu près les mêmes pour toutes.

En principe, l'écrémage est d'autant plus complet que la vitesse du bol est grande et que le lait est soumis plus longtemps à l'action de la force centrifuge.

Pour obtenir le maximum de rendement en crème et activer la séparation, le lait doit être à la *température de 28° à 32°*, quand on l'introduit dans la machine. Il faut donc écrémer aussitôt la traite ou réchauffer les laits qui ont voyagé.

Par le réglage des tubes d'emprise, on augmente ou on diminue la fluidité des crèmes. Le rendement varie entre 10 et 15 litres de crème par 100 litres de lait.

Le premier chiffre intéresse les *crèmes d'été*, le deuxième les *crèmes d'hiver*.

Il faut vérifier de temps à autre le fonctionnement de la machine

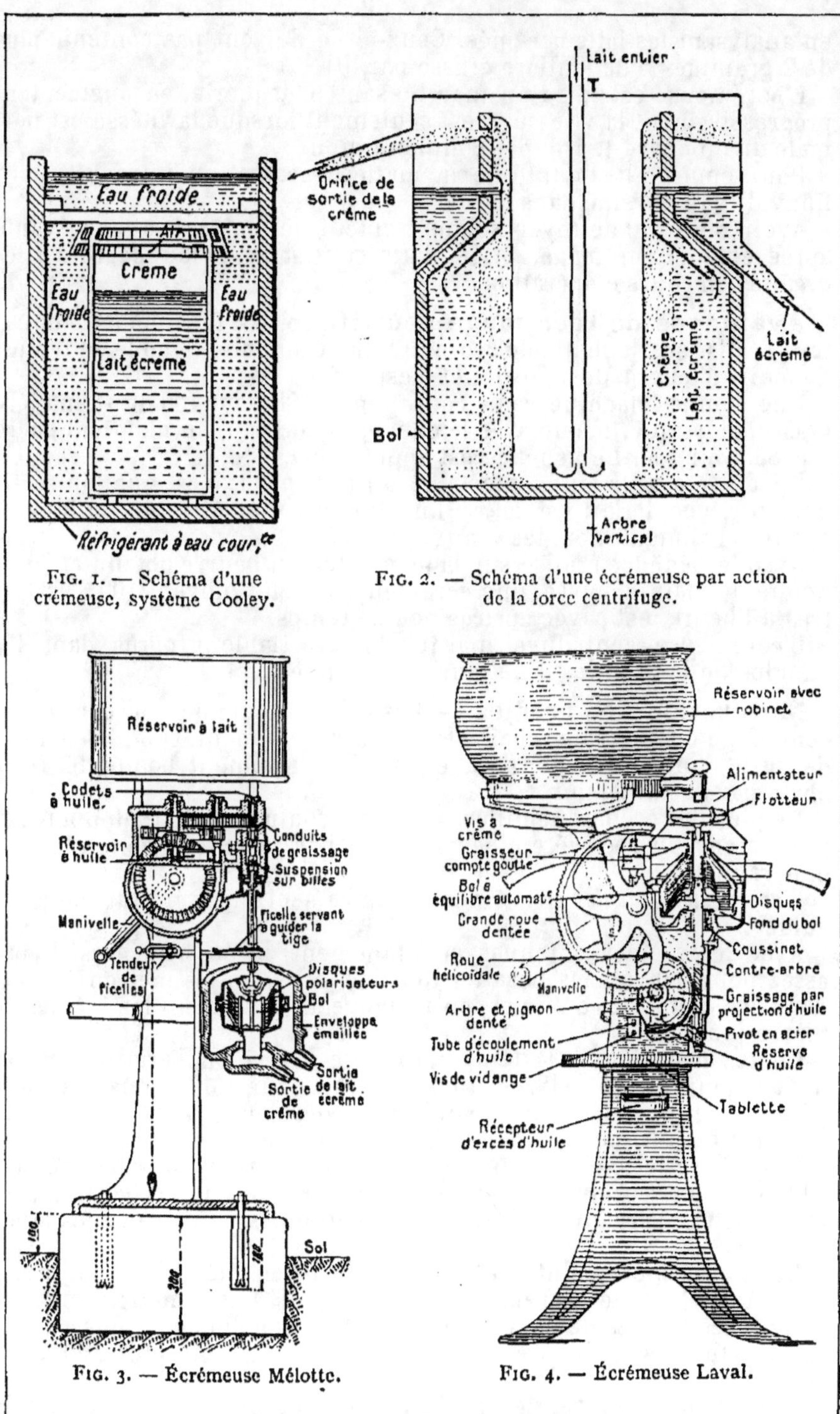

Fig. 1. — Schéma d'une crémeuse, système Cooley.

Fig. 2. — Schéma d'une écrémeuse par action de la force centrifuge.

Fig. 3. — Écrémeuse Mélotte.

Fig. 4. — Écrémeuse Laval.

ÉCRÉMAGE DU LAIT

en analysant les laits écrémés. Ceux-ci ne doivent pas contenir plus de 2 grammes 5 de matière grasse par litre.

L'écrémeuse est mise en marche sans brusquerie, en augmentant progressivement la vitesse. C'est seulement lorsque la vitesse est normale qu'on ouvre le robinet d'alimentation.

Pour épuiser la totalité de la matière grasse, on introduit, pour finir, du lait écrémé dans le bol.

Avoir soin de nettoyer soigneusement le bol à l'eau bouillante après chaque écrémage. Si les laits sont sales, il faut décrasser les organes en cours d'opération.

Avantages de l'écrémage centrifuge. — L'écrémage centrifuge réalise sur la méthode ordinaire une économie notable de temps, de main-d'œuvre, de matériel et d'espace.

Une bonne machine rend couramment 98 pour 100 de sa matière grasse, alors que, même avec le concours de l'eau, on n'obtient guère que 85 pour 100. Le bénéfice est appréciable.

Un autre avantage incontestable du turbinage, c'est que, au sortir du centrifuge, le lait est *doux*. Il n'a pas besoin d'être réchauffé pour servir à l'alimentation des veaux.

Avec le bénéfice réalisé sur la plus-value du beurre obtenu et l'économie de main-d'œuvre, une écrémeuse à débit moyen, 100 à 200 litres à l'heure, est payée en très peu de temps.

L'écrémeuse centrifuge marque un véritable progrès dans les annales de la laiterie. Il ne faut pas l'oublier.

Maturation des crèmes. — Les crèmes obtenues par écrémage centrifuge ou spontané à basse température donnent, si on les baratte de suite, un beurre doux, fade ou insuffisamment bouqueté. On y obvie par l'acidification.

De plus, les crèmes acidifiées au degré voulu, 60° à 65°, donnent un rendement plus élevé en beurre et le barattage est généralement plus rapide.

L'*ensemencement des crèmes* peut se faire seul, mais il vaut mieux le guider.

Avec les crèmes obtenues spontanément, si on n'en possède pas assez pour pouvoir les baratter tous les jours, on les met en réserve dans des crémières ouvertes, en mélangeant seulement les crèmes du même jour.

On les maintient à la température de 12°, si on baratte tous les quatre jours ; à 14°, si c'est tous les trois jours ; 16°, tous les deux jours. On brasse avec une spatule pour développer l'acidité. Ce procédé est empirique et demande à être surveillé.

Si on baratte tous les jours, il vaut mieux ensemencer les crèmes, soit avec un *levain acide*, prélevé sur une précédente barattée, ou encore en se servant des ferments sélectionnés fournis par les laboratoires.

Dans ce cas, on maintient les crèmes à 14° en été et à 16° en hiver. On baratte lorsque la crème marque 60° ou 65° acidimétriques.

Avec les crèmes de centrifuge, la maturation demande une température plus élevée, 16° à 18° pour les barattages d'été et 18° à 20° pour ceux d'hiver.

Il est bon, en outre, de refroidir vivement les crèmes au sortir de l'écrémeuse, en les faisant passer dans un réfrigérant. En cas d'accidents de fabrication, on a recours aux ferments sélectionnés.

VII. — FABRICATION DU BEURRE

Formation du beurre. — Le *beurre* se forme sous l'influence du *barattage*, à la suite des chocs auxquels la crème est soumise sur les parois de la baratte formant contre-batteur, parfois complétés par l'action d'un batteur.

Les globules butyreux, heurtés de toutes parts, arrivent à vaincre la résistance des tranches de sérum interposées. Finalement ils se rejoignent et s'agglomèrent.

Ceci est la théorie. Pour commencer, la réunion des premiers globules passe d'abord inaperçue. Peu à peu leur masse augmente et, lorsqu'ils ont la grosseur d'un grain de mil, il faut plus de force pour actionner la baratte.

A ce moment, il suffit de quelques tours de manivelle pour obtenir des grains gros comme des petits pois. Si l'on continue à tourner, la masse se prend en une pâte adhérente, soudée dans toutes ses parties : c'est le beurre.

Les modèles de baratte en usage, la température des crèmes, leur degré d'acidité, etc., influent sur la formation des beurres et la rapidité de la prise.

On admet que les meilleurs résultats quantitatifs et qualitatifs sont atteints quand la durée du barattage se trouve limitée entre trente et quarante minutes. Au-dessus de cinquante minutes, le rendement est moindre ; bien souvent aussi le beurre est défectueux. Il faut en rechercher les causes.

Les facteurs qui influent sur la *formation lente* et la *non-formation* des beurres sont les suivants :

1° Une température trop basse ou trop élevée ; 2° un mouvement trop lent ou trop rapide de la baratte ; 3° la présence de crèmes provenant de laits malades, défectueux ou malpropres ; 4° l'usage des crèmes trop acides, trop épaisses ou trop fluides ; 5° une baratte trop pleine.

Principes de fabrication à observer. — La pratique enseigne qu'un barattage effectué à une *basse température*, surtout en hiver, prolonge considérablement la durée du travail ; il diminue aussi le rendement et il donne un beurre dur, granuleux et cassant.

Une température trop élevée, surtout en été, diminue aussi le rendement. De plus, elle donne un beurre mou, sans arome, difficile à délaiter, et de mauvaise conservation.

Une *bonne température* pour le barattage des crèmes normalement acidifiées, c'est-à-dire tenues à 60°, 65°, est comprise entre 14° et 16° centigrades, 14° en été et 16° en hiver. On peut même, dans certains cas, s'écarter de un à deux degrés en plus ou en moins de ces extrêmes, soit au maximum 12° en été et 18° en hiver.

Autant que possible, le local où on opère sera à peu près à la même température que la crème, ou bien il sera un peu plus frais en été et un peu plus chaud en hiver, mais seulement de quelques degrés.

La *vitesse de la baratte* varie suivant le genre de construction, depuis cinquante à soixante tours à la minute (baratte normande) jusqu'à quatre-vingt-dix à cent tours (baratte danoise).

Un mouvement trop lent augmente la durée du barattage et donne un beurre de qualité inférieure. S'il est trop rapide, le beurre devient mou et il y a des pertes de rendement.

Généralement, on doit tourner un peu plus vite l'hiver que l'été et augmenter un peu la vitesse avec les crèmes fluides, surtout quand on baratte à une basse température.

La baratte ayant été *rafraîchie* ou *réchauffée*, suivant les cas, de même que les crèmes, ce que l'on obtient en plongeant les crémières dans de l'eau froide ou chaude, on remplit la baratte à moitié ou tout au plus aux trois cinquièmes.

Pour commencer, on tourne lentement, pendant une demi-minute, puis on ouvre la sortie du gaz.

On continue à tourner lentement pendant deux minutes et on laisse encore échapper le gaz. On donne ensuite la vitesse normale, aussi régulière que possible.

Lorsque le beurre commence à se former, ce dont on est prévenu par le son du clapotis, qui devient plus sourd, et le mouvement plus dur, on ralentit, mais on continue de tourner jusqu'à ce que les grains aient la grosseur d'un petit pois.

A ce moment on procède au *délaitage*.

Types de barattes. — Les modèles de barattes sont nombreux. On en trouve de toutes les tailles et de toutes les formes, depuis l'ancien *système à piston*, pénible à manœuvrer, jusqu'aux *barattes rotatives*, rondes ou polyédriques, en passant par les *barattes immobiles*, à ailettes ou danoises, pourvues d'un batteur marchant horizontalement ou verticalement (V. *Tabl. Fabrication du beurre, fig.* 1).

Les barattes du *type normand* (*fig.* 2) sont les plus usitées en France. Elles sont généralement munies d'un contre-batteur central fixe ; elles portent une fenêtre vitrée pour la surveillance des crèmes et un bouchon mobile pour l'échappement des gaz.

Une bonne baratte doit être d'un *nettoyage facile*. Elle est pourvue d'une large ouverture pour l'introduction des crèmes et le tampon de fermeture sera d'un démontage rapide et bien étanche.

On utilise le fausset d'échappement des gaz pour le soutirage du babeurre et des eaux de lavage.

Les barattes neuves doivent être affranchies par des lavages à l'eau tiède, dans laquelle on a fait dissoudre quelques cristaux de carbonate de soude.

Après chaque barattée, on lave la baratte à l'eau froide, puis à l'eau chaude. On laisse sécher ensuite dans un courant d'air.

Délaitage du beurre. — Le *délaitage* a pour objet l'expulsion du babeurre emprisonné dans la masse butyreuse, au moment où elle commence à se rassembler. Si on négligeait cette opération, le sucre de lait et la caséine du petit lait provoqueraient le *rancissement* du beurre et nuiraient à sa conservation.

Le moyen le plus pratique de délaiter le beurre, c'est d'abord de lui ajouter 10 pour 100 d'eau, au moment où la prise se fait, tout au début.

La température de cette eau doit être de quelques degrés plus chaude ou plus froide que la crème, suivant que l'on est en hiver ou en été, et que la durée du barattage a été moins rapide ou plus rapide que la normale.

On tourne ensuite jusqu'à ce que les grains de beurre aient la grosseur d'un petit pois.

FIG. 1. — Baratte danoise
à récipient fixe.

FIG. 2. — Baratte normande
à récipient mobile.

FIG. 3. — Moule
pour le beurre en motte.

FIG. 4. — Diverses formes
de pains de beurre.

FIG. 5. — Petit moule
pour le beurre en pains.

FIG. 6. — Malaxeur horizontal
à bras.

FIG. 7. — Machine à levier
pour le moulage du beurre.

FABRICATION DU BEURRE

On retire alors le fausset, au-dessus d'un tamis de crin, de manière à soutirer la totalité du babeurre, que l'on remplace aussitôt par une égale quantité d'eau.

L'eau employée doit être fraîche, limpide et de toute première qualité, c'est-à-dire ni acide, ni calcaire, ni ferrugineuse.

On donne ensuite quelques tours de manivelle, très lentement, et on soutire pour la deuxième fois.

Un deuxième puis un troisième *lavages*, suivis d'autant de *soutirages*, enlèvent le reste du babeurre et le délaitage peut être jugé suffisant.

A ce moment, le beurre s'est rassemblé en un bloc compact. On le sort de la baratte, pour lui permettre de se raffermir, en attendant le malaxage.

Au cas où l'eau ne serait pas suffisamment pure, il faudrait la filtrer, ou bien on remplacerait le délaitage à l'eau par le *délaitage à sec*, avec ou sans le concours d'une délaiteuse mécanique.

Le délaitage à la main est long et pénible. Il faut façonner, à l'aide des spatules, le beurre en petites mottes. Ces mottes sont pétries successivement, puis on les bat, mais sans les lisser.

On les laisse s'égoutter sur la table de délaitage, à une température de 13° environ. Il faut recommencer le pétrissage plusieurs fois de suite, jusqu'à ce qu'il ne sorte plus de petit-lait.

Malaxage. — Le *malaxage* a pour but de compléter l'expulsion du babeurre et surtout celle de l'eau qui reste après le délaitage. C'est lui qui communique à la pâte l'onctuosité et l'uniformité qu'elle doit avoir pour flatter l'œil, tout en provoquant la disparition de tous les vides.

Un beurre bien malaxé ne laisse pas de trace laiteuse quand on le coupe et il est homogène dans toutes ses parties.

Cependant le malaxage doit être modéré. Si on exagère le pétrissage, la pâte manque de fraîcheur.

Elle paraît massée et graisseuse. De plus, elle se ramollit en été et devient dure en hiver. On doit se tenir dans un juste milieu.

Ce travail est exécuté par les *malaxeurs*, dont il existe différents systèmes, les uns *alternatifs*, c'est le rouleau qui marche ; les autres à *table tournante* ou *rotatifs*. On distingue aussi les malaxeurs *horizontaux* (*fig. 6*) et *verticaux*, marchant à bras ou au moteur.

Avec les beurres précédemment délaités, on peut se contenter de les faire passer cinq fois sous le rouleau du malaxeur : deux fois en les lavant à l'eau et trois fois à sec, pour terminer.

Le travail est suffisant lorsque, en coupant le beurre en tranches, on ne voit plus perler de gouttelettes laiteuses.

Après le malaxage, on laisse le beurre se raffermir, si la pâte est un peu molle, comme c'est le cas en été, avant de procéder au moulage.

Moulage et emballage du beurre. — La présentation du beurre a une certaine influence sur le prix.

Les pains façonnés à la main et même enjolivés de dessins, livrés dans des feuilles de vigne ou de betterave, n'ont plus la faveur du public. On les traite de beurre de « bonne femme ».

On leur préfère les pains façonnés mécaniquement, pour éviter les souillures de l'épiderme, qui altèrent le beurre et provoquent son rancissement.

En principe, le beurre ne devrait jamais être manipulé à la main, mais toujours avec des spatules en bois.

Il existe un grand nombre de moules, la plupart en buis et presque toujours démontables, qui permettent d'obtenir des pains parallélépipédiques, ronds, ovales, en rouleaux, etc. (*fig.* 4).

Ce beurre tassé à la spatule est ensuite comprimé énergiquement, avec ou sans le concours d'un levier.

Les moules à beurre les plus expéditifs, pour la vente aux particuliers, en pains tarés du poids de 250 grammes, 500 grammes et un kilogramme, sont du type dit « à crémaillère », que l'on règle à volonté (*fig.* 6).

Le beurre est comprimé dans un coffre s'ouvrant par des charnières. Le plateau porte en relief la marque du producteur.

Les pains sont enveloppés dans du *papier spécial dit à beurre*. On l'emballe dans des paniers élastiques, après l'avoir laissé se raffermir.

Pour les expéditions en mottes, dans des paniers, on moule le beurre en le tassant, au moyen d'un pilon, dans des seaux (*fig.* 3) s'ouvrant latéralement pour le démoulage.

VIII. — TYPES DE BEURRERIES

Distinctions à établir. — Les *beurreries* doivent être construites et aménagées de façon différente, suivant les méthodes en usage et le but poursuivi.

Quelle que soit l'importance de la beurrerie, son plan d'ensemble et de détail, ainsi que la distribution intérieure, les divers locaux doivent être adaptés au mieux à tous les besoins de l'exploitant, tout en réduisant au minimum ses frais généraux.

Une *beurrerie centrifuge* de ferme ne doit pas être installée de la même manière qu'une autre où le lait y est écrémé spontanément, avec le concours de l'eau.

Dans ce dernier cas, une *fromagerie* est généralement annexée à la beurrerie, pour la transformation du lait partiellement écrémé en fromages affinés à pâte molle.

Le plus souvent, ce sont les *laiteries mixtes*, à la fois beurreries et fromageries, que l'on rencontre dans les fermes. Les installations sont presque toujours mal comprises, l'aménagement mal distribué.

Les *beurreries industrielles et coopératives* sont établies d'une façon plus scientifique et méthodique, bien qu'elles ne soient pas toujours exemptes de reproches. Il serait à souhaiter que les professionnels possèdent bien la technologie du beurre et les conditions essentielles à observer pour réussir cette fabrication.

Il faut savoir que la maturation des crèmes est capricieuse et délicate, de même que le barattage. On doit pouvoir obvier aux accidents de fabrication et les circonscrire par une installation judicieuse.

On s'efforcera, dans tous les cas, de munir chaque beurrerie de deux locaux indépendants, à température différente : l'un en rez-de-chaussée, pour la fabrication d'hiver; l'autre en sous-sol, pour la fabrication d'été.

Suivant les cas, la maturation des crèmes, le barattage, le malaxage, le moulage se font au rez-de-chaussée ou à la cave.

La surface des locaux est en rapport avec l'importance de l'exploitation et le nombre de litres de lait que l'on doit y travailler journellement.

Principes de construction. — Avec les *petites beurreries de ferme*, on peut se contenter d'une portion de buanderie ou de cave, isolée par des cloisons et rendue indépendante, afin que le lait, la crème ou le beurre ne soient pas contaminés par des émanations malodorantes et des ferments de mauvaise nature.

Dans tous les cas, les locaux doivent être *frais*, mais *non humides*. Ils auront une eau abondante et pure à leur disposition et les lavages pourront s'y faire à grande eau. Il leur faut donc un écoulement.

L'exposition la plus convenable pour les beurreries est le Nord. A l'orientation du Midi, il faut des ombrages protecteurs, tels que arbres, auvents, bâtiments.

L'aération doit pouvoir se faire facilement, grâce à un jeu de ventilateurs enchâssés, ou de prises d'air complétées par des fenêtres à vasistas. Des stores et des volets pleins tempèrent l'action du froid et de la chaleur.

Le sol est carrelé ou cimenté avec soin. Des pentes convergentes dirigent les eaux de lavage dans une canalisation souterraine ou un boitout.

Les murs, protégés par des soubassements en ciment poli, les protègent de l'humidité. Les enduits sont avantageusement remplacés par des carreaux en céramique ou en faïence.

Les murs et les plafonds sont enduits de préférence d'un mortier de chaux finement taloché, plutôt qu'au plâtre. Un badigeon fréquemment renouvelé rapproprie les locaux et les désinfecte.

Toutes les mesures protectrices sont prises pour le maintien aussi uniforme que possible de la température intérieure. Autant que faire se peut, on cherchera à obtenir 12° ou 13° à la cave, 14° ou 16° à la beurrerie.

Ces conditions observées, on peut presque toujours se passer d'un appareil de chauffage, sauf pendant la période des grands froids, ce qui est économique. Quand on veut entreprendre conjointement la fabrication des fromages maigres affinés, le chauffage est de rigueur, tout au moins en hiver.

Petite beurrerie fermière (Méthode centrifuge). — Si on veut ne pas être trop à l'étroit, il faut compter sur un minimum de 5 mètres × 6 mètres en surface pour le rez-de-chaussée, avec un sous-sol de même superficie.

Le lait centrifugé étant impropre à la fabrication des fromages affinés, le local ne sera organisé qu'en vue de la production du beurre seul. Le petit lait provenant des centrifugeuses ne peut guère être utilisé que pour l'élevage des veaux, des gorets et des volailles.

C'est presque toujours à la cave que l'on place la baratte, le malaxeur et les moules à beurre. Cependant, pendant la saison froide, quand le beurre est dur par excès, le travail du beurre peut très bien se faire au rez-de-chaussée.

Au rez-de-chaussée (V. *Plans d'une beurrerie centrifuge*) se trouvent l'écrémeuse centrifuge A, la table des crémeuses B où la crème mûrit, le bac à eau C pour les lavages, la chaudière à cuire D et l'escalier E accédant à la cave Dans le sous-sol sont rassemblés le malaxeur rotatif F, la baratte G, une table H pour la mise en dépôt et l'emballage du beurre, un deuxième bassin à eau I.

Des puisards, avec plaques de refoulement contre les mauvaises odeurs, évacuent les eaux vannes dans un puits boitout, où elles

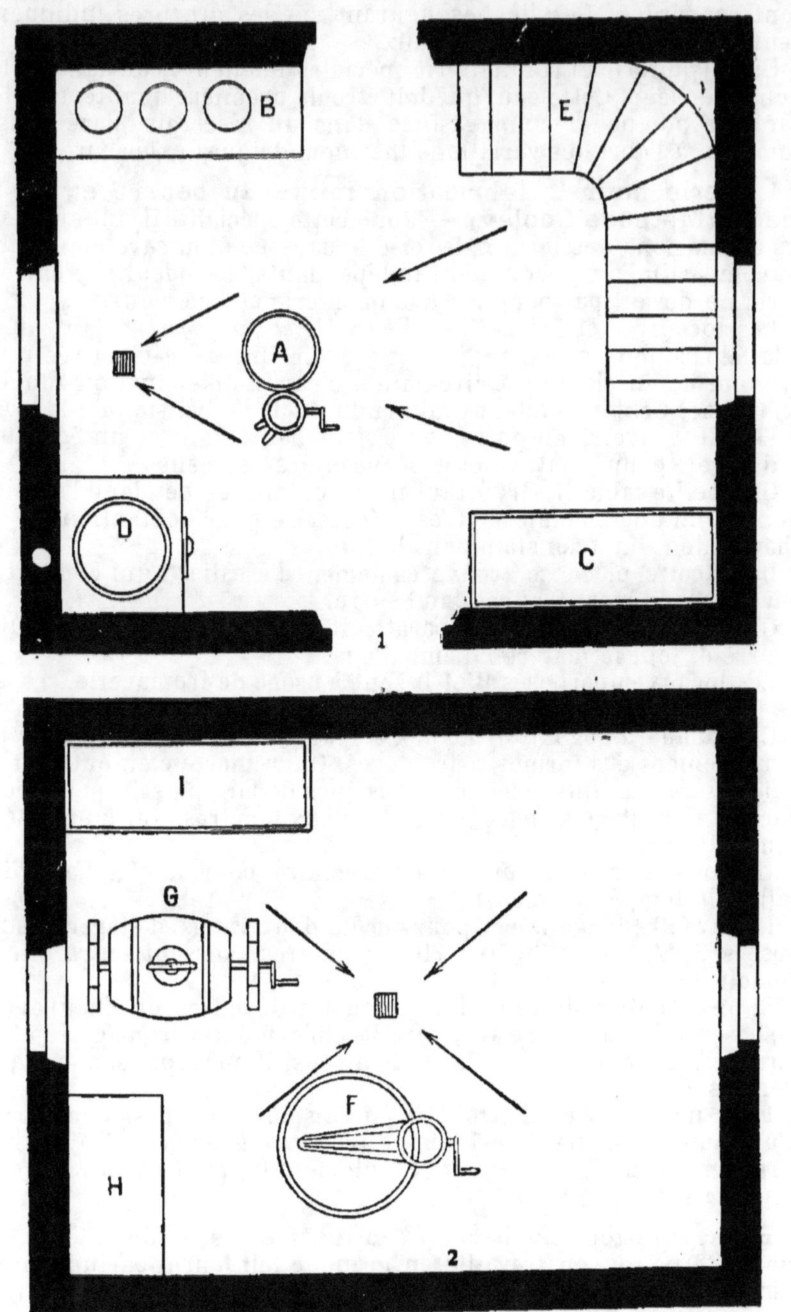

Sur le plan du rez-de-chaussée (1) on voit : la centrifugeuse A ; la table des crémeuses B ; le bac à eau C ; la chaudière D et l'escalier E. Sur le plan du sous-sol (2), on voit : le malaxeur F ; la baratte G ; une table H et un bac à eau I.

PLAN D'UNE BEURRERIE CENTRIFUGE

vont se perdre. Les flèches figurant sur les gravures indiquent la pente pour l'écoulement des eaux.

Une tuyauterie et robinetterie spéciales amènent l'eau dans les bacs, à chaque étage. Cette eau, qui doit être de première qualité, est élevée par une pompe et emmagasinée dans un réservoir placé sous les combles, à l'abri des variations thermométriques extérieures.

Laiterie pour la fabrication mixte du beurre et du fromage (Méthode Cooley). — Pour cette spécialité il faut augmenter les dimensions des locaux, le rez-de-chaussée et la cave étant divisés en compartiments absolument indépendants, les odeurs de la fromagerie ne devant pas pénétrer à la beurrerie et vice versa.

Les locaux A et C (V. *Tabl. Beurrerie et fromagerie*) étant affectés à la fabrication du beurre, il doit y avoir au rez-de-chaussée un bac profond E, en ciment, à circulation d'eau, dans lequel on range les crémeuses Cooley pendant toute la durée de l'ascension de la crème.

Il doit y avoir, en outre, en F, un bac lavoir et un égouttoir à claire-voie pour le lavage et le séchage des ustensiles.

Une petite table H sert à ranger les crémières pendant l'acidification. Enfin une chaudière G est nécessaire pour l'obtention de l'eau chaude dont on a constamment besoin.

Dans cette pièce se trouve également l'escalier I qui conduit à la cave, dans le local C affecté au beurre.

C'est là que se trouvent la baratte R, le malaxeur Q, les moules à beurre et tout le matériel d'emballage.

Les locaux superposés B et D sont à usage de fromagerie. La salle de fabrication B possède un ameublement spécial.

C'est d'abord l'égouttoir K, monté sur pieds et en bois zingué pour le rangement des formes à fromages. On remarque en outre la *table d'emprésurage* L, qui recevra les bassines de lait, puis le petit séchoir portatif et grillagé O, placé entre les deux fenêtres, qui fournissent le courant d'air.

Un poêle à feu continu P est nécessaire pour le chauffage de la salle à la température de 18°.

La cave d'affinage D est pourvue de deux rangs d'étagères superposées S, S', larges de 70 à 80 centimètres, laissant entre elles un couloir de circulation.

Si on voulait réduire au minimum les dépenses de chauffage, on disposerait la chaudière G contre la cloison de la fromagerie et on y ferait passer le tuyau de fumée. Ce dispositif ne va pas sans occasionner des ennuis.

Pour ne pas être à l'étroit, il faut disposer, pour les deux locaux, d'une superficie allant de 7 à 9 mètres en longueur et 5 à 7 mètres en largeur. Ces chiffres intéressent seulement les petites et les moyennes exploitations.

Beurreries coopératives et industrielles. — Dans toute laiterie moderne, où on travaille en grand le lait fourni par une ou plusieurs localités laitières, il n'est pas nécessaire de rechercher le voisinage immédiat d'une gare, mais on se placera de préférence au centre du rayon de ramassage.

Il faut un certain confort dans les constructions, que l'on établira autant que possible en flanc de coteau, à l'exposition du Nord, en s'approvisionnant abondamment en eau de bonne qualité.

Par mesure d'économie, on peut rassembler dans le même bâti-

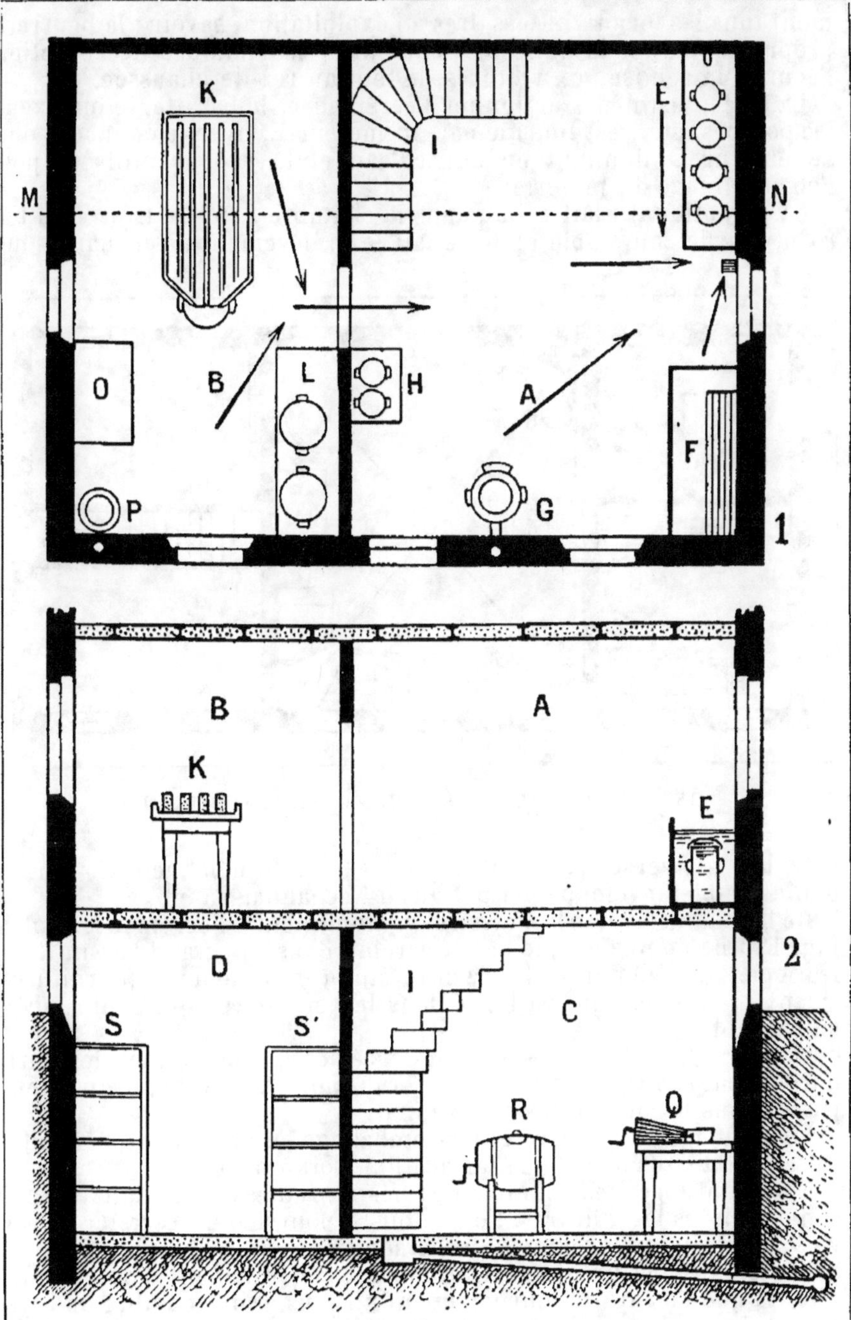

Sur le plan (1) on voit : le rez-de-chaussée avec les deux compartiments réservés à la beurrerie A et à la fromagerie B. Sur la coupe (2), suivant MN, on retrouve les mêmes compartiments et, de plus, les deux parties C et D du sous-sol qui leur correspondent.

BEURRERIE ET FROMAGERIE

ment tous les locaux nécessaires à l'exploitation, savoir : la beurrerie proprement dite, la salle des machines, la chambre de réception, l'écurie, la remise aux voitures, le tout au rez-de-chaussée.

La force destinée à actionner l'écrémeuse, la baratte, le malaxeur, les pompes, etc., est fournie par un moteur E, avec le concours d'un générateur O donnant en outre l'eau et la vapeur utilisées pour l'ébouillantage du matériel.

La réception du lait a lieu dans la chambre I, où se trouve un bureau pour le comptable et où se fait le prélèvement des échantillons.

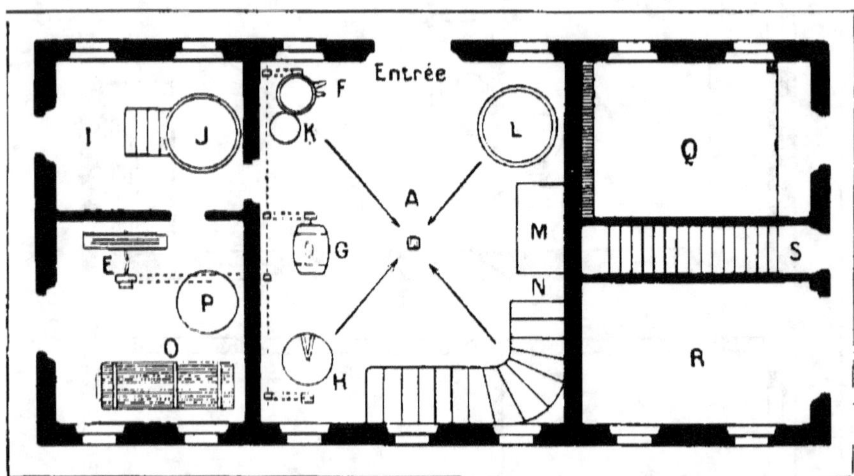

BEURRERIE COOPÉRATIVE INDUSTRIELLE

Le lait est versé dans un grand récipient mélangeur J, pourvu d'une double enveloppe permettant le réchauffage à 30°.

De là le lait traverse la cloison et vient alimenter l'écrémeuse centrifuge F. Une pompe envoie le lait écrémé dans un grand bassin L, où les sociétaires viendront le prendre, au prorata de leurs fournitures. Quant à la crème, elle est logée dans les crémières qui sont rangées sur la table M.

Une fois la crème acidifiée au degré convenable, on fait le beurre dans la baratte G, puis on le met raffermir à la cave, avant de le passer sous le rouleau du malaxeur H.

Le moulage du beurre et son emballage se pratiquent, suivant la saison, soit dans la salle de fabrication, soit à la cave.

En Q sont logés les chevaux destinés au ramassage du lait et en R sont remisées les voitures. Le couloir S, pourvu d'un escalier de service, conduit aux logements du personnel.

Les frais généraux de fabrication sont généralement d'autant plus réduits que l'on traite journellement un plus grand nombre de litres de lait. Les cultivateurs ont intérêt à se grouper pour assurer le fonctionnement d'une coopérative importante.

Les coopérateurs ont d'ailleurs la ressource de pouvoir bénéficier des *prêts à longs termes* consentis par les *caisses de crédit agricole*. Il suffit de souscriptions modiques pour mettre en marche une beurrerie prospère, qui rendra les plus grands services aux sociétaires.

IX. — PRINCIPES DE FROMAGERIE

Les bons laits fromagers. — Les laits qui conviennent le mieux à la fromagerie sont ceux dont la teneur en *beurre* et en *caséine* est la plus élevée, puisque ces éléments sont ceux que retient partiellement le coagulum pour former la *matière du fromage*.

Une partie de l'eau et la totalité du sucre de lait étant éliminées ou brûlées pendant le *dressage*, *l'égouttage*, *l'affinage*, il ne reste dans le caillé qu'une quantité variable de matière grasse, plus ou moins, suivant la rapidité de la coagulation, ainsi que la caséine et les *phosphates de chaux* en suspension.

La caséine en dissolution et les *sels solubles* sont entrainés par le sérum et il s'ensuit une perte sensible de substances nutritives, qu'il est impossible d'empêcher.

Dans un lait de composition normale, les chiffres ci-dessous donnent la proportion des éléments retenus par le coagulum et ceux qui sont éliminés par le sérum.

	Retenus par le coagulum.	Entrainés par le sérum.	Totaux.
Matière grasse.	3,00	0,15	3,15
Sucre de lait	0,00	4,78	4,78
Caséine.	3,21	0,74	3,95
Sels divers	0,13	0,26	0,39

Ainsi qu'on le voit, les pertes les plus faibles portent sur la caséine et la matière grasse : ce sont donc les laits riches en ces éléments qui conviennent le mieux à la fabrication des fromages.

Comme il y a une corrélation assez étroite entre la teneur de ces deux principes essentiels, le beurre et la caséine, les laits à fort rendement sont toujours ceux qui, avec une haute densité, sont les plus riches en crème.

On admet qu'un lait pesant 1,029 à 15°, et dosant 3 pour 100 de graisse, peut fournir 11,1 pour 100 de *matière sèche*. Cette proportion passe à 12,1 pour 100, quand le même lait est à la densité de 1,033.

Le pourcentage de matière sèche passe à 12,3 et à 13,3 avec des laits dont la teneur en beurre passe à 4 pour 100, pour des densités respectives de 1,029 et 1,033.

Ces chiffres peuvent servir de base pour l'appréciation individuelle des laits et leur valeur fromagère.

Les bonnes races fromagères. — Les laitières à grand rendement, comme la *hollandaise*, la *flamande*, etc., dont le lait est pauvre en caséine et en matière grasse, ne conviennent guère à la fromagerie.

Il y a cependant d'heureuses exceptions car, bien souvent, les aptitudes afférentes à la race s'effacent devant les aptitudes individuelles. Quoi qu'il en soit, les meilleures races fromagères se rencontrent parmi les *races suisses* et les *races tachetées* de l'Est, telles que la *fribourgeoise*, la *schwitz*, la *simmenthal*, la *montbéliarde*, la *vosgienne*, qui sont exploitées depuis un temps immémorial aux diverses spécialités de fromages.

C'est donc avec les animaux des races précitées que l'on obtient généralement le meilleur lait, celui dont la teneur en caséine et en graisse dépasse souvent 4 pour 100. On s'adressera à elles pour améliorer la productivité des vaches destinées à l'industrie fromagère.

La sélection doit être guidée par l'examen attentif des laits, en tenant compte à la fois du rendement et de la richesse.

De toute évidence, on peut avoir intérêt à entretenir une laitière donnant 3000 litres de lait, aux lieu et place d'une autre laitière au rendement de 4000 litres, si le lait de cette dernière est de mauvaise qualité.

Comme les frais généraux et ceux de nourriture sont moins élevés, la première est souvent plus économique et d'un meilleur rapport que la deuxième.

Il convient de sélectionner attentivement les *vaches fromagères*, en prenant les élèves, exclusivement, aux femelles qui se font remarquer par leur propension à fournir un lait abondant, à la fois butyreux et riche en caséine.

A ce point de vue, la Suisse nous montre la marche à suivre, et les *syndicats d'élevage* devraient aider les producteurs à diriger scientifiquement la sélection.

Coagulation du lait. — Le lait, qu'il soit pur ou écrémé, coagule spontanément, sous l'influence de *l'acide lactique* du sucre de lait, quand on l'abandonne à lui-même à une température convenable.

Il se prend en une masse amorphe et opaque, qui se comprime et s'assèche de plus en plus, en expulsant son *sérum*, lequel, plus léger, monte à la surface.

Le *caillé* ainsi obtenu possède une amertune et une odeur désagréables. Comme il est lent à se former, les colonies de microbes prennent possession du milieu et la conservation du coagulum s'en trouve affectée.

En outre, les *phosphates de chaux* se trouvent solubilisés en partie: ils sont entraînés par le sérum et perdus pour le fromage.

Pour obtenir un *travail diastasique* convenable, seul capable de fournir un coagulum moelleux, à goût et à saveur agréables, susceptible de pouvoir s'affiner sans accidents, le lait doit être coagulé par la *présure*.

La présure est un ferment soluble, qui se trouve en abondance dans les membranes stomacales des jeunes ruminants soumis au régime lacté.

On l'obtient en faisant digérer la *caillette* des jeunes veaux, après une dessiccation préalable. La macération a lieu dans de l'eau légèrement salée et acidulée.

Cette préparation appartient surtout au domaine industriel. Les présures préparées empiriquement à la ferme ne sont pas titrées et, mal épurées, elles se conservent difficilement et infectent souvent le lait de mauvais microbes.

Les *présures du commerce* sont généralement au titre de 1/2500 ou au titre de 1/10000, c'est-à-dire que, avec un litre, on peut coaguler 2500 litres ou 10000 litres de lait en quarante minutes, ce lait étant à la température de 35 degrés.

Mais la coagulation du lait ne doit pas toujours se faire en quarante minutes, ni à la température de 35°. Suivant les spécialités, on opère à des températures plus faibles ou plus fortes, en un laps de temps plus court ou plus long.

Dans tous les cas, la force d'une présure est en rapport avec le volume du lait qu'elle coagule, et inversement proportionnelle au temps.

Les quantités à employer se calculent aisément au moyen d'une règle de trois.

Désignons par V, le volume du lait à emprésurer ; M, les minutes exigées pour la coagulation, à une température T. Faisons $F = 10$ ou $F = 2,5$ suivant que le titre de la présure est au 1/10000 ou au 1/2500 ; $T' = 35$; $M' = 60$ et appelons Q la quantité de présure à employer.

On aura toujours :

$$Q = \frac{T' \times M' \times V}{F \times T \times M}. \tag{1}$$

Soit, par exemple, à déterminer la quantité de présure nécessaire à la coagulation de 25 litres de lait en trois heures, à 30°, avec de la présure au 1/10000.

La quantité sera : $\dfrac{35 \times 60 \times 25}{10 \times 30 \times 180} = 0$ gr. 97.

La présure étant au 1/2500, il faudrait : $\dfrac{35 \times 60 \times 25}{2,5 \times 30 \times 180} = 3$ gr. 88.

De la formule (1) on pourrait tirer le temps M, la température T et le nombre litres V. Mais ces calculs ont peu d'intérêt pratique.

Division du caillé et égouttage. — Une fois le coagulum au point, on le divise au moyen de *spatules en buis* ou d'une *lyre* (V. *Tabl. Fromages à pâte ferme, fig.* 2) en formant dans les deux sens des tranches verticales qui activent la montée du sérum.

Plus les tranches sont petites, plus vite se fait l'ascension du *petit-lait*, que l'on peut prélever au moyen d'une louche et d'une passoire.

Il convient, avec les *pâtes molles*, de ne pas retarder le « dressage » trop longtemps, car on risquerait de provoquer des vides dans les fromages.

On passe successivement d'une forme à une autre, de manière que chacune d'elles reçoive du caillé du commencement et de la fin de la bassine, pour obtenir des spécimens de poids égaux.

Les fromages dressés, le sérum continue à s'échapper au travers des formes. On active son départ par des *retournements* et quelquefois par l'action d'une *presse*.

Dans tous les cas, on doit débarrasser le plus vite possible la pâte de l'excès de sucre de lait qui pourrait contrarier l'*affinage*.

Séchage et affinage. — Les fromages égouttés sont salés, puis séchés.

Le séchage a pour but de ralentir ou d'arrêter le développement du *penicillium*, champignon blanc, à mycelium, qui prolifère à la surface des fromages, au détriment de l'acide lactique du sérum.

Ce penicillium prépare le terrain aux *diastases de la maturation*, en rendant le milieu neutre. Celles-ci transformeront ensuite la caséine en *caséone* et laisseront apparaître sur la croûte les champignons rouges.

Le penicillium est très capricieux. Quand il devient envahissant et qu'il passe au *noir*, il occasionne l'accident le plus grave qui puisse survenir dans la fabrication des pâtes molles. On le contrarie en rendant le milieu neutre ou alcalin.

La ligne de conduite à suivre pour l'affinage des fromages diffère suivant les spécialités : *pâtes molles, pâtes sèches, pâtes pressées*, etc.

X. — FABRICATION DES FROMAGES FRAIS

La vogue des fromages frais. — Les *fromages frais*, c'est-à-dire ceux fournis par un *coagulum* plus ou moins égoutté, mais non affiné, ont une valeur variable suivant les soins apportés à leur fabrication.

Ils sont d'autant plus estimés qu'ils contiennent davantage de matière grasse et qu'ils ont été mieux travaillés.

Les fromages frais sont à la fois nourrissants et rafraîchissants; ils constituent le meilleur et le plus agréable des desserts, à l'époque des grandes chaleurs.

Nombre de personnes, qui s'accommodent mal des aliments fermentés, donnent la préférence aux fromages frais, même en hiver. C'est pourquoi ces spécimens sont recherchés en toute saison.

Il convient toutefois de faire une distinction entre les *fromages maigres*, fabriqués avec du lait écrémé et les *fromages gras*, de lait pur, et même bonifiés par adjonction de crème douce.

De toute évidence, ces derniers ont une valeur marchande supérieure aux spécimens fabriqués avec du lait écrémé.

Des fromages *mous* et *blancs*, encore dits « à la pie », que l'on fabrique dans certaines fermes, d'après l'ancienne méthode, avec des laits écrémés et coagulés spontanément, nous dirons peu de chose.

Ces spécimens ont une pointe aigrelette et sapide qui les déprécie. La crème que l'on peut leur ajouter ne suffit pas toujours pour masquer leur acidité, aussi ne les consomme-t-on guère en dehors de leur lieu de production.

On s'attachera surtout à fabriquer des *suisses mi-gras* ou des *doubles-crèmes*, qui trouvent preneur à un prix rémunérateur.

Fromages blancs de ferme. — Les *fromages blancs maigres* ou à *la pie* sont fabriqués avec le contenu des terrines qu'on laisse coaguler spontanément, après avoir prélevé la crème.

Le caillé formé, on le distribue, à l'aide d'une grande louche ou d'une écumoire, dans des moules de formes différentes, en bois, en terre, en fer-blanc ou en osier, après les avoir doublés ou non d'un linge en toile.

Lorsque la majeure partie du sérum s'est échappée, le gâteau restant est grossièrement écrasé et pétri avec du sel, des épices et quelquefois additionné d'un peu de crème.

Cette spécialité n'est pas assez lucrative. Il faut adopter des procédés de fabrication plus perfectionnés.

Fabrication des cœurs. — Les *fromages demi-maigres*, quand ils sont bien travaillés et bien présentés, sont de plus en plus demandés. Ils peuvent être vendus à un prix qui les met à la portée de toutes les bourses.

On les fabrique avec du lait doux fourni par les centrifuges, ou écrémé avec le concours de l'eau. Ce dernier étant naturellement plus riche en matière grasse, il n'est pas nécessaire de lui ajouter autant de crème pour l'adoucir.

Dans tous les cas, le lait écrémé est mis en présure à la température de 18°, avec une dose assez faible de présure, de manière que la coagulation se fasse lentement, en une vingtaine d'heures environ.

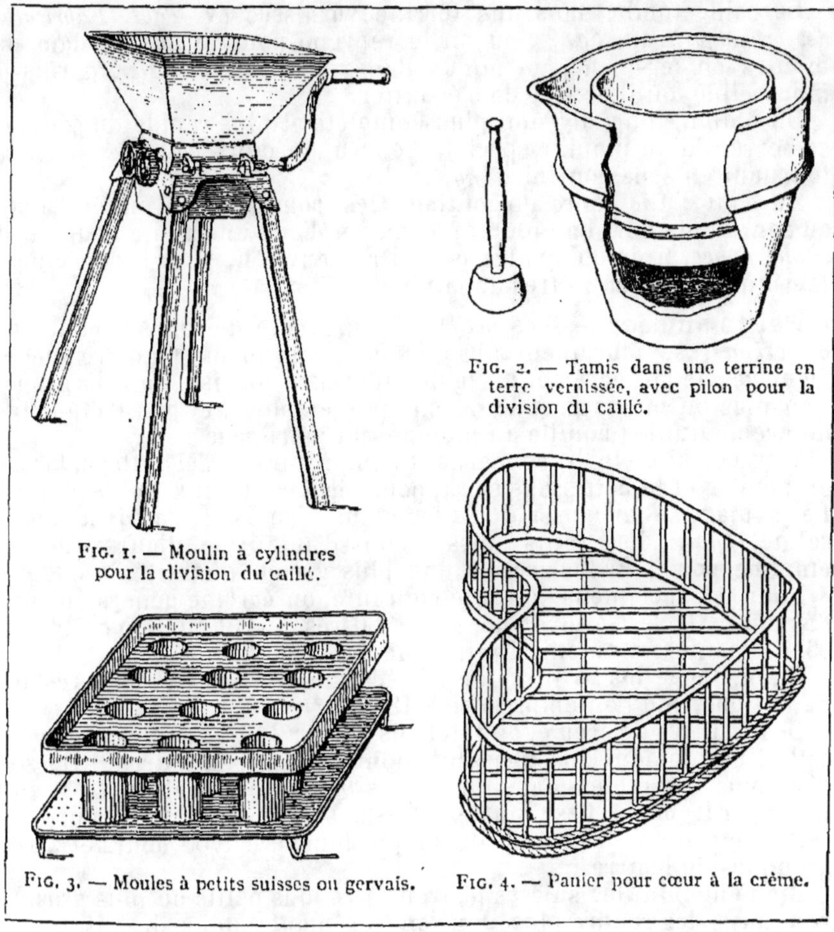

Fig. 1. — Moulin à cylindres pour la division du caillé.

Fig. 2. — Tamis dans une terrine en terre vernissée, avec pilon pour la division du caillé.

Fig. 3. — Moules à petits suisses ou gervais.

Fig. 4. — Panier pour cœur à la crème.

FABRICATION DES FROMAGES FRAIS

Cette prescription doit être observée, afin que le caillé reste moelleux et onctueux, sans toutefois laisser à l'acide lactique le temps de l'altérer.

Un gramme de présure au titre de 1/2500 suffit pour coaguler dix litres de lait dans le délai prescrit. Cette présure est mesurée dans une éprouvette graduée et étendue à dix fois son volume d'eau.

Avoir soin de bien brasser le liquide, pour rendre le mélange plus intime. La prise est jugée suffisante lorsque le caillé commence à s'affaisser, en laissant apparaître un sérum clair.

On verse alors le contenu des bassines dans des *toiles* ou *étamines*, dont on replie les bords, pour former des sortes de matelas que l'on superpose sur l'égouttoir, en interposant des claies entre eux.

Sous l'action de la pesanteur, le petit-lait s'égoutte. On active son départ en changeant l'ordre des matelas et en chargeant avec de faibles poids au bout de deux ou trois heures. Environ dix heures après, le caillé est assez égoutté. On le divise en le pilonnant dans un tamis de crin ou de laiton, consolidé par des tendeurs.

Le caillé tombe dans une terrine vernissée (V. *Tabl. Fabrication des fromages frais, fig.* 2, où on le reprend pour le mettre dans des moules en fer-blanc, ou mieux dans des *cœurs en osier*, garnis de mousseline, où il achève de s'égoutter.

On obtient une division plus complète et plus rapide du caillé en se servant d'un moulin spécial, pourvu de deux *cylindres en granit* tournant en sens contraire (*fig.* 1).

Au bout d'une heure d'égouttage, les fromages peuvent être livrés au consommateur, en ajoutant à chacun d'eux une petite bouteille de *crème douce*, trois ou quatre centilitres environ, pour les spécimens fabriqués avec deux litres de lait écrémé.

Petits suisses. — Les *petits suisses*, encore désignés sous le nom de *crèmes*, se fabriquent absolument de la même manière que les fromages de lait écrémé. La seule différence consiste dans la proportion plus ou moins grande de lait pur employé, et par l'adjonction de crème qui les bonifie au moment du pétrissage.

Tout ce qui a été dit concernant l'emprésurage, l'égouttage, la mise en moules et le pétrissage se rapporte également aux petits suisses. Le moulage se fait aussi dans des moules en osier, garnis de mousseline (*fig.* 4). Les petits suisses sont d'autant meilleurs que l'on emploie pour leur fabrication une plus grande quantité de lait pur.

Pour les spécimens de vente courante, on écrème généralement à 85 pour 100, c'est-à-dire que, sur 100 litres de lait pur, on en turbine 85, de manière à obtenir 10 litres de crème douce.

On mélange les 75 litres de lait écrémé avec les 15 litres restants de lait pur, que l'on emprésure à 18°.

Des 10 litres de crème, on fait trois parts : 2 litres sont mélangés au caillé, au moment du pétrissage, pour l'adoucir, 2 autres litres sont distribués aux clients dans de petites bouteilles, à raison de 4 centilitres par fromage. Les 6 autres litres sont transformés en beurre.

Par ce procédé, 100 litres de lait pur fournissent 50 cœurs et 2 kilogrammes de beurre.

Bien entendu, les suisses peuvent être plus petits ou plus gros. On peut aussi les rendre plus gras en écrémant moins de lait, ou en ajoutant un peu plus de crème lors de la vente. Dans tous les cas, les principes de fabrication restent les mêmes.

Fabrication des gervais et des pommels. — Les *gervais* et les *pommels* sont des doubles-crèmes très appréciés.

Leur fabrication est intéressante, en ce sens qu'ils font ressortir le litre de lait à un prix qui n'est atteint par aucune autre spécialité de l'industrie fromagère. Elle abandonne en outre au producteur une quantité notable de lait écrémé, qui sera avantageusement employée à d'autres usages, élevage des veaux ou des porcelets.

La réussite dépend essentiellement des soins apportés à la préparation de la pâte, laquelle doit être douce, onctueuse, grasse et bien liée. Avec des coagulums grumeleux, on ne peut rien faire de bon.

Voici la manière d'opérer :

Supposons que l'on veuille transformer en *gervais*, par exemple, 50 litres de lait; on commencera d'abord par en écrémer la moitié, soit 25 litres, au moyen de l'écrémeuse centrifuge.

L'écrémage étant fait à 12 pour 100, on est en possession de 3 litres de crème douce, sur lesquels on en prélève 2 litres pour les ajouter aux 25 litres de lait pur, ce qui fait 27 litres.

On refroidit le tout à 16°, en plongeant la bassine dans l'eau froide, puis on l'emprésure avec 2 gr. 1/2 de présure au 1/2500.

Au bout de vingt heures environ, le lait étant à la température de 16°, la coagulation est au point.

On verse alors le caillé entre les toiles, comme précédemment, et, après quinze heures d'égouttage, on tamise ou on cylindre très finement, en ajoutant le litre de crème qui revient au contenu de chaque bassine.

On travaille encore la pâte à la spatule pour la rendre longue, plastique et homogène. Elle peut alors se mouler facilement à la main.

Il n'y a plus qu'à la façonner en petits cylindres, que l'on entoure de papier fort, non collé, soit avec les doigts ou, d'une façon plus expéditive, en se servant d'un moule spécial, pourvu d'un certain nombre de tubes creux. Ces tubes étant remplis de caillé, on démoule au moyen d'un mandrin de bois.

Avec les 50 litres de lait mis en œuvre, on obtient 4 kilogrammes de pâte à gervais et 22 litres de lait écrémé.

Les moules à gervais mesurent généralement 5 centimètres de hauteur et 3 cent. 5 de diamètre.

Bondons, malakoffs et petits carrés. — Ces fromages sont le plus souvent des *doubles-crèmes*, dont la pâte a beaucoup d'analogie avec celle des gervais et des pommels. Ils en diffèrent cependant par leurs formes et leurs dimensions et aussi parce que leur pâte est généralement un peu salée.

De plus, leur pâte est moulée plus ferme et, par suite de leur égouttage plus complet, ils se conservent plus longtemps.

Souvent aussi on les soumet à un commencement d'affinage, avant de les livrer au consommateur. Dans ce but, on les laisse envahir en surface par le *penicillium glaucum*, mais seulement jusqu'à l'apparition d'un fin duvet blanc.

Ces spécimens marquent la transition entre les fromages frais et les fromages affinés à pâte molle.

Les doubles-crèmes ayant une tendance à rancir et à prendre une saveur aigrelette, c'est par le salage que l'on empêche les altérations.

Au lieu de saler par saupoudrage, on préfère jeter le sel entre les rouleaux du broyeur, de manière que la répartition se fasse uniformément dans toute la masse.

Le *neufchâtel* ou *bondon* se fabrique ainsi qu'il suit :

Le lait entier, additionné ou non d'une quantité de crème variable, est mis en présure à la température de 20°, avec une dose telle que la coagulation soit complète en dix-huit ou vingt heures.

On fait égoutter dans des étamines, en chargeant faiblement avec des poids. Après douze ou quinze heures d'égouttage, on pétrit et on malaxe, en même temps qu'on sale à un pour cent ou un et demi pour cent tout au plus.

Le dressage se fait dans des moules en fer-blanc étamé, ayant 7 centimètres de hauteur et 5 centimètres de diamètre.

On laisse d'abord égoutter dans les formes. Une fois que le caillé a une consistance suffisante, on démoule puis on range les bondons sur des claies, dans une cave ni trop sèche ni trop humide.

Les bondons sont vendus lorsqu'ils sont bien couverts de moisissures et que les penicilliums ont brûlé en grande partie le sucre de lait resté dans le coagulum.

XI. — FROMAGES AFFINÉS A PATE MOLLE

Généralités. — Bien que variables comme forme, comme goût, arome et couleur, les *fromages à pâte molle* ont une fabrication presque identique.

Ils diffèrent seulement dans la technique de l'*emprésurage*, du *dressage*, de l'*égouttage*, du *salage*, du *séchage* et de l'*affinage*.

Quand on connaît bien une spécialité à pâte molle, il est facile de s'initier aux autres fabrications.

Il ne faut pas croire, cependant, que l'on puisse obtenir plusieurs sortes de fromages dans la même cave.

Chaque spécialité a un *ferment* qui lui est propre. Au contact des ferments étrangers, il y a absorption des plus faibles par les plus forts et il s'ensuit des changements dans le goût et l'arome.

Pour fabriquer deux spécimens différents, il faut deux séchoirs et deux caves. On veillera en outre de ne pas transporter, avec les mains ni les ustensiles, les ferments d'une cave dans une autre et vice versa.

Les opérations propres à toutes les spécialités de fromages à pâte molle sont :

L'*emprésurage*, qui se fait à une température variable, entre 26° et 33°, avec une dose de présure telle que la coagulation soit terminée depuis trente minutes jusqu'à trois heures.

L'*égouttage* a pour objet l'enlèvement du sérum. Commencé dans la bassine, après la division du caillé, il est continué après la mise en formes et activé par les retournements.

Le *dressage* ou mise en *moules* a lieu dans des *formes* de hauteur et diamètre variables. Une fois le caillé affaissé, on peut remplacer les grandes formes par des formes plus basses ou par des *éclisses*.

Le *salage* se pratique généralement à la main, avec du sel assez finement égrugé, à la dose de 2 à 4 pour 100 du poids du fromage.

Toutes ces opérations ont lieu dans la salle de fabrication proprement dite, laquelle doit être tenue à la température de 18°, soit par chauffage à la vapeur ou au moyen d'un poêle continu.

Le *séchage* s'effectue dans un local (*haloir*) pouvant être aéré et ventilé, tenu à la température de 12° à 14°. Les fromages y séjournent de six jours à trois semaines. Dans les petites fromageries, le séchoir peut être un simple garde-manger.

L'*affinage* a lieu à la cave, à une température de 12° environ. Les fromages y restent jusqu'à ce qu'ils rebondissent sous la pression des doigts, et que la totalité de la caséine se soit transformée en *caséone*.

Il faut pour cela trois semaines à deux mois, plus ou moins suivant la taille et surtout l'épaisseur des spécimens.

Principes essentiels de fabrications. — Camembert. Le matériel à *camembert* comprend des moules ou formes en fer-blanc étamé ou émaillé, ayant 15 centimètres de diamètre et 12 centimètres de hauteur (V. *Tabl. Fromages à pâte molle, fig.* 1), que l'on place sur des *planchettes* carrées, recouvertes de *clayons* en bois de store, de préférence aux cajets en paille ou en jonc.

Il faut *essèver*, c'est-à-dire écrémer le moins possible le lait avant de l'emprésurer, de façon qu'il reste 32 grammes de matière grasse par litre.

Mettre en présure à 30° en hiver et à 26° ou 28° en toute autre saison. La coagulation devant durer trois heures, il faut 1 gr. 5 de présure au 1/2500 à 30°, et 1 gr. 8 à 26°, pour 10 litres de lait. On dresse à la louche plate sans diviser le caillé.

Une heure après le dressage, on retourne les fromages. Les retournements sont continués de deux heures en deux heures.

Au bout de vingt-quatre heures, on procède au premier salage, puis au deuxième douze heures après. On emploie généralement 3 pour 100 de sel en hiver et 4 pour 100 en été.

Séjour au haloir, deux jours ; à la cave, quinze à trente jours.

Brie. — Les formes mesurent de 15 à 42 centimètres de diamètre et 8 à 12 centimètres de hauteur, suivant qu'il s'agit de *petits, moyens* ou *grands bries.*

Nattes de jonc placées sur des planchettes. Ecumoires plates pour le dressage ; le caillé n'est pas divisé.

Emprésurage à 30° l'hiver et à 28° l'été. Durée de la coagulation, trois heures. Mêmes doses de présure que pour le camembert.

Premier retournement, une heure après le moulage ; deuxième, trois heures plus tard et troisième le lendemain.

Remplacer alors les moules par des éclisses, que l'on resserre au fur et à mesure de l'égouttage.

Saler à 2 ou 3 pour 100, quand la pâte est égouttée, une face un jour, l'autre le lendemain.

Température à observer au haloir, 12°. On transporte à la cave une fois le penicillium bien développé.

Il faut cinq à sept semaines pour obtenir du brie au point pour la consommation.

Pont-l'Évêque. — *Formes* carrées de 13 centimètres de côté et 11 centimètres de hauteur. Elles sont accompagnées de *demi-formes,* ayant également 13 × 13 centimètres de côté et 5 cent. 5 de hauteur (*fig.* 2, 3 et 4).

Emprésurage à la température de 32° à 33°, en quarante minutes. Dose de présure à employer : 6 gr. 3 au 1/2500 pour 10 litres ou 1 gr. 6 si la présure est au titre de 1/10000.

Diviser le caillé avec une spatule. Le déposer ensuite dans une étamine, sur des claies, afin qu'il s'égoutte.

Au bout d'une demi-heure, on moule et on effectue de fréquents retournements. Changer les formes le surlendemain et saler en deux jours.

Les fromages sont lavés, puis mis à sécher dans le haloir, à la température de 16° à 18°, où on les range sur des nattes en paille de seigle ou en bois de stores.

Une fois secs, on les transporte à la cave, en les accolant les uns aux autres, en les plaçant tantôt de champ, tantôt à plat. Les retournements ont lieu tous les jours.

De temps à autre, laver à l'eau froide en été et à l'eau tiède en hiver. Degré hygrométrique de la cave, 90.

Petit munster. — Formes et demi-formes en fer-blanc étamé ou émaillé, percées de trous. Dimensions : *formes,* 18 centimètres de hauteur et 14 centimètres de diamètre ; *demi-formes,* 10 centimètres de hauteur et 14 centimètres de diamètre.

Emprésurage à 30°. Durée de la coagulation, une heure et demie.

Dose de présure nécessaire, 3 gr. 1 pour 10 litres au titre de 1/2500; 0 gr. 8 au titre de 1/10000.

Diviser le caillé dans les deux sens, à la spatule, en tranches de 5 centimètres de côté.

Enlever le plus gros du petit-lait avant le dressage et remplir les moules à la louche pleine.

Effectuer des retournements toutes les deux heures; remplacer les formes par les demi-formes.

Saler en deux fois, à un jour d'intervalle, à 3 ou 3,5 pour 100 de sel égrugé demi-fin.

Séjour au séchoir, cinq à huit jours. Affinage à la cave, avec retournement et lavages à l'eau tiède salée, en cas de besoin. Durée six semaines environ pour les spécimens de 400 grammes.

Durée totale de la fabrication, à peu près deux mois.

Port-salut. — Ce fromage marque la transition entre les *pâtes molles* et les *pâtes sèches*. Moule de 18 centimètres de diamètre et 6 centimètres de hauteur, garni d'une étamine.

Emprésurage à 35°, en trente minutes. Dose de présure pour dix litres, 8 grammes au 1/2500 et 2 grammes au 1/10000.

Le caillé est divisé assez finement. On le réchauffe à 40° et on le brasse pendant une demi-heure, pour séparer le sérum.

On dresse les fromages, puis on les soumet, sous une presse spéciale (*fig.* 5), à une pression modérée de 1 kilogramme par spécimen, que l'on augmente jusqu'à 5 kilogrammes.

Retourner les fromages à chaque changement de pression et remplacer les étamines.

L'égouttage terminé, saler à 30 grammes par kilogramme. Mettre à la cave où s'effectuent les retournements et les lavages à l'eau tiède en hiver et à l'eau froide en été.

Le rendement du lait en *port-salut* est de un kilogramme environ pour neuf litres. Le rendement diminue toujours avec la rapidité de la coagulation. Il est encore plus faible avec les pâtes sèches et cuites.

Installation de la fromagerie. — Quel que soit le type de fromage fabriqué et l'importance de l'exploitation, une fromagerie destinée aux pâtes molles affinées doit être soumise à une température uniforme de 18°.

Le meilleur dispositif à adopter est le suivant :

La *salle de fabrication* (*fig.* 6) A est accompagnée d'une *laverie* H, d'un *séchoir* E et d'une *cave d'affinage*, située au-dessous des locaux précités, toujours placés en rez-de-chaussée.

Dans la salle de fabrication, il doit y avoir une table B pour l'emprésurage du lait, un égouttoir C et un poêle D.

La laverie est pourvue d'un bac laveur en ciment H et d'une chaudière P pour le chauffage de l'eau. Des pentes convenablement ménagées rendent possibles les lavages à grande eau.

Le séchoir est meublé d'étagères en liteaux de sapin, sur lesquels on étale des nattes en bois de stores, qui supporteront les fromages.

La cave comporte une ou plusieurs séries d'étagères superposées en planches pleines, espacées de 30 à 35 centimètres. C'est là que l'affinage se fait sous l'influence des ferments de la maturation.

Égouttoir et séchoir pratiques. — On peut construire un égouttoir pratique et économique en établissant un bâti solide en

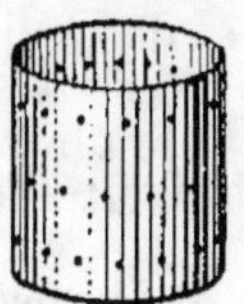

FIG. 1. — Moule
à camembert.

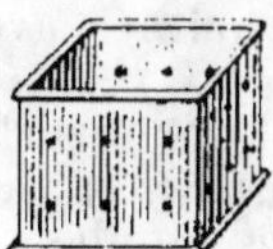
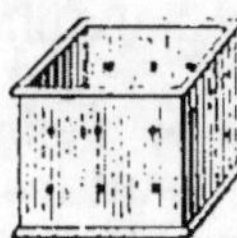
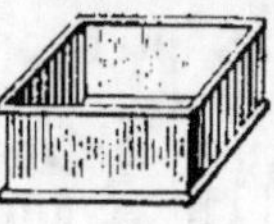

FIG. 2, 3 et 4. — Moules à pont-l'évêque.

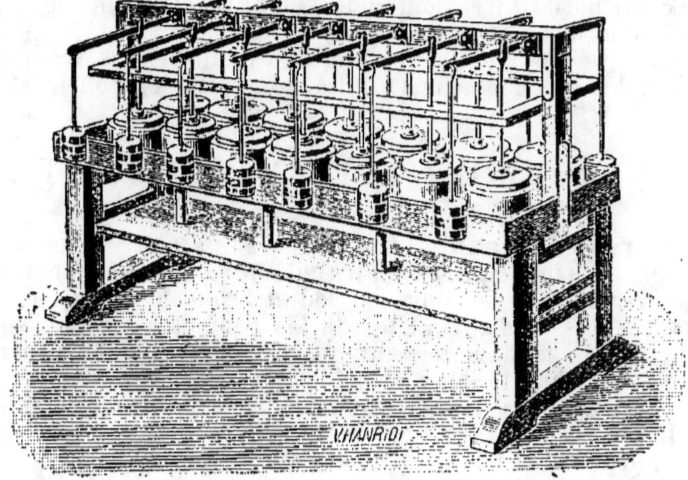

FIG. 5. — Presse pour la fabrication du port-salut.

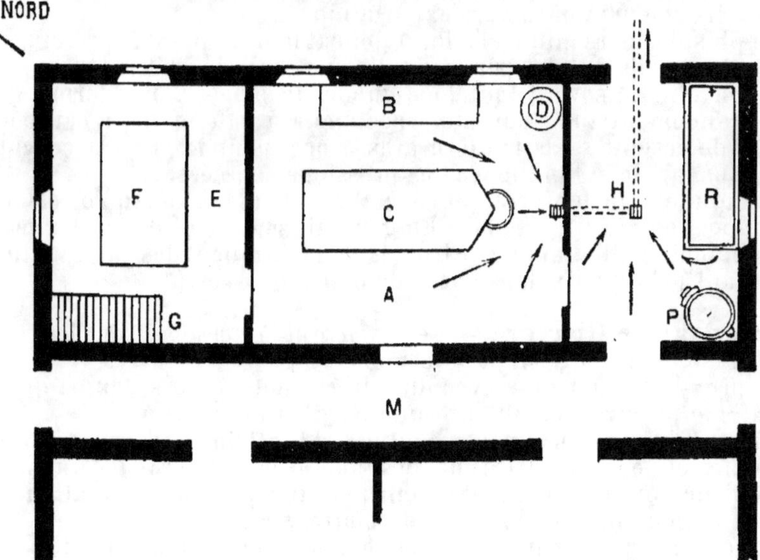

FIG. 6. — Plan d'une fromagerie : A, salle de fabrication ; B, table de dépôt pour le lait ; C, égouttoir ; D, poêle ; E, séchoir ; F, étagère ; G, escalier ; H, laverie ; R, bac en ciment ; P, chaudière ; M, couloir.

FROMAGES AFFINÉS A PATE MOLLE

bois dur, qui supporte deux plans inclinés, avec goulet de sortie pour le petit lait.

Chaque plan incliné ou table est recouvert d'une tôle ondulée ou en fer-blanc étamé, qui suit les ondulations des liteaux latéraux sur lesquels reposent les planchettes des moules.

C'est sur la table supérieure que se fait le dressage et les premiers retournements. On descend les fromages à l'étage bas lorsqu'on change les formes et qu'on effectue le salage.

Un séchoir portatif très commode s'établit facilement, de la même manière qu'un garde-manger monté sur pieds.

On l'entoure d'une toile métallique à mailles fines, s'opposant à l'intrusion des mouches, cause initiale des vers des fromages.

XII. — FROMAGES AFFINÉS A PATE FERME

Caractères généraux. — Les fromages à *pâte ferme* conviennent surtout aux pays montagneux, où les communications sont peu faciles, ainsi que dans les régions où on produit beaucoup de lait.

Les fortes pressions auxquelles on les soumet pour expulser leur petit-lait et le chauffage de leur coagulum éliminent ou tuent une partie des microbes du lait.

La *maturation* ne s'effectue donc pas sous l'influence des mêmes agents que les pâtes molles. Comme conséquence, ils sont plus fermes, moins sapides et leur odeur est bien moins accentuée.

Le principal mérite des pâtes dures, c'est de pouvoir se conserver beaucoup plus longtemps, sans altération, que les fromages à pâte molle. Ils conviennent pour l'exportation.

De plus, les personnes à l'odorat délicat leur donnent la préférence. Cependant, s'ils ont des partisans, ils ont aussi des détracteurs.

Il convient de savoir, toutefois, que les fromages à pâte ferme sont d'un rendement inférieur aux spécimens à pâte molle, à cause des pertes de caséine et de matière grasse occasionnées par la coagulation plus rapide et l'influence des pressions exercées.

On fera bien de tenir compte de cette particularité lorsqu'on calcule le rapport net du litre de lait. En général, sept litres de lait suffisent pour obtenir 1 kilogramme de fromage en fabriquant des pâtes molles; il en faut près de dix dans le cas de pâtes pressées.

Fromage de Gruyère. — Le *gruyère* et l'*emmenthal* sont les types courants des fromages à pâte ferme.

Le premier se fabrique avec du lait écrémé au tiers, tandis que le deuxième provient de laits presque purs ou purs.

Ce sont de gros spécimens, dont le poids atteint et dépasse 50 kilogrammes et pour la fabrication desquels il faut de grandes quantités de lait, ne pouvant guère être fournies que par la coopération. Ils appartiennent au domaine des associations « fruitières ».

Pour le gruyère, la traite du soir est écrémée le lendemain et mélangée dans de grandes chaudières à la traite du matin. L'écrémage ne doit pas être poussé trop loin et il doit rester 30 à 35 grammes de matière grasse par litre de lait.

Avec ce spécimen, la « recuite » des caillettes de veaux donne à l'emprésurage de meilleurs résultats que la présure du commerce.

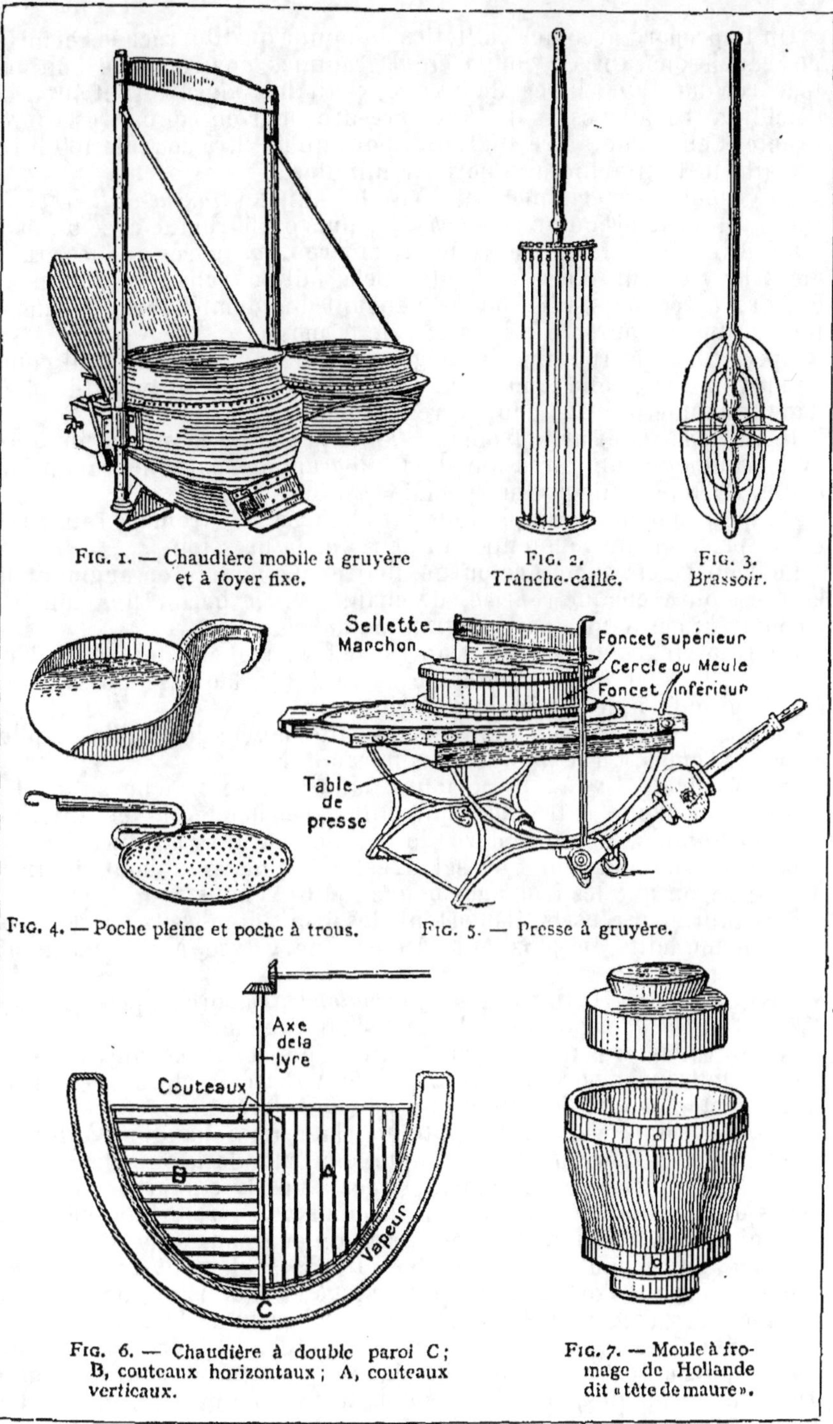

Fig. 1. — Chaudière mobile à gruyère et à foyer fixe.

Fig. 2. Tranche-caillé.

Fig. 3. Brassoir.

Fig. 4. — Poche pleine et poche à trous.

Fig. 5. — Presse à gruyère.

Fig. 6. — Chaudière à double paroi C; B, couteaux horizontaux; A, couteaux verticaux.

Fig. 7. — Moule à fromage de Hollande dit «tête de maure».

FROMAGES AFFINÉS A PATE FERME

On la prépare avec des caillettes de bonne qualité, séchées et mises en saucissons. On en coupe vingt grammes environ, que l'on fait macérer dans cinq litres de *recuite*, petit lait aigri dosant 40° à 45° d'acidité. On fait l'essai de cette présure pour en connaître la force exacte. Celle-ci doit être suffisante pour qu'un litre coagule 100 litres de lait en trente-cinq ou quarante minutes.

La coagulation terminée, on divise le caillé au *tranche-caillé* (*fig.* 2). On le retourne avec une *poche* (*fig.* 4), puis on le remue avec un *brassoir* (*fig.* 3), pendant un quart d'heure environ, jusqu'à ce que les grains aient la grosseur d'une noisette. Cela fait, on chauffe lentement, d'abord à 45°, puis à 55° ou 60° pendant une demi-heure, en même temps que se poursuit le brassage de la masse.

Après un léger repos, le fromager prélève le caillé d'un seul coup, au moyen d'une toile tendue sur une baguette d'acier, puis il la place dans le moule préparé pour le recevoir.

Il rabat la toile sur le fromage, afin qu'elle ne fasse pas de plis, et le soumet à une pression de 4 kilogrammes par kilogramme de caillé, à l'aide d'une presse spéciale (*fig.* 5).

Un quart d'heure après, la toile est changée et le fromage retourné; on en profite pour augmenter un peu plus la pression.

Le fromage est encore retourné quatre ou cinq fois, en augmentant la pression à chaque reprise, de manière à la porter finalement à 10 ou 12 kilogrammes par kilogramme de fromage.

Environ vingt-quatre heures après, le fromage est descendu dans une cave fraîche, à la température de 10° à 12°, laquelle possède un état hygrométrique voisin de 80 à 85.

On le sale ensuite, plusieurs fois de suite, à deux jours d'intervalle, et, entre temps, on le plonge dans la saumure.

Un séjour de dix à quinze jours dans la cave fraîche suffit. On transporte ensuite le fromage dans une cave chaude, à 18° environ, et assez humide, où on achève de le saler jusqu'à concurrence de 3 pour 100 de son poids de sel. C'est seulement au bout de trois mois environ que les fromages peuvent être vendus.

S'ils sont bien réussis, ils portent des trous nombreux, assez gros et de même taille. De plus leur pâte est fine, grasse, à goût excellent.

Fromage de Hollande. — Le *hollande*, encore appelé *fromage d'Edam* ou *tête de maure* jouit d'une certaine vogue.

Le lait est emprésuré à la température de 30°, avec une dose de présure telle que la coagulation ait lieu en vingt-cinq minutes environ, en même temps que l'on ajoute un peu de colorant.

La température voulue est obtenue dans une chaudière à double fond entre les deux parois de laquelle circule de la vapeur (*fig.* 6). Le caillé est divisé très finement, grâce à une lyre pourvue de deux séries de couteaux verticaux et horizontaux; la lyre est animée d'un mouvement de rotation commandé par un engrenage.

En été, on réchauffe le caillé à 35° et à 33° seulement en hiver, en même temps que l'on continue le brassage et la division, de manière à obtenir des grumeaux de la grosseur d'un grain de blé.

On tasse alors ce caillé dans des moules demi-sphériques en bois (*fig.* 7) puis on enveloppe le caillé dans une étamine, pour le remettre dans les moules, afin de le soumettre à une pression de 2 kilogrammes par kilogramme de fromage.

On augmente peu à peu la pression jusqu'à concurrence de dix fois le poids du fromage. A chaque changement de pression, le fromage est retourné et le linge remplacé.

Le salage a lieu par trempage dans une *saumure* à 15° Baumé pendant deux jours, puis dans une solution à 19° B. pendant deux autres jours.

On laisse les spécimens se ressuyer durant quinze jours environ au séchoir, après les avoir brossés. On les lave ensuite à l'eau de chaux, puis on les essuie ; enfin on les frotte à l'huile de lin cuite.

L'affinage est assez long. Il faut enlever les moisissures de temps à autre. Pour terminer, on colore la surface au rouge d'aniline.

Il faut environ dix litres de lait pour obtenir un kilogramme de hollande affiné.

Fromage de Cantal. — Le lait est emprésuré aussitôt la traite, à la température de 33° environ. La coagulation devant être terminée en quarante-cinq minutes, il faut employer 14 grammes de présure au 1/10 000 pour 100 litres de lait et quatre fois plus si la présure est seulement au 1/2500.

On divise le caillé au moyen d'un tranche-caillé pour activer la montée du sérum, que l'on enlève avec de grandes poches.

La *tome* restante est ensuite comprimée avec des cercles de bois dans le but d'agglutiner le caillé et pour activer l'expulsion du petit-lait.

On abandonne ensuite le coagulum dans le cuvier que l'on recouvre en le laissant au repos pendant un jour ou deux à une température assez élevée, favorable à la fermentation lactique.

La masse est alors onctueuse et liante. On la divise à nouveau, en même temps qu'on lui ajoute 3 ou 4 pour 100 de sel.

La tome est ensuite mise en moule et comprimée sous la presse.

Au bout de vingt-quatre heures, les fromages sont retournés et soumis à une pression plus forte.

Après un léger ressuyage, ils sont portés à la cave en vue de l'affinage. On les retourne fréquemment, en les lavant de temps à autre à l'eau fraîche.

Avoir soin d'éviter les courants d'air qui gercent la croûte et déprécient le fromage.

Fromage de Roquefort. — Le *roquefort* est un fromage dit « persillé », fabriqué avec du lait de brebis. Le caillé est ensemencé de pain moisi, envahi par le *penicillium glaucum*.

Le lait de brebis est plus riche que celui de vache. Sa teneur en matières grasses est de 7 pour 100 environ.

Pour fabriquer le roquefort, le lait de la traite du soir est partiellement écrémé, puis mélangé à celui de la traite du matin, préalablement chauffée à 50° environ, de manière que les deux traites réunies soient à la température de 32° en hiver et 30° en été.

En général, il faut plus de présure pour coaguler le lait de brebis que celui de vache. La proportion varie avec sa richesse en matière grasse et suivant qu'il a été plus ou moins mélangé ou additionné de lait de vache.

Il convient de faire des essais à ce sujet, afin que la durée de la coagulation soit limitée à une heure et demie.

On divise ensuite le caillé au tranche-caillé et au brassoir, jusqu'à ce que le grain ait la grosseur d'une noisette.

Après un repos de dix minutes, on jette le caillé dans une caisse à claire-voie, tendue d'une toile qui laisse échapper la majeure partie du sérum.

On dresse ensuite les fromages dans des moules percés de trous, mesurant 208 millimètres de diamètre et 95 millimètres de hauteur.

Le dressage se fait en trois fois. Entre chaque couche on saupoudre avec du *pain moisi* en poudre.

Le remplissage doit être un peu comble pour faire la part du tassement.

Après une série de retournements, dans un local à la température de 18°, le caillé est déjà bien égoutté.

S'il apparaît une couche gluante à la surface, il faut la racler. On évite la formation de cette couche en augmentant quelque peu la température d'emprésurage.

Les fromages sont ensuite empilés. Au bout de quarante-huit heures, on peut les porter au séchoir où ils séjournent pendant deux ou trois jours. Ce local doit être à température basse, 8°, 9° au plus.

On transporte ensuite les spécimens à la cave, de bon matin à la fraîcheur, où ils sont salés en deux fois, à deux jours d'intervalle, en frottant successivement chacune des faces et le pourtour.

Après un empilage de quelques jours, les fromages sont raclés avec un couteau tranchant et cette opération est répétée chaque fois qu'il apparaît des bavures à la surface.

On les traverse ensuite avec un plateau portant une centaine d'aiguilles, afin de favoriser le développement de la moisissure bleue.

On empêche la prolifération des champignons autres que le penicillium en maintenant la cave à la plus basse température possible, 4° à 6° au plus. C'est le facteur primordial de la réussite.

Pour préparer le pain moisi, on pétrit parties égales de *farine de seigle* et *d'orge* avec un *levain acidulé* au vinaigre. Le pain cuit à point est mis dans un lieu humide jusqu'à ce qu'il soit devenu vert.

Il n'y a plus qu'à le sécher et à le pulvériser finement.

Fromage de Gex. — Ce fromage présente les mêmes marbrures que le roquefort, mais il se fabrique avec du lait de vache.

Le lait est emprésuré à 20 ou 22°, dans une cuve en bois de 100 litres environ de capacité. La coagulation est obtenue en une heure et demie ou deux heures. Le caillé étant à point, on enlève la couche de crème qui s'est rassemblée à la surface et on découpe lentement le caillé avec une cuiller en bois; on continue de brasser avec le même instrument et, lorsque la masse est devenue demi-fluide, on laisse reposer dix à quinze minutes. Le caillé se rassemble à la partie inférieure de la cuve. On décante le petit-lait. Le caillé est mis en moule dans une toile, où on le pétrit à la main. On ajoute un peu de sel pour faire mieux sécher la pâte; on opère un retournement. On place sur le caillé un couvercle, que l'on charge d'un poids variant de 2 à 4 kilogrammes par kilogramme de fromage, suivant la saison, plus léger en été qu'en hiver.

Le fromage est retourné trois ou quatre fois dans la journée. Vingt-quatre heures après on le démoule et on le porte dans le haloir, où il reste huit jours. Là on le sale régulièrement dessus et sur les côtés en le retournant chaque jour. La température de cette pièce doit être, autant que possible, maintenue vers 15 ou 18°. Le fromage passe ensuite au séchoir, où il devient bleu; 100 kilogrammes de lait donnent 11 kilogrammes au sortir du haloir.

INDUSTRIES AGRICOLES

I. — LA FARINE

Les bonnes farines. — Sous le nom de *farine*, on désigne la mouture obtenue par l'écrasement et le blutage des graines de céréales, *blé, seigle, orge, maïs, riz*, etc. Mais, sauf dans le cas de pénurie alimentaire et pour l'usage des animaux, on n'emploie guère à la fabrication du pain que la farine de froment. Les autres farineux ne sont que des succédanés à panification défectueuse dont on ne se sert pas en boulangerie rationnelle.

Outre la teneur initiale du grain de blé, les procédés technologiques relatifs à la mouture et au blutage de la farine influent aussi sur la qualité des farines. En effet, dans le froment, on trouve non seulement du gluten et de l'amidon, mais aussi de la *cellulose*, de la *graisse*, des *sels minéraux*, etc., que l'on élimine plus ou moins parfaitement par le blutage, sous forme de *son*.

Voici, d'après MM. Aimé Girard et Fleurent, la composition moyenne d'une bonne farine et du son fournis par les variétés de blé les plus cultivées en France, lorsque le taux d'extraction est de 70 pour 100.

	ÉLÉMENTS	FARINE	SON
Eau		14,50	14,23
Matières solubles dans l'eau.	azotées.	1,72	2,50
	hydrocarbonées.	1,44	6,99
	minérales	0,32	1,30
Matières insolubles dans l'eau.	gluten	7,95	3,41
	amidon.	72,02	29,48
	matières azotées ligneuses.	»	5,96
	matières grasses.	0,97	3,27
	cellulose.	0,35	29,15
	matières minérales	0,24	1,89
Inconnus et pertes		0,49	1,82

Ce qui fait surtout la valeur comestible et marchande de la farine de blé, c'est sa teneur élevée en *gluten*, matière azotée absolument nécessaire à la *fermentation panaire*. La proportion de gluten contenue dans le froment varie, d'après Ammann, entre 6,58 et 13,8 pour 100 et celle de l'*amidon* entre 68,12 et 73,68 pour 100.

Le taux d'extraction le plus convenable au rendement, sans nuire à la qualité de la farine et du pain, doit être tenu au voisinage de 70 pour 100. Au-dessus de cette proportion, lorsque le blutage est fait à 75, 80, 85 pour 100, la farine contient beaucoup de cellulose et le pain obtenu est alors d'une digestion laborieuse.

Contrôle des farines. — La farine de froment est souvent adultérée par adjonction de farines étrangères ou autres ayant subi une altération quelconque, soit par suite du vieillissement, des mauvaises fermentations ou des attaques des insectes.

Les meilleures farines sont généralement les plus riches en gluten; la proportion doit dépasser 7 pour 100. Pour l'évaluer, on pèse très exactement 100 grammes de farine que l'on met dans une toile fine pour la transformer en pâte avec un peu d'eau distillée, puis on lave le sachet sous un mince filet d'eau, en triturant la masse avec les doigts, de manière à chasser du nouet la totalité de l'amidon et les autres matières solubles.

On presse alors le gluten devenu plastique pour l'essorer, on le laisse reposer sur une plaque de verre, puis on pèse. Le poids obtenu est celui du gluten humide, que l'on multiplie par 3/5 pour connaître le gluten sec. Les résultats obtenus seraient à peu près équivalents si on faisait sécher dans un four ou une étuve à 110° jusqu'à concordance de deux pesées successives.

On apprécie la qualité d'une farine par la couleur, l'odeur et la saveur. Celle qui contient de la *céréaline* se panifie assez mal. On la reconnaît à l'œil nu, quand on étale la farine en mince couche sur une feuille de papier blanc, sous la forme de débris rougeâtres. Toute farine altérée, outre sa couleur bise, possède une odeur forte, une saveur sucrée ou amère que n'ont jamais les farines saines de fabrication récente.

Les principaux insectes nuisibles sont la *teigne*, vilain papillon gris qui abandonne dans la farine des cocons et des toiles. Le *ténébrion* est un coléoptère auteur des répugnants vers que l'on trouve dans le pain. Les *acares*, les *mites* ou *cirons* vivent en colonies dans les vieilles farines auxquelles ils communiquent une odeur et une saveur désagréables.

Les blés mélangés de *nielle*, d'*ivraie enivrante*, de *mélampyre*, *moutarde*, *gratteron*, *mélilot*, *vesce*, *gesce* donnent des farines teintées et à mauvais goût qui se transmet au pain. Les deux premières sont en outre toxiques et vénéneuses. Il en est de même des spores d'*ergot*, de *rouille*, de *charbon*, de *carie*. Il faut trier et tararer le grain avec soin avant de le livrer à la meunerie.

Nettoyage du grain. — Les impuretés du blé sont nombreuses. En dehors des mauvaises graines, on trouve dans le blé des *bales*, des *autons*, des grains avortés, des débris de paille, de ficelle, des moisissures, mottes de terre, pierrailles, silex, grains étrangers ronds ou longs, morceaux de fer, etc.

On enlève ces diverses substances à l'aide de divers instruments (V. *Tabl. Meunerie*). Pour commencer, on passe le grain dans des

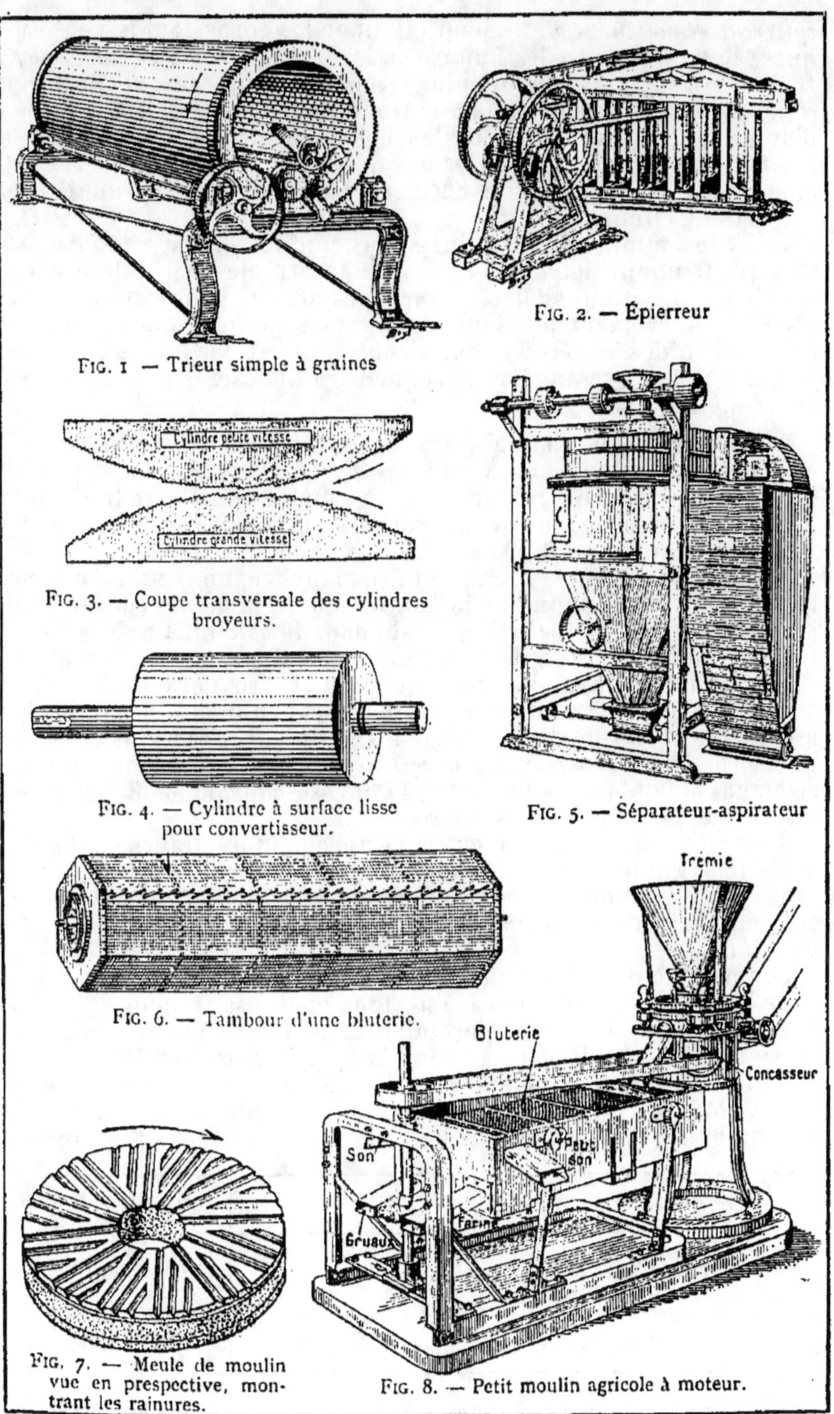

FIG. 1 — Trieur simple à graines

FIG. 2. — Épierreur

FIG. 3. — Coupe transversale des cylindres broyeurs.

FIG. 4. — Cylindre à surface lisse pour convertisseur.

FIG. 5. — Séparateur-aspirateur

FIG. 6. — Tambour d'une bluterie.

FIG. 7. — Meule de moulin vue en prespective, montrant les rainures.

FIG. 8. — Petit moulin agricole à moteur.

MEUNERIE

épierreurs-émotteurs (*fig.* 2), pour éliminer les corps lourds peu élastiques : le *tarare* chasse les impuretés légères ; le *trieur à alvéoles* (*fig.* 1) trie tous les grains qui ont une forme différente de celle du blé. Un *calibreur* sépare le petit grain du gros et un *tambour magnétique*, pourvu d'un aimant, attire à lui tous les bouts de fer ou d'acier. Enfin, des *râpeuses-peleuses* qui frottent les grains les uns contre les autres détachent jusqu'aux poussières accolées après les poils qu'un puissant ventilateur élimine.

Dans les minoteries bien installées, on se sert de *machines combinées* qui tiennent lieu d'épierreur, de tarare, de trieur, de brosseur. De plus, pour éliminer la *céréaline* qui nuit à la panification on procède à l'enlèvement préalable des germes au moyen des *fendeurs-dégermeurs* ou des *machines épointeuses* qui ouvrent les grains en les projetant contre une toile d'acier rugueuse à fils carrés avec une vitesse de 54 mètres à la seconde.

Mouture. — On distingue les *moulins anciens* ou *à meules* (*fig.* 7) et les *moulins modernes* ou *à cylindres* (*fig.* 3). Dans le premier procédé, le grain est broyé en passant sous des meules en pierre très dure et à dentures plus ou moins rapprochées. L'inférieure qui est fixe se nomme *meule dormante;* la supérieure, mobile, s'appelle la *courante*.

La meule dormante est calée sur le plancher; elle est traversée par le *gros fer* qui communique le mouvement à la meule courante qu'il supporte et avec laquelle il est calé dans le *boitard*. Une crapaudine filetée formant vérin permet de faire varier l'écartement des meules.

Les cylindres de moulin sont de simples broyeurs en fonte grise coulée portant des cannelures parallèles un peu inclinées qui tournent à l'encontre l'un de l'autre avec des vitesses variables. Il en existe une série appelés *broyeurs* ou *convertisseurs* (*fig* 4.) qui amènent progressivement la boulange à un degré de finesse convenable à l'extraction des *farines fleur* ou *semoule*.

Généralement, avec les meules, l'écrasement du grain se fait en une seule fois, tandis que la mouture au cylindre nécessite plusieurs passages successifs entre les rouleaux des convertisseurs. Dans le premier cas, on dit que la « boulange » est *basse*; on la dit *haute* dans le deuxième.

Le rendement en *farine première* ou « fleur » est plus élevé en mouture haute qu'en mouture basse, tout en laissant moins de *farine troisième* et d'*issues*, mais le premier exige une installation plus coûteuse et plus compliquée pour le blutage. Néanmoins, les moulins à cylindres tendent à supplanter partout les anciens moulins à meule, car ce sont eux qui permettent d'obtenir les plus belles farines. Les rendements obtenus dans les deux cas sont à peu près les suivants :

RENDEMENT FINAL	MOUTURE BASSE	MOUTURE HAUTE
Farine première ou fleur	67 à 69 kilogr.	69 à 70 kilogr.
Farines seconde et troisième .	5 à 7 —	4 à 6 —
Issues et son.	22 à 23 —	21 à 22 —
Pertes et poussières.	3 à 4 —	3 à 4 —

Blutage. — La boulange fournie par les meules contient beaucoup plus de farine fine que celle des cylindres; de plus les grains ou *gruaux* de la mouture basse sont plus petits que les grains ou *semoules* de la mouture haute.

Par le *blutage* on cherche à séparer le mieux possible les éléments comestibles de l'amande des débris ligneux de l'écorce qui forment le *son*. Pour cela, on fait passer la boulange dans des tamis tournants, tendus d'enveloppes en fil de soie entre-croisés comme de la toile. Suivant l'écartement des fils les tamis portent un numéro, et on en compte vingt-sept. La farine passe au travers des soies de 120 à 180 mailles au pouce; les gruaux et les semoules demandent des mailles plus larges, 80 à 100 au pouce.

Les *bluteries ordinaires* ou *à pans* sont constituées par des tambours métalliques à section octogonale ou hexagonale (*fig.* 6), qui tournent avec une vitesse de vingt-huit à trente tours à la minute. Par suite de leur position inclinée, la boulange progresse sur des soies de plus en plus écartées qui séparent les éléments par grosseur. Dans les *bluteries verticales*, moins encombrantes que les précédentes, la farine est projetée par une hélice sur la périphérie du cylindre tournant et les parties qui ne peuvent pas traverser la gaze viennent se déverser à la partie supérieure dans une trémie spéciale.

Les *plansichters* sont des bluteries spéciales mues par un mouvement de va-et-vient ou d'un mouvement circulaire horizontal qui font travailler toute la surface de leurs tamis. Le modèle Bunge se compose de plusieurs compartiments superposés, avec tamis de plus en plus petits, qui permettent d'effectuer une série de tris successifs. Les soies de quarante mailles au pouce séparent les gros sons et les grosses semoules ; viennent ensuite le blutage des moyens gruaux puis celui de la farine et du petit son.

La boulange classée par grosseur doit être reprise pour être triée par qualité. C'est l'objet du *sassage*. La séparation des grains lourds, riches en amidon et ceux des grains *légers*, composés de ligneux, se fait en vertu des différences de densité, sous l'influence d'un fort courant d'air qui sépare les éléments en projetant les plus légers au loin, les plus denses tombant dans les trémies situées à proximité.

Les gruaux et les semoules sont « converties », c'est-à-dire qu'on les passe dans un *convertisseur* pour les diviser afin de pouvoir les bluter à nouveau, en séparant la farine des *petits sons* et des *remoulages*.

II. — LE PAIN

Le bon pain. — Le *bon pain* est léger, bien cuit, agréable au goût; il possède une croûte ferme, dorée, sonore, épaisse, adhérente à la mie; cette mie est d'un blanc mat aussi peu teintée que possible.

Le pain tout entier est élastique et rebondit sous la pression des doigts, enfin la mie ne colle pas aux doigts lorsqu'on le pétrit en boulettes. Sous la dent, elle doit se réduire en bouillie sans s'agglutiner et sans se transformer en mastic.

Le pain mal cuit et celui fabriqué avec des farines blutées à un pourcentage supérieur à 70 pour 100, ainsi que le pain obtenu avec d'autres farines que le froment, ou qui auraient été avariées, sont non seulement indigestes, mais ils peuvent occasionner de la dyspepsie et de l'entérite. Toutes les bonnes farines s'hydratent fortement pendant le pétrissage et, malgré la cuisson, le bon pain contient deux fois plus d'eau que la farine.

Le *pain blanc* fabriqué par des personnes compétentes est toujours de meilleure qualité, à farine égale, que celui obtenu à la ferme par les procédés empiriques. De plus, le *pain bis*, provenant de farines insuffisamment blutées, est loin de le valoir au point de vue nutritif, bien que sa teneur en matières grasses et en sels minéraux soit plus élevée.

Le bon pain de froment pur, fourni par de la farine à 70 pour 100 d'extraction et dont la teneur en gluten est de 8,5 pour 100 a une composition chimique qui est à peu près la suivante :

Matières azotées	7,3 pour 100	
— hydrocarbonées	55,5	—
— grasses	0,8	—
— minérales	0,6	—
Eau	35,8	—

D'après G. Meyer, le pain blanc est celui qui est le mieux assimilé par notre organisme. Les rejets solides étant seulement de 56 grammes par kilogramme de pain blanc, tandis qu'ils sont de 193 grammes avec un kilogramme de pain bis.

D'après Fleurent, le coefficient énergétique de l'amidon étant à peu près le même que celui de gluten, la valeur énergétique globale varie très peu avec les échantillons. Elle est d'environ 2 500 calories.

Pétrissage. — Le *pétrissage* a pour objet d'hydrater entièrement le gluten, afin d'obtenir une masse plastique, homogène et aérée, ce qui permet à la *levure*, ferment aérobie, de proliférer en provoquant le départ d'une bonne fermentation panaire.

Le pétrissage comprend trois opérations essentielles :

1° Le *délayage*, qui se fait dans le pétrin (V. *Tabl. Panification, fig.* 1), en présence du *levain*, en partant d'un trou ou *fontaine* ouvert dans la farine, dans lequel on verse de l'eau dont la température varie entre 25° en été et 35° en hiver. Suivant la teneur de la farine en gluten et suivant que l'on veut obtenir une *pâte douce, bâtarde* ou *ferme*, il faut employer plus ou moins d'eau. Généralement, sans tenir compte de levain, on emploie 42 à 46 kilogrammes de farine par 22 ou 24 litres d'eau.

2° Le *frasage* et le *contre-frasage* exigent une grande dépense de force de la part de l'opérateur. C'est un travail qu'une femme ne peut pas faire. Pour fraser, on se place obliquement au pétrin, puis on saisit la pâte pour la faire passer, en la détachant du fond, d'un bord à l'autre et vice versa. Aussitôt que la pâte commence à prendre du corps, on la découpe avec les deux mains jouant l'office de ciseaux. Enfin, on contre-frase en soulevant la masse à pleines mains pour l'étaler en allongeant du bord antérieur au bord postérieur du pétrin.

3° Le *soufflage* ou *battement* est encore plus pénible que le frasage. Il faut soulever la pâte sur les avant-bras pour la frapper avec force contre le bord opposé du pétrin, de manière à emprisonner le plus d'air possible dans la masse. On rejette ensuite la pâte à une extrémité du pétrin, pour la *mettre en planche*, puis on attend le *pointage*.

Le travail à bras de la pâte est avantageusement remplacé par l'emploi des *pétrins mécaniques* (fig. 2), dont il existe un nombre considérable de systèmes.

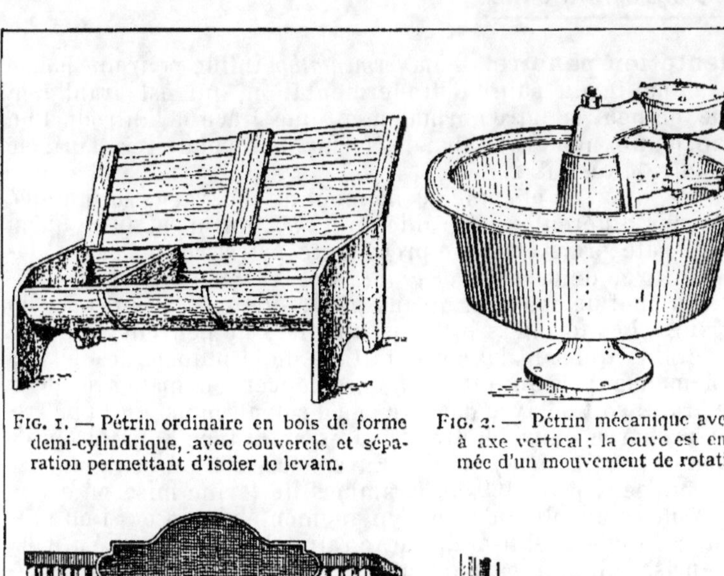

FIG. 1. — Pétrin ordinaire en bois de forme demi-cylindrique, avec couvercle et séparation permettant d'isoler le levain.

FIG. 2. — Pétrin mécanique avec agitateur à axe vertical; la cuve est en outre animée d'un mouvement de rotation.

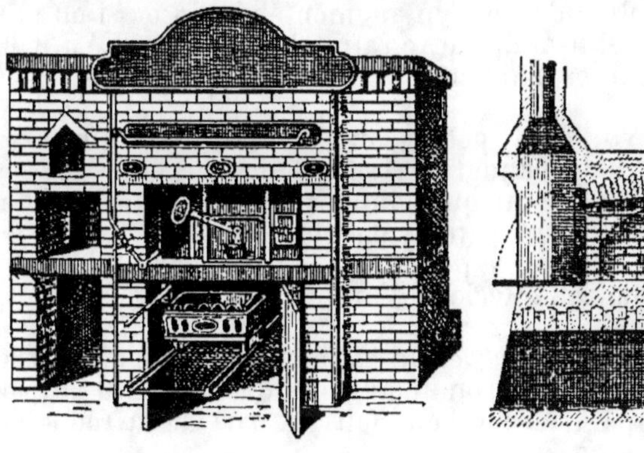

FIG. 3. — Four au bois.

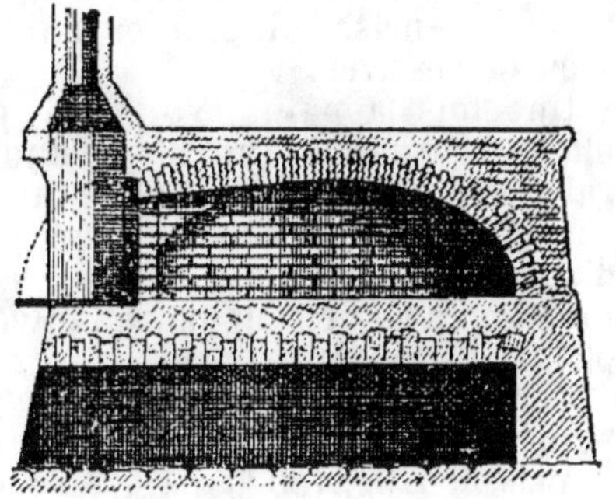

FIG. 4 — Four de campagne.

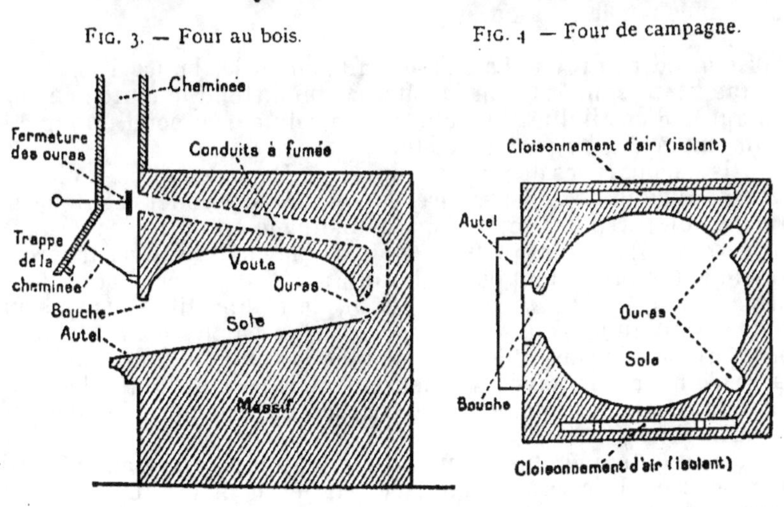

FIG. 5. — Four au bois (coupe).

FIG. 6. — Four au bois (plan).

PANIFICATION

Fermentation panaire. — La *fermentation* influe pour une bonne part sur la qualité du pain. Cette fermentation, qui est avant tout alcoolique, ne peut se faire normalement que grâce à l'introduction d'un levain jeune, non envahi par les ferments secondaires, d'origine lactique, putride ou autre.

Le *levurage*, que l'on effectue au moment du délayage, se pratique de deux façons différentes : à l'aide d'un *chef*, qui n'est autre qu'un morceau de pâte prélevée d'une précédente pétrissée, ou par le *procédé viennois*, avec de la *levure de grain*.

L'usage du chef ne convient qu'aux professionnels faisant du pain tous les jours. Les fermiers et les particuliers ne peuvent avoir que de vieux levains qui sont la cause initiale de la plupart des défauts du pain de ménage; ils ont intérêt à ensemencer leur pâte avec de la levure de grain, soit délayée dans un peu d'eau au moment du pétrissage, soit préparée deux ou trois heures à l'avance sous forme de bouillie claire dénommée *pooliche*. En général 500 ou 600 grammes de levure suffisent pour 100 kilogrammes de farine mise en œuvre et il serait plus nuisible qu'utile d'en augmenter la dose. Si on procède à l'aide du chef, celui-ci doit être rafraîchi et augmenté à deux ou trois reprises différentes pendant le temps qui sépare deux pétrissées successives.

Une fois la pâte levurée et pétrie, on la laisse « pointer » en planche, puis on la met en bannetons, sortes de corbeilles d'osier garnies de toiles intérieurement, qui donnent au pain la forme d'une couronne, d'une miche, d'un pain long, etc. Pour cela, la pâte est d'abord mise en boule, puis on la pèse et on la place dans les bannetons après avoir saupoudré l'intérieur d'un peu de fleurage pour empêcher l'adhérence.

Cette opération s'appelle *tournage*. On estime que, pour obtenir un pain pesant un kilogramme environ, il faut prendre 1 kg. 210 de pâte douce ou 1 kg. 180 de pâte ferme, pour faire la part de la réduction occasionnée par la cuisson.

Cuisson du pain. — La cuisson fait gonfler les bulles d'acide carbonique emprisonnées dans la pâte, ce qui distend le gluten en augmentant la digestibilité du pain et son volume, à condition que le levain employé n'ait pas été acide.

Il existe deux types de *fours* : ceux à *chauffage direct* et ceux à *chauffage indirect*, qui ne salissent pas la sole. Les premiers sont encore aujourd'hui les plus employés. On distingue en outre les *fours de campagne* (*fig.* 4) dans lesquels, le combustible étant brûlé à l'arrière, la flamme et les gaz sortent par le devant, après avoir léché la voûte du four. Dans les *fours modernes* (*fig.* 5), le combustible étant brûlé sur le devant du four, la sortie des gaz se fait par les *ouras* réglables, dont l'orifice se trouve tout au fond de la voûte du four. Dans tous les cas, on doit nettoyer soigneusement la sole du four à l'aide du *rouable* avant l'enfournement, le charbon et les cendres étant enfermés dans l'*étouffoir*.

Une bonne température pour la cuisson du pain se tient au voisinage de 250°. Elle est caractérisée par le chauffage au blanc de la voûte du four. La quantité de bois nécessaire au chauffage varie avec l'essence employée, le type de four en usage et l'espacement des « cuites ». On s'efforcera toujours d'utiliser du bois sec et, si on le peut, on donnera la préférence au pin et au bouleau. Les bois verts donnent beaucoup de fumée et de vapeur d'eau qui empruntent beaucoup de chaleur pour se volatiliser.

On commence l'enfournement en plaçant les gros pains dans le fond et sur les côtés où la chaleur est la plus forte, puis on remplit le milieu et le devant en tassant le plus possible les pains, sans qu'ils se touchent, pour éviter les « baisures ». On enfourne avec des pelles de formes différentes que l'on saupoudre au préalable avec du fleurage, afin que le pain se détache avec facilité lors du placement. Le temps nécessaire à la cuisson varie entre une heure et demie pour les gros pains de 6 kilogrammes et cinquante à soixante minutes pour ceux de 2 kilogrammes. On l'apprécie au jugé par la coloration de la croûte.

Rendement du blé et de la farine en pain. — La quantité d'eau qui reste dans la mie après la cuisson du pain est à peu près la même que celle contenue dans la pâte avant l'enfournement, soit 45 à 47 pour 100. Toutefois, la croûte subit une réduction notable qui fait descendre son degré d'aquosité à 24 ou 26 pour 100.

On peut estimer ainsi qu'il suit le rendement du blé en pain après ses transformations successives. Le blé donne 70 pour 100 de son poids de farine ; la farine absorbe au pétrissage la moitié de son poids d'eau ; la pâte perd à la cuisson la moitié du poids de l'eau absorbée au pétrissage, de sorte que 100 kilogrammes de blé peuvent donner 90 kilogrammes de pain en chiffres ronds, soit environ les neuf dixièmes de son poids. Le rendement serait de 100 pour 100 si le pourcentage d'extraction était de 80 pour 100. Mais c'est là un chiffre que, dans la pratique, on ne peut pas atteindre, même avec les meilleurs blés.

III. — LES BOISSONS HYGIÉNIQUES

Le bon côté des boissons hygiéniques. — Les *boissons hygiéniques*, sapides et légèrement alcoolisées, sont plus agréables à boire et plus rafraîchissantes que l'eau pure, surtout pendant les chaleurs de l'été. Tous les travailleurs des champs qui exhalent par transpiration de grandes quantités d'eau ont un besoin impérieux de boire. Comme l'eau en s'échauffant devient imbuvable et qu'elle est manifestement indigeste et débilitante, on a cru bien faire en la remplaçant par le vin, le cidre, la bière, l'hydromel qui sont plus agréables à boire et apparemment désaltèrent mieux.

Malheureusement, par suite de leur titre alcoolique souvent trop élevé, ces boissons prises en excès provoquent l'ivresse et deviennent préjudiciables à la santé. Elles sont en outre coûteuses et elles n'ont pas les vertus rafraîchissantes qu'on leur prête. Pour ces diverses raisons, elles sont loin de valoir les bonnes boissons économiques, que l'on peut fabriquer, dans toute les situations, avec des fruits naturels récoltés au jardin, voire même avec les fruits sauvages, ou encore en se servant de produits peu coûteux édulcorés au sucre ou au miel. Les boissons peuvent également être bues sur table, en partant de ce principe qu'une boisson de consommation courante ne doit pas titrer plus de 2° à 3° d'alcool.

Vins de fruits frais. — Tous les fruits contiennent du sucre fermentescible (*glucose*), aussi peut-on obtenir du vin avec d'autres fruits que le *raisin*. Parmi les fruits cultivés et sauvages riches en sucre et susceptibles de fournir d'excellentes boissons économiques, il convient de citer les *cerises*, dont la richesse en sucre est assez élevée, pour que 15 à 17 kilogrammes donnent un degré d'alcool; la *prune*, moins riche, exige 19 à 21 kilogrammes par degré d'alcool; la *groseille à maquereau* fournit un degré par 22 ou 24 kilogrammes; la *fraise* demande 25 à 27 kilogrammes environ; les *groseilles à grappe*, 27 à 29 kilogrammes; l'*airelle myrtille*, 31 à 33 kilogrammes; la *pêche*, la *corme* et la *prunelle*, 32 à 34 kilogrammes; la *framboise*, 34 à 36 kilogrammes; la *mûre de ronce*, 36 à 38 kilogrammes; l'*alise* 39 à 41 kilogrammes; la *cornouille*, 58 à 60 kilogrammes; les *baies de sureau* 65 à 67 kilogrammes; l'*épine-vinette* 65 à 67 kilogrammes.

Pour avoir une boisson à 2° ou 3°, on multiplie par 2 ou par 3 les chiffres ci-dessus, mais c'est un maximum qu'il ne faut pas dépasser, car le vin serait trop acide et il pécherait par excès de sapidité. Dans la pratique, on peut se contenter de former un degré avec des fruits et le surplus en employant du sucre cristallisé à la dose de 1 kg. 800 par degré d'alcool.

Quant au travail de vinification, il est assez facile, la technique à suivre étant la même, quel que soit le fruit employé. Ainsi, admettons que l'on veuille fabriquer du vin de cerises à 2° avec et sans adjonction de sucre. Dans le premier cas, on prendra 16 kilogrammes de bigarreaux ou de guignes de 1 kg. 800 de sucre; dans le deuxième, 32 kilogrammes de cerises sans sucre.

Les cerises étant dans un cuvier pourvu d'une cannelle, on les écrase sans casser les noyaux, puis on soutire le jus dans un fût d'une contenance d'un hectolitre, en le passant dans un linge. Pour épuiser la pulpe, on verse dessus 25 litres d'eau à 40°, qu'on soutire après une macération de six heures. Une deuxième lixiviation, avec une même quantité d'eau, vient rejoindre le contenu du tonneau dont on fait le plein, puis on ajoute, s'il y a lieu, le sucre transformé en sirop. On ensemence alors le moût avec 200 grammes de *levures sélectionnées* ou 150 grammes de *levure de grain* que l'on bat à la baguette.

On munit ensuite la bonde d'un *barboteur hydraulique*, d'une *bonde Noël* ou d'un tube rempli de ouate, afin que la fermentation se fasse à l'abri de l'air, autant que possible à la température de 20° à 25°. Aussitôt que la fermentation tumultueuse se ralentit, on soutire dans un fût méché et on peut consommer sans crainte d'altération en plaçant un barboteur sur la bonde.

Tous les vins de fruits se font de la même manière, la réussite est certaine. Si on voulait obtenir des vins composés, on procéderait par mélanges. Ainsi 16 kilogrammes de cerises, et 23 kilogrammes de groseilles à maquereau donneraient un vin à 2°. En ajoutant 1 kg. 800 de sucre, le titre alcoolique serait de 3°. On pourrait obtenir un bon vin de table à 6° en formant 2° ou 3° avec des fruits et en complétant à l'aide du sucre, à raison de 1 kg. 800 par degré. Dans tous les cas le mode opératoire reste le même.

Vins de fruits secs. — Pendant la mauvaise saison, les boissons hygiéniques se fabriquent avec des fruits secs tels que *raisins, pruneaux, figues, cerises, myrtilles, poires* et *pommes tapées*, etc. Ces fruits étant plus riches en sucre qu'à l'état frais, il en faut évidemment beaucoup moins.

Voici les quantités approximatives que l'on doit employer de chaque sorte pour obtenir un degré d'alcool : *raisins de Corinthe égrappés*, 3 kg. 500; *raisins secs ordinaires*, 4 kilogrammes; *figues*, 4 kg. 250; *pruneaux*, 6 kg. 500; *pommes sèches*, 6 kg. 500 à 7 kilogrammes. Cette richesse relative varie avec les variétés de fruits mises en œuvre et les procédés de dessiccation.

Admettons que l'on veuille fabriquer un hectolitre de vin composé avec des figues et des pruneaux jusqu'à 2° et compléter à 3° avec 1 kg. 800 de sucre. On mettrait dans un cuvier 4 kg. 250 de figues et 6 kg. 500 de pruneaux, sur lesquels on verserait 26 à 27 litres d'eau bouillante. Le tout étant brassé, après une heure de diffusion, on soutirerait dans un fût d'un hectolitre de capacité, et on répéterait la même opération trois fois encore, de manière à remplir le tonneau. Les quatre lixiviations suffiraient pour épuiser le marc.

Il n'y a plus qu'à verser dans le moût 100 grammes d'acide tartrique, 15 grammes de tanin, du sirop de sucre s'il y a lieu, puis on ensemence avec 70 grammes environ de levure de bière. Un fouettage à la baguette complété par le placement d'une bonde hydraulique ou d'un barboteur et la boisson est bonne à consommer une fois la fermentation terminée.

Si on voulait obtenir, par le même procédé, un vin de table à 6° avec des pruneaux, des figues, et des raisins secs par exemple, on prendrait 4 kilogrammes de raisins, 4 kg. 250 de figues, et 6 kg. 500 de pruneaux, auxquels on ajouterait 5 kg. 400 de sucre.

Les vins de fruits frais ou secs se conservent très bien en bouteilles où ils se bonifient en vieillissant. Il faut les embouteiller après la fermentation si on veut un *vin sec*. Pour obtenir du *vin pétillant*, on attend également la fin de la fermentation; mais, avant l'embouteillage, on ajoute 1 kilogramme de sucre en sirop par hectolitre et, pour les *mousseux*, on porte la dose à 1 kg. 500. Les bouteilles ayant été solidement ficelées, on les place debout, à la cave, pendant un mois, puis on les couche.

Frênette. — La *frênette* est la boisson la plus hygiénique, la plus économique et l'une des plus agréables. On la consomme toujours en bouteille : c'est comme une « limonade de Vichy au vin blanc ».

Pour fabriquer un hectolitre de frênette il faut : 80 grammes de *feuilles de frêne* sèches, 80 grammes d'*acide tartrique*, 100 grammes de *chicorée à café*, 5 kg. 500 de *sucre* ou 6 kg. 870 de *miel*, 75 grammes de *levure de bière* fraîche. Les opérations successives sont les suivantes :

1° On fait bouillir les feuilles de frêne dans 10 litres d'eau chaude, puis on les laisse infuser pendant une dizaine d'heures. On entonne dans un fût en passant sur un linge. On donne encore un tour de bouillon sur les feuilles, avec un peu d'eau pour les épuiser;

2° On fait bouillir également la chicorée de la même manière dans l'eau et on envoie aussi la décoction dans le tonneau en la passant sur un linge;

3° On transforme le sucre en sirop léger, dans cinq litres d'eau et on y ajoute l'acide tartrique, puis on verse le tout dans le tonneau;

4° On fait le plein du fût avec de l'eau potable, on ajoute la levure délayée au préalable dans un peu d'eau froide, on bat énergiquement à la baguette, on met un sachet de sable sur la bonde et on attend onze jours;

5° Mettre la frènette en bouteilles, la ficeler solidement et, au bout de quinze jours à trois semaines, on peut consommer. La boisson est pétillante ; elle dose 2°,5 d'alcool et contient encore un peu de sucre non transformé. Si on voulait l'obtenir plus généreuse on porterait la dose de sucre à 6 kg. 500 et on attendrait un jour ou deux de plus avant de l'embouteiller.

Petite bière. — Prendre dix litres d'*orge* avec 3 kilogrammes de *sucre*, et 250 grammes de *cônes de houblon* cueillis dans les haies, le long des ruisseaux. Faire bouillir pendant une heure au moins, dans 60 litres d'eau, en ayant soin de brasser pour empêcher l'adhérence au fond de la marmite. Laisser infuser encore pendant une heure sous couvercle et verser le décocté dans un fût, d'une contenance de 100 litres, en passant sur un linge.

Epuiser le résidu en faisant bouillir une deuxième fois, avec 30 litres d'eau, et verser le décocté dans le tonneau. Attendre que la température soit tombée à 20° pour y mettre 150 grammes de *levure de bière*. Fouetter énergiquement à la baguette, faire le plein et laisser fermenter sur le chantier en plaçant une terrine en dessous pour recueillir les lies.

Mettre un barboteur aussitôt la fermentation tumultueuse terminée. Soutirer dans un autre fût au bout de dix jours ; attendre encore trois ou quatre jours et mettre en bouteilles.

Par un procédé analogue, en employant : orge, 10 litres; raisins secs, 4 kilogrammes; cônes de houblon, 200 grammes; écorces d'oranges amères, 50 grammes; et levure de bière, 150 grammes; on obtient une petite bière plus légère encore que la précédente.

Vin de betteraves et de carottes. — Pour 100 litres de boisson titrant 3° et contenant encore 20 grammes de sucre par litre, on prend 24 kilogrammes de betteraves demi-sucrières et autant de carottes fourragères que l'on passe au coupe-racines pour les diviser en cossettes.

On met les cossettes dans un cuvier et on les épuise par diffusion, à trois reprises successives, en versant à chaque fois 30 ou 32 litres d'eau chauffée à 75°, qu'on soutire dans le fût de 100 litres au bout de deux heures.

On ajoute successivement 250 grammes d'acide tartrique pour précipiter l'excès de potasse, 10 grammes de tanin à l'eau, 3 ou 4 kilogrammes de jus de fruits divers, groseilles ou fraises, 75 grammes de levure de grain. Battre, faire le plein du tonneau, mettre un barboteur et embouteiller vers le dixième jour si on veut une boisson pétillante.

Boisson aromatisée. — Par un procédé analogue, en formant un décocté de plantes aromatiques, en y ajoutant du *miel* ou du *sucre* en *sirop*, du tanin, de l'acide tartrique, et en ensemençant à la levure de bière, on obtient une boisson dont on peut faire varier à volonté le bouquet de l'arome. La formule suivante donne une boisson agréable titrant environ 3° :

Eau potable	100 litres	Sucre	5 kg. 400
Fleurs de sureau	200 gr.	Graines de coriandre	75 gr.
Acide tartrique	125 gr.	Tanin	10 gr.
Levure de bière	120 gr.	Chicorée à café	80 gr.

IV. — LE VIN

Caractères du bon vin. — Le *vin* est une boisson alcoolique obtenue par la fermentation du jus de raisin, en présence ou non de la rafle, de la pulpe et des pépins, désignés sous le nom de *marc*.

Pour obtenir du bon vin, il faut mettre en œuvre des raisins de bonne nature, bien au point sous le rapport de la maturité et non altérés, afin de fournir un *moût équilibré* en *sucre*, en *acides*, en *tanin*, de manière à assurer une bonne tenue au vin aussitôt la fermentation terminée. Le raisin doit en outre contenir les *huiles aromatiques* et volatiles devant communiquer au vin un bouquet et un arome agréables.

La teneur en sucre des raisins varie suivant la nature des cépages Ainsi, dans l'*aramon*, le sucre fermentescible atteint à peine 12 pour 100, tandis qu'il dépasse 16,5 pour 100 dans le *pinot*. Quant aux *acides tartrique* et *malique*, dont la teneur globale est de 0,75 pour 100 dans le premier, elle tombe à 0,36 dans le deuxième. Pour le *tanin*, c'est le contraire qui se produit, le pinot est plus riche que l'aramon. Ces différences de composition nécessitent une rectification des moûts avant la mise en fermentation.

La réussite est subordonnée à la mise en application des procédés rationnels de vinification qui permettent d'éviter les accidents de fabrication et les maladies subséquentes. Si les raisins sont souillés par les mauvais germes, ou si ceux-ci sont importés par les récipients vinaires, des fermentations secondaires se produisent : il faut ensemencer le moût avec des levures sélectionnées et empêcher la prolifération des microbes malfaisants.

Un bon vin de garde devrait titrer 8°,5 à 9° d'alcool. On devrait toujours prendre la densité d'un moût obtenu par le pressurage immédiat d'un échantillon de raisin, que l'on pèse aussitôt à l'aide du *mustimètre*. Ce moût doit peser de 1066 à 1068 grammes à 15°, ce qui correspond à une teneur moyenne de 146 à 150 grammes de sucre par kilogramme, pour obtenir une force alcoolique de 8°,5 à 9°. Aux moûts pauvres il faut ajouter autant de fois 1 kg. 800 de sucre que l'on veut obtenir de degrés en plus de ceux indiqués par la table du mustimètre. Une simple règle de trois indique la proportion.

De même, les moûts insuffisamment acides demandent un supplément d'acide tartrique, dissous dans le moût avant sa fermentation, en quantité telle que la teneur acidimétrique totale soit de 8 à 10 grammes par litre. De plus, les vendanges rouges qui contiendraient des raisins pourris ou altérés devraient recevoir 25 à 30 grammes de tanin par hectolitre ou 10 grammes de métabisulfite. On se contenterait de 5 grammes pour les vins blancs.

Vendange et foulage. — La vendange se fait, suivant les pays et l'exposition, à partir de septembre jusqu'en novembre, lorsque le raisin est bien mûr et qu'il contient son maximum de sucre, sans attendre les altérations dues à l'humidité et aux froids de l'arrière-saison.

Le raisin coupé à la serpette ou au sécateur est placé dans des paniers portatifs, que l'on transvide dans des balonges, des cuviers ou des feuillettes défoncées, pour les transporter dans le chais ou cellier où le vin est fabriqué.

Dans la *vinification en rouge*, le raisin est d'abord foulé par son passage entre des cylindres cannelés (V. *Tabl. le Vin, fig.* 1), qui aplatissent les grains, même les plus petits, sans écraser les pépins et le tout est envoyé dans de grandes cuves en bois ou en ciment armé où s'effectue la fermentation en présence du marc.

Dans la *vinification en blanc*, le jus est séparé du marc à la sortie du fouloir pour empêcher le vin de se colorer au contact de la pulpe des raisins. Dans ce cas le pressurage suit immédiatement le foulage.

Le foulage à pieds d'hommes est malpropre et pénible. On le remplace presque partout par des fouloirs mécaniques, à bras ou au moteur (*fig.* 2), que l'on dispose au-dessus de la cuve à fermentation, si la vinification est en « rouge », ou au-dessus du pressoir si la vinification est en « blanc ».

L'écartement des cylindres qui tournent en sens contraire se règle au moyen d'une vis à une distance telle que ni les pépins ni les rafles ne soient écrasés. Un ressort automatique permet l'écartement d'un des rouleaux au cas où un corps dur viendrait à tomber de la trémie. Le débit horaire d'un bon fouloir à bras manœuvré par deux hommes peut être de 4.000 kilogrammes. Quand on veut égrapper le raisin avant le foulage, pour éviter les principes astringents de la rafle, comme c'est le cas pour le *cabernet* et le *merlot,* on adapte au fouloir un *égrappoir à palettes* constitué par un demi-cylindre creux où se meut un agitateur à hélice qui entraîne les rafles.

Pressurage. — Le *pressurage* a pour but d'expulser le jus du raisin, aussitôt le foulage, en retenant le marc, dans le cas de vinification en blanc. Il s'effectue au moyen de *pressoirs* de types différents dont les modèles courants comprennent une cage montée sur chariot, que l'on actionne à l'aide d'un bras de levier (*fig.* 5).

Au sortir du fouloir, le marc tombe sur la maie du pressoir où les parties solides sont retenues. Le jus qui s'échappe naturellement est la *goutte*. C'est elle qui fournit le meilleur vin, aussi l'envoie-t-on dans un grand cuvier à part, sans attendre le *jus de presse* si on veut obtenir un vin de marque.

Le marc emprisonné dans la cage est pressé une première fois, puis une deuxième après une « recoupe », et le jus va rejoindre la goutte s'il s'agit de vins ordinaires. Après ces opérations que l'on doit mener assez vivement, afin de ne pas oxyder ou « vieillarder » outre mesure le vin blanc, la vendange peut être considérée comme à peu près épuisée.

Lorsqu'on vinifie en blanc des raisins noirs, on doit d'abord commencer par éliminer les *teinturiers,* tels que l'*hybride bouschet,* qui contiennent le principe colorant ; de plus, on presse moins fort et seulement une fois. Si le pressurage a été fait à fond, on verse dans la cuve 25 à 50 grammes de noir animal par hectolitre, au titre de décolorant.

Le pressurage du marc, dans la vinification en rouge, a seulement lieu après le soutirage qui suit la fermentation. Dans ce cas, le vin de presse représente environ 8 à 10 pour 100 du volume du vin de goutte et, si on ne le mélange pas à ce dernier, on l'emploie pour fabriquer des piquettes ou des vins de sucre.

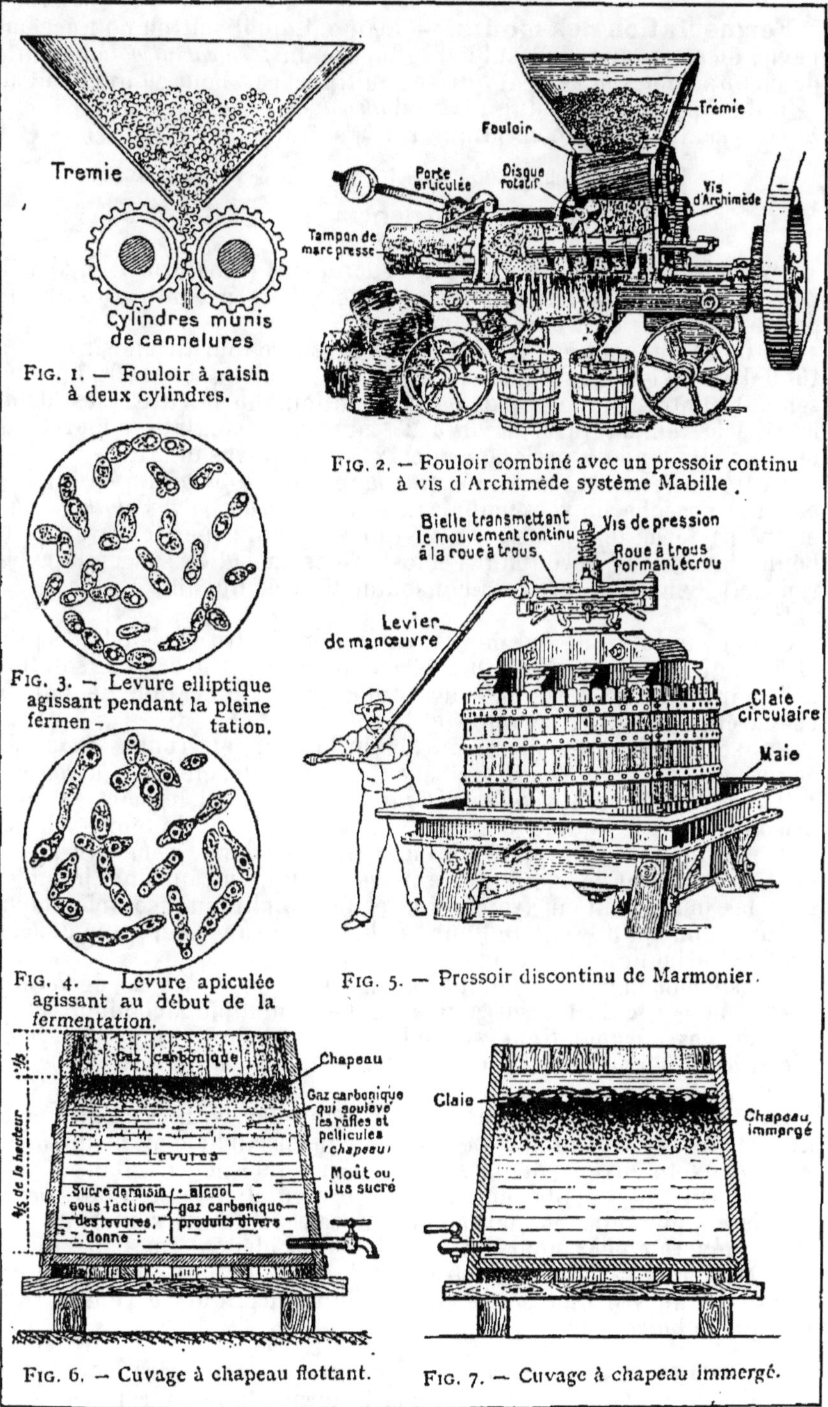

FIG. 1. — Fouloir à raisin à deux cylindres.

FIG. 2. — Fouloir combiné avec un pressoir continu à vis d'Archimède système Mabille.

FIG. 3. — Levure elliptique agissant pendant la pleine fermentation.

FIG. 4. — Levure apiculée agissant au début de la fermentation.

FIG. 5. — Pressoir discontinu de Marmonier.

FIG. 6. — Cuvage à chapeau flottant.

FIG. 7. — Cuvage à chapeau immergé.

LE VIN

Fermentation des moûts. — Le moût, qu'il soit ou non accompagné de son marc, doit subir l'influence du *ferment alcoolique*, sorte de champignon (*fig.* 3 et 4) qui se multiplie par bourgeonnement au sein du liquide en produisant de l'*alcool* et en dégageant de l'*acide carbonique*. La réaction chimique est la suivante :

$$\underbrace{\text{Sucre de raisin.}}_{C^6 H^{12} O^6} = \underbrace{\text{Alcool.}}_{2C^2 H^6 O} + \underbrace{\text{Acide carbonique.}}_{2CO^2}$$

On estime que 94 pour 100 du sucre sont transformés en alcool. Le reste sert à la nourriture de la levure et il se produit en outre un peu de *glycérine* et d'*acide succinique*.

Un moût qui contient 180 grammes de sucre fournit un vin titrant 10°,6 d'alcool en produisant une élévation calorifique de 20°, heureusement contre-balancée par les déperditions de la cuve. C'est d'ailleurs à la température de 20° à 25° que la fermentation marche le mieux ; elle languit au-dessous de 12° et au-dessus de 34°.

A côté du ferment alcoolique (*saccharomyces ellipsoïdeus* [*fig.* 3]) il y a d'autres saccharomyces malfaisants, le *pastorianus*, l'*apiculatus* (*fig.* 4), et une bactérie, le *mycoderma vini*, qui viennent gêner le travail de la bonne levure en provoquant l'éclosion des maladies susceptibles de rendre le vin impropre à la consommation et nuisible à sa conservation.

C'est pour cela que les moûts demandent à être surveillés de près et le matériel en usage désinfecté soigneusement avec une solution à 5 pour 100 de carbonate de soude; une application de lait de chaux étant faite sur les murs et le sol.

Au sortir du pressoir, dans la vinification en rouge, le raisin écrasé tombe dans les grandes cuves où il fermentera à *chapeau submergé* (*fig.* 6) ou à *chapeau flottant* (*fig.* 7). Quand le marc est emprisonné dans le liquide (chapeau submergé), il faut de temps à autre soutirer un peu de liquide par la cannelle pour le remettre par le haut afin d'aérer le moût. Si le marc est flottant, on doit le fouler tous les jours, tout en ayant soin de ne remplir qu'incomplètement la cuve, afin qu'il y ait toujours à la partie supérieure une couche d'acide carbonique isolatrice.

L'ensemencement du moût avec un *pied de cuve* à base de *levures sélectionnées* régularise ou active la fermentation alcoolique et la protège des fermentations secondaires. On devrait toujours y avoir recours lorsqu'on met en œuvre des vendanges altérées ou seulement suspectes.

La fermentation du « blanc » a lieu dans des feuillettes en chêne neuf où on loge le vin après l'avoir déféqué partiellement et homogénéisé dans un cuvier par un séjour de quelques heures. Dans ce cas de vinification en petits vaisseaux, la fermentation est toujours *basse*. D'ailleurs, plus elle est lente, mieux cela vaut. Un seul soutirage suffit généralement pour clarifier les vins blancs. On l'effectue le plus souvent à la pompe, c'est-à-dire à l'abri de l'air, de manière à conserver au vin une petite pointe liquoreuse qui le rendra plus agréable à boire.

Décuvage et soutirage. — Le décuvage a pour objet la séparation du vin rouge du marc une fois la fermentation terminée. Il ne faut pas trop le retarder si les raisins sont suspects et si l'on veut éviter de communiquer au vin une saveur *foxée* ou *framboisée* trop prononcée, comme il arrive avec certains cépages.

Lorsque la fermentation est incomplète, on soutire une première fois dans un cuvier où s'effectue une première défécation, puis on loge le vin dans la futaille qui doit le contenir définitivement et où s'achèvera la clarification, grâce à des soutirages échelonnés dont l'époque et le nombre varient suivant la nature du vin.

Les soutirages améliorent aussi le bouquet des vins et, en précipitant la *crème de tartre*, ils les rendent moins durs et moins verts. Avec les vins prédisposés à la *casse*, les soutirages se font toujours à l'abri de l'air; ceux qui sont durs gagnent à être transvasés au broc.

Dans tous les cas, il est prudent de mécher les fûts avec 1 ou 2 centimètres de mèche de soufre par hectolitre de capacité et les tonneaux seront tenus constamment pleins par des *ouillages*, à moins qu'on ne les munisse d'une bonde hydraulique.

La mise en bouteilles se fait par temps calme et sec, après un léger collage à deux *blancs d'œuf*, s'il s'agit de vins rouges, avec 2 grammes de *colle de poisson* complétés par 2 grammes de *tanin* s'il s'agit de vins blancs, le tout par hectolitre.

Les *mousseux* et le *champagne* reçoivent une liqueur de sucrage au candi de canne et ils sont soumis au dégorgeage en cours de fabrication.

Maladies des vins. — La *casse* dissocie les éléments du vin. On distingue la *casse bleue*, due à un excès de fer, commune aux vins blancs. On la guérit par l'emploi de 15 à 20 grammes d'*acide citrique* par hectolitre, suivi d'un léger collage et d'un tannissage. La *casse brune* est une maladie diastasique qui évente et madérise les vins en détruisant le tanin et la matière colorante. Elle est occasionnée par l'altération de la vendange. Il faut débourber les vins et porter à 8 ou 10 grammes par litre le degré acidimétrique, puis on effectue un bisulfitage à la dose de 6 ou 8 grammes par hectolitre.

La *tourne* et l'*amertume* sont fréquentes chez les vins rouges : la première affecte les *bordeaux*, la deuxième les *bourgognes*. Ces affections se manifestent par de l'amertume. La *graisse* qui rend les vins blancs huileux et filants a une origine analogue. Pour lutter contre ces affections, il faut corriger les moûts avant la cuvaison, les débourber et soutirer le vin en mars après collage. La pasteurisation tue les mauvais microbes. Un vin rouge qui contient seulement 1 gramme par litre d'acide tartrique libre est à peu près à l'abri de la tourne. On doit veiller, dans les caves infectées, à la contamination par le matériel et les récipients vinaires. A cet effet, les foudres, muids, pièces, feuillettes, etc., sont nettoyés, une fois libérés, avec de l'eau potable, en même temps que l'on effectue un « chaînage », puis on rince et on laisse égoutter, bonde en dessous. On donne un jet de vapeur ou, à défaut, un tour d'eau bouillante, et on mèche après vingt-quatre heures. On bondonne les tonneaux hermétiquement, puis on les place sur un chantier, en local ni trop sec ni trop humide, en les éloignant du contact des murs.

Pour se défendre contre les mycodermes *vini* et *aceti* qui vinent le vin ou le piquent, on porte leur degré alcoolique à un titre suffisant et on empêche l'infection par les ouillages et l'emploi des bondes hydrauliques dans les tonneaux en vidange.

V. — CIDRE ET POIRÉ

Composition d'un bon cidre. — Le *cidre* et le *poiré* s'apprécient à la dégustation. Ces boissons doivent flatter le goût par une agréable fraîcheur, légèrement édulcorée, l'odorat par des éthers aromatiques et l'œil par une limpidité parfaite. Leur teneur en alcool doit assurer leur conservation en tonneau pendant deux ans et en bouteilles durant une période indéfinie. Le jus pur de pomme donne après fermentation du cidre, celui de poire du poiré, et, lorsque les fruits sont associés, on obtient du *cidre-poiré*.

C'est par le mélange des fruits de pressoir en proportions convenables que l'on obtient des moûts bien équilibrés, susceptibles de fournir une boisson généreuse, agréable et de bonne garde. Aussi devrait-on toujours, avant d'entreprendre une mise en fermentation, bien connaître la teneur des moûts en *sucre, tanin, matières pectiques* et *acides*, afin de pouvoir les rectifier au besoin. Le sucre, en effet, favorise la conservation, le tanin et les mucilages influent sur la clarification et les acides ont une action microbicide qui s'oppose au *noircissement.*

Pour connaître la richesse en sucre, on râpe un échantillon de pommes ou de poires que l'on soumet ensuite à l'action d'une presse-purée, puis on pèse le jus dans une éprouvette à l'aide d'un densimètre. La pesée doit être faite à 15°. Au-dessus ou au-dessous de cette température, on retranche ou on ajoute un degré densimétrique par 5° thermométriques en plus ou en moins.

Si le chiffre lu et rectifié est de 1060, la teneur en sucre est de $60 \times 2,2 = 132$ grammes et son degré alcoolique sera de $60 \times 0,11 = 6°6$. Si le densimètre marque 1090 on a, pour la teneur en sucre : $90 \times 2,2 = 198$ grammes et pour le litre alcoolique : $90 \times 0,11 = 9°9$.

Les pommes ont une composition très variable. Ainsi, d'après Lechartier, elle se tiendrait entre 74 et 207 grammes de sucre au kilogramme. Il en est de même de leur richesse en acide et en tanin. Dans la pratique, les fruits de pressoir ont été classés en riches, doux, acides et amers. Aucun d'eux, considéré séparément, ne remplit les conditions requises d'une bonne boisson ; il faut les associer pour obtenir un cidre bien équilibré.

Le mélange par tiers des variétés suivantes : *averolles, Jean Huret* et *gendreville* donne un excellent cidre, ainsi que l'association suivante : *alison* 2/10, *aufriche* 1/10, *bedan* 3/10, *binet gris* 1/10, *ormilcent* 2/10, *rouge bruyère* 1/10. Pour le poiré on conseille, *ente-tricotet* 1/3, *ivoie* 1/3, *souris* 1/3. Enfin, un bon cidre-poiré est obtenu avec : pomme douce *grise dieppois* 1/3, pomme acide *rouge de trèves* 1/3, poire *souris* 1/3.

Récolte et broyage des fruits. — On reconnaît que les fruits approchent de leur maturité lorsqu'ils se détachent facilement de leur pédoncule. On les cueille en évitant le plus possible de les blesser ; le secouage sur de fortes toiles soutenues à une petite distance du sol est le procédé le plus recommandé.

Comme il reste encore de l'amidon non transformé dans les fruits, il est bon de les mettre en tas, après la cueillette, dans un endroit sain et sous un couvert afin qu'ils ne soient pas lavés par les pluies. Ils sont au point lorsque la chair se ramollit en exhalant une odeur suave, parfumée d'éthers aromatiques. Ils abandonnent alors facilement leur jus sous l'action du *broyeur* et du *pressoir*. Pendant la maturation en tas on remarque une augmentation de sucre, de tanin et de mucilage, mais l'acidité diminue.

Quand l'extraction se fait par pressurage, la séparation de la pulpe et du jus est toujours précédée d'un passage dans un broyeur qui écrase les fruits en respectant les pépins. Cette opération est elle-même précédée ou non d'un lavage dans des laveurs à claire-voie, analogues à ceux en usage dans les féculeries (V. *Tabl. le Cidre, fig.* 1). Avec les fruits souillés de terre et ceux envahis par les micro-organismes de mauvaise nature, le lavage a sa raison d'être. Il est au contraire nuisible quand les pommes *ont été récoltées* proprement, à cause des pertes de sucre et de l'entraînement des bonnes levures naturelles.

Le broyage, qui se faisait autrefois, exclusivement, à la *meule à piler* ne se fait plus guère qu'à l'aide des broyeurs actionnés par un manège ou un moteur (*fig.* 2). Les fruits sont écrasés entre deux cylindres cannelés ou entre un tambour entraîneur et un contre-batteur denté. Un dispositif spécial, à genouillère, équilibré par un fort ressort, permet l'éloignement du bouclier dans le cas où un corps dur, métal ou caillou, viendrait à tomber de la trémie.

Pressurage et rémiages. — La pomme contient de 94 à 96 pour 100 de jus. Celui-ci s'extrait d'autant mieux que la pulpe a été finement divisée par le broyeur.

Certains praticiens recommandent le *cuvage* préalable, tandis que d'autres le déconseillent. En principe, le cuvage est tout indiqué avec les pommes acides par excès, qui laissent coaguler difficilement leurs matières pectiques, tandis qu'il est à rejeter avec les pommes douces ou riches en tanin. En aucun cas il ne doit comporter une exposition à l'air d'une durée supérieure à une vingtaine d'heures.

Les pressoirs (*fig.* 4) du système Simon, Mabille, Lacroix, etc., sont à cages, à claies ou toile, à maies mobiles ou roulantes, avec serrages à vis actionnés par des leviers horizontaux ou verticaux, non compris les appareils de serrage électrique ou hydraulique, qui conviennent surtout aux cidreries industrielles et coopératives.

Le plus souvent, la pulpe est distribuée par lits ou matelas superposés, séparés par des clayons en bois formant drainage. La première pression permet d'obtenir 60 à 70 pour 100 de jus. Il en reste 30 à 40 pour 100 que l'on obtient par les *rémiages*.

Pour cela, on démonte les matelas en faisant passer le marc à nouveau dans le broyeur, puis on le fait macérer avec un poids d'eau égal au cinquième de celui des pommes, soit 20 litres par 100 kilogrammes. On presse à nouveau.

Le deuxième moût ainsi obtenu pèse 1 025 à 1 030. On recommande de ne pas le mélanger au jus pur, mais on l'utilisera à la fabrication du petit cidre, en lui ajoutant autant de fois 1 kil. 800 de sucre que l'on veut obtenir de degrés d'alcool en plus de ceux indiqués par le mustimètre. Le sucre s'ajoute sous la forme de sirop.

Diffusion. — Le pressurage, si énergique soit-il, laisse encore dans le marc, après un rémiage, 15 à 20 pour 100 du sucre des pommes. Pour obtenir un épuisement plus complet on procède par *diffusion*, c'est-à-dire par lessivage des fruits au préalable découpés en cossettes et placés dans une *batterie de diffuseurs*.

Généralement, on verse sur les cossettes un poids d'eau égal à celui des pommes employées. En passant d'un diffuseur dans un autre, le moût se charge de sucre de plus en plus à mesure qu'il passe sur des cossettes de moins en moins épuisées. Le *diffuseur de queue* contient des cossettes épuisées par trois ou quatre lixiviations successives et celui *de tête* des cossettes neuves.

Le cidre ainsi obtenu est beaucoup plus limpide que le cidre de pressurage ; il convient mieux pour la bouteille et pour la fabrication des mousseux. Mais cette fabrication exige un matériel assez coûteux.

En économie ménagère on peut opérer économiquement par la méthode des baquets gerbés A, B, C, D (*fig.* 5), dans lesquels on met des pommes coupées au coupe-racines. Pour commencer, on verse dans le baquet supérieur A, un poids d'eau égal au 2/3 de celui des cossettes. Après six heures de macération, on soutire dans le baquet B et l'on verse dans le premier cuvier une quantité d'eau égale au premier mouillage.

Toutes les six heures, on soutire dans les cuviers inférieurs et on mouille à nouveau le baquet de queue. Après que le baquet D a donné son jus, on vidange le baquet A considéré comme épuisé et on le met en bas à la place de D, en remontant tous les autres d'un étage, c'est-à-dire que B vient à la place de A, C à la place de B, D en C et les macérations continuent. On estime à 90 pour 100 la quantité de sucre extraite par cette méthode de diffusion.

Fermentation du moût. — En fermentant, 100 grammes de sucre donnent approximativement 51 grammes d'alcool et 49 grammes d'acide carbonique. Le travail du ferment alcoolique est activé par les matières azotées et minérales.

Quand les pommes ne sont pas de toute première qualité, la fermentation languit et il peut survenir des accidents. On les évite en ensemençant le moût au moyen des *pieds de cuve* fournis par les *levures sélectionnées*.

Au sortir du pressoir ou du diffuseur, le cidre est introduit dans des futailles tenues à une température voisine de 15°, la bonde restant ouverte. La fermentation ne tarde pas à s'établir, les *levures hautes* s'échappent par la bonde et les *levures basses* tombent au fond du fût en formant la *lie*.

Si on maintient la futaille bien pleine par des ouillages, la majeure partie des impuretés sont rejetées à l'extérieur et on peut les recueillir dans une terrine placée au-dessous du tonneau. Le cidre alors se clarifie. Il ne faut pas attendre trop longtemps pour soutirer, en procédant par la méthode du siphon, à la pompe ou à la cannelle, en respectant les lies. La boisson étant logée dans des fûts francs de goût et méchés, on la colle avec 10 grammes de tanin ou 50 grammes d'extrait de cachou par hectolitre. On peut alors la consommer sans craindre les altérations surtout si on a soin de mettre sur les tonneaux en vidange une bonde hydraulique ou une bonde Noël.

Pour les cidres à conserver plus d'un an, il vaut mieux les mettre en bouteilles, après un deuxième soutirage. L'embouteillage se fait par temps clair et tranquille, autant que possible. Même pour les *cidres secs*, on met en bouteilles à la densité de 1 003 à 1 005, afin que l'acide carbonique qui se dégagera ultérieurement leur assure une conservation indéfinie.

Un cidre qui pèse encore 1 015 au moment de l'embouteillage con-

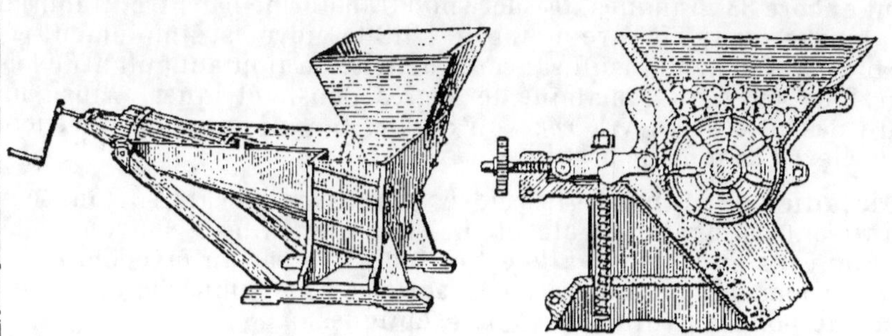

Fig. 1. — Laveur de pommes.

Fig. 2. — Broyeur de pommes à tambour et contre-batteur.

Fig. 3. — Broyeur et pressoir montés sur un chariot.

Fig. 4. — Pressoir à maie carrée.

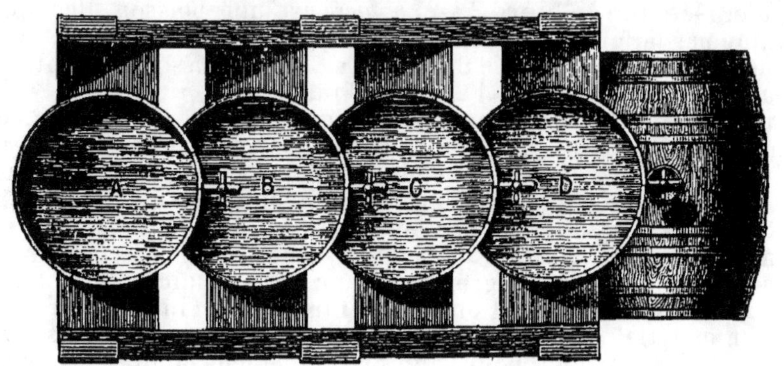

Fig. 5. — Batterie de diffuseurs, constituée par quatre baquets A, B, C, D, permettant d'épuiser le marc du sucre et des principes solubles qu'il contient.

LE CIDRE

tient encore 33 grammes de sucre non transformé par litre, il fournit du « mousseux »; s'il titre moins de 1 013 le cidre est simplement pétillant. On parfait à l'insuffisance de densité en ajoutant autant de fois 2 gr. 2 de sucre qu'il manque de degrés densimétriques. Ainsi, un cidre pesant 1010 devra recevoir : $2,2 \times 5 = 11$ grammes de sucre pour élever sa densité à 1015.

Maladie des cidres. — Les cidres sont assez délicats, surtout ceux qui titrent moins de 7° d'alcool. La *fleur* se manifeste souvent dans les tonneaux en vidange. Elle est caractérisée par un mycoderme de couleur blanche qui apparait à la surface. On l'empêche en faisant usage de bondes hydrauliques ou aseptiques.

Les cidres *piqués* ont subi l'action du ferment de vinaigre. Au contact de l'oxygène l'alcool se transforme en acide acétique et en eau. Lorsque la proportion d'acide acétique dépasse 2 grammes par litre, le cidre est imbuvable. On peut neutraliser par tâtonnement les cidres légèrement piqués avec du carbonate de potasse, sans toutefois jamais dépasser la dose de 300 grammes par hectolitre.

Contre l'*amertume*, la *pousse* et la *tourne*, il faut laver les fruits, ensemencer les moûts et obtenir une bonne défécation. L'addition de pommes acides et d'acide tartrique sont également efficaces.

Le *noircissement* est de deux sortes : d'origine diastasique ou engendré par les souillures basiques telles que la chaux, l'albumine, la magnésie, etc. Il faut réduire le plus possible la durée de l'oxydation à l'air et ajouter 2 grammes d'acide sulfureux au moût par hectolitre en l'entonnant dans des futailles méchées. On aura soin de mélanger une proportion élevée de pommes acides aux pommes douces, en employant même au besoin 30 à 40 grammes d'acide citrique par hectolitre. Les cidres noirs peuvent être refaits par une mise en fermentation avec addition de sucre, de levure et de phosphate d'ammoniaque.

VI. — LA BIÈRE

Qu'est-ce que la bière ? — La *bière* est une boisson alcoolique obtenue par la fermentation, sous l'influence des levures, de l'orge germée ou *malt*, aromatisée de *houblon*. C'est la boisson courante des populations du nord et de l'est de la France.

La matière sucrée provient de l'amidon du grain d'orge qui s'est transformé en *dextrine*, puis en *maltose*, sucre fermentescible, grâce à l'influence d'une diatase engendrée par la germination. Ce sucre et les autres matières extractibles étant solubles, le moût aromatisé peut dès lors être soumis à l'action de la levure alcoolique.

En somme, la fabrication de la bière a beaucoup d'analogie avec celle des autres boissons fermentées, une fois l'amidon transformé en maltose. Non seulement on peut l'entreprendre industriellement, avec un matériel de brasserie compliqué et coûteux, mais aussi avec un matériel de fortune, pour l'approvisionnement familial des particuliers et des fermes.

Maltage. — La matière première essentielle est l'orge, qui doit être de bonne qualité ; exempte d'impuretés ou de graines étrangères et apte à germer. Pour commencer, on procède au *mouillage* du grain (V. *Tabl. la Bière*, *fig.* 3), en le faisant tremper, pendant trois à quatre heures dans de l'eau à la température de 15° environ. On étale ensuite l'orge gonflée sur une aire cimentée en couche ne dépassant pas 15 centimètres d'épaisseur, où on la retourne toutes les huit heures à la pelle, en ayant soin de ne pas laisser la température de la masse s'élever au-dessus de 18°. Pour éviter l'action du soleil, on blanchit le vitrage des ouvertures.

En général, au bout de huit à dix jours, le grain est germé (*fig. 2*), c'est-à-dire que l'on aperçoit les radicelles ainsi que la *plumule*, qui n'est autre que la future tige. Dans la pratique, on doit arrêter la germination lorsque la plumule a une longueur égale aux deux tiers ou aux trois quarts de celle du grain, car, si on attendait plus longtemps, il se formerait de la cellulose aux dépens de la dextrine et la perte subie irait toujours s'accentuant.

Pour transformer l'amidon en dextrine, premier stade de la transformation, on soumet l'orge germée à la dessiccation ou *touraillage* dans un séchoir ou *touraille* (*fig. 4*) dans lequel la température s'élève progressivement à 70°. Le temps nécessaire à la dessiccation varie entre vingt-quatre et quarante-huit heures. Une fois le malt sec, on peut élever la température à 80°, de manière à obtenir une bière plus colorée. Il n'y a plus qu'à briser les radicelles et à les séparer par secouage dans des tambours perforés. Le grain ainsi débarrassé de ses débris est ensuite moulu grossièrement ou concassé : c'est le *malt*.

Un bon malt ne doit pas contenir plus de 6 à 7 pour 100 d'eau pour se bien conserver, son odeur est franche et aromatique; sa couleur varie. Il renferme des *matières saccharifiables*, des matières azotées, cellulosiques, grasses et minérales avec, en plus, un ferment soluble ou *diastase*.

Brassage ou saccharification. — C'est pendant le brassage que l'amidon du malt se transforme en maltose et le liquide sucré est un véritable moût.

Le brassage se fait de deux manières différentes : Par *infusion*, dans une cuve à matières pourvue d'un agitateur, qui renferme de l'eau à 60° ou 65°, suivant la saison. On y verse le malt dans la proportion d'un kilogramme pour un litre et demi d'eau. Pendant le mélange, d'une durée d'un quart d'heure, la température passe de 45° à 50°.

Cela fait, on laisse reposer vingt minutes, puis on amène de l'eau bouillante par dessous le faux-fond de la cuve, de façon à porter progressivement la température de la masse à 70°-75°. On brasse à nouveau et, après un deuxième repos d'une heure, la saccharification est terminée. On peut alors soutirer le liquide pour l'envoyer dans la chaudière à cuire.

Le *brassage par décoction* se fait aussi dans la cuve-matières; il exige quatre chauffes successives. La première se fait par adjonction d'eau bouillante sous le faux-fond, de manière à amener la température à 35°. Pour les trois chauffes suivantes, on prend à chaque fois le tiers de la matière pour la faire bouillir, puis on l'ajoute au « brassin » de manière à faire monter la température à 55°, à 65° et enfin à 75°. Entre chaque opération on laisse reposer pendant vingt ou trente minutes. Le marc restant est la drèche; on l'utilise à la nourriture du bétail. On peut l'épuiser après le soutirage par décoction avec de l'eau à 90° pour faire de la petite bière (*bibine*).

Cuisson et houblonnage. — Il est utile de prendre la densité du moût à l'aide du *saccharimètre*. C'est un aréomètre qui indique à la fois la teneur en sucre et le degré de concentration — 1 pour 100 de sucre donne 0,5 d'alcool — et l'extrait de malt a le même poids spécifique que le sucre.

Généralement les bières de table se règlent à 5 pour 100 d'alcool et 7 pour 100 d'extrait. C'est donc 17° que le saccharimètre doit marquer. Avec les petites bières, on se contente de 3 à 4 pour 100 d'alcool.

Au sortir de la cuve-matières le moût passe dans la *chaudière à cuire*, le plus souvent en cuivre, chauffée à feu nu ou à la vapeur. On chauffe progressivement, pendant trois heures, jusqu'à l'ébullition, si le moût a été obtenu par décoction et durant quatre heures s'il provient d'infusion. Le liquide se clarifie et le reste de l'amidon se transforme.

On ajoute alors le houblon en deux fois, la moitié lorsque le liquide bout et le reste une heure avant la fin de la cuisson. La dose à employer varie entre 400 et 600 grammes par hectolitre. En Bavière, pour les bières brunes, on dépasse parfois 1 000 grammes par hecto. C'est la lupuline, sorte de poudre jaune située à la base des cônes qui communique à la bière le principe amer que l'on recherche.

Fermentation du moût. — On doit toujours refroidir le moût avant de l'ensemencer. Pour cela, on le met en dépôt dans de grands bacs sous une faible épaisseur de 10 à 12 centimètres, pendant cinq ou six heures, où il abandonne une certaine quantité de matières albuminoïdes coagulées par la chaleur, puis on achève de le refroidir à la température de 13° à 14° à l'aide d'un réfrigérant tubulaire.

On procède alors à l'ensemencement en vue de la *fermentation haute*, en mettant 250 à 350 grammes de *levure fraîche* (levure haute) qui travaille bien à 13° ou 14°. Au bout de trois ou quatre jours la *fermentation tumultueuse* est terminée. La levure, qui prolifère dans le liquide sucré, monte à la surface : on peut la recueillir à l'écumoire ou la laisser déborder pour la canaliser dans un bac où on la récolte. Le liquide fermenté est envoyé dans des foudres où le sucre restant achève de se transformer.

Lorsqu'on pratique la *fermentation basse*, on doit d'abord refroidir le moût au voisinage de 4°, puis on l'ensemence avec 500 grammes de levure basse par hectolitre. Dans ce cas, la fermentation tumultueuse dure une quinzaine de jours et la bière obtenue par ce procédé doit être conservée dans des caves froides, tenues à la température constante de 1° à 3° où elle séjourne pendant trois à quatre mois.

La bière obtenue par le deuxième procédé est de meilleure garde que la première, mais elle exige des installations spéciales coûteuses et l'emploi de la glace.

Fabrications ménagères. — On peut, à la ferme comme chez le particulier, fabriquer par petites quantités à la fois, la bière nécessaire à ses besoins, en se servant d'un cuvier muni d'une cannelle et d'un tamis en claie, placé à une petite distance du fond, afin de pouvoir retenir le malt aux soutirages (*fig.* 6). Il faut en outre être en possession d'une chaudière à cuire en cuivre (*fig.* 5).

Pour fabriquer un hectolitre de bière à la fois, on met 25 litres d'eau à 55° dans le cuvier, puis on verse lentement 16 kilogrammes de malt concassé. Après un remuage et en continuant d'agiter, on ajoute de l'eau bouillante jusqu'à ce que la température du liquide atteigne 70°. Cela fait, on laisse reposer une heure et on soutire dans la chaudière. On épuise la drèche avec de l'eau chaude et on l'envoie

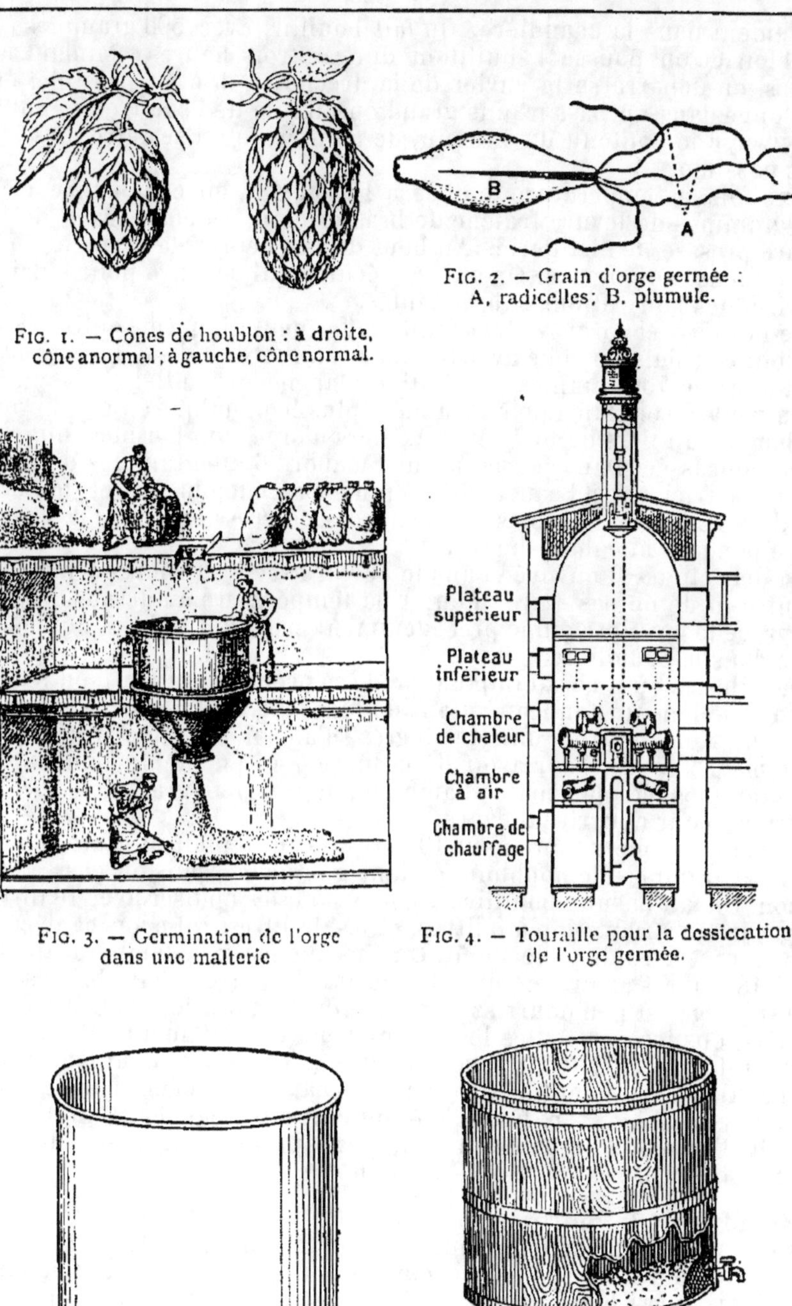

FIG. 1. — Cônes de houblon : à droite,
cône anormal ; à gauche, cône normal.

FIG. 2. — Grain d'orge germée :
A, radicelles ; B, plumule.

FIG. 3. — Germination de l'orge
dans une malterie

FIG. 4. — Touraille pour la dessiccation
de l'orge germée.

FIG. 5. — Chaudière à cuire en cuivre pour
la fabrication ménagère de la bière.

FIG. 6. — Cuvier en bois muni
d'une cannelle protégée par un tamis.

LA BIÈRE

également dans la chaudière. On fait bouillir, avec 500 grammes de houblon et on pousse l'ébullition durant trois heures. Pendant ce temps, on débarrasse le cuvier de la drèche et, si c'est possible, on le plonge dans un bassin plus grand où circule de l'eau froide, enfin on y verse le contenu du brassin, de manière qu'il se refroidisse le plus possible.

Une fois la température tombée à 17° ou 18°, on ensemence avec 250 grammes de levure fraîche de brasserie ou, à défaut, avec de la levure pressée de distillerie. Au bout de six heures la fermentation tumultueuse commence. On enlève l'écume qui surnage pour la faire servir à des fabrications subséquentes.

Le liquide s'éclaircit vers la fin de la fermentation. On soutire dans un tonneau, puis on colle avec 3 ou 4 grammes de *colle de poisson* par hectolitre ou 10 grammes de gélatine blanche en feuille.

On peut encore fabriquer de la bière plus économique en employant seulement un tiers de malt et deux tiers d'orge non germée, simplement concassée. Dans ce cas, on met d'abord 6 kilogrammes de malt dans le cuvier avec l'eau à 55°, comme précédemment, et on fait bouillir les 10 kilogrammes de farine d'orge grossière dans la chaudière pendant une demi-heure.

La décoction est envoyée dans le cuvier avec l'infusion de malt en ayant soin de ne pas faire monter la température au-dessus de 70°. On procède ensuite comme précédemment par ébullition et houblonnage dans la chaudière.

Dans le cas où il serait impossible de se procurer du malt, on ferait dissoudre dans un tonneau autant de fois 1 kg. 800 de sucre cristallisé que l'on veut obtenir de degrés d'alcool par hectolitre, par exemple 7 kg. 200, pour avoir de la bière à 4°, en même temps que 200 grammes de phosphate d'ammoniaque et 150 grammes d'acide tartrique pour nourrir la levure.

Dans un récipient contenant 10 litres d'eau, on fait infuser d'autre part 500 grammes de houblon pendant une heure, puis on passe l'infusion. On fait ensuite bouillir les cônes pour les épuiser avec 10 litres d'eau, jusqu'à réduction à 8 litres, et les 18 litres, infusion et décoction, sont versés dans le moût. On ensemence à la température de 17° à 18°, après avoir rempli le tonneau à 100 litres. Cette bière sans malt ni orge est peu nourrissante, mais néanmoins agréable à boire.

Dans tous les cas, toutes les bières sont éminemment altérables surtout lorsqu'elles sont logées dans des caves manquant de fraîcheur. Elles demandent à être protégées par une couche d'acide carbonique, aussi bien en fût qu'en bouteilles, le bouchage doit être parfait; l'emploi d'un barboteur s'impose sur un tonneau en vidange quand on soutire la bière à la cannelle.

Résidus de la bière. — Les *touraillons* et la *drèche* sont des résidus très riches qui conviennent à la nourriture du bétail. Ce sont des aliments que l'on peut incorporer à petite dose dans les mélanges ou mêlées, aussi bien à l'état sec qu'à l'état aqueux, mais non altérés. Ci-dessous, leur composition moyenne, d'après Wolff :

Éléments digestibles.	Touraillons.	Drèche fraîche.	Drèche séchée.
Albumine..............	19,1	3,6	13,7
Hydrates de carbone.......	48,6	9,7	35,4
Graisse	1,0	1,3	6,1

VII. — LE SUCRE

Composition, propriétés et usages. — Il existe un grand nombre de sucres. Le seul intéressant au point de vue industriel, en dehors du *sucre de fruits* ou *glucose*, c'est le *sucre commun* ou *saccharose* qui a pour formule $C^{12} H^{22} O^{11}$. C'est un corps ternaire, composé de carbone, d'hydrogène et d'oxygène, que l'on extrait de la *betterave* ou de la *canne à sucre* par des procédés analogues.

La saccharose est une substance cristallisable soluble dans l'eau jusqu'à concurrence de 65 parties de saccharose pour 100 parties d'eau à 15°, mais elle est insoluble dans l'alcool absolu ainsi que dans l'éther. Lorsqu'on liquéfie ce sucre dans l'eau, à la chaleur, il se transforme en *sirop* et, si on pousse davantage la réduction en prolongeant la cuisson, il se forme du *caramel*, puis du *charbon*.

La saccharose traitée par les acides ou certains ferments se dédouble en glucose et en lévulose, qui sont des sucres *intervertis* fermentescibles. On reconnaît ces différents sucres par la déviation de la lumière polarisée qui est à droite pour la saccharose et à gauche pour la glucose.

Au point de vue alimentaire, les sucres sont une source de chaleur et d'énergie extrêmement puissante, d'une grande assimilabilité. Ils conviennent aux travailleurs devant fournir de grands efforts musculaires. Après son interversion la saccharose peut se transformer en alcool, lequel servira à la fabrication des boissons et aux multiples emplois industriels. En économie ménagère, le sucre sert à l'édulcoration des tisanes et des boissons hygiéniques, à la fabrication des liqueurs, des confitures, des sirops, du chocolat, des bonbons, etc.

Sucrerie industrielle. — Le sucre ordinaire, de beaucoup le plus employé, est fourni par la *betterave sucrière*. Son extraction appartient au domaine industriel. Les betteraves cultivées pour cet objet sont des variétés sélectionnées, à la racine petite et au feuillage abondant, vert foncé et très étalé, dont la teneur saccharine varie entre 14 et 18 pour 100 suivant l'espèce, le mode de culture, le climat, les engrais employés, etc. Dans tous les cas, on a intérêt à ne mettre en œuvre que des racines riches préalablement divisées en *cossettes*, que l'on traite par le procédé de la *diffusion*.

Le jus est ensuite déféqué grâce à l'action d'un traitement chimique. On le filtre, puis on le concentre pour précipiter la cristallisation du sucre. Comme on le voit, la sucrerie est assez complexe et elle exige des appareils à grand travail très coûteux. La technique à suivre dans ses grandes lignes est la suivante :

Découpage en cossettes. — Les betteraves sucrières sont conduites à l'usine, soit par wagons, par chariots ou par bateaux. Les racines sont généralement déversées dans les silos au moyen de wagonnets à déclenchement automatique montés sur câbles. Il faut les manufacturer le plus vite possible pour éviter les pertes occasionnées par les diverses fermentations dont le degré d'intensité est en rapport avec la température du milieu et l'état des racines.

A la réception, on prélève un échantillon moyen que l'on analyse pour connaître sa teneur en sucre, le paiement se faisant à la densité. Pour commencer, on détermine la proportion de déchet en faisant la part de la terre et du collet, puis on râpe des portions longitudinales de racines d'un poids moyen. Le jus exprimé à la presse est pesé au densimètre à la température de 15°, ce qui permet d'évaluer approximativement sa richesse en sucre.

Du silo, les racines sont transportées à l'usine par un courant d'eau ayant 8 à 10 millimètres de pente, qui circule dans des caniveaux. On compte qu'il faut 8 à 10 litres d'eau pour véhiculer 1 kilogramme de racines. Les betteraves sont ensuite élevées jusqu'au *lavoir* au moyen d'une hélice, d'une roue ou d'une pompe Mammouth-Beduvé. C'est là que, grâce à un bras horizontal tournant, muni de bras obliques, les racines se nettoient en progressant dans le lavoir où elles abandonnent la terre et les pierres qu'elles entraînaient avec elles. Pour plus de sûreté on place un épierreur en tête et quelquefois un deuxième en queue.

Les betteraves tombent ensuite dans le *coupe-racines* qui les divise en cossettes assez petites. Les types à disque tournant dont les couteaux sont disposés suivant la génératrice du cylindre sont les plus employés. Les cossettes sont reprises par les transporteurs et envoyées dans les diffuseurs.

Extraction par diffusion. — Une *batterie de diffuseurs* se compose d'une série de récipients cylindriques en tôle, chacun d'eux étant accompagné d'un *calorisateur* qui sert au chauffage de l'eau de diffusion, quand on la fait passer d'un récipient dans un autre. Une tuyauterie à jus fait communiquer par le bas les diffuseurs avec les calorisateurs et, par le haut, les calorisateurs avec les diffuseurs ; une deuxième tuyauterie à eau chaude alimente le premier diffuseur dit « *de queue* », celui qui contient des cossettes épuisées et la circulation du jus se fait sur des cossettes de moins en moins épuisées, jusqu'au dernier diffuseur dit « *de tête* » qui contient des cossettes fraîches.

Chaque fois que l'on recharge le diffuseur de tête, on met 54 à 56 kilogrammes de cossettes fraîches par hectolitre de capacité. Par le jeu des robinets et des pressions, on fait parcourir au jus avant sa sortie les douze diffuseurs qui composent généralement la batterie, laquelle mesure une longueur totale de 25 à 26 mètres ; le jus met sept minutes environ pour traverser chaque diffuseur.

La diffusion se fait à chaud. L'eau qui pénètre dans le diffuseur de queue doit être à la température de 80°. On règle les calorisateurs intermédiaires de manière que cette température initiale aille en diminuant à mesure que le jus se rapproche du diffuseur de sortie. Dans ce dernier récipient elle n'est plus que de 50°.

Le *meichage* consiste donc à faire progresser des jus de plus en plus riches en sucre sous la pression des pompes, en ouvrant et en fermant les robinets. L'introduction de l'eau est réglée de manière que, par hectolitre de cossettes pesant 54 kilogrammes, on puisse retirer 50 litres de jus environ, lequel contiendra 97,5 pour 100 de la totalité de sucre contenu dans la betterave. L'épuisement des cossettes porte aussi sur les matières albuminoïdes, 60 pour 100, et la potasse 80 pour 100, tous produits qu'il faudra éliminer par la suite.

La pulpe de diffusion, simplement égouttée, est à peu près aussi riche en substances nutritives que la betterave fourragère ; elle l'est beaucoup plus quand elle a été pressée ou desséchée. Elle convient

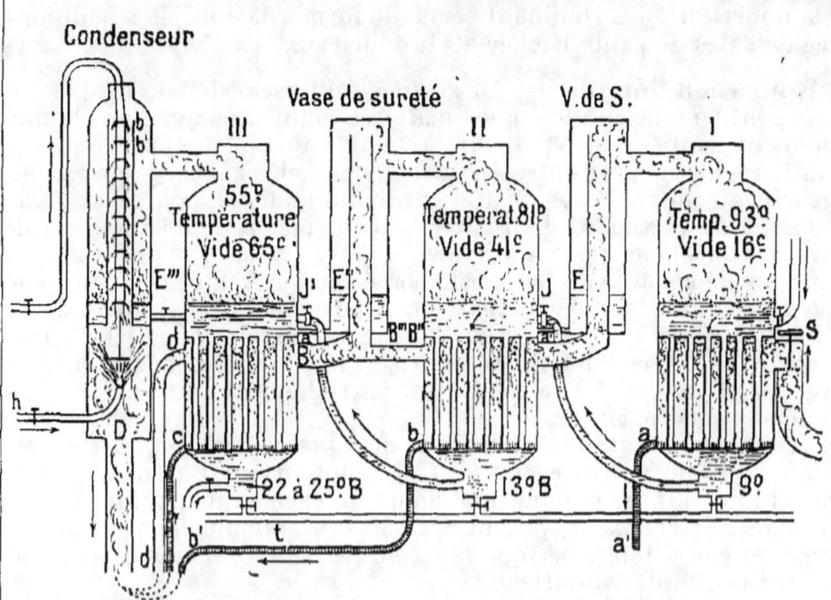

FIG. 1. — Appareil à triple effet pour l'évaporation des jus ;
cet appareil tend à disparaître devant les appareils à quadruple ou à sextuple effet.

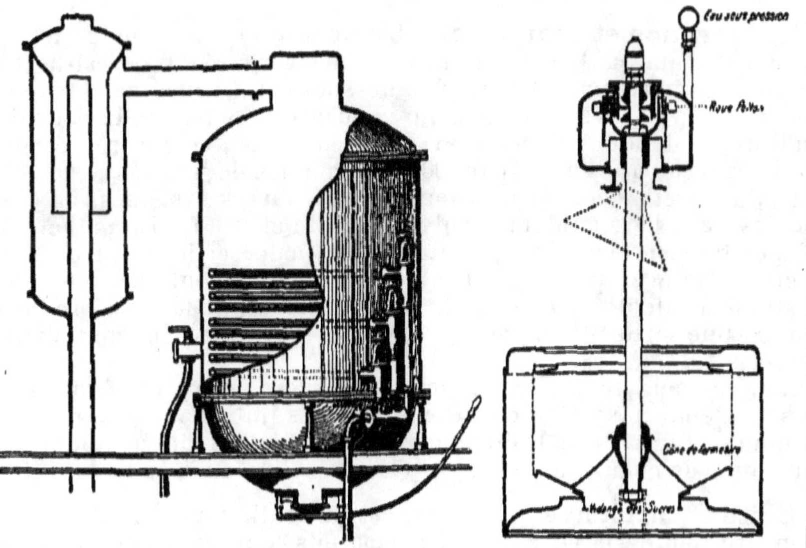

FIG. 2. — Chaudière à cuire dans le vide, dans laquelle se continue l'évaporation des sirops jusqu'à la consistance dite *en grains* ou *au filet*.

FIG. 3. — Turbine à mouvement hydraulique, système Watson, fonctionnant à la manière d'une essoreuse pour séparer les cristaux de sucre des eaux mères dans lesquelles ils sont contenus.

LE SUCRE

à la nourriture des ruminants, sous la forme de « **mêlée** » addition-
née de bales de paille hachée et de tourteaux.

Épuration des jus. — Au sortir du diffuseur de tête les jus sucrés contiennent beaucoup de matières pulpeuses que l'on élimine
en les passant sur des épulpeurs à tamis. Après cette opération, ils
contiennent encore, outre le sucre, des acides, des gommes, des
principes colorants, des matières albuminoïdes et amidées, de la
potasse, de la soude, de la chaux, de la magnésie, des acides sulfurique, phosphorique, chlorhydrique, etc.

On les débarrasse de ces substances étrangères en provoquant leur
défécation au moyen de la chaux en poudre ou en lait, suivie d'une
triple *carbonatation*. Il faut 2 kg. 200 à 2 kg. 600 de chaux par hectolitre de jus. Au contact de cette base, les matières organiques se
précipitent ; les acides se combinent partiellement avec l'alcali et ils
se déposent en partie.

La carbonatation se fait à froid et quelquefois à chaud. Cette opération consiste à envoyer dans les cuves un fort courant d'anhydride
carbonique qui se combine à la chaux du saccharate pour former du
carbonate de chaux. Le jus sucré est ensuite refoulé dans des *filtres-
presses* et comprimé sous une pression de 3 atmosphères et il reste
comme résidu des « tourteaux ».

Une deuxième carbonatation à la température de 90° à 95°, précédée d'une adjonction de deux litres de lait de chaux à 22° B. par hectolitre permet d'épurer davantage les jus. On la complète encore par
une troisième carbonatation ou par un *sulfitage*.

Évaporation et chauffage. — L'évaporation a pour but de transformer les jus carbonatés et filtrés en sirop à 30° B., c'est-à-dire
renfermant environ 50 pour 100 de sucre. On l'effectue dans des
appareils à vapeur surchauffée qui concentrent le jus, de 12 pour 100
qu'il est au début de l'opération à 50 pour 100, ce qui représente
76 litres d'eau à évaporer par 100 kilogrammes de jus.

Les appareils de concentration sont de divers systèmes. Le plus
employé est l'évaporateur Pauly, à triple effet (*fig*. 1), auquel on
adapte des *désucreurs* qui permettent de récupérer les particules de
sucre entraînées par les bulles de vapeur : ce sont des obstacles
destinés à ralentir la marche de l'échappement, de façon à produire
comme une sorte de laminage de la vapeur qui retient les gouttelettes
sucrées.

A ce moment, le sirop a une teneur en sucre de quatre fois à quatre
fois et demie plus élevée que celle du jus initial et il est presque
toujours neutre. On le traite encore par sulfitation, après adjonction
d'un peu de chaux ou de baryte pour l'alcalinisation, puis on filtre.

Cuite et turbinage. — La *cuite* est la continuation de l'évaporation. Au lieu de la faire dans des appareils continus elle se fait dans
des appareils à marche discontinue (*fig*. 2). La réduction du sirop
passe de 50 pour 100 à 85 pour 100. Il faut amener la masse à un
coefficient de sursaturation immédiat quand on cesse le chauffage.

L'opération terminée, on soutire la masse pâteuse, puis on la loge
dans un panier percé ou *essoreuse* tournant à la vitesse de 2 000 tours
à la minute (*fig*. 3). La partie liquide est éliminée et, à l'intérieur du
centrifuge, il reste un *sucre de premier jet*, de couleur blanche, désigné
sous le nom de *sucre cristallisé* pouvant être employé tel.

Le liquide d'égout contient encore beaucoup de sucre : on le soumet à une deuxième cuite et, par le procédé du turbinage, on obtient un *sucre de deuxième jet*, moins estimé que le précédent et d'une teinte plus foncée. Une troisième cuite conduite de la même manière fournit le *sucre de troisième jet*, ainsi que de la mélasse pouvant servir à la nourriture du bétail et à la fabrication de l'alcool.

Raffinage. — Le sucre de premier jet peut être consommé sous sa forme cristallisée, mais ceux de deuxième et de troisième jets doivent toujours être raffinés.

Pour cela, on les fait dissoudre dans l'eau chaude pour ramener le degré de concentration du sirop au voisinage de 37° à 39° Baumé. On incorpore ensuite à la masse du noir animal ou du sang de bœuf que l'on porte à l'ébullition. La fibrine et l'albumine coagulent les impuretés sous l'influence d'un agitateur. Celles-ci se rassemblent sous la forme d'écumes à la surface du sirop. On filtre puis on cuit à nouveau, enfin on coule dans des moules coniques où le sucre se solidifie en pains. Si le sucre est destiné à être scié mécaniquement, le coulage se fait dans des moules parallélépipédiques.

VIII. — L'ALCOOL

Propriétés et usages. — *L'alcool ordinaire*, encore dit *vinique* ou *éthylique* provient du dédoublement du sucre interverti ou *glucose* sous l'influence du *ferment alcoolique*. La réaction est la suivante :

$$C^6 H^{12} O^6 \; = \; CO^2 \; + \; 2C^2 H^6 O.$$

$$\text{Glucose.} \; = \; \text{Acide} \; + \; \text{Alcool.}$$
$$\text{carbonique.}$$

L'alcool pur ou absolu, c'est-à-dire privé d'eau est très fluide, volatil, et à odeur pénétrante. Il pèse 792 grammes à la température de 15° et il bout à 78° à la pression normale ; il est donc beaucoup plus léger et plus volatil que l'eau. C'est grâce à cette propriété qu'on peut l'extraire des moûts fermentés en les soumettant à une douce distillation.

L'alcool ne se solidifie qu'à — 130° et il possède un pouvoir dissolvant considérable sur les gaz (acide carbonique) les corps simples (iode, potasse), les matières organiques (résines, essences). C'est aussi un comburant très actif, une source importante d'énergie, de chaleur et de force.

Absorbé par l'homme, l'alcool passe brusquement dans la circulation, mais son action n'est pas soutenue. Les à-coups qu'il engendre sont plus nuisibles qu'utiles, à moins qu'il ne soit pris à très petite dose et à un état de dilution accentué dans les boissons hygiéniques. C'est en outre un excellent combustible, bien que sa flamme ait un pouvoir éclairant assez faible. Au contact de l'air, par oxydation, sous l'influence du ferment acétique, il se transforme en *vinaigre*.

L'alcool sert de dissolvant aux huiles, aux résines et à la fabrication des vernis. On l'utilise à la fabrication des thermomètres minima; comme il coagule l'albumine, on l'emploie à la conservation des pièces anatomiques. En teinturerie, en pharmacie, en parfumerie et dans les arts, on en emploie de grandes quantités, mais son avenir est comme comburant, en remplacement des pétroles pour actionner les moteurs. Quant à l'alcool aliment dans les boissons à haut titre et les spiritueux, il nuit à la santé quand on en abuse.

Sources diverses d'alcool. — Les meilleurs alcools comestibles sont ceux qui proviennent du vin, du cidre, de la bière, de l'hydromel ou de toute autre boisson fermentée de bonne nature. Cependant, sauf de rares exceptions, on ne distille guère les boissons que lorsqu'elles sont malades ou altérées. Le plus souvent, on se contente de distiller les marcs et les pulpes de fruits tels que raisins, pommes, poires, groseilles, framboises, etc., après leur expression, et que l'on fait passer par l'alambic de manière à récupérer le sucre restant, après fermentation.

Les alcools industriels s'extraient des jus sucrés de mélasse ou des betteraves. On les retire également après *saccharification* de l'amidon des grains tels que seigle, orge, maïs, etc., ou encore de la fécule des pommes de terre ou de tout autre tubercule amylacé.

Distillation des boissons et des marcs. — Les eaux-de-vie de cette provenance se règlent généralement à 50°, c'est-à-dire que l'alcool éthylique entre dans leur constitution pour la moitié, le reste est de l'eau. Elles sont caractérisées par un parfum et une saveur particulière d'origine qui permettent de les reconnaître et de les apprécier.

Les *alambics* en usage sont plus ou moins perfectionnés. Le plus simple (V. *Tabl. l'Alcool, fig. 1*) se compose d'une *chaudière* chauffée à feu nu, dans laquelle on met la matière à distiller. Cette chaudière est coiffée d'un *chapiteau* démontable relié par un *col de cygne* et un *serpentin* où se condensent les vapeurs d'alcool en traversant le *réfrigérant*, qui n'est autre qu'un récipient contenant de l'eau qu'il faut renouveler de temps en temps pour la tenir froide. Ces appareils donnent des eaux-de-vie à titre trop faible ; il faut les distiller une deuxième fois.

Les alambics brûleurs perfectionnés donnent en une seule «cuite» des eaux-de-vie rectifiées au degré voulu, débarrassées des huiles empyreumatiques entraînées par la vapeur d'eau, qui communiqueraient un mauvais goût au produit. Ces appareils (*fig.*2) sont pourvus d'un diaphragme intérieur, refroidi par un mince filet d'eau coulant en nappe à la surface, ce qui condense les vapeurs lourdes lorsqu'elles lèchent les parois intérieures du diaphragme. Grâce à cet obstacle, l'eau et les huiles sont retenues ; l'alcool et les éthers aromatiques seuls peuvent atteindre le serpentin. Le même résultat peut être obtenu avec les rectificateurs tels que le rectificateur sphérique Egrot (*fig.* 4) ou le rectificateur lenticulaire Deroy. Le rectificateur Egrot se compose de deux sphères concentriques; la sphère intérieure contient de l'eau et sa paroi ainsi rafraîchie condense les vapeurs d'eau qui retournent à la chaudière. Les vapeurs d'alcool gagnent le serpentin après s'être débarrassées d'une grande partie de l'eau qu'elles entraînaient avec elles.

Les boissons alcooliques fournissent environ 2 litres d'eau-de-vie à 50° par degré. Les marcs de raisin donnent, suivant leur provenance et leur richesse, de 8 à 14 litres d'eau-de-vie par 100 kilogrammes et les marcs de pommes 2 à 3 litres. Il convient d'émietter le marc et de l'additionner d'eau avant de le verser dans la chaudière pour éviter de le brûler. On doit en outre le conserver dans des fu-

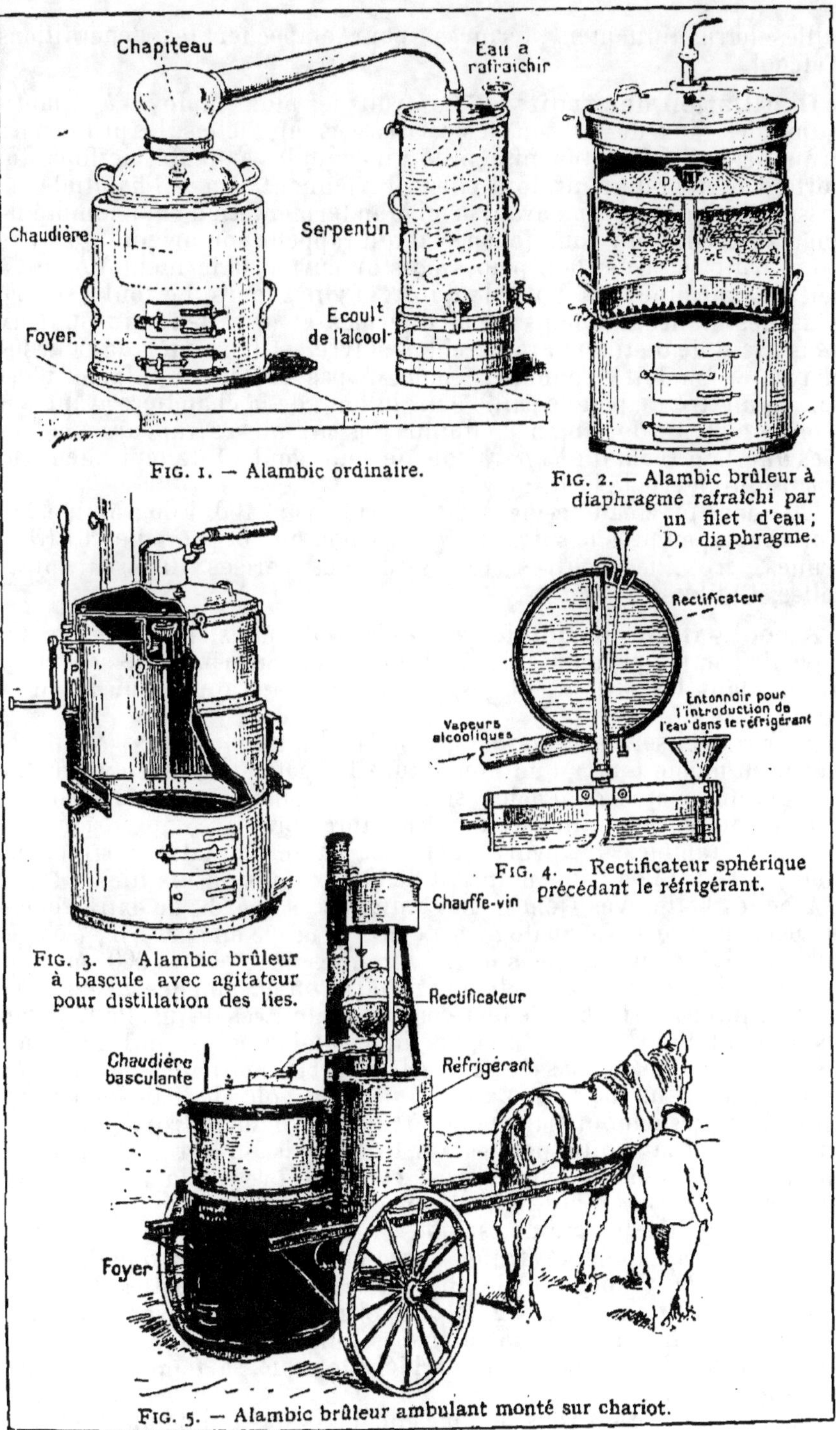

FIG. 1. — Alambic ordinaire.

FIG. 2. — Alambic brûleur à diaphragme rafraîchi par un filet d'eau ; D, diaphragme.

FIG. 3. — Alambic brûleur à bascule avec agitateur pour distillation des lies.

FIG. 4. — Rectificateur sphérique précédant le réfrigérant.

FIG. 5. — Alambic brûleur ambulant monté sur chariot.

L'ALCOOL

tailles hermétiquement fermées pour empêcher les déperditions d'alcool.

Distillation des fruits. — Les fruits les plus employés à la fabrication des eaux-de-vie sont les cerises, les mirabelles, les prunes, les prunelles, etc. Elles fournissent le kirsch et les eaux-de-vie fines qui portent le nom du fruit dont elles proviennent. On a l'habitude de casser quelques noyaux avant la mise en fermentation pour communiquer au produit un bouquet spécial qui rappelle son origine.

Les fruits écrasés étant placés dans un cuvier, la fermentation est à peu près terminée au bout de quinze à vingt jours. Le tout est logé dans des tonneaux pleins et bien fermés et on attend un ou deux mois avant de distiller. La marche à suivre est la même que pour les marcs ; le feu doit être modéré pour ne pas brûler la pulpe et il est bon de mettre un peu de paille dans le fond de la chaudière avant son remplissage. On fera bien d'éliminer les premières vapeurs condensées que l'on recueille, en raison de leur goût et de leur odeur *sui generis* qui déprécie l'eau-de-vie.

La quantité d'eau-de-vie à 50° fournie par 100 kilogrammes de fruits est à peu près la suivante : poires, pommes et prunelles, 6 litres ; prunes, groseilles, 8 litres ; reines-Claudes, cerises, 10 litres ; mirabelles, 12 litres.

Alcoolisation industrielle. — L'alcool industriel a beaucoup d'avenir comme production de force motrice. Sa principale source se trouve dans les *mélasses* et les *jus de betteraves*, après leur fermentation.

Pour alcooliser la mélasse, on la délaye dans cinq fois son poids d'eau, en même temps que l'on sature les sels alcalins en y versant 1 kilogramme environ d'acide sulfurique étendu de huit fois son volume d'eau par hectolitre de moût et, après brassage, on ensemence avec 250 grammes de levure de bière. La fermentation arrêtée on neutralise l'acide à l'aide d'un lait de chaux, puis on distille.

Avec les betteraves riches, on commence d'abord par extraire les jus par des procédés analogues à ceux en usage en sucrerie, c'est-à-dire par diffusion. Les jus sont additionnés de 1 pour 1 000 environ d'acide sulfurique, dilué à 80 pour 1 000 et on ensemence à raison de 8 kilogrammes de levure de bière par 15 hectolitres de jus. Pour éviter les fermentations secondaires, acétiques ou lactiques, on fractionne les cuvées en faisant passer successivement la moitié des moûts d'un récipient dans un autre plus avancé dans la voie de l'alcoolisation. Ainsi, lorsque le moût marque 0° à 1° Baumé, dans la troisième cuve, on en soutire la moitié pour la distiller, puis on la remplit avec la moitié du contenu de la cuve n° 2 et celle-ci reçoit la moitié de la cuve n° 1 que l'on emplit de jus frais ensemencé.

L'alcoolisation des grains, seigle, orge, maïs, riz, etc., se fait par *saccharification*, en employant de l'orge germée ou *malt*, que l'on mélange dans la proportion de 15 parties pour 100 parties de grain concassé et 500 parties d'eau, le tout chauffé progressivement à 72°. On laisse réagir pendant quatre heures, puis on soutire le moût sucré pour l'ensemencer à la levure de bière lorsque sa température est tombée à 25°.

Quand on opère avec des pommes de terre, des topinambours, etc., on cuit d'abord les tubercules, puis on les réduit en bouillie. On les traite ensuite avec un vingtième de leur poids de malt à 75°. Après un brassage de deux heures, on ajoute de l'eau pour faire tomber la température à 25° et, aussitôt la fermentation terminée, on procède à la distillation. Il faut environ 26 à 28 litres de seigle pour obtenir un litre d'alcool et 9 à 11 litres de pommes de terre.

Distillation. — L'extraction industrielle de l'alcool, des jus artificiellement alcoolisés se pratique au moyen d'appareils distillateurs continus, qui donnent du premier jet des eaux-de-vie impures titrant 48° à 50°, appelées *flegmes*.

Dans les alambics Deroy à plateaux lenticulaires la chaudière se charge par des bouches à tampon ménagées dans la paroi. L'eau du réfrigérant est à circulation continue ; elle arrive par le bas et monte à la partie supérieure où elle s'échappe en passant successivement en cascade sur les plateaux. Les vapeurs lourdes se condensent au contact de la paroi intérieure des lentilles et retombent dans la chaudière. Seules les vapeurs légères d'alcool arrivent au serpentin où elles se condensent. La réfrigération peut être partiellement obtenue au moyen du jus ; celui-ci est déjà attiédi lorsqu'il entre dans la chaudière, d'où économie de combustible.

Pour rectifier les flegmes et amener leur degré alcoolique au voisinage de 95° on se sert de *rectificateurs* comprenant une chaudière, une colonne, un condenseur et un réfrigérant. Le chauffage se fait généralement à la vapeur, doucement au début, de manière à éliminer les vapeurs éthérées, à odeur infecte, qui viennent les premières au-dessous de 78°. Les vapeurs d'alcool se débarrassent d'une grande partie de l'eau entraînée par elles dans la colonne élevée qu'elles doivent parcourir avant d'arriver au serpentin et où leur marche est contrariée par un certain nombre de plateaux interposés.

Dès que le titre alcoolique tombe au-dessous de 90°, on recueille l'alcool à part pour le soumettre à une nouvelle rectification.

IX. — LA FÉCULE ET L'AMIDON

Origine et utilisation. — La fécule et l'amidon sont des substances ternaires identiques au point de vue de leur composition chimique, tous deux étant représentés par la même formule $C^6H^{10}O^5$, mais ayant un aspect et des emplois assez différents. Examinés au microscope, la fécule et l'amidon se présentent comme des granules de formes et de dimensions variables, ce qui permet de les différencier lorsqu'on recherche les adultérations. Les plus gros grains sont fournis par la pomme de terre (46 à 57 millièmes de millimètres de grand diamètre) [V. *Tabl. la Fécule, fig. 2*] et les plus petits par le riz (5 à 8 millièmes seulement).

Les matières amylacées se rencontrent dans les tubercules de pommes de terre, de patate, de topinambour et dans les racines de manioc. On les trouve également dans le grain de toutes les céréales : froment, seigle, orge, maïs, riz et jusque dans les fruits de certains arbres : glands, marrons d'Inde, châtaignes, etc.

L'amidon sert à une foule d'usages domestiques : à l'empesage du linge, à la préparation des poudres émollientes pour les traitements externes de la peau, à la fabrication de la poudre de riz, etc.

La fécule de pomme de terre et surtout celle de manioc servent à l'alimentation humaine ; on les emploie également à la nourriture des veaux au lait écrémé. Après traitement par les acides et la chaleur, on les transforme en glucose, dextrine, dextrone, gommes diverses réservées aux multiples emplois industriels, notamment dans l'alimentation et le textile, pour la fabrication des apprêts de collage et d'impression des tissus.

Extraction de la fécule. — Les pommes de terre cultivées pour la féculerie doivent avoir une teneur élevée en matières amylacées. Parmi les variétés riches en fécule on cite : *professeur Maerker*, 20,90 pour 100 ; *richter's imperator*, 18,68 pour 100. Le dosage rapide de la fécule se fait à l'aide du *féculomètre (fig. 3)*. C'est un récipient A rempli d'eau jusqu'au niveau C, dans lequel on introduit un panier B qui contient exactement 1 kilogramme des tubercules à essayer. L'eau qui sort par le trop plein supérieur laissé ouvert est en rapport inverse avec la densité de l'échantillon. Il suffit de lire la quantité d'eau recueillie dans le ballon gradué E pour connaître la richesse représentative des pommes de terre. La pomme de terre est d'autant plus riche qu'il sort moins d'eau. La teneur en fécule varie du simple au double entre 12 et 24 pour 100.

L'extraction de la fécule comprend les opérations suivantes : 1° le *lavage* et l'*épierrage* dont l'objet est de débarrasser les tubercules de la terre et des pierres qui y adhèrent ; 2° le *râpage* en pulpe ; 3° le *tamisage* et la *décantation* sur les plans inclinés ; 4° le *lavage*, le *dessablage* et le *blanchiment* de la fécule verte ; 5° le *séchage* et le *blutage* pour obtenir la fécule sèche.

Cette industrie exige de grandes quantités d'eau et celle-ci doit être de toute première qualité, exempte de matières limoneuses, si on veut obtenir une fécule bien blanche, faisant prime sur les marchés.

Lavage et épierrage. — Les pommes de terre récoltées bien saines et parfaitement ressuyées sont mises en dépôt dans des caves aérées et amenées à l'usine par un chenal alimenté par un courant d'eau à débit réglable à volonté. Elles arrivent ainsi dans un bac semi-cylindrique à claire-voie laissant passer les substances terreuses et au centre duquel se meut un arbre portant des bras en fer disposés suivant la forme d'une hélice, de manière à faire progresser les tubercules en les frottant les uns contre les autres.

Les pierres plus lourdes tombent au fond du bac et vont se rassembler à la partie basse du plan incliné où on les enlève de temps à autre. Celles qui sont entraînées tombent dans le puisard terminus situé à la partie postérieure du lavoir. Si un corps dur venait à pénétrer dans la râpe, il y causerait des dégâts considérables.

Râpage. — Les tubercules lavés et épierrés sont saisis dans le puisard par les godets à claire-voie distribués le long d'une courroie en chaîne sans fin qui joue le rôle d'élévateur. Les pommes de terre tombent dans une trémie et viennent passer dans la râpe à scies externes ou internes, suivant que le cylindre est mobile ou fixe. Dans tous les cas, les scies sont disposées suivant les génératrices et rendues mobiles par des liteaux en bois dur qui les coincent dans des entailles et la pulpe sort par des lumières ménagées pour cet objet.

Deux fois par jour, on change la rotation du cylindre ou du tambour, afin que la denture s'affûte naturellement. Avec une forte râpe

Fig. 1. — Principe de l'extraction de la fécule de pomme de terre.

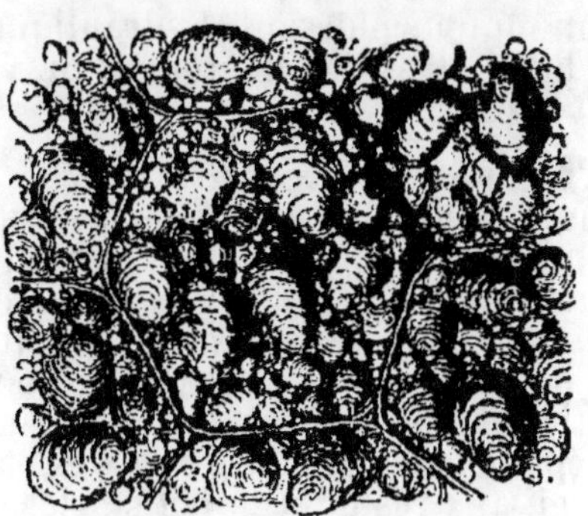

Fig. 2. — Grains de fécule emmagasinés dans les cellules de la pomme de terre.

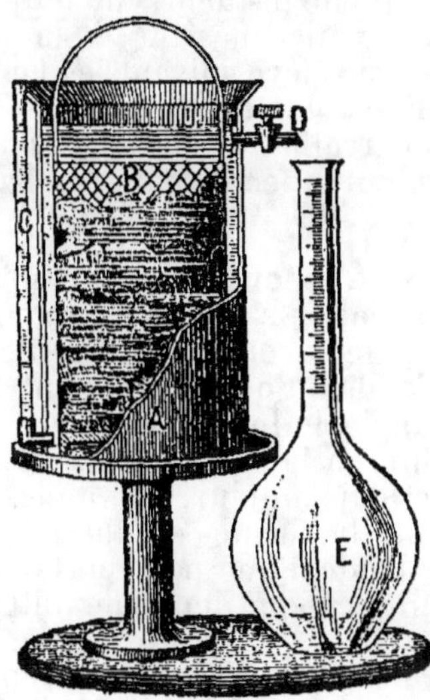

Fig. 3. — Féculomètre : A, récipient ; B, panier en toile métallique ; C, trait d'affleurement ; D, robinet ; E, ballon gradué.

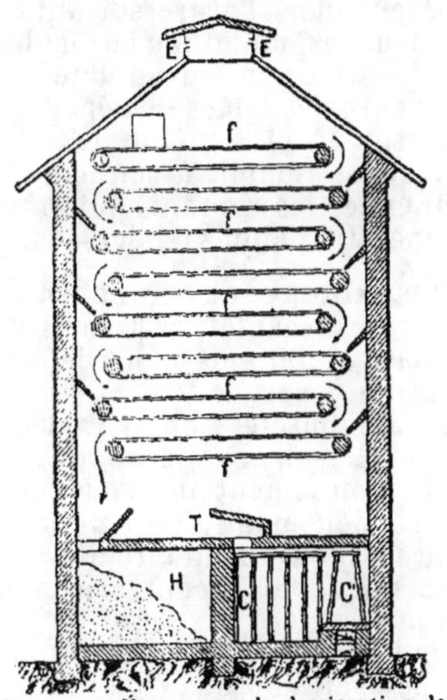

Fig. 4. — Étuve pour la dessiccation de la fécule : C, C′, calorifère ; T, trappe pour le passage de l'air chaud ; E, cheminée ; *f,f,* toiles d'entraînement ; H, fécule desséchée.

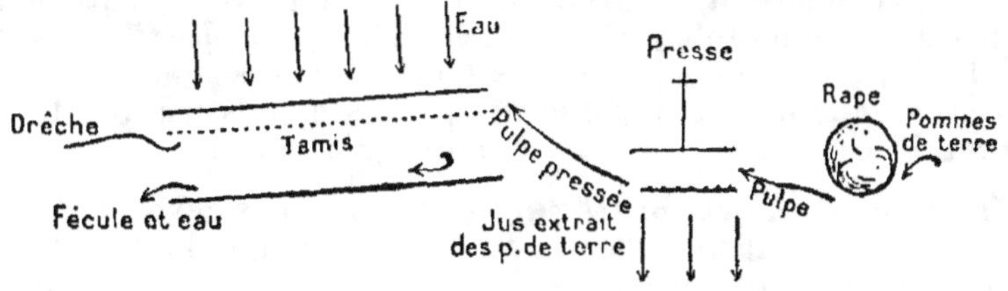

Fig. 5. — Schéma du traitement de la pomme de terre de féculerie. La presse a pour objet d'extraire de la pulpe certains principes utiles (jus de pulpe) et empêche en même temps la souillure des eaux de lavage.

LA FÉCULE

et un moteur puissant, hydraulique ou autre, on peut débiter 300 ou 400 hectolitres de tubercules en vingt-quatre heures, en marchant nuit et jour.

Tamisage et décantation. — Au sortir de la râpe, la pulpe plus ou moins étendue d'eau se déverse dans des cylindres tournants, garnis sur la phériphérie d'une toile métallique à mailles fines. Une tuyauterie médiane, percée d'une infinité de trous et alimentée d'eau sous pression projette l'eau en pluie sur la toile en mouvement, ce qui entraîne toutes les particules ténues y compris la fécule. La pulpe partiellement épuisée et le lait amylacé tombent dans des puisards indépendants pour être envoyés par un jeu de pompe : la pulpe dans le trou aux résidus ; le lait sur les plans inclinés de décantation.

Les plans sont constitués par de larges chenaux en bois ou en ciment, à faible pente, où les matières en suspension dans l'eau se déposent dans l'ordre suivant : en tête les substances sableuses les plus lourdes, au milieu la fécule et en queue les débris de pulpe. On règle le tirage au moyen d'un vannage de niveau situé à la partie inférieure des tables de dépôt, que l'on surélève suivant les besoins.

Lorsqu'un plan incliné est plein, on envoie le lait sur une table vide qui se remplit à son tour. Il faut surveiller la marche du dépôt, pour éviter les courants qui entraîneraient la fécule dans les bacs de récupération situés en dessous.

Dessablage et blanchiment de la fécule. — Une fois les tables de décantation remplies, on les laisse s'égoutter pendant un ou deux jours, puis on les débarrasse de leur contenu. Généralement on traite à part la tête et la queue du dépôt qui renferment beaucoup d'impuretés ; on peut aussi mélanger le tout.

Pour dessabler la fécule et la blanchir, on la met dans des cuves en bois ou en ciment jusqu'à la moitié de leur hauteur, puis on les remplit partiellement d'eau. On délaie alors la fécule en imprimant à l'eau un mouvement circulaire, soit à l'aide d'une pelle en bois, soit avec un agitateur mû mécaniquement, ce qui demande huit à dix minutes.

On laisse reposer, puis on siphonne l'eau du brassage. On répète la même opération une ou deux fois pour achever de blanchir la fécule et, après avoir enlevé la totalité de l'eau, on racle la surface du dépôt pour retirer les particules légères. Le fond du dépôt est également mis à part pour être soumis à de nouveaux dessablages. Seule la partie moyenne exempte d'impuretés donne la fécule verte marchande, désignée sous le nom de *fécule première*. La fécule *deuxième* est fournie par le traitement des têtes et des fonds de cuves ajoutés aux fécules qui proviennent de la repasse des pulpes et des bassins de récupération. Elle est moins blanche et moins pure que la précédente.

Dessiccation et blutage. — Au sortir des cuves, la fécule renferme encore beaucoup d'eau : on la dit « verte ». Pour l'amener à un degré de siccité lui permettant de se conserver sans altération, il faut la soumettre à l'action d'une chaleur assez élevée, autant que possible dans des étuves chauffées à la vapeur, de manière à éviter les risques d'incendie et afin de ne pas roussir la fécule.

Dans les anciens séchoirs en usage dans les petites féculeries, la fécule grossièrement écrasée au pied est distribuée sur des châssis tendus de toile, sous une faible épaisseur, lesquels viennent s'engager sur des glissières superposées. L'étuve Lacambre (*fig.* 4) est constituée par une série de toiles sans fin qui font descendre automatiquement et progressivement la fécule en la rapprochant du foyer. Le chargement a lieu par le haut, la fécule sèche tombe dans un chambre isolée où on la recueille.

La dessiccation est jugée suffisante lorsque sa teneur en eau n'est plus que de 18 pour 100 environ. Avec un peu d'habitude on s'en aperçoit au toucher.

Il n'y a plus qu'à faire passer la fécule sèche entre des rouleaux pour l'écraser, puis on la blute à différents degrés de finesse avec des tamis cylindriques tournants tendus de soie.

Fabrication de l'amidon. — L'amidon s'extrait généralement du blé, du seigle, du riz, de l'orge, du maïs, etc. Il faut l'isoler du gluten et du son auxquels il est associé.

L'ancien procédé dit par fermentation ne s'emploie plus guère, sauf pour les farines avariées. Pour cela, on délaie la farine avec de l'eau, de façon à obtenir une sorte de moût que l'on ensemence avec de l'eau sûre provenant d'une précédente opération. Le gluten se putréfie et on obtient une sorte d'eau blanche, que l'on fait couler sur des plans inclinés où elle se dépose de la même manière que la fécule. On la blanchit ensuite dans des cuves pour éliminer toutes les autres substances étrangères, en répétant les lavages et les décantations autant de fois qu'on le juge nécessaire.

Le procédé Martin permet de récupérer le gluten ; il est beaucoup plus usité. Dans ce cas, on se sert d'une amidonnière constituée par une auge à claire-voie demi-cylindrique, tendue de toile. Un malaxeur denté tourne dans l'auge et dissocie les éléments de la farine. L'eau étant projetée sur la matière, l'amidon s'y dissout et se trouve entraîné sur les plans inclinés ; le gluten et le son restent sur la toile.

Le rendement de 100 kilogrammes de farine est d'environ 40 à 42 kilogrammes d'amidon de première qualité, plus 18 à 20 kilogrammes d'amidon de qualité inférieure. On recueille en outre 30 à 32 kilogrammes de gluten employé en partie à la fabrication du pain destiné aux diabétiques.

X. — LES HUILES

Origine, composition et usages. — Les huiles sont des substances de réserve que l'on trouve dans un grand nombre de graines fournies par les végétaux indigènes et exotiques et quelquefois par les fruits charnus. Elles appartiennent à la série des corps gras, comme les beurres, les graisses et les cires. Ce sont des éthers ou glycérides dans la composition desquels il entre des acides oléique, margarique et stéarique, avec prédominance d'oléine.

La nature et les propriétés des huiles varient suivant leur origine. Quand elles s'oxydent à l'air, on les dit *siccatives* et on les emploie en peinture. Les *huiles douces*, à saveur et à odeur agréables, sont réservées à la consommation, tout au moins celles qui proviennent d'une première expression à froid. Les autres sont transformées en savon, ou bien on les utilise en mécanique, comme lubrifiant, et parfois pour l'éclairage. La parfumerie et la pharmacie en utilisent des quantités notables.

Les principales huiles indigènes, dont on fait une assez grande consommation, sont les suivantes : *olive, colza, navette, œillette, lin, noix, moutardes blanche et noire, chènevis, faîne, caméline, amande, noisette, concombre, tournesol*, etc. Les huiles exotiques les plus demandées sont : *arachide, coprah ou coco, palmiste, coton, sésame, ricin, châtaigne du Brésil, bancoul, ben*, etc.

On reconnaît la pureté des huiles par leur densité, qui varie entre 915 pour le colza, la moutarde, jusqu'à 965 pour le palmiste, ou bien on fait l'essai au moyen de l'acide sulfurique qui dégage, au contact de l'huile, une élévation de température, allant de 42° pour l'huile d'olive, à 133° pour l'huile de lin.

Les huiles siccatives employées en peinture sont celles de lin, de chènevis, de noix, d'œillette, de bancoul.

Extraction des huiles de graines. — Les graines de crucifères, d'œillette, de lin, de chanvre, etc., sont d'abord débarrassées des impuretés qu'elles contiennent en les faisant passer dans un nettoyeur ou mieux encore dans un nettoyeur-décortiqueur, genre Hignette ou Fili. En passant entre les cônes fixes, sous la pression d'une chemise périphérique réglable, les graines sont décortiquées et leurs enveloppes se trouvent chassées en même temps que les poussières par le ventilateur.

Les graines sont ensuite concassées et broyées entre deux cylindres tournant en sens contraire avec une vitesse inégale. La farine demi-fine obtenue est soumise ensuite à l'action d'un moulin à meule ou *tordoir* qui désagrège les cellules. On obtient ainsi une pâte homogène, compacte et très divisée, susceptible d'abandonner son huile sous l'influence d'une forte pression. On estime qu'un tordoir du poids de 4000 kilogrammes doit travailler une charge de 100 kilogrammes pendant sept à huit minutes.

On peut alors soumettre la pulpe à l'action d'une presse puissante à vis, à coins ou hydraulique, dont il existe de nombreux systèmes dans le but d'expulser l'huile (*fig.* 3). Auparavant on a mis la pâte dans des sacs en grosse laine appelés *malfis, cabas* ou *scourtins* que l'on enferme dans des *étrindelles* en crins renforcés de cuir, suffisamment solides pour pouvoir résister à des pressions pouvant aller jusqu'à 200 kilogrammes au centimètre carré.

Les scourtins chargés sont superposés en nombre variable sur le plateau de la presse et l'huile sort par des gouttières, ménagées pour cet objet, sous l'action soutenue et progressive du mouton. De là elle se rend dans le bac de dépôt.

L'huile obtenue par la première pressée à froid est toujours la meilleure ; on la dit « vierge ». Elle peut servir à l'alimentation, même si elle provient du colza ou d'autres crucifères ; mais il reste encore beaucoup d'huile dans les tourteaux. Pour la récupérer en partie, on fait passer à nouveau le contenu des cabas sous le tordoir, puis on chauffe la matière à 45°-50° avant de la soumettre pour la deuxième fois à l'action de la presse, dont on augmente progressivement la pression au centimètre carré.

Les tourteaux sont utilisés pour la nourriture du bétail ; le peu d'huile qui reste, 5 à 8 pour 100 environ, améliore leur valeur alimentaire.

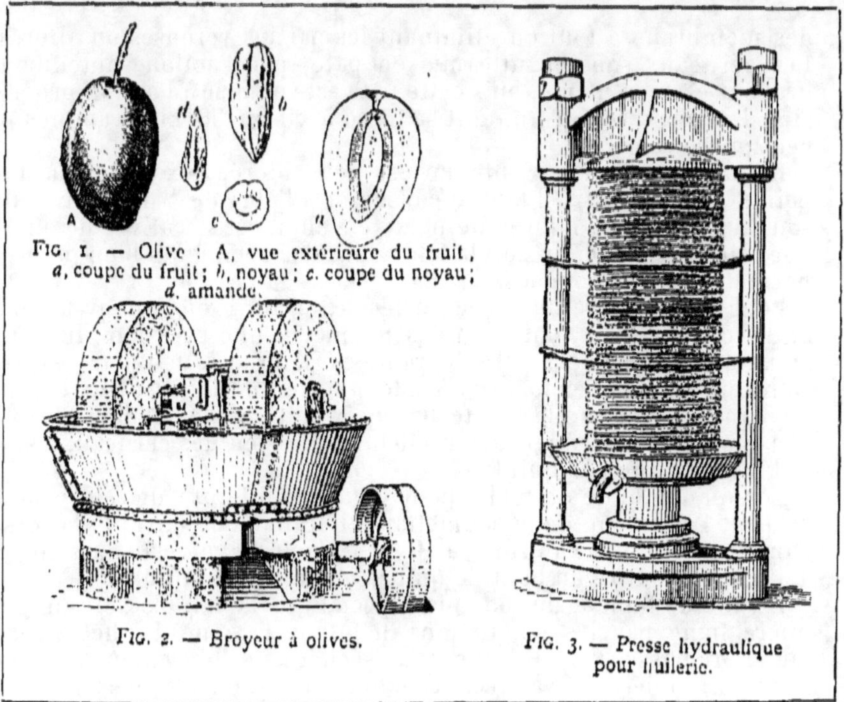

FIG. 1. — Olive : A, vue extérieure du fruit ;
a, coupe du fruit ; *b*, noyau ; *c*. coupe du noyau ;
d. amande.

FIG. 2. — Broyeur à olives.

FIG. 3. — Presse hydraulique
pour huilerie.

LES HUILES

Quand l'huile est exclusivement réservée aux emplois industriels,
on n'effectue généralement, pour gagner du temps, qu'une seule
expression à chaud, sous une très forte pression.

Dans le cas où on voudrait récupérer la totalité de l'huile des tourteaux, il faudrait les soumettre au traitement chimique au moyen
d'un dissolvant qui est le *bisulfure de carbone*. Ce produit liquide est
mis en contact, à l'aide de pompes, avec le tourteau. L'huile dissoute
est entraînée dans une sorte d'alambic où le bisulfure de carbone se
vaporise sous l'influence de la chaleur pour retourner à son dépôt,
d'où on le reprendra à nouveau pour faire de nouvelles dissolutions.

L'huile fournie par ce procédé est plus limpide que celle obtenue
mécaniquement, parce qu'elle contient moins de matières mucilagi-
neuses. C'est pour cela que l'extraction continue par les dissolvants
est appliquée aujourd'hui par plusieurs usiniers. Pour débarrasser
l'huile des traces de bisulfure qu'elle contient encore, il suffit de la
faire couler en nappe sur une surface chauffée par une circulation
de vapeur. Les tourteaux sulfurés, privés d'huile, ont une valeur alimentaire moindre que ceux provenant d'expressions ; on les emploie
le plus souvent comme engrais.

Fabrication des huiles d'amandes. — Les amandes telles que
noix, faines, noisettes, amandes, arachides, noix de coco, etc., se
traitent à peu près de la même manière que les grains pour l'obtention des huiles de table.

Ainsi, pour fabriquer de bonne huile de noix, on commence d'abord
par les casser afin de débarrasser les cerneaux des coquilles et

des membranes. tout en éliminant les parties véreuses ou altérées. Les cerneaux sont ensuite mis en pâte, par l'action soutenue du broyeur et de la meule, puis cette pâte est soumise à l'action progressive d'une presse, en limitant sa force à 60 ou 70 kilogrammes par centimètre carré.

L'huile vierge ainsi obtenue est peu colorée, excellente à tous points de vue, mais il faut la conserver à l'abri de l'air pour éviter son rancissement. L'huile de noix, en effet, est siccative ; de même que celle d'œillette, on doit la tenir dans des récipients bien pleins et hermétiquement bouchés.

Pour épuiser davantage les tourteaux, on les broie à nouveau, puis on les chauffe à 40°, enfin on les soumet à une pression plus énergique que l'on porte à 140 kilogrammes. L'huile de deuxième expression est fortement colorée et à odeur forte ; on l'utilise aux travaux de peinture. Comme le tourteau de noix s'altère vite, on devra le faire consommer le premier. Le rendement moyen des cerneaux est de 50 litres environ par quintal.

Lorsqu'une huile de table quelconque est atteinte de *rancissement*, on peut l'affranchir en la soumettant au traitement suivant : la verser dans un volume d'eau salée à 10 ou 12 pour 100 et égal au sien ; on agite et on soutire au bout de quinze à vingt-cinq minutes.

L'huile de faîne a un bouquet spécial qui la fait classer en première ligne par les populations habitant la zone des hêtres. Les faînes ramassées à la chute sont séchées sur le grenier, pelletées souvent, criblées et vannées. Une fois sèches, on les décortique en les faisant passer dans un appareil qui les projette avec force sur une plaque barbelée. Les enveloppes détachées sont chassées par le ventilateur, en même temps que toutes les autres impuretés légères.

Les amandes étant mises en pâte avec une petite addition d'eau, 7 litres par quintal de faînes décortiquées, on les presse à froid pour obtenir l'huile vierge d'une belle couleur ambrée qui peut se conserver dix ans et plus en bouteilles et s'améliore même en vieillissant. Les huiles secondes fournies par la repasse du tourteau et le chauffage ne peuvent servir qu'à la savonnerie ou à l'éclairage.

L'huile d'arachide (cacahuète des Arabes) est blanche, douce, sans goût ni odeur spéciaux. Ces amandes ou plutôt ces rhizomes se traitent comme les faînes, c'est-à-dire qu'on les décortique après dessiccation et, après un nettoyage complet, on les met en pâte pour les exprimer, d'abord à froid, puis à chaud. Le rendement des arachides décortiquées est d'environ 45 pour 100. L'huile vierge sert pour la table et à la fabrication des graisses végétales (végétaline). L'huile seconde est utilisée par la savonnerie. Les grandes usines d'arachides se trouvent à Marseille et à Bordeaux.

Huile d'olive. — L'huile d'olive est douce, moelleuse, onctueuse, insipide et inodore. Pour ses qualités elle plaît à tout le monde et peut servir à toutes sortes d'apprêts culinaires. C'est la plus estimée des huiles comestibles, mais elle est souvent frelatée par addition d'huiles d'œillette et surtout d'arachide.

L'huile vierge provient exclusivement de la pulpe des olives (*fig.* 1) récoltées à maturité, cueillies à la main et exprimées à froid sans casser les amandes, lesquelles donnent une huile à goût âcre, sujette au rancissement.

Le pressurage des olives renfermant les noyaux non écrasés est de 12 à 14 litres d'huile vierge par quintal de fruits. On obtient en outre 6 à 10 litres d'huile seconde, après trituration dans un moulin à meule (*fig.* 2) ou un moulin à cylindres, du tourteau restant y compris les noyaux. Cette deuxième expression se fait avec addition d'une petite quantité d'eau bouillante pour humidifier la pâte. Cette deuxième huile trouve son emploi en savonnerie. On peut encore récupérer une troisième huile dite de ressence, de couleur verte, fortement mucilagineuse, qui se saponifie très bien.

Épuration des huiles. — Au sortir du pressoir, les huiles sont plus ou moins chargées de mucilage ; elles sont en outre affectées d'une odeur *sui generis* parfois désagréable et d'une couleur qui n'est pas à leur avantage. Pour assurer leur conservation il est utile de les clarifier.

Pour cela on les abandonne au repos dans un endroit frais où elles laissent déposer les matières en suspension. On soutire le liquide quand il est à peu près clair et on recommence une deuxième décantation. Le procédé spontané est long et assez imparfait.

L'épuration avec le concours de l'eau pure donne de meilleurs résultats. Il suffit de baratter l'huile avec deux fois son volume d'eau et il se produit une émulsion qui se sépare en deux parties : au fond l'eau avec les impuretés ; à la surface l'huile partiellement épurée et décolorée. On répète l'opération lorsque l'huile doit être conservée pendant un certain temps.

L'épuration mécanique au moyen des filtres constitués par des couches superposées et alternatives de sable et de charbon de bois est plus parfaite encore, mais il faut avoir soin de remplacer souvent les matières filtrantes ; de plus, le sable, siliceux et à grains fins doit être lavé avant son emploi.

L'épuration chimique au moyen des acides sulfurique ou chlorhydrique n'est guère usitée que pour les huiles d'éclairage.

Les tourteaux les plus riches et les plus estimés pour l'alimentation du bétail sont ceux d'arachide, de coton décortiqué, de sésame, de lin, de colza, etc.

XI. — CONSERVES D'ORIGINE VÉGÉTALE

Utilité des conserves. — Si on en excepte les cultures de primeurs, d'ailleurs limitées en raison de leur prix de revient élevé, les *légumes* et les *fruits* font défaut pendant l'arrêt de la végétation, notamment durant l'hiver et une grande partie du printemps. Ainsi les cerises, les abricots, les pommes, les poires, le raisin, etc., doivent être conservés, de même que les asperges, les artichauts, les haricots, les pois, choux, tomates, cornichons, etc., si on veut en disposer en dehors de leur saison de production, assez limitée, mais qui varie quelque peu suivant les variétés et la précocité ou la tardiveté des lieux où on les cultive.

Conserves de fruits. — Les fruits peuvent se conserver « au naturel » par la dessiccation ou sous la forme de *sirop*, de *gelées*, de *confitures*, de *marmelades*, pour la confection desquels il existe une foule de procédés. Nous passerons seulement en revue les principaux.

On conserve au fruitier les *pommes* et les *poires* en les disposant sur des étagères à claire-voie, sans qu'elles se touchent, dans un local sain, frais mais non humide, modérément ventilé et éclairé et à l'abri des gelées. Les variétés tardives et de bonne garde peuvent se conserver à partir de la récolte, qui doit être faite avec soin, jusqu'en mai. Il faut les surveiller attentivement au fruitier pour les livrer à la consommation aussitôt qu'ils arrivent au terme de leur maturité, sans attendre leur décomposition. L'enlèvement des fruits altérés est de rigueur.

Les *raisins* se conservent également en cellier en les suspendant la queue en bas après des arceaux avec du fil de fer (V. *Tabl. Conserves*, *fig.* 2). Les grains se rident et se flétrissent sans perdre de leur qualité. Un autre procédé, dit à rafle humide (*fig.* 1), consiste à plonger l'extrémité des sarments portant les grappes dans des flacons pleins d'eau, avec un peu de charbon pulvérisé dans le fond, puis on ferme les goulots avec de la cire malléable.

Quant aux fruits secs tels que *noisettes*, *amandes*, *noix*, etc., ils se conservent fort bien d'une année à l'autre, si on a la précaution de les étendre en couche mince sur le plancher du grenier où on les pellette de temps à autre pour les faire sécher, afin d'éviter le rancissement des amandes.

Dessiccation. — Le séchage des fruits est d'une pratique courante. Il a pour objet la réduction par évaporation d'une partie de l'eau contenue dans la pulpe, jusqu'à la limite de concentration nécessaire à leur conservation. Une foule de procédés ménagers et industriels basés sur l'emploi de la chaleur solaire ou artificielle sont couramment employés avec les *raisins*, les *pommes*, les *cerises*, etc., ainsi que pour l'obtention des *pruneaux*, des *raisins de caisse*, des *poires tapées*, des *abricots*, etc.

Le séchage au soleil, sur des claies, demande à être complété par un séjour dans le four de la cuisinière ou du boulanger. Il est beaucoup plus expéditif de recourir aux évaporateurs spéciaux, à température réglable.

Pour fabriquer économiquement les pruneaux, par exemple, on utilise les prunes d'Agen, les quetsches ou les saintes-Catherine bien mûres, que l'on plonge pendant une minute dans une lessive bouillante de carbonate de potasse dosée à 500 grammes pour 100 litres. On les passe aussitôt dans l'eau froide pour les laver, puis on les étale sur des claies que l'on place sous le vitrage des châssis maraîchers, après avoir garni le fond d'un plancher en volige pour empêcher l'exhalation du sol (*fig.* 3). Les pruneaux sont remués de temps à autre ; on les fait passer quelques heures dans un four chaud avant de les ranger dans les boîtes où ils se conserveront très bien si on les place en lieu sec.

Le séchage au four se fait également après immersion dans la lessive, suivie d'un lavage à l'eau et d'un égouttage. On ne doit les enfourner que lorsque la température est tombée à 80° environ, après la cuisson du pain. Plusieurs séjours sont nécessaires pour obtenir un degré de siccité satisfaisant ; entre temps on fait sécher au soleil ou dans un courant d'air.

L'emploi des évaporateurs (*fig.* 4) simplifie l'opération, car ils sont beaucoup plus expéditifs. Les fruits frais passent progressivement d'un milieu tempéré et humide dans un milieu plus chaud et plus sec.

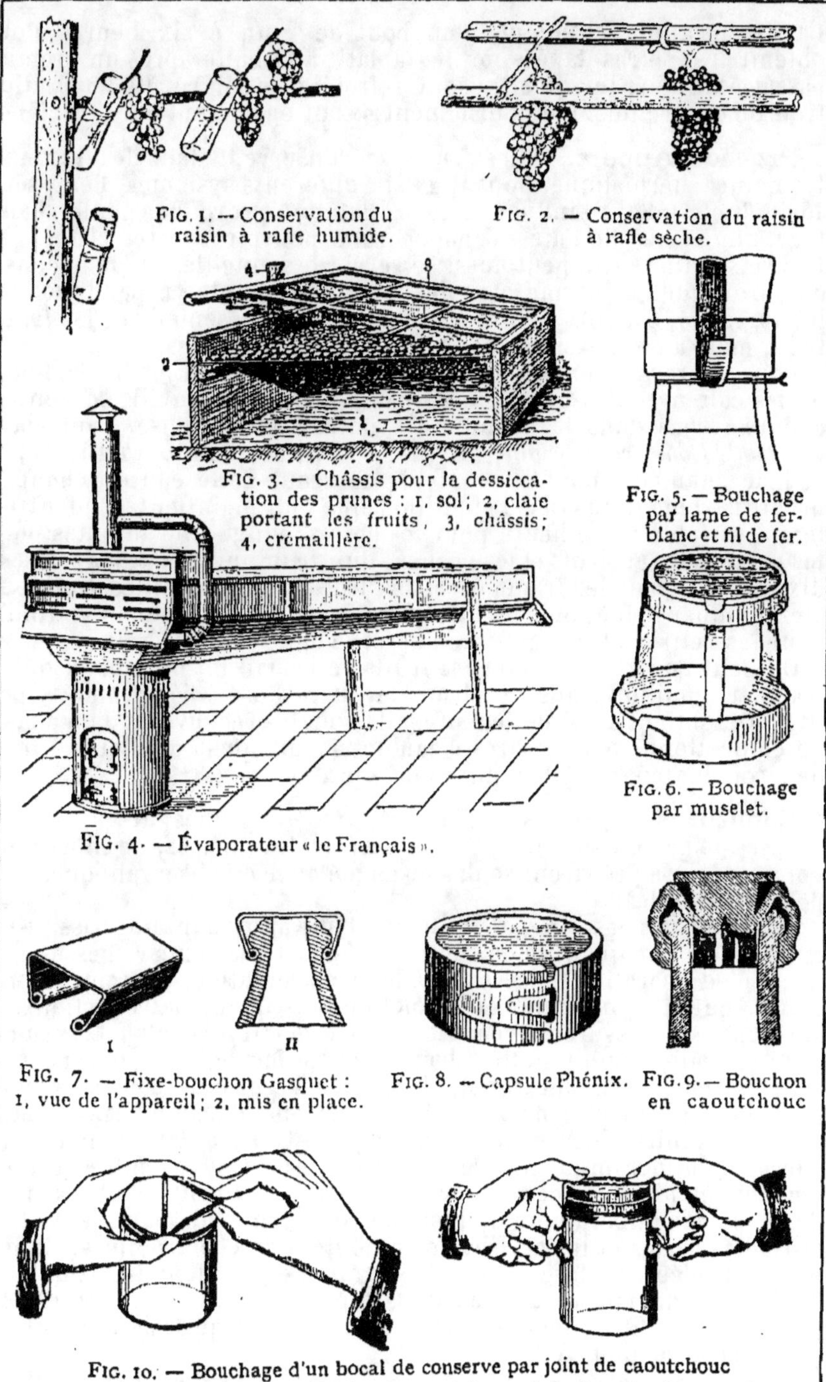

FIG. 1. — Conservation du raisin à rafle humide.

FIG. 2. — Conservation du raisin à rafle sèche.

FIG. 3. — Châssis pour la dessiccation des prunes : 1, sol; 2, claie portant les fruits, 3, châssis; 4, crémaillère.

FIG. 5. — Bouchage par lame de fer-blanc et fil de fer.

FIG. 6. — Bouchage par muselet.

FIG. 4. — Évaporateur « le Français ».

FIG. 7. — Fixe-bouchon Gasquet : 1, vue de l'appareil; 2, mis en place.

FIG. 8. — Capsule Phénix.

FIG. 9. — Bouchon en caoutchouc

FIG. 10. — Bouchage d'un bocal de conserve par joint de caoutchouc et ressort : à gauche, pose du joint de caoutchouc; à droite, pose du ressort.

LES CONSERVES D'ORIGINE VÉGÉTALE

La dessiccation est complète au bout de cinq à **six heures**. Pour obtenir les poires tapées, on les aplatit à la batte après un premier passage au four, lorsqu'elles sont refroidies, et on répète l'opération trois ou quatre fois. L'enfournement se fait également sur des claies.

Procédé Appert. — Les fruits se conservent dans des flacons à fermeture hermétique, dont il existe différents systèmes (Beaussart, Jovinot, etc.). Sous l'influence de la dilatation provoquée par le chauffage, une partie de l'air s'échappe sans pouvoir rentrer ; l'autre se trouve stérilisée. On peut aussi se servir de bouteilles ou de flacons à col étroit que l'on ferme avec des bouchons maintenus par de solides ligatures *fig.* 3 à 10). Ce procédé intéresse non seulement les fruits frais, mais aussi les sirops et toutes sortes de légumes.

Pour opérer on remplit d'abord les récipients, on les bouche puis on les cale avec des bouchons de paille, de manière qu'ils ne s'entre-choquent pas dans la chaudière à cuire, la lessiveuse, l'autoclave (V. *Tabl. Conserves d'origine animale, fig.* 3, 4 et 5) ou tout autre appareil de chauffage pouvant contenir de l'eau. Cette eau est chauffée progressivement jusqu'à l'ébullition que l'on maintient pendant un temps variable : une heure pour les poires ; vingt-cinq minutes pour les prunes, les abricots et les pêches ; quinze minutes pour les cerises ; dix minutes pour les framboises, les fraises, les groseilles. On laisse alors tomber le feu, puis on attend que les récipients soient refroidis pour les retirer et les mettre en réserve dans un local sain.

On peut encore conserver les fruits en les faisant mijoter jusqu'au premier bouillon dans du sirop de sucre dosé à 540 grammes par litre. On obtient aussi de bons résultats en les recouvrant d'un alcoolat confectionné avec 2 litres d'eau-de-vie, auxquels on ajoute 1 litre de sirop contenant 900 grammes de sucre.

Confitures et gelées. — Les *confitures* de prunes, de pêches, de fraises, de groseilles vertes, de cerises, de framboises, de mûres, de poires, etc., se préparent seules ou en mélange en observant quelques petites variantes.

Dans tous les cas, on cuit les fruits dénoyautés dans une bassine en cuivre avec une quantité de sucre en rapport avec leur richesse et le degré d'édulcoration nécessaire à leur conservation. On remue pendant la cuisson, on écume et on met en pots quand la réduction est suffisante pour assurer la coagulation de la gélatine végétale, lorsqu'on fait un essai sur une assiette. Chaque pot est fermé, alors que la confiture est encore chaude, en appliquant, en guise de couvercle, une rondelle de papier blanc trempée au préalable dans du blanc d'œuf.

Avec les mirabelles et les reines-Claude, on met 600 grammes de sucre par kilogramme de fruits ; les quetsches et les autres prunes demandent 750 grammes de sucre. Les fraises exigent un kilogramme de sucre par kilogramme de jus, mais on ajoute un peu d'eau. Les groseilles vertes et les cerises se contentent de 900 grammes. Enfin, pour les gelées, la dose est d'un kilogramme par kilogramme de jus. Avoir soin de mettre un peu de sirop de groseille pour faciliter la prise de la confiture de cerise. Faire l'essai sur une assiette avant de procéder à l'empotage.

Conserves de légumes. — La marche à suivre pour assurer la conservation des légumes par le procédé Appert est la même que pour les fruits.

S'il s'agit de *petits pois*, on choisit les variétés bien sucrées, cueillies un peu avant leur maturité complète. Avant de cuire, on plonge d'abord les petits pois dans l'eau bouillante pendant six à huit minutes, dans le but de les aseptiser, puis, après égouttage, on les distribue dans des bouteilles, des flacons ou des boîtes, suivant les cas, et que l'on ferme hermétiquement avec des bouchons, des couvercles ou par soudure à l'étain.

Les récipients sont rangés dans la chaudière ou l'autoclave. On pousse l'ébullition pendant cinquante minutes environ lorsque leur contenance est d'un demi-litre et une heure et demie si leur capacité est d'un litre.

Les *haricots verts*, bagnolets, noirs de Belgique, sont d'abord blanchis par une immersion de vingt minutes dans l'eau bouillante, puis on les plonge dans l'eau froide pour les blanchir, enfin on les fait égoutter. On remplit les bocaux ou les boîtes et, après bouchage, on stérilise comme les petits pois par un séjour plus ou moins prolongé dans l'eau à l'ébullition. On peut réduire la durée du chauffage si on cuit à l'autoclave ou si on se sert d'une solution saline qui élève la température d'ébullition.

Les *asperges* se conservent de la même manière, ainsi que les *fonds d'artichaut*. Le blanchiment des asperges doit se faire vivement, surtout les pointes qui sont très tendres. Le séjour dans l'eau bouillante de la chaudière ne dépasse pas dix à douze minutes. Avec les fonds d'artichaut, on met dans les boîtes ou les bocaux une saumure dosant 3 pour 100 de sel et 1 pour 100 de carbonate de soude.

Conserves au sel. — Par suite de ses propriétés antiseptiques, le sel est fréquemment employé pour assurer la conservation des légumes tels que *choux, haricots verts, asperges, artichauts, cornichons*, etc.

Pour confectionner la *choucroute*, on se sert de choux cabus ou quintal, que l'on divise en lanières au moyen d'un hachoir spécial à couteaux. On tasse ensuite dans des pots en grès ou dans des tonneaux défoncés, par couches de 10 à 12 centimètres d'épaisseur, que l'on saupoudre de sel, en pilonnant la masse à chaque fois pour faire monter la saumure qui se forme avec le jus des choux. Dans la pratique, on emploie 4 kilogrammes de sel environ par demi-pièce d'une contenance de 115 litres et 5 kilogrammes pour les feuillettes de 132 litres, défoncées d'un bout et placées sur fond. On presse la choucroute avec un cercle de bois que l'on surcharge de gros cailloux lavés ; une couche de saumure l'isole alors de tout contact avec l'air.

Les *haricots verts en saumure* se préparent de la même manière. Ceux-ci, effilés, sont rangés par couches dans des tonnelets ou des pots en grès, saupoudrés de sel et pilonnés. Une planche et un poids viennent presser la saumure. On estime qu'il faut 80 grammes de sel environ par kilogramme d'aiguilles.

La conservation peut également se faire en petit, dans des bouteilles que l'on remplit le plus possible. On ajoute 80 grammes de sel dans chacune d'elles, on fait le plein avec de l'eau pure, enfin on ferme à l'aide d'un bouchon. La choucroute et les haricots conservés par ces procédés sont lavés à plusieurs eaux avant de cuire et on se dispense de saler.

Pour conserver les *asperges au sel*, on les fait d'abord blanchir dans l'eau bouillante, pendant deux minutes ; ou les plonge ensuite dans l'eau froide, puis on les range la pointe en haut dans les flacons, enfin on fait le plein avec une saumure préparée ainsi : 1 litre d'eau salée à 30 ou 40 grammes, vinaigre un litre. Recouvrir en outre la saumure d'une petite couche d'huile.

La saumure pour fonds d'artichauts demande 2 litres d'eau avec 200 grammes de sel pour un litre de vinaigre. On fait d'abord tremper dans l'eau froide avant de cuire.

Séchage des légumes. — La dessiccation des légumes par la chaleur, au moyen des évaporateurs, appartient surtout au domaine industriel. Le traitement consiste à provoquer le départ de 80 à 85 pour 100 de l'eau de végétation contenue dans les légumes frais tels que *pois, carottes, pommes de terre,* etc. Par le même procédé, on confectionne aussi un mélange de *carottes, navets, poireaux, choux* et condiments divers appelé *julienne*, qui sert à la préparation des potages.

Pour cette spécialité, il convient d'effectuer d'abord le blanchiment des différents légumes en les plongeant pendant quelques minutes dans l'eau bouillante de manière à coaguler les matières albuminoïdes, afin qu'ils soient moins altérables. On fait égoutter sur des claies, puis on les introduit dans les évaporateurs où ils sont soumis à l'action soutenue d'un courant d'air chaud, à la température de 70° à 75°, jusqu'à dessiccation complète, ce qui demande un temps variable suivant le genre de légume.

XII. — CONSERVES D'ORIGINE ANIMALE

Conservation des œufs. — Les *œufs* sont rares et chers dans la période comprise entre les mois de septembre et février, à partir de la mue des vieilles poules, jusqu'à la fin des grands froids. On a un intérêt évident à les mettre en réserve pendant la saison de grande ponte dans le but de s'approvisionner en œufs de consommation courante, en dehors de ceux destinés à être mangés à la coque.

De tous les procédés, le plus simple, le plus pratique et le plus économique, c'est encore d'avoir recours à la *chaux*. La chaux, en effet, quand elle est bien employée, assure la conservation des œufs d'une année à l'autre, sans altération. Deux méthodes sont usitées :

1° Prendre des œufs bien frais, les ranger dans un récipient quelconque, pot en grès ou tonneau. Auparavant on a mesuré la quantité d'eau nécessaire en remplissant à moitié le récipient d'eau. Les œufs sont rangés jusqu'à une petite distance du bord supérieur, en même temps qu'on les compte. On délaie ensuite dans l'eau autant de kilogrammes de chaux fraîchement éteinte qu'il y a de centaines d'œufs. Le lait de chaux est versé tel quel, jusqu'à recouvrement des œufs et on aura soin de ne briser la mince pellicule qui se formera qu'au moment de consommer.

2° Le premier procédé fournit un excès de chaux. Si la conservation est limitée à cinq ou six mois, il vaut mieux délayer dans l'eau de remplissage 1 kilogramme de chaux pour 10 litres, sans compter les œufs. Au bout de dix à douze heures, lorsque l'eau de chaux est clarifiée, on la décante pour remplir les récipients où les œufs ont été placés. Dans ce cas, il est utile de mettre dans le fond du vase un petit sachet de chaux en poudre qui viendra combler les pertes de l'eau saturée par sa carbonatation de surface, au contact de l'air.

Conservation du lait. — On conserve le *lait* en le concentrant dans le vide, afin de réduire sa teneur en eau des deux tiers environ, après un *sucrage* de 10 à 12 pour 100. On met en boîte lorsque la densité est à 1280 grammes, puis on soude. On étend le lait condensé de trois fois son volume pour consommer.

Un deuxième procédé consiste à faire tomber le lait en mince tranche sur de grands cylindres creux, à marche très lente, chauffés intérieurement, et à la surface desquels il se solidifie en minces feuilles qu'une raclette détache. Ces feuilles pulvérisées fournissent le *lait en poudre*, d'une conservation parfaite, que l'on délaie dans l'eau pour consommer. Ces deux spécialités, lait condensé et lait en poudre, appartiennent au domaine industriel.

Pour empêcher ou plutôt pour retarder les altérations trop rapides du lait à l'époque des grandes chaleurs, on le *pasteurise* au sortir du pis de la vache en le chauffant à 68°-70°, puis on le refroidit brusquement en le faisant passer dans un réfrigérant où circule de l'eau la plus froide possible. La *stérilisation* par chauffage à l'autoclave à la température de 115° laisse un goût de cuit ; elle est peu usitée.

Conservation du beurre. — Le *beurre* se conserve au *sel* ou par *fusion*. Ce dernier mode altère et déprécie le goût et la qualité du beurre quand il est destiné à la table.

Pour saler le beurre, on l'aplatit en galette en le faisant passer sous le rouleau du malaxeur ; on saupoudre de sel blanc demi-fin, puis, après avoir replié la galette, on donne une dizaine de coups de rouleau de manière à rendre la pâte bien homogène. On sale à des doses variables, allant de 30 à 100 grammes de sel au *kilogramme*, suivant que l'on désire des *demi-sel* ou des *beurres d'exportation*. Pour finir, on tasse dans des pots ou des tonneaux et l'on recouvre de saumure.

Pour fondre le beurre, on opère au bain-marie, en ayant soin d'écumer pour prélever les impuretés. On laisse reposer un peu, puis on décante lorsque la température n'est plus qu'à 55°. On recouvre également de saumure et on met au frais.

Conserves de porc. — Le porc joue un grand rôle dans l'alimentation carnée paysanne, sous la forme de *salaisons* et de *fumaisons* comprenant le *lard*, le *petit salé*, les *jambons*, les *andouillettes*, les *saucissons*, auxquelles on peut ajouter les *rillettes* et les *pâtés*.

Une fois le porc sacrifié et vidé, on détache le lard, les jambons, les côtes et les filets en morceaux pesant 2 kilogrammes environ. Cela fait, on range les morceaux côte à côte dans un cuvier ou des pots en grès, en les tassant le mieux possible, après les avoir frottés de gros sel, 500 grammes, additionné de 200 grammes de sucre semoule, 100 grammes de salpêtre et 20 grammes de poivre en grain. On ajoute quelques feuilles de laurier, du thym, des clous de girofle, des baies de genièvre. On établit un premier lit de morceaux, puis on saupoudre ; on en forme un autre et ainsi de suite jusqu'à complet remplissage. On charge ensuite avec des planches et des pierres. On estime qu'il faut 12 kilogrammes de sel par 100 kilogrammes de porc ; on réduit cette quantité à 10 kilogrammes lorsque la salaison est complétée par la fumaison.

Environ quinze jours après l'opération on retire tous les morceaux pour les replacer dans un ordre inverse, en ayant soin de retirer la saumure pour arroser la viande. Le placement d'un robinet de soutirage permet l'arrosage et dispense de la manipulation précitée. Un mois après, la viande est suffisamment imprégnée pour pouvoir se conserver.

On fume la viande en la suspendant à la cheminée, à 2 mètres environ du foyer, où on brûle tous les jours un peu de sapin vert, de la bruyère, des genêts, des branches de genièvre, etc., qui lui communiquent une bonne odeur. De temps à autre, on fait une flambée de bois sec. La *créosote* et *l'acide pyroligneux* apportés par la fumée favorisent aussi la conservation.

Les *saucissons de ménage* se confectionnent habituellement avec un hachis assez grossier, comprenant deux parties de porc maigre pour une partie de lard. Par kilogramme de chair à saucisse, on met 35 grammes de sel, 3 grammes de poivre, 2 grammes de piment et 1 gramme de salpêtre. Suivant le goût on ajoute : ail, thym, coriandre, laurier, marjolaine, etc., puis un demi-décilitre de bon vin rouge. On entonne dans des « chaudins », gros boyaux bosselés de porc, que l'on bride avec des ficelles. On les met ensuite dans la saumure pendant huit à dix jours avant de les suspendre à la cheminée. Auparavant, on les a laissés s'égoutter à plat afin d'éviter que le sel ne se porte en excès vers l'une ou l'autre des extrémités.

Les saucissons dits « de Lyon » se préparent avec moitié chair à jambon et moitié filet de porc, le tout finement haché, soit 500 grammes de chaque sorte. Ajouter 35 grammes de lardons de lard frais, découpé en cubes de 6 millimètres. Saler et aromatiser avec : sel 45 grammes, poivre 2 grammes, ail. Tasser fortement dans les boyaux ficelés, suspendre à la cheminée pendant trois mois, en ayant soin de resserrer le hachis de plus en plus, avec la main, tous les deux ou trois jours.

Les *rillettes* se fabriquent avec de la poitrine de porc débarrassée de sa couenne et découpée en cubes. On remue sur feu doux 4 kilogrammes de cette poitrine avec 500 grammes de saindoux, jusqu'à ce que les lardons soient transparents et on verse sur une passoire. On hache les rillons une fois égouttés, puis on les assaisonne avec 100 grammes de sel, 5 grammes de piment et 5 grammes de poivre. On fait chauffer à nouveau de manière à pouvoir ajouter la graisse, enfin on met en pots. Recouvrir avec du papier parcheminé et tenir en lieu sain.

Confits d'oie ou de canard. — Ces volailles ayant été saignées pour blanchir la viande, on les plume puis on les dépèce une fois froides, en détachant les cuisses et les ailes que l'on fera mariner à part dans une terrine de grès, en les assaisonnant suivant le goût avec sel fin, poivre, ail, échalote, persil, thym, laurier, etc., le tout finement haché. Tasser fortement et presser avec des poids pendant trente-six heures. D'autre part, on fait fondre la graisse des palmipèdes avec un peu de lard frais. Dans cette graisse on cuit les morceaux jusqu'à ce qu'ils se laissent pénétrer par la fourchette, on remet en pots, puis on recouvre de graisse liquide de manière à cacher les abats sous un centimètre d'épaisseur. Les pots sont fermés avec du papier fort et conservés dans un local sec et froid. Les confits de dindes se font de la même manière.

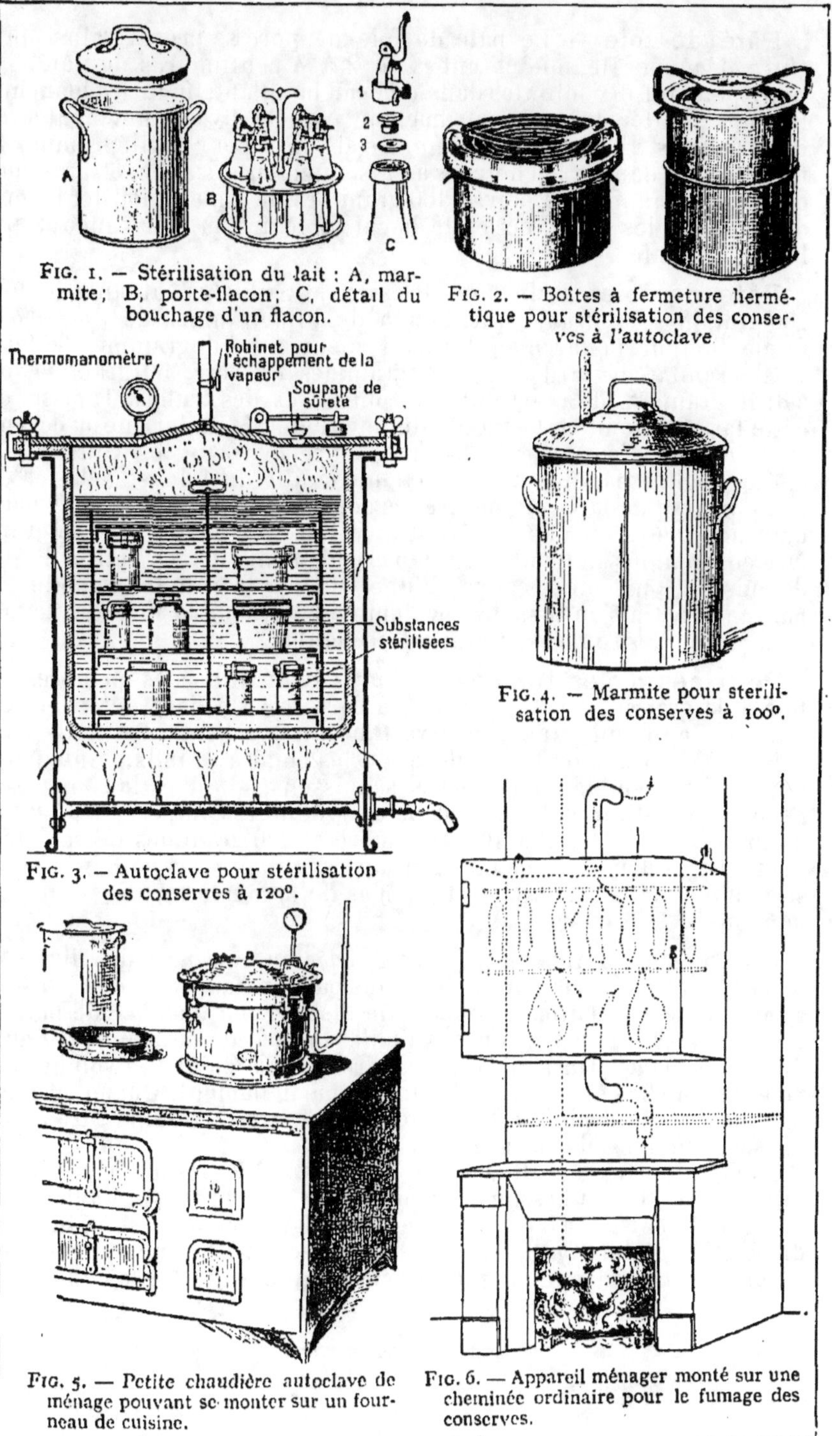

FIG. 1. — Stérilisation du lait : A, marmite; B, porte-flacon; C, détail du bouchage d'un flacon.

FIG. 2. — Boîtes à fermeture hermétique pour stérilisation des conserves à l'autoclave.

FIG. 3. — Autoclave pour stérilisation des conserves à 120°.

FIG. 4. — Marmite pour stérilisation des conserves à 100°.

FIG. 5. — Petite chaudière autoclave de ménage pouvant se monter sur un fourneau de cuisine.

FIG. 6. — Appareil ménager monté sur une cheminée ordinaire pour le fumage des conserves.

LES CONSERVES D'ORIGINE ANIMALE

Pâté de foie. — Le pâté de foie de porc se prépare ainsi qu'il suit : découper le foie en cubes de 2 à 4 centimètres de côté, les tenir pendant dix minutes dans de l'eau bouillante pour les blanchir, laisser égoutter et passer au hachoir pour le diviser finement avec du lard frais. Il faut 4 kilogrammes de lard pour 1 kilogramme de foie. On met dans le hachoir les assaisonnements, savoir : 60 grammes de sel, 10 grammes de poivre, 100 grammes de piment. Barder le fond du moule et les côtés, tasser le hachis et cuire au four pendant une heure et demie.

Pâté de foie truffé. — Brosser et éplucher autant de fois 250 grammes de *truffes* que l'on a de kilogrammes de *foies d'oie*. Confectionner la farce en hachant menu : 1 kilogramme de foie, 1 kilogramme de lard frais, 500 grammes de porc, 50 grammes de sel, 10 grammes de poivre et les épluchures des truffes. Tapisser de cette farce le fond et les côtés du moule ou de la terrine avec une spatule, étaler la moitié du foie gras en répartissant les truffes épluchées ; mettre par-dessus la deuxième moitié du foie et achever de remplir avec de la farce, mettre les couvercles et cuire au four pendant une heure ou deux, suivant le volume. Avec les pâtés devant être consommés au bout d'un mois seulement, il faut retirer le jus de cuisson, puis on recouvre d'une couche de saindoux fondu au bain-marie. On s'en dispense évidemment lorsque la cuisson se fait dans des boîtes soudées, ce qui est préférable.

Poitrines d'oies fumées. — Après avoir utilisé les membres, le foie et la graisse de l'oie, il reste la carcasse. On peut détacher les filets pour obtenir une conserve tout à fait délicate. Ces filets sont pris avec la peau ; on les roule et on les coud à grands points pour les faire ressembler à de petits saucissons, que l'on fait macérer pendant une dizaine de jours dans une saumure composée de 1 kilogramme de sel, 500 grammes de sucre et 200 grammes de salpêtre pour 5 litres d'eau. Après un égouttage sommaire, les poitrines sont suspendues à la cheminée et fumées de la même manière que les jambons.

Fumage ou boucanage. — Le *fumage* ou *boucanage* des diverses pièces de charcuterie dont nous avons parlé se fait dans des *fumoirs* spéciaux de charcutiers, pourvus de distance en distance de barres transversales de suspension auxquelles on accède de plain-pied aux différents étages. On peut ainsi rapprocher ou éloigner à volonté les viandes fraîches et celles déjà fumées partiellement. Quand on juge la fumaison suffisante, on enveloppe les morceaux d'une gaze et on les suspend dans des locaux bien aérés.

Dans les fermes on utilise pour le même objet les anciennes cheminées à hotte, au-dessous desquelles on fait de temps à autre une flambée de bois vert ou de bois sec. A défaut, on peut combiner un dispositif spécial (*fig.* 6), en forte tôle, fermant hermétiquement et où on fait passer les fumées qui s'échappent ensuite par la cheminée.

INDEX ALPHABÉTIQUE

Les mots en italiques sont des mots latins;
les mots en caractères-gras sont les titres des grandes divisions de l'ouvrage.

Paris. — Imp. LAROUSSE, 17, rue Montparnasse.

JE SÈME À TOUT VENT

www.ingramcontent.com/pod-product-compliance
Lightning Source LLC
LaVergne TN
LVHW021925060726
842528LV00001B/90